21世纪高等学校规划教材 | 物联网

物联网安全教程

张凯 主编

清华大学出版社
北京

内 容 简 介

本书是物联网安全课程的教材，内容包括信息安全概述、信息加密技术、物理安全威胁与防范、计算机网络安全、信息安全标准体系、信息安全管理、物联网安全、物联网感知层安全、物联网网络层安全、物联网应用层安全、物联网安全技术应用、练习题和参考答案等。本书可作为高等院校物联网工程专业或计算机专业物联网方向物联网安全课程的教材或教学参考书，亦可作为物联网安全方面的学者和爱好者的参考书。

图书在版编目(CIP)数据

物联网安全教程/张凯主编. —北京：清华大学出版社，2014（2024.2重印）
21 世纪高等学校规划教材·物联网
ISBN 978-7-302-33500-9

Ⅰ. ①物… Ⅱ. ①张… Ⅲ. ①互联网络－安全技术－高等学校－教材 ②智能技术－安全技术－高等学校－教材 Ⅳ. ①TP393.4 ②TP18

中国版本图书馆 CIP 数据核字(2013)第 189091 号

责任编辑：闫红梅　赵晓宁
封面设计：傅瑞学
责任校对：梁　毅
责任印制：丛怀宇

出版发行：清华大学出版社
网　　址：https://www.tup.com.cn，https://www.wqxuetang.com
地　　址：北京清华大学学研大厦 A 座　　**邮　　编**：100084
社 总 机：010-83470000　　**邮　　购**：010-62786544
投稿与读者服务：010-62776969，c-service@tup.tsinghua.edu.cn
质量反馈：010-62772015，zhiliang@tup.tsinghua.edu.cn
课件下载：https://www.tup.com.cn，010-83470236
印 装 者：三河市铭诚印务有限公司
经　　销：全国新华书店
开　　本：185mm×260mm　　**印　　张**：26.5　　**字　　数**：662 千字
版　　次：2014 年 1 月第 1 版　　**印　　次**：2024 年 2 月第 12 次印刷
印　　数：8101～8600
定　　价：59.00 元

产品编号：050132-03

出版说明

随着我国改革开放的进一步深化，高等教育也得到了快速发展，各地高校紧密结合地方经济建设发展需要，科学运用市场调节机制，加大了使用信息科学等现代科学技术提升、改造传统学科专业的投入力度，通过教育改革合理调整和配置了教育资源，优化了传统学科专业，积极为地方经济建设输送人才，为我国经济社会的快速、健康和可持续发展以及高等教育自身的改革发展做出了巨大贡献。但是，高等教育质量还需要进一步提高以适应经济社会发展的需要，不少高校的专业设置和结构不尽合理，教师队伍整体素质亟待提高，人才培养模式、教学内容和方法需要进一步转变，学生的实践能力和创新精神亟待加强。

教育部一直十分重视高等教育质量工作。2007 年 1 月，教育部下发了《关于实施高等学校本科教学质量与教学改革工程的意见》，计划实施"高等学校本科教学质量与教学改革工程"(简称"质量工程")，通过专业结构调整、课程教材建设、实践教学改革、教学团队建设等多项内容，进一步深化高等学校教学改革，提高人才培养的能力和水平，更好地满足经济社会发展对高素质人才的需要。在贯彻和落实教育部"质量工程"的过程中，各地高校发挥师资力量强、办学经验丰富、教学资源充裕等优势，对其特色专业及特色课程(群)加以规划、整理和总结，更新教学内容、改革课程体系，建设了一大批内容新、体系新、方法新、手段新的特色课程。在此基础上，经教育部相关教学指导委员会专家的指导和建议，清华大学出版社在多个领域精选各高校的特色课程，分别规划出版系列教材，以配合"质量工程"的实施，满足各高校教学质量和教学改革的需要。

为了深入贯彻落实教育部《关于加强高等学校本科教学工作，提高教学质量的若干意见》精神，紧密配合教育部已经启动的"高等学校教学质量与教学改革工程精品课程建设工作"，在有关专家、教授的倡议和有关部门的大力支持下，我们组织并成立了"清华大学出版社教材编审委员会"(以下简称"编委会")，旨在配合教育部制定精品课程教材的出版规划，讨论并实施精品课程教材的编写与出版工作。"编委会"成员皆来自全国各类高等学校教学与科研第一线的骨干教师，其中许多教师为各校相关院、系主管教学的院长或系主任。

按照教育部的要求，"编委会"一致认为，精品课程的建设工作从开始就要坚持高标准、严要求，处于一个比较高的起点上。精品课程教材应该能够反映各高校教学改革与课程建设的需要，要有特色风格、有创新性(新体系、新内容、新手段、新思路，教材的内容体系有较高的科学创新、技术创新和理念创新的含量)、先进性(对原有的学科体系有实质性的改革和发展，顺应并符合 21 世纪教学发展的规律，代表并引领课程发展的趋势和方向)、示范性(教材所体现的课程体系具有较广泛的辐射性和示范性)和一定的前瞻性。教材由个人申报或各校推荐(通过所在高校的"编委会"成员推荐)，经"编委会"认真评审，最后由清华大学出版社审定出版。

目前,针对计算机类和电子信息类相关专业成立了两个“编委会”,即“清华大学出版社计算机教材编审委员会”和“清华大学出版社电子信息教材编审委员会”。推出的特色精品教材包括:

(1) 21世纪高等学校规划教材·计算机应用——高等学校各类专业,特别是非计算机专业的计算机应用类教材。

(2) 21世纪高等学校规划教材·计算机科学与技术——高等学校计算机相关专业的教材。

(3) 21世纪高等学校规划教材·电子信息——高等学校电子信息相关专业的教材。

(4) 21世纪高等学校规划教材·软件工程——高等学校软件工程相关专业的教材。

(5) 21世纪高等学校规划教材·信息管理与信息系统。

(6) 21世纪高等学校规划教材·财经管理与应用。

(7) 21世纪高等学校规划教材·电子商务。

(8) 21世纪高等学校规划教材·物联网。

清华大学出版社经过三十多年的努力,在教材尤其是计算机和电子信息类专业教材出版方面树立了权威品牌,为我国的高等教育事业做出了重要贡献。清华版教材形成了技术准确、内容严谨的独特风格,这种风格将延续并反映在特色精品教材的建设中。

清华大学出版社教材编审委员会
联系人:魏江江
E-mail:weijj@tup.tsinghua.edu.cn

物联网工程是一个新的本科专业,国内很多大学刚刚开办。"物联网安全"是物联网工程专业本科生的一门专业课,该课程教学面临的问题较大,主要包括两个方面:一是教学体系尚未形成,教学内容、教学目标和知识点要求不是很清晰;二是教材建设薄弱,目前市面上物联网专业的教材相对较少,物联网安全的教材更少,实际教学与教材建设差距很大。编者在编写这本教材时,就这两个问题做了一些探索和尝试。

本书包括两大部分,共11章。第一部分 信息安全基础方面的理论和原理。内容涉及第1章 信息安全概述,第2章 信息加密技术,第3章 物理安全威胁与防范,第4章 计算机网络安全,第5章 信息安全标准体系,第6章 信息安全管理。第二部分 物联网安全体系,感知层、网络层和应用层安全的理论、原理和方法,以及物联网安全技术应用案例。内容涉及第7章 物联网安全,第8章 物联网感知层安全,第9章 物联网网络层安全,第10章 物联网应用层安全,第11章 物联网安全技术应用。

本书由张凯教授策划、主编、审核、修改和定稿。张治博士编写了第8章,万少华博士编写了第2章2.1节的部分内容,其他章节由张凯编写。研究生张雯婷做了大量的资料整理工作,并编制了练习(课后练习和期末模拟考试卷),刘爱芳老师对全书进行了文字校对。在此,对所有参加本书工作的人员和关心本书的学者表示衷心的感谢。

本书在编写过程中,参考和引用了大量国内外著作、学术论文、硕士/博士论文、研究报告和网站文献的内容。由于篇幅有限,本书仅仅在结尾处列举了主要参考文献。应该特别说明的是,由于物联网安全是一个新的领域,目前这方面的教材很少,也不成熟。编者希望在编写这部教材时,不仅要介绍信息安全的基本理论和方法,也要将近年最新的研究成果"原汁原味"地介绍给读者。由于编者水平有限,有些学术论文的内容介绍属直接引用,在书中引用时大多都加注了原作者和出处的说明,编者也未对其内容做较大修改,以保持原作者的风格,以便读者掌握其新的理论和技术思想。还有一种情况就是,某一个主题的研究有几个作者和文献,编者编写时引用了几个作者的观点和资料,为了文字通顺流畅和主题突出,这时的引用和注释可能不够准确。另外,本书也参考了互联网上一些专业人员的经验和心得以及部分网站的相关资料。如果有作者发现其成果被引用而未注明,请联系编者(电子邮件:zhangkai@znufe.edu.cn),我们将在再版时补上。在此,编者向所有被参考和引用的作者和网站表示由衷的感谢,你们的辛勤劳动为本书提供了丰富的资料。

本教材编写的教学内容安排是36~51学时。对于学时较多的学校,可讲授全书的内容。对于课时只有36学时的学校,可安排第11章自学;第2章信息加密技术是教学难点,教师可删减教学内容,以降低学习难度;第5和第6章介绍了大量信息安全方面的标准,教师可酌情删减其内容,以介绍主要思想为主。本书是对"物联网安全"课程和教材的一种探索。尽管编者付出了巨大努力，因能力有限，本书难免存在一些错误，望读者对此提出宝贵意见。

目前，清华大学出版社的数字化教学平台已经运行，本书的课件将在出版时上传，读者可从中下载。另外，如果授课教师有什么具体或特殊要求，包括期末考试题电子稿、实验大纲和背景资料等，请直接与编者联系，我们将尽量满足您的要求。

编　者

2013 年 8 月

目录

信息安全概述

本章将介绍信息安全基本概念、安全体系、历史和现状，以及信息安全法规。要求学生对信息安全有一个基本了解。

1.1 信息安全基本概念

本节将介绍信息安全基本概念、安全属性和内容。

1.1.1 信息安全概述

信息安全本身包括的范围很大，大到国家军事、政治等机密安全，小到如防范商业企业机密泄露、防范青少年对不良信息的浏览、个人信息的泄露等。网络环境下的信息安全体系是保证信息安全的关键，包括计算机安全操作系统、各种安全协议、安全机制（数字签名、信息认证和数据加密等），直至安全系统，其中任何一个安全漏洞都可以威胁全局安全。信息安全服务至少应该包括支持信息网络安全服务的基本理论，以及基于新一代信息网络体系结构的网络安全服务体系结构。

1. 信息安全的定义

目前，信息安全没有统一的定义，不同学者和部门有不同的定义。

有人认为，在技术层次上，信息安全的含义就是保证在客观上杜绝对信息安全属性的安全威胁，使得信息的主人在主观上对其信息的本源性放心。

还有人认为，信息安全是指秘密信息在生产、传输、使用、存储过程中不被泄露或破坏。信息安全所面临的威胁主要包括：利用网络的开放性，采取病毒和黑客入侵等手段渗入计算机系统，进行干扰、篡改、窃取或破坏；利用在计算机 CPU 芯片或在操作系统、数据库管理系统、应用程序中预先安置从事情报收集、受控激发破坏的程序来破坏系统或收集和发送敏感信息；利用计算机及其外围设备电磁泄漏，拦截各种情报资料等。

美国国家安全电信和信息系统安全委员会（NSTISSC）对信息安全给出的定义是对信息、系统以及使用、存储和传输信息的硬件的保护。但是要保护信息及其相关系统，诸如政策、人事、培训和教育以及技术等手段都是必要的。

目前，国内外有关方面的论述大致分为两类：一类是指具体的信息技术系统的安全；而另一类则是指某一特定信息体系的安全。但有人认为这两种定义均过于狭窄，信息安全定义应该为：一个国家的社会信息化状态不受外来的威胁与侵害，一个国家的信息技术体系不受外来的威胁与侵害。原因是：信息安全首先应该是一个国家宏观的社会信息化状态是否处于自主控制之下，是否稳定的问题，其次才是信息技术安全的问题。

信息安全是指信息网络的硬件、软件及其系统中的数据受到保护，不受偶然的或者恶意的原因而遭到破坏、更改、泄露，系统连续可靠正常地运行，信息服务不中断。信息安全主要包括5个方面的内容，即需保证信息的保密性、真实性、完整性、未授权拷贝和所寄生系统的安全性。

其根本目的就是使内部信息不受外部威胁，因此信息通常要加密。为保障信息安全，要求有信息源认证、访问控制，不能有非法软件驻留，不能有非法操作。

信息安全是一门涉及计算机科学、网络技术、通信技术、密码技术、信息安全技术、应用数学、数论、信息论等多种学科的综合性学科。

2. 信息安全的威胁

信息安全的威胁来自方方面面，不可一一罗列。但这些威胁根据其性质，基本上可以归结为以下几个方面：

(1) 信息泄露。保护的信息被泄露或透露给某个非授权的实体。

(2) 破坏信息的完整性。数据被非授权地进行增删、修改或破坏而受到损失。

(3) 拒绝服务。信息使用者对信息或其他资源的合法访问被无条件地阻止。

(4) 非法使用(非授权访问)。某一资源被某个非授权的人，或以非授权的方式使用。

(5) 窃听。用各种可能的合法或非法的手段窃取系统中的信息资源和敏感信息。例如对通信线路中传输的信号搭线监听，或者利用通信设备在工作过程中产生的电磁泄漏截取有用信息等。

(6) 业务流分析。通过对系统进行长期监听，利用统计分析方法对诸如通信频度、通信的信息流向、通信总量的变化等参数进行研究，从中发现有价值的信息和规律。

(7) 假冒。通过欺骗通信系统(或用户)达到非法用户冒充成为合法用户，或者特权小的用户冒充成为特权大的用户的目的。我们平常所说的黑客大多采用的就是假冒攻击。

(8) 旁路控制。攻击者利用系统的安全缺陷或安全性上的脆弱之处获得非授权的权利或特权。例如，攻击者通过各种攻击手段发现原本应保密，但是却又暴露出来的一些系统“特性”，利用这些“特性”，攻击者可以绕过防线守卫者，侵入系统的内部。

(9) 授权侵犯。被授权以某一目的使用某一系统或资源的某个人，却将此权限用于其他非授权的目的，也称作“内部攻击”。

(10) 抵赖。这是一种来自用户的攻击，涵盖范围比较广泛，如否认自己曾经发布过的某条消息、伪造一份对方来信等。

(11) 计算机病毒。这是一种在计算机系统运行过程中能够实现传染和侵害功能的程序，行为类似病毒，故称作计算机病毒。

(12) 信息安全法律法规不完善。由于当前约束操作信息行为的法律法规还很不完善，存在很多漏洞，很多人打法律的擦边球，这就给信息窃取、信息破坏者以可乘之机。

3. 信息安全的重要性

我国的改革开放带来了各方面信息量的急剧增加，并要求大容量、高效率地传输这些信息。为了适应这一形势，通信技术发生了前所未有的爆炸性发展。目前，除有线通信外，短波、超短波、微波和卫星等无线电通信也正在越来越广泛地应用。与此同时，国外敌对势力为了窃取我国的政治、军事、经济、科学技术等方面的秘密信息，运用侦察台、侦察船、侦察机、卫星等手段，形成固定与移动、远距离与近距离、空中与地面相结合的立体侦察网，截取我国通信传输中的信息。

21世纪，很多事情已经托付给计算机来完成，敏感信息正经过脆弱的通信线路在计算机系统之间传送，专用信息在计算机内存储或在计算机之间传送，电子银行业务使财务账目可通过通信线路查阅，执法部门从计算机中了解罪犯的前科，医生们用计算机管理病历，所有这一切，最重要的问题是不能在对非法（非授权）获取（访问）不加防范的条件下传输信息。传输信息的方式很多，有局域计算机网、互联网和分布式数据库，有蜂窝式无线、分组交换式无线、卫星电视会议、电子邮件及其他各种传输技术。信息在存储、处理和交换过程中都存在泄密或被截收、窃听、篡改和伪造的可能性。

信息作为一种资源，它的普遍性、共享性、增值性、可处理性和多效用性，使其对于人类具有特别重要的意义。信息安全的实质就是要保护信息系统或信息网络中的信息资源免受各种类型的威胁、干扰和破坏，即保证信息的安全性。根据国际标准化组织的定义，信息安全性的含义主要是指信息的完整性、可用性、保密性和可靠性。信息安全是任何国家、政府、部门、行业都必须十分重视的问题，是一个不容忽视的国家安全战略。但是，对于不同的部门和行业来说，其对信息安全的要求和重点却是有区别的。

1.1.2　信息安全属性和内容

1. 信息安全的属性

所有的信息安全技术都是为了达到一定的安全目标，其核心包括保密性、完整性、可用性、可控性和不可抵赖性5个安全目标。

1）信息保密性

信息保密性是指系统中有密级要求的信息只能经过特定的方式传输给特定的对象，确保合法用户对该信息的合法访问和使用，阻止非授权的主体阅读信息。它是信息安全一诞生就具有的特性，也是信息安全主要的研究内容之一。更通俗地讲，就是说未授权的用户不能够获取敏感信息。对纸质文档信息，只需要保护好文件，不被非授权者接触即可。而对计算机及网络环境中的信息，不仅要制止非授权者对信息的阅读，还要阻止授权者将其访问的信息传递给非授权者，以致信息被泄露。

2）信息完整性

信息完整性主要是指系统保证信息在存储和传输的过程中保持不被非法存取、偷窃、篡改、删除等，以及不因意外事件的发生而使信息丢失。完整性要求信息在存储或传输的过程中保持不被修改、不被破坏、不被插入、不延迟、不乱序和不丢失的特性，防止信息被未经授权的篡改，保护信息保持原始的状态，使信息保持其真实性。如果这些信息被蓄意地修改、插入和删除等，形成虚假信息将带来严重的后果。

3）信息可用性

信息可用性是指授权主体在需要信息时能及时得到服务的能力。可用性是在信息安全保护阶段对信息安全提出的新要求，也是在网络化空间中必须满足的一项信息安全要求。

4）信息可控性

信息可控性是指系统对信息的传播及其内容具有可控制能力的特性，是对信息和信息系统实施安全监控管理，防止非法利用信息和信息系统。

5）信息不可抵赖性

信息不可抵赖性也称为不可否认性，是指在网络环境中，信息交换的双方不能否认其在交换过程中发送信息或接收信息的行为。信息交换的双方对信息的传递与接收都具有不可抵赖的特性，即发出信息的一方不可抵赖曾经发出某种信息，接收方不可抵赖曾经收到某种信息，且不可以对信息做出任意非法操作，并能按照发出方的要求提供回执。

信息安全的保密性、完整性和可用性主要强调对非授权主体的控制。而对授权主体的不正当行为如何控制呢？信息安全的可控性和不可否认性恰恰是通过对授权主体的控制，实现对保密性、完整性和可用性的有效补充，主要强调授权用户只能在授权范围内进行合法的访问，并对其行为进行监督和审查。除了上述的信息安全五特性外，还有信息安全的可审计性、可鉴别性等。信息安全的可审计性是指信息系统的行为人不能否认自己的信息处理行为。与不可否认性的信息交换过程中行为可认定性相比，可审计性的含义更宽泛一些。信息安全的可鉴别性是指信息的接收者能对信息的发送者的身份进行判定。它也是一个与不可否认性相关的概念。

2. 信息安全的内容

1）从结构层次看

信息安全内涵从安全结构层次划分，包括物理安全、安全控制和安全服务三个方面。物理安全是系统安全的基本保障，是信息安全的基础。安全控制是指控制和管理存储、传输信息的操作与进程，是在网络信息处理层次上对信息进行初步的安全保护。安全服务是指在应用层对信息的保密性、完整性、真实性等进行保护和鉴别，防止受到各种攻击和威胁。

2）从内容方面看

信息安全内涵从其主要内容划分，包括物理安全、网络安全、系统安全、信息安全和管理安全5个方面。物理安全既包括计算机网络设备、设施、环境等存在的安全威胁，也包括在物理介质层次上的存储和传输存在的安全问题。网络安全包括结点安全、运行安全和线路安全。系统安全包括硬件安全和软件安全。信息安全是指系统中存储、传输和交换信息的保密性。管理安全包括用户的同一性检查、使用权限检查和建立运行日志等内容。

1.2 信息安全体系

本节将介绍信息安全体系结构、信息安全管理体系、信息安全测评认证体系和信息安全研究体系。

1.2.1 信息安全体系结构

ISO 7498 标准是目前国际上普遍遵循的计算机信息系统互连标准,1989 年 12 月 ISO 颁布了该标准的第二部分,即 ISO 7498—2 标准,并首次确定了开放系统互连(OSI)参考模型的信息安全体系结构。我国将其作为国家标准,并予以执行。下面就来详细介绍一下 ISO 7498 标准,其中包括了 5 大类安全服务以及提供这些服务所需要的 8 大类安全机制。

1. 安全服务

安全服务是由参与通信的开放系统的某一层所提供的服务,它确保了该系统或数据传输具有足够的安全性。ISO 7498—2 确定了 5 大类安全服务,即鉴别、访问控制、数据保密性、数据完整性和不可否认。

(1) 鉴别。这种安全服务可以鉴别参与通信的对等实体和数据源。包括对等实体鉴别和数据源鉴别。

(2) 访问控制。这种安全服务提供的保护能够防止未经授权而利用通过 OSI 可访问的资源。这些资源可能是通过 OSI 协议可访问的 OSI 资源或非 OSI 资源。这种安全服务可用于对某个资源的各类访问(通信资源的利用,信息资源的阅读、书写或删除,处理资源的执行等),或用于对某个资源的所有访问。

(3) 数据保密性。这种安全服务能够提供保护,以防止数据未经授权而泄露。包括连接保密性、无连接保密性、选择字段保密性和业务流保密性。

(4) 数据完整性。这种安全服务用于对付主动威胁。包括带恢复的连接完整性、不带恢复的连接完整性、选择字段连接完整性、无连接完整性和选择字段无连接完整性。

(5) 不可否认。包括带数据源证明的不可否认和带递交证明的不可否认。

2. 安全机制

ISO 7498—2 确定了 8 大类安全机制,即加密、数据签名机制、访问控制机制、数据完整性机制、鉴别交换机制、业务填充机制、路由控制机制和公证机制。

(1) 加密。包括保密性、加密算法和密钥管理几个部分。

(2) 数字签名机制。这种安全机制决定于两个过程:对数据单元签名和验证已签名的数据单元。第一个过程可以利用签名者私有的(即独有和保密的)信息,而第二个过程则要利用公之于众的规程和信息,但通过它们并不能推出签名者的私有信息。

(3) 访问控制机制。确定访问权,建立多个限制手段,访问控制在数据源或任何中间点用于确定发信者是否被授权与收信者进行通信,或被授权可以利用所需要的通信资源。

(4) 数据完整性机制。一是数据完整性机制的两个方面,即单个的数据单元或字段的完整性以及数据单元串或字段串的完整性。二是确定单个数据单元的完整性。三是编序形式。四是保护形式。

(5) 鉴别交换机制。这种安全机制是通过信息交换以确保实体身份的一种机制。

(6) 业务填充机制。这是一种制造假的通信实例、产生欺骗性数据单元或在数据单元中产生假数据的安全机制。该机制可用于提供对各种等级的保护,以防止业务分析。该机制只有在业务填充受到保密性服务保护时才有效。

(7) 路由控制机制。包括路由选择、路由连接和安全策略。

(8) 公证机制。保证由第三方公证人提供,公证人能够得到通信实体的信任,而且可以掌握按照某种可证实方式提供所需保证的必要的信息。每个通信场合都可以利用数字签名、加密和完整性机制以适应公证人所提供的服务。在用到这样一个公证机制时,数据便经由受保护的通信场合和公证人在通信实体之间进行传送。

1.2.2 信息安全管理体系

信息安全的建设是一个系统工程,它需要对整个网络中的各个环节进行统一的综合考虑,规划和构架,并要时时兼顾组织内不断发生的变化。任何单个环节上的安全缺陷都会对系统的整体安全构成威胁。据权威机构统计表明:网络与信息安全事件中大约有70%以上的问题都是由管理方面的原因造成的,这正应了人们常说的"三分技术,七分管理"的箴言。

网络与信息安全=信息安全技术+信息安全管理体系

1995 年 ISO 制定了《信息安全管理体系标准》,2000 年 12 月国际标准化组织将其第一部分正式转化为国际标准。该标准提供了 127 种安全控制指南,并对计算机网络与信息安全的控制措施做出了详尽的描述。具体来说,该标准的内容主要包括信息安全政策、信息安全组织、信息资产分类与管理、个人信息安全、物理和环境安全、通信和操作安全管理、存取控制、信息系统的开发和维护、持续运营管理等。

1. 建立信息安全管理框架

信息安全管理框架的搭建必须按照下面的程序进行:

(1) 定义信息安全政策。

(2) 定义信息安全管理体系的范围。

(3) 进行信息安全风险评估。

(4) 信息安全风险管理。

(5) 确定管制目标和选择管制措施。

(6) 准备信息安全适用性声明。

2. 具体实施构架的信息安全管理

信息安全管理体系管理框架的建设只是建设信息安全管理体系的第一步。在具体实施信息安全管理体系的过程中,还必须充分考虑其他方方面面的因素,如实施的各项费用因素,与组织员工原有工作习惯的冲突、不同部门/机构之间在实施过程中的相互协作问题等。

3. 在信息安全管理体系基础上建立相关的文档

在信息安全管理体系建设和实施的过程中,还必须建立起各种相关的文档、文件,如信息安全管理体系管理范围中所规定的文档内容、对管理框架的总结、在信息安全管理体系管理范围内规定的管制采取过程、信息安全管理体系管理和具体操作的过程等。文档可以以各种形式进行保存,但必须划分为不同的等级或类型。同时,为了今后信息安全认证工作的顺利进行,文档还必须能够非常容易地被指定的第三方访问和理解。

4. 安全事件的记录和处理

另外，还必须对实施信息安全管理体系(ISMS)过程中发生的各种与信息安全有关的事件进行全面记录。安全事件的记录对高效实现 ISMS 具有很重要的作用，它为组织进行信息安全政策的定义、安全管制措施的选择等修正提供了现实的依据。安全事件记录还必须清晰，并进行适当保存以及加以维护，使得当记录被破坏、损坏或丢失时能够容易地挽救。

1.2.3　信息安全测评认证体系

1. 信息安全性的度量标准

信息技术安全性评估通用准则，通常简称为通用准则(CC)，是评估信息技术产品和系统安全特性的基础准则。此标准是现阶段最完善的信息技术安全性评估标准，我国也将采用这一标准对产品、系统和系统方案进行测试、评估和认可。通用准则的内容分为三部分：第 1 部分是“简介和一般模型”；第 2 部分是“安全功能要求”；第 3 部分是“安全保证要求”。

2. 国际测评认证体系的发展

1995 年，CC 项目组成立了代国际互认工作组，该工作组于 1997 年制定了过渡性 CC 互认协定。同年 10 月，美国的 NSA 和 NIST、加拿大的 CSE 和英国的 CESG 签署了该协定。1998 年 5 月，德国的 GISA、法国的 SCSSI 也签署了此协定。由于当时是依照了 CC1.0 版，因此互认的范围也就限于评估保证级 1～3。

1999 年 10 月，澳大利亚和新西兰的 DSD 也加入了 CC 互认协定。此时互认范围已发展为评估保证级 1-4，但证书发放机构还限于政府机构。

2000 年，荷兰、西班牙、意大利、挪威、芬兰、瑞典和希腊等国也加入了该互认协定，日本、韩国、以色列等国也正在积极准备加入此协定。目前的证书发放机构已不再限于政府机构，非政府的认证机构也可以加入此协定，但必须有政府机构的参与或授权。

3. 组织结构

从目前已建立的 CC 信息安全测评认证体系的有关国家来看，每个国家都具有自己的国家信息安全测评认证体系，而且基本上都成立了专门的信息安全测评认证机构，并由认证机构管理通过了实验室认可的多个 CC 评估/测试实验室，认证机构一般受国家安全或情报部门和国家标准化部门控制。归纳起来，常见的组织结构如图 1-1 所示。在这样的组织结

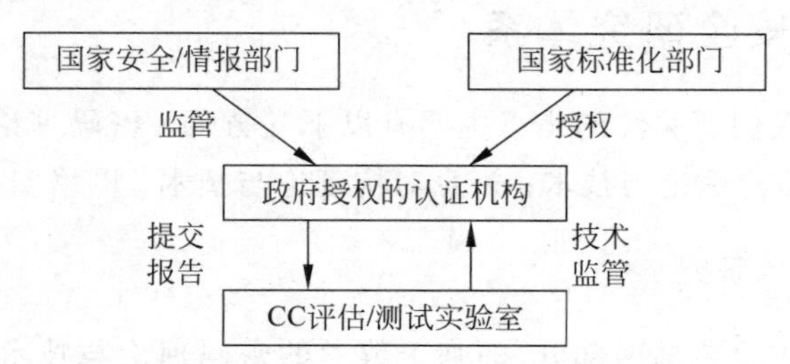

图 1-1　信息安全测评认证机构

构中，认证机构在国家安全主管部门的监管和国家技术监督主管部门的认可/授权下，负责对安全产品的安全性实施评估和认证，并颁发认证证书。认证机构作为公正的第三方，它的存在对于规范信息安全市场，强化产品生产者和使用者的安全意识都将起到积极的作用。

4. 信息安全测评认证体系

目前，基于 CC 的信息安全测评认证体系如图 1-2 所示。

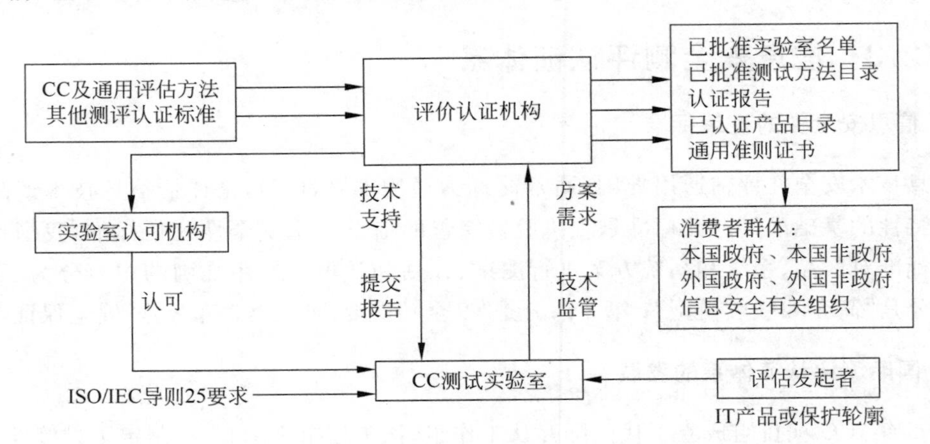

图 1-2 信息安全测评认证体系

5. 中国信息安全测评认证体系

2002 年 4 月 3 日，国家信息安全测评认证体系工作组成立暨第一次工作会议在北京召开，16 个部门的专家领导参加了会议。这标志着国家信息安全认证体系的建立。随后，研究小组的成员讨论并初步确定了国家信息安全认证体系框架初稿。

中国国家信息安全测评认证中心是经国家授权，依据国家认证的法律、法规和信息安全管理的政策，并按照国际通用准则建立的中立的技术机构。它代表国家对信息技术、信息系统、信息安全产品以及信息安全服务的安全性实施测试、评估和认证，为社会提供相关的技术服务，为政府有关主管部门的信息安全行政管理和行政执法提供必要的技术支持。“中华人民共和国国家信息安全证”是国家对信息安全技术、产品或系统安全质量的最高认可。中国国家信息安全测评认证中心开展以下 4 种认证业务：产品型号认证、产品认证、信息系统安全认证和信息安全服务认证。

1.2.4 信息安全研究体系

信息安全领域中人们所关注的焦点主要有以下几方面：密码理论与技术；安全协议理论与技术；安全体系结构理论与技术；信息对抗理论与技术；网络安全与安全产品。

1. 密码理论与技术研究

密码理论与技术主要包括两部分，即基于数学的密码理论与技术（包括公钥密码、分组密码、序列密码、认证码、数字签名、Hash 函数、身份识别、密钥管理和 PKI 技术等）和非数学的密码理论与技术(包括信息隐形、量子密码和基于生物特征的识别理论与技术)。

2. 安全协议理论与技术研究

安全协议研究主要包括两方面内容,即安全协议的安全性分析方法研究和各种实用安全协议的设计与分析研究。安全协议的安全性分析方法主要有两类：一类是攻击检验方法；另一类是形式化分析方法,其中形式化分析是安全协议研究中最关键的研究问题之一。

3. 安全体系结构理论与技术研究

安全体系结构理论与技术主要包括安全体系模型的建立及其形式化描述与分析,安全策略和机制的研究,检验和评估系统安全性的科学方法和准则的建立,符合这些模型、策略和准则的系统的研制(如安全操作系统、安全数据库系统等)。

4. 信息对抗理论与技术研究

信息对抗理论与技术主要包括黑客防范体系、信息伪装理论与技术、信息分析与监控、入侵检测原理与技术、反击方法、应急响应系统、计算机病毒、人工免疫系统在反病毒和抗入侵系统中的应用等。

5. 网络安全与安全产品研究

网络安全是信息安全中的重要研究内容之一,也是当前信息安全领域中的研究热点。研究内容包括网络安全整体解决方案的设计与分析,网络安全产品的研发等。网络安全包括物理安全和逻辑安全。物理安全指网络系统中各通信、计算机设备及相关设施的物理保护,免于破坏、丢失等。逻辑安全包含信息完整性、保密性、非否认性和可用性。它涉及网络、操作系统、数据库、应用系统、人员管理等方面。

1.3　信息安全历史和现状

本节将根据中国信息安全实验室冯登国教授和其他学者的观点,对国内外信息安全的研究历史、现状及发展趋势进行梳理。

1.3.1　国外信息安全历史和现状

1. 早期的信息安全

密码学是一个古老的学科,其历史可以追溯到公元前5世纪希腊城邦为对抗奴役和侵略,与波斯发生多次冲突和战争。由于军事和国家安全的需要,密码学的研究从未间断。

20世纪40～60年代初,电子计算机出现后,由于其体积较大,不易安置,碰撞或搬动过程中容易受损,因此人们较关心其硬件安全。

2. 20世纪70年代信息安全

因为密码学的良好基础,加上军事和国家安全的需要,密码学研究开始与计算机安全结合。另外，互联网的崛起也刺激了网络安全的研究。这个时期的研究包括以下几个方面：

(1) 在密码理论与技术研究方面，1976 年公钥密码思想被提出，比较流行的主要有两类：一类是基于大整数因子分解问题的，其中最典型的代表是 RSA；另一类是基于离散对数问题的，如 ElGamal 公钥密码和影响比较大的椭圆曲线公钥密码。自 1979 年 Shamir 提出密钥管理思想以来，秘密共享理论和技术达到了空前的发展和应用。

(2) 在安全体系结构理论与技术研究方面，20 世纪 70 年代，ARPANET 开始流行并投入使用，并且其使用呈无序的趋势。1973 年 12 月，Robert M. Bob Metcalfe 指出 ARPANET 存在的几个基本问题：单独的远程用户站点没有足够的控制权和防卫措施来保护数据免受授权的远程用户的攻击。20 世纪 70 年代，安全体系结构理论的计算机保密模型(Bell&La padula 模型)被提出。

3. 20 世纪 80 年代信息安全

20 世纪 80 年代末，随着国际互联网的逐渐普及，安全保密事件频频发生，既有“硬破坏”，也有“软破坏”，因而，这一阶段的计算机安全不但重视硬件，而且也重视软件和网络。不但注重系统的可靠性和可用性，而且因使用者多数是涉密的军事和政府部门，因此也非常关注系统的保密性。这个时期的研究和关注点包括以下几个方面：

(1) 在密码理论与技术研究方面，20 世纪 80 年代后期，认证码研究在其构造和界的估计等方面已经取得了长足的发展。身份识别研究有两类：一类是 1984 年 Shamir 提出的基于身份的识别方案；另一类是 1986 年 Fiat 等人提出的零知识身份识别方案。20 世纪80 年代中期到 90 年代初，序列密码的研究非常热，在序列密码的设计与生成以及分析方面出现了一大批有价值的成果。

(2) 在安全协议理论与技术研究方面，20 世纪 80 年代初安全协议的形式化分析方法起步，随着各种有效方法及思想的不断涌现，目前这一领域在理论上正在走向成熟。研究成果主要集中在基于推理知识和信念的模态逻辑，基于状态搜索工具和定理证明技术，基于新的协议模型发展证明正确性理论三方面。

(3) 在安全体系结构理论与技术研究方面，20 世纪 80 年代中期，美国国防部制定了“可信计算机系统安全评价准则(TCSEC)”，其后又对网络系统、数据库等方面做出了系列安全解释，形成了安全信息系统体系结构的最早原则。

(4) 在信息对抗理论与技术研究方面，1988 年“蠕虫事件”和计算机系统 Y2k 问题让人们开始重视信息系统的安全。

4. 20 世纪 90 年代信息安全

20 世纪 90 年代，伴随着计算机及其网络的广泛应用，诸多的安全事件暴露了计算机系统的缺陷，这使计算机科学家和生产厂商意识到，如果不堵住计算机及网络自身的漏洞，犯罪分子将乘虚而入，不但造成财产上的损失，而且将严重阻碍计算机技术的进一步发展和应用。这个时期的研究和关注点包括以下几个方面：

(1) 在密码理论与技术研究方面，法国是第一个制定数字签名法的国家，其他国家也正在实施之中。1993 年美国提出的密钥托管理论和技术、国际标准化组织制定的 X. 509 标准以及麻省理工学院开发的 Kerboros 协议等。美国在 1977 年制定了数据加密标准，但 1997 年

6 月 17 日被攻破。随后制定和评估新一代数据加密标准(称作 AES)。欧洲和日本也启动了相关标准的征集和制定工作。

(2) 在安全协议理论与技术研究方面,目前已经提出了大量的实用安全协议,如电子商务协议、IPSec 协议、TLS 协议、简单网络管理协议(SNMP)、PGP 协议、PEM 协议、S-HTTP 协议和 S/MIME 协议等。实用安全协议的安全性分析,特别是电子商务协议、IPSec 协议、TLS 协议是协议研究中的另一个热点。典型的电子商务协议有 SET 协议、iKP 协议等。另外,值得注意的是 Kailar 逻辑,它是目前分析电子商务协议的最有效的一种形式化方法。为了实现安全 IP,Internet 工程任务组 IETF 于 1994 年开始了一项 IP 安全工程,专门成立了 IP 安全协议工作组 IPSEC 来制定和推动一套称为 IPSec 的 IP 安全协议标准。IETF 于 1995 年 8 月公布了一系列关于 IPSec 的建议标准。1994 年,Netscape 公司为了保护 Web 通信协议 HTTP,开发了 SSL 协议,1996 年发布了 SSL3.0。1997 年,IETF 发布了 TLS1.0 传输层安全协议的草案。1999 年正式发布了 RFC2246。

(3) 在安全体系结构理论与技术研究方面,20 世纪 90 年代初,英、法、德、荷 4 国针对 TCSEC 准则只考虑保密性的局限,联合提出了包括保密性、完整性、可用性概念的"信息技术安全评价准则(ITSEC)",但是该准则中并没有给出综合解决以上问题的理论模型和方案。最后 6 国 7 方(美国国家安全局和国家技术标准研究所、加、英、法、德、荷)共同提出"信息技术安全评价通用准则(CC for ITSEC)"。CC 标准于 1999 年 7 月通过国际标准化组织认可,编号为 ISO/IEC 15408。

(4) 在信息对抗理论与技术研究方面,黑客利用分布式拒绝服务方法攻击大型网站,导致网络服务瘫痪。计算机病毒和网络黑客攻击技术已经成为新一代军事武器。

5. 21 世纪信息安全现状

进入 21 世纪,密码理论研究有了一些突破,安全体系结构理论更加完善,信息对抗理论的研究尚未形成系统,网络安全与安全产品丰富多彩。这个时期的研究包括以下几个方面:

(1) 在密码理论与技术研究方面,目前国际上对非数学的密码理论与技术(包括信息隐形、量子密码、基于生物特征的识别理论与技术等)非常关注。信息隐藏将在未来网络中保护信息免于破坏起到重要作用。信息隐藏是网络环境下把机密信息隐藏在大量信息中不让对方发觉的一种方法。特别是图像叠加、数字水印、潜信道、隐匿协议等的理论与技术的研究已经引起人们的重视。近年来,英、美、日等国的许多大学和研究机构竞相投入到量子密码的研究之中,更大的计划在欧洲进行。西方国家不仅在密码基础理论方面的研究做得很好,而且在实际应用方面也做得非常好,制定了一系列的密码标准,特别规范。

(2) 在安全体系结构理论与技术研究方面,至今美国已研制出达到 TCSEC 要求的安全系统(包括安全操作系统、安全数据库、安全网络部件)达 100 多种,但这些系统仍有局限性,还没有真正达到形式化描述和证明的最高级安全系统。

(3) 在信息对抗理论与技术研究方面,该领域正在发展阶段,理论和技术都很不成熟,也比较零散。但它的确是一个研究热点。目前的成果主要是一些产品(如 IDS、防范软件、杀病毒软件等)。除了攻击程序和黑客攻击外,当前该领域最引人瞩目的问题是网络攻击,美国在网络攻击方面处于国际领先地位。该领域的另一个比较热门的问题是入侵检测与防范。这方面的研究相对比较成熟,也形成了系列产品。

(4) 在网络安全与安全产品研究方面,目前在市场上比较流行,而又能够代表未来发展方向的安全产品大致有以下几类:防火墙、安全路由器、虚拟专用网、安全服务器、电子签证机构 CA 和 PKI 产品、用户认证产品、安全管理中心、入侵检测系统(IDS)、安全数据库、安全操作系统。

1.3.2 国内信息安全历史和现状

1. 初期的信息安全

早年我国的密码学应用研究主要集中在军事领域和国家安全部门。20 世纪 80 年代中期,有些部门开始注意计算机电磁辐射造成泄密问题,并将国外的"计算机安全(Computer Security)"一词引入我国使用。

2. 20 世纪 90 年代信息安全

我国信息安全研究经历了通信保密、计算机数据保护两个发展阶段。安全体系的构建和评估,通过学习、吸收、消化 TCSEC 准则进行了安全操作系统、多级安全数据库的研制,但是由于系统安全内核受控于人,以及国外产品的不断更新升级,基于具体产品的增强安全功能的成果难以保证没有漏洞,难以得到推广应用。在学习借鉴国外技术的基础上,国内一些部门也开发研制了一些防火墙、安全路由器、安全网关、黑客入侵检测、系统脆弱性扫描软件等。但是,这些产品安全技术的完善性、规范化和实用性还存在许多不足,特别是在多平台的兼容性、多协议的适应性、多接口的满足性方面较国外存在很大差距,理论基础和自主的技术手段也需要发展和强化。

3. 21 世纪的信息安全现状

20 世纪 90 年代后期到 21 世纪,我国信息安全的研究发展很快,但是很不平衡。有些方面达到了世界先进水,有些方面依然存在很大的距离。

(1) 在密码理论与技术研究方面,我国学者也提出了一些公钥密码,另外在公钥密码的快速实现方面也做了一定的工作,如在 RSA 的快速实现和椭圆曲线公钥密码的快速实现方面都有所突破。公钥密码的快速实现是当前公钥密码研究中的一个热点,包括算法优化和程序优化。另一个人们所关注的问题是椭圆曲线公钥密码的安全性论证问题。我国学者在序列密码方面的研究很不错。在密钥管理方面也做了一些跟踪研究,按照 X.509 标准实现了一些 CA。在认证码方面的研究也很出色。在密码基础理论的某些方面的研究做得很好,但在实际应用方面与国外的差距较大,没有自己的标准,也不规范。目前我国在密码技术的应用水平方面与国外还有一定的差距。

(2) 在安全协议理论与技术研究方面,虽然在理论研究方面和国际上已有协议的分析方面做了一些工作,但在实际应用方面与国际先进水平还有一定的差距。

(3) 在安全体系结构理论与技术研究方面,我国与先进国家和地区存在很大差距。近几年来,在我国进行了安全操作系统、安全数据库、多级安全机制的研究,但由于自主安全内核受控于人,难以保证没有漏洞。大部分有关的工作都以美国 1985 年的 TCSEC 标准为主要参照系。开发的防火墙、安全路由器、安全网关、黑客入侵检测系统等产品和技术,主要集中在系统应用环境的较高层次上，在完善性、规范性、实用性上还存在许多不足，特别是在多平台的兼容性、多协议的适应性、多接口的满足性方面存在很大距离，其理论基础和自主的技术手段也有待于发展和强化。1999 年 10 月发布了“计算机信息系统安全保护等级划分准则”，该准则为安全产品的研制提供了技术支持，也为安全系统的建设和管理提供了技术指导。Linux 开放源代码为我们自主研制安全操作系统提供了前所未有的机遇。

(4) 在信息对抗理论与技术研究方面，国内在入侵检测与防范方面的研究很不错，并形成了相应的产品。我国民间和研究机构就攻击程序和黑客攻击进行了一些非系统零散的研究。网络攻击研究刚刚起步，与国际水平有差距。

(5) 在网络安全与安全产品研究方面，网络安全的解决是一个综合性问题，涉及诸多因素，包括技术、产品和管理等。目前国际上已有众多的网络安全解决方案和产品，但由于出口政策和自主性等问题，不能直接用于解决我国自己的网络安全，因此我国的网络安全只能借鉴这些先进技术和产品自行解决。庆幸的是，目前国内已有一些网络安全解决方案和产品，不过这些解决方案和产品与国外同类产品相比尚有一定的差距。

1.4　信息安全法规

本节将简要介绍国际信息安全法规和国内信息安全法规。

1.4.1　国际信息安全法规

1. 早期信息安全法规

发达国家关注计算机安全立法是从 20 世纪 60 年代开始的。瑞典早在 1973 年就颁布了《数据法》，这是世界上首部直接涉及计算机安全问题的法规。随后，丹麦等西欧各国都先后颁布了数据法或数据保护法。美国国防部早在 20 世纪 80 年代就对计算机安全保密问题开展了一系列有影响的工作。针对窃取计算机数据和对计算机信息系统的种种危害，1981 年成立了国家计算机安全中心，1983 年美国国家计算机安全中心公布了可信计算机系统评价准则，1986 年制定了计算机诈骗条例，1987 年制定了计算机安全条例，1999 年制定了信息技术安全评价通用准则(CC)，2003 年美国国家安全局又发布了信息保障技术框架。

2. 欧盟信息安全法规

近年来，对于互联网的法律监管问题，欧盟各机构已经做出相当大的努力来制定法规框架和设定法律工具。1996 年 10 月，欧盟开始实施《网上有害和非法内容通信条例》，该条例提出了采取立即行动的一些措施。该条例认为确保现行法律应用于互联网是所有成员国的责任，在欧洲和国际层面上进行合作和协调有助于法律的实施。它介绍了一种结合服务供应商自我管理、互联网用户采用鉴定和过滤软件等技术工具以及提供检测智能的法规框架。同时，欧盟通过了《关于在音像影像和信息服务行业中保护未成年人和人类尊严》的绿皮书。该绿皮书的目的是为了引起关于特殊类型的非法材料(包括反犹太和种族主义材料)的立法讨论。绿皮书引起了关于三个议题的讨论：加强法律的保护，鼓励更高一级的治理体系以及促进国际合作。欧盟及其成员国有关集团对这些问题的考虑，产生了关于互联网种族主义非法材料的广泛共识。

1997 年，欧盟通过了《关于保护未成年人与人类尊严的推荐建议》(以下简称《推荐建议》)以及 1999 年决定通过的《促进更安全地使用互联网行动计划》(以下简称《行动计划》)。这两个文件是补充文件。《推荐建议》是法律建议书，帮助形成国家层面上实施自我管理的共同指导原则；《行动计划》则为创建安全环境，开发过滤系统的具体行为，以及为教育用户和法律与经济领域的辅助行动提供财政支持。总之，迄今实施的措施把与非法内容的斗争责任在源头上落实到了法律实施机构的身上，这些机构的活动受到国家法律和关于司法合作的国际协定的管理。可以预期，尽管互联网业可以通过自律、操作代码和建立热线在减少非法内容上起到一定的作用，但上述措施则会使有关经验、信息、警官与司法人员培养等因素融会起来。

与此同时，欧盟还根据 1996 年的条约，建立了互联网非法和有害内容的工作小组。1996 年 9 月，美国联邦电讯委员会同意在工作小组内增加部长代表、服务供应商和其他人员，从而使其研究领域和工作范围得到扩展。工作小组于 1996 年 11 月和 1997 年 7 月提出了两份报告，这些报告促成了 1997 年 2 月通过的《关于互联网非法和有害内容的委员会决议》(以下简称《决议》)。该决议使欧盟成员国采纳了自我管理体系，包括服务供应商和用户代表团体，有效地操作密码，公众热线报告机制以及过滤机制和监测系统。《决议》也要求欧盟跟踪考察以前推荐的措施，包括最佳实践和信息在团体层面上更迅速地协调和交流，同时进一步思考互联网内容的法律责任问题。

1997 年 4 月，欧盟通过了一项决议，并通过了欧盟主席皮埃尔·普拉蒂亚关于“公民自由和互联事务”的报告。《决议》号召成员国制定刑法共同规则，在共同的指导原则基础上加强行政合作，在与欧洲议会协商后建立包括保护未成年人和人类尊严方面应有目标在内的自我管理共同框架。这个框架也包括有关行业的治理原则、决策程序，鼓励信息通信行业开发适应用户需要的信息保护和过滤软件的措施，采取合适措施使所有儿童色情实践都能向警方报告，并与欧洲警察署和国际刑警组织协同工作。在互联网有害和非法内容方面，《决议》号召委员会和成员国要鼓励开发与互联网内容选择协议平台兼容的、可包容文化差异的、共同的国际监测系统。

作为《决议》的成果，1997 年 7 月在波恩召开了一个国际部长级会议，会议主题为“全球信息网络实现可能性”，与会者包括信息通信行业的所有成员以及用户和其他国际组织的代表。会议产生了一系列宣言，强调了民营部门通过自我管理系统，在保护消费者利益和保护并尊重伦理标准方面能发挥作用。

在网络监管实践方面，司法部门和国内事务委员会主持法律实施部门的具体合作，并建立了专门的工作小组来管理互联网通信的合法侦听工作。欧盟各国对警方与司法的合作非常关注，并建议由管理跨国犯罪的高级小组来研究对信息犯罪的地理定位、鉴别和起诉的机制问题。1997 年 4 月，欧盟和欧洲警察组织发文给欧洲警方，要求他们监测互联网上的非法内容，选出“报告点”，调查跨国连接，交换信息，协调各国法律，并在调查方面相互合作。

3. 美国信息安全法规

美国联邦政府在信息安全方面的法律最主要的是 1987 年美国第 100 届国会通过的、1988 年开始实施的 100—235 号公法。到目前为止，美国已制定专门用来解决信息网络安全问题的法律法规不少于18部，这些法律法规主要涉及以下几个领域：

(1) 加强信息网络基础设施保护，打击网络犯罪，如《国家信息基础设施保护法》、《计算机欺诈与滥用法》、《公共网络安全法》、《计算机安全法》、《加强计算机安全法》、《加强网络安全法》；

(2) 规范信息收集、利用、发布和隐私权保护，如《信息自由法》、《隐私权法》、《电子通信隐私法》、《儿童在线隐私权保护法》、《通信净化法》、《数据保密法》、《网络安全信息法》、《网络电子安全法》；

(3) 确认电子签名及认证，如《全球及全国商务电子签名法》；

(4) 其他安全问题，如《国土安全法》、《政府信息安全改革法》和《网络安全研究与开发法》等。

下面按时间先后顺序将主要法案介绍如下：1966年制定通过《信息自由法》，1974年、1986年、1996年三次修订；1974年制定通过《隐私权法》；1984年制定通过《计算机欺诈与滥用法》；1986年10月制定通过《电子通信隐私法》；1987年制定通过《计算机安全法》；为了限制有害信息的传播，1996年美国将《电信法》第五编《色情和暴力》独立成篇，经国会众参两院同意，以《通信净化法》的名称加以公布；1996年制定通过《国家信息基础设施保护法》；1997年制定通过《数据保密法》；1997年6月制定通过《公共网络安全法》；1997年9月制定通过《加强计算机安全法》，2000年修订；1998年10月通过《儿童在线隐私权保护法》；1999年通过《网络电子安全法案》；2000年通过《政府信息安全改革法案》，它是在对1995年颁布的《纸张销减法案》进行修订并重新命名而成；2000年制定通过《全球及全国商务电子签名法》；2000年4月制定通过《网络安全信息法》；2002年11月通过《网络安全研究与开发法》；2002年3月通过《联邦信息安全管理法》；2002年11月通过《国土安全法》。另外，美国将原经众议院通过而参议院未予通过的《加强网络安全法》的内容并入《国土安全法》。

4. 西欧信息安全法规

在西欧，许多国家就有关信息安全制定了相应的对策和法律。

英国把信息安全作为主要任务之一。英国在1995年制定了《信息安全管理操作条例》，该法用以保护军事与政府部门的敏感信息。1996年以前，英国主要依据《黄色出版物法》、《青少年保护法》、《录像制品法》、《禁止泛用电脑法》和《刑事司法与公共秩序修正法》惩处利用计算机和互联网络进行犯罪的行为。1996年9月23日，英国政府颁布了第一个网络监管行业性法规《3R安全规则》。3R分别代表分级认定、举报告发、承担责任。英国广播电视的主管机关——独立电视委员会(ITC)公开宣称，依照英国1990年的《广播法》，它有权对因特网上的电视节目以及包含静止或活动图像的广告进行管理，但它目前并不打算直接行使其对因特网的管理权力，而是致力于指导和协助网络行业建立一种自我管理的机制。另外，1998年7月通过《数据保护法》和2000年通过《电子通信法》。

法国非常重视信息安全机构的建立，1981年就在国防部内部级、专业主管和处理中心三级建立了信息安全组织，1986年成立了中央信息系统保密局和信息系统部际安全评议会，2000年10月又建立了信息技术安全评估中心。法国积极关注互联网的发展并制定有关法律。法国于1981年5月公布了有关保护国防和国家安全秘密与信息组织的法令，

1986年法国总统连续颁布了(86)316、(86)317、(86)318号法令。

德国政府在信息技术发展的初始阶段即对其立法进行规范。1977年2月,经德国联邦参议院统一,德国出台了《德国数据保护法》,规范存储、传送、修改和去除(数据处理)过程中滥用有关人事档案数据。但在建设信息高速公路时,德国同样面临发达国家普遍存在的问题。1996年,德国政府出台了《信息和通信服务规范法》,即《多媒体法》,德国《多媒体法》被认为是世界上第一部规范的Internet法律。该法由《通信服务法》、《通信服务个人数据保护法》和《数字签名法》三部新的联邦法律和《刑法》、《行政法》、《传播危害青少年出版物法》和《著作权法》等6个现有法律的修改条款组成,涉及网络服务提供者的责任、保护个人隐私、数字签名、网络犯罪到保护未成年人等,是一部比较全面的综合性法律。2002年1月通过《联邦数据保护法》。此外,该国政府还通过了《电信服务数据保护法》并根据发展信息和通信服务的需要对《治安法》、《传播危害青少年文字法》、《著作权法》以及《报价法》作了必要的补充和修改。

加拿大则颁布了《网络加密法》、《个人保护电子文档法》和《保护消费者在电子商务活动中权益的规定》等相关法律。

5. 日本信息安全法规

在亚洲,日本政府对计算机信息系统安全也相当重视,1985年制定了计算机安全规范,1986年成立了计算机安全管理协会,1989年日本警视厅又公布了《计算机病毒等非法程序的对策指南》。2000年7月,日本信息技术战略本部及信息安全会议共同拟订了信息安全指导方针,要求各政府机构必须在2000年12月之前制定出适合本单位特点的"信息安全基本方针"以及"信息安全对策基准"。2000年1月日本制定了反黑客行动计划,并于2001年2月正式实施《关于禁止不正当存取信息行为的法律》,加重了对黑客犯罪的处罚力度。日本邮政署则于2000年6月8日公布了旨在对付黑客的信息安全对策《信息网络安全可靠性基准》的补充修改方案,该修改方案中除了增加原标准中没有的黑客及病毒对策以外,还提出了制定风险管理的《信息安全准则》的指导原则。

日本政府先后制定通过了一些法律法规,如《建立高度信息通信网络社会基本法》、《电子签名法》(2000年5月获得通过,2001年4月开始实施)、《禁止非法接入法》(1999年获得通过,2000年2月开始实施)等,目前仍处在审议过程中的法律法规有《个人信息保护法》、《行政机关保存的个人信息保护法》、《独立公共事业法人等保存的个人信息保护法》和《信息公开、个人信息保护审查会设置法》等。

6. 俄罗斯信息安全法规

1992年1月,根据俄罗斯联邦令成立了联邦总统下属的国家技术委员会(俄罗斯国家技术委员会),其主要职能是执行统一的技术政策,协调信息保护领域的工作。该委员会领导国家信息安全保障工作,负责确保信息安全不被外国技术侦察,同时确保在俄罗斯联邦境内信息不在技术渠道流失。通过执行有关信息安全的法律规范,保证信息保护领域的国家统一政策,同时兼顾国家、社会和个人利益的均衡。

1995年颁布《信息、信息化和信息保护法》,2001年补充修改;1996年颁布《国际信息交易法》,2000年补充修改;1997年颁布《信息权法》,使每个公民都享有搜集、获取和传递

信息的权利；2000 年颁布《俄罗斯联邦因特网发展和利用国家政策法》；2000 年颁布《个人信息法》；2001 年颁布《电子文件法》，明确了电子公文流转中对电子文件提出的各项要求；2001 年颁布《电子数字签名法》，明确规定电子数字签名的使用条件、密钥的管理、认证中心及其工作、密钥持有者的义务、电子数字签名的应用及企业电子数字签名的使用等。

7. 韩国信息安全法规

韩国十分重视信息化建设的立法工作，自 1995 年 8 月制定《信息化促进基本法》以来，截止到 2001 年 4 月，修订和制定了与信息化建设有关的法律法规共计 154 部，其中 79 部涉及公共部门的信息化建设，另外 75 部则与其他部门的信息化建设相关。

在这 154 部法律法规中，比较重要的有 16 部，分别是《信息化促进基本法》、《信息系统的应用、安全及个人信息保护法》、《数字签名法》、《电子商务基本法》、《实现电子政务行政业务电子化促进法》、《数字内容管理法》（也称为《知识信息资源管理法》）、《缩小数字鸿沟法》、《重要信息基础设施保护法》、《隐私法》、《信息自由法》、《公共机构公共记录管理法》、《国家地理信息系统建立和应用法》、《远程审判专门法》、《民政事务服务处理法》、《软件产业促进法》和《软件程序保护法》。在上述 16 部法律中，与信息安全关联度较高的大约有六七部，其中《信息系统的应用和安全以及个人信息保护法》（2001 年 1 月制定）和《重要信息基础设施保护法》（2001 年 1 月 26 日制定）最具代表性。另外还有《隐私法》，该法于 1994 年 1 月制定通过，1995 年 1 月生效实施。《数字签名法》于 1995 年 2 月制定颁布，1995 年 7 月生效。《电子商务基本法》于 1999 年 2 月通过。《数字内容管理法》，也称为《知识信息资源管理法》，于 2000 年 1 月制定通过。

8. 新加坡信息安全法规

为确保“建设成为高度发达的信息港”这一战略目标的实现，新加坡在对信息网络管理方面较为重视政府管制、行业自律和教育消费者三方面的有机结合，先后颁布了《新加坡广播管理法》（1996 年 7 月颁布）、《新加坡电子交易法》（1998 年 6 月通过，是世界上第一部电子商务法）、《滥用计算机法》（1998 年 6 月修正，1993 年发布）和《新加坡电子交易（认证机构）规则》等法律法规。这些法律法规的颁布实施标志着新加坡信息安全保障体系已初具规模。新加坡政府于 2007 年出台的垃圾电邮控制法已开始生效，这个国家希望能控制未经请求发送的广告电邮。

9. 印度信息安全法规

为了规范网络活动，保障网上活动安全，印度制定通过了《信息技术法》，这是印度第一部有关网络活动的基本法。《信息技术法》于 2000 年 6 月制定通过，主要对电子签名、电子政务、电子记录、认证机构、电子签名证书、签署者的责任、处罚和裁定、网络规则上诉法庭、网络服务提供者在特定情况的免责等方面进行了规定。根据该法的有关规定，印度还将对《印度刑法》、《银行家账簿证据法》、《印度储备银行法》和《印度证据法》进行修订。

1.4.2 国内信息安全法规

1. 我国的信息安全法律法规体系

我国的信息安全法律法规体系主要包括以下 4 个方面：

(1) 信息系统安全保护相关法律法规。包括计算机信息系统安全保护条例、计算机信息网络国际联网安全保护管理办法、信息安全等级保护管理办法(试行)。

(2) 互联网络安全管理相关法律法规。包括计算机信息网络国际联网管理暂行规定实施办法、关于维护互联网安全的决定、互联网上网服务营业场所管理条例、互联网信息服务管理办法、互联网安全保护技术措施规定、互联网电子邮件服务管理办法。

(3) 其他有关信息安全的法律法规。包括计算机信息系统安全专用产品检测和销售许可证管理办法、有害数据及计算机病毒防治管理。

(4) 依法实践保障信息安全。包括重点单位和要害部位信息系统安全管理和单位信息安全管理制度。

2. 主体框架初步形成

1) 几部主要法规

1988 年 9 月 5 日公布《中华人民共和国保守国家秘密法》。

1993 年 2 月 22 日七届全国人大常委会公布《中华人民共和国国家安全法》。

1994 年 2 月 18 日，国务院颁布了我国第一部计算机安全法规《中华人民共和国计算机信息系统安全保护条例》。这是一部标志性的、基础性的法规，它建立起我国计算机信息系统安全保护的基本制度。

1997 年 5 月 20 日，国务院又颁布了《中华人民共和国计算机信息网络国际联网管理暂行规定》。1997 年 12 月，公安部报经国务院批准，颁布了《计算机信息网络国际联网安全保护管理办法》，专门用于规范计算机信息网络国际联网安全保护管理工作，是从事计算机信息网络国际联网业务的单位和个人的行为准则。

1997 年，我国实施的《刑法》已经增加了惩处计算机犯罪的条款，它明确了法理上的计算机犯罪的范畴和处罚的措施，为有效地打击计算机犯罪行为提供了法律依据。

2000 年是我国互联网安全法制工作取得重要进展的一年。在国家有关部门的共同努力和协同配合下，立法取得了丰硕成果。2000 年我国制定有关互联网安全的法律、行政法规、部门规章共 6 部，是自 1994 年以来立法数量最多、立法层次最高、内容最为丰富的一年。

2) 基本框架

首先，2000 年 12 月 28 日第 9 届全国人民代表大会常务委员会第 19 次会议审议通过了《关于维护互联网安全的决定》是我国互联网安全立法工作的重大成果和法制建设的里程碑，是近 8 年来我国互联网安全法律体系中最高层次的法律文件，也是我国互联网安全法律体系最重要的法律渊源。它确立了我国管理互联网安全应当遵循的基本原则，明确了互联网安全的具体内容，即互联网安全包括网络运行安全和信息安全，为制定互联网安全法规奠定了基础。目前，以这一决定为核心，以行政法规和部门规章为主体，内容涵盖互联网运行安全和信息安全的法律体系已初见端倪。

其次，国务院发布两部有关互联网安全的行政法规：一是2000年9月25日发布的《中华人民共和国电信条例》；二是2000年9月25日发布的《互联网信息服务管理办法》。

最后，出台了相关的规章制度：一是公安部在2000年4月26日发布的《计算机病毒防治管理办法》；二是信息产业部在2000年11月6日发布的《互联网电子公告服务管理规定》；三是国务院新闻办公室和信息产业部在2000年11月6日联合发布的《互联网站从事登载新闻业务管理暂行规定》。这三部规章是相关部门依据法律和行政法规的规定，结合各自的工作职责，对实施法律、行政法规的具体问题作出的规定。

3. 相关法规补充完善

1）各部委信息安全法规

1995年1月6日国家保密局发布《科学技术保密规定》。

1996年4月9日原国家邮电部公布《计算机信息网络国际联网出入口信道管理办法》和《中国公用计算机互联网国际联网管理办法》。

1998年2月26日国家保密局发布《计算机信息系统保密管理暂行规定》。

1998年8月31日公安部和中国人民银行联合发布的《金融机构计算机信息系统安全保护工作暂行规定》。

2000年1月1日国家保密局发布《计算机信息系统国际联网保密管理规定》。

2000年11月6日信息产业部和国务院新闻办公室联合颁布《互联网站从事登载新闻业务管理暂行规定》。

2000年11月6日信息产业部发布《互联网电子公告服务管理规定》。

2001年12月20日国务院发布的《计算机软件保护条例》。

2）地方信息安全法规

为了加强计算机信息系统安全管理，防止违法犯罪案件，全国各地近年来结合本地工作实际，相继制定了一系列地方法规或规章，如：

1997年6月江苏省保密局、公安厅联合制定《江苏省计算机信息系统国际联网保密管理工作暂行规定》。

1997年9月1日发布《黑龙江省计算机信息系统安全管理规定》。

1998年6月1日发布《山东省计算机信息系统安全管理办法》。

1998年5月29日辽宁省人大常委会通过，并于2004年6月30日修正《辽宁省计算机信息系统安全管理条例》。

1998年7月17日发布《深圳经济特区计算机信息系统公共安全管理规定》。

1998年8月1日重庆市人大常委会通过，2001年11月30日修正《重庆市计算机信息系统安全保护条例》。

1998年12月22日发布《安徽省计算机信息系统安全保护办法》。

1999年4月29日沪信息办发布《上海市公众电脑屋管理办法》。

1999年8月17日发布《广州市涉密信息系统保密管理暂行规定》和《广州市涉密计算机信息系统保密设施实施规范》(试行)。

4. 物联网安全法律法规

学者樊凡认为，我国的网络信息安全法律法规已初步建立，执法过程中取得了明显实效，但物联网安全法律法规仍在探讨中。物联网发展需要国家的产业政策和立法上要走在前面，制定出适合行业发展的政策法规，保证行业的正常发展。

物联网安全法律体系是网络安全法律体系的有机组成部分。按照我国现有法律体系，物联网安全可分为三个层次：一是全国人大及其常委会制定的物联网安全法律法规，其目标是从国家层面明确物联网网络安全的指导思想和发展方向。二是国务院及其部委制定的物联网安全法律法规，其重点是根据我国物联网发展趋势，结合各行各业发展基础，制定出适合全国范畴的法律法规。三是地方人大及其常委会制定的物联网安全法律法规，其主要内容是各地方针对自身物联网建设实际，对物联网安全制定相关管理条件和实施细则。

1）物联网体系的特点。

不论是哪个层次的物联网安全法律法规，其主要特点包括明确法律制定的基本原则，如信息安全保护和预防原则，确定法律法规的属性和目标。明确保障物联网健康发展的制度和条例，如安全等级、备案、许可、检测、评估、认证和监督管理制度等，使法律法规制度化和长效化。物联网应用面广，涉及诸多管理部门，法律法规的制定要明确责任与义务、奖励与惩处，从而保证各司其职。

2）物联网体系的内容

包括保障网络安全，建立国家经济安全和企业信息网络防御体系，提高预警能力和应急处置能力，使物联网成为一个开放、安全、可信任的网络。物联网的发展，其应用软件技术是基础，且涉及不同领域，必须明确对知识产权所有者的保护措施。信息保护，包括信息采集合法性，传输安全、及时和信息权的法律保护，个人隐私权的保护。相对互联网而言，物联网在此方面的要求更高，其管理是一个动态和实时管理过程，对监控对象（人）进行了定位和监控，并实时收集和传输相关信息数据。为此，需要法律对相应的行为做出规范。

学者樊凡还就完善物联网安全法律法规提出了建议：物联网安全法律法规的制定要充分考虑国家安全、政府机密、企业商业秘密、知识产权和个人隐私的法律保护问题，要从国家、国务院及部委、地方三个层次上明确其发展方向、保护条例和措施，加强政府、行业和企业对物联网法律法规制定的紧迫感和使命感，结合国内外物联网发展，制定促进物联网健康有序发展的政策法规，建立以政府和行业主管部门为主导，第三方测试机构参与的物联网信息安全保障体系，构建有效的预警和管理机制。缘于物联网的特性，物联网网络信息安全法律法规的制定涉及诸多层次的不同管理部门，在制定法律法规时，一是要有全局观念，从国内外环境去思考和制定法律法规。二是保障法律法规的实效性，相关部分制定的法律法规要协调一致，对实施细则、部门规章、地方法规和行业规范要有系统性。三是要完善立法程序，广泛听取有关组织、产业、企业和公民意见，使制定的法律法规具有强大的权威性。

物联网的发展离不开政府的推动和宏观调控，物联网网络信息安全法律法规的制定更需要政府的支持和主导。政府要具有长远的战略眼光，尽快完善物联网信息安全保障体系，建立以政府为主导，行业主管部门和第三方测试机构参与的物联网信息安全保障体系，避免各部门之间职责不清和权力冲突，构建有效的预警和管理机制。

物联网是一个开放的系统，最重要的特点是突破地域和空间界线，因此在信息安全制度、安全标准、安全策略、安全机制等一系列问题上有自身的考量。在加快相关立法的同时，依靠法律、国务院行政法规调整相应的法律关系，坚持全国统一性，并与国际接轨，确保新的立法能够使网络信息安全立法与网络技术发展相衔接，减少信息网络发展的障碍。

习题 1

1. 名词解释

(1)信息安全；(2)信息保密性；(3)信息完整性。

2. 判断题

信息安全的实质就是要保护信息系统或信息网络中的信息资源免受各种类型的威胁、干扰和破坏，即保证信息的安全性。(　　)

3. 填空题

(1) 信息安全主要包括以下5个方面的内容，即需保证信息的________、________、________、________和所寄生系统的安全性。

(2) 信息安全的威胁来自方方面面，根据其性质，基本上可以归结为这几个方面：________、________、________、________。

(3) 所有的信息安全技术都是为了达到一定的安全目标，其核心包括________、________、________、可控性和不可否认性5个安全目标。

4. 选择题(多选)

我国的信息安全法律法规体系主要包括以下哪几个方面？(　　)

A. 信息系统安全保护相关法律法规　　B. 互联网络安全管理相关法律法规

C. 盗版侵权的相关法律法规　　D. 信息安全的规范标准

5. 简答题

信息安全领域人们所关注的焦点主要有密码理论与技术、安全协议理论与技术、安全体系结构理论与技术、信息对抗理论与技术、网络安全与安全产品，请简单介绍一下。

6. 论述题

请介绍一下信息安全体系发展的历史和现状。

第2章 信息加密技术

本章介绍密码学基本概念、对称密码体制、非对称密码体制、认证技术、密钥管理等。要求学生掌握信息加密的基本原理、方法和技术。

2.1 密码学概述

密码学(Cryptography)是一种加密和解密信息的科学。它起源于希腊单词 kryptos,意思是秘密的,而 graphia 的意思是写下来。密码学是一种存储与传输数据的方法,这种方法传输的数据只能被授权者所获取与阅读。它是通过把信息加密成不可读格式来保护信息的一种科学。当需要在介质中存储或是通过网络通信通道传输敏感信息的时候,加密就是一种保护敏感信息的有效方法。尽管密码学的最终目的和建立密码学的机制是对未经授权的个人隐藏信息,但是,如果攻击者有足够的时间、强烈的愿望和充足的资源的话,大部分的密码算法都能被攻破,信息也会被暴露出去。所以密码学的一个更现实的目标就是使得对于攻击者来说,要破译密码来获取信息所需的工作强度是令人难以接受的。

本节将介绍密码学历史、密码学概述、古典密码学和现代密码学。

2.1.1 密码学历史

密码学的发展历史大致可划分为三个阶段。

1. 第一个阶段从古代到 1949 年

这一时期可看作是科学密码学的前夜时期,这段时期的密码技术可以说是一种艺术,而不是一种科学,密码学专家常常是凭借直觉和信念来进行密码设计和分析,而不是推理证明。

最早的加密方法要追溯到 4000 年前。古代密码术主要用来在危险的环境中传递消息,如在战争、危机和对立双方的谈判中。在历史上,个人和政府都使用过加密来达到保护信息的目的。随着时间的推移,加密算法以及使用加密算法的设备的复杂性越来越高,新的方法和算法不断被提出,密码学已经成为信息技术中不可分割的部分。

公元前 2000 年,埃及人用象形文字雕刻墓碑以记录亡人的生平。象形文字的目的并不是隐藏信息,而是使得死去的人们显得更加的高贵、庄重和宏伟。加密方法来源于把信息显示在用来隐藏信息的实际物体上。希伯来人的一种加密方法是把字母表调换顺序,这样原来的字母表中的每一个字母就被映射成调换顺序后的字母表中的另一个字母。这种加密方法被称为 atbash。例如：

ABCDEFGHI JK LMNOPQ R STU VW XYZ

YZXWVUTSR QP ONMLKJ I HGF ED CBA

例如，单词 security 就被加密成 hvxfirgb。这是一种代换密码，因为一个字母被另一个字母所代替。这种代换密码被称为单一字母替换法，因为它只使用一个字母表，而其他加密方法一次用多个字母表，则称为多字母替换法。

这种简单的加密方法在特殊的文化背景下以及它自己的时代才有效，但是最终我们需要的是更为复杂的机制。大约公元前 400 年，斯巴达人使用的加密信息的方法是把消息写在纸草上，然后再把纸草缠绕在一根木棒上。只有当写着消息的纸草缠绕在正确的木棒上时，才能使得字母正确匹配，才能被阅读。这就是 scytale 密文。当纸草从木棒上移下来时，它上面所写的只是一堆随机的字符。希腊政府用马车把这些纸草运输给不同的部队，战士把这些纸草正确地缠绕在直径大小、长度都合适的木棒上，这样，这些看似随机的字符就被正确地组合成可读的消息。这种方法可以用来指挥战士进行战略策略行动，下达军事命令。

后来，朱利叶斯·恺撒发明了一种近似于 atbash 替换字母的方法。当时，没多少人能够在第一时间读懂，这种方法提供了较高的机密性。中世纪，欧洲人在不断利用新的方法、新的工具和新的实践优化自己的加密方案。在 19 世纪晚期，密码学已经被广泛地用作军事上的通信方法。

第二次世界大战期间，简单的加密装置应用在战术通信上。随着机械和电子技术的发展，电报和无线电通信的出现，加密装置得到了突飞猛进的提高。转子加密机是军事密码学上的一个里程碑。这种加密机是在机器内用不同的转子来替换字母。它提供了很高的复杂性，从而很难攻破。

德国的 Enigma 机是历史上最著名的加密机。这种机器有三个转子，一个线路连接板和一个反转转子。在加密过程开始之前，消息产生者将 Enigma 机配置成初始设置。操作员把消息的第一个字母输入加密机，加密机用另一个字母来代替并把这个字母显示给操作员看。它的加密机制是：通过把转子旋转预定的次数用另一个不同的字母来代替原来的字母。因此，如果操作员把 T 作为第一字符敲入机器中，Enigma 机可能会把 M 作为密文，操作员把字母 M 写下来。然后他可以加快转子的速度再输入下一个字符。每加密一个字符操作员就加快转子的速度作为一个新的设置。继续这样下去，直到整个消息被加密。然后，加密的密文通过电波传输，大部分情况是传到潜水艇。这种对每个字母有选择性地替换依赖于转子装置，因此这个过程的关键和秘密的部分(密钥)在于在加密和解密的过程中操作员是怎样加速转子的。两端的操作员需要知道转子的速度增量顺序以使得德国军事单位能够正确地通信。尽管 Enigma 机的装置在当时非常复杂，但还是被一组波兰密码学家攻破，从而使得英国知道了德国的进攻计划和军事行动。有人说，Enigma 机的破译使第二次世界大战缩短了两年。

2. 第二个阶段从 1949 年到 1975 年

1949 年，Shannon 发表的“保密系统的信息理论”一文为对称密码系统建立了理论基础，从此密码学成为一门科学。人们将此阶段使用的加密方法称为传统加密方法，其安全性依赖于密钥的秘密性，而不是算法的秘密性。也就是说，使得基于密文和加解密算法的知识去解密一段信息在实现上不可能。

随着计算机的出现，加密方法和装置得到了改善，密码学成就也呈指数增长。Lucifer引入复杂的数学方程和函数，后来被美国国家安全局(NSA)采用和改进，形成了著名的数据加密标准(Data Encryption Standard，DES)。DES已被广泛使用在金融交易上，它还被嵌入到许多商业应用中。1977年，美国国家标准局正式公布实施了美国的数据加密标准，公开它的加密算法，并批准用于非机密单位和商业上的保密通信。

3. 第三个阶段从1976年至今

1976年，Diffie和Hellman的“密码学的新方向”一文导致了密码学上的一场革命。他们首次证明了在发送端和接收端无密钥传输的保密信息是可能的，从而开创了公钥密码学的新纪元。

公钥密码学是整个密码学发展历史中最伟大的一次革命，也可以说是唯一的一次革命。从密码学产生至今，几乎所有的密码系统都是基于替换和置换这些初等方法，几千年来，算法的实现主要是通过手工计算来完成的。随着转轮加密/解密机器的出现，传统密码学有了很大进展，利用电子机械转轮可以开发出极其复杂的加密系统，利用计算机甚至可以设计出更加复杂的系统，最著名的例子是Lucifer在IBM实现数据加密标准(DES)时所设计的系统。转轮机器和DES是密码学发展的重要标志，但是它们都是基于替换和置换这些初等方法之上。

公钥密码学与其前传统的密码学完全不同，它的出现使密码学的研究发生了巨大的变化。与传统加密系统不同的是，使用这种方法的加密系统，不仅公开加密算法本身，也公开了加密用的密钥。首先，公钥算法是基于数学函数而不是基于替换和置换。更重要的是，与只使用一个密钥的对称传统密码不同，公钥密码学是非对称的，它使用两个独立的密钥。我们将会看到，使用两个密钥在消息的秘密性、密钥分配和认证领域有着重要意义。

目前的公钥密码系统主要依赖下面三种数学难题：大整数因子分解问题；离散对数问题；椭圆曲线上的离散对数问题。

(1) 第一类公钥系统是由Rivet、Shamir和Adelman提出的，简称为RSA系统，它的安全性是基于大整数因子分解的困难性，而大整数因子分解问题是数学上的著名难题，因而可以确保RSA算法的安全性。RSA系统是公钥系统的最具有典型意义的方法，自提出以来就一直是人们研究的焦点。对于密码破译者来说，在这种系统中，已知密文而想得出明文就必须进行大整数的因子分解。

从上述介绍中不难看出，RSA方法的优点主要在于原理简单，易于使用。但是，随着分解大整数方法的进步及完善、计算机速度的提高以及计算机网络的发展(可以使用成千上万台机器同时进行大整数分解)，作为RSA加解密安全保障的大整数要求越来越大。为了保证RSA使用的安全性，其密钥的位数一直在增加。例如，目前一般认为RSA需要1024位以上的字长。显然，密钥长度的增加导致了其加解密的速度大为降低，硬件实现也变得越来越难以忍受，这对使用RSA的应用带来了很重的负担，对进行大量安全交易的电子商务更是如此，从而使得其应用范围越来越受到制约。

(2) 第二类公钥系统的安全性依赖于离散对数的计算困难性(简称 DLP 问题)。设 G 为一个有限 ABEL 加法群,假定 g 为 G 的某个元,a 为任意的整数,如果已知 g 及 ag,如何求出整数 a 的问题在数学上称为离散对数问题。一般来说,当群 G 选择得当,且整数 a 充分大时,求解此类问题是非常困难的。离散对数问题又可细分为两类:一类为某个有限域上的离散对数问题。一类为椭圆曲线上的离散对数问题。两者比较,后一类问题求解更为困难些。基于这一判断,人们通过对群 G 作出不同的选择时,构造了各种不同的公钥系统,如 Massey-Omura 公钥系统、ElGamal 公钥系统等。

(3) 第三类公钥系统是建立在椭圆曲线离散对数问题上的密码系统,称为椭圆曲线密码系统。众所周知,定义在某一代数数域上椭圆曲线上的有理点在适当地定义了零元素和运算规则(常记作加法)后,构成一个有限秩的 Able 群。设 GF(p)为一有限域,则 GF(p)上的一条椭圆曲线 E 上的有理点构成一个有限群 Ep,这个有限群的阶可经由某些特别方法计算出来。设已知属于 Ep 的点 g 和 ag,从 g 和 ag 求出 a 是非常困难的,此种问题称为椭圆曲线离散对数问题,它较通常的离散对数问题更为困难。椭圆曲线加密算法(Elliptic Curve Cryptography,ECC)是由 Neal Koblit 和 Victor Miller 于 1985 年首先提出,从那时起 ECC 的安全性和实现效率就被众多的数学家和密码学家所广泛研究。所得的结果表明,较之 RSA 算法,ECC 具有密钥长度短,加解密速度快,对计算环境要求低,在需要通信时,对带宽要求低等特点。近年来,ECC 被广泛应用于商用密码领域,这可由 ECC 被许多著名的国际标准组织所采纳所佐证,如 ANSI(American National Standards Institute)、IEEE、ISO 和 NIST(National Institute of Standards and Technology)。ECC 最新的发展状况可参见 2000 年 10 月份在德国 ESSEN 举行的 ECC 国际会议上所发表的各种文献。

在密码学的发展过程中,数学和计算机科学至关重要。数学中的许多分支如数论、概率统计、近世代数、信息论、椭圆曲线理论、算法复杂性理论、自动机理论、编码理论等都可以在其中找到各自的位置。它的踪影遍及数学中的许多分支,而且还推动了并行算法的研究,从而成为近若干年来非常引人入胜的领域。

大部分协议在计算机刚刚开始的时候得到了发展,并升级为利用密码术来获得必要的多层保护的协议。加密应用在硬件设备和软件上以保护数据,密码学同时被广泛应用在银行交易、社团的对外联系、电子邮件、Web 交易、无线通信、存储机密信息、传真和电话中。

2.1.2 密码学概述

1. 相关概念

加密是将原始数据,称为明文(Plaintext 或 Cleartext),转化成一种看似随机的、不可读的形式,称为密文(Ciphertext)。明文是能够被人理解(文件)或者被机器所理解(可执行代码)的一种形式。一旦明文被转化为密文,不管是人还是机器都不能正确地处理它,除非它被解密。其作用是机密信息在传输过程中不会泄露。

能够提供加密和解密机制的系统称为密码系统(Cryptosystem),它可由硬件组件和应用程序代码构成。密码系统使用一种加密算法,该算法决定了这个加密系统的简单或复杂的程度。大部分的加密算法都是复杂的数学公式,这种算法以特定顺序作用于明文。

加密方法使用一种秘密的数值，称为密钥（通常是一长串二进制数），密钥使算法得以具体实现，用来加密和解密。

算法（Algorithm）是一组数学规则，规定加密和解密是如何进行的。许多算法是公开的，而不是加密过程的秘密部分。加密算法的工作机制可以保密，但是大部分加密算法都被公开并为人们所熟悉。如果加密算法的内在机制被公开，那么必须有其他的方面是保密的。被秘密使用的一种众所周知的加密算法就是密钥（Key）。密钥可以由一长串随机位组成。一个算法包括一个密钥空间（Keyspace），密钥空间是一定范围的值，这些值能被用来产生密钥。密钥就是由密钥空间中的随机值构成的。密钥空间越大，那么可用的随机密钥也就越多，密钥越随机，入侵者就越难攻破它。例如，如果一种算法允许 2 位长的密钥，算法的密钥空间就是 4，这表明了所有可能的密钥的总数。这个密钥空间太小，攻击者很容易就能找到正确的密钥。

较大的密钥空间能允许更多的密钥。加密算法应该使用整个密钥空间，并尽可能随机地选取密钥空间中的值构成密钥。密钥空间越小，可供选择的构成密钥的值就越少。这样，攻击者计算出密钥值、解密被保护的信息的机会就会增大。

当消息在两个人之间传递时，如果窃听者截获这个消息，他可以看这个消息，但是消息已经被加密，因此毫无用处。即使攻击者知道这两者之间使用的加密和解密信息的算法，但是不知道密钥，攻击者所拦截的消息也是毫无用处的。

2. 保密通信模型

保密通信的基本模型如图 2-1 所示，其中信源（发送者）、信宿（接收者）、密钥管理、密码机、密钥、加密、解密的定义如下：

(1) 信源：信息的发送者。

(2) 信宿：信息的接收者。

(3) 密钥管理：第三方的密钥分发中心（密钥管理之间通信的密钥的信道假设为绝对安全信道）。

(4) 密钥：由密钥管理中心分发，用于密码机加/解密的信息（Key）。

(5) 密码机：负责相关的加密运算的机器。

(6) 加密：通过加密机再结合密钥使明文变成密文。

(7) 解密：通过加密机再结合密钥使密文变成明文，是加密的逆过程（其使用的 Key 和加密使用的 Key 未必完全相同）。

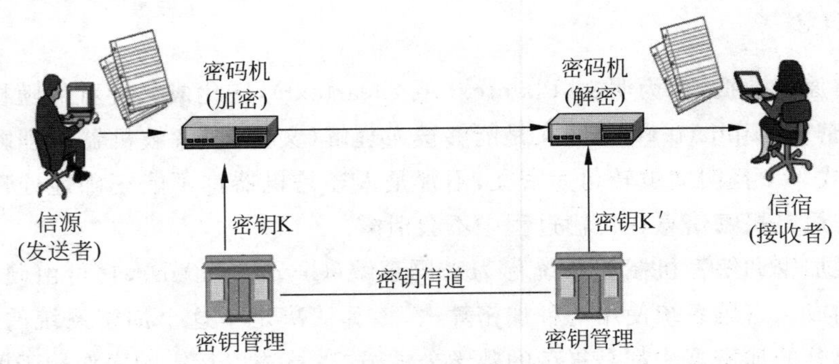

图 2-1 保密通信的基本模型

3. 密码的类型

有两种基本的密码类型：代换密码和置换密码。代换密码(Substitution Cipher)就是用不同的位、字符、字符串来代替原来的位、字符、字符串。置换密码(Transposition Cipher)不是用不同的文本来替换原来的文本，而是将原来的文本做一个置换，即将原来的位、字符、字符串重新排列以隐藏其意义。

代换密码使用密钥来规定代换是怎样实现的。在Caesar密码中每一个字母由字母表中其后的第三个字母来替换。这是一种移位密码。如果Caesar密码应用在英文上，当George加密消息meow时，密文就是phrz。代换在今天的算法中仍旧使用，但是与这个例子相比要远远复杂得多。很多不同类型的代换在不止一个字母表中进行。

置换算法的核心是搅乱字母。密钥规定字符移动到的位置。今天使用的大部分密码都在消息上作用长而复杂的代换和置换序列。密钥值被输入算法中，结果是一系列作用在明文上的操作(代换与置换)，最终生成了密文。简单的代换和置换密码对于使用频率分析的攻击来说是脆弱的。对每一种语言来说，有些词语和结构使用的频率远远高于其他词语。比如说，在英语中，单词the、and、that以及is在消息和对话中使用频率很高。通常消息都是以Hello或Dear开始，以Sincerely或Goodbye来结尾。这些模式非常有利于攻击者计算出明文和密文之间的转换方法，从而得到用于转换的密钥。因此对密码系统来说不暴露这些模式是非常重要的。更加复杂的算法通常使用多于一个的字母表来代换和置换，以减小对频率分析的脆弱性。越难解的算法，最终文本(密文)与明文之间的差异就越大，因此寻找与之匹配的模式类型就变得更加困难。

4. 密码系统的强度

加密方法的强度来源于算法的强弱、密钥的机密性、密钥的长度、原始向量以及它们是怎样共同运作的。保密系统的强度指在不公开加密算法或密钥的情况下，破译算法或密钥的难度。要破解一个密钥，就需要处理数量惊人的可能值且在这些可能值中希望找到一个值，该值可以用来加密一个特定的消息。密码系统的强度还跟攻破密钥或计算出密钥值所必需的能力和时间有关。破译密码可以使用强力法，强力法就是穷举所有可能的密钥值，直到得到有意义的明文。依赖于加密算法和密钥的长度的不同，这可能是一个非常简单的任务，也可能是一件不可能实现的任务。如果一个密钥能够在3小时之内被一台计算机破译，那么这一密码系统的强度就很差。如果使用上千台计算机用120万年才能被破译一个密钥，那么它的强度很高。

设计加密方法的目的是使得破译花费过于昂贵或者是耗时过量。加密强度也称为工作因素，即对攻击者破译某个加密方法所需的工作的估计。即使加密算法是非常复杂而周到彻底的，也有其他的问题可能会降低加密方法的强度。因为密钥通常是那些用来加密和解密消息的秘密值，不恰当的保护密钥的方法可能会减弱加密强度。一个非常强大的加密算法可以由一个大的密钥空间以及数量多而随机的密钥值组成，这两者对构成一个强大的加密系统是缺一不可的。但是，如果用户与他人共享密钥时，那么其他的保密因素就不起作用了。

没有缺陷、密钥空间大、可以利用密钥空间中所有可能值以及能够有效地保护现行密钥，这是保密系统非常重要的因素。只要其中的一个是弱点，那么这一脆弱的环节就会影响整个系统。

2.1.3 古典密码学

古典密码是密码学的渊源，这些密码大都比较简单，现在已很少采用了。然而，研究这些密码的原理，对于理解、构造和分析现代密码都是十分有益的。

明文字母表和密文字母表相同，为 $\mathbf{Z}_q=\{0,1,\cdots,q-1\}$。明文是长为 L 的字母串，以 m 表示：$m=(m_0m_1,\cdots,m_{L-1})$，其中每个 $m_l\in Z_q$，$l=0,1,\cdots,L_{-1}$。密文是长为 L 的字母串，以 c 表示：$c=(c_0,c_1,\cdots,c_{L-1})$，其中每个 $c_l\in Z_q$，$l=0,1,\cdots,L_{-1}$。

1. 单表代换密码

单表代换密码是字母表到自身的一个可逆映射 f，$f\colon \mathbf{Z}_q\to\mathbf{Z}_q$。

令明文 $\boldsymbol{m}=m_0m_1\cdots$，则相应密文为 $c=c_0c_1\cdots=f(m_0)f(m_1)\cdots$。

2. 移位代换密码

加密变换：$f(l)=(l+k)\bmod q, 0\leqslant l<q$。其中 k 为密钥，$0\leqslant k<q$。

解密变换：$f^1(l)=(l-k)\bmod q, 0\leqslant l<q$。

例如，恺撒(Caeser)密码是对英文 26 个字母进行移位代换的密码，其 $q=26$。选择密钥 $k=3$，则有下述代换表：

abcdefg hijklmn opqrst uvwxyz

DEFGHIJ KLMNOPQ RSTUVW XYZABC

明文：m=Casear cipher is a shift substitution

密文：c=FDVHDU FLSKHU LV D VKLIW VXEVWLWXWLRQ

3. 乘数密码

加密变换：$f(l)=lk \bmod q, 0\leqslant l<q$。其中 k 为密钥，$0\leqslant k<q$。显然，仅当 $(k,q)=1$（即 k 与 q 互素）时，$f(l)$ 才是可逆变换。

解密变换：$f^1(l)=lk^{-1}\bmod q, 0\leqslant l<q$。

共有 $\varphi(q)$ 个 k 满足：$0\leqslant k<q,(k,q)=1$。这就是说，乘数密码共有 $\varphi(q)$ 个不同的密钥。

对于 $q=26$，$\varphi(26)=\varphi(2\times13)=\varphi(2)\times\varphi(13)=12$，即共有 12 个不同的密钥 $k=1,3,5,7,9,11,15,17,19,21,23$ 和 25。此时对应的 $k^{-1}\bmod q=1,9,21,15,3,19,7,23,11,5,17$ 和 25。

4. 放射密码

加密变换：$f(l)=lk_1+k_0 \bmod q, 0\leqslant l<q$。其中 $k_1,k_2\in Zq$，$(k_1,q)=1$，以 $[k_1,k_0]$ 表示密钥。当 $k_0=0$ 时就得到乘数密码，当 $k_1=1$ 时就得到移位密码。

$q=26$ 时可能的密钥数为 $26\times\varphi(26)=26\times12=312$ 个。

5. 其他

除了上面的 4 种古典密钥外，还有多项式代换密码、密钥短语密码、多表代换密码等古典密码。古典的多字母代换密码 f 或者采用移位运算，或者采用线性运算，或者采用仿射运算，等等。这些孤立的运算都是简单快速的，但是在已知明文攻击之下都是非常不安全的。只需要比较短的密文和对应明文就可以确定密钥。现代分组密码的设计思想是：f 由若干简单运算组合而成。这些简单运算互相屏蔽，使得已知明文攻击很难成功地找出密钥。

2.1.4 现代密码学

1. 现代密码学概述

现代密码学研究信息从发送端到接收端的安全传输和安全存储。其核心是密码编码学和密码分析学。前者致力于建立难以被敌方或对手攻破的安全密码体制；后者则力图破译敌方或对手已有的密码体制。

编码密码学主要致力于信息加密、信息认证、数字签名和密钥管理方面的研究。信息加密的目的在于将可读信息转变为无法识别的内容，使得截获这些信息的人无法阅读，同时信息的接收人能够验证接收到的信息是否被敌方篡改或替换过。数字签名就是信息的接收人能够确定接收到的信息是否确实是由所希望的发信人发出的。密钥管理是信息加密中最难的部分，因为信息加密的安全性在于密钥。历史上，各国军事情报机构在猎取别国的密钥管理方法上要比破译加密算法成功得多。

密码分析学是一门研究在不知道通常解密所需要的秘密信息的情况下对加密的信息进行解密的学问，也称为破解密码。其工作是寻找秘密的钥匙。

2. 密码分析学

密码分析有时也被用来指广义上的绕开某个密码学算法或密码协议的尝试，而不仅仅是针对加密算法。但是，密码分析通常不包括并非主要针对密码算法或协议的攻击。尽管这些攻击方式是计算机安全领域里的重要考虑因素，而且通常比传统的密码分析更加有效。

密码分析的目标在密码学的历史上从古至今都一样，但实际使用的方法和技巧也随着密码学的发展而变化。密码学算法和协议从古代只利用纸笔等工具，发展到第二次世界大战时的 Enigma 密码机，直到目前的基于电子计算机的方案。密码分析也随之改变。无限制地成功破解密码已经不再可能。事实上，只有很少的攻击是实际可行的。在 20 个世纪 70 年代中期，公钥密码学作为一个新兴的密码学分支发展起来了。而用来破解这些公钥系统的方法则和以往完全不同，通常需要解决精心构造出来的纯数学问题。其中最著名的就是大数的质因数分解。

密码和密码分析是共同演化的，这从密码学史中可以看得很明显。总是有新的密码机被设计出来并取代已经被破解的设计，同时也总是有新的密码分析方法被发明出来以破解那些改进了的方案。事实上，密码和密码分析是同一枚硬币的正反两面：为了创建安全的密码，就必须考虑到可能的密码分析。

2.2 对称密码体制

本节将介绍对称密码的基本概念、DES加密技术、AES加密技术和IDEA加密技术。

2.2.1 对称密码概述

1. 对称密码简述

对称密码术早已被人们使用了数千年。对称系统速度非常快，却易受攻击，因为用于加密的密钥必须与需要对消息进行解密的所有人一起共享。非对称密码术的过程有一个公共元素，而且几乎从不共享私钥。与非对称密码术的这种情况不同，对称密码术通常需要在一个受限组内共享密钥并同时维护其保密性。对于一个查看用对称密码加密的数据的人来说，如果对用于加密数据的密钥根本没有访问权，那么他完全不可能查看加密数据。如果这样的密钥落入坏人之手，那么就会彻底地危及使用该密钥加密数据的安全性。

对称密码体制是一种传统密码体制，也称为私钥密码体制。在对称加密系统中，加密和解密采用相同的密钥。因为加解密密钥相同，需要通信的双方必须选择和保存他们共同的密钥，各方必须信任对方不会将密钥泄密出去，这样就可以实现数据的机密性和完整性。对于具有 n 个用户的网络，需要 $n(n-1)/2$ 个密钥，在用户群不是很大的情况下，对称加密系统是有效的。但是对于大型网络，当用户群很大，分布很广时，密钥的分配和保存就成了问题。对机密信息进行加密和验证随报文一起发送报文摘要（或散列值）来实现。比较典型的算法有DES（Data Encryption Standard，数据加密标准）算法及其变形Triple DES（三重DES）、GDES（广义DES）；欧洲的IDEA；日本的FEAL N、RC5等。DES标准由美国国家标准局提出，主要应用于银行业的电子资金转账（EFT）领域。DES的密钥长度为56位。Triple DES使用两个独立的56位密钥对交换的信息进行三次加密，从而使其有效长度达到112位。RC2和RC4方法是RSA数据安全公司的对称加密专利算法，它们采用可变密钥长度的算法。通过规定不同的密钥长度，C2和RC4能够提高或降低安全的程度。对称密码算法的优点是计算开销小，加密速度快，是目前用于信息加密的主要算法。它的局限性在于存在着通信贸易双方之间确保密钥安全交换的问题。此外，某一贸易方有几个贸易关系，它就要维护几个专用密钥。它也没法鉴别贸易发起方或贸易最终方，因为贸易双方的密钥相同。另外，由于对称加密系统仅能用于对数据进行加解密处理，提供数据的机密性，不能用于数字签名，因此人们迫切需要寻找新的密码体制。

2. 密码长度

通常提到的密钥都有特定的位长度，如56位或128位。这些长度都是对称密钥密码的长度，而非对称密钥密码中至少私有元素的密钥长度是相当长的。而且这两组的密钥长度之间没有任何相关性，除非偶尔在使用某一给定系统的情况下，达到某一给定密钥长度提供的安全性级别。但是，Phil Zimmermann提出80位的对称密钥目前在安全性方面与1024位的非对称密钥近似相等；要获得128位对称密钥提供的安全性，可能需要使用3000位的非对称密钥。在任何特定组中，所用密钥的长度通常是确定安全性时的一个重要因素。而且，密钥长度并不是线性的，而是每增加一位就加倍。$2^2=4$，$2^3=8$，$2^4=16$，依此类推。Giga Group 提供一个简单的比喻，它提出如果一个茶匙足够容纳所有可能的 40 位的密钥组合，那么所有 56 位的密钥组合需要一个游泳池来容纳，而容纳所有可能的 128 位的密钥组合的体积将会粗略地与地球的体积相当。一个用十进制表示的 128 位的值大概是 340，后面跟 36 个 0。

对称密钥方法比非对称方法快得多，因此加密大量文本时，对称密钥方法是首选机制。诸如 DES 密码在软件中至少比非对称密码 RSA 快 100 倍，而且在专门的硬件上实现时可能高达 10 000 倍。该方法最适合在单用户或小型组的环境中保护数据，通常都是通过使用密码实现。

3. 对称密码的类型

通常使用分组密码(Block Cipher)或序列密码(Stream Cipher)实现对称密码。

1) 流密码

序列密码，也称为流密码，是对称密码算法的一种。序列密码具有实现简单、便于硬件实施、加解密处理速度快、没有或只有有限的错误传播等特点，因此在实际应用中，特别是专用或机密机构中保持着优势，典型的应用领域包括无线通信、外交通信。1949 年，Shannon 证明了只有一次一密的密码体制是绝对安全的，这给序列密码技术的研究以强大的支持。序列密码方案的发展是模仿一次一密系统的尝试，或者说"一次一密"的密码方案是序列密码的雏形。如果序列密码所使用的是真正随机方式的、与消息流长度相同的密钥流，则此时的序列密码就是一次一密的密码体制。若能以一种方式产生一随机序列(密钥流)，这一序列由密钥所确定，则利用这样的序列就可以进行加密，即将密钥、明文表示成连续的符号或二进制，对应地进行加密。

若 m_1 的取值为 0 或 1，则称 m_1 为一位。n 位 $m_1m_2m_3\cdots m_n$ 称为一个长度为 n 的比特串。无穷位 $m_1m_2m_3\cdots m_nm_{n+1}\cdots$ 称为一个比特流。两个比特流 $m=m_1m_2m_3\cdots m_nm_{n+1}\cdots$ 和 $k=k_1k_2k_3\cdots k_nk_{n+1}\cdots$ 做运算得到一个新的比特流：$c=c_1c_2c_3\cdots c_nc_{n+1}\cdots$，其中 $c_n=m_n+k_n(\text{mod}2)$，$n=1,2,3,\cdots$，称比特流 c 是比特流 m 与比特流 k 的逐位模 2 加，或逐位异或。记作：$c=m'+'k$，明文是比特流 m，称为明文流。加密密钥和解密密钥相同，是比特流 k，称为密钥流；密文是比特流 c，称为密文流。加密算法和解密算法相同，加密：$c=m'+'k$；解密：$m=c'+'k$，则称这样的加解密算法为流密码，又称其为序列密码，如图 2-2 所示。

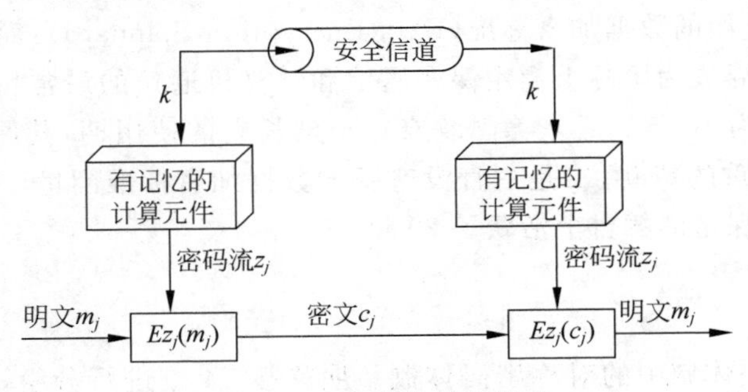

图 2-2　流密码的基本模型

2）分组密码

分组密码是将明文消息编码表示后的数字（简称明文数字）序列，划分成长度为 n 的组（可看成长度为 n 的矢量），每组分别在密钥的控制下变换成等长的输出数字（简称密文数字）序列。若明文流被分割成等长串，各串用相同的加密算法和相同的密钥进行加密，就是分组密码。即当明文和密文是固定长度为 n 的比特串 $m=m_1m_2m_3\cdots m_n$，$c=c_1c_2c_3\cdots c_n$，加密密钥和解密密钥相等，是固定长度为 j 的比特串 $z=z_1z_2z_3\cdots z_j$，加密算法为 $c=E(m,z)$，解密算法为 $m=D(c,z)=D(E(m,z),z)$，则称这样的加解密算法为分组密码，如图 2-3 所示。

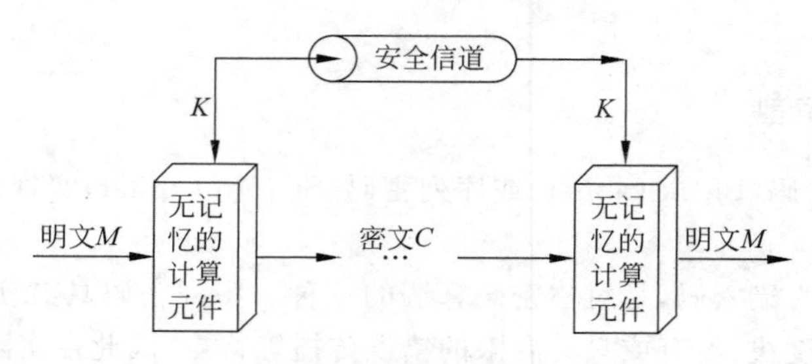

图 2-3　分组密码的基本模型

3）序列密码与分组密码的对比

分组密码以一定大小作为每次处理的基本单元，而序列密码则是以一个元素（一个字母或一位）作为基本的处理单元。

序列密码是一个随时间变化的加密变换，具有转换速度快、低错误传播的优点，硬件实现电路更简单；其缺点是低扩散（意味着混乱不够）、插入及修改的不敏感性。

分组密码使用的是一个不随时间变化的固定变换，具有扩散性好、插入敏感等优点；其缺点是加解密处理速度慢、存在错误传播。

序列密码涉及大量的理论知识，提出了众多的设计原理，也得到了广泛的分析，但许多研究成果并没有完全公开，这也许是因为序列密码目前主要应用于军事和外交等机密部门的缘故。目前，公开的序列密码算法主要有 RC4、SEAL 等。

2.2.2 DES 加密

美国国家标准局（NBS）于 1977 年公布了由 IBM 公司研制的一种加密算法，并批准把它作为非机要部门使用的数据加密标准（Data Encryption Standard），简称 DES。自从公布以来，它一直超越国界成为国际上商用保密通信和计算机通信的最常用的加密算法。当时规定 DES 的使用期为 10 年。后来美国政府宣布延长它的使用期，其原因大概有两条：一是 DES 尚未受到严重的威胁，二是一直没有新的数据加密标准问世。DES 超期服役了很长时间，在国际通信保密的舞台上活跃了 20 年。

1. 算法概述

DES 算法为密码体制中的对称密码体制。明文按 64 位进行分组，密钥长 64 位，密钥事实上是 56 位参与 DES 运算（第 8、16、24、32、40、48、56、64 位是校验位，使得每个密钥都有奇数个 1）分组后的明文组和 56 位的密钥按位替代或交换的方法形成密文组的加密方法。

2. DES 工作的基本原理

入口参数有三个：key、data 和 mode。key 为加密解密使用的密钥，data 为加密解密的数据，mode 为其工作模式。当模式为加密模式时，明文按照 64 位进行分组，形成明文组，key 用于对数据加密；当模式为解密模式时，key 用于对数据解密。实际运用中，密钥只用到了 64 位中的 56 位，这样才具有高的安全性。

3. 主要流程

DES 算法把 64 位的明文输入块变为 64 位的密文输出块，它所使用的密钥也是 64 位。整个算法的主流程如图 2-4 所示。

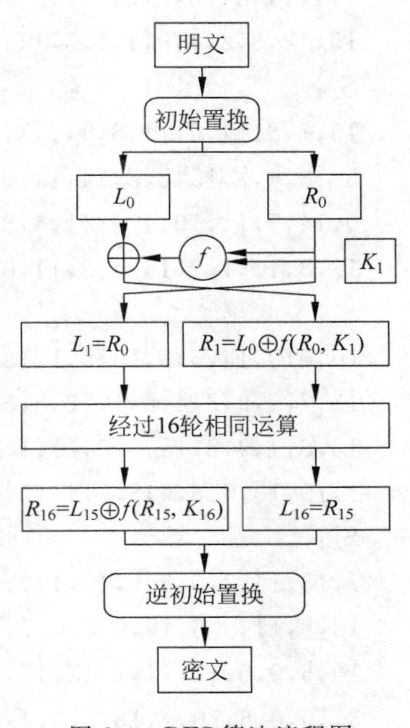

图 2-4　DES 算法流程图

1）置换规则表

其功能是把输入的 64 位数据块按位重新组合，并把输出分为 L_0、R_0 两部分，每部分各长 32 位，其置换规则如下：

58,50,42,34,26,18,10,2,60,52,44,36,28,20,12,4,
62,54,46,38,30,22,14,6,64,56,48,40,32,24,16,8,
57,49,41,33,25,17,9,1,59,51,43,35,27,19,11,3,
61,53,45,37,29,21,13,5,63,55,47,39,31,23,15,7

即将输入的第 58 位换到第一位，第 50 位换到第 2 位，依此类推，最后一位是原来的第 7 位。L_0、R_0 则是换位输出后的两部分，L_0 是输出的左 32 位，R_0 是右 32 位，例如，设置换前的输入值为 $D_1D_2D_3\cdots D_{64}$，则经过初始置换后的结果为 $L_0=D_{58}D_{50}\cdots D_8$；$R_0=D_{57}D_{49}\cdots D_7$。

经过 16 次迭代运算后，得到 L_{16}、R_{16}，将此作为输入，进行逆置换，即得到密文输出。逆置换正好是初始置换的逆运算。例如，第 1 位经过初始置换后，处于第 40 位，而通过逆置换，又将第 40 位换回到第 1 位，其逆置换规则如下所示：

40,8,48,16,56,24,64,32,39,7,47,15,55,23,63,31,
38,6,46,14,54,22,62,30,37,5,45,13,53,21,61,29,
36,4,44,12,52,20,60,28,35,3,43,11,51,19,59,27,
34,2,42,10,50,18,58 26,33,1,41,9,49,17,57,25

2）放大换位表

32,1,2,3,4,5,4,5,6,7,8,9,8,9,10,11,
12,13,12,13,14,15,16,17,16,17,18,19,20,21,20,21,
22,23,24,25,24,25,26,27,28,29,28,29,30,31,32,1

3）单纯换位表

16,7,20,21,29,12,28,17,1,15,23,26,5,18,31,10,
2,8,24,14,32,27,3,9,19,13,30,6,22,11,4,25

4）功能表

$f(R_i, K_i)$算法描述图中，$S_1, S_2, \cdots, S_8$ 为选择函数，其功能是把 48 位数据变为 32 位数据。下面给出选择函数 $S_i(i=1,2,\cdots,8)$的功能表：

选择函数 S_i

S_1：

14,4,13,1,2,15,11,8,3,10,6,12,5,9,0,7,

0,15,7,4,14,2,13,1,10,6,12,11,9,5,3,8,

4,1,14,8,13,6,2,11,15,12,9,7,3,10,5,0,

15,12,8,2,4,9,1,7,5,11,3,14,10,0,6,13

S_2：

15,1,8,14,6,11,3,4,9,7,2,13,12,0,5,10,

3,13,4,7,15,2,8,14,12,0,1,10,6,9,11,5,

0,14,7,11,10,4,13,1,5,8,12,6,9,3,2,15,

13,8,10,1,3,15,4,2,11,6,7,12,0,5,14,9

S_3：

10,0,9,14,6,3,15,5,1,13,12,7,11,4,2,8,

13,7,0,9,3,4,6,10,2,8,5,14,12,11,15,1,

13,6,4,9,8,15,3,0,11,1,2,12,5,10,14,7,

1,10,13,0,6,9,8,7,4,15,14,3,11,5,2,12

S_4：

7,13,14,3,0,6,9,10,1,2,8,5,11,12,4,15,

13,8,11,5,6,15,0,3,4,7,2,12,1,10,14,9,

10,6,9,0,12,11,7,13,15,1,3,14,5,2,8,4,

3,15,0,6,10,1,13,8,9,4,5,11,12,7,2,14

S_5：

2,12,4,1,7,10,11,6,8,5,3,15,13,0,14,9,

14,11,2,12,4,7,13,1,5,0,15,10,3,9,8,6,

4,2,1,11,10,13,7,8,15,9,12,5,6,3,0,14,

11,8,12,7,1,14,2,13,6,15,0,9,10,4,5,3

S_6：

12,1,10,15,9,2,6,8,0,13,3,4,14,7,5,11,

10,15,4,2,7,12,9,5,6,1,13,14,0,11,3,8,

9,14,15,5,2,8,12,3,7,0,4,10,1,13,11,6,

4,3,2,12,9,5,15,10,11,14,1,7,6,0,8,13

S_7：

4,11,2,14,15,0,8,13,3,12,9,7,5,10,6,1,

13,0,11,7,4,9,1,10,14,3,5,12,2,15,8,6,

1,4,11,13,12,3,7,14,10,15,6,8,0,5,9,2,

6,11,13,8,1,4,10,7,9,5,0,15,14,2,3,12

S_8:

13,2,8,4,6,15,11,1,10,9,3,14,5,0,12,7,

1,15,13,8,10,3,7,4,12,5,6,11,0,14,9,2,

7,11,4,1,9,12,14,2,0,6,10,13,15,3,5,8,

2,1,14,7,4,10,8,13,15,12,9,0,3,5,6,11

在此以 S_1 为例说明其功能。在 S_1 中共有 4 行数据,命名为 0、1、2、3 行;每行有 16 列,命名为 0、1、2、3、…、14、15 列。

现设输入为:$D=D_1D_2D_3D_4D_5D_6$

令:列$=D_2D_3D_4D_5$

行$=D_1D_6$

然后在 S_1 表中查得对应的数,以 4 位二进制表示,此即为选择函数 S_1 的输出。下面给出子密钥 K_i(48 位)的生成算法。

5) 子密钥的生成算法

从子密钥 K_i 的生成算法描述图中可以看到:初始 Key 值为 64 位,但 DES 算法 规定,其中第 8,16,…,64 位是奇偶校验位,不参与 DES 运算。故 Key 实际可用位数便只有 56 位。即经过缩小选择换位表 1 的变换后,Key 的位数由 64 位变成了 56 位,此 56 位分为 C_0、D_0 两部分,各 28 位,然后分别进行第 1 次循环左移,得到 C_1、D_1,将 C_1(28 位)、D_1(28 位)合并得到 56 位,再经过缩小选择换位 2,从而便得到了密钥 K_0(48 位)。依此类推,便可得到 K_1、K_2、…、K_{15},不过需要注意的是,16 次循环左移对应的左移位数要依据下述规则进行。

6) 循环左移位数

1,1,2,2,2,2,2,2,1,2,2,2,2,2,2,1

以上介绍了 DES 算法的加密过程。DES 算法的解密过程同加密过程是一样的,区别仅仅在于第一次迭代时用子密钥 K_{15},第二次用 K_{14},…,最后一次用 K_0,算法本身并没有任何变化。

4. 破解方法

攻击 DES 的主要形式被称为蛮力的或彻底密钥搜索,即重复尝试各种密钥直到有一个符合为止。如果 DES 使用 56 位的密钥,则可能的密钥数量是 2^{56} 个。随着计算机系统能力的不断发展,DES 的安全性比它刚出现时会弱得多,然而从非关键性质的实际出发,仍可以认为它是足够的。不过,DES 现在仅用于旧系统的鉴定,而更多地选择新的加密标准——高级加密标准(Advanced Encryption Standard,AES)。

5. DES 算法的安全性

安全性比较高的一种算法,目前只有一种方法可以破解该算法,那就是穷举法。采用 64 位密钥技术,实际只有 56 位有效,8 位用来校验。譬如,有这样的一台 PC,它能每秒计算一百万次,那么 256 位空间它要穷举的时间为 2285 年,所以这种算法还是比较安全的一种算法。

6. TripleDES

三重 DES 算法(Triple DES)用来解决使用 DES 技术 56 位时密钥日益减弱的强度问题,其方法是:使用两个独立密钥对明文运行 DES 算法三次,从而得到 112 位有效密钥强度。TripleDES 有时称为 DESede(表示加密、解密和加密这三个阶段)。

2.2.3 AES 加密

1. AES 简介

鉴于 DES 不安全性的增加,美国政界和商界一直在寻求高强度、高效率的替代算法。1997 年,美国国家标准技术研究所(NIST)为了履行其法定职责,发起了一场推选用于保护敏感的(无密级的)联邦信息的对称密钥加密算法的活动。于是密码学界的精英们纷纷加入竞争的行列,提交自己设计的分组密码算法。与此同时,NIST 制定了用于比较候选算法的评估准则。该评估准则分为三大项:安全性;成本;算法和实现特性。1998 年,NIST 宣布接受 15 个候选算法并提请全世界密码学界协助分析这些候选算法。分析的内容包括对每个算法的安全性和效率进行初步检验。NIST 通过对这些初步研究结果的考察,于 1999 年 8 月 20 日选定了 MARS、RC6、RIJNDAEL、Serpent 和 Twofish 这 5 个算法作为参加决赛的算法。经公众对决赛算法进行更进一步的分析评论,NIST 决定推荐 RIJNDAEL 作为高级加密标准。2000 年 10 月 2 日,美国商业部长 Norman Y. Mineta 宣布"RIJNDAEL 数据加密算法"最终获胜,同时为此而在全球范围内角逐了 3 年的激烈竞争随即结束。2006 年,高级加密标准已然成为对称密钥加密中最流行的算法之一。该算法为比利时密码学家 Joan Daemen 和 Vincent Rijmen 所设计,结合两位作者的名字,以 Rijndael 命名。

2. 方法步骤

AES 是一种分组加密的算法。AES 加密数据块分组长度为 128 位,密钥长度可以是 128 位、192 位、256 位中的任意一个。AES 加密过程是在一个 4×4 的字节矩阵上运作,这个矩阵又称为"体(State)",其初值就是一个明文区块(矩阵中一个元素大小就是明文区块中的一个 Byte)。(Rijndael 加密法因支持更大的区块,其矩阵行数可视情况增加)加密时,各轮 AES 加密循环(除最后一轮外)均包含 4 个步骤。

第一步:AddRoundKey。矩阵中的每一个字节都与该次回合金钥(Round Key)做 XOR 运算;每个子密钥由密钥生成方案产生。

第二步:SubBytes。通过一个非线性的替换函数,用查找表的方式把每个字节替换成对应的字节。

第三步:ShiftRows。将矩阵中的每个横列进行循环式移位。

第四步:MixColumns。为了充分混合矩阵中各个直行的操作,这个步骤使用线性转换来混合每次内联的 4 个字节。

最后一个加密循环中省略 MixColumns 步骤,而以另一个 AddRoundKey 取代。

2.2.4 IDEA 加密

1. IDEA 加密算法概述

IDEA(International Data Encryption Algorithm,国际数据加密算法)是瑞士的 James Massey、Xuejia Lai 等人提出的加密算法,在密码学中属于数据块加密算法(Block Cipher)类。IDEA 使用长度为 128 位的密钥,数据块大小为 64 位。从理论上讲,IDEA 属于“强”加密算法,至今还没有出现对该算法的有效攻击算法。

早在 1990 年,Xuejia Lai 等人在 EuroCrypt'90 年会上提出了分组密码建议 PES(Proposed Encryption Standard)。在 EuroCrypt'91 年会上,Xuejia Lai 等人又提出了 PES 的修正版 IPES(Improved PES)。目前 IPES 已经商品化,并改名为 IDEA。IDEA 已由瑞士的 Ascom 公司注册专利,以商业目的使用 IDEA 算法必须向该公司申请许可。

这种算法是在 DES 算法的基础上发展出来的,类似于三重 DES。发展 IDEA 也是因为感到 DES 具有密钥太短等缺点。IDEA 的密钥为 128 位,这么长的密钥在今后若干年内应该是安全的。IDEA 属于一个比较新的算法,其安全性研究也在不断进行之中。在 IDEA 算法公布后不久,就有学者指出:IDEA 的密钥扩展算法存在缺陷,导致在 IDEA 算法中存在大量弱密钥类,但这个弱点通过简单的修改密钥扩展算法(加入异或算子)即可克服。在 1997 年的 EuroCrypt'97 年会上,John Borst 等人提出了对圈数减少的 IDEA 的两种攻击算法:对 3.5 圈 IDEA 的截短差分攻击(Truncate Diffrential Attack)和对 3 圈 IDEA 的差分线性攻击(Diffrential Linear Attack)。但作者也同时指出,这两种攻击算法对整 8.5 圈的 IDEA 算法不可能取得实质性的攻击效果。目前尚未出现新的攻击算法,一般认为攻击整 8.5 圈 IDEA 算法唯一有效的方法是穷尽搜索 128 位的密钥空间。

目前 IDEA 在工程中已有大量应用实例,PGP(Pretty Good Privacy)就使用 IDEA 作为其分组加密算法;安全套接字层(Secure Socket Layer,SSL)也将 IDEA 包含在其加密算法库 SSLRef 中;IDEA 算法专利的所有者 Ascom 公司也推出了一系列基于 IDEA 算法的安全产品,包括基于 IDEA 的 Exchange 安全插件、IDEA 加密芯片、IDEA 加密软件包等。IDEA 算法的应用和研究正在不断走向成熟。

2. IDEA 算法原理

IDEA 是一种由 8 个相似圈(Round)和一个输出变换(Output Transformation)组成的迭代算法。IDEA 的每个圈都由三种函数:模(216+1)乘法、模 216 加法和按位 XOR 组成。

在加密之前,IDEA 通过密钥扩展(Key Expansion)将 128 位的密钥扩展为 52B 的加密密钥(Encryption Key,EK),然后由 EK 计算出解密密钥(Decryption Key,DK)。EK 和 DK 分为 8 组半密钥,每组长度为 6B,前 8 组密钥用于 8 圈加密,最后半组密钥(4B)用于输出变换。IDEA 的加密过程和解密过程是一样的,只不过使用不同的密钥(加密时用 EK,解密时用 DK)。

密钥扩展的过程如下:

(1) 将 128 位的密钥作为 EK 的前 8B;

(2) 将前 8B 循环左移 25 位,得到下一 8byte,将这个过程循环 7 次;

(3) 在第7次循环时,取前4B作为EK的最后4B;

(4) 至此52B的EK生成完毕。

2.3 非对称密码体制

本节将介绍非对称密码体制、RSA公钥密码体制和椭圆曲线密码系统。

2.3.1 非对称密码体制

1. 非对称密钥加密体制

非对称密钥加密体制,又称为公钥密码体制。它是指对信息加密和解密时所使用的密钥是不同的,即有两个密钥,一个是可以公开的,另一个是私有的,这两个密钥组成一对密钥对。如果使用其中一个密钥对数据进行加密,则只有用另外一个密钥才能解密。由于加密和解密时所使用的密钥不同,这种加密体制称为非对称密钥加密体制。

非对称加密体制是由明文、加密算法、公开密钥和私有密钥对、密文、解密算法组成。一个实体的非对称密钥对中,由该实体使用的密钥称为私有密钥,私有密钥是保密的;能够被公开的密钥称为公开密钥。这两个密钥相关但不相同。

在公开密钥算法中,用公开的密钥进行加密,用私有密钥进行解密的过程称为加密。而用私有密钥进行加密,用公开密钥进行解密的过程称为认证。

非对称加密技术也叫公钥加密,即公开密钥密码体制,是建立在数学函数基础上的一种加密方法,它使用两个密钥,在保密通信、密钥分配和鉴别等领域都产生了深远的影响。

在运用非对称密码技术传送数据文件时,文件发送者也可以使用接收者的公开密钥对原始文件进行加密,这样只有掌握了相应的私用密钥的接收者才能对其进行解密,任何没有相应私用密钥的其他人都无法对其解密和阅读文件内容,而接收者收到文件并解密后,则可以从文件的内容来识别文件的来源。因此,将对称密钥密码技术与非对称密钥密码技术结合起来使用,再加上数字摘要、数字签名等安全认证手段,则可以解决电子商务交易中信息传送的安全性和身份的认证问题。

非对称密钥密码体制是现代密码学最重要的发明和进展。一般理解密码学就是保护信息传递的机密性,但这仅仅是当今密码学的一个方面。对信息发送与接收人的真实身份的验证,对所发出/接收信息在事后的不可抵赖以及保障数据的完整性也是现代密码学研究的另一个重要方面。公开密钥密码体制对这两方面的问题都给出了出色的解答,并正在继续产生许多新的思想和方案。

2. 公钥加密技术

公钥加密技术是针对私钥密码体制的缺陷提出来的。在公钥加密系统中,加密和解密是相对独立的,加密和解密会使用两把不同的密钥,加密密钥(公开密钥)向公众公开,谁都可以使用;解密密钥(秘密密钥)只有解密人自己知道,非法使用者根据公开的加密密钥无法推算出解密密钥,顾其可称为公钥密码体制。如果一个人选择并公布了他的公钥,另外任何人都可以用这一公钥来加密传送给那个人的消息。私钥是秘密保存的,只有私钥的所有者才能利用私钥对密文进行解密。公钥密钥的密钥管理比较简单,并且可以方便地实现数字签名和验证。但算法复杂,加密数据的速率较低。公钥加密系统不存在对称加密系统中密钥的分配和保存问题,对于具有 n 个用户的网络,仅需要 $2n$ 个密钥。公钥加密系统除了用于数据加密外,还可用于数字签名。

公钥加密系统可提供以下功能:

(1) 机密性。保证非授权人员不能非法获取信息,通过数据加密来实现。

(2) 确认。保证对方属于所声称的实体,通过数字签名来实现。

(3) 数据完整性。保证信息内容不被篡改,入侵者不可能用假消息代替合法消息,通过数字签名来实现。

(4) 不可抵赖性。发送者不可能事后否认他发送过消息,消息的接收者可以向中立的第三方证实所指的发送者确实发出了消息,通过数字签名来实现。

可见,公钥加密系统满足信息安全的所有主要目标。

公钥密码体制的算法中最著名的代表是 RSA 系统,此外还有背包密码、McEliece 密码、Diffe_Hellman、Rabin、零知识证明、椭圆曲线和 EIGamal 算法等。

在实际应用中,对称密码系统与公钥密码系统经常有两种结合方式:电子信封和交换会话密钥。电子信封是指使用对称密码系统对明文加密,然后用公钥系统对对称密码的密钥加密,最后将明文加密结果和密钥加密结果一起传给接收者;接收者接到数据后,先通过公钥系统解密出对称密码的密钥,再用对称密码系统解出明文。交换会话密钥是指在实际通信之前,通信双方先使用公钥系统共享一个随机的对称密码的密钥,然后再用这个密钥通过对称密码系统进行实质的数据交换。这两种结合方式都能够有效地发挥两种密码系统的优势,达到两全其美的效果。

2.3.2 RSA 公钥密码体制

RSA 公钥加密算法是 1977 年由 Ron Rivest、Adi Shamirh 和 LenAdleman 在美国麻省理工学院开发的。RSA 的取名来自他们三者的名字。RSA 是目前最有影响力的公钥加密算法,它能够抵抗到目前为止已知的所有密码攻击,已被 ISO 推荐为公钥数据加密标准。RSA 算法基于一个十分简单的数论事实:将两个大素数相乘十分容易,但那时想要对其乘积进行因式分解却极其困难,因此可以将乘积公开作为加密密钥。

1. RSA 概述

在公开密钥密码体制中,加密密钥(即公开密钥)PK 是公开信息,而解密密钥(即秘密密钥)SK 是需要保密的。加密算法 E 和解密算法 D 也都是公开的。虽然秘密密钥 SK 是由公开密钥 PK 决定的,但却不能根据 PK 计算出 SK。RSA 算法先生成一对 RSA 密钥,其中之一是保密密钥,由用户保存;另一个为公开密钥,可对外公开,甚至可在网络服务器中注册。为提高保密强度,RSA 密钥至少为 500 位,一般推荐使用 1024 位。这就使加密的计算量很大。为减少计算量,在传送信息时,常采用传统加密方法与公开密钥加密方法相结合的方式,即信息采用改进的 DES 或 IDEA 对话密钥加密,然后使用 RSA 密钥加密对话密钥和信息摘要。对方收到信息后,用不同的密钥解密并可核对信息摘要。

RSA 算法是第一个能同时用于加密和数字签名的算法,也易于理解和操作。RSA 是被研究得最广泛的公钥算法，从提出到现在的三十多年里，经历了各种攻击的考验，逐渐为人们接受，普遍认为是目前最优秀的公钥方案之一。

RSA 的安全性依赖于大数的因子分解，但并没有从理论上证明破译 RSA 的难度与大数分解难度等价。即 RSA 的重大缺陷是无法从理论上把握它的保密性能如何，而且密码学界多数人士倾向于因子分解不是 NPC 问题。

RSA 的缺点主要有：

(1) 产生密钥很麻烦，受到素数产生技术的限制，因而难以做到一次一密。

(2) 分组长度太大，为保证安全性，n 至少也要 600 位以上，使运算代价很高，尤其是速度较慢，较对称密码算法慢几个数量级。且随着大数分解技术的发展，这个长度还在增加，不利于数据格式的标准化。目前，SET(Secure Electronic Transaction)协议中要求 CA 采用 2048 位的密钥，其他实体使用 1024 位的密钥。

(3) RSA 密钥长度随着保密级别提高，增加很快。

2. RSA 算法原理

1) 原理

首先找出三个数 p、q、r，其中 p、q 是两个相异的质数，r 是与 $(p-1)(q-1)$ 互质的数。p、q、r 这三个数就是 Private Key(私钥)。

接着找出 m，使得 $rm=1\text{mod}(p-1)(q-1)$，其中 rm 是除以 $(p-1)(q-1)$ 的余数，为 1。这个 m 一定存在，因为 r 与 $(p-1)(q-1)$ 互质，用辗转相除法就可以得到。

然后计算 $n=pq$。m，n 这两个数就是 Public Key(公钥)。

2) 举例

编码过程是：若资料为 a，将其看成是一个大整数，假设 $a<n$。如果 $a\geqslant n$ 的话。就将 a 表示成 s 进位 ($s\leqslant n$，通常取 $s=2$ ^t)，则每一位数均小于 n，然后分段编码。接着计算 $b=a$ ^$m \bmod n$，$(0\leqslant b<n)$，其中^表示次方。b 就是编码后的结果。解码的过程是计算 $c=b$ ^$r \bmod pq$ $(0\leqslant c<pq)$，解码完毕。

3. 安全性

RSA 的安全性依赖于大数分解，但是否等同于大数分解一直未能得到理论上的证明，因为没有证明破解 RSA 就一定需要作大数分解。假设存在一种无须分解大数的算法，那它肯定可以修改成大数分解算法。目前，RSA 的一些变种算法已被证明等价于大数分解。不管怎样，分解 n 是最显然的攻击方法。现在，人们已能分解多个十进制位的大素数。因此，模数 n 必须选大一些，因具体适用情况而定。

4. 速度

由于进行的都是大数计算，使得 RSA 最快的情况也比 DES 慢上好几倍，无论是软件还是硬件实现。速度一直是 RSA 的缺陷，一般来说只用于少量数据加密。RSA 的速度比对应同样安全级别的对称密码算法要慢 1000 倍左右。

5. RSA 的边信道攻击

针对 RSA 的边信道攻击目前大多处于实验室阶段，边信道攻击并不是直接对 RSA 的算法本身进行攻击，而是针对计算 RSA 的设备的攻击。目前的边信道攻击一般是针对硬件实现 RSA 算法的芯片进行的。

目前国内外防范公钥密码边信道攻击主要以牺牲效率为代价。公钥密码的实现效率一直是信息安全系统的应用瓶颈，进一步损害算法效率，必将造成信息系统性能恶化。因此，寻找高效又抗功耗分析的公钥算法实现途径，并结合其他层面抗攻击手段，使密码器件运行效率、功耗、面积等综合因素实现最优化，无疑是极富挑战性的课题，不仅对抗边信道攻击理论研究有重要价值，而且对广泛应用的智能卡（尤其是银行卡、手机 SIM 或 USIM 卡）、各种硬件密码电子设备、有时也包括软件实现的密码算法的安全应用无疑具有极大的现实意义。

边信道攻击以功耗分析和公钥密码为研究重点，在对各种类型、系列、型号、规模的基本电路运行过程中的功耗轨迹进行大量研究、掌握其变化规律的基础上，继续研究电路工艺、结构、算法、协议对功耗轨迹的影响，经过一系列处理，从中提取出密钥信息。目标是针对功耗分析攻击机理，提出抗功耗分析的综合优化新方法，并尽量兼顾算法效率。

边信道攻击研究涉及密码学、信息论、算法理论和噪声理论，还涉及硬件电路设计、通信、信号处理、统计分析、模式识别等诸多技术。

目前，边信道攻击在若干关键问题研究上已取得了实质性进展。

目前国内已经有大学的研究者提出了公钥密码等功耗编码的综合优化方法，佐证了安全性和效率的可兼顾性。截至目前，研究团队已针对著名公钥密码算法 RSA 的多种实现算法和方式成功实施了计时攻击、简单功耗和简单差分功耗分析攻击，实验验证了多种防御方法，包括"等功耗编码"方法的有效性，并完成了大规模功耗分析自动测试平台的自主开发。

6. RSA 算法的缺点

(1) 产生密钥很麻烦，受到素数产生技术的限制，因而难以做到一次一密。

(2) 安全性低。RSA 的安全性依赖于大数的因子分解，但并没有从理论上证明破译 RSA 的难度与大数分解难度等价，而且密码学界多数人士倾向于因子分解不是 NPC 问题。目前，人们已能分解 140 多个十进制位的大素数，这就要求使用更长的密钥，速度更慢。另外，目前人们正在积极寻找攻击 RSA 的方法，如选择密文攻击，一般攻击者是将某一信息作一下伪装(Blind)，让拥有私钥的实体签署，然后经过计算就可得到它所想要的信息。

(3) 速度太慢。由于 RSA 的分组长度太大，为保证安全性，n 至少也要 600 位以上，使运算代价很高，尤其是速度较慢，较对称密码算法慢几个数量级。且随着大数分解技术的发展，这个长度还在增加，不利于数据格式的标准化。目前，SET(Secure Electronic Transaction)协议中要求 CA 采用 2048 位长的密钥，其他实体使用 1024 位的密钥。为了速度问题，目前人们广泛使用单、公钥密码结合使用的方法，优缺点互补：单钥密码加密速度快，人们用它来加密较长的文件，然后用 RSA 给文件密钥加密，极好地解决了单钥密码的密钥分发问题。

2.3.3 椭圆曲线密码系统

椭圆曲线密码学(Elliptic Curve Cryptography，ECC)是基于椭圆曲线数学的一种公钥密码的方法。椭圆曲线在密码学中的使用是在 1985 年由 Neal Koblitz 和 Victor Miller 分别独立提出的。ECC 的主要优势是在某些情况下它比其他的方法使用更小的密钥（如

RSA)提供相当的或更高等级的安全。ECC 的另一个优势是可以定义群之间的双线性映射,基于 Weil 对或是 Tate 对。双线性映射已经在密码学中发现了大量的应用,例如基于身份的加密。不过它的一个缺点是加密和解密操作的实现比其他机制花费的时间长。椭圆曲线密码学的许多形式有稍微的不同,所有的都依赖于被广泛承认的解决椭圆曲线离散对数问题的困难性上,对应有限域上椭圆曲线的群。

椭圆曲线并不是椭圆,之所以称为椭圆曲线是因为它们是用三次方程来表示的,并且该方程与计算椭圆周长的方程相似。在 ECC 中,我们关心的是某种特殊形式的椭圆曲线,即定义在有限域上的椭圆曲线。椭圆曲线的吸引人之处在于提供了由“元素”和“组合规则”来组成群的构造方式。用这些群来构造密码算法具有完全相似的特性,且没有减少密码分析的分析量。

1. Diffie-Hellman 密钥交换协议

Diffie-Hellman 是一种确保共享 KEY 安全穿越不安全网络的方法。Whitefield 与 Martin Hellman 在 1976 年提出了一种密钥一致性算法,称为 Diffie-Hellman 密钥交换协议/算法(Diffie-Hellman Key Exchange/Agreement Algorithm)。Diffie-Hellman 是一种建立密钥的方法,而不是加密方法。它所产生的密钥可用于加密、进一步的密钥管理或任何其他的加密方式。这个机制的巧妙在于需要安全通信的双方可以用这个方法确定对称密钥,然后可以用这个密钥进行加密和解密。但是注意,这个密钥交换协议/算法只能用于密钥的交换,而不能进行消息的加密和解密。双方确定要用的密钥后,要使用其他对称密钥操作加密算法实际加密和解密消息。Diffie-Hellman 密钥交换算法及其优化首次发表的公开密钥算法出现在 Diffie 和 Hellman 的论文中,这篇影响深远的论文奠定了公开密钥密码编码学。

假设用户 A 希望与用户 B 建立一个连接,并用一个共享的秘密密钥加密在该连接上传输的报文。用户 A 产生一个一次性的私有密钥 XA,并计算出公开密钥 YA 并将其发送给用户 B。用户 B 产生一个私有密钥 XB,计算出公开密钥 YB 并将它发送给用户 A 作为响应。必要的公开数值 q 和 a 都需要提前知道。另一种方法是用户 A 选择 q 和 a 的值,并将这些数值包含在第一个报文中。下面再举一个使用 Diffie-Hellman 算法的例子。假设有一组用户(例如一个局域网上的所有用户),每个人都产生一个长期的私有密钥 XA,并计算一个公开密钥 YA。这些公开密钥数值,连同全局公开数值 q 和 a 都存储在某个中央目录中。在任何时刻,用户 B 都可以访问用户 A 的公开数值,计算一个秘密密钥,并使用这个密钥发送一个加密报文给 A。如果中央目录是可信任的,那么这种形式的通信就提供了保密性和一定程度的鉴别功能。因为只有 A 和 B 可以确定这个密钥,其他用户都无法解读报文(保密性)。接收方 A 知道只有用户 B 才能使用此密钥生成这个报文(鉴别)。Diffie-Hellman 算法具有两个吸引力的特征:仅当需要时才生成密钥,减小了将密钥存储很长一段时间而致使遭受攻击的机会。除了对全局参数的约定外,密钥交换不需要事先存在的基础结构。

2. ElGamal 密码体制

ElGamal 算法是一种较为常见的加密算法,它是基于 1984 年提出的公钥密码体制和椭圆曲线加密体系。既能用于数据加密,也能用于数字签名,其安全性依赖于计算有限域上离散对数这一难题。在加密过程中,生成的密文长度是明文的两倍,且每次加密后都会在密文

中生成一个随机数 K。

1）密钥产生方法

首先选择一个素数 p，两个随机数 g 和 x，$g,x<p$，计算 $y=g^{\wedge}x(\bmod p)$，则其公钥为 y，g 和 p。私钥是 x。g 和 p 可由一组用户共享。

ElGamal 用于数字签名。被签信息为 M，首先选择一个随机数 k，k 与 $p-1$ 互质，计算 $a=g^{\wedge}k(\bmod p)$。

再用扩展 Euclidean 算法对下面方程求解 b：

$$M = xa + kb(\bmod p-1)$$

签名就是(a,b)。随机数 k 必须丢弃。

验证时要验证下式：

$$y^{\wedge}a * a^{\wedge}b(\bmod p) = g^{\wedge}M(\bmod p)$$

同时一定要检验是否满足 $1\leqslant a<p$，否则签名容易伪造。

ElGamal 用于加密。被加密信息为 M，首先选择一个随机数 k，k 与 $p-1$ 互质，计算

$$a = g^{\wedge}k(\bmod p)$$

$$b = y^{\wedge}kM(\bmod p)$$

(a,b)为密文，是明文的两倍长。解密时计算：

$$M = b/a^{\wedge}x(\bmod p)$$

ElGamal 签名的安全性依赖于乘法群$(IFp)*$上的离散对数计算。素数 p 必须足够大，且 $p-1$ 至少包含一个大素数。

因子以抵抗 Pohlig&Hellman 算法的攻击。M 一般都应采用信息的 HASH 值（如 SHA 算法）。ElGamal 的安全性主要依赖于 p 和 g，若选取不当则签名容易伪造，应保证 g 对于 $p-1$ 的大素数因子不可约。

2）ElGamal 数字签名方案

在系统中有两个用户 A 和 B，A 要发送消息到 B，并对发送的消息进行签名。B 收到 A 发送的消息和签名后进行验证。

(1) 系统初始化。选取一个大的素数 p，g 是 $GF(p)$的本原元。h：$GF(p)\rightarrow GF(p)$是一个单向 Hash 函数。系统将参数 p、g 和 h 存放于公用的文件中，在系统中的每一个用户都可以从公开的文件中获得上述参数。

(2) 对发送的消息进行数字签名的过程。假定用户 A 要向 B 发送消息 $m\,[1,p-1]$，并对消息 m 签字。

第一步：用户 A 选取一个 $x\,[1,p-1]$作为秘密密钥，计算 $y=$ (mod p)作为公钥。将公钥 y 存放于公用的文件中。

第二步：随机选取 $k\,[1,p-1]$且 $gcd(k,(p-1))=1$，计算 $r=$ (mod p)。对一般的 ElGamal 型数字签名方案有签名方程(Signature Equation)：$ax=bk+c(\bmod(p-1))$。其中(a,b,c)是$(h(m),r,s)$数学组合的一个置换。由签名方程可以解出 s，那么$(m,(r,s))$就是 A 对消息 m 的数字签名。

第三步：A 将$(m,(r,s))$发送到 B。

(3) 数字签名的验证过程。当 B 接收到 A 发送的消息$(m,(r,s))$，再从系统公开文件和 A 的公开文件中获得系统公用参数 p,g,h 和 A 的公钥 y。由$(m,(r,s))$计算出(a,b,c)

验证等式＝(mod p)是否成立。D. Bleichenbache"GeneratingElGamal Signatures Without Knowing the Secret Key"中提到了一些攻击方法和对策。ElGamal的一个不足之处是它的密文成倍扩张。美国DSS(Digital Signature Standard)标准的DSA(Digital Signature Algorithm)算法是经ElGamal算法演变而来。

3. 椭圆曲线国际标准

椭圆曲线密码系统已经形成了若干国际标准,其涉及加密、签名、密钥管理等方面,包括:

(1) IEEE P1363：加密、签名、密钥协商机制。

(2) ANSI X9：椭圆曲线数字签名算法,即椭圆曲线密钥协商和传输协议。

(3) ISO/IEC：椭圆曲线ElGamal体制签名。

(4) IETF：椭圆曲线DH密钥交换协议。

(5) ATM Forum：异步传输安全机制。

(6) FIPS 186-2：美国政府用于保证其电子商务活动中的机密性和完整性。

4. 椭圆曲线技术实现

ECC的技术实现可以分成4个层次：运算层、密码层、接口层和应用层。运算层最基础、最核心；应用层最接近用户。

1) 运算层

运算层的主要功能是提供密码算法所需要的所有数论运算支持,包括大整数加、减、乘、除、模、gcd、逆、模幂等。运算层的实现效率将对整个密码系统的效率起决定性作用。因而运算层的编程工作是算法实现最核心、最基础,也是最艰巨的部分。

2) 密码层

密码层的主要功能是在运算层的支持上选择适当的密码体制,科学地、准确地、安全地实现密码算法。在相同的运算层的基础上,可以构建起多种密码体制。对于密码体制和具体结构的选择和实现是密码层的核心内容。最终,密码系统的安全性将决定于密码层的实现能力。在密码层中,为了支持公钥密码系统,通常必须提供5种操作：生成密钥对、加密、解密、签名和验证签名。

3) 接口层

接口层的主要功能是对各种软硬件平台提供公钥密码功能支持。其工作重点在于对各种硬件环境的兼容、对各种操作系统的兼容、对各种高级语言的兼容、对多种应用需求兼容。其难点主要在于保持良好的一致性、可移植性、可重用性,以有限的资源换取应用层尽可能多的自由空间。

4) 应用层

应用层是最终用户所能接触到的唯一层面,它为用户提供应用功能和操作界面。应用功能包括交易、网络、文件、数据库、加解密、签名及验证等。操作界面包括图形、声音、指纹、键盘鼠标等。

ECC的实现效率一般表现为ECC公钥密码功能的效率。实现效率是被多种因素制约和影响的。下面列举了在实现ECC的过程中遇到的涉及ECC实现效率的方面。

(1) ECC密码机制。众所周知,任何密码理论都必须在某种密码机制上实现才能完成密码功能(如加密、签名等)。同一种密码理论也可以运用于不同的密码机制上,而且它们的实现效率也不尽相同。我们在自行发明的、拥有自主知识产权的密码机制上实现ECC,并且容易证明其安全性不低于其他常用密码体制,且效率更高。

(2) 安全前瞻性。由于公钥系统的安全性建立在数学的困难性上,因此在选择ECC参数时,不能一味地追求速度快,而是应该在理论上、实现上都要为安全性留出一定的余量,以保证在密码分析技术进步后,不至受到重大威胁。F2n和Fp的比较就集中地体现了这一点。同时,对p的选择也体现了这一点。当然,这种安全性上的保障是要通过降低一定的效率换取的。

(3) 应用环境。应用环境是ECC软硬件实现的约束条件。硬件环境要求空间小、指令简单、高稳定性、低成本;软件环境要求兼容性好、可移植性好、易于维护升级。

因此,从高端到低端,从高级语言到汇编、从系统到门电路设计,每个应用环境对ECC实现所提供的支持和约束都不相同。所以,ECC实现效率也依应用环境而异。

(4) 算法优化。算法优化始终都是提高效率的根本所在。对ECC实现算法的优化主要从这几个方面入手:对数学公式的变形和组合优化;在软件实现中,根据编译系统的特点、CPU指令集的特点优化;在硬件实现中,根据硬件资源的具体特点优化。

5. 应用前景

ECC密码体制是建立在椭圆曲线密码理论基础上的先进公钥密码体制。该系统所具有的安全性已经被全世界所承认。在椭圆曲线密码理论的基础上,经过长期的理论研究和科学实践,已经成功地将该理论转换为实际可用的密码算法,并将运用于安全产品之中。ECC技术拥有广泛的应用前景,如可应用于安全数据库、智能卡应用、VPN和安全电子商务等。将ECC技术应用于安全产品不仅能够充分发挥我们已经取得的优势,创造更多的效益,而且可以使我国的公钥密码应用技术进入一个更广阔的新天地。

2.4 认证技术

本节将介绍数字签名和身份认证技术。

2.4.1 数字签名

1. 数字签名概述

数字签名,又称为公钥数字签名、电子签章,是只有信息的发送者才能产生的别人无法伪造的一段数字串,这段数字串同时也是对信息的发送者发送信息真实性的一个有效证明。

数字签名是一种类似写在纸上的普通的物理签名,但是使用了公钥加密领域的技术实现,用于鉴别数字信息的方法。一套数字签名通常定义两种互补的运算,一个用于签名,另一个用于验证。数字签名是非对称密钥加密技术与数字摘要技术的应用。数字签名了的文件的完整性是很容易验证的(不需要骑缝章、骑缝签名,也不需要笔迹专家),而且数字签名具有不可抵赖性(不需要笔迹专家来验证)。

数字签名是附加在数据单元上的一些数据,或是对数据单元所作的密码变换。这种数据或变换允许数据单元的接收者用以确认数据单元的来源和数据单元的完整性并保护数据,防止被人(例如接收者)进行伪造。它是对电子形式的消息进行签名的一种方法,一个签名消息能在一个通信网络中传输。基于公钥密码体制和私钥密码体制都可以获得数字签名,主要是基于公钥密码体制的数字签名。包括普通数字签名和特殊数字签名。普通数字签名算法有 RSA、ElGamal、Fiat-Shamir、Guillou-Quisquarter、Schnorr、Ong-Schnorr-Shamir 数字签名算法、Des/DSA,椭圆曲线数字签名算法和有限自动机数字签名算法等。特殊数字签名有盲签名、代理签名、群签名、不可否认签名、公平盲签名、门限签名、具有消息恢复功能的签名等,它与具体应用环境密切相关。显然,数字签名的应用涉及法律问题,美国联邦政府基于有限域上的离散对数问题制定了自己的数字签名标准。

数字签名是一个加密的过程,数字签名验证是一个解密的过程。其目的是保证信息传输的完整性、发送者的身份认证、防止交易中的抵赖发生。

2. 签名过程

数字签名技术是将摘要信息用发送者的私钥加密,与原文一起传送给接收者。接收者只有用发送者的公钥才能解密被加密的摘要信息,然后用 HASH 函数对收到的原文产生一个摘要信息,与解密的摘要信息对比。如果相同,则说明收到的信息是完整的,在传输过程中没有被修改,否则说明信息被修改过,因此数字签名能够验证信息的完整性。

发送报文时,发送方用一个哈希函数从报文文本中生成报文摘要,然后用自己的私人密钥对这个摘要进行加密,这个加密后的摘要将作为报文的数字签名和报文一起发送给接收方,接收方首先用与发送方一样的哈希函数从接收到的原始报文中计算出报文摘要,接着再用发送方的公用密钥来对报文附加的数字签名进行解密,如果这两个摘要相同,那么接收方就能确认该数字签名是发送方的,如图 2-5 所示。

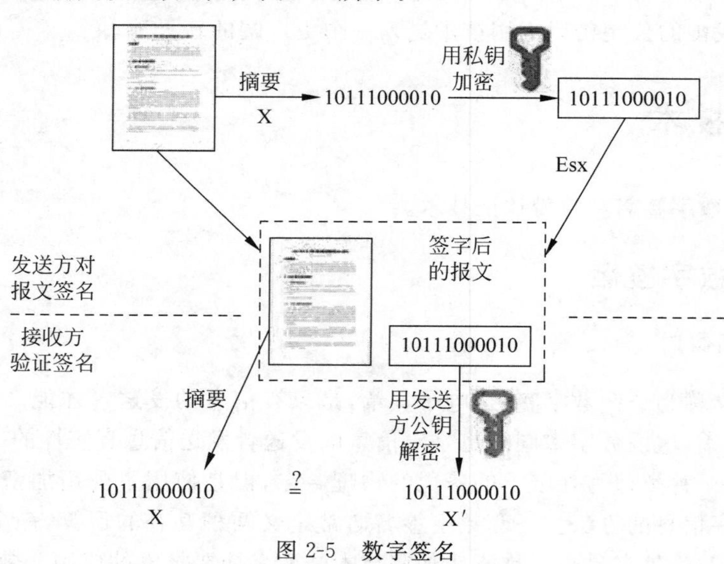

图 2-5 数字签名

数字签名有两种功效:一是能确定消息确实是由发送方签名并发出来的,因为别人假冒不了发送方的签名。二是数字签名能确定消息的完整性。因为数字签名的特点是它代表了文件的特征,文件如果发生改变,数字签名的值也将发生变化。不同的文件将得到不同的数字签名。一次数字签名涉及一个哈希函数、发送者的公钥、发送者的私钥。

数字签名：发送方用自己的密钥对报文 X 进行 Encrypt（编码）运算，生成不可读取的密文 Esx，然后将 Esx 传送给接收方，接收方为了核实签名，用发送方的公用密钥进行 Decrypt（解码）运算，还原报文得到 X′。比较 X 和 X′是否相等。

3. 原理特点

每个人都有一对“钥匙”（数字身份），其中一个只有她/他本人知道（密钥），另一个是公开的（公钥）。签名的时候用密钥，验证签名的时候用公钥。又因为任何人都可以落款声称她/他就是你，所以公钥必须由接收者信任的人（身份认证机构）来注册。注册后身份认证机构给用户发一数字证书。对文件签名后，把此数字证书连同文件及签名一起发给接收者，接收者向身份认证机构求证是否真的是用你的密钥签发的文件。

在通信中使用数字签名一般基于以下原因：

1）鉴权

公钥加密系统允许任何人在发送信息时使用公钥进行加密，数字签名能够让信息接收者确认发送者的身份。当然，接收者不可能百分之百确信发送者的真实身份，而只能在密码系统未被破译的情况下才有理由确信。

鉴权的重要性在财务数据上表现得尤为突出。举个例子，假设一家银行将指令由它的分行传输到它的中央管理系统，指令的格式是(a,b)，其中 a 是账户的账号，而 b 是账户的现有金额。这时一位远程客户可以先存入 100 元，观察传输的结果，然后接二连三地发送格式为(a,b)的指令。这种方法被称作重放攻击。

2）完整性

传输数据的双方都总希望确认消息未在传输的过程中被修改。加密使得第三方想要读取数据十分困难，然而第三方仍然能采取可行的方法在传输的过程中修改数据。一个通俗的例子就是同形攻击：回想一下，还是上面的那家银行从它的分行向它的中央管理系统发送格式为(a,b)的指令，其中 a 是账号，而 b 是账户中的金额。一个远程客户可以先存 100 元，然后拦截传输结果，再传输$(a,b3)$，这样他就立刻变成百万富翁了。

3）不可抵赖

在密文背景下，抵赖这个词指的是不承认与消息有关的举动（即声称消息来自第三方）。消息的接收方可以通过数字签名来防止所有后续的抵赖行为，因为接收方可以出示签名给别人看来证明信息的来源。

2.4.2 身份认证技术

1. 身份认证概述

身份认证是在计算机网络中确认操作者身份的过程。身份认证可分为用户与主机间的认证和主机与主机之间的认证。用户与主机之间的认证可以基于如下一个或几个因素：用户所知道的东西，例如口令、密码等；用户拥有的东西，例如印章、智能卡（如信用卡等）；用户所具有的生物特征，例如指纹、声音、视网膜、签字和笔迹等。

计算机网络世界中一切信息包括用户的身份信息都是用一组特定的数据来表示的，计算机只能识别用户的数字身份，所有对用户的授权也是针对用户数字身份的授权。

如何保证以数字身份进行操作的操作者就是这个数字身份合法拥有者，也就是说保证操作者的物理身份与数字身份相对应，身份认证就是为了解决这个问题。作为防护网络资产的第一道关口，身份认证有着举足轻重的作用。

在真实世界，对用户的身份认证基本方法可以分为三种：

(1) 根据你所知道的信息来证明你的身份(what you know，你知道什么)；

(2) 根据你所拥有的东西来证明你的身份(what you have，你有什么)；

(3) 直接根据独一无二的身体特征来证明你的身份(who you are，你是谁)，如指纹、面貌等。

在网络世界中的手段与真实世界中一致，为了达到更高的身份认证安全性，某些场景会将上面三种中的两种混合使用，即所谓的双因素认证。

2. 常见身份认证形式

常见的身份认证形式包括静态密码、智能卡(IC卡)、短信密码、动态口令牌、USB KEY、OCL、数字签名、生物识别技术、Infogo身份认证、双因素身份认证和门禁应用等。

1) 静态密码

用户的密码是由用户自己设定的。在网络登录时输入正确的密码，计算机就认为操作者就是合法用户。实际上，由于许多用户为了防止忘记密码，经常采用诸如生日、电话号码等容易被猜测的字符串作为密码，或者把密码抄在纸上放在一个自认为安全的地方，这样很容易造成密码泄露。如果密码是静态的数据，在验证过程中需要在计算机内存中和传输过程中可能会被木马程序或网络中截获。因此，静态密码机制无论是使用还是部署都非常简单，但从安全性上讲，用户名/密码方式是一种不安全的身份认证方式。它利用what you know方法。

2) 智能卡(IC卡)

一种内置集成电路的芯片，芯片中存有与用户身份相关的数据。智能卡由专门的厂商通过专门的设备生产，是不可复制的硬件。智能卡由合法用户随身携带，登录时必须将智能卡插入专用的读卡器读取其中的信息，以验证用户的身份。智能卡认证是通过智能卡硬件不可复制来保证用户身份不会被仿冒。然而，由于每次从智能卡中读取的数据是静态的，通过内存扫描或网络监听等技术还是很容易截取到用户的身份验证信息，因此还是存在一定的安全隐患。它利用what you have方法。

3) 短信密码

短信密码以手机短信形式请求包含6位随机数的动态密码，身份认证系统以短信形式发送随机的6位密码到客户的手机上。客户在登录或者交易认证时输入此动态密码，从而确保系统身份认证的安全性。它利用what you have方法。具有以下优点：

(1) 安全性。由于手机与客户绑定比较紧密，短信密码生成与使用场景是物理隔绝的，因此密码在通路上被截取几率降至最低。

(2) 普及性。只要会接收短信即可使用，大大降低了短信密码技术的使用门槛，学习成本几乎为0，所以在市场接受度上面不会存在阻力。

(3) 易收费。由于移动互联网用户天然养成了付费的习惯，这和PC时代的互联网是截然不同的理念，而且收费通道非常发达，如果是网银、第三方支付、电子商务可将短信密码作为一项增值业务，每月通过SP收费不会有阻力，因此也可增加收益。

(4) 易维护。由于短信网关技术非常成熟，大大降低了短信密码系统上马的复杂度和风险。短信密码业务后期客服成本低，稳定的系统在提升安全的同时也营造了良好的口碑效应，这也是目前银行大量采纳这项技术很重要的原因。

4) 动态口令牌

目前最为安全的身份认证方式，也利用what you have方法，也是一种动态密码。

动态口令牌是客户手持用来生成动态密码的终端，主流的是基于时间同步方式的，每60s变换一次动态口令，口令一次有效，它产生6位动态数字进行一次一密的方式认证。

但是由于基于时间同步方式的动态口令牌存在60s的时间窗口，导致该密码在这60s内存在风险，现在已有基于事件同步的，双向认证的动态口令牌。基于事件同步的动态口令是以用户动作触发的同步原则，真正做到了一次一密，并且由于是双向认证，即服务器验证客户端，并且客户端也需要验证服务器，从而达到了彻底杜绝木马网站的目的。

由于它使用起来非常便捷，85%以上的世界500强企业运用它保护登录安全，广泛应用在VPN、网上银行、电子政务和电子商务等领域。

5) USB Key

基于USB Key的身份认证方式是近几年发展起来的一种方便、安全的身份认证技术。它采用软硬件相结合、一次一密的强双因子认证模式，很好地解决了安全性与易用性之间的矛盾。USB Key是一种USB接口的硬件设备，它内置单片机或智能卡芯片，可以存储用户的密钥或数字证书，利用USB Key内置的密码算法实现对用户身份的认证。基于USB Key身份认证系统主要有两种应用模式：一是基于冲击/响应的认证模式；二是基于PKI体系的认证模式，目前运用在电子政务、网上银行。

6) OCL

OCL不但可以提供身份认证，同时还可以提供交易认证功能，可以最大程度地保证网络交易的安全。它是智能卡数据安全技术和U盘相结合的产物，为数据安全解决方案提供了一个强有力的平台，为客户提供了坚实的身份识别和密码管理的方案，为如网上银行、期货、电子商务和金融传输提供了坚实的身份识别和真实交易数据的保证。

7) 数字签名

数字签名又称为电子加密，可以区分真实数据与伪造、被篡改过的数据。这对于网络数据传输，特别是电子商务是极其重要的，一般要采用一种称为摘要的技术。摘要技术主要是采用HASH函数(HASH(哈希)函数提供了这样一种计算过程：输入一个长度不固定的字符串，返回一串定长度的字符串，又称为HASH值)将一段长的报文通过函数变换转换为一段定长的报文，即摘要。身份识别是指用户向系统出示自己身份证明的过程，主要使用约定口令、智能卡和用户指纹、视网膜和声音等生理特征。数字证明机制提供利用公开密钥进行验证的方法。

8) 生物识别技术

运用who you are方法，通过可测量的身体或行为等生物特征进行身份认证的一种技术。生物特征是指唯一的可以测量或可自动识别和验证的生理特征或行为方式。生物特征分为身体特征和行为特征两类。身体特征包括声纹(d-ear)、指纹、掌型、视网膜、虹膜、人体气味、脸型、手的血管和DNA等；行为特征包括签名、语音、行走步态等。目前部分学者将视网膜识别、虹膜识别和指纹识别等归为高级生物识别技术；将掌型识别、脸型识别、语音识别和签名识别等归为次级生物识别技术；将血管纹理识别、人体气味识别、DNA 识别等归为“深奥的”生物识别技术。指纹识别技术目前应用广泛的领域有门禁系统、微型支付等。

9）Infogo 身份认证

网络安全准入设备制造商，联合国内专业网络安全准入实验室，推出安全身份认证准入控制系统。

10）双因素身份认证

所谓双因素就是将两种认证方法结合起来，进一步加强认证的安全性，目前使用最为广泛的双因素有动态口令牌＋静态密码；USB KEY＋静态密码；二层静态密码等。iKEY 双因素动态密码身份认证系统（以下简称 iKEY 认证系统）是由上海众人网络安全技术有限公司（以下简称“众人科技”）自主研发，基于时间同步技术的双因素认证系统，是一种安全便捷、稳定可靠的身份认证系统。其强大的用户认证机制替代了传统的基本口令安全机制，从而帮助消除因口令欺诈而导致的损失，防止恶意入侵者或员工对资源的破坏，解决了因口令泄密导致的所有入侵问题。iKEY 认证服务器是 iKEY 认证系统的核心部分，其与业务系统通过局域网相连接。该 iKEY 认证服务器控制着所有上网用户对特定网络的访问，提供严格的身份认证，上网用户根据业务系统的授权来访问系统资源。iKEY 认证服务软件具有自身数据安全保护功能，所有用户数据经加密后存储在数据库中，其中 iKEY 认证服务器与管理工作站的数据传输以加密传输的方式进行。

11）门禁应用

身份认证技是时门禁系统发展的基础，密码键盘和磁卡门禁与锁具钥匙相比有了质的飞跃，但是密码易被破译和磁卡存储空间小、易磨损和复制等，由此使得密码键盘和磁卡门禁的安全性和可靠性受到了限制。后来出现了接触式卡，尽管其比密码和磁卡有了很大（存储和处理能力）进步，但因其自身不可克服的缺点（磨损寿命较短、使用不便），也终成为其应用发展的障碍。同时，非接触式射频卡具有无机械磨损、寿命长、安全性高、使用简单、很难被复制等优点，因此成为业界备受关注的新军。从识别技术看，RFID 技术的运用是非接触式卡的潮流，更快的响应速度和更高的频率是未来的发展趋势。

2.5 密钥管理概述

本节将介绍密钥管理基本概念、密钥分配、公钥基础设施 PKI 和密钥的托管。

2.5.1 密钥管理概述

密钥管理包括从密钥的产生到密钥的销毁的各个方面。主要表现为管理体制、管理协议和密钥的产生、分配、更换和注入等。对于军用计算机网络系统，由于用户机动性强，隶属关系和协同作战指挥等方式复杂，因此对密钥管理提出了更高的要求。

1. 流程

1）密钥生成

密钥长度应该足够长。一般来说，密钥长度越大，对应的密钥空间就越大，攻击者使用穷举猜测密码的难度就越大。选择好密钥，避免弱密钥。由自动处理设备生成的随机的比特串是好密钥，选择密钥时应该避免选择一个弱密钥。对公钥密码体制来说，密钥生成更加困难，因为密钥必须满足某些数学特征。密钥生成可以通过在线或离线的交互协商方式实现，如密码协议等。

2）密钥分发

采用对称加密算法进行保密通信，需要共享同一密钥。通常是系统中的一个成员先选择一个秘密密钥，然后将它传送到另一个成员或别的成员。X9.17 标准描述了两种密钥：密钥加密密钥和数据密钥。密钥加密密钥加密其他需要分发的密钥；而数据密钥只对信息流进行加密。密钥加密密钥一般通过手工分发。为增强保密性，也可以将密钥分成许多不同的部分，然后用不同的信道发送出去。

3）验证密钥

密钥附着一些检错和纠错位来传输，当密钥在传输中发生错误时，能很容易地被检查出来，并且如果需要，密钥可被重传。接收端也可以验证接收的密钥是否正确。发送方用密钥加密一个常量，然后把密文的前 2～4 字节与密钥一起发送。在接收端做同样的工作，如果接收端解密后的常数能与发送端的常数匹配，则传输无错。

4）更新密钥

当密钥需要频繁的改变时，频繁进行新的密钥分发的确是困难的事，一种更容易的解决办法是从旧的密钥中产生新的密钥，有时称为密钥更新。可以使用单向函数更新密钥。如果双方共享同一密钥，并用同一个单向函数进行操作，就会得到相同的结果。

5）密钥存储

密钥可以存储在大脑、磁条卡、智能卡中。也可以把密钥平分成两部分，一半存入终端；另一半存入 ROM 密钥。还可采用类似于密钥加密密钥的方法对难以记忆的密钥进行加密保存。

6）备份密钥

密钥的备份可以采用密钥托管、秘密分割、秘密共享等方式。最简单的方法是使用密钥托管中心。密钥托管要求所有用户将自己的密钥交给密钥托管中心，由密钥托管中心备份保管密钥（如锁在某个地方的保险柜里或用主密钥对它们进行加密保存），一旦用户的密钥丢失（如用户遗忘了密钥或用户意外死亡），按照一定的规章制度，可从密钥托管中心索取该用户的密钥。另一个备份方案是用智能卡作为临时密钥托管。如 Alice 把密钥存入智能卡，当 Alice 不在时就把它交给 Bob，Bob 可以利用该卡进行 Alice 的工作，当 Alice 回来后，Bob 交还该卡，由于密钥存放在卡中，因此 Bob 不知道密钥是什么。秘密分割把秘密分割成许多碎片，每一片本身并不代表什么，但把这些碎片放到一块，秘密就会重现出来。

一个更好的方法是采用一种秘密共享协议。将密钥 K 分成 n 块，每部分叫做它的“影子”，知道任意 m 个或更多的块就能够计算出密钥 K，知道任意 $m-1$ 个或更少的块都不能够计算出密钥 K，这叫做(m,n)门限（阈值）方案。目前，人们基于拉格朗日内插多项式法、射影几何、线性代数、孙子定理等提出了许多秘密共享方案。拉格朗日插值多项式方案是一种易于理解的秘密共享(m,n)门限方案。秘密共享解决了两个问题：一是若密钥偶然或有意地被暴露，整个系统就易受攻击；二是若密钥丢失或损坏，系统中的所有信息就不能用了。

7）密钥有效期

加密密钥不能无限期使用，有以下几个原因：密钥使用时间越长，它泄露的机会就越大；如果密钥已泄露，那么密钥使用越久，损失就越大；密钥使用越久，人们花费精力破译它的诱惑力就越大——甚至采用穷举攻击法；对用同一密钥加密的多个密文进行密码分析一般比较容易。

不同密钥应有不同有效期。数据密钥的有效期主要依赖数据的价值和给定时间里加密数据的数量。价值与数据传送率越大，所用的密钥更换越频繁。密钥加密密钥无须频繁更换，因为它们只是偶尔地用作密钥交换。在某些应用中，密钥加密密钥仅一月或一年更换一次。

用来加密保存数据文件的加密密钥不能经常地变换。通常是每个文件用唯一的密钥加密，然后再用密钥加密密钥把所有密钥加密，密钥加密密钥要么被记忆下来，要么保存在一个安全地点。当然，丢失该密钥意味着丢失所有的文件加密密钥。

公开密钥密码应用中的私钥的有效期是根据应用的不同而变化的。用作数字签名和身份识别的私钥必须持续数年（甚至终身），用作抛掷硬币协议的私钥在协议完成之后就应该立即销毁。即使期望密钥的安全性持续终身，两年更换一次密钥也是要考虑的。旧密钥仍需保密，以防用户需要验证从前的签名。但是新密钥将用作新文件签名，以减少密码分析者所能攻击的签名文件数目。

8）销毁密钥

如果密钥必须替换，旧钥就必须销毁，密钥必须物理地销毁。

9）密钥管理

公开密钥密码使得密钥较易管理。无论网络上有多少人，每个人只有一个公开密钥。

使用一个公钥/私钥密钥对是不够的。任何好的公钥密码的实现需要把加密密钥和数字签名密钥分开。但单独一对加密和签名密钥还是不够的。像身份证一样，私钥证明了一种关系，而人不止有一种关系。如 Alice 分别可以以私人名义、公司的副总裁等名义给某个文件签名。

2. 密钥管理技术

1）密钥管理技术的分类

(1) 对称密钥管理。对称加密是基于共同保守秘密来实现的。采用对称加密技术的贸易双方必须要保证采用的是相同的密钥，要保证彼此密钥的交换是安全可靠的，同时还要设定防止密钥泄密和更改密钥的程序。这样，对称密钥的管理和分发工作将变成一件潜在危险的和烦琐的过程。通过公开密钥加密技术实现对称密钥的管理使相应的管理变得简单和更加安全，同时还解决了纯对称密钥模式中存在的可靠性问题和鉴别问题。贸易方可以为每次交换的信息（如每次的 EDI 交换）生成唯一一把对称密钥并用公开密钥对该密钥进行加密，然后再将加密后的密钥和用该密钥加密的信息（如 EDI 交换）一起发送给相应的贸易方。由于对每次信息交换都对应生成了唯一一把密钥，因此各贸易方就不再需要对密钥进行维护和担心密钥的泄露或过期。这种方式的另一个优点是即使泄露了一把密钥也只将影响一笔交易，而不会影响到贸易双方之间所有的交易关系。这种方式还提供了贸易伙伴间发布对称密钥的一种安全途径。

(2) 公开密钥管理/数字证书。贸易伙伴间可以使用数字证书(公开密钥证书)来交换公开密钥。国际电信联盟(ITU)制定的标准 X.509,对数字证书进行了定义该标准等同于国际标准化组织(ISO)与国际电工委员会(IEC)联合发布的 ISO/IEC 9594—8：195 标准。数字证书通常包含有唯一标识证书所有者(即贸易方)的名称、唯一标识证书发布者的名称、证书所有者的公开密钥、证书发布者的数字签名、证书的有效期及证书的序列号等。证书发布者一般称为证书管理机构(CA),它是贸易各方都信赖的机构。数字证书能够起到标识贸易方的作用,是目前电子商务广泛采用的技术之一。

(3) 密钥管理相关的标准规范。目前国际有关的标准化机构都着手制定关于密钥管理的技术标准规范。ISO 与 IEC 下属的信息技术委员会(JTC1)已起草了关于密钥管理的国际标准规范。该规范主要由三部分组成：一是密钥管理框架；二是采用对称技术的机制；三是采用非对称技术的机制。该规范现已进入到国际标准草案表决阶段,并将很快成为正式的国际标准。

2) 数字签名

数字签名是公开密钥加密技术的另一类应用。它的主要方式是：报文的发送方从报文文本中生成一个 128 位的散列值(或报文摘要)。发送方用自己的专用密钥对这个散列值进行加密来形成发送方的数字签名。然后这个数字签名将作为报文的附件和报文一起发送给报文的接收方。报文的接收方首先从接收到的原始报文中计算出 128 位的散列值(或报文摘要),接着再用发送方的公开密钥来对报文附加的数字签名进行解密。如果两个散列值相同,那么接收方就能确认该数字签名是发送方的。通过数字签名能够实现对原始报文的鉴别和不可抵赖性。

ISO/IEC JTC1 已在起草有关的国际标准规范。该标准的初步题目是“信息技术安全技术带附件的数字签名方案”,它由概述和基于身份的机制两部分构成。

2.5.2 密钥分配

在采用密码技术保护的现代通信系统中,密码算法通常是公开的,因此其安全性就取决于对密钥的保护。密钥生成算法的强度、密钥的长度、密钥的保密和安全管理是保证系统安全的重要因素。密钥管理的任务就是管理密钥的产生到销毁全过程,包括系统初始化,密钥的产生、存储、备份、恢复、装入、分配、保护、更新、控制、丢失、吊销和销毁等。

从网络应用来看,密钥一般分为基本密钥、会话密钥、密钥加密和主机密钥等几类。基本密钥又称为初始密钥,是由用户选定或由系统分配,可在较长时间内由一对用户专门使用的秘密密钥,也称为用户密钥。基本密钥既要安全,又要便于更换。会话密钥即两个通信终端用户在一次通话或交换数据时所用的密钥。密钥加密密钥是对传送的会话或文件密钥进行加密时采用的密钥,也称为次主密钥、辅助密钥或密钥传送密钥。主机密钥是对密钥加密密钥进行加密的密钥,存于主机处理器中。目前,长度在 128 位以上的密钥才是安全的。

1. 密钥的产生

密钥的产生必须考虑具体密码体制的公认的限制。在网络系统中加密需要大量的密钥,以分配给各主机、节点和用户。可以用手工的方法,也可以用密钥产生器产生密钥。基本密钥是控制和产生其他加密密钥的密钥,而且长度对其安全性非常关键,需要保证其完全随机性、不可重复性和不可预测性。基本密钥量小，可以用掷硬币等方法产生。密钥加密密钥可以用伪随机数产生器、安全算法等产生。会话密钥、数据加密密钥可在密钥加密密钥控制下通过安全算法产生。

2. 密码体制的密钥分配

对称密码的密钥分配的方法归纳起来有两种：利用公钥密码体制实现和利用安全信道实现。在局部网中，每对用户可以共享一个密钥，即无中心密钥分配方式。

两个用户 A 和 B 要建立会话密钥，需经过以下三个步骤：

(1) A 向 B 发出建立会话密钥的请求和一个一次性随机数 $N1$。

(2) B 用与 A 共享的主密钥对应答的消息加密，并发送给 A，应答的消息中包括 B 选取的会话密钥、B 的身份、$fN1$ 和另一个一次性随机数 $N2$。

(3) A 用新建立的会话密钥加密 $fN2$ 并发送给 B。

在大型网络中，不可能每对用户共享一个密钥，因此采用中心化密钥分配方式，由一个可信赖的联机服务器作为密钥分配中心(KDC)来实现。

用户 A 和 B 要建立共享密钥，可以采用如下 5 个步骤：

(1) A 向 KDC 发出会话密钥请求。该请求由两个数据项组成：一个是 A 与 B 的身份，另一个是一次性随机数 $N1$。

(2) KDC 为 A 的请求发出应答。应答是用 A 与 KDC 的共享主密钥加密的，因而只有 A 能解密这一消息，并确信消息来自 KDC。消息中包含 A 希望得到的一次性会话密钥 K 以及 A 的请求，还包括一次性随机数 $N1$。因此 A 能验证自己的请求有没有被篡改，并能通过一次性随机数 $N1$ 得知收到的应答是不是过去应答的重放。消息中还包含 A 要转发给 B 的部分，这部分包括一次性会话密钥 Ks 和 A 的身份，它们是用 B 与 KDC 的共享主密钥加密的。

(3) A 存储会话密钥，并向 B 转发从 KDC 的应答中得到的应该转发给 B 的部分。B 收到后，可得到会话密钥 Ks，从 A 的身份得知会话的另一方为 A。

(4) B 用会话密钥 Ks 加密另一个一次性随机数 $N2$，并将加密结果发送给 A。

(5) A 用会话密钥 Ks 加密 $fN2$，并将加密结果发送给 B。应当注意前三步已完成密钥的分配，后两步结合第二和第三步完成认证功能。

3. 公钥密码体制的密钥分配

公钥密码体制的一个重要用途就是分配对称密码体制使用的密钥。由于公钥加密速度太慢，常常只用于加密分配对称密码体制的密钥，而不用于保密通信。常用的公钥分配方法：

1) 公开发布

用户将自己的公钥发给所有其他用户或向某一团体广播。这种方法简单，但有一个非常大的缺陷，就是别人能容易地伪造这种公开的发布。

2) 公钥动态目录表

建立一个公用的公钥动态目录表，表的建立和维护以及公钥的分布由某个公钥管理机构承担，每个用户都知道管理机构的公钥。公钥的分配步骤如下：

(1) 用户 A 向公钥管理机构发送一个带时戳的请求，请求得到用户 B 当前的公钥。

(2) 管理机构为 A 的请求发出应答，应答中包含 B 的公钥以及 A 向公钥管理机构发送的带时戳的请求。

(3) A 用 B 的公钥加密一个消息并发送给 B,这个消息由 A 的身份和一个一次性随机数 $N1$ 组成。

(4) B 用与 A 同样的方法从公钥管理机构得到 A 的公钥。

(5) B 用 A 的公钥加密一个消息并发送给 A,这个消息由 $N1$ 和 $N2$ 组成。这里的 $N2$ 是 B 产生的一个一次性随机数。

(6) A 用 B 的公钥加密 $N2$,并将加密结果发送给 B。

3) 公钥证书

公钥证书由证书管理机构 CA 为用户建立,其中的数据项有该用户的公钥、用户的身份和时戳等。所有的数据经 CA 签字后就形成证书,证书中可能还包括一些辅助信息,如公钥使用期限、公钥序列号或识别号、采用的公钥算法、使用者的住址或网址等。

2.5.3 公钥基础设施

1. PKI 概述

PKI(Public Key Infrastructure,公钥基础设施)是一种遵循既定标准的密钥管理平台,它能够为所有网络应用提供加密和数字签名等密码服务及所必需的密钥和证书管理体系,简单来说,PKI 就是利用公钥理论和技术建立的提供安全服务的基础设施。PKI 技术是信息安全技术的核心,也是电子商务的关键和基础技术。

PKI 的基础技术包括加密、数字签名、数据完整性机制、数字信封和双重数字签名等。

PKI 是指用公钥概念和技术来实施和提供安全服务的具有普适性的安全基础设施。这个定义涵盖的内容比较宽,是一个被很多人接受的概念。这个定义说明,任何以公钥技术为基础的安全基础设施都是 PKI。当然,没有好的非对称算法和好的密钥管理就不可能提供完善的安全服务,也就不能叫做 PKI。也就是说,该定义中已经隐含了必须具有的密钥管理功能。

X.509 标准中,为了区别于权限管理基础设施(Privilege Management Infrastructure, PMI),将 PKI 定义为支持公开密钥管理并能支持认证、加密、完整性和可追究性服务的基础设施。这个概念与第一个概念相比,不仅仅叙述 PKI 能提供的安全服务,更强调 PKI 必须支持公开密钥的管理。也就是说,仅仅使用公钥技术还不能叫做 PKI,还应该提供公开密钥的管理。因为 PMI 仅仅使用公钥技术但并不管理公开密钥,所以 PMI 就可以单独进行描述,而不至于跟公钥证书等概念混淆。X.509 中从概念上分清 PKI 和 PMI 有利于标准的叙述。然而,由于 PMI 使用了公钥技术,PMI 的使用和建立必须先有 PKI 的密钥管理支持。也就是说,PMI 不得不把自己与 PKI 绑定在一起。当把两者合二为一时,PMI+PKI 就完全落在 X.509 标准定义的 PKI 范畴内。根据 X.509 的定义,PMI+PKI 仍旧可以叫做 PKI,而 PMI 完全可以看成 PKI 的一个部分。

美国国家审计总署在 2001 年和 2003 年的报告中都把 PKI 定义为由硬件、软件、策略和人构成的系统,当完善实施后,能够为敏感通信和交易提供一套信息安全保障,包括保密性、完整性、真实性和不可否认。尽管这个定义没有提到公开密钥技术,但到目前为止,满足上述条件的也只有公钥技术构成的基础设施,也就是说,只有第一个定义符合这个 PKI 的定义。所以这个定义与第一个定义并不矛盾。

PKI 是用公钥概念和技术实施的,支持公开密钥的管理并提供真实性、保密性、完整性以及可追究性安全服务的具有普适性的安全基础设施。

2. 基本组成

完整的 PKI 系统必须具有权威认证机构(CA)、数字证书库、密钥备份及恢复系统、证书作废系统、应用接口(API)等基本构成部分,构建 PKI 也将围绕着这 5 大系统来着手构建。PKI 技术是信息安全技术的核心,也是电子商务的关键和基础技术。PKI 的基础技术包括加密、数字签名、数据完整性机制、数字信封和双重数字签名等。

(1) 认证机构(CA)。即数字证书的申请及签发机关,CA 必须具备权威性的特征。

(2) 数字证书库。用于存储已签发的数字证书及公钥,用户可由此获得所需的其他用户的证书及公钥。

(3) 密钥备份及恢复系统。如果用户丢失了用于解密数据的密钥,则数据将无法被解密,这将造成合法数据丢失。为避免这种情况,PKI 提供备份与恢复密钥的机制。但需注意,密钥的备份与恢复必须由可信的机构来完成,并且,密钥备份与恢复只能针对解密密钥,签名私钥为确保其唯一性而不能够作备份。

(4) 证书作废系统。证书作废处理系统是 PKI 的一个必备的组件。与日常生活中的各种身份证件一样,证书有效期内也可能需要作废,原因可能是密钥介质丢失或用户身份变更等。为实现这一点,PKI 必须提供作废证书的一系列机制。

(5) 应用接口(API)。PKI 的价值在于使用户能够方便地使用加密、数字签名等安全服务,因此一个完整的 PKI 必须提供良好的应用接口系统,使得各种各样的应用能够以安全、一致、可信的方式与 PKI 交互,确保安全网络环境的完整性和易用性。

通常来说,CA 是证书的签发机构,它是 PKI 的核心。众所周知,构建密码服务系统的核心内容是如何实现密钥管理。公钥体制涉及一对密钥(即私钥和公钥),私钥只由用户独立掌握,无须在网上传输,而公钥则是公开的,需要在网上传送,故公钥体制的密钥管理主要是针对公钥的管理问题,目前较好的解决方案是数字证书机制。

3. 目标

PKI 就是一种基础设施,其目标就是要充分利用公钥密码学的理论基础,建立起一种普遍适用的基础设施,为各种网络应用提供全面的安全服务。公开密钥密码为我们提供了一种非对称性质,使得安全的数字签名和开放的签名验证成为可能。而这种优秀技术的使用却面临着理解困难、实施难度大等问题。正如让电视机的开发者理解和维护发电厂有一定的难度一样,要让每一个应用程序的开发者完全正确地理解和实施基于公开密钥密码的安全有一定的难度。PKI 希望通过一种专业的基础设施的开发,让网络应用系统的开发人员从烦琐的密码技术中解脱出来,而同时享有完善的安全服务。

将 PKI 在网络信息空间的地位与电力基础设施在工业生活中的地位进行类比可以更好地理解 PKI。电力基础设施通过伸到用户的标准插座为用户提供能源,而 PKI 通过延伸到用户本地的接口为各种应用提供安全的服务。有了 PKI,安全应用程序的开发者可以不用再关心那些复杂的数学运算和模型,而直接按照标准使用一种插座(接口)。正如电冰箱的开发者不用关心发电机的原理和构造一样，只要开发出符合电力基础设施接口标准的应用设备，就可以享受基础设施提供的能源。

PKI与应用的分离也是PKI作为基础设施的重要标志。正如电力基础设施与电器的分离一样。网络应用与安全基础实现了分离，有利于网络应用更快地发展，也有利于安全基础设施更好地建设。正是由于PKI与其他应用能够很好地分离，才使得我们能够将之称为基础设施，PKI也才能从千差万别的安全应用中独立出来，才能有效地、独立地发展壮大。PKI与网络应用的分离实际上就是网络社会的一次"社会分工"，这种分工可能会成为网络应用发展史上的重要里程碑。

4. 内容

PKI在公开密钥密码的基础上，主要解决密钥属于谁，即密钥认证的问题。在网络上证明公钥是谁的，就如同现实中证明谁是什么名字一样具有重要的意义。通过数字证书，PKI很好地证明了公钥是谁的。PKI的核心技术就围绕着数字证书的申请、颁发、使用与撤销等整个生命周期展开。其中，证书撤销是PKI中最容易被忽视，但却是很关键的技术之一，也是基础设施必须提供的一项服务。

PKI技术的研究对象包括数字证书、颁发数字证书的证书认证中心、持有证书的证书持有者和使用证书服务的证书用户，以及为了更好地成为基础设施而必须具备的证书注册机构、证书存储和查询服务器、证书状态查询服务器、证书验证服务器等。

PKI作为基础设施，两个或多个PKI管理域的互连就非常重要。PKI域间如何互联，如何更好地互联就是建设一个无缝的大范围的网络应用的关键。在PKI互连过程中，PKI关键设备之间，PKI末端用户之间，网络应用与PKI系统之间的互操作与接口技术就是PKI发展的重要保证，也是PKI技术的研究重点。

5. 优势

PKI作为一种安全技术，已经深入到网络的各个层面。这从一个侧面反映了PKI强大的生命力和无与伦比的技术优势。PKI的灵魂来源于公钥密码技术，这种技术使得"知其然不知其所以然"成为一种可以证明的状态，使得网络上的数字签名有了理论上的安全保障。围绕着如何用好这种非对称密码技术，数字证书破壳而出，并成为PKI中最为核心的元素。

PKI的优势主要表现在：

(1) 采用公开密钥密码技术，能够支持可公开验证并无法仿冒的数字签名，从而在支持可追究的服务上具有不可替代的优势。这种可追究的服务也为原发数据完整性提供了更高级别的担保。支持可以公开地进行验证，或者说任意的第三方可验证，能更好地保护弱势个体，完善平等的网络系统间的信息和操作的可追究性。

(2) 由于密码技术的采用，保护机密性是PKI最得天独厚的优点。PKI不仅能够为相互认识的实体之间提供机密性服务，同时也可以为陌生的用户之间的通信提供保密支持。

(3) 由于数字证书可以由用户独立验证，不需要在线查询，原理上能够保证服务范围的无限制扩张，这使得PKI能够成为一种服务巨大用户群的基础设施。PKI采用数字证书方式进行服务，即通过第三方颁发的数字证书证明末端实体的密钥，而不是在线查询或在线分发。这种密钥管理方式突破了过去安全验证服务必须在线的限制。

(4) PKI 提供了证书的撤销机制,从而使得其应用领域不受具体应用的限制。撤销机制提供了在意外情况下的补救措施,在各种安全环境下都可以让用户更加放心。另外,因为有撤销技术,不论是永远不变的身份,还是经常变换的角色,都可以得到 PKI 的服务而不用担心被窃后身份或角色被永远作废或被他人恶意盗用。为用户提供"改正错误"或"后悔"的途径是良好工程设计中必须的一环。

(5) PKI 具有极强的互联能力。不论是上下级的领导关系,还是平等的第三方信任关系,PKI 都能够按照人类世界的信任方式进行多种形式的互联互通,从而使 PKI 能够很好地服务于符合人类习惯的大型网络信息系统。PKI 中各种互联技术的结合使建设一个复杂的网络信任体系成为可能。PKI 的互联技术为消除网络世界的信任孤岛提供了充足的技术保障。

2.5.4 密钥的托管

1. 定义

密钥托管技术又称为密钥恢复(Key Recovery),是一种能够在紧急情况下获取解密信息的技术。它用于保存用户的私钥备份,既可在必要时帮助国家司法或安全等部门获取原始明文信息,也可在用户丢失、损坏自己密钥的情况下恢复明文。因此它不同于一般的加密和解密操作。现在美国和一些国家规定:必须在加密系统中加入能够保证法律执行部门可方便获得明文的密钥恢复机制,否则将不允许该加密系统推广使用。

美国政府于 1993 年颁布了 EES(Escrow EncryptIonStandard),该标准体现了一种新思想,即对密钥实行法定托管代理的机制。如果向法院提供的证据表明,密码使用者是利用密码在进行危及国家安全和违反法律规定的事,经过法院许可,政府可以从托管代理机构取来密钥参数,经过合成运送就可以直接侦听通信。其后,美国政府进一步改进并提出了密钥托管(KeyEscrow)政策,希望用这种办法加强政府对密码使用的调控管理,如图 2-6 所示。

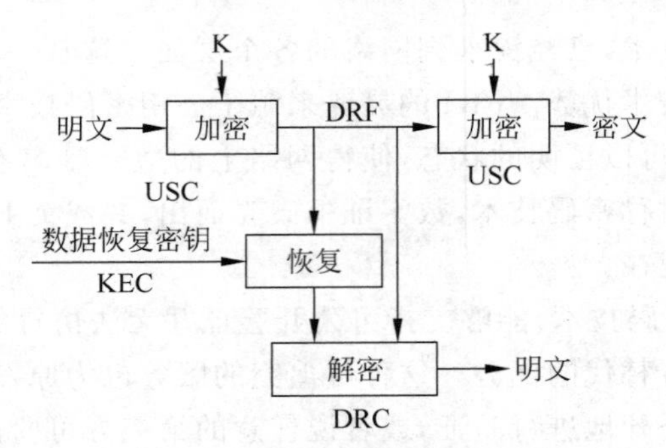

图 2-6 密钥托管加密体制

2. 密钥托管的重要功能

(1) 防抵赖性。在移动电子商务活动中,通过数字签名既可验证消息发送方的身份,还可防抵赖。但当用户改变了自己的密钥,他就可抵赖没有进行过此电子商务活动。防止这种抵赖有几种办法:一种是用户在改密钥时必须向 CA 说明,不能自己私自改变。另一种是密钥托管,当用户抵赖时,托管人就可出示他们存储的密钥来合成用户的密钥,使用户没法抵赖。

(2) 政府监听。政府、法律职能部门或合法的第三方为了跟踪、截获犯罪嫌疑人员的通信,需要获得通信双方的密钥。这时合法的监听者就可通过用户的委托人收集密钥份额来得到用户密钥,就可进行监听。

(3) 密钥恢复。用户遗忘了密钥想恢复密钥,就可从委托人那里收集密钥份额来恢复密钥。

3. 常见的密钥托管方案

(1) 密钥托管标准(EES)。它应用了两个特性：一个保密的加密算法——Skipjack算法,它是一个对称的分组密码,密码长度为80位,用于加/解密用户间通信的信息。为法律实施提供的"后门"部分——法律实施访问域(Law Enforcement Access Field,LEAF),通过这个访问域,政府部门可在法律授权下取得用户间通信的会话密钥。但是EES同时也存在一些问题,如系统使用的算法Skipjack是保密的,托管机构需要大量的数据库来存储托管密钥,如果硬件芯片的密钥被泄露,整个芯片就永久失效了。正是由于EES存在非常明显的缺陷,遭到了公众的强烈反对而不能推广使用。

(2) 门限密钥托管思想。门限密钥托管的思想是将(k,n)门限方案和密钥托管算法相结合。这个思想的出发点是将一个用户的私钥分为n个部分,每一部分通过秘密信道交给一个托管代理。在密钥恢复阶段,在其中的不少于k个托管代理参与下,可以恢复出用户的私钥,而任意少于k的托管代理都不能够恢复出用户的私钥。如果$k=n$,这种密钥托管就退化为(n,n)密钥托管,即在所有的托管机构的参与下才能恢复出用户私钥。

(3) 部分密钥托管思想。shamir首次提出了部分密钥托管的方案,其目的是为了在监听时延迟恢复密钥,从而阻止了法律授权机构大规模实施监听的事件发生。所谓部分密钥托管,就是把整个私钥c分成两个部分$x0$和a,使得$c=x0+a$,其中a是小位数,$x0$是被托管的密钥。$x0$被分为多个子密钥,它们分别被不同的托管机构托管,只有足够多的托管机构合在一起才能恢复$x0$。监听机构在实施监听时依靠托管机构只能得到$x0$,要得到用户的私钥c,就需要穷举搜出a。

(4) 时间约束下的密钥托管思想。政府的密钥托管策略是想为公众提供一个更好的密码算法,但是又保留监听的能力。对于实际用户来说,密钥托管并不能够带来任何好处,但是从国家安全出发,实施电子监视是必要的。因此,关键在寻找能够最大程度保障个人利益的同时又能保证政府监视的体制。A. K. Lenstra等人提出了在时间约束下的密钥托管方案,它既能较好地满足尽量保障个人利益,同时又能保证政府监视的体制。时间约束下的密钥托管方案限制了监听机构监听的权限和范围。方案有效地加强了对密钥托管中心的管理,同时也限制了监听机构的权力,保证了密钥托管的安全性,更容易被用户信任与接受。

习题2

1. 名词解释

(1)加密；(2)代换密码；(3)置换密码；(4)密码分析学；(5)椭圆曲线密码学；(6)PKI；(7)密钥托管技术。

2. 判断题

(1) 公钥密码公开了加密算法,但没有公开加密用的密钥。( )

(2) 密码分析通常不包括并非主要针对密码算法或协议的攻击。( )

(3) 公开密钥算法中,用公开的密钥进行加密,用私有密钥进行解密的过程称为加密。而用私有密钥进行加密,用公开密钥进行解密的过程称为认证。( )

(4) 在公开密钥密码体制中,加密密钥和解密密钥都是公开信息,加密算法和解密算法也都是公开的。( )

(5) 会话密钥即两个通信终端用户在一次通话或交换数据时所用的密钥。( )

3. 填空题

(1) 现代密码学研究信息从发送端到接收端的________和________。其核心是________和________。前者致力于建立难以被敌方或对手攻破的安全密码体制;后者则力图破译敌方或对手已有的密码体制。

(2) 编码密码学主要致力于________、________、________和________方面的研究。

(3) 通常使用________或________实现对称密码。

(4) 常见的身份认证形式包括________、________、________、________。

(5) 从网络应用来看,密钥一般分为________、________、________和________等几类。

(6) 完整的 PKI 系统必须具有________、________、________、________、________等基本构成部分,构建 PKI 也将围绕着这五大系统来着手构建。

4. 选择题

(1) RSA 的缺点主要包括( )。

A. 产生密钥很麻烦

B. 分组长度太大

C. RSA 密钥长度随着保密级别提高,增加很快

D. 安全性不高

(2) 公钥加密系统可提供以下( )功能。

A. 机密性。保证非授权人员不能非法获取信息,通过数据加密来实现

B. 确认。保证对方属于所声称的实体,通过数字签名来实现

C. 数据完整性。保证信息内容不被篡改,入侵者不可能用假消息代替合法消息,通过数字签名来实现

D. 不可抵赖性。发送者不可能事后否认他发送过消息,消息的接收者可以向中立的第三方证实所指的发送者确实发出了消息,通过数字签名来实现

(3) 数字签名有( )功效。

A. 数字签名具有唯一性

B. 能确定消息确实是由发送方签名并发出来的

C. 数字签名能确定消息的完整性

D. 数字签名具有保密功能

(4) 密钥管理的国际标准规范主要由( )组成。

A. 密钥算法分析

B. 密钥管理框架

C. 采用对称技术的机制

D. 采用非对称技术的机制

(5) 密钥托管的重要功能有(　　)。

A. 防抵赖性　　B. 政府监听

C. 反窃听　　D. 密钥恢复

(6) 两个用户 A 和 B 要建立会话密钥,需经过以下三个步骤,正确顺序是(　　)。

① B 用与 A 共享的主密钥对应答的消息加密,并发送给 A,应答的消息中包括 B 选取的会话密钥、B 的身份、f*N*1 和另一个一次性随机数 *N*2。

② A 向 B 发出建立会话密钥的请求和一个一次性随机数 *N*1。

③ A 用新建立的会话密钥加密 f*N*2 并发送给 B。

A. ①③②　　B. ②①③　　C. ③②①　　D. ③①②

5. 简答题

(1) 请介绍对称密码的两种类型,并比较它们。

(2) 请简单介绍 AES 算法的方法和步骤。

(3) IDEA 算法原理是什么?

(4) 简单介绍数字签名技术。

6. 论述题

(1) PKI 的优势主要表现在哪些方面?

(2) 密钥托管思想有哪几种?请简单介绍一下。

第3章 物理安全威胁与防范

本章将介绍物理安全的基本概念、环境安全威胁与防范、设备安全问题与策略、数据存储介质的安全和物理安全标准。要求学生了解物理安全威胁,并掌握防范方法。

3.1 物理安全概述

本节将介绍物理安全的基本概念,威胁和防范策略。其中包括机房安全,设备安全和存储安全。

3.1.1 物理安全概念

1. 概念

物理安全是为保证信息系统的安全可靠运行,降低或阻止人为或自然因素从物理层面对信息系统保密性、完整性、可用性带来的安全威胁,从系统的角度采取的适当安全措施。

物理安全也称为实体安全,是系统安全的前提。硬件设备的安全性能直接决定了信息系统的保密性、完整性、可用性,信息系统所处物理环境的优劣直接影响了信息系统的可靠性,系统自身的物理安全问题也会对信息系统的保密性、完整性、可用性带来安全威胁。

物理安全是以一定的方式运行在一些物理设备之上的,保障物理设备安全的第一道防线。物理安全会导致系统存在风险。例如,环境事故造成的整个系统毁灭;电源故障造成的设备断电以致操作系统引导失败或数据库信息丢失;设备被盗、被毁造成数据丢失或信息泄露;电磁辐射可能造成数据信息被窃取或偷阅;报警系统的设计不足或失灵可能造成的事故等。

设备安全技术主要是指保障构成信息网络的各种设备、网络线路、供电连接、各种媒体数据本身以及其存储介质等安全的技术,主要包括设备的防盗、防电磁泄漏、防电磁干扰等,是对可用性的要求。所有的物理设备都是运行在一定的物理环境之中的。

物理环境安全是物理安全的最基本保障,是整个安全系统不可缺少和忽视的组成部分。环境安全技术主要是指保障信息网络所处环境安全的技术,主要技术规范是对场地和机房的约束,强调对于地震、水灾、火灾等自然灾害的预防措施,包括场地安全、防火、防水、防静电、防雷击、电磁防护和线路安全等。

2. 分类

(1) 狭义物理安全。传统意义的物理安全包括设备安全、环境安全/设施安全以及介质安全。设备安全的技术要素包括设备的标志和标记、防止电磁信息泄露、抗电磁干扰、电源保护以及设备振动、碰撞、冲击适应性等方面。环境安全的技术要素包括机房场地选择、机房屏蔽、防火、防水、防雷、防鼠、防盗防毁、供配电系统、空调系统、综合布线、区域防护等方面。介质安全的安全技术要素包括介质自身安全以及介质数据的安全。以上是狭义物理安全观,也是物理安全的最基本内容。

(2) 广义物理安全。广义的物理安全还应包括由软件、硬件、操作人员组成的整体信息系统的物理安全,即包括系统物理安全。信息系统安全体现在信息系统的保密性、完整性、可用性三方面,从物理层面出发,系统物理安全技术应确保信息系统的保密性、可用性、完整性,如通过边界保护、配置管理、设备管理等等级保护措施保护信息系统的保密性,通过容错、故障恢复、系统灾难备份等措施确保信息系统可用性,通过设备访问控制、边界保护、设备及网络资源管理等措施确保信息系统的完整性。

3.1.2　物理安全的定义

1. 信息系统物理安全

为了保证信息系统安全可靠运行,确保信息系统在对信息进行采集、处理、传输、存储过程中不致受到人为或自然因素的危害,而使信息丢失、泄露或破坏,对计算机设备、设施(包括机房建筑、供电、空调)、环境人员、系统等采取适当的安全措施。

2. 设备物理安全

为保证信息系统的安全可靠运行,降低或阻止人为或自然因素对硬件设备安全可靠运行带来的安全风险,对硬件设备及部件所采取的适当安全措施。

3. 环境物理安全

为保证信息系统的安全可靠运行所提供的安全运行环境,使信息系统得到物理上的严密保护,从而降低或避免各种安全风险。

4. 介质物理安全

为保证信息系统的安全可靠运行所提供的安全存储的介质,使信息系统的数据得到物理上的保护,从而降低或避免数据存储的安全风险。

3.2　环境安全威胁与防范

环境安全威胁指物理设备及配套部件的安全威胁,而不是软件逻辑上的威胁。这部分的防范主要是要采取的方法和策略。

3.2.1 物理安全威胁与防范

物理设备运行在某一个物理环境中。环境不好,对物理设备有威胁,自然会影响其运行效果。物理环境安全是物理安全的最基本保障,是整个安全系统不可缺少和忽视的组成部分。环境安全技术主要是保障物联网系统安全的相关技术。其技术规范是物联网系统运行环境内外(场地和机房)的约束。其环境分为自然环境和人为干扰。自然环境包括地震、水灾和火灾等自然灾害。人为环境包括静电、雷击、电磁、线路破坏和盗窃等。

1. 自然环境威胁

(1) 地震。地震灾害具有突发性和不可预测性,并产生严重次生灾害,对机器设备会产生很大影响。但是,破坏性地震发生之前,人们对地震有没有防御,防御工作做得好与否将会大大影响到经济损失的大小和人员伤亡的多少。防御工作做得好,就可以有效地减轻地震的灾害损失。

(2) 水灾。水灾指洪水、暴雨、建筑物积水和漏雨等对设备造成的灾害。水灾不仅威胁人民生命安全,也会造成设备的巨大财产损失,并对物联网系统运行产生不良影响。对付水灾,可采取工程和非工程措施以减少或避免其危害和损失。

(3) 雷击。雷电是一种伴有闪电和雷鸣的放电现象。产生雷电的条件是雷雨云中有积累并形成极性。雷电会对人和建筑造成危害,而电磁脉冲主要影响电子设备,主要是受感应作用所致。雷击防范的主要措施是根据电器、微电子设备的不同功能及不同受保护程序和所属保护层确定防护要点作分类保护;根据雷电和操作瞬间过电压危害的可能通道从电源线到数据通信线路都应做多层保护。

(4) 火灾。火灾是指在时间和空间上失去控制的燃烧所造成的灾害。在各种灾害中,火灾是最经常、最普遍地威胁公众安全和社会发展的主要灾害之一。人类能够对火进行利用和控制是文明进步的一个重要标志。但是,失去控制的火就会给人类造成灾难。机房发生火灾一般是由于电器原因、人为事故或外部火灾蔓延引起的。电器设备和线路因为短路、过载、接触不良、绝缘层破坏或静电等原因引起电打火而导致火灾。人为事故是指由于操作人员不慎,吸烟、乱扔烟头等,使存在易燃物质(如纸片、磁带和胶片等)的机房起火,当然也不排除人为故意放火。外部火灾蔓延是因外部房间或其他建筑物起火而蔓延到机房而引起火灾。火灾防范的关键是提高人们的安全意识。

2. 人为干扰威胁

(1) 盗窃。盗窃指以非法占有为目的,秘密窃取他人占有的数额较大的公私财物或者多次窃取公私财物的行为。物联网的很多设备和部件都价值不菲,这也是偷窃者的目标。因为偷窃行为所造成的损失可能远远超过其本身的价值,因此必须采取严格的防范措施,以确保计算机设备不会丢失。

(2) 人为损坏。人为损坏包括故意的和无意的设备损坏。无意的设备损坏多半是操作不当造成的;而有意破坏则是有预谋的破坏。这两种情况都存在。预防的方法是对于重要的设备,加强外部的物理保护,如专用间、围栏和保护外壳等。

(3) 静电。静电是由物体间的相互摩擦、接触而产生的,物联网设备也会产生很强的静

电。静电产生后，由于未能释放而保留在物体内，会有很高的电位（能量不大），从而产生静电放电火花，造成火灾。还可能使大规模集成电器损坏，这种损坏可能是不知不觉造成的。

（4）电磁泄漏。电子设备在工作时要产生电磁发射。电磁发射包括辐射发射和传导发射。这两种电磁发射可被高灵敏度的接收设备接收并进行分析、还原，造成计算机的信息泄露。屏蔽是防电磁泄漏的有效措施，屏蔽主要有电屏蔽、磁屏蔽和电磁屏蔽三种类型。

3.2.2 外界干扰与抗干扰

物联网系统的外部干扰主要集中在数据采集这个阶段，也就是感知器件的外部干扰。因此，物联网数据采集器部分抗干扰将是讨论的重点。

1. 数据采集的外界干扰

1）干扰的定义

干扰是指对系统的正常工作产生不良影响的内部或外部因素。从广义上讲，机电一体化系统的干扰因素包括电磁干扰、温度干扰、湿度干扰、声波干扰和振动干扰等。在众多干扰中，电磁干扰最为普遍，且对控制系统影响最大，而其他干扰因素往往可以通过一些物理的方法较容易地解决。

电磁干扰是指在工作过程中受环境因素的影响，出现的一些与有用信号无关的，并且对系统性能或信号传输有害的电气变化现象。这些有害的电气变化现象使得信号的数据发生瞬态变化，增大误差，出现假象，甚至使整个系统出现异常信号而引起故障。例如传感器的导线受空中磁场影响产生的感应电势会大于测量的传感器输出信号，使系统判断失灵。

2）形成干扰的三个要素

干扰的形成包括三个要素：干扰源、传播途径和接受载体。三个要素缺少任何一项干扰都不会产生。

（1）干扰源。产生干扰信号的设备被称作干扰源，如变压器、继电器、微波设备、电机、无绳电话和高压电线等都可以产生空中电磁信号。当然，雷电、太阳和宇宙射线属于干扰源。

（2）传播途径。是指干扰信号的传播路径。电磁信号在空中直线传播，并具有穿透性的传播叫做辐射方式传播，电磁信号借助导线传入设备的传播被称为传导方式传播。传播途径是干扰扩散和无所不在的主要原因。

（3）接受载体。是指受影响设备的某个环节吸收了干扰信号，转化为对系统造成影响的电器参数。接受载体不能感应干扰信号或弱化干扰信号，使其不被干扰影响就提高了抗干扰的能力。接受载体的接受过程又称为耦合，耦合分为传导耦合和辐射耦合两类。传导耦合是指电磁能量以电压或电流的形式通过金属导线或集总元件（如电容器、变压器等）耦合至接受载体。辐射耦合指电磁干扰能量通过空间以电磁场形式耦合至接受载体。

根据干扰的定义可以看出，信号之所以是干扰因为它对系统造成了不良影响，反之则不能称其为干扰。从形成干扰的要素可知，消除三个要素中的任何一个都会避免干扰。抗干扰技术就是针对三个要素的研究和处理。

3）电磁干扰的种类

物联网系统工作时产生的电磁发射可被高灵敏度的接收设备接收并进行分析、还原，造成系统信息泄露。外界的电磁干扰也能使物联网系统工作不正常，甚至瘫痪。必须通过屏蔽、隔离、滤波、吸波和接地等措施提高计算机网络系统的抗干扰能力，使之能抵抗强电磁干扰；同时将物联网的电磁泄漏发射降到最低。物联网系统和其他电子设备一样，工作时要产生电磁发射，电磁发射可被高灵敏度的接收设备接收并进行分析、还原，造成系统信息泄露。另一方面，物联网系统又处在复杂的电磁干扰的环境中，这种电磁干扰有时很强，使物联网系统不能正常工作，甚至被摧毁。电磁防护的措施有两类：一类是对传导发射的防护，主要采取对电源线和信号加装性能良好的滤波器，减小传输阻抗和导线间的交叉耦合；另一类是对辐射的防护，这类防护措施又可以分为以下两种：一种是采用各种电磁屏蔽措施，如对设备的金属屏蔽和各种接插件的屏蔽，同时对机房的下水管、暖气管和金属门窗进行屏蔽和隔离；另一种是干扰的保护措施，即在计算机系统工作的同时，利用干扰装置产生一种与物联网系统辐射相关的伪噪声向空气辐射来掩盖物联网系统的工作频率和信息特征。

按干扰的耦合模式分类，电磁干扰包括下列类型：

(1) 静电干扰。大量物体表面都有静电电荷存在，特别是含电气控制的设备，静电电荷会在系统中形成静电电场。静电电场会引起电路的电位发生变化，通过电容耦合产生干扰。静电干扰还包括电路周围物件上积聚的电荷对电路的泄放，大载流导体(输电线路)产生的电场通过寄生电容对机电一体化装置传输的耦合干扰等。

(2) 磁场耦合干扰。大电流周围磁场对机电一体化设备回路耦合形成的干扰。动力线、电动机、发电机、电源变压器和继电器等都会产生这种磁场。产生磁场干扰的设备往往同时伴随着电场的干扰，因此又统一称为电磁干扰。

(3) 漏电耦合干扰。绝缘电阻降低而由漏电流引起的干扰。多发生于工作条件比较恶劣的环境或器件性能退化、器件本身老化的情况下。

(4) 共阻抗干扰。共阻抗干扰是指电路各部分公共导线阻抗、地阻抗和电源内阻压降相互耦合形成的干扰。这是机电一体化系统普遍存在的一种干扰。

(5) 电磁辐射干扰。由各种大功率高频、中频发生装置、各种电火花以及电台电视台等产生高频电磁波向周围空间辐射，形成电磁辐射干扰。雷电和宇宙空间也会有电磁波干扰信号。

4) 干扰存在的形式

在电路中，干扰信号通常以串模干扰和共模干扰形式与有用信号一同传输。

(1) 串模干扰是叠加在被测信号上的干扰信号，也称为横向干扰。产生串模干扰的原因有分布电容的静电耦合，长线传输的互感，空间电磁场引起的磁场耦合，以及50Hz的同频干扰等。

(2) 共模干扰往往是指同时加载在各个输入信号接口端的共有信号干扰。

2. 数据采集外界抗干扰措施

为了提高电子设备的抗干扰能力，除了在芯片、部件上提高抗干扰能力外，主要的措施有屏蔽、隔离、滤波、吸波和接地等，其中屏蔽是应用最多的方法。

提高抗干扰的措施最理想的方法是抑制干扰源，使其不向外产生干扰或将其干扰影响限制在允许的范围之内。由于车间现场干扰源的复杂性，要想对所有的干扰源都做到使其不向外产生干扰几乎是不可能的，也是不现实的。另外，来自于电网和外界环境的干扰，机电一体化产品用户环境的干扰也是无法避免的。因此，在产品开发和应用中，除了对一些重要的干扰源，主要是对被直接控制的对象上的一些干扰源进行抑制外，更多的则是在产品内设法抑制外来干扰的影响，以保证系统可靠地工作。抑制干扰的措施很多，主要包括屏蔽、隔离、滤波、接地和软件处理等方法。

1）屏蔽

屏蔽是利用导电或导磁材料制成的盒状或壳状屏蔽体，将干扰源或干扰对象包围起来从而割断或削弱干扰场的空间耦合通道，阻止其电磁能量的传输。屏蔽可以有效地抑制电磁信息向外泄露，衰减外界电磁干扰，保护内部的设备、器件或电路，使其能在恶劣的电磁环境下正常工作。按需屏蔽的干扰场性质不同，可分为电场屏蔽、磁场屏蔽和电磁场屏蔽。平时所说的屏蔽一般指电磁屏蔽。还有几种特殊的屏蔽措施，如金属板屏蔽、金属栅网屏蔽、多层屏蔽、薄膜屏蔽也能达到预期效果。

（1）电场屏蔽。为了消除或抑制由于电场耦合引起的干扰。通常用铜和铝等导电性能良好的金属材料作屏蔽体，屏蔽体结构应尽量完整严密并保持良好的接地。

（2）磁场屏蔽。为了消除或抑制由于磁场耦合引起的干扰。对静磁场及低频交变磁场，可用高磁导率的材料作屏蔽体来保证磁路畅通。对高频交变磁场，主要靠屏蔽体壳体上感生的涡流所产生的反磁场起排斥原磁场的作用。选用材料也是良导体，如铜、铝等。

2）隔离

隔离是指把干扰源与接收系统隔离开来，使有用信号正常传输，而干扰耦合通道被切断，达到抑制干扰的目的。常见的隔离方法有光电隔离、变压器隔离和继电器隔离。

（1）光电隔离。光电隔离是以光作为媒介在隔离的两端进行信号传输，所用的器件是光电耦合器。由于光电耦合器在传输信息时不是将其输入和输出的电信号进行直接耦合，而是借助于光作为媒介物进行耦合，因而具有较强的隔离和抗干扰能力。

（2）变压器隔离。对于交流信号的传输一般使用变压器隔离干扰信号的办法。隔离变压器也是常用的隔离部件，用来阻断交流信号中的直流干扰，抑制低频干扰信号的强度，并把各种模拟负载和数字信号源隔离开来。传输信号通过变压器获得通路，而共模干扰由于不能形成回路而被抑制。

（3）继电器隔离。继电器线圈和触点仅在机械上形成联系，而没有直接的联系，因此可利用继电器线圈接收电信号，利用其触点控制和传输电信号，从而实现强电和弱电的隔离。同时，继电器触点较多，其触点能承受较大的负载电流，因此应用非常广泛。

3）滤波

滤波是抑制干扰传导的一种重要方法。由于干扰源发出电磁干扰频谱往往比要接收的信号的频谱宽得多，因此当接收器接收有用信号时，也会接收到那些不希望有的干扰。这时可以采用滤波的方法，只让所需要的频率成分通过，而将干扰频率成分加以抑制。

常用滤波器根据其频率特性又可分为低通、高通、带通和带阻等。低通滤波器只让低频成分通过，而高于截止频率的成分则受抑制、衰减，不让通过。高通滤波器只通过高频成分，而低于截止频率的成分则受抑制、衰减，不让通过。带通滤波器只让某一频带范围内的频率成分通过，而低于下截止和高于上截止频率的成分均受抑制，不让通过。带阻滤波器只抑制某一频率范围内的频率成分，不让其通过，而低于下截止和高于上截止频率的频率成分则可通过。

4）接地

将电路、设备机壳等与作为零电位的一个公共参考点(大地)实现低阻抗的连接，称之为接地。接地的目的有两个：一是为了安全，例如把电子设备的机壳、机座等与大地相接，当设备中存在漏电时，不致影响人身安全，称为安全接地；二是为了给系统提供一个基准电位，例如脉冲数字电路的零电位点等，或为了抑制干扰，如屏蔽接地等。

5）软件抗干扰设计

(1) 软件滤波。用软件来识别有用信号和干扰信号，并滤除干扰信号的方法称为软件滤波。识别信号的原则有三种：

① 时间原则。如果掌握了有用信号和干扰信号在时间上出现的规律性，在程序设计上就可以在接收有用信号的时区打开输入口，而在可能出现干扰信号的时区封闭输入口，从而滤掉干扰信号。

② 空间原则。在程序设计上为保证接收到的信号正确无误，可将从不同位置、用不同检测方法、经不同路线或不同输入口接收到的同一信号进行比较，根据既定逻辑关系来判断真伪，从而滤掉干扰信号。

③ 属性原则。有用信号往往是在一定幅值或频率范围的信号，当接收的信号远离该信号区时，软件可通过识别予以剔除。

(2) 软件"陷阱"。从软件的运行来看，瞬时电磁干扰可能会使 CPU 偏离预定的程序指针，进入未使用的 RAM 区和 ROM 区，引起一些莫名其妙的现象，其中死循环和程序"飞掉"是常见的。为了有效地排除这种干扰故障，常用软件"陷阱法"。这种方法的基本指导思想是把系统存储器(RAM 和 ROM)中没有使用的单元用某一种重新启动的代码指令填满，作为软件"陷阱"，以捕获"飞掉"的程序。一般当 CPU 执行该条指令时，程序就自动转到某一起始地址，而从这一起始地址开始存放一段使程序重新恢复运行的热启动程序，该热启动程序扫描现场的各种状态，并根据这些状态判断程序应该转到系统程序的哪个入口，使系统重新投入正常运行。

(3) 软件"看门狗"。"看门狗(WATCHDOG)"就是用硬件(或软件)的办法要求使用监控定时器定时检查某段程序或接口，当超过一定时间系统没有检查这段程序或接口时，可以认定系统运行出错(干扰发生)，可通过软件进行系统复位或按事先预定方式运行。"看门狗"是工业控制机普遍采用的一种软件抗干扰措施。当侵入的尖锋电磁干扰使计算机"飞程序"时，WATCHDOG 能够帮助系统自动恢复正常运行。

3.2.3 机房安全

1. 机房安全要求

机房是各类信息设备的中枢，机房工程必须保证网络和计算机等高级设备能长期而可靠地运行。其质量的优劣直接关系到机房内整个信息系统是否能稳定可靠地运行，是否能保证各类信息通信畅通无阻。机房的环境必须满足计算机等各种微机电子设备和工作人员对温度、湿度、洁净度、电磁场强度、噪音干扰、安全保安、防漏、电源质量、振动、防雷和接地等的要求。机房的物理环境受到了严格控制，主要分为温度、电源、地板、监控等方面。

(1) 温度。说到温度，一般用的都是空调了。空调用来控制数据中心的温度和湿度，制冷与空调工程协会的“数据处理环境热准则”建议温度范围为20℃～25℃(68℉～75℉)，湿度范围为40%～55%，适宜数据中心环境的最大露点温度是17℃。在数据中心电源会加热空气，除非热量被排除出去，否则环境温度就会上升，导致电子设备失灵。通过控制空气温度，服务器组件能够保持在制造商规定的温度/湿度范围内。空调系统通过冷却室内空气下降到露点帮助控制湿度，湿度太大，水可能在内部部件上开始凝结。如果在干燥的环境中，辅助加湿系统可以添加水蒸气，因为如果湿度太低，可能导致静电放电问题，可能会损坏元器件。

(2) 电源。机房的电源由一个或多个不间断电源(UPS)和/或柴油发电机组成备用电源。为了避免出现单点故障，所有电力系统，包括备用电源都是全冗余的。对于关键服务器来说，要同时连接到两个电源，以实现 $N+1$ 冗余系统的可靠性。静态开关有时用来确保在发生电力故障时瞬间从一个电源切换到另一个电源。为了保证设备用电质量和用电安全，电源应至少有两路供电，并应有自动转换开关，当一路供电有问题时，可迅速切换到备用线路供电。应安装备用电源，如UPS，停电后可供电8小时或更长时间。关键设备应有备用发电机组和应急电源。同时为防止、限制瞬态过压和引导浪涌电流，应配备电涌保护器(过压保护器)。为防止保护器的老化、寿命终止或雷击时造成的短路，在电涌保护器的前端应有诸如熔断器等过电流保护装置。

(3) 地板。机房的地板相对瓷砖地板要提升60cm(2英尺)，这个高度现在变得更高了，是80～100cm，以提供更好的气流均匀分布。这样空调系统可以把冷空气也灌到地板下，同时也为地下电力线布线提供更充足的空间。现代数据中心的数据电缆通常是经由高架电缆盘铺设的，但仍然有些人建议出于安全考虑还是应将数据线铺设到地板下，并考虑增加冷却系统。小型数据中心里没有提升的地板可以不用防静电地板。计算机机柜往往被组织到一个热通道中，以便使空气流通效率最好。

(4) 监控报警。按照国家有关标准设计实施，机房应具备消防报警、安全照明、不间断供电、温湿度控制系统和防盗报警，以保护系统免受水、火、有害气体、地震、静电的危害。针对重要的机房或设备应采取防盗措施，例如应用视频监视系统，能对系统运行的外围环境、操作环境实施监控。电源管理排查干扰，电源线的中断、异常、电压瞬变、冲击、噪声、突然失效事件。

2. 机房安全设计

如果机房的防静电、防火防水、接地防雷、室内温湿度有保障，可有效提高机房的物理安全性。机房应该符合国家标准和国家有关规定。其中，D级信息系统机房应符合GB 9361—88的B类机房要求；B级和C级信息系统机房应符合GB 9361—88的A类机房要求。

在设计时应对供配电方式、空气净化、安全防范措施以及防静电、防电磁辐射和抗电磁干扰、防水防潮、防雷击、防火防尘等诸多方面给予高度的重视。要符合安全可靠、应用灵活、管理科学等几个方面的基本要求，在方案设计论证时应严格按照国家相关标准执行，在机房设计中首先要依据相关标准确定机房的建设等级、安全等级、风险等级，然后根据各个等级所需要达到的设计要求进行各子系统的专业设计。机房建设主要涉及：

(1) 机房装饰。抗静电地板铺设、棚顶墙体装修、天棚及地面防尘处理、门窗等。

(2) 供配电系统。供电系统、配电系统、照明、应急照明、UPS电源。

(3) 空调新风系统。机房精密空调、新风换气系统。

(4) 消防报警系统。消防报警、手提式灭火器。

(5) 防盗报警系统。红外报警系统。

(6) 防雷接地系统。电源防雷击抗浪涌保护、等电位连接、静电泄放等、接地系统。

(7) 安防系统:门禁、视频。

(8) 机房动力环境监控系统:机房环境监控系统。

3.3 设备安全问题与策略

设备安全技术指保障构成信息网络的各种设备、网络线路、供电连接、各种媒体数据本身以及其存储介质等安全的技术,主要包括设备的防盗、防电磁泄漏、防电磁干扰等,是对可用性的要求。

3.3.1 设备安全问题与防范

1. 设备安全问题

这里的设备指物联网系统中的物理设备或一个子系统,不是指小的元器件。它是指由集成电路、晶体管、电子管等电子元器件组成,应用电子技术(包括)软件发挥作用的设备等。

物联网设备的安全主要是设备被盗、设备被干扰、设备不能工作、人为损坏、设备过时等问题。

(1) 设备被盗。很多电子设备价值不菲,这会导致一些不法分子有盗窃的动机。

(2) 设备被干扰。外界对设备的干扰很多,前面已经介绍。

(3) 设备不能工作。任何设备都有坏的时候,设备不能工作也很正常。

(4) 人为损坏。这种情况有两种可能:一是有意破坏,起因是有人蓄意破坏设备,致使设备不能工作;二是工作人员因为操作失误,无意识地导致设备的损坏。

(5) 设备过时。电子设备升级很快,尽管设备依然可以使用,但是因为设备已经过时,已经无法胜任新的工作。

2. 设备安全策略

前面已经介绍了防盗和设备抗干扰问题。设备不能工作、人为损坏、设备过时等问题可采用以下方法:

(1) 设备改造。是对由于新技术出现,在经济上不宜继续使用的设备进行局部的更新,即对设备的第二种无形磨损的局部补偿。

(2) 设备更换。是设备更新的重要形式,分为原型更新和技术更新。原型更新即简单更新,用结构相同的新设备更换因为严重有形磨损而在技术上不宜继续使用的旧设备。这种更换主要解决设备的损坏问题不具有技术进步的性质。

(3) 技术更新。用技术上更先进的设备去更换技术陈旧的设备。它不仅能恢复原有设备的性能,而且使设备具有更先进的技术水平,具有技术进步的性质。

(4) 备份机制。即两台设备一起工作。也称为双工,指两台或多台服务器均为活动,同时运行相同的应用，保证整体的性能，也实现了负载均衡和互为备份。双机双工模式是目前群集的一种形式。

(5) 监控报警。监控报警是安全报警与设备监控的有效融合。监控报警系统包括安全报警和设备监控两个部分。当设备出现问题时，监控报警系统可以迅速发现问题，并及时通知责任人进行故障处理。

3.3.2 通信线路安全

1. 线路安全威胁

线路物理安全是指为保证信息系统的安全可靠运行，降低或阻止人为或自然因素对通信线路的安全可靠运行带来的安全风险，对线路所采取的适当安全措施。

线路的物理安全按不同的方法分类。例如，可以分为自然安全威胁和人为安全威胁，也可以分为线路端和线路间的安全威胁，还可以分为被破坏程度的安全威胁。

线路的物理安全风险主要有地震、水灾、火灾等自然环境事故带来的威胁；线路被盗、被毁、电磁干扰、线路信息被截获、电源故障等人为操作失误或错误。

2. 线路安全的对策

通信线路的物理安全是网络系统安全的前提。由于通信线路属于弱电，耐压值很低。因此，在其设计和施工中必须优先考虑保护线路和端口设备不受水灾、火灾、强电流、雷击的侵害。必须建设防雷系统，防雷系统不仅考虑建筑物防雷，还必须考虑计算机及其他弱电耐压设备的防雷。在布线时要考虑可能的火灾隐患，线路要铺设到一般人触摸不到的高度，而且要加装外保护盒或线槽，避免线路信息被窃听。要与照明电线、动力电线、暖气管道及冷热空气管道之间保持一定距离，避免被伤害或被电磁干扰。充分考虑线路的绝缘，线路的接地与焊接的安全。线路端的接口部分要加强外部保护，避免信息泄露，或线路被损坏。

3.4 数据存储介质的安全

本节将介绍数据安全的威胁和数据安全的核心技术。

3.4.1 数据安全的威胁

1. 数据安全威胁

硬件故障占所有数据意外故障一半以上，常有雷击、高压、高温等造成的电路故障，高温、振动碰撞等造成的机械故障，高温、振动碰撞、存储介质老化造成的物理坏磁道扇区故障，当然还有意外丢失损坏的固件 BIOS 信息等。威胁数据安全的因素有很多，主要有以下几个：

(1) 硬盘驱动器损坏。一个硬盘驱动器的物理损坏意味着数据丢失。设备的运行损耗、存储介质失效、运行环境以及人为的破坏等都能给硬盘驱动器设备造成影响。

(2) 光盘损坏。因为光盘表面介质的质量问题，或人为划伤光盘表面，或光盘被压破裂等都会使光盘损坏数据不能读出。这种损坏几乎不可修复。

(3) U盘损坏。物理损坏指的是U盘受到外界破坏。例如外壳破损,芯片外表损坏。如是外壳损坏,芯片没事的话,这个是没有问题的。插入计算机还是会显示的。如是芯片损坏的,从外表上是看不出的。那就不是物理损坏,而是彻底损坏。

(4) 信息窃取。从电子设备上非法复制信息。

(5) 自然灾害。包括地震、水灾、火灾等自然灾难。

(6) 电源故障。电源供给系统故障,一个瞬间过载电功率会损坏在硬盘或存储设备上的数据。

(7) 磁干扰。磁干扰是指重要的数据接触到有磁性的物质会造成数据丢失。

2. 数据安全保护

数据安全的定义是为数据处理系统建立和采用的技术和管理的安全保护,保护计算机硬件、软件和数据不因偶然和恶意的原因遭到破坏、更改和泄露。确保网络数据的可用性、完整性和保密性。

信息存储操作在生活和工作中越来越多,也越来越重要。为防止电子设备中的数据意外丢失,一般都采用许多重要的安全防护技术来确保数据的安全。下面是常用的数据安全防护技术:

(1) 磁盘阵列。磁盘阵列是指把多个类型、容量、接口甚至品牌一致的专用磁盘或普通硬盘连成一个阵列,使其以更快的速度、准确、安全的方式读写磁盘数据,从而达到数据读取速度和安全性的一种手段。

(2) 数据备份。备份管理包括备份的可计划性,自动化操作,历史记录的保存或日志记录。

(3) 双机容错。双机容错的目的在于保证系统数据和服务的在线性,即当某一系统发生故障时,仍然能够正常地向网络系统提供数据和服务,使得系统不至于停顿,双机容错的目的在于保证数据不丢失和系统不停机。

(4) 网络存储技术NAS。NAS解决方案通常配置为作为文件服务的设备,由工作站或服务器通过网络协议和应用程序进行文件访问,大多数NAS链接在工作站客户端和NAS文件共享设备之间进行。

(5) 数据迁移。由在线存储设备和离线存储设备共同构成一个协调工作的存储系统,该系统在在线存储和离线存储设备间动态地管理数据,使得访问频率高的数据存放于性能较高的在线存储设备中,而访问频率低的数据存放于较为廉价的离线存储设备中。

(6) 异地容灾。以异地实时备份为基础的高效、可靠的远程数据存储,在各单位的IT系统中必然有核心部分,通常称为生产中心,往往给生产中心配备一个备份中心,该备份中心是远程的,并且在生产中心的内部已经实施了各种各样的数据保护。不管怎么保护,当火灾、地震这种灾难发生时,一旦生产中心瘫痪了,备份中心会接管生产,继续提供服务。

(7) 存储区域网络SAN。它是一个集中式管理的高速存储网络,由多个供应商存储系统、存储管理软件、应用程序服务器和网络硬件组成SAN。SAN允许服务器在共享存储装置的同时仍能高速传送数据。这一方案具有带宽高、可用性高、容错能力强的优点,而且它可以轻松升级,容易管理,有助于改善整个系统的总体成本状况。

3.4.2　数据安全的核心技术

数据存储安全是数据安全的一部分,其目的是防止其他系统未经授权访问数据,或破坏数据。存储设备有能力防止未被授权的设置改动,对所有的更改都要做审计跟踪。数据存储的安全目标是保护机密的数据,确保数据的完整性,防止数据被破坏或丢失。未来存储安全的核心是以数据恢复为主,兼顾数据备份、数据擦除。

1. 数据恢复

数据恢复只是一种技术手段,将保存在计算机、笔记本、服务器、存储磁带库、移动硬盘、U盘、数码存储卡和MP3等设备上丢失的数据进行抢救和恢复的技术。具体方法有:

(1) 硬件故障的数据恢复。首先是诊断,找到问题点,修复相应的硬件故障,然后进行数据恢复。

(2) 磁盘阵列(RAID)数据恢复。首先是排除硬件故障,然后分析阵列顺序、块大小等参数,用阵列卡或阵列软件重组,按常规方法恢复数据。

(3) U盘数据恢复。U盘、优盘、XD卡、SD卡、CF卡、MEMORY STICK、SM卡、MMC卡、MP3、MP4、记忆棒、数码相机、DV、微硬盘、光盘和软盘等各类存储设备数据介质损坏或出现电路板故障、磁头偏移、盘片划伤等情况下,采用开体更换、加载和定位等方法进行数据修复。

灾难恢复则是一套完整的数据恢复的系统方案。其先决条件是要做好备份策略及恢复计划。日常备份制度描述了每天的备份以什么方式、使用什么备份介质进行,是系统备份方案的具体实施细则,在制定完毕后,应严格按照制度进行日常备份,否则将无法达到备份方案的目标。数据备份有多种方式,以磁带机为例,有全备份、增量备份和差分备份等。

2. 数据备份

1) 数据丢失的问题

2001年9月11日,当世界贸易中心大楼倒塌而灰飞烟灭时,整个大楼计算机系统里存储的大量信息也随之丢失,众多公司因此而无法开展自己业务。2004年12月27日,因为强烈地震,东南亚出现了海啸,受灾严重地区的金融、保险、能源、交通、电信等关乎国计民生的行业的信息系统几乎陷入瘫痪,大量信息系统的数据丢失。数据安全已经成为现实而又严峻的问题。当今的信息化社会,计算机和通信技术在信息的收集、处理、存储、传输和分发中扮演着极其重要的角色,与此同时,如何有效保护信息系统里存储的信息是必须面对的一个新问题。

2) 数据备份的概念

在这种情况下,数据备份就成为保证信息系统安全的基础设施。所谓数据备份就是将数据以某种方式加以保留,以便在系统遭受破坏或其他特定情况下重新加以利用的一个过程。不仅在于保证数据的一致性和完整性防范意外事件的破坏消除系统使用者和操作者的后顾之忧,而且还是历史数据保存归档的最佳方式,换言之,即便系统正常工作而没有任何数据丢失或破坏发生,备份工作仍然具有非常大的意义。

3）数据存储管理

网络数据存储管理系统是指在分布式网络环境下，通过专业的数据存储管理软件，结合相应的硬件和存储设备，对全网络的数据备份进行集中管理，从而实现自动化的备份、文件归档、数据分级存储以及灾难恢复等。

为在整个网络系统内实现全自动的数据存储管理，备份服务器、备份管理软件与智能存储设备的有机结合是这一目标实现的基础。网络数据存储管理系统的工作原理是在网络上选择一台应用服务器作为网络数据存储管理服务器，安装网络数据存储管理服务器端软件，作为整个网络的备份服务器。在备份服务器上连接一台大容量存储设备（磁带机或磁带库）。在网络中其他需要进行数据备份管理的服务器上安装备份客户端软件，通过局域网将数据集中备份管理到与备份服务器连接的存储设备上。网络数据存储管理系统的核心是备份管理软件，通过备份软件的计划功能，可为整个部门建立一个完善的备份计划及策略，并可借助备份时的呼叫功能，让所有的服务器备份都能在同一时间进行。备份软件也提供完善的灾难恢复手段，能够将备份硬件的优良特性完全发挥出来，使备份和灾难恢复时间大大缩短，实现网络数据备份的全自动智能化管理。

4）数据备份方案

(1)全备份。所谓全备份就是用一盘磁带对整个系统进行完全备份，包括系统和数据。这种备份方式的好处就是很直观，容易被人理解。而且当发生数据丢失的灾难时，只要用一盘磁带（即灾难发生之前一天的备份磁带）就可以恢复丢失的数据。然而它也有不足之处：首先由于每天都对系统进行完全备份，因此在备份数据中有大量是重复的，例如操作系统与应用程序。这些重复的数据占用了大量的磁带空间，这对用户来说就意味着增加成本；其次，由于需要备份的数据量相当大，因此备份所需时间较长。对于那些业务繁忙，备份窗口时间有限的单位来说，选择这种备份策略无疑是不明智的。

(2) 增通备份。就是每次备份的数据只是相当于上一次备份后增加的和修改过的数据。这种备份的优点很明显：投有重复的备份数据，既节省磁带空间，又缩短了备份时间。但它的缺点在于当发生灾难时，恢复数据比较麻烦。举例来说，如果系统在星期四的早晨发生故障，丢失大批数据，那么现在就需要将系统恢复到星期三晚上的状态。这时管理员需要首先找出星期一的那盘完全备份磁带进行系统恢复，然后再找出星期二的磁带来恢复星期二的数据，最后再找出星期三的磁带来恢复星期三的数据。很明显这比第一种策略要麻烦得多。另外，这种备份可靠性也差。在这种备份下，各磁带间的关系就像链子一样，一环套一环，其中任何一盘磁带出了问题都会导致整条链子脱节。

(3) 差分备份。就是每次备份的数据是相对于上一次全备份之后新增加的和修改过的数据。管理员先在星期一进行一次系统完全备份；然后在接下来的几天里，管理员再将当天所有与星期一不同的数据（新的或经改动的）备份到磁带上。举例来说，星期一，网络管理员按惯例进行系统完全备份；星期二，假设系统内只多了一个资产清单，于是管理员只需将这份资产清单一并备份下来即可；星期三，系统内又多了一份产品目录，于是管理员不仅要将这份目录，还要连同星期二的那份资产清单一并备份下来。

由此可以看出，全备份所需时间最长，但恢复时间最短，操作最方便，当系统中数据量不大时，采用全备份最可靠；差分备份在避免了另外两种策略缺陷的同时，又具有了它们的所有优点。首先，它无须每天都做系统完全备份，因此备份所需时间短，并节省磁带空间；其次，它的灾难恢复也很方便，系统管理员只需两盘磁带，即星期一的磁带与发生前一天的磁带就可以将系统完全恢复。在备份时要根据它们各自的特点灵活使用。

3. 数据擦除

近年来，企事业单位在享受数据中心带来巨大生产力的同时，其内在的数据中心安全漏洞也让人担忧，越来越多的企事业单位投入大量资金着手数据中心安全建设。数据泄密事件的频繁发生更让企业数据中心安全笼罩在阴影中，而对涉密数据进行硬盘数据擦除，以达到硬盘数据销毁，成为当下保障数据中心安全的有效方式之一。

硬盘数据擦除技术旨在通过相关的硬盘数据擦除技术及硬盘数据擦除工具将硬盘上的数据彻底删除，无法恢复。

另外，目前市面上已经出现了很多复制擦除检测一体机品牌产品，它们可以快速擦除硬盘上的数据。硬盘数据销毁速度达 7G/分钟，符合 7 次安全硬盘数据擦除国际标准。硬盘被执行全盘写零擦除后，目前全球无任何专业数据恢复公司有能力再恢复出数据，有效确保企业数据中心安全。

习题 3

1. 名词解释

(1)物理安全；(2)设备安全技术；(3)数据安全；(4)硬盘数据擦除技术。

2. 判断题

(1) 物理安全是以一定的方式运行在一些软件之上的，保障物理设备安全的第一道防线。(　　)

(2) 物理环境安全是物理安全的最基本保障，是整个安全系统不可缺少和忽视的组成部分。(　　)

3. 填空题

(1) 干扰的形成包括三个要素：________、________和________。

(2) 机房的物理环境受到了严格的控制，主要分为________、________、________、________。

(3) 威胁数据安全的主要因素有很多，主要包括________、________、________、________。

4. 简答题

(1) 数据采集外界抗干扰措施有哪些？

(2) 设备安全策略有哪些？

(3) 常用的数据安全防护技术有哪些？

(4) 简单介绍数据恢复的方法。

5. 论述题

国内外物理安全技术相关标准有哪些？

第4章 计算机网络安全

本章将介绍防火墙技术、入侵检测技术、访问控制技术、VPN技术、计算机病毒及防治和黑客攻击与防范。要求学生掌握网络安全的相关技术。

4.1 防火墙技术

本节将介绍防火墙的基本概念、包过滤防火墙和应用层网关。

4.1.1 防火墙概述

1. 防火墙名称起源

防火墙的本义是指古代构筑和使用木质结构房屋的时候，为防止火灾的发生和蔓延，人们将坚固的石块堆砌在房屋周围作为屏障，这种防护构筑物就被称为"防火墙"。其实与防火墙一起起作用的就是"门"。如果没有门，各房间的人如何沟通呢？这些房间的人又如何进去呢？当火灾发生时，这些人又如何逃离现场呢？这个门相当于防火墙的"安全策略"，所以在此所说的防火墙实际并不是一堵实心墙，而是带有一些小孔的墙。这些小孔就是用来留给那些允许进行的通信，在这些小孔中安装了过滤机制，也就是"单向导通性"。

防火墙是一道门槛，控制进/出两个方向的通信，主要用来保护安全网络免受来自不安全网络的入侵，如安全网络可能是企业的内部网络，不安全网络是因特网。当然，防火墙不只是用于某个网络与因特网的隔离，也可用于企业内部网络中的部门网络之间的隔离。网络防火墙是隔离本地网络与外界网络之间的一道防御系统。防火可以使局域网与Internet之间或者与其他外部网络互相隔离、限制网络互访，用来保护内部网络。

2. 防火墙的定义

防火墙(Firewall)是一项协助确保信息安全的设备，会依照特定的规则，允许或是限制传输的数据通过。防火墙可以是一台专属的硬件，也可以是架设在一般硬件上的一套软件。防火墙是一种位于内部网络与外部网络之间的网络安全系统，如图4-1所示。

在网络中，防火墙是指一种将内部网和公众访问网(如Internet)分开的方法，它实际上是一种隔离技术。防火墙是在两个网络通信时执行的一种访问控制尺度，允许合法用户和数据进入网络，同时将非法用户和数据拒之门外，最大限度地阻止网络中的黑客访问网络。

防火墙技术是保护网络不受侵犯的最主要技术之一。防火墙一般位于网络的边界上，

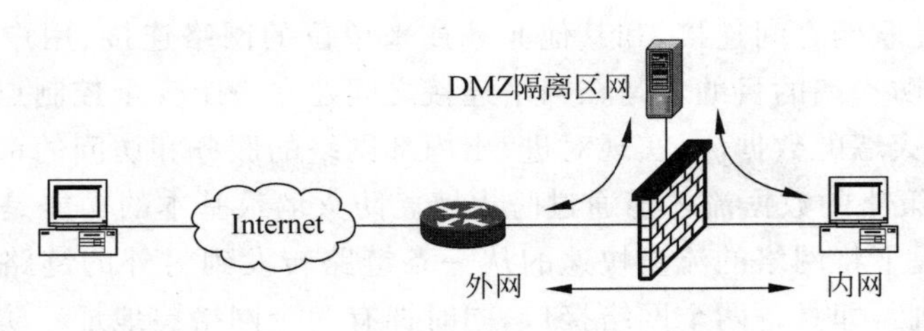

图 4-1 防火墙

按照一定的安全策略，对两个或多个网络之间的数据包和连接方式进行检查来决定对网络之间的通信采取何种动作，如允许、拒绝，或者转换。其中被保护的网络通常称为内部网络，其他网络称为外部网络。使用防火墙，可以有效控制内部网络和外部网络之间的访问和数据传输，防止外部网络用户以非法手段通过外部网络进入内部网络访问内部网络资源，并过滤不良信息。安全、管理和效率是对防火墙功能的主要要求。防火墙能有效地监控内部网和 Internet 之间的任何活动，保证内部网的安全，以此来实现网络的安全保护。

理论上，防火墙用来防止外部网上的各类危险传播到某个受保护网内。逻辑上，防火墙是分离器、限制器和分析器；物理上，各个防火墙的物理实现方式可以有所不同，但它通常是一组硬件设备（路由器、主机）和软件的多种组合；本质上，防火墙是一种保护装置，用来保护网络数据、资源和用户的声誉；技术上，网络防火墙是一种访问控制技术，在某个机构的网络和不安全的网络之间设置障碍，阻止对信息资源的非法访问。

3. 防火墙的种类

从历史上来分，防火墙经历了 4 个阶段：基于路由器的防火墙、用户化的防火墙工具套、建立在通用操作系统上的防火墙、具有安全操作系统的防火墙。

从结构上来分，防火墙有两种，代理主机结构和路由器加过滤器结构。

从原理上来分，防火墙可以分成 4 种类型，特殊设计的硬件防火墙、数据包过滤型、电路层网关和应用级网关。

从侧重点不同，可分为包过滤型防火墙、应用层网关型防火墙、服务器型防火墙。

4. 防火墙的吞吐量

网络中的数据是由一个个数据包组成，吞吐量是指在没有帧丢失的情况下，设备能够接收的最大速率。其测试方法是：在测试中以一定速率发送一定数量的帧，并计算待测设备传输的帧，如果发送的帧与接收的帧数量相等，那么就将发送速率提高并重新测试；如果接收帧少于发送帧，则降低发送速率重新测试，直至得出最终结果。吞吐量测试结果以位/秒或字节/秒表示。防火墙对每个数据包的处理要耗费资源。吞吐量和报文转发率是关系防火墙应用的主要指标，一般采用 FDT(Full Duplex Throughput)来衡量，指 64 字节数据包的全双工吞吐量。该指标既包括吞吐量指标，也涵盖了报文转发率指标。

5. 防火墙的基本特性

(1) 内外网络之间的数据流都必须经过防火墙。防火墙适用于用户网络系统的边界，属于用户网络边界的安全保护设备。所谓网络边界即是采用不同安全策略的两个网络连接处，如用户网络和互联网之间连接、和其他业务往来单位的网络连接、用户内部网络不同部门之间的连接等。防火墙的目的就是在网络连接之间建立一个安全控制点，通过允许、拒绝或重新定向经过防火墙的数据流，实现对进、出内部网络的服务和访问的审计和控制。

(2) 符合安全策略的数据流才能通过防火墙。防火墙最基本的功能是确保网络流量的合法性，并在此前提下将网络的流量快速的从一条链路转发到另外的链路上。原始的防火墙是一台"双穴主机"，即具备两个网络接口，同时拥有两个网络层地址。防火墙将网络上的流量通过相应的网络接口接收上来，按照OSI协议栈的七层结构顺序上传，在适当的协议层进行访问规则和安全审查，然后将符合通过条件的报文从相应的网络接口送出，而对于那些不符合通过条件的报文则予以阻断。防火墙是一个类似于桥接或路由器的、多端口的(网络接口≥2)转发设备，它跨接于多个分离的物理网段之间，并在报文转发过程中完成对报文的审查工作。

(3) 防火墙应具有较强的抗攻击免疫力。防火墙处于网络边缘，像边界卫士，每时每刻要面对黑客的入侵，这要求防火墙自身要具有非常强的抗击入侵本领。只有具备完整信任关系的操作系统才可保障系统的安全性。

6. 防火墙硬件架构

防火墙硬件体系结构经历过通用CPU架构、ASIC架构和网络处理器架构，其特点如下：

1) 通用CPU架构

通用CPU架构最常见的是基于Intel X86架构的防火墙，在百兆防火墙中Intel X86架构的硬件以其高灵活性和扩展性一直受到防火墙厂商的青睐。由于采用了PCI总线接口，Intel X86架构的硬件虽然理论上能达到2Gbps的吞吐量甚至更高，但是在实际应用中，尤其是在小包情况下，远远达不到标称性能，通用CPU的处理能力也很有限。

2) ASIC架构

ASIC(专用集成电路)技术是国外高端网络设备几年前广泛采用的技术。由于采用了硬件转发模式、多总线技术、数据层面与控制层面分离等技术，ASIC架构防火墙解决了带宽容量和性能不足的问题，稳定性也得到了很好的保证。ASIC技术的性能优势主要体现在网络层转发上，而对于需要强大计算能力的应用层数据的处理则不占优势，而且面对频繁变异的应用安全问题，其灵活性和扩展性也难以满足要求。

3) 网络处理器架构

由于网络处理器所使用的微码编写有一定技术难度，难以实现产品的最优性能，因此网络处理器架构的防火墙产品难以占有大量的市场份额。

7. 防火墙配置

防火墙配置有三种：Dual-homed方式、Screened-host方式和Screened-subnet方式。

(1) Dual-homed方式。Dual-homed Gateway放置在两个网络之间，被称为Bastion host。这种结构最简单，成本低，但是它有单点失败的问题，没有增加网络安全的自我防卫能力。它是黑客攻击的首选目标，一旦被攻破，整个网络也就暴露了。

(2) Screened-host方式。其中的Screening router为保护Bastion host的安全建立了

一道屏障。它将所有进入的信息先送往 Bastion host,并且只接收来自 Bastion host 的数据作为出去的数据。这种结构依赖 Screening router 和 Bastion host,只要有一个失败,整个网络就暴露了。

(3) Screened-subnet 方式。它包含两个 Screening router 和两个 Bastion host。在公共网络和私有网络之间构成了一个隔离网,称为"隔离区"(Demilitarized Zone,DMZ),Bastion host 放置在"隔离区"内。这种结构安全性好,只有当两个安全单元被破坏后,网络才被暴露,但成本昂贵。

8. 防火墙历史

第一代防火墙:采用包过滤(Packet Filter)技术。

第二代防火墙:电路层防火墙,1989 年由贝尔实验室推出。

第三代防火墙:应用层防火墙(代理防火墙)。

第四代防火墙:1992 年 USC 信息科学院的 Bob Braden 开发出了基于动态包过滤(Dynamic Packet Filter)技术,后来演变为状态监视(Stateful Inspection)技术。

第五代防火墙:1998 年 NAI 公司推出了一种自适应代理(Adaptive Proxy)技术,并在其产品中实现。

第六代防火墙:一体化安全网关 UTM,也称统一威胁管理,是在防火墙基础上发展起来的,具备防火墙、IPS、防病毒、防垃圾邮件等综合功能的设备。

9. 防火墙的工作原理

防火墙就是一种过滤塞。防火墙的工作方式都是一样的:分析出入防火墙的数据包,决定放行还是把它们扔到一边。所有的防火墙都具有 IP 地址过滤功能。这项任务要检查 IP 包头,根据其 IP 源地址和目标地址做出放行/丢弃决定,如图 4-2 所示。

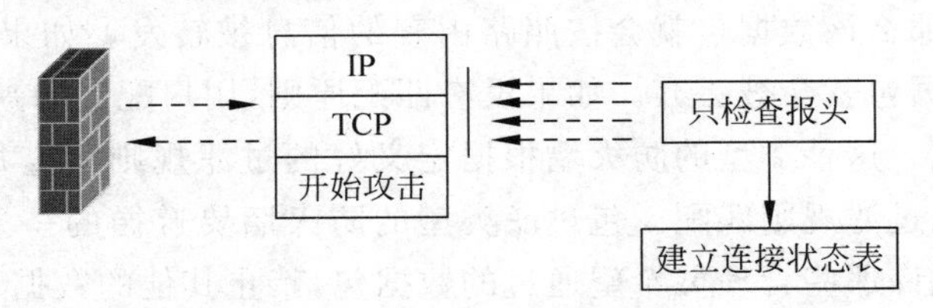

图 4-2 防火墙的工作原理

4.1.2 包过滤防火墙

尽管防火墙的发展经过了几代,但是按照防火墙对内外来往数据的处理方法,大致可以将防火墙分为两大体系:包过滤防火墙和代理防火墙(应用层网关防火墙)。包过滤防火墙工作在网络层,一般是具有多个端口的路由器(屏蔽路由器),它对每个进入的 IP 数据包应用一组规则集合来判断该数据包是否应该转发。数据包过滤技术是以数据包头为基础,按照路由器配置中的一组规则将数据包分类,然后在网络层对数据包进行选择,选择的依据是系统内设置的过滤逻辑(称为访问控制列表)。访问控制列表(ACL)制定某种类型的数据包是被转发还是被丢弃,如图 4-3 所示。

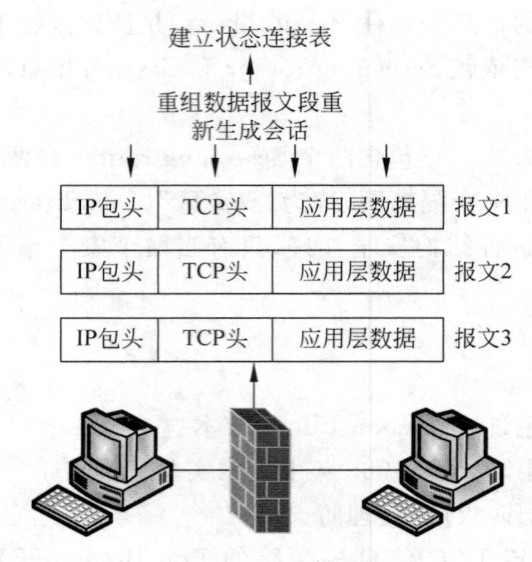

图 4-3 包过滤防火墙

1. 数据包过滤

数据包过滤是针对数据包的包头信息来进行的，每个数据包内都有包含特定信息的一组包头，其主要信息有 IP 源地址；IP 目标地址；封装的协议类型（TCP、UDP 和 ICMP 等）；TCP 或 UDP 源端口。TCP 或 UDP 目标端口。ICMP 消息类型在数据包过滤技术中，过滤匹配的原则除上述包头信息外，还可以根据 TCP 序列号、TCP 连接的握手序列（如 SYN、ACK）的逻辑分析进行判断，较为有效地抵御类似 IP Spoofing、SYN Spoofing 等类型的攻击。具体来说，路由器审查每个数据包以便确定其是否与某一天包过滤规则匹配。过滤规则基于可以提供给 IP 转发过程的包头信息。包的进入接口和出接口如果有匹配并且规则允许该数据包，那么该数据包就会按照路由表的信息被转发。如果匹配并且规则拒绝该数据包，那么该数据包就会被丢弃。如果没有匹配原则，用户配置的默认参数就会决定是转发还是丢弃数据包。这种类型的防火墙根据定义好的过滤规则审查每个数据包，以便确定其是否与某一条包过滤规则匹配。包过滤类型的防火墙要遵循的一条基本原则是"最小特权原则"，即明确允许那些管理员希望通过的数据包，禁止其他的数据包。

2. 过滤规则设计

为完成数据包过滤，需设计一套过滤规则以规定什么类型的数据包被转发或被丢弃。设计过滤规则的时候，应注意以下三个概念。

(1) 全连接（Full Association）：描述了一个 TCP 连接的完整信息，它可由一个五元组来定义（协议类型、源 IP 地址、源 TCP/UDP 端口、目的 IP 地址、目的 TCP/UDP 端口）；

(2) 半连接（Half Association）：描述了连接的一端的信息，它可由一个三元组来定义（协议类型、IP 地址、TCP/UDP 端口）；

(3) 端点（Endpoints）：也称为传输地址，它可由一个二元组来定义（源 IP 地址、源 TCP/UDP 端口）。

通过以上三个定义不难看出，过滤规则的设计主要依赖于数据包所提供的包头信息。

根据包头信息，可以按 IP 地址过滤，可以按封装的协议类型过滤，也可以按端口号过滤，甚至可以按 SYN/ACK 信号进行过滤。当然，也可以将上述几种方式组合起来制定过滤规则。数据包过滤规则具体体现在访问控制列表的内容上。访问控制列表定义了各种规则来表明是否同意或拒绝包的通过。

3. 对包过滤防火墙的评价

包过滤路由器分组过滤简单方便，对用户透明，不需要用户认证，易于安装管理，由于工作在 IP 层和 TCP/UDP 层，且不必对所有信息进行审计和跟踪，因此速度快。但正因为其没有日志和审计功能，所以有很多信息不能提供，使得管理员不易对事件进行跟踪检查，有可能受到欺骗性攻击。

4.1.3 应用层网关

应用层网关(Application Layer Gateway Service，ALG)也叫应用层防火墙或应用层代理防火墙，通常被描述为第三代防火墙。当受信任网络上的用户打算连接到不受信任网络(如 Internet)上的服务时，该应用被引导至防火墙中的代理服务器。代理服务器可以毫无破绽地伪装成 Internet 上的真实服务器。它可以对请求进行评估，并根据一套单个网络服务的规则决定允许或拒绝该请求，如图 4-4 所示。

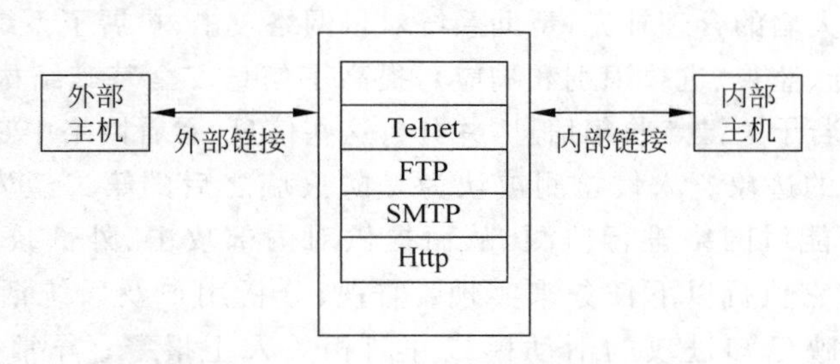

图 4-4 应用层网关

ALG 是网络防火墙从功能面上分类的一种。当内部计算机与外部主机连接时，将由代理服务器(Proxy Server)担任内部计算机与外部主机的连接中继者。使用 ALG 的好处是隐藏内部主机的地址和防止外部不正常的连接，如果代理服务器上未安装针对该应用程序设计的代理程序时，任何属于这个网络服务的封包将完全无法通过防火墙。具体到 ALG 本身，它是 WinXP 附带的 Internet 连接共享/防火墙的具体控管程序，如果需要启用这两者，这个服务是必备的。当然，只有一台计算机的上网家庭可以考虑禁用这个服务。

应用层网关允许网络管理员实施一个比包过滤路由器更为严格的安全策略，为每一个期望的应用服务在其网关上安装专用的代码，同时代理代码也可以配置成支持一个应用服务的某些特定的特性。对应用服务的访问都是通过访问相应的代理服务实现的，而不允许用户直接登录到应用层网关。应用层网关安全性的提高是以购买相关硬件平台的费用为代价，网关的配置将降低对用户的服务水平，但增加了安全配置上的灵活性。

4.2 入侵检测技术

本节将介绍入侵检测的基本概念、分类、入侵检测系统和入侵检测的步骤。

4.2.1 入侵检测概述

1. 入侵检测定义

入侵检测(Intrusion Detection)是对入侵行为的检测。它通过收集和分析网络行为、安全日志、审计数据、其他网络上可以获得的信息以及计算机系统中若干关键点的信息,检查网络或系统中是否存在违反安全策略的行为和被攻击的迹象。

入侵检测作为一种积极主动的安全防护技术,提供了对内部攻击、外部攻击和误操作的实时保护,在网络系统受到危害之前拦截和响应入侵,因此被认为是防火墙之后的第二道安全闸门,在不影响网络性能的情况下能对网络进行监测。入侵检测通过执行以下任务来实现:监视、分析用户及系统活动;系统构造和弱点的审计;识别反映已知进攻的活动模式并向相关人士报警;异常行为模式的统计分析;评估重要系统和数据文件的完整性;操作系统的审计跟踪管理,并识别用户违反安全策略的行为,如图4-5所示。

入侵检测是防火墙的合理补充,帮助系统对付网络攻击,扩展了系统管理员的安全管理能力(包括安全审计、监视、进攻识别和响应),提高了信息安全基础结构的完整性。它从计算机网络系统中的若干关键点收集信息,并分析这些信息,看看网络中是否有违反安全策略的行为和遭到袭击的迹象。入侵检测被认为是防火墙之后的第二道安全闸门,在不影响网络性能的情况下能对网络进行监测,从而提供对内部攻击、外部攻击和误操作的实时保护。这些都通过它执行以下任务来实现:监视、分析用户及系统活动;系统构造和弱点的审计;识别反映已知进攻的活动模式并向相关人士报警;异常行为模式的统计分析;评估重要系统和数据文件的完整性;操作系统的审计跟踪管理,并识别用户违反安全策略的行为。

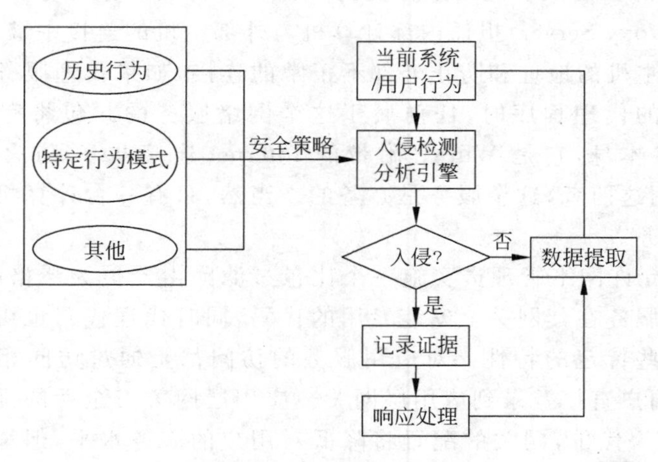

图4-5 入侵检测原理

对一个成功的入侵检测系统来讲，不但可使系统管理员时刻了解网络系统（包括程序、文件和硬件设备等）的任何变更，还能给网络安全策略的制订提供指南。更为重要的一点是，它应该管理、配置简单，从而使非专业人员非常容易地获得网络安全。而且，入侵检测的规模还应根据网络威胁、系统构造和安全需求的改变而改变。入侵检测系统在发现入侵后，会及时做出响应，包括切断网络连接、记录事件和报警等。

入侵检测系统是指对于面向计算资源和网络资源的恶意行为的识别和响应系统。一个完善的IDS系统应该具备：经济性、时效性、安全性和可扩展性。入侵检测作为安全技术，其作用在于识别入侵者；识别入侵行为；检测和监视已成功的安全破绽；为对抗入侵及时提供重要信息，阻止事件的发生和事态的扩大。

入侵检测系统可以对计算机网络进行自主的、实时的攻击检测与响应。它对网络安全轮回监控，使用户可以在系统被破坏之前自主地中断并响应安全漏洞和误操作。实时监控分析可疑的数据而不会影响数据在网络上的传输。它对安全威胁的自动响应为企业提供了最大限度的安全保障。在检测到网络入侵后，除了可以及时切断攻击行为之外，还可以动态地调整防火墙的防护策略，使得防火墙成为一个动态的、智能的防护体系。入侵检测具有监视分析用户和系统的行为、审计系统配置和漏洞、评估敏感系统和数据的完整性、识别攻击行为、对异常行为进行统计、自动地收集和系统相关的补丁、进行审计跟踪识别违反安全法规的行为、使用诱骗服务器（记录黑客行为）等功能，使系统管理员可以较有效地监视、审计、评估自己的系统。

2. 发展历程

从实验室原型研究到推出商业化产品、走向市场并获得广泛认同，入侵检测走过了20多年的历程。

（1）概念的提出。1980年4月，JnamesP. Aderson为美国空军做了一份题为Computer Security Threat Monitoring and Sureillance（计算机安全威胁监控与监视）的技术报告，详细阐述了入侵检测的概念，提出了一种对计算机系统风险和威胁的分类方法，并将威胁分为外部渗透、内部渗透和不法行为三种，还提出了利用审计跟踪数据监视入侵活动的思想。这份报告被公认为入侵检测技术的开始。

（2）模型的发展。1984年—1986年，乔治敦大学的Dorothy Denning和SRI/CSL（SRI公司计算机科学实验室）的PeterNeumann提出了一种实时入侵检测系统模型，取名为IDES（入侵检测专家系统）。该模型独立于特定的系统平台、应用环境、系统弱点以及入侵类型，为构建入侵系统提供了一个通用的框架。1988年，SRI/CSL的Teresa Lunt等改进了Denning的入侵检测模型，并研发出了实际的IDES。1988年的莫里斯蠕虫事件发生后，网络安全引起各方重视。美国空军、国家安全局和能源部共同资助空军密码支持中心、劳伦斯利弗摩尔国家实验室、加州大学戴维斯分校、Haystack实验室，开展对分布式入侵检测系统（DIDS）的研究，将基于主机和基于网络的检测方法集成到一起。

（3）技术的进步。1990年是入侵检测系统发展史上十分重要的一年。这一年，加州大学戴维斯分校的L. T. Heberlein等开发出了NSM（Network Security Monitor）。该系统第一次直接将网络作为审计数据的来源，因而可以在不将审计数据转化成统一的格式情况下监控异种主机。同时两大阵营正式形成：基于网络的IDS和基于主机的IDS。从20世纪

90年代到现在，入侵检测系统的研发呈现出百家争鸣的繁荣局面，并在智能化和分布式两个方向取得了长足的进展。SRI/CSL、普渡大学、加州戴维斯分校、洛斯阿拉莫斯国家实验室、哥伦比亚大学、新墨西哥大学等机构在这些方面代表了当前的最高水平。我国也有多家企业通过最初的技术引进，逐渐发展成自主研发。

4.2.2 入侵检测的分类

1. 感觉技术分类

入侵检测系统所采用的技术可分为特征检测与异常检测两种。

(1) 特征检测。特征检测(Signature-Based Detection) 又称为 Misuse Detection，这一检测假设入侵者的活动可以用一种模式来表示，系统的目标是检测主体活动是否符合这些模式。它可以将已有的入侵方法检查出来，但对新的入侵方法无能为力。其难点在于如何设计模式既能够表达"入侵"现象，又不会将正常的活动包含进来。

(2) 异常检测。异常检测(Anomaly Detection) 的假设是入侵者活动异常于正常主体的活动。根据这一理念建立主体正常活动的"活动简档"，将当前主体的活动状况与"活动简档"相比较，当违反其统计规律时，认为该活动可能是"入侵"行为。异常检测的难题在于如何建立"活动简档"以及如何设计统计算法，从而不把正常的操作作为"入侵"或忽略真正的"入侵"行为。

2. 根据其检测数据来源分类

(1) 基于主机的入侵检测系统。主要使用操作系统的审计、跟踪日志作为数据源，某些数据源也会主动与主机系统进行交互以获得不存在于系统日志中的信息以检测入侵。这种类型的检测系统不需要额外的硬件。对网络流量不敏感，效率高，能准确定位入侵并及时进行反应，但是占用主机资源，依赖于主机的可靠性，所能检测的攻击类型受限，不能检测网络攻击。

(2) 基于网络的入侵检测系统。通过被动地监听网络上传输的原始流量，对获取的网络数据进行处理，从中提取有用的信息，再通过与已知攻击特征相匹配或与正常网络行为原型相比较来识别攻击事件。此类检测系统不依赖操作系统作为检测资源，可应用于不同的操作系统平台；配置简单，不需要任何特殊的审计和登录机制；可检测协议攻击、特定环境的攻击等多种攻击。但它只能监视经过本网段的活动，无法得到主机系统的实时状态，精确度较差。大部分入侵检测工具都是基于网络的入侵检测系统。

4.2.3 入侵检测系统

基于主机的入侵检测系统(HIDS)从单个主机上提取数据(如审计记录等)作为入侵分析的数据源，而基于网络的入侵检测系统从网络上提取数据(如网络链路层的数据帧)作为入侵分析的数据源。通常来说，基于主机的入侵检测系统只能检测单个主机系统，而基于网络的入侵检测系统可以对本网段的多个主机系统进行检测，多个分布于不同网段上的基于网络的入侵检测系统可以协同工作，以提供更强的入侵检测能力。

1. 基于主机的入侵检测系统及特点

1）系统概述

基于主机的入侵检测系统将检测模块驻留在被保护系统上，通过提取被保护系统的运行数据并进行入侵分析来实现入侵检测的功能。目前，基于主机的入侵检测系统很多是基于主机日志分析。通过分析主机日志来发现入侵行为。基于主机的入侵检测系统具有检测效率高，分析代价小，分析速度快的特点，能够迅速并准确地定位入侵者，并可以结合操作系统和应用程序的行为特征对入侵进行进一步分析，如图 4-6 所示。

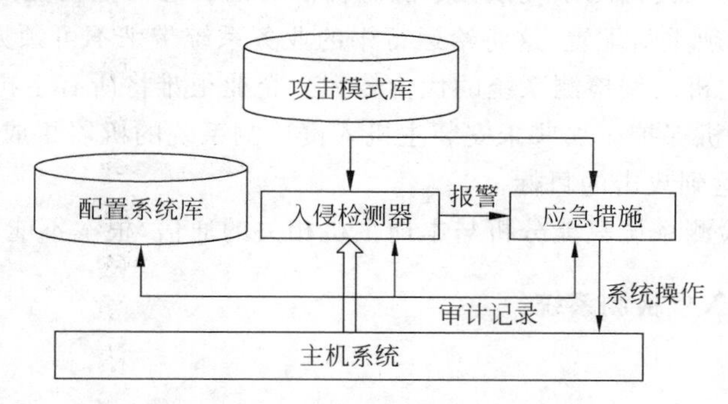

图 4-6 基于主机的入侵检测

基于主机的入侵检测系统存在的问题是：首先它在一定程度上依赖于系统的可靠性，它要求系统本身应该具备基本的安全功能并具有合理的设置，然后才能提取入侵信息；有时即使进行了正确的设置，对操作系统熟悉的攻击者仍然有可能在入侵行为完成后及时地将系统日志抹去，从而不被发觉；并且主机的日志能够提供的信息有限，有的入侵手段和途径不会在日志中有所反映，日志系统对有的入侵行为不能做出正确的响应。

入侵检测作为一种积极主动的安全防护技术，提供了对内部攻击、外部攻击和误操作的实时保护，在网络系统受到危害之前拦截和响应入侵。从网络安全立体纵深、多层次防御的角度出发，入侵检测理应受到人们的高度重视，这从国外入侵检测产品市场的蓬勃发展就可以看出。在国内，随着上网的关键部门、关键业务越来越多，迫切需要具有自主版权的入侵检测产品。但现状是入侵检测仅仅停留在研究和实验样品（缺乏升级和服务）阶段，或者是防火墙中集成较为初级的入侵检测模块。可见，入侵检测产品仍具有较大的发展空间，从技术途径来讲，除了完善常规的、传统的技术（模式识别和完整性检测）外，应重点加强统计分析的相关技术研究。

2）基于主机的入侵检测系统的优点

（1）可监视特定的系统活动。由于基于主机的 IDS 使用含有已发生事件信息，能够检测到基于网络的 IDS 检测不出的攻击，如监视用户访问文件的活动，包括文件访问、主要系统文件和可执行文件的改变、试图建立新的可执行文件或者试图访问特殊的设备，还可监视通常只有管理员才能实施的非正常行为，包括用户账户、删除、更改的情况等。

（2）适用于加密的及交换的环境。交换设备可将大型网络分成许多的小型网段加以管理。基于主机的 IDS 可安装在所需检测的重要主机上，在交换的环境中具有更高的能见度。而且，基于主机的 IDS 也能适应加密的环境。

(3) 不要求额外的硬件设备。基于主机的IDS存在于现行的主机和服务器之中,包括文件服务器、Web服务器及其他共享资源。它们不需要在网络上另外安装、维护及管理硬件设备。

3) 基于主机的入侵检测系统的弱点

(1) 基于主机的IDS需要安装在需要保护的设备上,会降低系统效率。当一个数据库服务器要保护时,就要在服务器本身安装入侵检测系统。这会降低应用系统的效率,也会带来一些额外的安全问题。

(2) 基于主机的入侵检测系统依赖于服务器固有的日志与监视能力。如果服务器没有配置日志功能,则必须重新配置,这将给运行中的业务系统带来不可预见的性能影响。

(3) 全面部署主机入侵检测系统的代价较大。企业很难将所有主机用入侵检测系统保护,只能选择部分主机保护。那些未安装主机入侵检测系统的机器将成为保护的盲点,入侵者可利用这些机器达到攻击的目标。

(4) 主机入侵检测系统只能分析与本地主机相关的通信,根本不能检测网络上的通信。

2. 基于网络的入侵检测系统

1) 系统概述

基于网络的入侵检测系统(NIDS)通过网络监视来实现数据提取。在Internet中,局域网普遍采用以太网协议。该协议定义主机进行数据传输时采用子网广播的方式,任何一台主机发送的数据包都会在所经过的子网中进行广播,也就是说,任何一台主机接收和发送的数据都可以被同一子网内的其他主机接收。在正常设置下,主机的网卡对每一个到达的数据包进行过滤,只将目的地址是本机的或广播地址的数据包放入接收缓冲区,而将其他数据包丢弃。因此,正常情况下网络上的主机表现为只关心与本机有关的数据包,但是将网卡的接收模式进行适当的设置后就可以改变网卡的过滤策略,使网卡能够接收经过本网段的所有数据包,无论这些数据包的目的地是否是该主机。网卡的这种接收模式称为混杂模式,目前绝大部分网卡都提供这种设置,因此在需要的时候,对网卡进行合理的设置就能获得经过本网段的所有通信信息,从而实现网络监视的功能。网络监视具有良好的特性:理论上,网络监视可以获得所有的网络信息数据,只要时间允许,可以在庞大的数据堆中提取和分析需要的数据;可以对一个子网进行检测,一个监视模块可以监视同一网段的多台主机的网络行为,不改变系统和网络的工作模式,也不影响主机性能和网络性能;它可以从低层开始分析,对基于协议攻击的入侵手段有较强的分析能力。网络监视的主要问题是监视数据量过于庞大且不能结合操作系统特征来对网络行为进行准确的判断,如图4-7所示。

基于网络的入侵检测系统放置在比较重要的网段内,监视网段中的各种数据包,对每一个数据包或可疑的数据包进行特征分析和异常检测。如果数据包与系统内置的某些规则或策略吻合,入侵检测系统就会发出警报甚至直接切断网络连接。基于网络的入侵检测方式具有较强的数据提取能力,因此目前很多入侵检测系统倾向于采用基于网络的检测手段来实现。

2) 网络入侵检测系统优点

(1) 可检测低层协议的攻击。NIDS检查所有数据包的头部和有效负载的内容,入侵防御系统技术研究与设计,从而能很好地检测出利用低层网络协议进行的攻击。

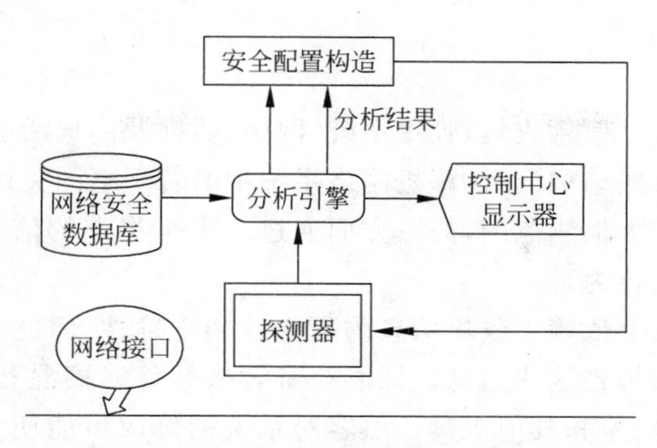

图 4-7 基于网络的入侵检测系统结构

(2) 攻击者不易转移证据。NIDS 使用正在发生的网络通信数据进行检测，所以攻击者无法转移证据。被捕获的数据不仅包括攻击的方法，而且还包括可识别黑客身份信息，甚至可以检测未成功的攻击和不良意图。

(3) 不需要改变服务器等主机的配置。由于它不会在业务系统的主机中安装额外的软件，从而不会影响这些机器的 CPU、I/O 与磁盘等资源的使用，不会影响业务系统的性能。

(4) 可靠性好。NIDS 不运行其他的应用程序，不提供网络服务，可以不响应其他计算机，不会因为目标系统崩溃而停止检测，因此可以做得比较隐蔽和安全。其次，由于 NIDS 不像路由器、防火墙等关键设备方式工作，它不会成为系统中的关键路径。NIDS 发生故障不会影响正常业务的运行。

(5) 与操作系统无关，不占用被检测系统的资源。NIDS 主要检测所捕获的网络通信数据，与被检测主机的操作系统和其运行状态无关，并且不占用被检测系统的资源。

3) 网络入侵检测系统不足

(1) 容易受到拒绝服务攻击。因为 NIDS 要检测所捕获的网络通信数据并维持许多网络事件的状态信息，很容易受到拒绝服务攻击。例如，入侵者可以发送许多到不同节点的数据包分段，使 NIDS 忙于组装数据包而耗尽其资源或降低其处理速度。

(2) 不适合交换式网络。交换式网络对 NIDS 将会造成问题，因为连到交换式网络上的 NIDS 只能看到发送给自己的数据包，因而无法检测网络入侵行为。

(3) 监测复杂的攻击较弱。NIDS 为了性能目标通常采用特征检测的方法，它可以检测出一些普通攻击，而很难实现一些复杂的需要大量计算与分析时间的攻击检测。

(4) 不适合加密环境。网络入侵检测系统通常无法对捕获的加密数据进行解密，也就失去了入侵检测的功能。

4.2.4 入侵检测的步骤

入侵检测为网络安全提供实时检测及攻击行为检测，并采取相应的防护手段。例如，实时检测通过记录证据来进行跟踪、恢复、断开网络连接等控制；攻击行为检测注重于发现信息系统中可能已经通过身份检查的形迹可疑者，进一步加强信息系统的安全力度。入侵检测的步骤如下所述。

1. 信息收集

入侵检测的第一步是信息收集，收集系统、网络、数据及用户活动的状态和行为的信息。入侵检测一般采用分布式结构，在计算机网络系统中的若干不同关键点(不同网段和不同主机)收集信息，一方面扩大检测范围，另一方面通过多个采集点的信息的比较来判断是否存在可疑现象或发生入侵行为。

入侵检测很大程度上依赖于收集信息的可靠性和正确性，因此有必要只利用所知道的真正的和精确的软件来报告这些信息。黑客经常替换软件以搞混和移走这些信息，例如替换被程序调用的子程序、库和其他工具。黑客对系统的修改可能使系统功能失常并看起来跟正常的一样，而实际上不是。例如，UNIX 系统的 PS 指令可以被替换为一个不显示侵入过程的指令，或者是编辑器被替换成一个读取不同于指定文件的文件(黑客隐藏了初试文件并用另一版本代替)。这需要保证用来检测网络系统的软件的完整性，特别是入侵检测系统软件本身应具有相当强的坚固性，防止被篡改而收集到错误的信息。

入侵检测利用的信息一般来自以下 4 个方面：

1）系统和网络日志文件

黑客经常在系统日志文件中留下他们的踪迹，因此充分利用系统和网络日志文件信息是检测入侵的必要条件。日志中包含发生在系统和网络上的不寻常和不期望活动的证据，这些证据可以指出有人正在入侵或已成功入侵了系统。通过查看日志文件，能够发现成功的入侵或入侵企图，并很快地启动相应的应急响应程序。日志文件中记录了各种行为类型，每种类型又包含不同的信息，例如记录“用户活动”类型的日志，就包含登录、用户 ID 改变、用户对文件的访问、授权和认证信息等内容。很显然地，对用户活动来讲，不正常的或不期望的行为就是重复登录失败、登录到不期望的位置以及非授权的企图访问重要文件等。

2）目录和文件中不期望的改变

网络环境中的文件系统包含很多软件和数据文件，包含重要信息的文件和私有数据文件经常是黑客修改或破坏的目标。目录和文件中不期望的改变(包括修改、创建和删除)，特别是那些正常情况下限制访问的，很可能就是一种入侵产生的指示和信号。黑客经常替换、修改和破坏他们获得访问权的系统上的文件，同时为了隐藏系统中他们的表现及活动痕迹，都会尽力去替换系统程序或修改系统日志文件。

3）程序执行中的不期望行为

网络系统上的程序执行一般包括操作系统、网络服务、用户起动的程序和特定目的的应用，例如数据库服务器。每个在系统上执行的程序由一到多个进程来实现。每个进程执行在具有不同权限的环境中，这种环境控制着进程可访问的系统资源、程序和数据文件等。一个进程的执行行为由它运行时执行的操作来表现，操作执行的方式不同，它利用的系统资源也就不同。操作包括计算、文件传输、设备和其他进程，以及与网络间其他进程的通信。

一个进程出现了不期望的行为可能表明黑客正在入侵你的系统。黑客可能会将程序或服务的运行分解，从而导致它失败，或者是以非用户或管理员意图的方式操作。

4）物理形式的入侵信息

这包括两个方面的内容：一是未授权的对网络硬件连接；二是对物理资源的未授权访问。黑客会想方设法去突破网络的周边防卫，如果他们能够在物理上访问内部网，就能安装他们自己的设备和软件。依此，黑客就可以知道网上由用户加上去的不安全(未授权)设备，然后利用这些设备访问网络。例如，用户在家里可能安装 Modem 以访问远程办公室，与此同时黑客正在利用自动工具来识别在公共电话线上的 Modem，如果一拨号访问流量经过网络安全的后门，黑客就会利用这个后门来访问内部网，从而越过了内部网络原有的防护措施，然后捕获网络流量，进而攻击其他系统，并偷取敏感的私有信息等。

2. 信号分析

根据收集到的信息进行分析。常用的分析方法有模式匹配、统计分析、完整性分析。模式匹配是将收集到的信息与已知的网络入侵和系统误用模式数据库进行比较，从而发现违背安全策略的行为。统计分析方法首先给系统对象(如用户、文件、目录和设备等)创建一个统计描述，统计正常使用时的一些测量属性。测量属性的平均值将被用来与网络、系统的行为进行比较。当观察值超出正常值范围时，就有可能发生入侵行为。该方法的难点是阈值的选择，阈值太小可能产生错误的入侵报告，阈值太大可能漏报一些入侵事件。完整性分析主要关注某个文件或对象是否被更改，包括文件和目录的内容及属性。该方法能有效地防范特洛伊木马的攻击。

对上述 4 类收集到的有关系统、网络、数据及用户活动的状态和行为等信息，一般通过三种技术手段进行分析：模式匹配、统计分析和完整性分析。其中前两种方法用于实时的入侵检测，而完整性分析则用于事后分析。

1) 模式匹配

模式匹配就是将收集到的信息与已知的网络入侵和系统误用模式数据库进行比较，从而发现违背安全策略的行为。该过程可以很简单(如通过字符串匹配以寻找一个简单的条目或指令)，也可以很复杂(如利用正规的数学表达式来表示安全状态的变化)。一般来讲，一种进攻模式可以用一个过程(如执行一条指令)或一个输出(如获得权限)来表示。该方法的一大优点是只需收集相关的数据集合，显著减少了系统负担，且技术已相当成熟。它与病毒防火墙采用的方法一样，检测准确率和效率都相当高。但是，该方法存在的弱点是需要不断的升级以对付不断出现的黑客攻击手法，不能检测到从未出现过的黑客攻击手段。

2) 统计分析

统计分析方法首先给系统对象(如用户、文件、目录和设备等)创建一个统计描述，统计正常使用时的一些测量属性(如访问次数、操作失败次数和延时等)。测量属性的平均值将被用来与网络、系统的行为进行比较，任何观察值在正常值范围之外时就认为有入侵发生。例如，统计分析可能标识一个不正常行为，因为它发现一个在晚八点至早六点不登录的帐户却在凌晨两点试图登录。其优点是可检测到未知的入侵和更为复杂的入侵，缺点是误报、漏报率高，且不适应用户正常行为的突然改变。具体的统计分析方法如基于专家系统的、基于模型推理的和基于神经网络的分析方法，正处于研究热点和迅速发展之中。

3) 完整性分析

完整性分析主要关注某个文件或对象是否被更改，这经常包括文件和目录的内容及属性，它在发现被更改的、被特洛伊化的应用程序方面特别有效。完整性分析利用强有力的加密机制，称为消息摘要函数(例如 MD5)，它能识别哪怕是微小的变化。其优点是不管模式匹配方法和统计分析方法能否发现入侵，只要是成功的攻击导致了文件或其他对象的任何改变，它都能够发现。缺点是一般以批处理方式实现，不用于实时响应。尽管如此，完整性检测方法还应该是网络安全产品的必要手段之一。例如，可以在每一天的某个特定时间内开启完整性分析模块，对网络系统进行全面的扫描检查。

4.3 访问控制技术

本节将介绍访问控制的基本概念和访问控制模型。

4.3.1 访问控制概述

1. 访问控制定义

访问控制(Access Control)就是在身份认证的基础上，依据授权对提出的资源访问请求加以控制。访问控制是网络安全防范和保护的主要策略，它可以限制对关键资源的访问，防止非法用户的侵入或合法用户的不慎操作所造成的破坏。

按用户身份及其所归属的某项定义组来限制用户对某些信息项的访问，或限制对某些控制功能的使用。访问控制通常用于系统管理员控制用户对服务器、目录、文件等网络资源的访问。

访问控制的功能主要有以下几个方面：防止非法的主体进入受保护的网络资源；允许合法用户访问受保护的网络资源；防止合法的用户对受保护的网络资源进行非授权的访问。

访问控制实现的策略有入网访问控制；网络权限限制；目录级安全控制；属性安全控制；网络服务器安全控制；网络监测和锁定控制；网络端口和节点的安全控制；防火墙控制。

对访问控制一般的实现方法可以采用访问控制矩阵模型。访问控制机制可以用一个三元组(S,O,A)表示。其中，S是主体集合，O是客体集合，A是属性集合。对于任意一个$s \in S$，$o \in O$，那么相应地存在一个$a \in A$，而a就决定了s对o可进行什么样的访问操作。

可信计算机系统评估准则(TCSEC)提出了访问控制在计算机安全系统中的重要作用。准则要达到的一个主要目标就是阻止非授权用户对敏感信息的访问。访问控制在准则中被分为两类：自主访问控制(Discretionary Access Control，DAC)和强制访问控制(Mandatory Access Control，MAC)。该标准将计算机系统的安全程度从高到低划分为A1，B3，B2，B1，C2，C1，D这7个等级，每一个等级对访问控制都提出了不同的要求。例如，C级要求至少具有自主型的访问控制；B级以上要求具有强制型的访问控制手段。我国也于1999年颁布了计算机信息系统安全保护等级划分准则这一国家标准。

2. 访问控制的类型

1) 按控制方式分类

访问控制可分为自主访问控制和强制访问控制两大类。

(1) 自主访问控制。是指用户有权对自身所创建的访问对象(文件、数据表等)进行访问，并可将对这些对象的访问权授予其他用户和从授予权限的用户收回其访问权限。

（2）强制访问控制。是指由系统（通过专门设置的系统安全员）对用户所创建的对象进行统一的强制性控制，按照规定的规则决定哪些用户可以对哪些对象进行什么操作系统类型的访问。即使是创建者用户，在创建一个对象后，也可能无权访问该对象。

2）按控制范围分类

访问控制主要有网络访问控制和系统访问控制。

（1）网络访问控制。网络访问控制限制外部对网络服务的访问和系统内部用户对外部的访问，通常由防火墙实现。网络访问控制的属性有源IP地址、源端口、目的IP地址和目的端口等。

（2）系统访问控制。系统访问控制为不同用户赋予不同的主机资源访问权限，操作系统提供一定的功能实现系统访问控制，如UNIX的文件系统。系统访问控制（以文件系统为例）的属性有用户、组、资源（文件）和权限等。

3. 访问控制系统

访问控制系统一般包括主体、客体、安全访问策略。

（1）主体。发出访问操作、存取要求的发起者，通常指用户或用户的某个进程。

（2）客体。被调用的程序或要存取的数据，即必须进行控制的资源或目标，如网络中的进程等活跃元素、数据与信息、各种网络服务和功能、网络设备与设施。

（3）安全访问策略。一套规则，用以确定一个主体是否对客体拥有访问能力，它定义了主体与客体可能的相互作用途径。

访问控制根据主体和客体之间的访问授权关系对访问过程做出限制。从数学角度来看，访问控制本质上是一个矩阵，行表示资源，列表示用户，行和列的交叉点表示某个用户对某个资源的访问权限（读、写、执行、修改和删除等）。

例如，用户的入网访问控制。用户的入网控制可分为三个步骤：用户名的识别与验证、用户口令的识别与验证、用户账号的缺省限制检查。用户账号应只有系统管理员才能建立。口令控制应该包括最小口令长度、强制修改口令的时间间隔、口令的唯一性、口令过期失效后允许入网的宽限次数等。网络应能控制用户登录入网的站点（地址）、限制用户入网的时间、限制用户入网的工作站数量。当用户对交费网络的访问“资费”用尽时，网络还应能对用户的账号加以限制，用户此时应无法进入网络访问网络资源。网络信息系统应对所有用户的访问进行审计。

4. 访问控制分类

操作系统的用户范围很广，拥有的权限也不同。一般分为如下几类：

（1）系统管理员。这类用户就是系统管理员，具有最高级别的特权，可以对系统中的任何资源进行访问并具有任何类型的访问操作能力。负责创建用户、创建组、管理文件系统等所有的系统日常操作；授权修改系统安全员的安全属性。

（2）系统安全员。管理系统的安全机制，按照给定的安全策略，设置并修改用户和访问客体的安全属性；选择与安全相关的审计规则。安全员不能修改自己的安全属性。

（3）系统审计员。负责管理与安全有关的审计任务。这类用户按照制定的安全审计策略负责整个系统范围的安全控制与资源使用情况的审计，包括记录审计日志和对违规事件的处理。

(4) 一般用户。这是最大一类用户,也就是系统的一般用户。他们的访问操作要受到一定的限制。系统管理员对这类用户分配不同的访问操作权力。

数据库管理系统也一般具有与操作系统相似的用户。

最近几年,基于角色的访问控制(Role-based Access Control,RBAC)正得到广泛的研究与应用,目前已提出的主要RBAC模型有美国国家标准与技术局NIST的RBAC模型。

4.3.2 访问控制模型

1. 基于对象的访问控制模型

DAC或MAC模型的主要任务都是对系统中的访问主体和受控对象进行一维的权限管理。当用户数量多、处理的信息数据量巨大时,用户权限的管理任务将变得十分繁重,并且用户权限难以维护,这会降低系统的安全性和可靠性。对于海量的数据和差异较大的数据类型,需要用专门的系统和专门的人员加以处理。如果采用RBAC模型,安全管理员除了维护用户和角色的关联关系外,还需要将庞大的信息资源访问权限赋予有限个角色。当信息资源的种类增加或减少时,安全管理员必须更新所有角色的访问权限设置,而且,如果受控对象的属性发生变化,同时需要将受控对象不同属性的数据分配给不同的访问主体处理时,安全管理员将不得不增加新的角色,并且还必须更新原来所有角色的访问权限设置以及访问主体的角色分配设置,这样的访问控制需求变化往往是不可预知的,造成访问控制管理的难度和工作量巨大。在这种情况下,有必要引入基于受控对象的访问控制模型(Object-Based Access Control Model,OBAC Model)。

控制策略和控制规则是OBAC访问控制系统的核心所在,在基于受控对象的访问控制模型中,将访问控制列表与受控对象或受控对象的属性相关联,并将访问控制选项设计成为用户、组或角色及其对应权限的集合;同时允许对策略和规则进行重用、继承和派生操作。这样,不仅可以对受控对象本身进行访问控制,受控对象的属性也可以进行访问控制,而且派生对象可以继承父对象的访问控制设置,这对于信息量巨大、信息内容更新变化频繁的管理信息系统非常有益,可以减轻由于信息资源的派生、演化和重组等带来的分配、设定角色权限等的工作量。

OBAC从信息系统的数据差异变化和用户需求出发,有效地解决了信息数据量大、数据种类繁多、数据更新变化频繁的大型管理信息系统的安全管理。OBAC从受控对象的角度出发,将访问主体的访问权限直接与受控对象相关联,一方面定义对象的访问控制列表,增、删、修改访问控制项易于操作;另一方面,当受控对象的属性发生改变,或者受控对象发生继承和派生行为时,无须更新访问主体的权限,只需要修改受控对象的相应访问控制项即可,从而减少了访问主体的权限管理,降低了授权数据管理的复杂性。

2. 基于任务的访问控制模型

1) 模型概述

基于任务的访问控制模型(Task-based Access Control Model,TBAC Model)是从应用和企业层角度来解决安全问题,以面向任务的观点,从任务(活动)的角度来建立安全模型和实现安全机制，在任务处理的过程中提供动态实时的安全管理。

在TBAC中，对象的访问权限控制并不是静止不变的，而是随着执行任务的上下文环境发生变化。TBAC首要考虑的是在工作流的环境中对信息的保护问题。在工作流环境中，数据的处理与上一次的处理相关联，相应的访问控制也如此，因而TBAC是一种上下文相关的访问控制模型。其次，TBAC不仅能对不同工作流实行不同的访问控制策略，而且还能对同一工作流的不同任务实例实行不同的访问控制策略。从这个意义上说，TBAC是基于任务的，这也表明，TBAC是一种基于实例(Instance-Based)的访问控制模型。

2）模型结构

TBAC模型由工作流、授权结构体、受托人集、许可集4部分组成。

(1) 任务(Task)是工作流程中的一个逻辑单元，是一个可区分的动作，与多个用户相关，也可能包括几个子任务。授权结构体是任务在计算机中进行控制的一个实例。任务中的子任务对应于授权结构体中的授权步。

(2) 授权结构体(Authorization Unit)是由一个或多个授权步组成的结构体，它们在逻辑上是联系在一起的。授权结构体分为一般授权结构体和原子授权结构体。一般授权结构体内的授权步依次执行，原子授权结构体内部的每个授权步紧密联系，其中任何一个授权步失败都会导致整个结构体的失败。

(3) 授权步(Authorization Step)表示一个原始授权处理步，是指在一个工作流程中对处理对象的一次处理过程。授权步是访问控制所能控制的最小单元，由受托人集(Trustee-Set)和多个许可集(Permissions Set)组成。

(4) 受托人集是可被授予执行授权步的用户的集合，许可集则是受托人集的成员被授予授权步时拥有的访问许可。当授权步初始化以后，一个来自受托人集中的成员将被授予授权步，称这个受托人为授权步的执行委托者，该受托人执行授权步过程中所需许可的集合称为执行者许可集。授权步之间或授权结构体之间的相互关系称为依赖(Dependency)，依赖反映了基于任务的访问控制的原则。授权步的状态变化一般自我管理，依据执行的条件而自动变迁状态，但有时也可以由管理员进行调配。

一个工作流的业务流程由多个任务构成，而一个任务对应于一个授权结构体，每个授权结构体由特定的授权步组成。授权结构体之间以及授权步之间通过依赖关系联系在一起。在TBAC中，一个授权步的处理可以决定后续授权步对处理对象的操作许可，上述许可集合称为激活许可集。执行者许可集和激活许可集一起称为授权步的保护态。

3）数学表示

TBAC模型一般用五元组(S,O,P,L,AS)来表示，其中S表示主体，O表示客体，P表示许可，L表示生命期(Lifecycle)，AS表示授权步。由于任务都是有时效性的，因此在基于任务的访问控制中，用户对于授予他权限的使用也是有时效性的。因此，若P是授权步AS所激活的权限，那么L则是授权步AS的存活期限。在授权步AS被激活之前，它的保护态是无效的，其中包含的许可不可使用。当授权步AS被触发时，它的委托执行者开始拥有执行者许可集中的权限，同时它的生命期开始倒计时。在生命期期间，五元组(S,O,P,L,AS)有效。生命期终止时，五元组(S,O,P,L,AS)无效，委托执行者所拥有的权限被回收。

4）原理

TBAC的访问政策及其内部组件关系一般由系统管理员直接配置。通过授权步的动态权限管理，TBAC 支持最小特权原则和最小泄露原则，在执行任务时只给用户分配所需的权限，未执行任务或任务终止后用户不再拥有所分配的权限。而且在执行任务过程中，当某一权限不再使用时，授权步自动将该权限回收。另外，对于敏感的任务需要不同的用户执行，这可通过授权步之间的分权依赖实现。

TBAC 从工作流中的任务角度建模，可以依据任务和任务状态的不同对权限进行动态管理。因此，TBAC 非常适合分布式计算和多点访问控制的信息处理控制以及在工作流、分布式处理和事务管理系统中的决策制定。

3. 基于角色的访问控制模型

基于角色的访问控制模型（Role-Based Access Model，RBAC Model）的基本思想是将访问许可权分配给一定的角色，用户通过饰演不同的角色获得角色所拥有的访问许可权。这是因为在很多实际应用中，用户并不是可以访问的客体信息资源的所有者（这些信息属于企业或公司），这样的话，访问控制应该基于员工的职务而不是基于员工在哪个组或者谁是信息的所有者，即访问控制是由各个用户在部门中所担任的角色来确定的。例如，一个学校可以有教工、老师、学生和其他管理人员等角色。

RBAC 从控制主体的角度出发，根据管理中相对稳定的职权和责任来划分角色，将访问权限与角色相联系，这点与传统的 MAC 和 DAC 将权限直接授予用户的方式不同。通过给用户分配合适的角色，让用户与访问权限相联系。角色成为访问控制中访问主体和受控对象之间的一座桥梁。

角色可以看作是一组操作的集合，不同的角色具有不同的操作集，这些操作集由系统管理员分配给角色。在下面的实例中，假设 Tch1，Tch2，Tch3，…，Tch*i* 是对应的教师，Stud1，Stud2，Stud3，…，Stud*j* 是相应的学生，Mng1，Mng2，Mng3，…，Mng*k* 是教务处管理人员，那么老师的权限为 TchMN＝{查询成绩、上传所教课程的成绩}；学生的权限为 Stud MN＝{查询成绩、反映意见}；教务管理人员的权限为 MngMN＝{查询、修改成绩、打印成绩清单}。那么，依据角色的不同，每个主体只能执行自己所制定的访问功能。用户在一定的部门中具有一定的角色，其所执行的操作与其所扮演的角色的职能相匹配，这正是基于角色的访问控制（RBAC）的根本特征，即依据 RBAC 策略，系统定义了各种角色，每种角色可以完成一定的职能，不同的用户根据其职能和责任被赋予相应的角色，一旦某个用户成为某角色的成员，则此用户可以完成该角色所具有的职能。

4.4 VPN 技术

本节将介绍 VPN 的技术。

4.4.1 VPN 概述

1. VPN 定义

虚拟专用网络（Virtual Private Network，VPN）指的是在公用网络上建立专用网络的技术。之所以称为虚拟网，主要是因为整个 VPN 的任意两个节点之间的连接并没有传统专网所需的端到端的物理链路，而是架构在公用网络服务商所提供的网络平台，如Internet、ATM（异步传输模式）、Frame Relay（帧中继）等之上的逻辑网络，用户数据在逻辑链路中传输。它涵盖了跨共享网络或公共网络的封装、加密和身份验证链接的专用网络的扩展。VPN 主要采用了隧道技术、加解密技术、密钥管理技术和使用者与设备身份认证技术。

VPN 属于远程访问技术，简单地说就是利用公网链路架设私有网络。例如公司员工出差到外地，他想访问企业内网的服务器资源，这种访问就属于远程访问。怎么才能让外地员工访问到内网资源呢？VPN 的解决方法是在内网中架设一台 VPN 服务器，VPN 服务器有两块网卡，一块连接内网；另一块连接公网。外地员工在当地连上互联网后，通过互联网找到 VPN 服务器，然后利用 VPN 服务器作为跳板进入企业内网。为了保证数据安全，VPN 服务器和客户端之间的通信数据都进行了加密处理。有了数据加密，就可以认为数据是在一条专用的数据链路上进行安全传输，就如同专门架设了一个专用网络一样。但实际上 VPN 使用的是互联网上的公用链路，因此只能称为虚拟专用网。即 VPN 实质上就是利用加密技术在公网上封装出一个数据通信隧道。有了 VPN 技术，用户无论是在外地出差还是在家中办公，只要能上互联网就能利用 VPN 非常方便地访问内网资源，这就是为什么 VPN 在企业中应用得如此广泛，如图 4-8 所示。

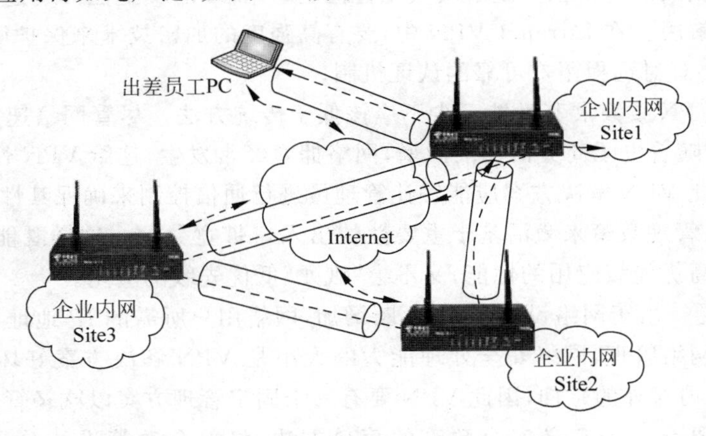

图 4-8　VPN 的原理

在传统的企业网络配置中，要进行异地局域网之间的互联，传统的方法是租用 DSN（数字数据网）专线或帧中继。这样的通信方案必然导致高昂的网络通信/维护费用。对于移动用户（移动办公人员）与远端个人用户而言，一般通过拨号线路（Internet）进入企业的局域网，而这样必然带来安全上的隐患。

2. 虚拟专用网的优点

（1）降低成本。通过公用网来建立 VPN，就可以节省大量的通信费用，而不必投入大量的人力和物力去安装和维护 WAN（广域网）设备和远程访问设备。

（2）传输数据安全可靠。虚拟专用网产品均采用加密及身份验证等安全技术，保证连接用户的可靠性及传输数据的安全和保密性。

（3）连接方便灵活。用户如果想与合作伙伴联网，如果没有虚拟专用网，双方的信息技术部门就必须协商如何在双方之间建立租用线路或帧中继线路，而有了虚拟专用网之后，只需双方配置安全连接信息即可。

（4）完全控制。虚拟专用网使用户可以利用ISP的设施和服务，同时又完全掌握着自己网络的控制权。用户只利用ISP提供的网络资源，对于其他的安全设置、网络管理变化可由自己管理。在企业内部也可以自己建立虚拟专用网。

3. VPN的特点

（1）安全保障。VPN通过建立一个隧道，利用加密技术对传输数据进行加密，以保证数据的私有性和安全性。

（2）服务质量保证。VPN可以为不同要求用户提供不同等级的服务质量保证。

（3）可扩充、灵活性。VPN支持通过Internet和Extranet的任何类型的数据流。

（4）可管理性。VPN可以从用户和运营商角度方便进行管理。

4. VPN的要求

（1）安全性。VPN提供给用户一种私人专用(Private)的感觉，因此建立在不安全、不可信任的公共数据网的首要任务是解决安全性问题。VPN的安全性可通过隧道技术、加密和认证技术得到解决。在Intranet VPN中，要有高强度的加密技术来保护敏感信息；在远程访问VPN中要有对远程用户可靠的认证机制。

（2）性能。VPN要发展其性能至少不应该低于传统方法。尽管网络速度不断提高，但在Internet时代，随着电子商务活动的激增，网络拥塞经常发生，这给VPN性能的稳定带来极大的影响。因此VPN解决方案应能够让管理员进行通信控制来确保其性能。通过VPN平台，管理员定义管理政策来激活基于重要性的出入口带宽分配。这样既能确保对数据丢失有严格要求和高优先级应用的性能，又不会“饿死”低优先级的应用。

（3）管理问题。由于网络设施、应用不断增加，网络用户所需的IP地址数量持续增长，对越来越复杂的网络管理，网络安全处理能力的大小是VPN解决方案好坏的至关紧要的区分。VPN是公司对外的延伸，因此VPN要有一个固定管理方案以减轻管理、报告等方面负担。管理平台要有一个定义安全政策的简单方法，将安全政策进行分布，并管理大量设备。

（4）互操作。在Extranet VPN中，企业要与不同客户及供应商建立联系，VPN解决方案也会不相同。因此，企业VPN应该能够同其他厂家的产品进行互操作，这就要求所选择的VPN方案符合工业标准和协议。这些协议有IPSec、点对点隧道协议（Point to Point Tunneling Protocol，PPTP）、第二层隧道协议（Layer 2 Tunneling Protocol，L2TP）等。

5. VPN的分类

根据不同的划分标准，VPN可以分为下面几类。

1）按VPN的协议分类

VPN的隧道协议主要有三种：PPTP、L2TP和IPSec，其中PPTP和L2TP协议工作在OSI模型的第二层，又称为二层隧道协议；IPSec是第三层隧道协议，也是最常见的协议。L2TP和IPSec配合使用是目前性能最好，应用最广泛的一种。

2）按 VPN 的应用分类

(1) Access VPN(远程接入 VPN)：客户端到网关，使用公网作为骨干网在设备之间传输 VPN 的数据流量。

(2) Intranet VPN(内联网 VPN)：网关到网关，通过公司的网络架构连接来自同公司的资源。

(3) Extranet VPN(外联网 VPN)：与合作伙伴企业网构成 Extranet，将一个公司与另一个公司的资源进行连接。

3）按所用的设备类型进行分类

网络设备提供商针对不同客户的需求，开发出不同的 VPN 网络设备、主要为交换机、路由器和防火墙。

(1) 路由器式 VPN：部署较容易，只要在路由器上添加 VPN 服务即可。

(2) 交换机式 VPN：主要应用于连接用户较少的 VPN 网络。

(3) 防火墙式 VPN：最常见的一种 VPN 的实现方式，许多厂商都提供这种配置类型。

6. VPN 的实现方式

VPN 的实现有很多种方法，常用的有以下四种：

(1) VPN 服务器。在大型局域网中，可以在网络中心通过搭建 VPN 服务器的方法来实现。

(2) VPN 软件。可以通过专用的软件来实现 VPN。

(3) VPN 硬件。可以通过专用的硬件来实现 VPN。

(4) VPN 集成。很多的硬件设备，如路由器，防火墙等都含有 VPN 功能，但是一般拥有 VPN 功能的硬件设备通常都比没有这一功能的要贵。

4.4.2 VPN 技术

基于公共网的 VPN 通过隧道技术、数据加密技术以及 QoS 机制，使得企业能够降低成本、提高效率、增强安全性。VPN 产品从第一代的 VPN 路由器、交换机发展到第二代的 VPN 集中器，性能不断得到提高。

1. 隧道技术

隧道技术简单地说就是原始报文在 A 地进行封装，到达 B 地后把封装去掉还原成原始报文，这样就形成了一条由 A 到 B 的通信隧道。目前实现隧道技术的有一般路由封装(Generic Routing Encapsulation，GRE)、L2TP 和 PPTP。

1）一般路由封装

GRE 主要用于源路由和终路由之间所形成的隧道。例如，将通过隧道的报文用一个新的报文头(GRE 报文头)进行封装，然后带着隧道终点地址放入隧道中。当报文到达隧道终点时，GRE 报文头被剥掉，继续原始报文的目标地址进行寻址。GRE 隧道通常是点对点的，即隧道只有一个源地址和一个终地址。然而也有一些实现允许点对多点，即一个源地址对多个终地址。这时候就要和下一跳路由协议(Next-Hop Routing Protocol，NHRP)结合使用。NHRP 主要是为了在路由之间建立捷径。

GRE隧道用来建立VPN有很大的优势。从体系结构的观点来看,VPN就像是通过普通主机网络的隧道集合。普通主机网络的每个点都可利用其地址以及路由所形成的物理连接,配置成一个或多个隧道。在GRE隧道技术中,入口地址用的是普通主机网络的地址空间,而在隧道中流动的原始报文用的是VPN的地址空间,这样反过来就要求隧道的终点应该配置成VPN与普通主机网络之间的交界点。这种方法的好处是使VPN的路由信息从普通主机网络的路由信息中隔离出来,多个VPN可以重复利用同一个地址空间而没有冲突,这使得VPN从主机网络中独立出来,从而满足了VPN的关键要求:可以不使用全局唯一的地址空间。隧道也能封装数量众多的协议族,减少实现VPN功能函数的数量。还有,对许多VPN所支持的体系结构来说,用同一种格式来支持多种协议同时又保留协议的功能,这是非常重要的。IP路由过滤的主机网络不能提供这种服务,而只有隧道技术才能把VPN私有协议从主机网络中隔离开来。基于隧道技术的VPN实现的另一个特点是对主机网络环境和VPN路由环境进行隔离。对VPN而言,主机网络可看成点对点的电路集合,VPN能够用其路由协议穿过符合VPN管理要求的虚拟网。同样,主机网络用符合网络要求的路由设计方案,而不必受VPN用户网络的路由协议限制。

虽然GRE隧道技术有很多优点,但用其技术作为VPN机制也有缺点,例如管理费用高、隧道的规模数量大等。因为GRE是由手工配置的,所以配置和维护隧道所需的费用和隧道的数量是直接相关的——每次隧道的终点改变,隧道要重新配置。隧道也可自动配置,但有缺点,如不能考虑相关路由信息、性能问题以及容易形成回路问题。一旦形成回路,会极大地恶化路由的效率。除此之外,通信分类机制是通过一个好的粒度级别来识别通信类型。如果通信分类过程是通过识别报文(进入隧道前的)进行的话,就会影响路由发送速率的能力及服务性能。

GRE隧道技术是用在路由器中的,可以满足Extranet VPN以及Intranet VPN的需求。但是在远程访问VPN中,多数用户是采用拨号上网,这时可以通过L2TP和PPTP实现。

2) L2TP和PPTP

隧道是利用一种协议传输另一种协议的技术,即用隧道协议来实现VPN功能。实现VPN的最关键部分是在公网上建立虚信道,而建立虚信道是利用隧道技术实现的,IP隧道的建立可以是在链路层和网络层。第二层隧道主要是PPP连接,如PPTP、L2TP,其特点是协议简单,易于加密,适合远程拨号用户。第三层隧道是IPinIP,如IPSec,其可靠性及扩展性优于第二层隧道,但没有前者简单直接。为创建隧道,隧道的客户端和服务器必须使用同样的隧道协议。

(1) PPTP。PPTP是一种用于让远程用户拨号连接到本地的ISP,通过因特网安全远程访问公司资源的新型技术。它能将PPP(点对点协议)帧封装成IP数据包,以便能够在基于IP的互联网上进行传输。PPTP使用TCP(传输控制协议)连接创建,维护与终止隧道,并使用GRE(通用路由封装)将PPP帧封装成隧道数据。被封装后的PPP帧的有效载荷可以被加密或压缩,或者同时被加密与压缩。

(2) L2TP协议。L2TP是PPTP与L2F(第二层转发)的一种综合,是由思科公司所推出的一种技术。

(3) IPSec协议。IPSec是一个标准的第三层安全协议,它是在隧道外面再封装,保证了在传输过程中的安全。IPSec的主要特征在于它可以对所有IP级的通信进行加密。

L2TP是L2F(Layer 2 Forwarding)和PPTP的结合。但是由于PC的桌面操作系统包含着PPTP,因此PPTP仍比较流行。隧道的建立有两种方式:"用户初始化"隧道和"NAS"(Network Access Server)初始化隧道。前者一般指"主动"隧道,后者指"强制"隧道。"主动"隧道是用户为某种特定目的的请求建立的,而"强制"隧道则是在没有任何来自用户的动作以及选择的情况下建立的。

L2TP作为"强制"隧道模型是让拨号用户与网络中的另一点建立连接的重要机制。建立过程如下:

(1) 用户通过Modem与NAS建立连接。

(2) 用户通过NAS的L2TP接入服务器身份认证。

(3) 在政策配置文件或NAS与政策服务器进行协商的基础上,NAS和L2TP接入服务器动态地建立一条L2TP隧道。

(4) 用户与L2TP接入服务器之间建立一条点对点协议访问服务隧道。

(5) 用户通过该隧道获得VPN服务。

与之相反的是,PPTP作为"主动"隧道模型允许终端系统进行配置,与任意位置的PPTP服务器建立一条不连续的、点对点的隧道。并且PPTP协商和隧道建立过程都没有中间媒介NAS的参与,NAS的作用只是提供网络服务。PPTP建立过程如下:

(1) 用户通过串口以拨号IP访问的方式与NAS建立连接取得网络服务。

(2) 用户通过路由信息定位PPTP接入服务器。

(3) 用户形成一个PPTP虚拟接口。

(4) 用户通过该接口与PPTP接入服务器协商、认证建立一条PPP访问服务隧道。

(5) 用户通过该隧道获得VPN服务。

在L2TP中,用户感觉不到NAS的存在,仿佛与PPTP接入服务器直接建立连接。而在PPTP中,PPTP隧道对NAS是透明的;NAS不需要知道PPTP接入服务器的存在,只是简单地把PPTP流量作为普通IP流量处理。

采用L2TP还是PPTP实现VPN取决于要把控制权放在NAS还是用户手中。L2TP比PPTP更安全,因为L2TP接入服务器能够确定用户是从哪里来的。L2TP主要用于比较集中的、固定的VPN用户,而PPTP比较适合移动的用户。

2. 加解密技术

加解密技术是数据通信中一项较成熟的技术,VPN可直接利用现有技术实现加解密。

数据加密的基本思想是通过变换信息的表示形式来伪装需要保护的敏感信息,使非受权者不能了解被保护信息的内容。加密算法有用于Windows 95的RC4、用于IPSec的DES和三次DES。RC4虽然强度比较弱,但是保护免于非专业人士的攻击已经足够了;DES和三次DES强度比较高,可用于敏感的商业信息。

加密技术可以在协议栈的任意层进行,可以对数据或报文头进行加密。在网络层中的加密标准是IPSec。网络层加密实现的最安全方法是在主机的端到端进行。另一个选择是"隧道模式":加密只在路由器中进行,而终端与第一跳路由之间不加密。这种方法不太安全,因为数据从终端系统到第一条路由时可能被截取而危及数据安全。终端到终端的加密方案中，VPN安全粒度达到个人终端系统的标准；而“隧道模式”方案，VPN安全力度只达到子网标准。在链路层中，目前还没有统一的加密标准，因此所有链路层加密方案基本上是生产厂家自己设计的，需要特别的加密硬件。

3. QoS 技术

在网络中，服务质量(QoS)是指所能提供的带宽级别。将QoS融入一个VPN，使得管理员可以在网络中完全控制数据流。信息包分类和带宽管理是两种可以实现控制的方法。信息包分类按重要性将数据分组。数据越重要，它的级别越高。当然，它的操作也会优先于同网络中相对次要的数据。通过带宽管理，一个VPN管理员可以监控网络中所有输入输出的数据流，可以允许不同的数据包类获得不同的带宽。

通过隧道技术和加密技术，已经能够建立起一个具有安全性、互操作性的VPN。但是该VPN在性能上不稳定，管理上不能满足企业的要求，这就要加入QoS技术。实行QoS应该在主机网络中，即VPN所建立的隧道这一段，这样才能建立一条性能符合用户要求的隧道。不同的应用对网络通信有不同的要求，这些要求可用如下参数给予体现。

- 带宽：网络提供给用户的传输率。
- 反应时间：用户所能容忍的数据报传递延时。
- 抖动：延时的变化。
- 丢失率：数据包丢失的比率。

网络资源是有限的，有时用户要求的网络资源得不到满足，通过QoS机制对用户的网络资源分配进行控制以满足应用的需求。QoS机制具有通信处理机制以及供应(Provisioning)和配置(Configuration)机制。通信处理机制包括802.1p、区分服务(Differentiated Service Per-Hop-Behaviors，DiffServ)和综合服务(Integrated Services，IntServ)等。现在大多数局域网是基于IEEE 802技术的，如以太网、令牌环和FDDI等，802.1p为这些局域网提供了一种支持QoS的机制。802.1p对链路层的802报文定义了一个可表达8种优先级的字段。802.1p优先级只在局域网中有效，一旦出了局域网，通过第三层设备时就被移走。DiffServ则是第三层的QoS机制，它在IP报文中定义了一个字段称为DSCP(DiffServ Codepoint)。DSCP有6位，用作服务类型和优先级，路由器通过它对报文进行排队和调度。与802.1p、DiffServ不同的是，IntServ是一种服务框架，目前有两种：保证服务和控制负载服务。保证服务许诺在保证的延时下传输一定的通信量；控制负载服务则同意在网络轻负载的情况下传输一定的通信量。典型地，IntServ与资源预留协议(Resource Reservation Protocol，RSVP)相关。IntServ服务定义了允许进入的控制算法，决定多少通信量被允许进入网络中。

供应和配置机制包括RSVP、子网带宽管理(Subnet Bandwidth Manager，SBM)、政策机制和协议以及管理工具和协议。这里供应机制指的是比较静态的、比较长期的管理任务，如网络设备的选择、网络设备的更新、接口添加删除、拓扑结构的改变等。而配置机制指的是比较动态、比较短期的管理任务，如流量处理的参数。

RSVP是第三层协议，它独立于各种的网络媒介。因此，RSVP往往被认为是介于应用层(或操作系统)与特定网络媒介QoS机制之间的一个抽象层。RSVP有两个重要的消息：PATH消息，从发送者到接收者；RESV消息，从接收者到始发者。RSVP消息包含如下信息：

(1) 网络如何识别一个会话流(分类信息);

(2) 描述会话流的定量参数(如数据率);

(3) 要求网络为会话流提供的服务类型;

(4) 政策信息(如用户标识)。

RSVP 的工作流程如下:

(1) 会话发送者首先发送 PATH 消息,沿途的设备若支持 RSVP 则进行处理,否则继续发送。

(2) 设备若能满足资源要求,并且符合本地管理政策的话,则进行资源分配,PATH 消息继续发送,否则向发送者发送拒绝消息。

(3) 会话接收者若对发送者要求的会话流认同,则发送 RESV 消息,否则发送拒绝消息。

(4) 当发送者收到 RESV 消息时,表示可以进行会话,否则表示失败。

SBM 是对 RSVP 功能的加强,扩大了对共享网络的利用。在共享子网或 LAN 中包含大量交换机和网络集线器,因此标准的 RSVP 对资源不能充分利用。支持 RSVP 的主机和路由器同意或拒绝会话流是基于它们个人有效的资源,而不是基于全局有效的共享资源。结果,共享子网的 RSVP 请求导致局部资源的负载过重。SBM 可以解决这个问题:协调智能设备。包括具有 SBM 能力的主机、路由器以及交换机。这些设备自动运行选举协议,选出最合适的设备作为 DSBM(Designated SBM)。当交换机参与选举时,它们会根据第二层的拓扑结构对子网进行分割。主机和路由器发现最近的 DSBM 并把 RSVP 消息发送给它。然后,DSBM 查看所有消息来影响资源的分配并提供允许进入控制机制。

网络管理员基于一定的政策进行 QoS 机制配置。政策组成部分包括政策数据,如用户名;有权使用的网络资源;政策决定点(Policy Decision Point,PDP);政策加强点(Policy Enforcement Point,PEP)以及它们之间的协议。传统的由上而下(TopDown)的政策协议包括简单网络管理协议(Simple Network Management Protocol,SNMP)、命令行接口(Command Line Interface,CLI)和命令开放协议服务(Command Open Protocol Services,COPS)等。这些 QoS 机制相互作用使网络资源得到最大化利用,同时又向用户提供了一个性能良好的网络服务。

4.5 计算机病毒及防治

本节将介绍计算机病毒概念、危害及防范。

4.5.1 计算机病毒概述

1. 计算机病毒的概念

计算机病毒(Computer Virus)是一种人为编制能够对计算机正常程序的执行或数据文件造成破坏,并且能够自我复制的一组指令程序代码。

国务院颁布的《中华人民共和国计算机信息系统安全保护条例》,以及公安部出台的《计算机病毒防治管理办法》将计算机病毒均定义如下:计算机病毒,是指编制或者在计算机程序中插入的破坏计算机功能或者毁坏数据，影响计算机使用，并能自我复制的一组计算机指令或者程序代码。这是目前官方最权威的关于计算机病毒的定义，此定义也被目前通行的《计算机病毒防治产品评级准则》的国家标准所采纳。

随着信息化社会的发展，计算机病毒的威胁日益严重，反病毒的任务也更加艰巨了。1988 年 11 月 2 日下午 5 时 1 分 59 秒，美国康奈尔大学的计算机科学系研究生莫里斯(Morris)将其编写的蠕虫程序输入计算机网络，致使数万台计算机网络瘫痪，造成 9000 万美元的损失。近几年，破坏性大的大规模爆发病毒屡见不鲜。1999 年爆发的"梅丽莎"病毒第一天就感染了超过 6000 台计算机，造成的损失超过 8000 万美元。2003 年 8 月的"冲击波"病毒造成了几十亿美元的经济损失。2006 年年底爆发的"熊猫烧香"病毒造成了难以估量的损失。2008 年的"扫荡波"病毒让大量的局域网崩溃。

2. 计算机病毒的特点

计算机病毒具有以下 6 个特点。

(1) 繁殖性。计算机病毒可以像生物病毒一样进行繁殖，当正常程序运行的时候，它也进行自身复制，是否具有繁殖、感染的特征是判断某段程序为计算机病毒的首要条件。

(2) 破坏性。计算机中毒后，可能会导致正常的程序无法运行，把计算机内的文件删除或受到不同程度的损坏。通常表现为增、删、改、移。

(3) 传染性。传染性是病毒的基本特征。计算机病毒也会通过各种渠道从已被感染的计算机扩散到未被感染的计算机，在某些情况下造成被感染的计算机工作失常甚至瘫痪。若一台计算机染毒，如不及时处理，那么病毒会在这台计算机上迅速扩散。计算机病毒可通过各种可能的渠道，如软盘、硬盘、移动硬盘、计算机网络去传染其他的计算机。是否具有传染性是判别一个程序是否为计算机病毒的最重要条件。

(4) 潜伏性。有些病毒什么时间发作是预先设计好的。计算机病毒程序进入系统之后一般不会马上发作，一旦时机成熟才会发作。潜伏性的第二种表现是指计算机病毒的内部往往有一种触发机制，不满足触发条件时，计算机病毒除了传染外不做什么破坏。触发条件一旦得到满足，它才会产生破坏性。

(5) 隐蔽性。计算机病毒具有很强的隐蔽性，有的可以通过病毒软件检查出来，有的根本就查不出来，有的时隐时现、变化无常，这类病毒处理起来通常很困难。

(6) 可触发性。病毒因某个事件或数值的出现，诱使病毒实施感染或进行攻击的特性称为可触发性。病毒的触发机制就是用来控制感染和破坏动作的频率的。病毒具有预定的触发条件，这些条件可能是时间、日期、文件类型或某些特定数据等。病毒运行时，触发机制检查预定条件是否满足，如果满足，启动感染或破坏动作，使病毒进行感染或攻击；如果不满足，使病毒继续潜伏。

3. 计算机病毒分类

根据多年对计算机病毒的研究，按照科学的、系统的、严密的方法，计算机病毒可以根据下面的属性进行分类：

1) 按病毒存在的媒体分类

根据病毒存在的媒体，病毒可以划分为网络病毒、文件病毒和引导型病毒。网络病毒通过计算机网络传播感染网络中的可执行文件，文件病毒感染计算机中的文件（如COM、EXE和DOC等），引导型病毒感染启动扇区（Boot）和硬盘的系统引导扇区（MBR）。还有这三种情况的混合型，例如多型病毒（文件和引导型）感染文件和引导扇区两种目标，这样的病毒通常都具有复杂的算法，它们使用非常规的办法侵入系统，同时使用了加密和变形算法。

2）按病毒传染的方法分类

根据病毒传染的方法可分为驻留型病毒和非驻留型病毒。驻留型病毒感染计算机后，把自身的内存驻留部分放在内存（RAM）中，这一部分程序挂接系统调用并合并到操作系统中去，它处于激活状态，一直到关机或重新启动。非驻留型病毒在得到机会激活时并不感染计算机内存，一些病毒在内存中留有小部分，但是并不通过这一部分进行传染，这类病毒也被划分为非驻留型病毒。

3）按病毒破坏的能力分类

（1）无害型。除了传染时减少磁盘的可用空间外，对系统没有其他影响。

（2）无危险型。这类病毒仅仅是减少内存、显示图像、发出声音及同类音响。

（3）危险型。这类病毒在计算机系统操作中造成严重的错误。

（4）非常危险型。这类病毒删除程序、破坏数据、清除系统内存区和操作系统中重要的信息。

4）按病毒的算法分类

（1）伴随型病毒。这一类病毒并不改变文件本身，它们根据算法产生EXE文件的伴随体，具有同样的名字和不同的扩展名（COM）。病毒把自身写入COM文件并不改变EXE文件，当DoS加载文件时，伴随体优先被执行到，再由伴随体加载执行原来的EXE文件。

（2）"蠕虫"型病毒。通过计算机网络传播，不改变文件和资料信息，利用网络从一台机器的内存传播到其他机器的内存，计算网络地址，将自身的病毒通过网络发送。有时它们在系统中存在，一般除了内存不占用其他资源。

（3）寄生型病毒。除了伴随和"蠕虫"型，其他病毒均可称为寄生型病毒，它们依附在系统的引导扇区或文件中，通过系统的功能进行传播，按其算法不同可分为

- 练习型病毒。病毒自身包含错误，不能进行很好的传播，例如一些病毒在调试阶段。
- 诡秘型病毒。一般不直接修改DoS中断和扇区数据，而是通过设备技术和文件缓冲区等DoS内部修改，不易看到资源，使用比较高级的技术。利用DoS空闲的数据区进行工作。
- 变型病毒（又称为幽灵病毒）。使用一个复杂的算法，使自己每传播一份都具有不同的内容和长度。病毒由一段混有无关指令的解码算法和被变化过的病毒体组成。

4. 计算机病毒的历史

计算机病毒的概念其实很早就出现了。现有记载的最早涉及计算机病毒概念的是计算机之父冯·诺伊曼在1949年发表的一篇名为《复杂自动装置的理论及组织的进行》的论文中第一次给出病毒程序的框架。1960年，程序的自我复制技术首次在美国人约翰·康维编写的"生命游戏"程序中实现。"磁芯大战"游戏是美国电报电话公司贝尔实验室的三个工作人员麦耀莱、维索斯基以及莫里斯编写的。这个游戏体现了计算机病毒具有感染性的特点。经过50多年的发展，计算机病毒大致可以划分为以下几个阶段：

(1) DoS引导阶段。1987年出现引导型病毒，具有代表性的是“小球”和“石头”病毒。当时的计算机通过软盘启动后使用，引导型病毒利用软盘的启动原理工作，修改系统启动扇区，在计算机启动时首先取得控制权，减少系统内存，修改磁盘读写中断，影响系统工作效率，在系统存取磁盘时进行传播。

(2) DoS可执行阶段。1989年，可执行文件型病毒出现，它们利用DoS系统加载执行文件的机制工作，代表为“耶路撒冷”、“星期天”病毒。病毒代码在系统执行文件时取得控制权，修改DoS中断，在系统调用时进行传染，并将自己附加在可执行文件中，使文件长度增加。1990年发展为复合型病毒，可感染COM和EXE文件。

(3) 伴随、批次型阶段。1992年，伴随型病毒出现，它们利用DoS加载文件的优先顺序进行工作，具有代表性的是“金蝉”病毒，它感染EXE文件时生成一个和EXE同名但扩展名为COM的伴随体。它感染文件时，改原来的COM文件为同名的EXE文件，再产生一个原名的伴随体，文件扩展名为COM，这样在DoS加载文件时，病毒就取得控制权。这类病毒的特点是不改变原来的文件内容、日期及属性，解除病毒时只要将其伴随体删除即可。在非DoS操作系统中，一些伴随型病毒利用操作系统的描述语言进行工作，具有典型代表的是“海盗旗”病毒，它在得到执行时，询问用户名称和口令，然后返回一个出错信息，将自身删除。批次型病毒是工作在DoS下的和“海盗旗”病毒类似的一类病毒。

(4) 幽灵、多形阶段。1994年，随着汇编语言的发展，实现同一功能可以用不同的方式完成，这些方式的组合使一段看似随机的代码产生相同的运算结果。幽灵病毒就是利用这个特点，每感染一次就产生不同的代码。例如“一半”病毒就是产生一段有上亿种可能的解码运算程序，病毒体被隐藏在解码前的数据中，查解这类病毒就必须能对这段数据进行解码，加大了查毒的难度。多形型病毒是一种综合性病毒，它既能感染引导区又能感染程序区，多数具有解码算法，一种病毒往往要两段以上的子程序方能解除。

(5) 生成器、变体机阶段。1995年，在汇编语言中，一些数据的运算放在不同的通用寄存器中，可运算出同样的结果，随机的插入一些空操作和无关指令也不影响运算的结果。这样，一段解码算法就可以由生成器生成，当生成器的生成结果为病毒时，就产生了这种复杂的“病毒生成器”，而变体机就是增加解码复杂程度的指令生成机制。这一阶段的典型代表是“病毒制造机”VCL，它可以在瞬间制造出成千上万种不同的病毒，查解时就不能使用传统的特征识别法，需要在宏观上分析指令，解码后查解病毒。

(6) 网络、蠕虫阶段。1995年，随着网络的普及，病毒开始利用网络进行传播，它们只是以上几代病毒的改进。非DoS操作系统中，“蠕虫”是典型的代表，它不占用除内存以外的任何资源，不修改磁盘文件，利用网络功能搜索网络地址，将自身向下一个地址进行传播，有时也在网络服务器和启动文件中存在。

(7) 视窗阶段。1996年，随着Windows和Windows 95的日益普及，利用Windows进行工作的病毒开始发展，它们修改(NE,PE)文件，典型的代表是DS.3873。这类病毒的机制更为复杂，它们利用保护模式和API调用接口工作，解除方法也比较复杂。

(8) 宏病毒阶段。1996年，随着Windows Word功能的增强，使用Word宏语言也可以编制病毒，这种病毒使用类Basic语言，编写容易，感染Word文档等文件。在Excel和AmiPro中出现的相同工作机制的病毒也归为此类。由于Word文档格式没有公开，这类病毒查解比较困难。

(9) 互联网阶段。1997 年,随着因特网的发展,各种病毒也开始利用因特网进行传播,一些携带病毒的数据包和邮件越来越多,如果不小心打开了这些邮件,机器就有可能中毒。

(10) 邮件炸弹阶段。1997 年,随着万维网(World Wide Web)上 Java 的普及,利用 Java 语言进行传播和资料获取的病毒开始出现,典型的代表是 JavaSnake 病毒。还有一些利用邮件服务器进行传播和破坏的病毒,例如 Mail-Bomb 病毒,它会严重影响因特网的效率。

4.5.2 计算机病毒的防治

如何有效地防范黑客、病毒的侵扰,保障计算机网络运行安全,已被广大计算机用户所重视。其中,如何防范计算机网络免受病毒侵袭又成为网络安全的重中之重。

1. 提高防毒意识

进行计算机安全教育,提高安全防范意识,建立对计算机使用人员的安全培训制度,定期进行安全培训。提高安全防范意识,另一方面提高病毒防治技术,掌握病毒防治的基本知识和防病毒产品的使用方法。了解一些病毒知识,就可以及时发现新病毒并采取相应措施,在关键时刻使自己的计算机免受病毒破坏。如果能了解一些注册表知识,就可以定期看一看注册表的自启动项是否有可疑键值;如果了解一些内存知识,就可以经常看看内存中是否有可疑程序。

2. 建立完善的病毒防治机制

计算机病毒的防治应有相应的规章制度、法令法规作保障,在管理上应建立相应的组织机构,采取行之有效的管理方法。各级部门要设立专职或兼职的安全员,形成以各地公安计算机监察部门为龙头的计算机安全管理网,加强配合、信息共享和技术互助。建立一套行之有效的防范计算机病毒的应急措施和应急事件处理机构,以便对发现的计算机病毒事件进行快速反应和处置,为遭受计算机病毒攻击、破坏的计算机信息系统提供数据恢复方案,保障计算机信息系统和网络的安全、有效运转。2000 年公安部颁布实施了《计算机病毒防治管理办法》,按照《办法》的要求,结合各自单位的情况建立自己的计算机病毒防治制度和相应组织,将病毒防治工作落到实处。

3. 建立病毒防治和应急体系

据统计,有 80%的网络病毒是通过系统安全漏洞进行传播的,像蠕虫王、冲击波、震荡波等,所以应该定期到微软网站去下载最新的安全补丁,以防患未然。默认情况下,许多操作系统会安装一些辅助服务,如 FTP 客户端、Telnet 和 Web 服务器。这些服务为攻击者提供了方便,而又对用户没有太大用处,如果关闭或删除系统中不需要的服务,就能大大减少被攻击的可能性。由于许多网络病毒就是通过猜测简单密码的方式攻击系统的,因此使用复杂的密码将会大大提高计算机的安全系数。当发现病毒或异常时应立刻断网,采用隔离措施,防止计算机受到更多的感染,或者成为传播源。各单位应建立病毒应急体系,与国家的计算机病毒应急体系建立信息交流机制,发现病毒疫情及时上报,同时注意国家计算机病毒应急处理中心发布的病毒疫情。

4. 安全风险评估

对系统进行风险评估，对使用的系统和业务需求的特点进行计算机病毒风险评估。通过评估了解自身系统主要面临的病毒威胁有哪些，有哪些风险必须防范，有哪些风险可以承受。确定所能承受的最大风险，以便制定相应的病毒防治策略和技术防范措施。适时进行安全评估，调整各种病毒防治策略。根据病毒发展动态，定期对系统进行安全评估，了解当前面临的主要风险，评估病毒防护策略的有效性，及时发现问题，调整病毒防治的各项策略。

5. 选用病毒防治产品

选择经过公安部认证的病毒防治产品，根据风险评估的结果，选用适当的病毒防治产品，在产品选型时一定要注意选择经过公安部检验合格的产品。正确配置、使用病毒防治产品，一定要了解所选用产品的技术特点，正确配置使用，才能发挥产品的特点，保护自身系统的安全。安装专业的杀毒软件进行全面监控。使用杀毒软件进行防毒是越来越经济的选择，不过用户在安装了反病毒软件之后，应该经常进行升级，将一些主要监控经常打开（如邮件监控、内存监控等），遇到问题要上报，这样才能真正保障计算机的安全。

6. 建立安全的计算机系统

使用病毒防火墙技术，这样既可以防止漏检，又能在一定程度上发现未知的病毒。不过，有些病毒可以穿过病毒防火墙的保护，因此用反病毒软件的防火墙对新软件进行扫描还是有必要的，现在许多反病毒软件或专用的防火墙软件都具备隔离病毒入侵的功能。严格实行内外网分离制度，这样不但可以防止外来病毒对内网的侵入，还可以防止银行内部信息、资源、数据的被盗。正确配置系统，减少病毒侵害事件，充分利用系统提供的安全机制，提高系统防范病毒的能力。对系统的一些敏感文件定期进行检查，保证及时发现已感染的病毒和黑客程序。对发生的病毒事故要认真分析原因，找到病毒突破防护系统的原因，及时修改病毒防治策略，并对调整后的病毒防治策略进行重新评估。

7. 备份系统、备份重要数据

对重要、有价值的数据应该定期和不定期备份，对特别重要的数据，做到每修改一次便备份一次。一般病毒都从硬盘的前端开始破坏，所以重要的数据应放在C盘以后的分区，这样即使病毒破坏了硬盘前面部分的数据，只要能及时发现，后面这些数据还是有可能挽回的。此外，合理设置硬盘分区，预留补救措施，如用Ghost软件备份硬盘，可快速恢复系统。一旦发生了病毒侵害事故后，启动灾难恢复计划，尽量将病毒造成的损失减小到最低，并尽快恢复系统正常工作。

4.6 黑客攻击与防范

本节将介绍计算机黑客基本概念、木马攻击、DDoS攻击和黑客防范措施。

4.6.1 计算机黑客概述

1. 黑客的概念

“黑客”的原意指的是熟悉某种计算机系统，并具有极高的技术能力，长时间将心力投注在信息系统的研发，并且乐此不疲的人。黑客最早源自英文 hacker，早期在美国的计算机界是带有褒义的。但在媒体报道中，“黑客”一词往往指那些“软件骇客”(Software Cracker)。“黑客”一词原指热心于计算机技术，水平高超的计算机专家，尤其是程序设计人员。但到了今天，“黑客”一词已被用于泛指那些专门利用计算机网络搞破坏或恶作剧的家伙。对这些人的正确英文叫法是 Cracker，有人翻译成“骇客”。

开放源代码的创始人 Eric Raymond 认为 Hacker 与 Cracker 是分属两个不同世界的族群，基本差异在于：Hacker 是有建设性的，而 Cracker 则专门搞破坏。

黑客所做的不是恶意破坏，他们是一群纵横于网络上的技术人员，热衷于科技探索、计算机科学研究。在黑客圈中，Hack 一词无疑是带有正面的意义，例如 System Hack 熟悉操作的设计与维护；Password Hacker 精于找出使用者的密码；Computer Hacker 则是通晓计算机，可让计算机乖乖听话的高手。

Hacker 的原意是指用斧头砍柴的工人，最早被引进计算机圈则可追溯自 20 世纪 60 年代。加州柏克莱大学计算机教授 Brian Harvey 在考证此字时曾写到，当时在麻省理工学院中(MIT)的学生通常分成两派：一派是 Tool，意指乖乖的学生，成绩都拿甲等；另一派则是所谓的 Hack，也就是常逃课，上课爱睡觉，但晚上却又精力充沛喜欢搞课外活动的学生。

Cracker 是以破解各种加密或有限制的商业软件为乐趣的人，他们以破解(Crack)最新版本的软件为己任，从某些角度来说是一种义务性的、发泄性的，他们讲究 Crack 的艺术性和完整性，从文化上体现的是计算机大众化。他们以年轻人为主，对软件的商业化怀有敌意。

很多人认为 Hacker 及 Cracker 之间没有明显的界线，但实际上 Hacker 和 Cracker 不但很容易地分开，而且可以分出第三群“互联网海盗(Internet Pirate)”，他们是大众认定的“破坏分子”。但是，人们还是把这群人称为“黑客”。

2. 黑客分类

网络中常见的黑客大体有以下三种：

(1) 业余计算机爱好者。他们偶尔从网络上得到一些入侵的工具，一试之下居然攻无不胜，然而却不懂得消除证据，因此也是最容易被揪出来的黑客。这些人多半并没有什么恶意，只觉得入侵是证明自己技术能力的方式，是一个有趣的游戏，有一定的成就感。即使造成什么破坏，也多半是无心之过。只要有称职的系统管理员，是能预防这类无心的破坏发生的。

(2) 职业的入侵者。这些人把入侵当成事业，认真并且有系统地整理所有可能发生的系统弱点，熟悉各种信息安全攻防工具。他们有能力成为一流的信息安全专家，也许他们的正式工作就是信息安全工程师。但是也绝对有能力成为破坏力极大的黑客。只有经验丰富的系统管理员才有能力应付这种类型的入侵者。

(3) 计算机高手。他们对网络、操作系统的运作了如指掌,对信息安全、网络侵入也许丝毫不感兴趣,但是只要系统管理员稍有疏失,整个系统在他们眼中就会变得不堪一击。因此可能只是为了不想和同学分享主机的时间,也可能只是懒得按正常程序申请系统使用权,就偶尔客串,扮演入侵者的角色。这些人通常对系统的破坏性不高,取得使用权后也会小心使用,避免造成系统损坏,使用后也多半会记得消除痕迹。因此,此类入侵比职业的入侵者更难找到踪迹。这类的高手通常有能力演变成称职的系统管理员。

3. 黑客的目的

黑客入侵的目的主要有以下几个方面:

(1) 好奇心和满足感。这类人入侵他人的网络系统,以成功与否为技术能力的指标,借以满足其内心的好奇心和成就感。

(2) 作为入侵其他系统的跳板。安全敏感度较高的机器通常有多重的使用记录,有严密的安全保护,入侵必须负担的法律责任也更大,所以多数的入侵者会选择安全防护较差的系统作为访问敏感度较高的机器的跳板,让跳板机器承担责任。

(3) 盗用系统资源数。互联网上的上亿台计算机是一笔庞大的财富。破解密码,盗取资源可获取巨大的经济利益。

(4) 窃取机密资料。互联网中存放有许多重要的资料,如信用卡号、交易资料等。这些有价值的机密资料对入侵者具有很大的吸引力,他们入侵系统的目的就是为了得到这些资料。

(5) 出于政治目的或报复心理。这类人入侵的目的就是要破坏他人的系统,以达到报复或政治目的。

4. 黑客攻击方式

黑客攻击通常分为以下 7 种典型的模式:

(1) 监听。这种攻击是指监听计算机系统或网络信息包以获取信息。监听实质上并没有进行真正的破坏性攻击或入侵,但却通常是攻击前的准备动作,黑客利用监听来获取他想攻击对象的信息,如网址、用户账号和用户密码等。这种攻击可以分成网络信息包监听和计算机系统监听两种。

(2) 密码破解。这种攻击是指使用程序或其他方法来破解密码。破解密码主要有两种方式:猜出密码或是使用遍历法一个一个尝试所有可能试出密码。这种攻击程序相当多,如果是要破解系统用户密码的程序,通常需要一个存储着用户账号和加密过的用户密码的系统文件,例如 UNIX 系统的 Password 和 Windows NT 系统的 SAM,破解程序就利用这个系统文件来猜或试密码。

(3) 漏洞。漏洞是指程序在设计、实现或操作上的错误,而被黑客用来获得信息、取得用户权限、取得系统管理者权限或破坏系统。由于程序或软件的数量太多,因此这种数量相当庞大。缓冲区溢出是程序在实现上最常发生的错误,也是最多漏洞产生的原因。缓冲区溢出的发生原因是把超过缓冲区大小的数据放到缓冲区,造成多出来的数据覆盖到其他变量,绝大多数的状况是程序发生错误而结束。但是如果适当地放入数据,就可以利用缓冲区溢出来执行自己的程序。

(4) 扫描。这种攻击是指扫描计算机系统以获取信息。扫描和监听一样,实质上并没有进行真正的破坏性攻击或入侵,但却通常是攻击前的准备动作,黑客利用扫描来获取他想攻击对象的信息,如开放哪些服务、提供服务的程序,甚至利用已发现的漏洞样本作对比直接找出漏洞。

(5) 恶意程序码。这种攻击是指黑客通过外部设备和网络把恶意程序码安装到系统内。它通常是黑客成功入侵后做的后续动作,可以分成两类:病毒和后门程序。病毒有自我复制性和破坏性两个特性,这种攻击就是把病毒安装到系统内,利用病毒的特性破坏系统和感染其他系统。最有名的病毒就是世界上第一位因特网黑客所写的蠕虫病毒,它的攻击行为其实很简单,就是复制,复制同时做到感染和破坏的目的。后门程序攻击通常是黑客在入侵成功后,为了方便下次入侵而安装的程序。

(6) 阻断服务。这种攻击的目的并不是要入侵系统或是取得信息,而是阻断被害主机的某种服务,使得正常用户无法接收网络主机所提供的服务。这种攻击有很大部分是从系统漏洞这个攻击类型中独立出来的,它是把稀少的资源用尽,让服务无法继续。例如TCP同步信号洪泛攻击是把被害主机的等待队列填满。最近出现一种有关阻断服务攻击的新攻击模式——分布式阻断服务攻击,黑客从Client端控制Handler,而每个Handler控制许多Agent,因此黑客可以同时命令多个Agent对被害者做大量的攻击。而且Client与Handler之间的沟通是经过加密的。

(7) Social Engineering。这种攻击是指不通过计算机或网络的攻击行为。例如黑客自称是系统管理者,发电子邮件或打电话给用户,要求用户提供密码,以便测试程序或其他理由。其他的如躲在用户背后偷看他人的密码也属于Social Engineering。

4.6.2 木马攻击

1. 木马的概念

"木马病毒"的称法是来源于《荷马史诗》的特洛伊战记。故事说的是希腊人围攻特洛伊城10年后仍不能得手,于是阿伽门农受雅典娜的启发:把士兵藏匿于巨大无比的木马中,然后佯作退兵。当特洛伊人将木马作为战利品拖入城内时,高大的木马正好卡在城门间,进退两难。夜晚木马内的士兵爬出来,与城外的部队里应外合而攻下了特洛伊城。而计算机世界的木马(Trojan)是指隐藏在正常程序中的一段具有特殊功能的恶意代码,是具备破坏和删除文件、发送密码、记录键盘和攻击DoS等特殊功能的后门程序,由此而得名"木马"。

木马病毒和其他病毒一样都是一种人为的程序,都属于计算机病毒。与以前的计算机病毒不同,木马病毒的作用是赤裸裸地偷偷监视别人的所有操作和盗窃别人的各种密码和数据等重要信息,如盗窃系统管理员密码搞破坏;偷窃ADSL上网密码和游戏账号密码用于牟利;更有甚者直接窃取股票账号、网上银行账户等机密信息达到盗窃别人财务的目的。所以木马病毒的危害性更大。这个现状就导致了许多别有用心的程序开发者大量地编写这类带有偷窃和监视别人计算机的侵入性程序,这就是目前网上大量木马病毒泛滥成灾的原因。鉴于木马病毒的这些巨大危害性和它与其他病毒的作用性质的不一样,木马病毒虽然属于病毒中的一类,但是要单独地从病毒类型中间剥离出来,独立地称为"木马病毒"程序。

2. 木马的发展历史

经过若干年的发展,木马病毒也经历了三代演化:

第一代木马:伪装型病毒。这种病毒通过伪装成一个合法性程序诱骗用户上当。第一个计算机木马出现在1986年。它伪装成共享软件pc-write的2.72版本,一旦用户信以为真运行该木马程序,那么他的下场就是硬盘被格式化。

第二代木马:1989年出现了aids木马。aids的作者利用邮件散播,给其他人寄去一封含有木马程序软盘的邮件。之所以叫这个名称是因为软盘中包含aids和hiv疾病的药品、价格、预防措施等相关信息。软盘中的木马程序在运行后,虽然不会破坏数据,但是它将硬盘加密锁死,然后提示受感染用户花钱消灾。可以说第二代木马已具备了传播特征。

第三代木马:网络传播型木马。随着Internet的普及,这一代木马兼备伪装和传播两种特征并结合TCP/IP网络技术四处泛滥。同时它还出现了新的特征:

(1) 添加了"后门"功能。所谓后门就是一种可以为计算机系统秘密开启访问入口的程序。一旦被安装,这些程序就能够使攻击者绕过安全程序进入系统。该功能的目的就是收集系统中的重要信息。此外,攻击者还可以利用后门控制系统,使之成为攻击其他计算机的帮凶。由于后门是隐藏在系统背后运行的,因此很难被检测到。它们不像病毒和蠕虫那样通过消耗内存而引起注意。

(2)添加了击键记录功能。从名称上就可以知道,该功能主要是记录用户所有的击键内容,然后形成击键记录的日志文件发送给恶意用户。恶意用户可以从中找到用户名、口令以及信用卡号等用户信息。木马有如下共同特点:基于网络的客户端/服务器应用程序。具有搜集信息、执行系统命令、重新设置机器、重新定向等功能。当木马程序攻击得手后,计算机就完全成为在黑客控制下的傀儡主机,黑客成了超级用户,用户的所有计算机操作不但没有任何秘密而言,而且黑客可以远程控制傀儡主机对别的主机发动攻击,这时候被俘获的傀儡主机成了黑客进行进一步攻击的挡箭牌和跳板。木马病毒为了达到隐蔽的效果,往往会以各种各样的方法藏身于计算机系统之中。

3. 木马病毒藏身方法

(1) 集成到程序中。木马是一种客户端/服务器程序。为了不让用户能轻易地把它删除,常常被集成到程序里,一旦用户激活木马程序,那么木马文件和某一应用程序绑定在一起,然后上传到服务器端覆盖原文件,这样即使木马被删除,只要运行捆绑了木马的应用程序,木马又会被安装上去。绑定到某一应用程序中,如绑定到系统文件,那么每一次Windows系统启动均会启动木马。

(2) 隐藏在配置文件中。木马利用配置文件的特殊作用,在Autoexec.bat和Config.sys中加载木马程序,然后在计算机中发作、运行,偷窥监视计算机。

(3) 潜伏在Win.ini中。木马要想达到控制或者监视计算机的目的,必须要运行,一个既安全又能在系统启动时自动运行的地方是潜伏在Win.ini文件中。Win.ini文件中有启动命令load=和run=,在一般情况下=后面是空白的,如果后面跟有程序,如run=c:\windows\file.exe; load=c:\windows\file.exe,这时file.exe很可能是木马。

(4) 伪装在普通文件中。这个方法是把可执行文件伪装成图片或文本,在程序中把图标改成 Windows 的默认图片图标，再把文件名改为 *.jpg.exe，由于 Windows 系统默认设置是“不显示已知的文件后缀名”，文件将会显示为 *.jpg，不注意的人一点这个图标就中木马了。

(5) 内置到注册表中。由于注册表比较复杂，它是木马隐藏的地方。

(6) 在 System.ini 中。Windows 安装目录下的 System.ini 是木马隐蔽的地方。在该文件的[boot]字段中，如果 shell＝Explorer.exe file.exe，这里的 file.exe 就是木马服务端程序。另外，在 System.ini 中的[386Enh]字段，要注意检查在此段内的“driver＝路径\程序名”，这里也有可能被木马所利用。再有，在 System.ini 中的[mic]、[drivers]、[drivers32]这三个字段，这些字段也是起到加载驱动程序的作用，但也是增添木马程序的好场所。

(7) 隐形于启动组中。启动组也是木马可以藏身的好地方，也是自动加载运行的好场所。启动组对应的文件夹为 C：\windows\startmenu\programs\startup，在注册表中的位置是 HKEY_CURRENT_USER\Software\Microsoft\Windows\CurrentVersion\Explorer\ShellFold-ers Startup＝"C：\windows\startmenu\programs\startup"。

(8) 隐蔽在 Winstart.bat 中。Winstart.bat 也是一个能自动被 Windows 加载运行的文件，它多数情况下为应用程序及 Windows 自动生成，在执行了 Win.com 并加载了多数驱动程序之后开始执行。由于 Autoexec.bat 的功能可以由 Winstart.bat 代替完成，因此木马也可以像在 Autoexec.bat 中那样被加载运行。

(9) 绑定在启动文件中。即应用程序的启动配置文件，控制端利用这些文件能启动程序的特点，将制作好的带有木马启动命令的同名文件上传到服务器端覆盖这同名文件，这样就可以达到启动木马的目的。

(10) 设置在超链接中。木马的主人在网页上放置恶意代码，引诱用户点击，用户点击的结果是中木马病毒。

4.6.3 DDoS 攻击

1. DoS 攻击定义

DoS(Denial of Service，拒绝服务)攻击是对网络服务有效性的一种破坏，使受害主机或网络不能及时接收并处理外界请求，或无法及时回应外界请求，从而不能提供给合法用户正常的服务，形成拒绝服务。

DDoS 攻击是利用足够数量的傀儡机产生数目巨大的攻击数据包对一个或多个目标实施 DoS 攻击，耗尽受害端的资源，使受害主机丧失提供正常网络服务的能力。DDoS 攻击已经是当前网络安全最严重的威胁之一，是对网络可用性的挑战。反弹攻击和 IP 源地址伪造技术的使用使得攻击更加难以察觉。就目前的网络状况而言，世界的每一个角落都有可能受到 DDoS 攻击，但是只要能够尽可能检测到这种攻击并且作出反应，损失就能够减到最小程度。因此，DDoS 攻击检测方法的研究一直受到关注。

2. DDoS 的攻击原理

DDoS 的攻击原理图如图 4-9 所示。

(1) 攻击者。可以是网络上的任何一台主机。在整个攻击过程中，它是攻击主控台，向

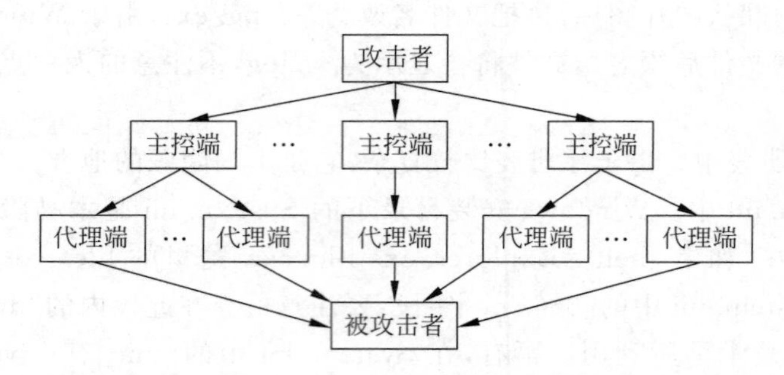

图 4-9 DDoS 的攻击原理图

主控端发送攻击命令,包括目标主机地址,控制整个过程。攻击者与主控端的通信一般不包括在 DDoS 工具中,可以通过多种连接方法完成,最常用的有"telnet"TCP 终端会话,还可以是绑定到 TCP 端口的远程 shell,基于 UDP 的客户端/服务器远程 shell 等。

(2) 主控端。主控端和代理端都是攻击者非法侵入并控制的一些主机,它们分成了两个层次,分别运行非法植入的不同的攻击程序。每个主控端控制数十个代理端,有其控制的代理端的地址列表,它监听端口接收攻击者发来的命令后,将命令转发给代理端。主控端与代理端的通信根据 DDoS 工具的不同而有所不同。如 Trinoo 使用 UDP 协议,TFN 使用 ICMP 协议通过 ICMP_ECHOREPLY 数据包完成通信,stacheldraht 使用 TCP 和 ICMP 协议进行通信。

(3) 代理端。在它们上面运行攻击程序,监听端口接收和运行主控端发来的命令,是真正进行攻击的机器。

(4) 被攻击者。可以是路由器、交换机、主机。遭受攻击时,它们的资源或带宽被耗尽。防火墙、路由器的阻塞还可能导致恶性循环,加重网络阻塞情况。

3. DDoS 攻击的实施过程

1) 收集目标主机信息

攻击者要入侵网络,首要工作是收集、了解目标主机的情况。下列信息是 DDoS 攻击者所关心的内容:目标主机的数量和地址配置;目标主机的系统配置和性能;目标主机的网络带宽。例如,攻击者对网络上的某个站点发动攻击,他必须确定有多少台主机支持这个站点,因为一个大的站点很可能需要多台主机利用负载均衡技术提供同一站点的 WWW 服务。根据目标主机的数量,攻击者就能够确定要占领多少台代理主机实施攻击才能实现其企图。假如攻击 1 台目标主机需要 1 台代理主机的话,那么攻击一个由 10 台主机支持的站点就需要 10 台代理主机。

2) 占领主控机和代理主机

攻击者首先利用扫描器或其他工具选择网上一台或多台代理主机用于执行攻击行动。为了避免目标网络对攻击的有效响应和攻击被跟踪检测,代理主机通常应位于攻击目标网络和发动攻击网络域以外。代理主机必须具有一定脆弱性,以方便攻击者能够占领和控制,且需具备足够资源用于发动强大的攻击数据流。代理主机一般应具备以下特点:链路状态好和网络性能好;系统性能好;安全管理水平差。

攻击者侵入代理主机后，选择一台或多台作为主控主机，并在其中植入特定程序，用于接收和传达来自攻击者的攻击指令。其余代理主机被攻击者植入攻击程序，用于发动攻击。攻击者通过重命名和隐藏等多项技术保护主控机和代理主机上程序的安全和隐秘。被占领的代理主机通过主控主机向攻击者汇报有关信息。

3）发起攻击

攻击者通过攻击主机发布攻击命令，主控主机接收到命令后立即向代理主机传达，隐蔽在代理主机上的攻击程序响应攻击命令，产生大量的UDP、TCP SYN和ICMP响应请求等垃圾数据包，瞬间涌向目标主机并将其淹没，最终导致出现目标主机崩溃或无法响应请求等状况。在攻击过程中，攻击者通常根据主控主机及其与代理主机的通信情况改变攻击目标、持续时间等，分组、分组头、通信信道等都有可能在攻击过程中被改变。

4. DDoS攻击预防对策

DDoS攻击的研究主要在预防、检测、响应追踪三个方面。防范DDoS攻击的第一道防线就是攻击预防。预防的目的是在攻击尚未发生时采取措施，阻止攻击者发起DDoS攻击进而危害网络。在DDoS攻击的预防研究方面，目前研究最多的还是提高TCP/IP协议的质量，如延长缓冲队列的长度和减少超时时间。目前，SYN cookie技术已经讨论完善，并在UNIX系统中得到了应用。另外，加强事先防范以及采取更严密的措施来加固系统也是必要的，主要的安全措施包括避免FUD(Fear，Uncertainty and Doubt)、加强中间环节的网络安全、加强与网络服务提供商的合作、优化路由及网络结构、优化对外提供服务的主机、保护主机不被入侵、审核系统规则、使用密码检查。

仅仅预防攻击是不够的，当攻击真的发生时需要进行响应。响应追踪的目的是消除或缓解攻击，尽量减小攻击对网络造成的危害。响应追踪研究又可以分为攻击发生时追踪和攻击发生后追踪。攻击发生后追踪的主要方法包括路由器产生ICMP追踪消息法、分组标记法、数据包日志记录法；攻击发生时追踪的主要方法包括基于IPSec的动态安全关联追踪法、链路测试法和逐跳追踪法等。

为了尽快响应攻击，就需要尽快地检测出攻击的存在。在检测研究方面，目前已有很多种方法以及不同的分类。DDoS是一种基于DoS的分布、协作的大规模攻击方式，它直接或间接通过互联网上其他受控制的计算机攻击目标系统或者网络资源的可用性。同DoS一次只能运行一种攻击方式攻击一个目标不同，DDoS可以同时运用多种DoS攻击方式，也可以同时攻击多个目标。攻击者利用成百上千个被“控制”节点向受害节点发动大规模的协同攻击。通过消耗带宽、CPU和内存等资源，达到被攻击者的性能下降甚至瘫痪和死机，从而造成其他合法用户无法正常访问。与DoS相比，其破坏性和危害程度更大，涉及范围更广，更难发现攻击者。

4.6.4 黑客防范措施

1. 基本防范措施

(1) 设置防火墙。防火墙具有较强的抗攻击能力，提供信息安全服务，是实现网络和信息安全的基础设施，属于被动防卫类型。

(2) 数据加密。这种技术是利用现代的数据加密技术来保护网络系统中包括用户数据在内的所有数据流。只有指定的用户或网络设备才能够解译加密数据,从而在不对网络环境作特殊要求的前提下从根本上满足网络服务的可用性和信息的完整性的要求。

(3) 入侵检测。网络用户还可以借助入侵检测技术发觉入侵行为。它通过对计算机网络或计算机系统中的若干关键点收集信息并对其进行分析,从中发现网络或系统中是否有违反安全策略的行为和被攻击的迹象。

2. 具体防范措施

(1) 防止拒绝服务攻击。对付 SYN Flood 攻击,可以采用以下两种方法:一种是缩短 SYN Timeout 时间。由于 SYN Flood 攻击的效果取决于服务器上保持的 SYN 半连接数,这个值等于 SYN 攻击的频度乘以 SYN Timeout,因此通过缩短从接收到 SYN 报文到确定这个报文无效并丢弃该连接的时间,例如设置为 20s 以下(过低的 SYN Timeout 设置可能会影响客户的正常访问),可以成倍地降低服务器的负荷。第二种方法是设置 SYN Cookie,就是给每一个请求连接的 IP 地址分配一个 Cookie,如果短时间内连续受到某个 IP 的重复 SYN 报文,就认定是受到了攻击,以后从这个 IP 地址来的包会被丢弃。另外,为了更加有力地对付 SYN Flood 攻击,可以在该网段的路由器上做些配置的调整,这些调整包括限制 SYN 半开数据包的流量和个数。或者在路由器的前端做必要的 TCP 拦截,使得只有完成 TCP 三次握手过程的数据包才可进入该网段,这样可以有效地保护本网段内的服务器不受此类攻击。当然,要彻底杜绝拒绝服务攻击,最好的办法唯有追根溯源去找到正在进行攻击的机器和攻击者。因为一旦其停止了攻击行为,很难将其发现,因此唯一可行的方法是在其进行攻击的时候,根据路由器的信息和攻击数据包的特征,采用逐级回溯的方法来查找其攻击源头,这时需要各级部门的协同配合方可有效果。

(2) 防止恶意代码攻击。防范恶意代码攻击可采用漏洞扫描技术对网络及各种系统进行定期或不定期的扫描监测,并向安全管理员提供系统最新的漏洞报告,使管理员能够随时了解网络系统当前存在的漏洞并及时采取相应的措施进行修补。另外,网络用户也要及时关注网络上发布的补丁信息,及时下载并安装。一般来说,操作系统、网络服务系统都提供系统日志,尽可能记录发生的所有事件。多数攻击和病毒能通过系统日志的记录发现,因此经常检查系统日志能发现大多数的攻击事件和病毒,从而采取相应措施,堵上漏洞。

(3) 防止欺骗攻击。将自己上网的 IP 地址隐藏起来或让他人很难找到是预防黑客进行欺骗 IP 攻击的相当重要的一个步骤,当然也可以阻止各类黑客的进入。要想在浏览任何网站、FTP 服务器、聊天室、BBS、Telnet 时不留自己上网的真实 IP,最方便、最简单的方法是使用代理服务器。代理服务器的设置:在 IE 浏览器中选择"工具"→"Internet 选项"命令,在打开的对话框中选择"连接"选项卡,在局域网设置中选中"代理服务器",输入代理服务器地址和端口,单击"高级"按钮可进行不使用代理地址的设定。使用代理服务器会使访问速度变慢,但确保了自己主机的安全。

(4) 防止对用户名和口令的攻击。对付这种攻击的方法,最好是将涉及用户名与口令的程序封装在服务器端,尽量少在 ASP 文件里出现。涉及与数据库连接的用户名与口令应给予最小的权限。出现次数多的用户名与口令可以写在一个位置比较隐蔽的包含文件中。

如果涉及与数据库连接,在理想状态下只给它以执行存储过程的权限,千万不要直接给予该用户修改、插入、删除记录的权限。为防止跳过验证的攻击,可以在需要经过验证的ASP页面跟踪一个页面的文件名,只有从上一页面转进来的会话才能读取这个页面。此外,用户在进行密码设置时一定要将其设置得复杂些,并且不要以自己的生日和电话甚至用户名作为密码,因为一些密码破解软件可以让破解者输入与被破解用户相关的信息,如生日等,然后对这些数据构成的密码进行优先尝试。另外,应该经常更换密码,这样使其被破解的可能性又下降了不少。

3. 综合手段

在黑客攻击方面,人们可以通过硬件和软件、数据加密等许多方式进行防范。避免不必要的数据流失,维护系统的健康。但是,要彻底防范黑客的攻击不仅仅是防火墙、入侵检测、访问控制,也不是防恶意程序代码、入侵监测、身份认证、数据加密等产品的简单堆砌,而是包括从系统到应用、从设备到服务的比较完整的、体系性的安全手段的有机结合。

随着网络安全技术的不断发展,必将会有新的黑客攻击方式出现,但"知己知彼,百战不殆",只要了解了他们的攻击手段,拥有丰富的网络知识,就可以抵御黑客们的攻击。另外,网络安全是对付威胁、保护网络资源的所有措施的总和,涉及政策、法律、管理、教育和技术等方面的内容。网络安全是一项系统工程,针对来自不同方面的安全威胁,需要采取不同的安全对策。从法律、制度、管理和技术上采取综合措施,以便相互补充,达到较好的安全效果。

习题4

1. 名词解释

(1)防火墙;(2)入侵检测;(3)访问控制;(4)VPN;(5)PPTP;(6)计算机病毒;(7)DDoS攻击。

2. 判断题

(1) 防火墙的工作方式都是一样的:分析出入防火墙的数据包,决定放行还是把它们扔到一边。( )

(2) 数据包过滤技术是以数据包头为基础,按照路由器配置中的一组规则将数据包分类,然后在网络层对数据包进行选择,选择的依据是系统内设置的过滤逻辑。( )

(3) 基于对象的访问控制,DAC模型的主要任务都是对系统中的访问主体进行权限管理,而MAC模型则对受控对象进行权限管理。( )

(4) 在TBAC中,对象的访问权限控制并不是静止不变的,而是随着执行任务的上下文环境发生变化。( )

(5) 基于角色的访问控制模型(RBAC)的基本思想是通过权限认证身份获得访问许可权。( )

(6) 木马病毒和其他病毒一样都是一种人为的程序,都属于计算机病毒。与以前的计算机病毒不同,木马病毒的作用是赤裸裸地偷偷监视别人的所有操作和盗窃别人的各种密码和数据等重要信息。( )

3. 填空题

(1) 从原理上来分，防火墙可以分成4种类型：________、________、________和________。

(2) 入侵检测系统所采用的技术可分为________与________两种。

(3) 对收集到的有关系统、网络、数据及用户活动的状态和行为等信息，一般通过三种技术手段进行分析：________，________和________。

(4) 访问控制可分为自主访问控制和强制访问控制两大类。访问控制系统一般包括________、________、________。

(5) 虚拟专用网的优点包括：________、________、________、________。

(6) 供应和配置机制包括________、________、________和协议以及管理工具和协议。

(7) 计算机病毒的特点包括复制性、________、________、________和破坏性。

(8) 黑客防范的基本措施有________、________、________。

4. 选择题

(1) 防火墙配置的方式有(　　)。

A. Easy-done 方式　　B. Dual-homed 方式

C. Screened-host 方式　　D. Screened-subnet 方式

(2) 以下关于防火墙技术的发展，(　　)是正确的。

A. 第一代防火墙，采用包过滤技术

B. 第二代防火墙，电路层防火墙

C. 第三代防火墙，应用层防火墙

D. 第四代防火墙，基于动态包过滤技术，后来演变为状态监视技术

(3) 基于主机的入侵检测系统的弱点是(　　)。

A. 基于主机的IDS需要安装在需要保护的设备上，会降低系统效率

B. 基于主机的入侵系统容易受到外界的系统攻击

C. 基于主机的入侵检测系统依赖于服务器固有的日志与监视能力

D. 全面部署主机入侵检测系统的代价较大

(4) 入侵检测利用的信息一般来自(　　)。

A. 客户的需求和期望　　B. 系统和网络日志文件

C. 目录和文件中不期望的改变　　D. 系统漏洞

(5) 访问控制的功能主要有(　　)。

A. 防止非法的主体进入受保护的网络资源

B. 保证系统数据的完备性

C. 允许合法用户访问受保护的网络资源

D. 允许合法用户对受保护的网络资源进行非授权的访问

(6) 操作系统的用户范围很广，拥有的权限也不同，其权限包括以下(　　)。

A. 系统管理员。这类用户就是系统管理员，具有最高级别的特权，可以对系统任何资源进行访问并具有任何类型的访问操作能力

B. 系统安全员。管理系统的安全机制，按照给定的安全策略，设置并修改用户和访问客体的安全属性；选择与安全相关的审计规则

C. 系统审计员。负责管理与安全有关的审计任务

D. 一般用户。可以对各种数据进行访问和调查

(7) L2TP 作为"强制"隧道模型是让拨号用户与网络中的另一点建立连接的重要机制。建立过程如下：

① 在政策配置文件或 NAS 与政策服务器进行协商的基础上，NAS 和 L2TP 接入服务器动态地建立一条 L2TP 隧道；

② 用户通过该隧道获得 VPN 服务；

③ 用户通过 NAS 的 L2TP 接入服务器身份认证；

④ 用户通过 Modem 与 NAS 建立连接；

⑤ 用户与 L2TP 接入服务器之间建立一条点对点协议访问服务隧道。

A. ①④②③⑤　　B. ①②③④⑤

C. ④③①⑤②　　D. ②⑤①④③

(8) RSVP 是第三层协议，它独立于各种网络媒介。RSVP 有两个重要的消息：PATH 消息，从发送者到接收者；RESV 消息，从接收者到始发者。RSVP 消息包含(　　)。

A. 网络如何识别一个会话流

B. 用户数据

C. 要求网络为会话流提供的服务类型

D. 政策信息

5. 简答题

(1) 防火墙硬件体系结构经历过通用 CPU 架构、ASIC 架构和网络处理器架构，请简述这几种构架的特点。

(2) 简述基于主机的入侵检测系统及特点。

(3) 基于网络的入侵检测系统有哪些优点和缺点？

(4) TBAC 模型由工作流、授权结构体、受托人集、许可集 4 部分组成，请简单介绍这 4 部分。

(5) 黑客攻击有哪些典型的模式？

(6) 木马病毒藏身方法有哪些？

(7) 入侵检测的步骤是怎样的？

第5章 信息安全标准体系

本章将介绍信息安全标准体系、信息安全管理标准体系、信息安全等级标准和信息安全测评认证。要求学生了解信息安全体系。

5.1 信息安全标准体系概述

这一节是信息安全标准概述，包括标准和标准化的概念、标准化的必要性与重要性、标准化分类与分级、标准的实施。

5.1.1 标准概述

1. “标准”的概念

1983年在我国颁布的国家标准(GB 3935·1—83)中对标准的定义是：“标准是对重复性事物和概念所做的统一规定。它以科学、技术和实践经验的综合成果为基础，经有关方面协商一致，由主管机构批准，以特定形式发布，作为共同遵守的准则和依据。”

1983年在我国颁布的国家标准(GB 3935·1—83)中对标准化的定义是：“在经济、技术、科学及管理等社会实践中，对重复性事物和概念，通过制定、发布和实施标准，达到统一，以获得最佳秩序和社会效益。”

实践证明，标准化在经济发展中不仅是必要的，而且对其具有非常重要的作用：标准化可提高产品质量、增加产量；标准化便于科学化、现代化管理；标准化有利于专业化协作；标准化可减少浪费、增加有效性；标准化可促进世界贸易交流；有利于促进技术进步。

2. 标准化分类

可以把标准分为技术标准、管理标准和工作标准三大类。

(1) 技术标准。技术标准是对标准化领域中需要协调统一的技术事项所制定的标准。技术标准包括基础技术标准、产品标准、工艺标准、检测试验标准、设备标准、原材料标准、半成品标准、外购件标准、安全卫生环保标准等。

(2) 管理标准。管理标准是对标准化领域中需要协调统一的管理事项所制定的标准。管理标准主要是对管理目标、管理项目、管理程序、管理方法和管理组织所作的规定。管理标准包含管理基础标准、技术管理标准、经济管理标准、行政管理标准和生产经营管理标准5大类。

（3）工作标准。工作标准是对工作的责任、权利、范围、质量要求、程序、效果、检查方法、考核办法等所制定的标准。工作标准一般包括以下内容：工作的目的和范围、工作的构成和程序、工作的责任和权利、工作的质量要求和效果、工作的检查和考评、与相关工作的协作与配合。

工作标准对于提高工作秩序，保证工作质量，改善协作关系，提高工作效率有重要作用。工作标准一般可以划分为部门工作标准和岗位工作标准。

3．标准分级

在更大范围内，标准可以分为国际标准、洲际标准、国家标准、行业标准、地方标准、企业标准和项目7级。但是，根据《中华人民共和国标准化法》（1988年12月29日公布）的规定，我国标准分为国家标准、行业标准、地方标准和企业标准4级。

1）国家标准

国家标准是对全国技术经济发展有重大意义而必须在全国范围内统一的标准。《标准化法》规定："对需要在全国范围内统一的技术要求，应当制定国家标准。"

国家标准是我国标准体系中的主体。国家标准一经批准发布实施，与国家标准相重复的行业标准、地方标准即行废止。国家标准由国务院标准化行政主管部门编制计划，组织草拟，统一审批、编号和发布，以保证国家标准的科学性、权威性和统一性。

国家标准的编号由国家标准代号、标准发布顺序号和发布的年号（即发布年份的后两位数字）组成。根据《国家标准管理办法》的规定，国家标准的代号由大写的汉语拼音字母构成。强制性国家标准代号为GB，推荐性国家标准代号为GB/T。

2）行业标准

行业标准是指全国性的各行业范围内统一的标准。《标准化法》规定："对没有国家标准而又需要在全国某个行业范围内统一的技术要求，可以制定行业标准。行业标准由国务院有关行政主管部门制定，并报国务院标准化行政主管部门备案，在公布国家标准之后，该项行业标准即行废止。"

行业标准是全国某个行业范围内需要统一的技术要求，是专业性较强的标准，在相应的国家标准实施后即行废止，由国务院有关行政主管部门制定、审批、编号和发布。行业标准是国家标准的补充。行业标准由国务院有关行政主管部门统一制定、审批、编号和发布，并报国务院标准化行政主管部门备案。

行业标准编号由行业标准代号、行业标准顺序号和发布年号组成。根据《行业标准管理办法》规定，行业标准代号由国务院标准化行政主管部门规定，在尚无新规定的情况下，仍沿用原部标准代号。行业标准也有强制性标准（ZB）和推荐性标准（ZB/T）两种。

3）地方标准

地方标准是指在某个省、自治区、直辖市范围内需要统一的标准。《标准化法》规定："没有国家标准和行业标准而又需要在省、自治区、直辖市范围内统一的工业产品的安全卫生要求，可以制定地方标准。地方标准由省、自治区、直辖市标准化行政主管部门制定；并报国务院标准化行政主管部门和国务院有关行政主管部门备案。在公布国家标准或者行业标准之后，该项地方标准即行废止"。

地方标准编号由地方标准代号、标准顺序号和发布年号组成。根据《地方标准管理办法》的规定,地方标准代号由汉语拼音字母 DB 加上省、自治区、直辖市行政区划代码前两位数字再加斜线,组成强制性地方标准代号;再加 T 则组成推荐性地方标准代号。

4) 企业标准

企业标准是指由企业制定的产品标准和为企业内需要协调统一的技术要求和管理,工作要求所制定的标准。企业标准是企业组织生产经营活动的依据。

《标准化法》规定:"企业生产的产品没有国家标准和行业标准的,应当制定企业标准,作为组织生产的依据。企业的产品标准须报当地政府标准化行政主管部门和有关行政主管部门备案。已有国家标准或行业标准的,国家鼓励企业制定严于国家标准或行业标准的企业标准,在企业内部适用。"

凡是取得企业法人资格的,无论是国有企业,还是集体企业、个体企业、乡镇企业,或者建立在我国境内的外商投资企业,都有权利和义务按照《标准化法》的规定制定企业标准,作为组织生产的依据,并按规定上报备案。

企业标准编号由企业标准代号、标准顺序号和发布年号组成。根据《企业标准化管理办法》规定,企业标准代号由汉语拼音字母 Q 加斜线再加上企业代号组成。企业代号可用汉语拼音字母或阿拉伯数字或两者兼用,具体办法由当地行政主管部门规定。

4. 标准化的管理原理

1) 系统效应原理

一个企业要实施标准化,需要有多个标准同时配合,这是一个系统工程。实践证明:标准系统的效应不是来自于某个标准本身,它是多个标准互相协同的结果,并且这个效应超过标准个体效应的总和,这就是系统效应原理。因此,企业的标准化工作要想收到实效,必须建立标准系统。多个标准共同实施时,关键是标准之间的互相关联、互相协调、互相适应。把握每一个标准出发点,和它在系统中的位置、所起的作用以及它与相关标准之间的关系等。这样才能制定出切合实际的标准,这样的标准系统才能产生较好的系统效应。

2) 结构优化原理

一个标准系统是由多个标准组成的,这些标准在系统中的位置不是杂乱无章的,每个标准都有自己的位置,且彼此之间层次分明,时间排列有序。系统效应的大小,很大程度上取决于系统是否具有良好的组织结构。实践证明:标准系统的结构不同,其效应也会不同,只有经过优化的系统结构才能产生系统效应。系统结构的优化,应按照结构与功能的关系,调整和处理标准系统的阶层秩序、时间序列、数量比例以及它们的合理组合。这就是结构优化原理的含义。根据这一原理,在对标准系统实施的过程中,应不断协调彼此的关系,及时发现结构的不合理,并加以调整。

3) 有序发展原理

标准系统的结构经过优化之后,系统内部各要素之间彼此协调,系统与其外部环境之间也保持适应的状态。把这种状态叫做系统的稳定状态,系统只有处于稳定状态才能正常地发挥其功能,产生系统效应。当外部环境发生变化时,系统不断调整,逐步适应环境的变化,稳定向前发展。如果在系统形成和发展过程中,对系统内部、外部因素之间关系处理不当,便可能降低系统结构的有序度,使系统向无序方向转化。此外,即使原有的系统结构状态较好,也会由于外部环境的变化,使系统中的个别要素首先发生变化,从而使要素之间的联系

变得不稳定，由此也会向无序方向演化。

4）反馈控制原理

标准系统的存在与发展，不仅依赖于其内部要素的相互作用，同时还依赖于它和周围环境的相互作用，恰是这两种作用构成了标准系统发展的动力。标准系统同环境的联系表现在它和环境之间物质和信息的不断交换过程中，标准系统从环境得到各种信息之后，据以调整自己的结构，增加必要的标准，使标准系统同环境相适应。实践证明：标准系统演化、发展以及保持结构稳定性和环境适应性的内在机制是反馈控制。这就是反馈控制原理，因此标准系统在建立和发展过程中，只有通过经常的反馈，不断地调节同外部环境的关系，提高系统的适应性和稳定性，才能有效地发挥出系统效应。标准系统同外部环境的适应性不可能自发实现，需要控制系统（管理机构）实行强有力的反馈控制。

5. 标准化的过程

标准化的一个具体过程包括标准的制定、贯彻、效果评定、修订等几个主要部分。不过，这几个过程还可以细分为确定项目、调查研究、试验验证、标准起草、审查定稿、审批发布、出版发行、贯彻准备、贯彻实施、标准检查、技术监督、效果评定、标准修改等。其具体过程如图 5-1 所示。

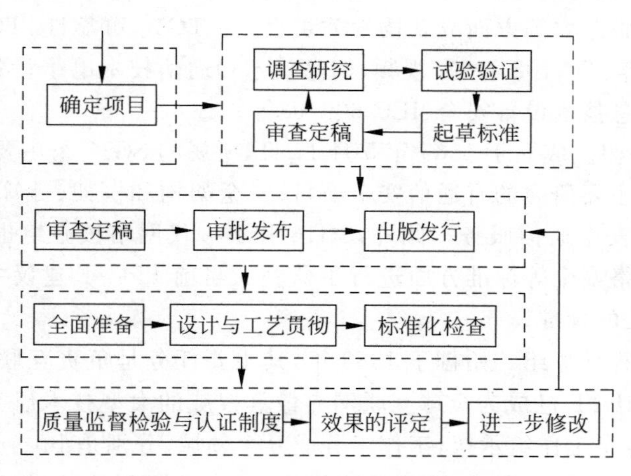

图 5-1 标准化的具体过程

5.1.2 信息安全标准体系

信息安全标准是确保信息安全的产品和系统在设计、研发、生产、建设、使用、测评中解决其一致性、可靠性、可控性、先进性和符合性的技术规范、技术依据。信息安全标准是我国信息安全保障体系的重要组成部分，是政府进行宏观管理的重要手段。信息安全保障体系的建设、应用是一个极其庞大的复杂系统，没有配套的安全标准就不能构造出一个可用的信息安全保障体系。信息安全标准化工作对于解决信息安全问题具有重要的技术支撑作用。信息安全标准化不仅关系到国家安全，同时也是保护国家利益、促进产业发展的一种重要手段。在互联网飞速发展的今天，网络和信息安全问题不容忽视，积极推动信息安全标准化，牢牢掌握在信息时代全球化竞争中的主动权是非常重要的。

1. 国际信息安全管理标准

国际上,信息安全标准化工作兴起于20世纪70年代中期,80年代有了较快的发展,90年代引起了世界各国的普遍关注。

1) 国际信息安全组织

目前世界上约有近300个国际和区域性组织,制定标准或技术规则。与信息安全标准化有关的主要的组织有国际标准化组织(ISO)、国际电工委员会(IEC)、国际电信联盟(ITU)、Internet工程任务组(IETF)等。

(1) 国际标准化组织。1947年2月23日开始工作。ISO/IEC JTC1(信息技术标准化委员会)所属SC 27(安全技术分委员会)的前身是SC20(数据加密分技术委员会),主要从事信息技术安全的一般方法和技术的标准化工作。而ISO/TC68负责银行业务应用范围内有关信息安全标准的制定,它主要制定行业应用标准,在组织上和标准之间与SC27有着密切的联系。ISO/IEC JTC1负责制定标准主要是开放系统互连、密钥管理、数字签名、安全的评估等方面的内容。

(2) 国际电工委员会。成立于1906年10月,是世界上成立最早的专门国际标准化机构。在信息安全标准化方面,除了与ISO联合成立了JTC1下分委员会外,还在电信、电子系统、信息技术和电磁兼容等方面成立技术委员会,如TC56可靠性、TC74 IT设备安全和功效、TC77电磁兼容、TC 108音频/视频、信息技术和通信技术电子设备的安全等,并制定相关国际标准,如信息技术设备安全(IEC 60950)等。

(3) 国际电信联盟。成立于1865年5月17日,所属的SG17组主要负责研究通信系统安全标准。SG17组主要研究的有通信安全项目、安全架构和框架、计算安全、安全管理、用于安全的生物测定、安全通信服务。此外,SG16和下一代网络核心组也在通信安全、H323网络安全、下一代网络安全等标准方面进行了研究。目前ITU-T建议书中大约有40多个都是与通信安全有关的标准。

(4) Internet工程任务组。始创于1986年,其主要任务是负责互联网相关技术规范的研发和制定。目前,IETF已成为全球互联网界最具权威的大型技术研究组织。IETF标准制定的具体工作由各个工作组承担,工作组分成8个领域,分别是Internet路由、传输、应用领域等,著名的IKE和IPsec都在RFC系列之中,还有电子邮件,网络认证和密码标准,也包括了TLS标准和其他的安全协议标准。

2) 信息安全标准

ISO和IEC是世界范围的标准化组织,各国的相关标准化组织都是其成员,他们通过各技术委员会参与相关标准的制定。近年来,国际ISO/IEC和西方一些国家开始发布和改版一系列信息安全管理标准,使安全管理标准进入了一个繁忙的改版期。这表明,信息安全管理标准已经从零星的、随意的、指南性标准,逐渐演变成为层次化、体系化、覆盖信息安全管理全生命周期的信息安全管理体系。

ISO/IEC联合技术委员会子委员会27(ISO/IEC JTCI SC27)是信息安全领域最权威和国际认可的标准化组织,它已经为信息安全保障领域发布了一系列的国际标准和技术报告,目前最主要的标准是ISO/IEC 13335、ISO/IEC 27000系列等。ISO/IEC JTCISC27的信息安全管理标准(ISO 13335)《IT安全管理方针》系列(第1～5部分)已经在国际社会中开发了很多年。5 个部分组成分别为 ISO/IEC 13335—1：1996《IT 安全的概念与模型》；ISO/IEC 13335—2：1997《IT 安全管理和计划制定》；ISO/IEC 13335—3：1998《IT 安全管理技术》；ISO/IEC 13335—4：2000《安全措施的选择》和 ISO/IEC 13335—5《网络安全管理方针》。27000 系列综合信息安全管理系统要求、风险管理、度量和测量以及实施指南等一系列国际标准是目前国际信息安全管理标准研究的重点。27000 系列当前已经发布和在研究的有 6 个，分别为 ISO/IEC 27000《信息安全管理体系基础和词汇》；ISO/IEC 27001：2005《信息安全管理体系要求》；ISO/IEC 27002(17799：2005)《信息安全管理实用规则》；ISO/IEC 27003《信息安全管理体系实施指南》；ISO/IEC 27004《信息安全管理测量》和 ISO/IEC 27005《信息安全风险管理》。随着 ISO/IEC 27000 系列标准的规划和发布，ISO/IEC 已形成了以 ISMS 为核心的一整套信息安全管理体系。

2. 我国信息安全管理标准

信息安全标准是我国信息安全保障体系的重要组成部分，是政府进行宏观管理的重要依据。虽然国际上有很多标准化组织在信息安全方面制定了许多的标准，但是信息安全标准事关国家安全利益，任何国家都不会轻易相信和过分依赖别人，总要通过自己国家的组织和专家制定出自己可以信任的标准来保护民族的利益。因此，各个国家在充分借鉴国际标准的前提下，制定和扩展自己国家对信息安全的管理领域，这样就出现许多国家建立了自己的信息安全标准化组织和制定本国的信息安全标准。

1) 标准组织发展

目前，我国按照国务院授权，在国家质量监督检验检疫总局管理下，由国家标准化管理委员会统一管理全国标准化工作，下设有 255 个专业技术委员会。中国标准化工作实行统一管理与分工负责相结合的管理体制，有 88 个国务院有关行政主管部门和国务院授权的有关行业协会分工管理本部门、本行业的标准化工作，有 31 个省、自治区、直辖市政府有关行政主管部门分工管理本行政区域内本部门、本行业的标准化工作。

我国信息安全标准化工作虽然起步较晚，但是近年来发展较快，入世后标准化工作在公开性、透明度等方面更加取得了实质性进展。我国从 20 世纪 80 年代开始，本着积极采用国际标准的原则，转化了一批国际信息安全基础技术标准，制定了一批符合中国国情的信息安全标准，同时一些重点行业还颁布了一批信息安全的行业标准，为我国信息安全技术的发展做出了很大的贡献。据统计，我国从 1985 年发布第一个有关信息安全方面的标准以来到 2004 年年底共制定、报批和发布有关信息安全技术、产品、测评和管理的国家标准 76 个，为信息安全的开展奠定了基础。

与国外相比，我国的信息安全领域的标准制定工作起步较晚，但随着 2002 年全国信息安全标准化技术委员会的成立，信息安全相关标准的建设工作开始走向了规范化管理和发展的快车道。

2) 标准化组织

我国有关部门十分关注信息安全标准化工作，早在 1984 年 7 月就组建了数据加密技术委员会，1990 年 3 月成立了中国信息协会(CIIA)。数据加密技术委员会于 1997 年 8 月改组成全国信息技术标准化委员会的信息安全技术分委员会，负责制定信息安全的国家标准。

(1) 全国信息安全标准化技术委员会(TC260)。2002 年 4 月，我国成立了“全国信息安全标准化技术委员会(TC260)”,其成立标志着我国信息安全标准化工作步入了“归口管理、协调发展”的新时期。该标委会是在信息安全的专业领域内,从事信息安全标准化工作的技术工作组织。信息安全标委会设置了10个工作组,其中信息安全管理(含工程与开发)工作组(WG7)负责对信息安全的行政、技术、人员等管理提出规范要求及指导指南,包括信息安全管理指南、信息安全管理实施规范、人员培训教育及录用要求、信息安全社会化服务管理规范、信息安全保险业务规范框架和安全策略要求与指南。目前,WG7工作组正在着手制定推荐性国家标准《信息技术信息安全管理实用规则》,该标准的采用程度为等同采用标准,也就是说该标准与ISO/IEC 17799相同,除了纠正排版或印刷错误、改变标点符号、增加不改变技术内容的说明和指示之外不改变标准技术的内容。

(2) 公安部信息系统安全标准化技术委员会。1999年3月31日经公安部科技局批准,公安部信息系统安全标准化技术委员会正式成立。主要任务是在公安部的领导下,负责规划和制定我国信息安全标准和技术规范,监督技术标准的实施。制定标准的工作范围包括计算机信息系统安全保护等级标准、应用系统安全等级评估检测标准、计算机信息系统安全产品标准、计算机信息系统安全管理标准等。目前共制定了14个标准。

(3) 中国通信标准化协会网络与信息安全技术工作委员会。2002年国家计算机网络与信息安全管理中心联合中国电信集团公司、中国移动通信集团公司、中国网络通信集团公司、中国联合通信集团公司、铁道通信信息有限责任公司、中国卫星通信集团公司等10个单位发起组织成立通信安全标准研究组,并得到信息产业部科技司的批准。2003年12月,根据信息产业部科技司和中国通信标准化协会(CCSA)的有关决定,将通信安全研究组直接纳入了中国通信标准化协会,成立了网络与信息安全技术工作委员会(TC8)。CCSA TC8主要负责研究涉及有关通信安全技术和管理标准,其研究领域包括面向公众服务的互联网的网络与信息安全标准、电信网与互联网结合中的网络与信息安全标准、特殊通信领域中的网络与信息安全标准。TC8设置有线网络安全工作组(WG1)、无线网络安全工作组(WG2)、安全管理工作组(WG3)和安全基础设施工作组(WG4)4个工作组。

(4) 其他信息安全行业标准或地方标准。1991年,国防科学技术工业委员会发布了《指挥自动化计算机网络安全要求》(GJB 128—91)、《军队通用计算机系统使用安全要求》(GJB 1295—91)。1994年发布了《军用计算机安全术语》(GJB 2255—95),1996年发布了《军用计算机安全评估准则》(GJB 2646—96)。1993年,国家技术监督局和建设部联合发布了《电子计算机机房设计规范》(GB 50174—93)。1993年,电子工业部发布了《电子计算机机房施工及验收规范》(SJ/T 30003—93)。1998年,中国证监会颁布了《中国证券经营机构营业部信息系统技术管理规范(试行)》、《证券经营机构营业部信息系统技术管理规范(试行)》。2001年,人民银行发布了金融行业标准《银行卡联网联合安全技术要求》(JR/T 0003—2001)。2002年,北京市发布了《党政机关信息系统安全测评规范》(DB11/T 171—2002),上海市发布了《计算机信息系统安全测评通用技术规范》(DB31/T 272—2002),山东省发布了《计算机信息网络安全管理要求》(DB37/T 313—2002)等。

3. 信息安全标准化工作的发展趋势

随着网络的延伸和发展,信息安全问题受到了全社会前所未有的普遍关注,人们对信息安全的理解和认识更加深入全面,信息安全标准化的工作也在各级组织中得到了重视。信息技术安全标准化是一项基础性工作，必须统一领导、统筹规划、各方参与、分工合作，以保证其顺利和协调发展。

1）走国际化合作之路

信息安全的国际标准大多数是在欧洲、美国等工业发达国家标准的基础上协调产生的，基本上代表了当今世界现代信息技术的发展水平。我国的信息化工作起步较晚，但是互联网是没有国界的，在互联网上使用的产品是可以互联互通的，在我国接入互联网的那一天起，在互联网上产生的信息安全问题就同样开始威胁我国的网络，所以借鉴国外成熟的先进经验发展我国的信息化建设事业是十分必要的。信息安全标准化工作是一个国际性的工作，共性的问题多于个性，本着积极采用国际标准的原则，适时地转化了一些国际信息安全基础技术标准为我国信息化建设服务，会对中国的信息安全技术起到一个快速发展的作用。

目前，我国的标准化工作者积极参与国际标准化和区域性标准化活动，不仅参加了国际标准化组织和国际电工委员会每年召开的各类高层次的工作会议和技术会议，同时每年派出100多个代表团参加ISO、IEC的TC和SC会议。不仅主动地采用国际标准，转化国际标准，更重要的是有计划、有重点地参与国际标准的起草和主动承担国际标准的起草工作，包括标准试验验证和讨论的全过程，逐步使我国的信息安全标准化工作与国际标准化工作的计划、速度以及试验验证工作接轨。应该采取积极的态度，对国际标准要花大力气，认真分析、研究。凡是符合我国国情，有利于提高信息化工作质量，保护国家利益的标准都应该加速采用为我国信息安全标准化工作服务。

2）走商业化发展之路

多年来，国家标准的制修订经费主要来源于政府财政拨款，一直作为补助经费维持工作，靠行政命令，如果经费不足，由项目承担单位自行解决。随着改革开放的深入和信息化工作的开展，对信息安全标准化工作的要求越来越高，企业生产产品需要标准，政府管理工作需要标准，用户和消费者保护自己的合法权益也需要标准。形势变化了，标准的需求增加了，但标准化工作的经费一直没有增加，对于政府、市场、企业和社会急需的标准和应该开展的工作，对于大量应该修订的标准无力进行正常的修订，对于参与国际标准化活动和采用国际标准工作，因为不可能有足够的经费支持，而使信息安全标准化的工作受到了不同程度的影响。今后采取国家的更多投入，企业的大力支持，标准出版物在发行工作中的改革，提高标准文本的出售价格等方法，使信息安全标准化工作逐步进入商业化运作模式，使标准工作进入到一个良性发展的新局面。

3）明确研究方向

信息安全技术近年来才得到较快的发展，技术与规范同样重要。为了全面认识和了解信息技术的安全标准，需要对国内外信息技术标准化的情况和发展趋势进行深入的跟踪和研究。今后在信息安全标准化方面需要实施的工作有扎扎实实地抓好基础性工作和基础设施建设，继续推进信息安全等级保护、信息安全风险评估、信息安全产品认证认可等基础性工作；继续加快以密码技术为基础的信息保护和网络信任体系建设，进一步完善应急协调机制与灾难备份工作；进一步加强互联网管理，创建安全、健康、有序的网络环境；进一步创建产业发展环境支持信息安全产业发展，加快信息安全学科建设和人才培养，加强国际合作与交流，完善信息安全的管理体制和机制。

5.2 信息安全管理标准体系

要保证信息产品和信息系统的安全性，提高用户对信息产品和信息系统安全性的信心，就必须对信息安全产品以及提供信息安全产品、信息安全技术与服务的组织进行评估。科学的信息安全评估标准是信息安全测评认证的基础。通过对目前国际上流行的信息安全评估标准CC、BS7799、SSE-CMM进行分析，并从其产生背景、适用范围、框架结构、评估等级和侧重点等方面进行综合比较，其中英国标准机构(BSI)制定的BS7799是目前国际上具有代表性的信息安全管理标准。BS7799围绕风险评估从管理和技术两方面建立了一整套信息安全评估体系。

5.2.1 BS7799安全管理标准

1. 标准BS7799概述

BS7799于1995年首次出版，它是英国标准协会集结了大批计算机与信息方面有丰富实践与管理经验的专家撰写的一个专业性极强的标准，它提供了一套综合的，由信息安全管理最佳惯例组成的实施规则，其目的是提供工商务及大、中、小型组织的信息系统在大多数情况下所需的控制范围、控制方法的参考基准。1999年版考虑了信息处理技术，尤其是在网络和通信领域的应用的近期发展，同时还强调了商务涉及的信息安全及信息安全的责任。标准里描述了很多种控制方式，使用的组织可以结合当地的系统、环境及技术条件有选择地进行控制，根据情况加以补充。此外，它可作为诸如制定集团方针或公司之间达成贸易协议的基础。

1999年进行了BS7799修订换版，它是一个组织的全面或部分信息安全管理体系评估的基础，可以作为一个正式认证方案的基础。它基于BS7799—1信息安全管理第一部分：信息安全管理实施规范。BS7799—2信息安全管理体系规范，对组织建立的信息管理体系的要求包括总则、建立管理框架、实施、文件化、文件控制和记录6个要求，具体的控制细则包括安全方针、组织安全、资产归类及控制、人员安全、实物与环境安全、通信与操作管理、访问控制、系统开发与维护、商务连续性管理、依从这10个要求。期望寻求认证的组织可采用BS7799—1给出的操作性较强的要素建立组织的信息安全管理体系，然后对照BS7799—2实施和维护以达到第三方认证机构的认可。“七分管理三分技术”。实践证明，信息安全中由于人员、组织和管理方面的原因而造成的影响远大于安全技术和产品。因此解决安全问题，人们越来越重视技术和产品以外的因素，BS7799就是以安全管理为基础，提供了一个完整的切入、实施和维护的文档化组织内部信息安全的框架。BS7799规范充分反映了PDCA(Plan-Do-Control-Act)的思想，具体体现在：确定信息安全管理的方针和范围，在风险评估的基础上选择适宜的控制目标与控制方式并进行控制，制定商务持续性计划，建立并实施信息安全管理体系。

2. 标准BS7799的结构

BS7799标准包括两部分：BS7799—1：1999《信息安全管理实施细则》；BS7799—

2：2002《信息安全管理体系规范》。其中，BS7799—1：1999 于 2000 年 12 月通过国际标准化组织认证正式成为国际标准，即 ISO/IEC 17799：2000。它是被 ISO 认可为速度最快的一个标准，由此也可看出风险评估是信息安全的一个重要发展趋势。

1）标准 BS7799—1999 版

BS7799—1：1999(ISO/IEC 17799)涵盖了信息安全管理所有安全主题，它按照 10 个核心领域组织为 10 个管理要项，其中既包含偏重于管理的信息安全方针、安全组织、人员安全等方面，也有偏重于技术的通信和操作管理、系统访问控制等内容，每一部分针对不同的主题或范围。在这 10 大管理要项中，又细分了 36 个管理目标、127 个控制措施。

BS7799 包括安全内容的所有准则，它的每一节控制细则都覆盖了不同的主题和区域。

(1) 安全方针：为信息安全提供管理导向和支持。

(2) 组织安全：管理组织内部的信息安全，保持被第三方访问的组织信息的处理设施和信息资产的安全，确保当信息处理委托给另一个组织时的信息安全。

(3) 资产分类和控制：对组织资产给予适当的保护，确保信息资产受到适当程度的保护。

(4) 人员安全：减少人为错误、偷窃、欺骗和资源误用造成的风险；确保用户了解信息安全的威胁和相关事项，在他们的正常工作中进行相应的培训，以利于信息安全方针的贯彻和实施；从前面的安全事件和风险中汲取教训，最大限度降低安全的损失。

(5) 物理和环境的安全：防止对业务机密和信息进行非法访问、损坏和干扰，防止资产丢失、损坏或泄露以及商务活动的中断，防止信息和信息处理设备损坏或失窃。

(6) 通信和操作管理：确保信息处理设备的正确和安全操作，降低系统失效风险，保护软件和信息的完整性，保持信息处理和通信的完整性和可用性，确保网络的信息安全措施及其支持受到保护，防止资产损坏和商务活动中断，防止组织间在交换信息时发生丢失、更改和误用现象。

(7) 访问控制：控制信息访问，防止非授权访问信息系统，防止非授权用户访问，确保网络服务受到保护，防止非授权访问计算机，防止非授权访问信息系统中的信息，检查非授权行为，确保使用移动计算机和远程网络设备的信息安全。

(8) 系统开发与维护：确保安全性已构成信息系统的一部分，防止应用系统用户数据的丢失、修改或误用，保护信息的机密性、真实性和完整性，确保 IT 项目及其支持活动以安全的方式进行，维护应用系统软件和数据的安全。

(9) 商业持续规划：防止商业活动的中断及保护关键商务过程免受重大失误或灾难事故的影响。

(10) 符合性：避免违背刑法、民法、有关法令法规或合同约定事宜及其他安全要求的规定；确保组织系统符合安全方针和标准；使效果最大化，并使系统审核过程的影响最小化。

1998 年，英国公布了标准的第二部分(BS7799—2)《信息安全管理体系规范》，它规定信息安全管理体系要求与信息安全控制要求，是一个组织的全面或部分信息安全管理体系评估的基础，可以作为一个正式认证方案的根据。

2）标准 BS7799—2002 版

2002 年 9 月 5 日，BSI 发布了最新版的 BS7799—2：2002 标准，新版的标准结构如下：

引言，范围，引用标准，术语及定义，信息安全管理体系，管理职责，资源管理，ISMS 评审，改进。BS7799—2：2002 标准结构上的修订更加贴近 1509001：2000，更好地采用了过程的方法，利用 PDCA 的循环不断改进信息安全管理体系，这也是 BS7799—2：2002 与 BS7799—2：1999 的一个重要差别。

以下是标准改版的动因：修订 Bs7799 第二部分标准，主要是为了与其他管理体系标准协调一致，例如 1509000 和 15014001；引入并应用 PDCA（计划（Plan）、实施（Do）、检查（Check）、措施（Action））过程模式，以建立、实施组织的信息安全管理体系，并持续改进其有效性。BS7799 几个要求（如图 5-2 所示）：

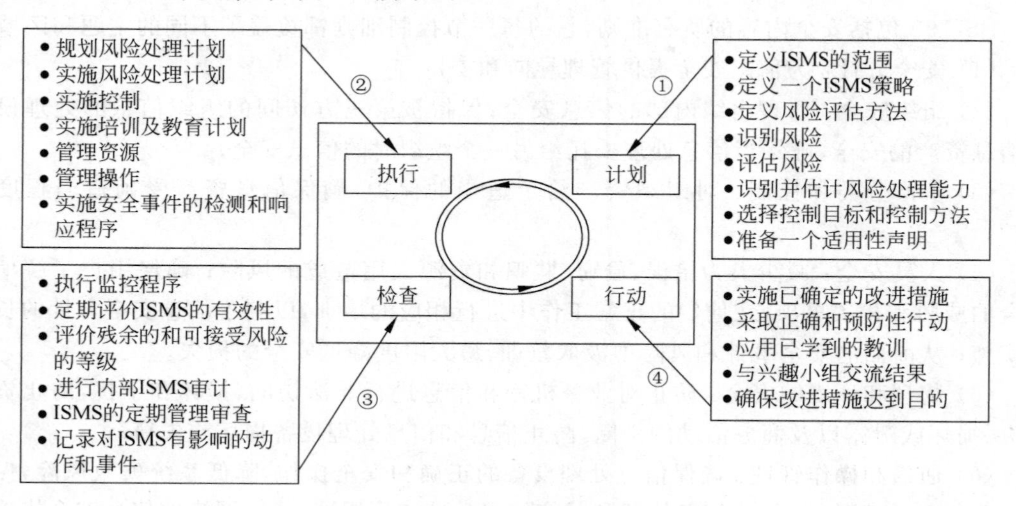

图 5-2 BS7799—2 的主要过程与步骤

（1）安全策略。主要阐述管理层制定的信息安全目标和原则，对特别重要的安全策略进行简要说明，通过在整个组织内颁布信息安全策略，以恰当的、易理解的方式将安全策略传递给整个组织的成员，表明管理层对信息安全的支持、要求和承诺。所有的安全策略要进行定期的评审和维护。

（2）组织的安全。主要阐述从组织架构上对信息安全管理的要求。

（3）主要包括。建立安全管理机构，负责组织安全策略的制定和审核，进行安全控制的实施和组织间的安全协调；对第三方访问的安全要求；信息处理采用外包形式时的安全要求。

（4）资产分类和管理。规定了对所有的信息资产要进行标识并指定责任人，明确安全责任；对信息进行分类，明确不同的安全需求和保护等级。

（5）人员安全。阐述了雇员录用、岗位职责、保密性协议、安全教育培训等方面的要求。

（6）物理和环境安全。对安全区域的范围、进出安全区域、安全区域的保护、在安全区域内工作、设备的安置和保护、通常的保护措施等进行了规定。

（7）通信和运营管理。阐述了设备的操作规程、发生事故时的响应、责任分离、系统的规划和验收、防范病毒等恶意代码、信息备份、日志记录、网络管理、介质安全管理、组织间的信息交换等方面的要求。

（8）访问控制。主要阐述了访问控制的策略、用户访问管理、用户权限和责任、网络访问控制、操作系统访问控制、应用系统访问控制、系统审计、移动计算和远程工作等安全要求。

(9) 系统的开发和维护。阐述了在进行系统开发和维护时的一些安全要求，包括需求分析阶段对安全需求的分析，强调信息安全工程应和信息系统的建设同步进行才能更经济有效。应用系统内应设计有控制和审计机制，对应用系统内的信息进行保护。

(10) 业务连续性管理。业务连续性通常是企业最关注的，该部分阐述了如何建立业务连续性计划，如何进行业务连续性计划的维护和测试等。

(11) 符合性。该部分主要强调了信息系统的设计、运行、使用和管理要符合国家法律、法规和政策的要求；对信息系统进行安全审计、检验信息安全控制措施是否与安全策略的要求一致，同时对审计工具进行有效保护。

3. 标准 BS7799 的不足

BS7799 标准也存在不足之处：

(1) 标准中的控制目标、控制方式的要求并没有包含信息安全管理的全部，组织可以根据需要考虑另外的控制目标和控制方式。

(2) 作为一个管理标准，它不具有一个技术标准所必需的测量精度。

(3) BS7799 没有在要项和目标之间区分重要性，没有设置权重，它将各个层次内的条目并列看待，这不太符合各个行业有所区分的实际情况。

(4) BS7799 提供了具体的实施细则，却没有提供标准的实施方法，增加了风险评估实施的困难。

作为一个管理标准，BS7799 虽然涵盖了安全管理的各个方面，但它还具有不可避免的缺点，所以针对它所设计的风险评估工具必然同其他基于技术标准的工具设计在设计方案、实现手段等方面有很大的不同。

5.2.2 SSE-CMM 的信息安全管理体系

1. 基于能力成熟模型的开发思想

过去人们在开发安全产品过程中往往只重视产品本身的标准化问题，但却忽视了开发过程本身的标准化。如何提高开发过程的能力，如何使过程本身标准化、规范化应该引起人们的足够重视。目前大部分产品开发采取的组织形式是矩阵式的管理模式，即平时按一般组织形式管理，一旦有项目就由组织各部门人员组成项目小组。项目的成败是由小组成员的能力决定的，这是一种基于个人能力的组织管理模式。这种管理模式的不足之处在于，一旦项目组的主要成员中途离开就可能会造成整个项目拖延甚至使项目停止运作。整个项目的运行过程对于开发商来说近乎是黑箱运作。当这个项目成功后，开发商难以让其他成员共享他们的经验，因为开发过程主要靠人的思维活动，而人的思维是不断变化的，即使同一个人两次开发同一个项目也会有所不同。为了改变这种状况，一个不同于以往的概念逐渐被接受，即一个单位的开发和生产能力取决于该单位的过程能力。这种过程能力是整体的能力而不是个人的能力。要建立一个规范的过程并通过政策保证过程的执行，从而使项目的执行不再是一个黑箱子，项目管理者可以清楚地知道项目是按规定的过程进行的。其中所设定的过程可能有缺陷，但存在的问题可以在执行的过程中反映出来，在该过程执行一段时间后，可根据反映的问题来不断完善这个过程。周而复始就能使这个过程逐渐完善和成熟。伴随着过程的成熟，开发商的能力也不断成熟。

2. SSE-CMM模型的提出

1993年4月，美国国家安全局(NSA)提出了一个专门应用于系统安全工程的能力成熟模型的构想，即系统安全工程能力成熟模型(Systems Security Engineering Capability Maturity Model，SSE-CMM)。在美国国家安全局、美国国防部、加拿大通信安全局的号召和推动下，汇聚了60多个厂家，集中了大量的人力、物力和财力对该构想进行了开发实施，并于1996年10月出版了SSE-CMM模型的第一个版本。第一个版本发布后，标准制定者随即选择了5家公司对该模型进行了长达一年的试用，并根据试用中积累的经验和教训对模型进行了几次更新，并于1997年4月出版了评定方法的第一个版本，1999年4月发布了SSE-CMM的2.0版本。目前，该模型已经提交国际标准化组织申请作为国际标准。

3. SSE-CMM的基本思想

SSE-CMM的基本思想是建立和完善一套成熟的、可度量的安全工程过程。该模型定义了一个安全工程过程应有的特征，这些特征是完善安全工程的根本保证。这个安全工程对于任何工程活动均是清晰定义的、可管理的、可测量的、可控制的，并且是有效的。SSE-CMM模型及其评定方法汇集了业界范围内常见的实施方法，提供了一套包括政府及产业的标准度量体系，确保了在处理硬件、软件、系统和组织安全问题的工程实施活动后，能够得到一个完整意义上的安全结果。在以下安全活动过程中，SSE-CMM已成为公认的标准规范。这些活动包括：整个工程的生命周期过程，包括开发、运行、维护和结束；整个组织过程，包括各种管理、组织和工程活动；与其他工程规范和标准的交流，包括其他系统、软件、硬件、人的因素和检测工程规范等；与其他组织的交流活动，包括信息获取、系统管理、认证、授权和评价等活动。此外，SSE-CMM还用于改进安全工程实施的现状，达到提高安全系统、安全产品和安全工程服务的质量和可用性并降低成本的目的。

4. SSE-CMM中包含的过程域

为了将安全工程思想变为一种有效的工程规范，在SSE-CMM模型中定义了22个安全方面的过程域(Process Areas，PA)，并将每个过程域按其能力由低到高分为0～5这6个级别。在每个过程域中提出了要控制和达到的目标。为了实现这些目标，在每个过程域中又包括许多具体的基本实施(Basic Practice，BP)。这些基本实施规范了工作流程，是保证过程目标有效控制的重要手段。按照解决问题的不同，过程域可以分为三类：一类是工程过程域(PA)，包括11个过程；另一类是项目过程域(PA)，包括5个过程；还有一类是组织过程域(PA)，包括6个过程。在项目过程域中包括5个过程，分别为PA12—质量保证，PA13—配置管理，PA14—项目风险管理，PA15—技术成果的监控，PA16—技术成果的计划。在组织过程域中包括6个过程，分别为PA17—定义与组织系统工程过程，PA18—提高组织系统工程过程，PA19—产品线进展管理，PA20—系统安全工程支持环境管理，PA21—提供在研的技术和知识，PA22—与供应商协调。这两类过程域虽然并不直接同系统安全相关，但它们通过和安全过程域的协调来保证安全工程的实施。

5. SSE-CMM 的系统安全工程

在工程进行中可以根据不同的目标确定采用不同的过程域，通过提高过程的能力来保证系统、产品或服务的安全性。SSE-CMM 将系统安全工程分为三类，它们是风险过程、安全过程和信任度过程。其中，风险过程是指对要实施安全工程的系统进行风险分析，分析各种可能对系统构成威胁的影响因素、系统本身的脆弱性以及如果威胁因素起作用可能对系统造成的影响。工程过程是指工程队伍根据风险分析的结果、有关系统需求、可应用的法律法规和方针政策等信息，同客户一起识别和定义系统的安全需要，在综合考虑包括成本、性能、技术风险和使用难易程度等各种因素和各种替代方案之后创建出解决方案，然后用该方案指导安全系统的开发和建设，并对系统进行不间断的监测，以保证风险不至于增大到不能接受的程度。信任度过程是对安全工程过程和质量结果进行测试和验证，从而得出系统安全是否可信。伴随着这三个过程的不断执行，工程队伍的过程能力也不断成熟。

6. SSE-CMM 的过程能力水平

过程能力是由一组通用实施(GP)来衡量，通用实施是对所有工程过程都通用的工程实践。按照工程队伍对通用实施的执行情况，可以将每个过程域按能力的高低分成 6 个级别，即从第 0 级到第 5 级。其中：

第 0 级能力水平指非执行能力级。非执行能力级的过程没有共同特征(CF)和通用实践(GP)，在开发过程中没有安全工程思想的应用。在这一级的过程水平中也能够完成一些工作，但是当工程队伍中的关键人物不在或者当工程本身变得越来越复杂时，就难以保证任务的完成。

第 1 级能力水平指非正常执行的能力水平。所有的基本实施在一定程度上都能被执行，因而对过程能力缺少连续的计划和跟踪。过程的完善能力仍然取决于个人的知识和努力程度。产品质量和生产效率由工程队伍的所有人员的出色工作来保证。过程的执行还主要靠经验，对执行结果无明确要求，所以执行活动的能力是不可重复和被其他过程所借鉴的。

第 2 级能力水平是指具有计划与跟踪的能力水平。组织的过程能力取决于安全工程基本实施的效率，因此与基本实施有关的工作过程可以被总结和控制。它与 1 级能力水平不同之处在于此过程中的基本实施是可以重复和被其他组织借鉴的。

第 3 级能力水平是指完好定义的能力级水平。过程中的所有基本实施应按照完善定义的规范来进行，这些规范是工程队伍根据长期经验而总结出来的。它与 2 级能力水平不同之处在于定义了一个被接受的标准规范，基本的实施可以反映出过程的特征，过程的能力可以直接转到其他工程活动中。

第 4 级能力水平是定量控制级水平。对每个已定义的过程和相联系的工作都设定出可度量的过程目标，可以对工程队伍和工程的进展进行定量的预测和控制。

第 5 级能力水平是持续完善的能力水平。从过程能力的角度看，它是最高水平，在此水平下已经建立了对过程效率的定性和定量的目标，而且可以准确度量过程持续改善所获得的效益。

具体实施安全工程的工程队伍的能力直接影响安全工程本身的质量和安全可靠程度。SSE-CMM模型通过以上的“过程能力”指标对工程队伍的能力进行评估。“过程能力”是通过执行工程过程所得质量结果的变化范围。所得结果的质量变化范围越小，表明执行该过程的队伍越“成熟”；反之亦然。一个工程队伍既可以通过该模型自我评估能力级别，也可以通过第三方来实施评定。

通过以上介绍可以看出，SSE-CAN模型是目前针对信息系统安全问题而提供的具有较高可靠性的解决方法。它既可用于对一个安全系统或安全产品的信任度测量和改善，也可用于对一个工程队伍的能力进行评定或自我改善，提高系统安全工程队伍自身的能力，从而最大限度地保证系统的相对安全性。

7. SSE-CMM模型的应用前景

目前，SSE-CMM已经成为西方发达国家政府、军队和要害部门组织和实施系统安全工程的通用方法，是系统安全工程领域里的成熟方法体系，在理论研究和具体实践中具有举足轻重的作用。SSE-CMM已经被信息技术安全评估国际标准的公共准则CC看成是最有希望采用的替代安全技术。模型应用可以在提高过程能力的同时有效地降低成本，从而在开发方法上保证信息系统的安全。

在国内SSE-CMM的研究与实施工作正处于起步阶段，国家及军队信息安全测评认证中心已经将系统安全工程能力需求模型作为我国安全产品和信息系统安全性检测与认证的标准之一，目前已经发布了标准草案，少数部门的信息系统正在实施基于该标准的系统安全工程。其中SSE-CMM在中国工程技术信息网中得到了成功应用。由于SSE-CMM模型本身并不是安全技术模型，它给的是信息系统安全工程需要考虑的关键过程域，这些过程域可指导信息系统安全工程从单一的安全设备安装转向系统地解决安全工程的管理、组织、设计、实施和验证等问题。但在具体应用方面，该模型缺乏工程化，可操作性差，尤其在我国对于信息系统安全工程的研究并不是很成熟，而信息系统安全工程又具有重要的现实意义、特殊性和迫切性。

随着我国国防、政府、企业、社会信息化程度的急剧提高，信息系统安全问题对我们的挑战将越来越严峻，对SSE-CMM做分析与评价，并结合我国实际情况进行改进和完善，对其进行工程化、实用化研究，对指导我国信息系统安全工程的发展具有十分重要的意义。因此对于SSE-CMM模型的开发和应用在我国有着广阔的发展前景。

5.3 信息安全等级标准

本节将介绍信息安全等级标准。

5.3.1 信息安全等级保护标准概述

1. 我国信息安全等级保护

完善的信息安全政策和良好的策略是搞好国家信息安全保护工作的关键，而信息安全保护政策和策略必须依赖于对信息安全问题的正确认识和信息安全保护抉择的正确取向。

但在国家出台有关安全标准之前，国家对信息安全状况很难有效把握；信息系统主管、建设、使用者对如何搞好信息系统安全建设和管理，信息系统安全究竟存在什么问题、如何改进、需要多少投资等，心中无数；科研单位和企业对开发生产什么样的安全产品心中无数；信息安全专家对安全产品审查提出评审结果意见；信息安全职能部门对如何进行有效监督、检查评估、服务指导，如何处罚违规者等也是心中无数。进而导致国家信息安全科学技术水平和整体信息安全保护能力很难提高，国家信息安全只好看国外，依赖国外，受国外思潮主导。对这些问题认识不足，不尽快采取有效的解决办法，势必影响信息化建设、经济发展、社会稳定、国防建设、国家安全。

为此，国家高度重视信息安全保护工作。经党中央和国务院批准，国家信息化领导小组决定加强信息安全保障工作，实行信息安全等级保护，重点保护基础信息网络和重要信息系统安全，要抓紧安全等级保护制度建设。这一重大决定明确落实了《中华人民共和国计算机信息系统安全保护条例》中关于实行信息安全等级保护制度的有关规定，提出了从整体上、根本上解决国家信息安全问题的办法，进一步确定了信息安全发展主线、中心任务，提出了总要求。对信息系统实行等级保护是国家法定制度和基本国策，是开展信息安全保护工作的有效办法，是信息安全保护工作的发展方向。实行信息安全等级保护的决定具有重大的现实和战略意义。

国家实行信息安全等级保护制度，有利于建立长效机制，保证安全保护工作稳固、持久地进行下去；有利于在信息化建设过程中同步建设信息安全设施，保障信息安全与信息化建设相协调；有利于突出重点，加强对涉及国家安全、经济命脉、社会稳定的基础信息网络和重要信息系统的安全保护和管理监督；有利于明确国家、企业、个人的安全责任，强化政府监管职能，共同落实各项安全建设和安全管理措施；有利于提高安全保护的科学性、针对性，推动网络安全服务机制的建立和完善；有利于采取系统、规范、经济有效、科学的管理和技术保障措施，提高整体安全保护水平，保障信息系统安全正常运行，保障信息安全，进而保障各行业、部门和单位的职能与业务安全、高速、高效地运转。

2. 典型安全标准比较

国际上信息评估标准经历了 TCSEC、ITSEC、CTCPEC、CC 和 ISO 15408 这 5 个发展阶段，这几个标准侧重于对系统和产品的技术指标方面，不同于偏重安全管理方面的 ISO/IEC 27001：2005《信息安全管理体系规范》等标准。最初的 TCSEC 是针对孤立计算机系统提出的，该标准适用于军队，开始时应用在 OS 的评估上，TCSEC 与 ITSEC 均不涉及开放系统的安全标准，仅针对产品的安全保证要求划分等级并进行评测，并均为静态模型，仅能反映静态安全状况。CPCPEC 虽在两者的基础上有了一定的发展，但也未能突破上述的局限性。FC 对 TCSEC 做了补充和修改，但因其自身的缺陷一直没有正式投入使用。CC 与早期的评估标准相比，其优势体现在其结构的开放性、表达方式的通用性以及结构和表达方式的内在完备性和实用性等方面。总体来说，各标准适用范围略有不同，各有优劣。

我国的信息安全保护标准体系是 2001 年由中国信息安全产品测评认证中心牵头，将 ISO/IEC 15408 转化为国家标准——GB/T 18336—2001《信息技术安全性评估准则》，后又经国家公安部联合多个部委不断完善而形成的。标准体系的基本思想概括为：以信息安全的 5 个属性为基本内容，从实现信息安全的 5 个层面，按照信息安全 5 个等级的不同要求，分别对安全信息系统的构建过程、测评过程和运行过程进行控制和管理，实现对不同信息类别按不同要求进行分等级安全保护的总体目标。

CC(即中国国内 GB/T 18336：2001 和国际 ISO/IEC 15408：1999)和 ISO/IEC 27001：2005《信息安全管理体系规范》标准的共同点表现在以下 4 个方面：几个标准所涉及的范围从大的角度来说都是信息安全领域；几个标准对信息安全的定义相同，都是指对信息保密性、完整性和可用性的保护；几个标准对信息安全风险的定义基本相同，都是从资产、威胁、薄弱点和影响来考察风险；几个标准都针对不同的风险提出了相应的控制目标和控制措施。几个标准之间最主要的区别在于着眼点的不同。

CC 侧重于对系统和产品的技术指标，旨在支持产品(最终是指已经在系统中安装了的产品，虽然目前指的是一般产品)中 IT 安全特征的技术性评估。ISO/IEC 15408 标准还有一个重要作用，即它可以用于描述用户对安全性的技术需求。ISO/IEC 27001：2005 则偏重于安全管理方面的要求。它不是一篇技术标准，而是管理标准。它处理的是对 IT 系统中非技术内容的检查，这些内容与人员、流程、物理安全以及一般意义上的安全管理有关。ISO/IEC 17799 的目的是"为信息安全管理提供建议，供那些在其机构中负有安全责任的人使用。它旨在为一个机构提供用来制定安全标准、实施有效的安全管理时的通用要素，并得以使跨机构的交易得到互信"。

CC 中虽对信息安全管理方面提出了一定的要求，但这些管理要求是孤立、相对静止、不成体系的。同样，ISO/IEC 27001：2005 也涉及极小部分的技术指标，但仅限于管理上必需的技术指标。因此在这一方面两个标准对其重点强调部分可互相补充和借鉴，例如在按照 BS7799 建立体系的时候，可以制定组织的信息产品和系统的采购策略，要求采购通过 CC 认证的产品。

3. 信息安全等级保护总体介绍

1) 等级保护相关文件组成

公安部、国家保密局、国家密码管理局、国务院信息化工作办公室制定的《信息安全等级保护管理办法》由一系列标准文件组成：《信息安全等级保护管理办法》公通字[2007]43 号、《计算机信息系统安全保护等级划分准则》(GB 17859—1999)、《信息安全等级保护实施指南》、《信息安全等级保护定级指南》、《信息安全等级保护基本要求》、《信息安全等级保护测评准则》、《信息安全技术网络基础安全技术要求》(GB/T 20270—2006)、《信息安全技术信息系统通用安全技术要求》GB/T 20271—2006)、《信息安全技术操作系统安全技术要求》(GB/T 20272—2006)和《信息安全技术数据库管理系统安全技术要求》(GB/T 20273—2006)。

2) 等级保护文件之间的关系

从标准间的关系上讲，《信息系统安全等级保护定级指南》确定出系统等级以及业务信息安全性等级和系统服务安全等级后，需要按照相应等级，根据《信息安全等级保护基本要求》选择相应等级的安全保护要求进行系统建设实施。《信息系统安全等级保护测评准则》是针对《信息安全等级保护基本要求》的具体控制要求开发的测评要求，旨在强调系统按照《信息安全等级保护基本要求》进行建设完毕后，检验系统的各项保护要求是否符合相应等级的基本要求。

由上可见，《信息安全等级保护基本要求》在整个标准体系中起着承上启下的作用。相关技术要求可以作为《信息安全等级保护基本要求》和《信息安全等级保护测评准则》的补充和详细指导标准。

5.3.2　信息安全等级保护基本要求

1. 总体介绍

《信息安全等级保护管理办法》中，《等级保护的实施与管理》第十二条明确指出，在信息系统建设过程中，运营、使用单位应当按照《计算机信息系统安全保护等级划分准则》(GB 17859—1999)、《信息系统安全等级保护基本要求》等技术标准。

《信息系统安全等级保护基本要求》是系统安全保护、等级测评的一个基本"标尺"，同样级别的系统使用统一的"标尺"来衡量，保证权威性，是一个达标线；每个级别的信息系统按照基本要求进行保护后，信息系统具有相应等级的基本安全保护能力，达到一种基本的安全状态；是每个级别信息系统进行安全保护工作的一个基本出发点，更加贴切的保护可以通过需求分析对基本要求进行补充，参考其他有关等级保护或安全方面的标准来实现。不同级别的信息系统应具备相应等级的安全保护能力，即应该具备不同的对抗能力和恢复能力，以对抗不同的威胁和能够在不同的时间内恢复系统原有的状态。针对各等级系统应当对抗的安全威胁和应具有的恢复能力，《基本要求》提出各等级的基本安全要求。基本安全要求包括了基本技术要求和基本管理要求，基本技术要求主要用于对抗威胁和实现技术能力，基本管理要求主要为安全技术实现提供组织、人员、程序等方面的保障。各等级的基本安全要求由包括物理安全、网络安全、主机系统安全、应用安全和数据安全 5 个层面的基本安全技术措施和包括安全管理机构、安全管理制度、人员安全管理、系统建设管理和系统运维管理 5 个方面的基本安全管理措施来实现和保证。

2. 等级保护基本要求的框架结构

1）等级划分

等级保护共划分为 5 个级别，当前主要使用 1～4 级。不同等级的信息系统应具备不同的基本安全保护能力，其能力要求是逐级递增的。

第一级安全保护能力：应能够防护系统免受来自个人的、拥有很少资源的威胁源发起的恶意攻击、一般的自然灾难，以及其他危害程度相当大的威胁所造成的关键资源损害，在系统遭到损害后，能够恢复部分功能。

第二级安全保护能力：应能够防护系统免受来自外部小型组织的、拥有少量资源的威胁源发起的恶意攻击、一般的自然灾难，以及其他危害程度相当大的威胁所造成的重要资源损害，能够发现重要的安全漏洞和安全事件，在系统遭到损害后，能够在一段时间内恢复部分功能。

第三级安全保护能力：应能够在统一安全策略下防护系统免受来自外部有组织的团体、拥有较为丰富资源的威胁源发起的恶意攻击、较为严重的自然灾难，以及其他危害程度相当大的威胁所造成的主要资源损害，能够发现安全漏洞和安全事件，在系统遭到损害后，能够较快恢复绝大部分功能。

第四级安全保护能力：应能够在统一安全策略下防护系统免受来自国家级别的、敌对组织的、拥有丰富资源的威胁源发起的恶意攻击、严重的自然灾难，以及其他危害程度相当大的威胁所造成的资源损害，能够发现安全漏洞和安全事件，在系统遭到损害后，能够迅速恢复所有功能。

第五级安全保护能力：访问验证保护级，具备第四级的所有功能，还具有仲裁访问者能否访问某些对象的能力。为此，本级的安全保护机制不能被攻击、被篡改，具有极强的抗渗透能力。

2）内容组成

等级保护基本要求的内容分为技术和管理两大部分，其中技术部分分为物理安全、网络安全、主机安全、应用安全和数据安全及备份恢复 5 大类，管理部分分为安全管理制度、安全管理机构、人员安全管理、系统建设管理和系统运维管理 5 大类。

具体框架结构如图 5-3 所示。

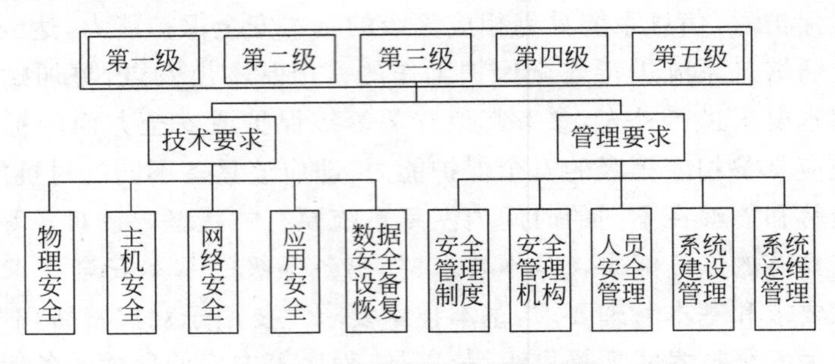

图 5-3　等级保护体系框架图

3. 安全等级保护分级思想

信息系统的安全保护能力包括对抗能力和恢复能力。不同级别的信息系统应具备相应等级的安全保护能力，即应该具备不同的对抗能力和恢复能力。将"能力"分级是基于系统的保护对象不同，其重要程度也不相同，重要程度决定了系统所具有的能力也就有所不同。一般来说，信息系统越重要，应具有的保护能力就越高。因为系统越重要，其所伴随的遭到破坏的可能性越大，遭到破坏后的后果越严重，所以需要提高相应的安全保护能力。可以通过图 5-4 来看看等级保护的思路。

不同等级信息系统所具有的保护能力如下：

一级安全保护能力：应能够防护系统免受来自个人的、拥有很少资源（如利用公开可获取的工具等）的威胁源发起的恶意攻击、一般的自然灾难（灾难发生的强度弱、持续时间很短等），以及其他危害程度相当大的威胁（无意失误、技术故障等）所造成的关键资源损害，在系统遭到损害后，能够恢复部分功能。

二级安全保护能力：应能够防护系统免受来自外部小型组织的（如自发的三两人组成的黑客组织）、拥有少量资源（如个别人员能力、可公开获得或特定开发的工具等）的威胁源发起的恶意攻击、一般的自然灾难（灾难发生的强度一般、持续时间短、覆盖范围小等），以及其他危害程度相当大的威胁（无意失误、技术故障等）所造成的重要资源损害，能够发现重要的安全漏洞和安全事件，在系统遭到损害后，能够在一段时间内恢复部分功能。

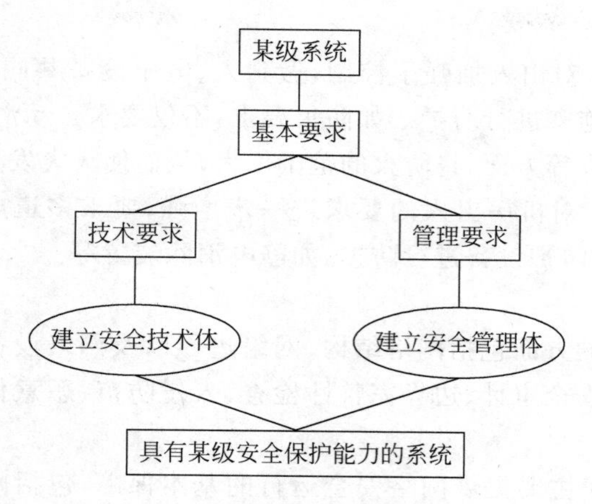

图 5-4 等级保护思路图

三级安全保护能力：应能够在统一安全策略下防护系统免受来自外部有组织的团体（如一个商业情报组织或犯罪组织等）、拥有较为丰富资源（包括人员能力、计算能力等）的威胁源发起的恶意攻击、较为严重的自然灾难（灾难发生的强度较大、持续时间较长、覆盖范围较广等），以及其他危害程度相当大的威胁（内部人员的恶意威胁、无意失误、较严重的技术故障等）所造成的主要资源损害，能够发现安全漏洞和安全事件，在系统遭到损害后，能够较快恢复绝大部分功能。

四级安全保护能力：应能够在统一安全策略下防护系统免受来自国家级别的、敌对组织的、拥有丰富资源的威胁源发起的恶意攻击、严重的自然灾难（灾难发生的强度大、持续时间长、覆盖范围广等），以及其他危害程度相当大的威胁（内部人员的恶意威胁、无意失误、严重的技术故障等）所造成的资源损害，能够发现安全漏洞和安全事件，在系统遭到损害后，能够迅速恢复所有功能。

4. 等级安全保护系统特点

不同级别的信息系统，其应该具备的安全保护能力不同，也就是对抗能力和恢复能力不同。安全保护能力不同意味着能够应对的威胁不同，较高级别的系统应该能够应对更多的威胁。应对威胁将通过技术措施和管理措施来实现，应对同一个威胁可以有不同强度和数量的措施，较高级别的系统应考虑更为周密的应对措施。

5. 等级保护技术要求

1）物理安全

物理安全主要涉及的方面包括环境安全（防火、防水、防雷击等）设备和防盗窃防破坏等方面。具体包括物理位置的选择、物理访问控制、防窃和防破坏、防雷击、防火、防水和防潮、防静电、温湿度控制、电力供应电磁防护共 10 个控制点。

一级物理安全要求：主要要求对物理环境进行基本的防护，对出入进行基本控制，环境安全能够对自然威胁进行基本的防护，电力则要求提供供电电压的正常。

二级物理安全要求：对物理安全进行了进一步的防护，不仅对出入进行基本的控制，对进入后的活动也要进行控制。物理环境方面，则加强了各方面的防护，采取更细的要求来多方面进行防护。

三级物理安全要求：对出入加强了控制，做到人、电子设备共同监控。物理环境方面，进一步采取各种控制措施来进行防护。如防火要求，不仅要求自动消防系统，而且要求区域隔离防火。建筑材料防火等方面，将防火的范围增大，从而使火灾发生的几率和损失降低。

四级物理安全要求：对机房出入的要求进一步增强，要求多道电子设备监控；物理环境方面，要求采用一定的防护设备进行防护，如静电消除装置等。

2）网络安全

网络安全主要关注的方面包括网络结构、网络边界以及网络设备自身安全等。具体包括结构安全、访问控制、安全审计、边界完整性检查、入侵防范、恶意代码防范和网络设备防护7个控制点。

一级网络安全要求：主要提供网络安全运行的基本保障，包括网络结构能够基本满足业务运行需要，网络边界处对进出的数据包头进行基本过滤等访问控制措施。

二级网络安全要求：不仅要满足网络安全运行的基本保障，同时还要考虑网络处理能力要满足业务极限时的需要。对网络边界的访问控制粒度进一步增强。同时，加强了网络边界的防护，增加了安全审计、边界完整性检查、入侵防范等控制点。对网络设备的防护不仅局限于简单的身份鉴别，同时对标识和鉴别信息都有了相应的要求。

三级网络安全要求：对网络处理能力增加了“优先级”考虑，保证重要主机能够在网络拥堵时仍能够正常运行。网络边界的访问控制扩展到应用层，网络边界的其他防护措施进一步增强，不仅能够被动地“防”，还应能够主动发出一些动作，如报警、阻断等。网络设备的防护手段要求两种身份鉴别技术综合使用。

四级网络安全要求：对网络边界的访问控制做出了更为严格的要求，禁止远程拨号访问，不允许数据带通用协议通过。边界的其他防护措施也加强了要求。网络安全审计着眼于全局，做到集中审计分析，以便得到更多的综合信息。网络设备的防护，在身份鉴别手段上除了要求两种技术外，其中一种鉴别技术必须是不可伪造的，进一步加强了对网络设备的防护。

3）主机系统安全

主机系统安全是包括服务器、终端/工作站等在内的计算机设备在操作系统及数据库系统层面的安全。终端/工作站是带外设的台式机与笔记本计算机，服务器则包括应用程序、网络、Web、文件与通信等服务器。主机系统是构成信息系统的主要部分，其上承载着各种应用。因此，主机系统安全是保护信息系统安全的中坚力量。主机系统安全涉及的控制点包括身份鉴别、安全标记、访问控制、可信路径、安全审计、剩余信息保护、入侵防范、恶意代码防范和资源控制共9个。

一级主机系统安全要求：对主机进行基本的防护，要求主机做到简单的身份鉴别，粗粒度的访问控制以及重要主机能够进行恶意代码防范。

二级主机系统安全要求：在控制点上增加了安全审计和资源控制等。同时，对身份鉴别和访问控制都进一步加强，鉴别的标识、信息等都提出了具体的要求。访问控制的粒度进行了细化等，恶意代码增加了统一管理等。

三级主机系统安全要求：在控制点上增加了剩余信息保护，即访问控制增加了设置敏感标记等，力度变强。同样，身份鉴别的力度进一步增强，要求两种以上鉴别技术同时使用。

安全审计已不满足于对安全事件的记录,而要进行分析、生成报表。对恶意代码的防范综合考虑网络上的防范措施,做到二者相互补充。对资源控制增加了对服务器的监视和最小服务水平的监测和报警等。

四级主机系统安全要求:在控制点上增加了安全标记和可信路径,其他控制点在强度上也分别增强,如身份鉴别要求使用不可伪造的鉴别技术,访问控制要求部分按照强制访问控制的力度实现,安全审计能够做到统一集中审计等。

4) 应用安全

通过网络、主机系统的安全防护,最终应用安全成为信息系统整体防御的最后一道防线。在应用层面运行着信息系统的基于网络的应用以及特定业务应用。基于网络的应用是形成其他应用的基础,包括消息发送、Web浏览等,可以说是基本的应用。业务应用采纳基本应用的功能以满足特定业务的要求,如电子商务、电子政务等。由于各种基本应用最终是为业务应用服务的,因此对应用系统的安全保护最终就是如何保护系统的各种业务应用程序安全运行。应用安全主要涉及的安全控制点包括身份鉴别、安全标记、访问控制、可信路径、安全审计、剩余信息保护、通信完整性、通信保密性、抗抵赖、软件容错和资源控制共11个。

一级应用安全要求:对应用进行基本的防护,要求做到简单的身份鉴别,粗粒度的访问控制以及数据有效性检验等基本防护。

二级应用安全要求:在控制点上增加了安全审计、通信保密性和资源控制等。同时,对身份鉴别和访问控制都进一步加强,鉴别的标识、信息等都提出了具体的要求。访问控制的粒度进行了细化,对通信过程的完整性保护提出了特定的校验码技术。应用软件自身的安全要求进一步增强,软件容错能力增强。

三级应用安全要求:在控制点上增加了剩余信息保护和抗抵赖等。同时,身份鉴别的力度进一步增强,要求组合鉴别技术,访问控制增加了敏感标记功能,安全审计已不满足于对安全事件的记录,而要进行分析等。对通信过程的完整性保护提出了特定的密码技术。应用软件自身的安全要求进一步增强,软件容错能力增强,增加了自动保护功能。

四级应用安全要求:在控制点上增加了安全标记和可信路径等。部分控制点在强度上进一步增强,如身份鉴别要求使用不可伪造的鉴别技术,安全审计能够做到统一安全策略,提供集中审计接口等,软件应具有自动恢复的能力等。

5) 数据安全及备份恢复

信息系统处理的各种数据(用户数据、系统数据、业务数据等)在维持系统正常运行上起着至关重要的作用。一旦数据遭到破坏(泄露、修改、毁坏),都会在不同程度上造成影响,从而危害到系统的正常运行。由于信息系统的各个层面(网络、主机、应用等)都对各类数据进行传输、存储和处理等,因此,对数据的保护需要物理环境、网络、数据库和操作系统、应用程序等提供支持。各个"关口"把好了,数据本身再具有一些防御和修复手段,必然将对数据造成的损害降至最小。另外,数据备份也是防止数据被破坏后无法恢复的重要手段,而硬件备份等更是保证系统可用的重要内容,在高级别的信息系统中采用异地适时备份会有效地防治灾难发生时可能造成的系统危害。保证数据安全和备份恢复主要从数据完整性、数据保密性、备份和恢复三个控制点考虑。

一级数据安全及备份恢复要求:用户数据在传输过程提出要求,能够检测出数据完整性受到破坏,同时能够对重要信息进行备份。

二级数据及备份恢复安全要求:对数据完整性的要求增强,范围扩大,要求鉴别信息和重要业务数据在传输过程中都要保证其完整性。对数据保密性要求实现鉴别信息存储保密性,数据备份增强,要求一定的硬件冗余。

三级数据及备份恢复安全要求:对数据完整性的要求增强,范围扩大,增加了系统管理数据的传输完整性,不仅能够检测出数据受到破坏,并能进行恢复。对数据保密性要求范围扩大到实现系统管理数据、鉴别信息和重要业务数据的传输和存储的保密性,数据的备份不仅要求本地完全数据备份,还要求异地备份和冗余网络拓扑。

四级数据及备份恢复安全要求:为进一步保证数据的完整性和保密性,提出使用专有的安全协议的要求。同时,备份方式增加了建立异地适时灾难备份中心,在灾难发生后系统能够自动切换和恢复。

6. 等级保护管理要求

在等级保护体系里,管理部分分为安全管理制度、安全管理机构、人员安全管理、系统建设管理和系统运维管理5大类,具体不再赘述。

5.4 信息安全测评认证

本节将介绍安全评估标准、信息安全管理体系的认证、国家信息安全测评认证体系和国外测评认证体系。

5.4.1 安全评估标准

1. 国外安全评估标准发展

1967年,美国国防部(DOD)成立了一个研究组,针对当时计算机使用环境中的安全策略进行研究,其研究结果是Defense Science Board Report。20世纪70年代后期,DOD对当时流行的操作系统KSOS、PSOS和KVM进行了安全方面的研究。20世纪80年代中期,美国国防部发布了“可信计算机系统评估准则(TCSEC)”(即桔皮书),这是世界上第一个有关信息技术安全评估的标准。TCSEC是在20世纪70年代的基础理论研究成果Bell&La Padula模型基础上提出的,其初衷是针对操作系统的安全性进行评估,后来DOD又发布了可信数据库解释(TDI)、可信网络解释(TNI)等一系列相关的说明和指南,由于这些文档发行时封面均为不同的颜色,因此常被称为“彩虹系列”。

1988年,加拿大开始制定“加拿大可信计算机产品评估准则(CTCPEC)”,1989年5月公布第1版,1993年1月公布了第3版。20世纪90年代初,英、法、德、荷4国提出了包含保密性、完整性、可用性等概念的“信息技术安全评估准则(ITSEC,又称为欧洲白皮书)”,定义了从E0级到E6级的7个安全等级。1993年,美国对TCSEC作了补充和修改,制定了“组合的联邦标准(FC)”。

在1993年6月,CTCPEC、FC、TCSEC和ITSEC的发起组织开始联合起来,将各自独立的准则组合成一个单一的、能被广泛使用的IT安全准则,发起组织包括6国7方:加拿大、法国、德国、荷兰、英国、美国 NIST(National Institute of Standards and Technology)以及美国 NSA(National Security Agency),他们的代表建立了 CC 编辑委员会(CCEB)来开发 CC,即信息技术安全评估通用准则。CC 吸收了 TCSEC 和 ITSEC 中的可取成分,第 1 版于 1996 年 1 月发布,目前的版本是 2.1 版,已于 1999 年 12 月被 ISO 采纳为国际标准,编号为 ISO 15408。为保持连续性,ISO 在文档中仍然继续使用"通用准则"这个词汇。CC 的目的是建立一个各国都能接受的通用的信息安全产品和系统的安全评估准则,国家之间可以通过签订互认协议,决定相互接受的认可级别,这样就能使大部分的基础性安全机制在任何一个地方通过了 CC 准则评估后进入国际市场时不需要再作评价,使用国只需要测试与国家主权和安全相关的安全功能,从而大幅度节省评估费用,有利于产品的市场推广。

1989 年,ISO 制定了国际标准 ISO 7498—2《信息处理系统开放系统互连基本参考模型第 2 部分安全体系结构》。该标准提供了安全服务与有关机制的一般描述,确定在参考模型内部可以提供这些服务与机制的位置。

1995 年,英国标准协会首次出版了 BS7799—1,该标准规定了一套适用于工商业组织使用的信息系统的信息安全管理体系(ISMS)控制条件,包括网络和沟通中使用的信息处理技术,并提供了一套综合的信息安全实施规则,作为工商业组织的信息系统在大多数情况下所遵循的唯一参考基准,标准的内容定期进行评定。1999 年,英国标准协会对 BS7799 的 1995 版本进行了修订和扩展,出版了 BS7799:1999 版,它主要由两大部分组成:BS7799—1:1999(《信息安全管理实施细则》)和 BS7799—2:1999(《信息安全管理体系规范》)。它充分考虑了信息处理技术,尤其是网络和通信领域应用的最新发展,同时还强调了涉及商务的信息安全责任,扩展了新的控制。例如,新版本包括关于电子商务、移动计算机、远程工作和外部采办等领域的控制。2000 年 12 月,BS7799—1 通过国际化标准组织认可,正式成为国际标准 ISO 17799。ISO/IEC 17799 提供了一套综合的、由信息安全最佳实施组成的实施规则,它广泛地涵盖了几乎所有的安全议题,非常适合于作为工商业及大、中、小组织的信息系统在大多数情况下所需的控制范围确定的参考基准。目前,已有 20 多个国家引用了 BS7799(ISO/IEC 17799),越来越多的信息安全公司都以 BS7799 作指导为客户提供信息安全咨询服务。BS7799 是国际上公认的信息安全管理标准。

2. 国内安全评估标准发展

我国在信息系统安全的研究与应用方面与其他先进国家相比有一定的差距,但近年来,国内的研究人员已经在信息安全方面做了许多工作。1994 年 2 月 18 日,国务院发布了《中华人民共和国计算机信息系统安全保护条例》,规定"重点保护国家事务、国家经济建设、国防建设、国间尖端科学技术等重要领域的信息系统的安全";同时规定计算机信息系统"实行安全等级保护",并且采取了相应的技术措施,保障信息安全建设。1999 年 5 月 17 日发布了国家强制性标准《计算机信息系统安全保护等级划分准则》(GB 17859—1999),为安全产品的研制提供了技术支持,也为安全系统的建设和管理提供了技术指导。该标准是我国计算机信息系统安全保护等级系列标准的第 1 部分,其他相关应用指南、评估准则等正在建设中。

2001 年 3 月,国家质量技术监督局发布了推荐性标准《信息技术、安全技术、信息技术安全性评估准则》(GB/T 18336—2001),该标准等同于国际标准 ISO/IES 15408。2002 年

4月，我国成立了"全国信息安全标准化技术委员会(TC260)"，该标委会是在信息安全的专业领域内，从事信息安全标准化工作的技术工作组织。信息安全标委会设置了10个工作组，其中信息安全管理(含工程与开发)工作组(WG7)负责对信息安全的行政、技术、人员等管理提出规范要求及指导指南，包括信息安全管理指南、信息安全管理实施规范、人员培训教育及录用要求、信息安全社会化服务管理规范、信息安全保险业务规范框架和安全策略要求与指南。

5.4.2 信息安全管理体系的认证

1. 信息安全管理认证

1) 信息安全管理体系认证

信息安全管理体系认证是以ISO/IEC 27001：2005《信息技术安全技术信息安全管理体系要求》及其他信息安全管理体系规范性文件为认证依据，由认证机构(第三方)提供的对组织的信息安全管理体系满足认证依据的一种证明。

如果组织的信息安全管理体系按ISO/IEC 27001标准或其等效标准或规范性文件被认证，这些被认证的信息安全管理体系可以给组织(内部)及其顾客或市场提供信心，表明组织从其整体业务风险的角度选择了适当和适宜的信息安全控制措施，以充分保护其信息资产的保密性、完整性和可用性，组织有能力在证书确定的范围内通过信息安全管理体系，使得其信息安全管理满足相关法律法规要求、顾客要求以及其他商定的要求。

2) 信息安全管理体系认证机构

验证组织的信息安全管理体系与相关的信息安全管理体系的规定要求(标准或其他规范性文件，如ISO/IEC 27001)的符合性的机构称为信息安全管理体系认证机构。信息安全管理体系审核机构与信息安全管理体系认证机构之间存在很大不同，可能存在组织形式方面的不同，也可能存在实施活动与过程的不同等。一个显著的差别就是管理体系审核机构仅就组织的信息安全管理体系与规定要求(标准或其他规范性文件)的符合性进行评价和得出评价结论，而信息安全管理体系认证机构除了完成上述活动之外，还需根据评价结论作出能否授予、保持、暂停、撤销、更新的认证决定，并颁发相应的认证文件。

3) 信息安全管理体系认证机构的认可

所谓认可，是关于合格评定机构的第三方证明，它对合格评定机构满足规定要求及其表明的有能力实施特定的合格评定任务给予承认。认可包括对认证机构、检测实验室、校准实验室、检查机构等的认可。信息安全管理体系认证机构的认可就是由认可机构依据认可准则，如ISO/IEC 17021《合格评定管理体系审核认证机构的要求》和ISO/IEC 27006《信息技术安全技术信息安全管理体系审核和认证机构要求》，对一个认证机构能否从事信息安全管理体系认证活动的能力进行评价和予以证明。

对信息安全管理体系认证机构的认可，为其有能力实施其承担的任务提供了保证，从而降低了拟认证组织和获证组织顾客的风险。这些，一是为拟认证的组织如何选择为其提供认证服务的认证机构提供了信心；二是使获证组织的顾客、社会和市场对获证组织在认证所涉及的信息安全管理方面的行为充满信心。

4）CNAS 的信息安全管理体系认证机构的认可制度

中国合格评定国家认可委员会（CNAS）是根据《中华人民共和国认证认可条例》的规定，由国家认证认可监督管理委员会批准设立并授权的国家认可机构，统一负责对认证机构、实验室和检查机构等相关机构的认可工作。

2. 信息安全管理认证的规定

CNAS 的信息安全管理体系认可制度由相关的认可规范文件、认可体系文件、资源和特定组织结构组成。其中，认可规范文件包括了对信息安全管理体系认证机构认可要求性文件和指导性文件，认可体系文件包括 CNAS 为实施信息安全管理体系认证机构的认可所制定的内部程序文件和指导文件，资源包括 CNAS 所配置的项目管理人员、认可评审员、认可决定人员和技术专家等，组织结构是指 CNAS 建立的特定的、有关信息安全管理体系认证机构认可的专家委员会。认可规范文件包括认可规则、认可准则、认可指南和认可方案 4 类文件。必要时，CNAS 还会为上述 4 种文件制定解释性和说明性文件，即认可说明，以帮助认证机构和认可评审员等充分理解认可规范的相关具体内容。

1）认可规则

它是 CNAS 实施认可活动的政策和程序。适用于信息安全管理体系认证机构的认可规则文件包括以下文件：

- CNAS-R01《认可标识和认可状态声明管理规则》；
- CNAS-R02《公正性和保密性规则》；
- CNAS-R03《申诉、投诉和争议处理规则》；
- CNAS-RC01《认证机构认可规则》；
- CNAS-RC02《认证机构认可资格处理规则》；
- CNAS-RC03《认证机构信息通报规则》；
- CNAS-RC04《认证机构认可收费管理规则》；
- CNAS-RC05《多场所认证机构认可规则》；
- CNAS-RC07《具有境外关键场所的认证机构认可规则》。

2）认可准则

它是 CNAS 认可的认证机构应满足的基本要求，包括等同采用相关 ISO/IEC 标准、导则和 IAF 对相关 ISO/IEC 标准、导则的应用指南，以及特别行业的特定要求等文件。适用于信息安全管理体系认证机构的认可准则文件包括以下文件：

- CNAS-CC01：2007《管理体系认证机构要求》；
- CNAS-CC17《信息安全管理体系认证机构要求》；
- CNAS-CC11《基于抽样的多场所认证》；
- CNAS-CC12《已认可的管理体系认证的转换》；
- CNAS-CC14《计算机辅助审核技术在获得认可的管理体系认证中的使用》。

其中，CNAS-CC01：2007 和 CNAS-CC17 是开展信息安全管理体系认证机构的认可的两个重要准则性文件。

3）认可指南

它是 CNAS 对认可准则的说明或应用指南，包括通用和专项说明或应用指南等文件等。适用于信息安全管理体系认证机构的认可指南文件包括 CNAS-GC02《管理体系结合审核应用指南》。

4）认可方案

它是针对特别领域或行业对认可规则、认可准则和认可指南的补充。目前，CNAS 没有针对信息安全管理体系认证机构的认可制定特定的认可方案。

5）认可说明

适用于信息安全管理体系认证机构的认可说明文件为 CNAS-EC-027《信息安全管理体系认证机构的认可说明》，该文件是为确保 CNAS 对依据 ISO/IEC 27001：2005 实施信息安全管理体系认证的机构的评审和认可的一致性，指导申请和获得认可的信息安全管理体系认证机构理解和实施认可规范要求而特别制定的。它是对上述与信息安全管理体系认证机构的认可相关的认可规范文件的补充和必要说明。该文件的 R 部分是对相关认可规则的补充和进一步说明，C 部分是对相关认可准则的补充和进一步说明，G 部分是对相关认可准则的应用指南。在时机成熟时，该文件可能上升为认可方案类文件。

5.4.3 国家信息安全测评认证体系

1. 我国信息安全认证的演化

信息安全标准化是一项艰巨、长期的基础性工作。我国从 20 世纪 80 年代开始，在全国信息技术标准化技术委员会信息安全分技术委员会和各界的努力下，本着积极采用国际标准的原则，转化了一批国际信息安全基础技术标准，为我国信息安全技术的发展做出了很大的贡献。同时，公安部、国家保密局、国家密码管理委员会等相继制定、颁布了一批信息安全的行业标准，为推动信息安全技术在各行业的应用和普及发挥了积极的作用。为适应我国信息化的迅猛发展，1997 年国务院拨出专款设立标准攻关项目，应急制定了分组过滤防火墙标准，防火墙系统安全技术要求，应用网关防火墙标准，网关安全技术要求，网络代理服务器和信息选择平台安全标准，鉴别机制标准，数字签名机制标准，安全电子交易标准第 1 部分，抗抵赖机制，网络安全服务标准，信息系统安全评价准则及测试规范，安全电子数据交换标准，安全电子商务标准第 1 部分，密钥管理框架，路由器安全技术要求，信息技术-n 位块密码算法的操作方式，信息技术-开放系统互连-上层安全模型，信息技术-开放系统互连-网络层安全协议，信息技术-安全技术-实体鉴别第 4 部分，使用加密校验函数的机制等标准，它们成为我国信息安全测评认证的基础。随着我国信息安全测评认证制度的建立与推进，以及我国信息安全有关主管部门管理力度的加大，我国信息安全标准化工作将迎来更大的发展机遇。

2. 我国信息安全认证的体系结构

我国信息安全测评认证体系由三个层次的组织和功能构成。

第一层次是国家信息安全测评认证管理委员会。这个管理委员会是一个跨部门的机构，代表国家有关信息产业和信息安全主管部门以及信息安全产品的供方、需方，对中国国家信息安全测评认证中心运作的独立性、测评认证活动的公正性、科学性和规范性进行监督管理。其主要职责是制定、修订有关认证实施的方针、政策性文件；审批中国国家信息安全测评认证中心工作规划；审查拟开展认证产品目录并报经国务院产品质量监督行政主管部门批准实施；审批因现行标准不能满足认证需要时由认证中心设定的有关技术规范和补充技术要求；审批测评认证中心的外部检验机构和审核机构以及批准认证证书的撤销，受理有关投诉、申诉等。

第二层次是国家信息安全测评认证中心。中心是由国家授权，依据有关标准和认证规范，根据特定的产品和信息系统的测试审核及评估结果，对相应产品，信息系统的安全性做出认证，并颁发证书的实体。

第三层是若干个产品或信息系统的测评分支机构(实验室、分中心等)，测评分支机构是经中心授权，国家认可，依据标准和测评规范，对有关产品和信息系统的安全性进行测试评估，向中心出具测评报告的技术组织。测评分支机构按不同区域、行业和技术专业设立。一个认证管理委员会，一个认证中心，若干个不同类型的测评分支机构共同构成国家信息安全测评认证的工作体系。

3. 我国信息安全认证机构

1997 年年初，经国务院信息化工作领导小组批准，国务院信息化工作领导小组办公室立项筹建"中国互联网络安全产品测评认证中心"。1998 年 7 月，中心建成并通过国家验收。邹家华副总理专门发来贺信。1998 年 10 月，经国家质量技术监督局授权，成立"中国国家信息安全测评认证中心"。再经过 4 个月的评审、整改和复查，通过"中国产品质量认证机构国家认可委员会"和"中国实验室国家认可委员会"的认可。1999 年 2 月，国家质量技术监督局批准了中国国家信息安全测评认证管理委员会的组成及其章程，批准了信息产品安全测评认证管理办法、首批认证目录和国家信息安全认证标志。

自此，中国国家信息安全测评认证中心可正式对外开展信息安全测评认证工作。中国国家信息安全测评认证中心是依据《中华人民共和国产品质量法》、《中华人民共和国产品质量认证管理条例》和国家有关信息安全管理的政策、法律、法规，按照国际通用准则建立的代表国家对信息安全产品、信息技术和信息系统安全性以及信息安全服务实施公正性评价的技术职能机构。CNISTEC 按照国家质量技术监督局发布的认证产品目录，依据有关标准和规范开展国家信息安全测评认证。

中国国家信息安全测评认证中心具有两方面的服务功能。一方面面向社会、面向产业和市场，对有关厂商和用户提供技术服务；另一方面则是面向国家，为信息安全各主管部门进行有关行政管理、执法时提供技术支持。中国国家信息安全测评认证中心已在测试环境、测试设备、重要标准和基本测试方法、评估方法和专业人才培养等方面基本形成了测评认证的能力，并有成效地开展了对外服务。下一步的工作重点则是稳妥地推进相关测试分支机构的建设，更加主动地为业界服务，为信息安全各主管部门服务，全力推进我国的信息安全标准体系的建立和健全，深入地研究总结信息安全测试技术，为国家进一步完善对信息安全的行政管理和技术管理做出应有的努力。

5.4.4 国外测评认证体系

在信息安全的标准化中，众多标准化组织在安全需求服务分析指导、安全技术机制开发、安全评估标准等方面制定了许多标准及草案。目前，国外主要的安全评价准则有美国

TCSEC(桔皮书),该标准是美国国防部于1985年制定的,为计算机安全产品的评测提供了测试和方法,指导信息安全产品的制造和应用。它将安全分为4个方面(安全政策、可说明性、安全保障和文档)和7个安全级别(从低到高依次为D、C1、CZ、B1、BZ、B3和A级)。

1. 欧洲ITSEC测评认证体系

1991年,西欧四国(英、法、德、荷)揭示了信息技术安全评价推测(ITSEC),ITSEC首次提出了信息安全的保密性、完整性、可用性概念,把可信计算机的概念提高到可信信息技术的高度上来认识。它定义了从EO级(不满足品质)到E6级(形式化验证)的7个安全等级和10种安全功能。同样在1993年,美国发表了《信息技术安全性评价联邦准则》(FC)。该标准的目的是提供TCSEC的升级版本,同时保护已有投资,但FC有很多缺陷,是一个过渡标准,后来结合ITSEC发展为联合公共准则。

2. 联合公共准则CC

1993年6月,美国、加拿大及欧洲四国经协商同意,起草单一的通用准则(CC)并将其推进到国际标准。CC的目的是建立一个各国都能接受的通用的信息安全产品和系统的安全性评价准则,国家与国家之间可以通过签订互认协议,决定相互接受的认可级别,这样能使大部分的基础性安全机制,在任何一个地方通过了CC准则评价并得到许可进入国际市场时就不需要再作评价,使用国只需测试与国家主权和安全相关的安全功能,从而大幅节省评价支出并迅速推向市场。CC结合了FC及ITSEC的主要特征,它强调将安全的功能与保障分离,并将功能需求分为9类63族,将保障分为7类29族。

3. 系统安全工程能力成熟模型(SSE-CMM)

美国国家安全局于1993年4月提出了一个专门应用于系统安全工程的能力成熟模型(CMM)的构思。该模型定义了一个安全工程过程应有的特征,这些特征是完善的安全工程的根本保证。

4. ISO安全体系结构标准

国际标准化组织(ISO)公布了许多安全评价标准。在安全体系结构方面,1989年ISO制定了国际标准ISO 7498—2《信息处理系统开放系统互连基本参考模型第2部分安全体系结构》。该标准提供了安全服务与有关机制的一般描述,确定在参考模型内部可以提供这些服务与机制的位置。

由于现有的从开放系统互连概念导出的一系列安全体系结构、安全框架和安全机制不能完全适应因特网的环境,且不能满足实际需要,同时按国际标准化组织的程序来制定因特网的标准也需要一个比较长的过程,解决不了当前的急用。在此背景下,因特网上出现了标为RFC的协议文稿,内容广泛,也包括安全方面的建议稿,经过网上讨论修改,被大家接受的就成了事实上的标准。

而信息安全产品和系统的安全评价事关国家安全利益,通常任何国家都不会轻易相信由别的国家所作的评价结果,为保险起见,总要通过自己的测试才认为可靠。因此,没有一个国家会把事关国家安全利益的信息安全产品和系统的安全可信性建立在别人的评价基础上。各个国家在充分借鉴国际标准的前提下，制定自己的测评认证标准，这样就出现了许多个国家的信息安全标准化组织。

习题5

1. 选择题

(1) 信息安全标准化工作的发展趋势是(　　)。

A. 走国际化合作之路　　B. 走商业化发展之路

C. 明确研究方向　　D. 有很好的商业价值

(2) 我国信息安全测评认证体系由(　　)层次的组织和功能构成。

A. 国家信息安全测评认证管理委员会

B. 国家信息安全监理会

C. 国家信息安全测评认证中心

D. 若干个产品或信息系统的测评分支机构

2. 简答题

(1) 简单介绍标准化的管理原理。

(2) 简单介绍 SSE-CMM 的基本思想。

3. 论述题

等级保护技术包括哪些方面？

第6章 信息安全管理

本章将介绍信息安全管理、信息安全运行管理、信息安全风险评估和信息系统安全审计等方面的概念、标准和方法。要求学生掌握信息安全管理技术和方法。

6.1 信息安全管理

信息安全管理是一个系统工程，它需要对整个网络中的各个环节进行统一的综合考虑、规划和构架，并要时时兼顾组织内不断发生的变化。任何单个环节的安全缺陷都会对系统的整体安全构成威胁。据权威机构统计表明：网络与信息安全事件中大约有70%以上的问题都是由管理方面的原因造成的。这正应了人们常说的“三分技术，七分管理”的箴言。因此，解决网络与信息安全的问题，不仅应从技术方面着手，同时更应该加强网络与信息安全的管理工作。信息安全管理体系是实现组织的信息安全目标的全过程。本节将在李慧硕士论文(2005)“信息安全管理体系研究”和张心明论文(2004，现代情报)“信息安全管理”研究的基础上，结合相关的信息安全管理标准及资料，介绍信息安全管理体系的定义、功能、框架、标准和构建方法等。

6.1.1 信息安全管理体系概念

1. 信息安全管理体系

1) 信息安全管理及安全体系概述

信息安全管理是指导和控制组织的关于信息安全风险的相互协调活动，关于信息安全风险的指导和控制活动，通常包括制定信息安全方针、风险评估、控制目标与方式选择、风险控制、安全保证等。而要对组织的信息的安全性进行高效、动态的管理就必须依据信息安全管理模型和信息安全管理标准构建组织的信息安全管理体系。

现在对信息安全管理体系(Information Security Management System，ISMS)还没有一个明确的定义。在ISO/IEC 17799中，信息安全管理体系可以被理解为是组织管理体系的一部分，专门用于组织的信息资产风险管理，确保组织的信息安全，包括为制定、实施、评审和保持信息安全方针所需要的组织机构、目标、职责、程序、过程和资源。信息安全管理体系中包含很多的“反馈环路”。这些“反馈环路”可以对系统的安全性进行监测和控制，以此使组织的残余风险最小化，确保组织满足客户和法律的要求。

2）信息安全管理体系的功能和作用

一个有效的信息安全管理体系具有如下功能：强化员工的信息安全意识，规范组织的信息安全行为；对组织的关键信息资产进行全面系统的保护，维持竞争优势；使组织本着预防和系统持续发展的观点处理意外事件和损失，在信息系统受到侵袭时，确保业务持续开展并将损失降到最低程度；使组织的生意伙伴和客户对组织充满信心；使组织定期地考虑新的威胁和脆弱点，并对系统进行更新和控制；促使管理层坚持贯彻信息安全保障体系。

信息安全管理体系提供了考虑安全、维持安全、改进安全所必需的工具，即管理安全的工具。信息安全的基本目标就是保证网络和信息的保密性、完整性和可用性。

3）建立信息安全管理体系的作用与意义

信息安全管理体系是组织在整体或特定范围内建立信息安全方针和目标，以及完成这些目标所用方法的体系。它是基于业务风险方法来建立、实施、运行、监视、评审、保持和改进组织的信息安全系统，其目的是保障组织的信息安全。它是直接管理活动的结果，表示成方针、原则、目标、方法、过程、核查表等要素的集合，是涉及人、程序和信息技术的系统。

建立健全的信息安全管理体系对企业的安全管理工作和企业的发展意义重大。首先，此体系的建立将提高员工信息安全意识，提升企业信息安全管理的水平，增强组织抵御灾难性事件的能力，是企业信息化建设中的重要环节，必将大大提高信息管理工作的安全性和可靠性，使其更好地服务于企业的业务发展。其次，通过信息安全管理体系的建设，可有效提高对信息安全风险的管控能力，通过与等级保护、风险评估等工作接续起来，使得信息安全管理更加科学有效。最后，信息安全管理体系的建立将使得企业的管理水平与国际先进水平接轨，从而成长为企业向国际化发展与合作的有力支撑。参照信息安全管理模型，按照先进的信息安全管理标准建立的全面规划、明确目的、正确部署、组织完整的信息安全管理体系，达到动态的、系统的、全员参与的、制度化的、以预防为主的信息安全管理方式，实现用最低的成本，保障信息安全合理水平，从而保证业务的有效性与连续性。

组织建立、实施与保持信息安全管理体系产生的作用主要有以下几点：强化员工的信息安全意识，规范组织信息安全行为；对组织的关键信息资产进行全面系统的保护，维持竞争优势；在信息系统受到侵袭时，确保业务持续开展并将损失降到最低程度；使组织的生意伙伴和客户对组织充满信心；如果通过体系认证，表明体系符合标准，证明组织有能力保障重要信息，提高组织的知名度与信任度；促使管理层坚持贯彻信息安全保障体系。

2. 信息安全管理体系的建设思路

信息安全管理体系(ISMS)是一个系统化、程序化和文件化的管理体系，属于风险管理的范畴，体系的建立需要基于系统、全面、科学的安全风险评估。ISMS体现预防控制为主的思想，强调遵守国家有关信息安全的法律法规，强调全过程和动态控制，本着控制费用与风险平衡的原则，合理选择安全控制方式保护组织所拥有的关键信息资产，确保信息的保密性、完整性和可用性，从而保持组织的竞争优势和业务运作的持续性。构建信息安全管理体系不是一蹴而就的，也不是每个企业都使用一个统一的模板，不同的组织在建立与完善信息安全管理体系时，可根据自己的特点和具体情况采取不同的步骤和方法。但总体来说，建立信息安全管理体系一般要经过以下几个主要步骤：

1）信息安全管理体系的策划与准备

策划与准备阶段主要是做好建立信息安全管理体系的各种前期工作。内容包括教育培训、拟定计划、安全管理发展情况调研以及人力资源的配置与管理。

2）确定信息安全管理体系适用的范围

信息安全管理体系的范围就是需要重点进行管理的安全领域。组织需要根据自己的实际情况，可以在整个组织范围内，也可以在个别部门或领域内实施。在本阶段，应将组织划分成不同的信息安全控制领域，这样做易于组织对有不同需求的领域进行适当的信息安全管理。在定义适用范围时，应重点考虑组织的适用环境、适用人员、现有IT技术、现有信息资产等。

3）现状调查与风险评估

依据有关信息安全技术与管理标准，对信息系统及由其处理、传输和存储的信息的机密性、完整性和可用性等安全属性进行调研和评价，评估信息资产面临的威胁以及导致安全事件发生的可能性，并结合安全事件所涉及的信息资产价值来判断安全事件一旦发生对组织造成的影响。

4）建立信息安全管理框架

建立信息安全管理体系要规划和建立一个合理的信息安全管理框架，要从整体和全局的视角，从信息系统的所有层面进行整体安全建设，从信息系统本身出发，根据业务性质、组织特征、信息资产状况和技术条件建立信息资产清单，进行风险分析、需求分析和选择安全控制，准备适用性声明等步骤，从而建立安全体系并提出安全解决方案。

5）信息安全管理体系文件编写

建立并保持一个文件化的信息安全管理体系是ISO/IEC 27001：2005标准的总体要求，编写信息安全管理体系文件是建立信息安全管理体系的基础工作，也是一个组织实现风险控制、评价和改进信息安全管理体系、实现持续改进不可缺少的依据。在信息安全管理体系建立的文件中应该包含安全方针文档、适用范围文档、风险评估文档、实施与控制文档、适用性声明文档。

6）信息安全管理体系的运行与改进

信息安全管理体系文件编制完成以后，组织应按照文件的控制要求进行审核与批准并发布实施。至此，信息安全管理体系将进入运行阶段。在此期间，组织应加强运作力度，充分发挥体系本身的各项功能，及时发现体系策划中存在的问题，找出问题根源，采取纠正措施，并按照更改控制程序要求对体系予以更改，以达到进一步完善信息安全管理体系的目的。

7）信息安全管理体系审核

体系审核是为获得审核证据，对体系进行客观的评价，以确定满足审核准则的程度所进行的系统的、独立的并形成文件的检查过程。体系审核包括内部审核和外部审核（第三方审核）。内部审核一般以组织名义进行，可作为组织自我合格检查的基础；外部审核由外部独立的组织进行，可以提供符合要求（如ISO/IEC 27001）的认证或注册。信息安全管理体系的建立是一个目标叠加的过程，是在不断发展变化的技术环境中进行的，是一个动态的、闭环的风险管理过程。要想获得有效的成果，需要从评估、防护、监管、响应到恢复，这些都需要从上到下的参与和重视，否则只能是流于形式与过程，起不到真正有效的安全控制目的和作用。

6.1.2　信息安全管理体系标准

信息安全管理体系是按照ISO/IEC 27001标准《信息技术 安全技术 信息安全管理体系要求》的要求建立的，ISO/IEC 27001标准是由BS7799—2标准发展而来。标准GB/T 22080—2008《信息技术 安全技术 信息安全管理体系要求》是在标准ISO/IEC 27001：2005《信息技术安全技术信息安全管理体系要求》基础上发展的，而且与之类似。

信息安全管理体系是建立和维持信息安全管理体系的标准，标准要求组织通过确定信息安全管理体系范围、制定信息安全方针、明确管理职责、以风险评估为基础选择控制目标与控制方式等活动建立信息安全管理体系。体系一旦建立，组织应按体系规定的要求进行运作，保持体系运作的有效性。信息安全管理体系应形成一定的文件，即组织应建立并保持一个文件化的信息安全管理体系，其中应阐述被保护的资产、组织风险管理的方法、控制目标及控制方式和需要的保证程度。

标准GB/T 22080—2008的基础是PDCA过程模式的应用。PDCA过程模式的理论基础是戴明环，包括P策划，D实施，C检查和A措施4个部分。

(1) P策划。依照组织整个方针和目标，建立与控制风险、提高信息安全有关的安全方针、目标、指标、过程和程序。

(2) D实施。实施和运作方针(过程和程序)。

(3) C检查。依据方针、目标和实际经验测量，评估过程业绩，并向决策者报告结果。

(4) A措施。采取纠正和预防措施进一步提高过程业绩。4个步骤成为一个闭环，通过这个环的不断运转，使信息安全管理体系得到持续改进，使信息安全绩效螺旋上升。

1. P策化—建立信息安全管理体系环境和风险评估

要启动PDCA循环，必须有“启动器”：提供必需的资源、选择风险管理方法、确定评审方法、文件化实践。设计策划阶段就是为了确保正确建立信息安全管理体系的范围和详略程度，识别并评估所有的信息安全风险，为这些风险制定适当的处理计划。策划阶段的所有重要活动都要被文件化，以备将来追溯和控制更改情况。

1) 确定范围和方针

信息安全管理体系可以覆盖组织的全部或者部分。无论是全部还是部分，组织都必须明确界定体系的范围，如果体系仅涵盖组织的一部分，这就变得更重要了。信息安全管理体系范围文件应该涵盖：

确立信息安全管理体系范围和体系环境所需的过程；战略性和组织化的信息安全管理环境；组织的信息安全风险管理方法；信息安全风险评价标准以及所要求的保证程度；信息资产识别的范围。信息安全管理体系也可能在其他信息安全管理体系的控制范围内。在这种情况下，上下级控制的关系有下列两种可能：下级信息安全管理体系不使用上级信息安全管理体系的控制。在这种情况下，上级信息安全管理体系的控制不影响下级信息安全管理体系的PDCA活动。下级信息安全管理体系使用上级信息安全管理体系的控制。在这种情况下，上级信息安全管理体系的控制可以被认为是下级信息安全管理体系策划活动的“外部控制”。尽管此类外部控制并不影响下级信息安全管理体系的实施、检查、措施活动，但是下级信息安全管理体系仍然有责任确认这些外部控制提供了充分的保护。安全方针是关于在一个组织内，指导如何对信息资产进行管理、保护和分配的规则、指示，是组织信息安全管理体系的基本法。组织的信息安全方针描述信息安全在组织内的重要性，表明管理层的承诺，提出组织管理信息安全的方法，为组织的信息安全管理提供方向和支持。

2）定义风险评估的系统性方法

确定信息安全风险评估方法，并确定风险等级准则。评估方法应该和组织既定的信息安全管理体系范围、信息安全需求、法律法规要求相适应，兼顾效果和效率。组织需要建立风险评估文件，解释所选择的风险评估方法，说明为什么该方法适合组织的安全要求和业务环境，介绍所采用的技术和工具，以及使用这些技术和工具的原因。评估文件还应该规范下列评估细节：信息安全管理体系内资产的估价，包括所用的价值尺度信息；威胁及薄弱点的识别；可能利用薄弱点的威胁的评估，以及此类事故可能造成的影响；以风险评估结果为基础的风险计算，以及剩余风险的识别。

3）识别风险

识别信息安全管理体系控制范围内的信息资产；识别对这些资产的威胁；识别可能被威胁利用的薄弱点；识别保密性、完整性和可用性丢失对这些资产的潜在影响。

4）评估风险

根据资产保密性、完整性或可用性丢失的潜在影响，评估由于安全失败可能引起的商业影响；根据与资产相关的主要威胁、薄弱点及其影响，以及目前实施的控制，评估此类失败发生的现实可能性；根据既定的风险等级准则，确定风险等级。

5）识别并评价风险处理的方法

对于所识别的信息安全风险，组织需要加以分析，区别对待。如果风险满足组织的风险接受方针和准则，那么就有意地、客观地接受风险；对于不可接受的风险，组织可以考虑避免风险或者将风险转移；对于不可避免也不可转移的风险，应该采取适当的安全控制，将其降低到可接受的水平。

6）为风险的处理选择控制目标与控制方式

选择并文件化控制目标和控制方式，以将风险降低到可接受的等级。BS 7799—2：2002附录A提供了可供选择的控制目标与控制方式。不可能总是以可接受的费用将风险降低到可接受的等级，那么需要确定是增加额外的控制，还是接受高风险。在设定可接受的风险等级时，控制的强度和费用应该与事故的潜在费用相比较。这个阶段还应该策划安全破坏或者违背的探测机制，进而安排预防、制止、限制和恢复控制。在形式上，组织可以通过设计风险处理计划来完成步骤(5)和步骤(6)。风险处理计划是组织针对所识别的每一项不可接受风险建立的详细处理方案和实施时间表，是组织安全风险和控制措施的接口性文档。风险处理计划不仅可以指导后续的信息安全管理活动，还可以作为与高层管理者、上级领导机构、合作伙伴或者员工进行信息安全事宜沟通的桥梁。这个计划至少应该为每一个信息安全风险阐明以下内容：组织所选择的处理方法；已经到位的控制；建议采取的额外措施；建议的控制的实施时间框架。

7）获得最高管理者的授权批准

剩余风险的建议应该获得批准，开始实施和运作信息安全管理体系需要获得最高管理者的授权。

2. D实施—实施并运行

PDCA循环中这个阶段的任务是以适当的优先权进行管理运作，执行所选择的控制，以管理策划阶段所识别的信息安全风险。对于那些被评估认为是可接受的风险，不需要采取进一步的措施。对于不可接受风险，需要实施所选择的控制，这应该与策划活动中准备的风险处理计划同步进行。计划的成功实施需要有一个有效的管理系统，其中要规定所选择方法、分配职责和职责分离，并且要依据规定的方式方法监控这些活动。

在不可接受的风险被降低或转移之后，还会有一部分剩余风险。应对这部分风险进行控制，确保不期望的影响和破坏被快速识别并得到适当管理。本阶段还需要分配适当的资源（人员、时间和资金）运行信息安全管理体系以及所有的安全控制，包括将所有已实施控制的文件化，以及信息安全管理体系文件的积极维护。

提高信息安全意识的目的就是产生适当的风险和安全文化，保证意识和控制活动的同步，还必须安排针对信息安全意识的培训，并检查意识培训的效果，以确保其持续有效和实时性。如有必要应对相关方实施有针对性的安全培训，以支持组织的意识程序，保证所有相关方能按照要求完成安全任务。本阶段还应该实施并保持策划了的探测和响应机制。

3. C检查—监视并评审

1）检查阶段

它是PDCA循环的关键阶段，是信息安全管理体系要分析运行效果，寻求改进机会的阶段。如果发现一个控制措施不合理、不充分，就要采取纠正措施，以防止信息系统处于不可接受风险状态。组织应该通过多种方式检查信息安全管理体系是否运行良好，并对其业绩进行监视，可能包括下列管理过程：

(1) 执行程序和其他控制以快速检测处理结果中的错误；快速识别安全体系中失败的和成功的破坏；能使管理者确认人工或自动执行的安全活动达到预期的结果；按照商业优先权确定解决安全破坏所要采取的措施；接受其他组织和组织自身的安全经验。

(2) 常规评审信息安全管理体系的有效性；收集安全审核的结果、事故，以及来自所有股东和其他相关方的建议和反馈，定期对信息安全管理体系有效性进行评审。

(3) 评审剩余风险和可接受风险的等级；注意组织、技术、商业目标和过程的内部变化，以及已识别的威胁和社会风尚的外部变化；定期评审剩余风险和可接受风险等级的合理性。

(4) 审核是执行管理程序，以确定规定的安全程序是否适当、是否符合标准，以及是否按照预期的目的进行工作。审核就是按照规定的周期（最多不超过一年）检查信息安全管理体系的所有方面是否行之有效。审核的依据包括BS 7799—2：2002标准和组织所发布的信息安全管理程序。应该进行充分的审核策划，以便审核任务能在审核期间按部就班地展开。

2）评审阶段

信息安全方针仍然是业务要求的正确反映；正在遵循文件化的程序（信息安全管理体系范围内），并且能够满足其期望的目标；有适当的技术控制（例如防火墙、实物访问控制），被正确地配置，且行之有效；剩余风险已被正确评估，并且是组织管理可以接受的；前期审核和评审所认同的措施已经被实施；审核会包括对文件和记录的抽样检查，以及口头审核管理者和员工。正式评审是为了确保范围保持充分性，以及信息安全管理体系过程的持续改进得到识别和实施，组织应定期对信息安全管理体系进行正式的评审（最少一年评审一次）。记录并报告能影响信息安全管理体系有效性或业绩的所有活动、事件。

4. A措施—改进

经过了策划、实施、检查之后，组织在措施阶段必须对所策划的方案给以结论，是应该继续执行，还是应该放弃重新进行新的策划？当然，该循环给管理体系带来明显的业绩提升，组织可以考虑是否将成果扩大到其他的部门或领域，这就开始了新一轮的PDCA循环。在这个过程中，组织可能持续地进行以下操作：测量信息安全管理体系满足安全方针和目标方面的业绩。识别信息安全管理体系的改进，并有效实施。采取适当的纠正和预防措施。沟通结果及活动，并与所有相关方磋商。必要时修订信息安全管理体系，确保修订达到预期的目标。在这个阶段需要注意的是，很多看起来单纯的、孤立的事件，如果不及时处理就可能对整个组织产生影响，所采取的措施不仅具有直接的效果，还可能带来深远的影响。组织需要把措施放在信息安全管理体系持续改进的大背景下，以长远的眼光来打算，确保措施不仅致力于眼前的问题，还要杜绝类似事故再发生或者降低其再放生的可能性。

不符合、纠正措施和预防措施是本阶段的重要概念。

（1）不符合。是指实施、维持并改进所要求的一个或多个管理体系要素缺乏或者失效，或者是在客观证据基础上，信息安全管理体系符合安全方针以及达到组织安全目标的能力存在很大不确定性的情况。

（2）纠正措施。组织应确定措施，以消除信息安全管理体系实施、运作和使用过程中不符合的原因，防止再发生。组织的纠正措施的文件化程序应该规定以下方面的要求：识别信息安全管理体系实施、运作过程中的不符合；确定不符合的原因；评价确保不符合不再发生的措施要求；确定并实施所需的纠正措施；记录所采取措施的结果；评审所采取措施的有效性。

（3）预防措施。组织应确定措施，以消除潜在不符合的原因，防止其发生。预防措施应与潜在问题的影响程度相适应。预防措施的文件化程序应该规定以下方面的要求：识别潜在不符合及其原因；确定并实施所需的预防措施；记录所采取措施的结果；评审所采取的预防措施；识别已变化的风险，并确保对发生重大变化的风险予以关注。

6.1.3 其他信息安全管理标准

信息安全管理标准是构建ISMS的依据之一。它不仅提供了ISMS的具体建立方法，还提供了各种安全技术和控制措施。目前，很多国家和组织都提出了自己的信息安全标准。这些标准就信息安全管理讨论的重点各不相同，而且应用的领域也不一样。下面对BS7799、COBIT、GMITS和GB 17859—1999做简单的介绍。

1. COBIT标准

COBIT(Control Objectives for Information and Related Technology)是一个信息技术管理模型，它可以帮助人们了解并管理与信息技术相关的风险。1996年，信息系统审计与控制基金会(ISACF)颁布了COBIT第一版,随后又颁布了第二版,现在使用的是由信息技术管理研究所颁布的COBIT第三版。COBIT第三版由6部分组成:框架、执行摘要、控制目标、执行工具集、管理指南和审计指南。

1) 体系结构

COBIT是以组织的业务目标为核心,为组织提供其他所需的信息,同时平衡信息技术领域的投资与风险,把握技术发展带来的机会,以达到利益最大和机会资本化,获取竞争优势。为了实现这些目标,COBIT采用了层次结构的方法,把IT过程按其性质划分为4个域:

(1) 计划和组织。该域涵盖了实施IT的战略与策略,判别哪些IT策略最有助于业务目标的实现。应设置何种组织结构,建立何种技术基础结构,如何对IT策略的实现进行计划、协调与管理。

(2) 获取和实施。为了实现IT战略,如何定义、开发、获取、实施IT解决方案,并把这一方案集成到业务过程中。如何解决系统的变迁与维护,以使系统的生命周期得以延续。

(3) 交付和支持。该域涵盖系统交付所需的服务,包括操作安全性、连续性、人员培训以及需建立的支持过程,还包括实际数据处理,通常按应用控制进行分类。

(4) 监控。评估IT过程质量,评估IT过程与控制需求相符的程度。

在4个域下定义了34个高层控制目标,每个高层控制目标下又定义了若干具体的子目标,共计318个控制子目标。这4个域围绕着一个目的——及时提供业务所需的准确信息,但信息的提供依赖于IT资源,同时所提供的信息也应有一定的衡量标准。这样,组织在进行IT管理时,必然从IT过程、信息标准、IT资源三个维度来综合考虑。COBIT给出了这样一个综合考虑的框架,同时对如何评价IT过程给出了测度和标准。图6-1描述了COBIT的体系结构。其中COBIT把信息标准定义为7种:有效性、效率、机密性、完整性、可用性、一致性和可靠性;IT资源定义为5类:人员、应用、技术、设施和数据。

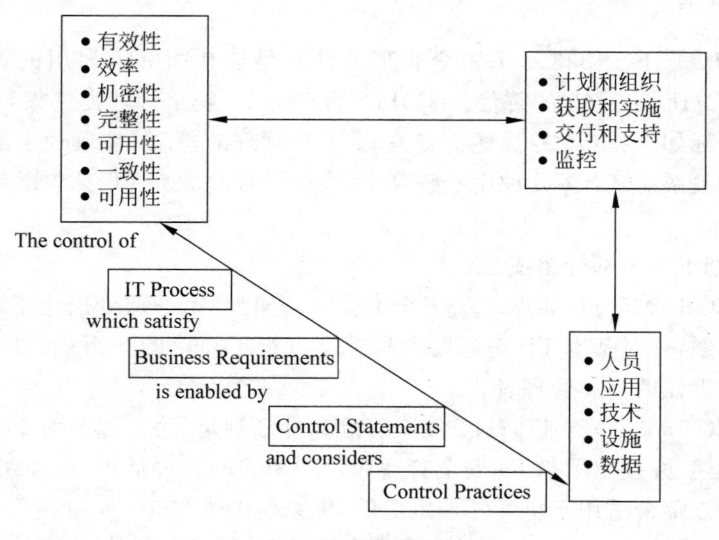

图 6-1 COBIT的体系结构

2）等级划分

COBIT的管理指南中给出了度量IT过程的指标体系，度量的尺度以及度量的基准点。COBIT从两个层次来定义度量的基准点。首先，它定义一般的成熟度模型（MM），以及关键成功因素（CSF）、关键目标指标（KGI）、关键性能指标（KPI）的概念。然后，针对34个IT过程，分别定义了它们的成熟度模型、关键目标指标和关键性能指标。

模仿软件工程中的CMM模型，COBIT提供了衡量IT过程的成熟度模型。该模型把IT过程的管理划分为0～5级共6个级别：

（1）不存在级（0级）。组织尚未意识到要进行IT过程管理。

（2）初始级（1级）。组织已经意识到IT过程中存在的问题，但是没有标准化的IT过程，个别案例中采用了一些特殊的方法，但不适用于全局。

（3）可重复级（2级）。从事同一项IT工作的不同的人采用类似的IT过程，但这是自发的，没有对标准过程进行正规培训。工作责任由个人承担，对个人的知识水平高度依赖，因此可能出现不可预测的错误。

（4）定义级（3级）。IT过程已被标准化和文档化，并对人员进行了培训，但每个人进行的处理存在难以察觉的偏差。IT过程是现存惯例的形式化体系，本身并不完善。

（5）管理级（4级）。监控和测定IT过程是否与规范一致，并可以采取措施调节无效的规范。IT过程不断完善，好的惯例不断出现。但自动化工具的使用是有限和局部的。

（6）优化级（5级）。基于IT过程的持续完善和其他组织的成熟模型，IT过程已被提炼到最切实际的状态。IT过程与业务流程完美结合，使用高质、高效的自动化工具，组织对外界具有更快的适应能力。

上述模型是一个渐进的模型，上一级对下一级的改善是：对风险和控制问题的理解和认识；适用于该问题的培训和交流；IT过程采用的惯例；使IT过程具有更有效、高效的自动控制技术；与规范的一致程度；应用专业技能的类型和范围。

2. GMITS标准

GMITS即ISO/IEC 13335《IT安全管理方针》，是现在国际上通用的IT安全管理标准，可以作为ISO/IEC 17799的替代。GMITS旨在为IT安全管理提供指导而不是解决方案。它的主要目标如下：定义并描述了有关IT安全管理的概念；明确通常的IT管理和IT安全管理之间的关系；提出了几种用于解释IT安全的模型。对IT安全管理提供了通用的指导。

GMITS由如下5个部分组成：

（1）ISO/IEC 13335—1：1996《IT安全的概念与模型》第一部分描述了在IT安全管理领域内的各种主题，并对基本IT安全概念和模型进行了简单的介绍。该部分适用于对组织信息安全负有责任的高层管理者。

（2）ISO/IEC 13335—2：1997《IT安全管理和计划制定》第二部分对IT安全管理的整个过程进行了概述，并提出了与IT安全管理和计划相关的各种活动，以及组织中与此相关的角色和职责。该部分适用于负责管理组织的IT系统的人员。

（3）ISO/IEC 13335—3：1998《IT安全管理技术》第三部分描述了在一个项目的生命周期中适用于各项管理活动的安全技术，例如计划、设计、实施、测试、获得或操作。这些方法可以用于评估安全需求和风险，有助于维持适合的安全保护措施，即纠正IT安全水平。

(4) ISO/IEC 13335—4：2000《安全措施的选择》第四部分对安全措施的选择和如何协调使用基线模型与控制措施提供了指导。它给出了选择安全保护措施的依据：IT系统的类型和特点、安全事件的影响和对威胁的广泛评估、详细风险分析评估的结果。该部分描述了生成组织的基线安全手册的方法，并指出如何补充在第三部分中提到的安全技术的不足，以及如何对已经选择的安全措施进行评估。

(5) ISO/IEC 13335—5：2000《网络安全管理方针》第五部分为一个组织的IT系统与外网进行连接提供了指导。包括选择和使用安全措施以保证连接的安全性和这些连接所支持的服务的安全性；对被连接的IT系统提供额外的安全措施。

6.1.4 信息安全管理模型

信息安全管理模型是对信息安全管理的一个抽象化描述。它是组织建立安全管理体系的基础。目前，在对安全理论、安全技术和安全标准研究的基础上，不同的组织都提出了相应的信息安全管理模型。这些模型的侧重点不同，信息安全的管理方式也不同。

1. 安全体系模型

OSI安全体系结构的研究始于1982年。1989年制定了一系列特定安全服务的标准，其成果标志是ISO发布的ISO 7498—2标准。该标准的基础是安全体系模型，包括三方面的内容：

(1) 安全服务。包括认证服务、访问控制服务、数据保密服务、数据完整服务和抗抵赖服务。

(2) 安全机制。包括加密机制、数字签名机制、访问控制机制、数据完整机制、鉴别交换机制、业务流填充机制、路由控制机制和公正机制等。

(3) 安全管理。通过实施一系列安全政策，对系统和网络上的操作进行管理，包括系统安全管理、安全服务管理和安全机制管理。

2. PDRR模型

PDRR(Protection Detection Response Recovery)是一个比较成熟的网络安全模型，可以用于信息安全管理。该模型由防御、检测、响应、恢复组成了一个动态的信息安全周期。安全政策的每一部分包括一组安全单元来实现一定的安全功能。安全策略的第一部分是防御。根据系统已知的所有的安全问题做出防御措施，如打补丁、访问控制、数据加密等。安全策略的第二部分就是检测。攻击者如果穿过了防御系统，检测系统就会检测出来。这个安全战线的功能就是检测出入侵者的身份，包括攻击源、系统损失等。一旦检测出入侵，响应系统开始响应，包括事件处理和其他业务。安全策略的最后一个战线是系统恢复。在入侵事件发生后，把系统恢复到原来的状态，如图6-2所示。

3. 信息安全管理PDCA持续改进模式

该模型的结构如图6-3所示。P—策划：根据组织的商务运作需求(包括顾客的信息安全要求)及有关法律法规要求，确定安全管理范围与策略，通过风险评估建立控制目标与方

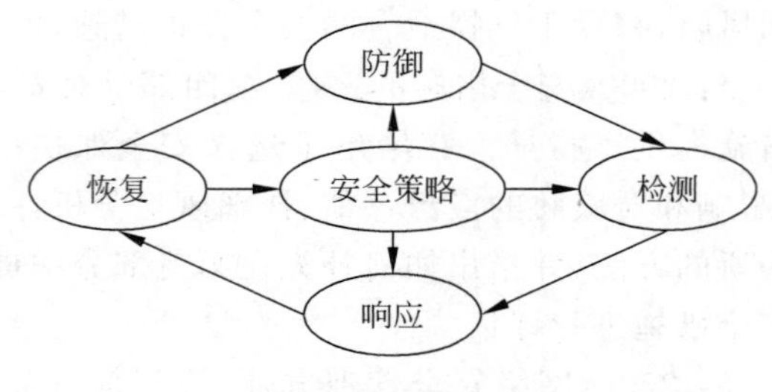

图 6-2 PDRR 模型

式，包括必要的过程与商务持续性计划。D—实施：实施过程，即组织要按照组织的策略、程序、规章等规定的要求，也就是按照所选定的控制目标与方式进行信息安全控制。C—检查：根据策略、目标、安全标准即法律法规要求，对安全管理过程和信息系统的安全进行监视与验证，并报告结果。A—行动：对策略适宜性评审与评估，评价 ISMS 的有效性，采取措施，持续改进。

4. HTP 信息安全模型

该模型(如图 6-4 所示)由三部分组成：人员与管理(Human and Management)、技术与产品(Technology and Products)、流程与体系(Process and Framework)。

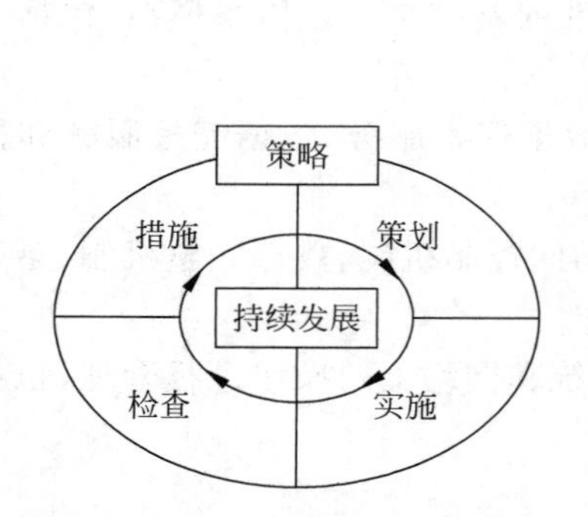

图 6-3 信息安全管理 PDCA 持续改进模式

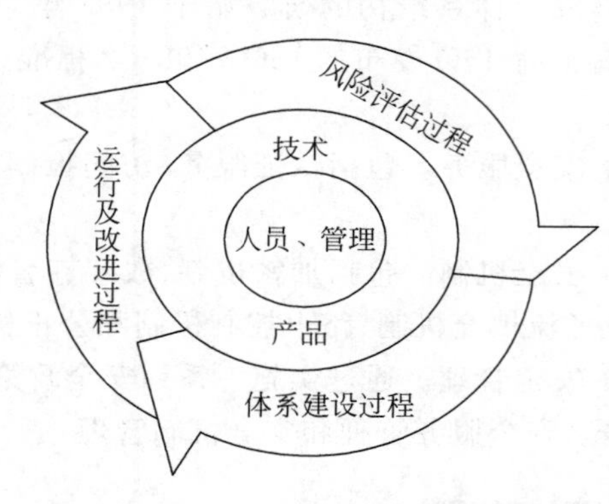

图 6-4 HTP 信息安全模型

(1) 人员与管理。从国家的角度考虑，有法律、法规、政策问题；从组织角度考虑，有安全方针政策程序、安全管理、安全教育与培训、组织文化、应急计划和持续性管理等问题。人是信息安全最活跃的因素，人的行为是信息安全保障要求的方面。从个人角度来看有职业要求、个人隐私、行为学、心理学等问题。

(2) 技术与产品。组织可以依据"适度防范"原则综合采用商用密码、防火墙、防病毒、身份识别、网络隔离、可信服务、安全服务、备份恢复、PKI 服务、取证、网络入侵陷阱、主动反击等多种技术与产品来保护信息系统安全。

(3) 流程与体系。组织应当遵循国内外相关信息安全标准与最佳实践过程，组织应满足信息安全的各个层面的实际需求，在风险分析的基础上引入恰当控制，建立合理的安全管理体系，从而保证组织赖以生存的信息资产的安全性、完整性和可用性。

5. 适应性网络安全模型

美国互联网安全系统公司(ISS)基于 P2DR 提出了适应性网络安全模型(Adaptive Network Security Model,ANSM)。具体模型用 PADIMEE 来描述。该公司通过对技术和业务需求分析及对客户信息安全"生命周期"考虑,在 7 个方面体现信息系统安全的持续循环:策略(Policy)、评估(Assessment)、设计(Design)、执行(Implementation)、管理(Management)、紧急响应(Emergency Response)和教育(Education)。

6. 信息安全保障框架模型

中国科学院信息安全国家重点实验室的赵战生教授在一次信息安全会议中,给出了一个信息安全保障框架模型,在 PDRR 模型的基础上,前面加上 W(warning),后面加上一个 C(counterattack),反映了 6 大能力,分别是预警能力、保护能力、检测能力、反应能力、恢复能力和反击能力。

6.1.5 构建信息安全管理体系方法

要构建一个有效的信息安全管理体系,可以采取如下方式:

1. 建立信息安全管理框架

信息安全管理框架的搭建必须按照适当的程序来进行。首先,各个组织应该根据自身的状况来搭建适合自身业务发展和信息安全需求的信息安全管理框架,并在正常的业务开展过程中具体实施构架的信息安全管理体系。同时在信息安全管理体系的基础上,建立各种与信息安全管理框架相一致的相关文档、文件,并对其进行严格的管理。对在具体实施信息安全管理体系过程中出现的各种信息安全事件和安全状况进行严格的记录,并建立严格的反馈流程和制度。

1) 定义信息安全政策

组织应制定信息安全策略(Information Security Policy)以对组织的信息安全提供管理方向与支持。组织不仅要有一个总体的安全策略,而且在总体策略的框架内,根据风险评估的结果制定更加具体的安全方针,明确规定具体的控制规则,如"清理桌面和清楚屏幕策略"、"访问控制策略"等。

对于一个规模小的组织单位,可能只有一个信息安全政策,并适用于组织内部所有部门和员工;在大型的组织中,有时需要根据组织内各个部门的实际情况,分别制订不同的信息安全政策;如果组织是一个集团公司,则需要制订一个信息安全政策丛书,分别适用于不同的子公司或各分支机构。但是,无论如何,信息安全政策应该简单明了,通俗易懂,并直指主题,避免将组织内所在层面的安全方针全部揉在一个政策中,使人不知所云。

信息安全政策是组织信息安全的最高方针,必须形成书面文件,广泛散发到组织内所有员工手中,并要对所有相关员工进行信息安全政策的培训,对信息安全负有特殊责任的人员要进行特殊的培训,以使信息安全方针真正植根于组织内所有员工的脑海并落实到实际工作中。

2）定义 ISMS 的范围

即在组织内选定在大范围内构架 ISMS。一个单位现有的组织结构是定义 ISMS 范围需要考虑的最重要的方面，组织可能会根据自己的实际情况，只在相关的部门或领域构架 ISMS。所以，在信息安全范围定义阶段，应将组织划分成不同的信息安全控制领域，以易于组织对有不同需求的领域进行适当的信息安全管理。

组织要根据组织的特性、地理位置、资产和技术对信息安全管理体系范围（Scope）进行界定。组织信息安全管理体系范围包括以下项目：需保护的信息系统、资产、技术、实物场所（地理位置、部门）。

3）进行信息安全风险评估

组织需要选择一个适合其安全要求的风险评估和管理方案，然后进行合乎规范的评估，识别目前面临的风险及风险等级。风险评估的对象是组织的信息资产，评估考虑的因素包括资产所受的威胁、薄弱点及威胁发生后对组织的影响。无论采用何种风险评估工具方法，其最终评估结果应是一致的。信息安全风险评估的复杂程度将取决于风险的复杂程度和受保护资产的敏感程度，所采用的评估措施应该与组织对信息资产风险的保护需求相一致。具体有三种风险评估方法可供选择。

方法一：基本风险评估。是参照标准所列举的风险对组织资产进行风险评估的方法。标准罗列了一些常见信息资产所面对风险及其管制要点，这些要点对一些中小企业（如业务性质较简单、对信息处理和计算机网络依赖不强或者并不从事外向型经营的企业）来说已经足够，但对于不同的组织，基本风险评估可能会存在一些问题。一方面，如果组织安全等级设置太高，对一些风险的管制措施的造价将会太昂贵，并可能使日常操作受到过分的限制。但如果定得太低，则可能对一些风险的管制力度不够。另一方面，可能会使与信息安全管理有关的调整比较困难，因为在信息安全管理系统被更新、调整时，可能很难去评估原先的管制措施是否仍然满足现行的安全需求。

方法二：详细风险评估。即先对组织的信息资产进行详细划分并赋值，再具体针对不同信息资产所面对的不同的风险，详细划分对这些资产造成的威胁的等级和相关的脆弱性等级，并利用这些信息评估系统存在的风险的大小来指导下一步管制措施的选择。一个组织对安全风险研究得越精确，安全需求也就越明确。与基本风险评估相比，详细风险评估将花费更多的时间和精力，有时需要专业技术知识和外部组织的协助才能获得评估结果。

方法三：基本风险评估和详细风险评估相结合。首先利用基本风险评估方法鉴别出在信息安全管理系统范围内存在的潜在高风险或者对组织商业动作至关重要的资产。其次，将信息安全管理系统范围内的资产分为两类：一类是需要特殊对待的，另一类是一般对待的。对特殊对待的信息资产使用详细风险评估方法，对一般对待的信息资产使用基本风险评估方法。两种方法的结合可将组织的费用和资源用于最有益的方面。但也存在着一些缺点，如果在对高风险的信息系统的鉴别有误时，将会导致不精确的结果，从而将会对组织的某些重要信息资产的保护失去效果。

组织在进行信息资产风险评估时，必须将直接后果和潜在后果一并考虑。对 ISMS 范围内的信息资产进行鉴定和估价，然后对信息资产面对的各种威胁和脆弱性进行评估，同时对已存在的或规划的安全管制措施进行鉴定。风险评估主要依赖于商业信息和系统的性质、使用信息的商业目的、所采用的系统环境等。

4）信息安全风险管理

组织应根据信息安全策略和所要求的安全程度，识别所要管理的风险内容。控制风险包括识别所需的安全措施，通过降低、避免、转移将风险降至可接受的水平。风险随着过程的更改、组织的变化、技术的发展及新出现的潜在威胁而变化。

在考虑转嫁风险前，应首先考虑采取措施降低风险。有些风险很容易避免，例如通过采用不同的技术、更改操作流程、采用简单的技术措施等。通常只有当风险不能被降低或避免，且被第三方（被转嫁方）接受时才被采用。一般用于那些低概率，但一旦风险发生会对组织产生重大影响的风险。用于寻找在采取了降低风险和避免风险措施后，出于实际和经济方面的原因，只要组织进行运营，就必须存在并必须接受的风险。

5）确定管理目标和选择管制措施

管制目标的确定和管制措施的选择原则是费用不超过风险所造成的损失。但应注意有些风险的后果并不能用金钱衡量（如商誉的损失等）。由于信息安全是一个动态的系统工程，组织应时时对选择的管理目标和管制措施加以校验和调整，以适应变化了的情况，使组织的信息资产得到有效、经济、合理的保护。

风险评估之后，组织应从已有信息安全技术中选择适当的控制方法，包括额外的控制（组织新增加的和法律法规所要求的），降低已识别的风险。

6）准备信息安全适用性申明

信息安全适用性申明记录了组织内相关的风险管制目标和针对每种风险所采用的各种控制措施。信息安全适用性申明的准备，一方面是为了向组织内的员工申明对信息安全面对的风险的态度，在更大程度上则是为了向外界表明组织的态度和作为，以表明组织已经全面、系统地审视了组织的信息安全系统，并将所有有必要管制的风险控制在能够被接受的范围内；另一方面也是为了向外界表明组织的态度和作为。

2. 具体实施构架的ISMS

ISMS管理框架的建设只是建设ISMS的第一步。在具体实施ISMS的过程中，还必须充分考虑其他方面的因素，如实施的各项费用因素（培训费、报告费等）、与组织员工原有工作习惯的冲突、不同部门/机构之间在实施过程中的相互协作问题等。

组织要按照所选择的控制目标和控制方式进行有效的安全控制，即按照策略、程序等要求展开信息处理、安全管理等各项活动。实施的有效性包括两方面的含义：一是控制活动应严格按要求执行；二是活动的结果应达到预期的目标要求，即风险控制的结果是可接受的。

3. 建立相关文档

在ISMS建设、实施的过程中，必须建立起各种相关的文档、文件。例如，ISMS管理范围中所规定的文档内容、对管理框架的总结（包括信息安全政策、管理目标和在适用性申明时所提出的控制措施）、在ISMS管理范围中规定的管制采取过程、ISMS管理和具体操作的过程（包括IT服务部门、系统管理员、网络管理员、现场管理员、IT用户以及其他人员的职责描述和相关的活动事项）等。文档可以以各种形式保存，但是必须划分不同的等级或类型。同时，为了今后的信息安全认证工作的顺利进行，文档必须能很容易地被指定的第三方

(例如认证审核员)访问和理解。信息安全管理体系的文档层次结构如图 6-5 所示。

在建立起各种文档之后,组织还必须对它进行严格的管理,并结合组织业务和规模的变化,对文档进行有规律、周期性的回顾和修正。当某些文档不再适合组织的信息安全策略需求时,就必须将其废止。

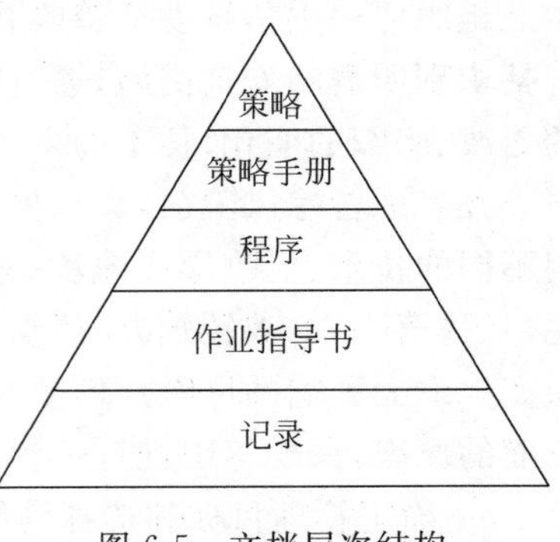

图 6-5 文档层次结构

4. 文档的严格管理

组织必须对各种文档进行严格的管理,结合业务和规模的变化,对文档进行有规律、周期性的回顾和修正。当某些文档不再适合组织的信息安全政策需要时,就必须将其废弃。但由于法律或知识产权方面的原因,组织可以将相应文档确认后保留。

5. 安全事件记录、回馈

必须对在实施 ISMS 的过程中发生的各种与信息安全有关的事件进行全面的记录。安全事件的记录为组织进行信息安全政策定义、安全管理措施的选择等的修正提供了现实的依据。安全事件记录必须清晰,明确记录每个相关人员当时的活动。安全事件记录必须适当保存(可以以书面或电子的形式保存)并进行维护,使得当记录被破坏、损坏或丢失时容易挽救。

6.2 信息安全运行管理

本节将介绍信息系统安全运行管理、信息安全事件管理、信息安全事件分类分级和信息安全灾难恢复。

6.2.1 信息系统安全运行管理

随着通信业务越来越依赖于网络和信息系统,网络与信息的安全性也日益重要。但是目前在网络与信息安全的管理上仍然存在不足,无论是管理模式还是技术手段,都不能很好地适应业务发展对网络和信息安全提出的挑战。为了回应这一挑战,必须建设信息安全运行管理系统(SOC),进行集中统一的安全运行管理,并从运行层面支撑信息安全管理体系的实现。围绕信息以及信息系统的整个生命周期,从各个方面提供安全管理手段,帮助提高信息安全管理水平,适应业务发展的需要。同时,信息安全运行管理系统还可以为国家信息安全应急响应体系建设提供技术和流程上的支持。

2008 年,工业和信息化部发布了通信行业标准《YD/T 1800—2008 信息安全运行管理系统总体架构》。信息安全运行管理系统的技术标准体系由总体架构和相关功能规范、接口规范组成。总体架构定义安全运行管理系统的技术架构;功能规范定义安全运行管理系统各项功能要求;接口规范定义安全运行管理系统内部接口和外部接口。

1. 概念术语

(1) 安全对象。网络安全工作保护的企业网络、设备、应用和数据称为安全对象，安全对象的价值不仅仅包括其采购价值，还包括其受侵害后导致的企业损失。SOC本身也是一种安全对象。

(2) 安全事件。由计算机信息系统或者网络中的各种计算机设备，例如主机、网络设备、安全设备等发现并记录的各种可疑活动被称为安全事件。

(3) 安全事故。安全事故是指计算机信息系统或网络的硬件、软件、数据因非法攻击或病毒入侵等安全原因而遭到破坏、更改、泄露，造成系统不能正常运行或者数据机密性、完整性、可用性被破坏的现象。安全事故由一个或多个安全事件构成。

(4) 安全策略。安全策略是各种论述、规则和准则的集合，供运营商解释怎样使用网络资源、怎样对网络和业务进行保护。从用户的角度看，安全策略定义了一个合法的用户可以做什么，并说明哪些信息需要被保护。

(5) 安全基线是一种在测量、计算或定位安全水平的基本参照。

(6) 信息安全运行管理系统是实现信息安全管理体系的技术支撑平台。它以信息以及信息系统风险管理为核心，为安全运营和管理提供支撑。

2. 信息安全运行管理系统架构

信息安全运行管理系统是对信息安全管理体系(ISMS)的实现提供技术支撑，协助在信息和信息系统整个生命周期中实现安全管理方面人、技术和流程的结合。在信息安全管理体系(ISMS)的PDCA循环中，为其计划(P)阶段提供风险评估和安全策略功能，为执行(D)阶段提供安全对象风险管理以及流程管理功能，为检查(C)阶段提供系统安全监控、事件审计、残余风险评估功能，为改进(A)阶段提供安全事件管理功能。

信息安全运行管理系统应能支持分布式部署，并能够实现分安全域分级别管理。应能提供以下功能：

(1) 安全策略管理。包括安全策略发布、存储、修订以及对安全策略的符合性检查等。

(2) 安全事件管理。包括安全事件采集、过滤、汇聚、关联分析、事件前转移及安全事件统计分析等。安全预警管理。包括漏洞预警、病毒预警、事件预警以及预警分发等。

(3) 安全对象风险管理。包括安全对象、威胁管理、漏洞管理、安全基线和安全风险管理等。

(4) 流程管理。主要是对各种安全预警、安全事件、安全风险进行反应，工单是流程的一种承载方式，因此可以包括产生工单、工单流转以及将工单处理经验进行积累等。

(5) 知识管理。所有安全工作均以安全知识管理为基础，包括威胁库、病毒库、漏洞库和安全经验库等。

3. 信息安全运行管理系统主体功能

1) 安全策略管理

安全策略管理功能应实现企业安全策略的导入、存储、修订、查询以及安全策略的集中管理。同时应支持安全策略的不同格式的数据导出、安全策略的数据统计、安全策略的定时发布、安全策略符合性检备等功能，实现企业内所有安全策略的全流程管理。安全策略的各项管理操作通过安全策略管理与流程管理模块之间的接口转化成相应的处理流程。安全策略管理包括企业的宏观管理策略、相关管理规定和技术指南。

(1) 策略发布。应建立数据传输机制，保障策略在企业组织的有效传播，支持指定策略的发布范围、发布方式和发布时间等功能。

(2) 策略存储。主要为建立核心的安全策略库，支持多种分类的存储方式，包括按策略级别、按策略类别、按策略适用范围等多种方式。策略存储应具备多种数据导入和导出机制。策略存储应提供策略的多样信息，便于快速地浏览安全策略文件的出处、引用的文档等信息。

(3) 策略修订。通过建立企业安全策略生命周期管理流程来实现管理策略的主要功能，包括制定安全策略、讨论安全策略、更新安全策略、挂起安全策略及注销安全策略等。策略修订应提供记录策略的历史变更信息。

(4) 策略查询。是对安全策略库的检索定位功能，可以快速定位到所需要的策略。策略查询具备对多种条件的组合查询。策略查询对查询结果具备多种导出机制。

(5) 策略符合性检查。主要为建立策略的评估机制，定期检查安全策略是否符合企业整体业务目标。策略符合性检查支持符合性统计分析，协助企业发现策略内容缺失及策略管理流程缺陷。

2) 安全预警管理

安全预警主要是接收来自第三方服务商和上级主管单位提供的安全预警(包括漏洞、事件和病毒等)信息，预警模块与安全对象管理模块关联后，将预警信息转发给相应安全对象的管理责任人。预警可以通过告警、报表、短信及告警邮件等方式呈现。安全预警的各项管理操作通过安全预警管理与流程管理模块之间的接口转化成相应的处理流程。

(1) 漏洞预警主要是接收来自第三方服务商、上级主管单位和组织内部提供的漏洞信息，经过一定方法加工后，对指定范围进行预警，对众所周知漏洞的相关属性提出预防和解决的方法。

(2) 病毒预警主要是接收来自第三方服务商、上级主管单位和组织内部提供的病毒信息，经过一定方法加工后，对指定范围进行预警，对众所周知病毒的相关属性提出预防和解决的方法。

(3) 事件通告预警主要是接收来自第三方服务商、上级主管单位和组织内部的事件通告，经过一定方法加工后，对指定范围进行预警，对众所周知事件的相关属性提出预防和解决的方法。这里安全事件的含义是广义的安全事件，并非来自设备。

(4) 预警分发处理。预警模块应实现以下功能：

① 接收和发布不同等级的预警信息。

② 提供自动接收预警信息功能、人工预警信息发布接口，当新的安全漏洞出现时，应可以通过该接口人工发布预警信息。

③ 在接收到预警数据后，该模块可根据预先定义的数据格式和策略自动生成预警信息，并通知安全预警管理员，由安全预警管理员确定是否发布预警。

④ 预警信息经安全管理员甄别后，由系统自动地与安全对象库关联。严重影响的，自动通知相应的系统管理员。

⑥ 还应有预警统计功能来帮助用户对安全预警信息、预警分布情况进行综合的分析。列出相应受影响的安全对象以及预警信息数量、预警发生频度。

3）安全事件管理

安全事件集中监控模块的主要功能是通过采集、过滤、汇聚和关联分析等手段充分缩减并甄别大型信息系统中可能产生安全事故的安全事件信息，并对安全事件进行严重性排序，优先呈现和处理严重性级别较高的安全事件。与网管系统的事件监控模块不同，安全事件集中监控模块关注的事件类型主要是攻击行为、异常活动和状态、病毒以及安全告警等。安全事件集中监控模块与日志审计系统可能取部分同样的日志，但两者有较大区别，日志审计系统主要做事后的安全审计，而安全事件集中监控模块侧重体现系统实时的安全事件状况。

（1）安全事件采集。安全事件集中监控模块应能采集各类安全设备、其他信息设备或相关组织（如反垃圾邮件组织）产生的各种与安全有关的日志、事件告警、异常流量、投诉等信息以及通过其他渠道收集的安全信息，并设计与网管系统的接口，获取网管系统中的安全对象信息、故障信息和配置信息等。在采集事件的过程中，对监控设备的性能影响应控制在适当范围内。

（2）安全事件格式化。安全事件监控管理模块应能够对搜集上来的安全事件信息进行格式化处理，使安全管理人员和系统管理人员能及时、全面、方便地了解和识别出信息系统中存在的安全威胁和异常事件。

（3）安全事件过滤。安全事件集中监控模块对采集到的数据必须有过滤功能以缩减安全事件数量。

（4）安全事件汇聚。事件汇聚是制定过滤规则消除重复事件来缩减安全事件数据量。

（5）安全事件关联。信息安全运行管理系统应具有安全事件关联功能来深度挖掘安全隐患，判断安全事件的严重程度。至少应支持以下关联方式：

① 基于规则的关联分析。使用定义好的关联性规则对收集到的安全事件进行检查，确定该事件是否和特定的规则匹配。

② 基于统计的关联分析。通过事件计数产生级别更高的安全事件。

③ 基于安全对象的关联分析。安全事件应能与相关安全对象的敏感性、安全对象上的漏洞、安全域中部署情况、保护情况以及对象的保护等级进行关联，从而判断某个安全事件是否能造成不良影响以及造成不良影响的严重程度。

④ 基于广义漏洞的关联分析。安全事件应能同网段的相应漏洞进行关联，判断可能造成的不良影响。

高风险关联：当出现高风险情况时，应能自动分析类似环境中是否出现相同安全事件。信息安全运行管理系统确定的关联性事件，不仅要有自身的内容，还必须可以关联查询到触发该事件产生的所有的原始事件。

（6）安全事件呈现。安全事件集中监控模块应能够对安全事件进行实时监控，对可能造成安全事故的安全事件进行告警确认、清除等操作，并以多种方式进行不同级别安全事件的呈现。同时，安全事件也可以通过报表、短信和告警邮件等方式呈现。

（7）安全事件的处理。安全事件告警处理包括告警确认与清除、告警前转、产生安全工单、非正常告警等功能。安全事件集中监控模块提供告警前转条件的设置，包括告警时间范围、告警级别、类型、告警源等。用户可以灵活选择一个或多个系统。时间范围可由用户灵活设置，并支持根据不同条件的组合，创建多个告警前转条件功能。安全事件集中监控模块根据告警级别选择使用安全工单前转，首先自动生成安全工单，并根据告警信息自动填充工单的部分内容，用于向安全工单模块提供数据。对单位时间内频次过高或历时过长（门限可由用户设置）的告警，信息安全运行管理系统自动提高告警级别，从而保证安全事件告警信息的有效性。

（8）安全事件统计分析和报表功能。信息安全运行管理系统应能从多种角度、多种维度对数据进行分析；能将结果以图形方式或报表方式显示、打印。安全事件集中监控模块能够输出各种通用报表，例如可以产生日报表、周报表、月报表、季度报表和年报表等。

（9）安全事件源数据存储及追溯功能。在上述流程之外，以源文件格式将收集到的各种安全事件数据进行存储，可以追溯。

4）安全对象风险管理

信息安全运行管理系统应以安全对象库的建立为基础，实现安全对象、安全对象上的漏洞、安全对象面临的威胁以及相应风险的管理，并实现动态的风险管理，支持安全对象与事件的关联等。安全对象风险的各项管理操作通过安全对象风险管理与流程管理模块之间的接口转化成相应的处理流程。在实际操作过程中，应定义统一的安全对象级别、安全域划分、漏洞定义、威胁定级、风险定级的标准，确保数据的统一和可比较，应定义安全对象的基本属性（例如名称、型号、端口开启状态等）以及安全属性（例如机密性等级）。安全对象的价值级别对应安全等级，安全等级保护需考虑安全对象的价值和安全对象所面临的风险。安全对象类型应包括主机；网络设备；数据库管理系统；安全设备，如防火墙、NIDS等；应用系统；数据和信息；多个安全对象构成的安全对象组。安全对象风险管理模块应能从不同的视图对安全对象进行组织和展现，还至少应具备拓扑呈现的功能，拓扑中的节点应能够与安全对象库中的信息关联。应提供安全域管理的功能，包括安全域划分界面、呈现、网络架构维护、申请入网管理、安全域数据管理等。

（1）安全威胁管理。安全威胁的管理应包括以下功能：

① 应以威胁库的形式存储威胁信息，并定期升级。

② 应能通过系统安全评估将威胁信息与安全对象关联起来。

③ 威胁信息应与相应漏洞有关联关系。

④ 威胁可能性应与被监控系统中发生的对应安全事件进行关联，并定期对与安全对象关联的威胁可能性的赋值进行自动更新。

⑤ 每次定期，实时安全评估后，对安全对象面临的安全威胁进行更新。

（2）安全漏洞管理。安全漏洞的管理应包括以下功能：

① 应以漏洞库的形式存储漏洞信息，并实时升级。

② 支持根据需求对属性进行定制，例如编辑漏洞类别信息等。

③ 应能通过系统安全评估将漏洞信息与安全对象、威胁关联起来。

④ 漏洞信息导入：支持第三方漏洞评估产品扫描结果以及本地脚本评估结果和人工管理审计评估结果等的导入，并能与安全对象信息关联，导入过程将依据评估方式和时间对漏洞进行标识。

⑤ 提供标准文件格式，对信息资产风险管理模块导入的漏洞进行评估。

⑥ 在收到预警信息并由安全管理员确认后，应对预警信息可能影响到的安全对象的漏

洞情况进行更新。

⑦ 在对系统进行了加固或调整后，安全对象对应的漏洞数据应进行相应的更新。

⑧ 每次定期，实时安全评估完成后，在输入漏洞评估结果时，根据评估结果建立和维护安全对象的漏洞表。

⑨ 在系统维护人员根据预警、安全事件、风险等方面的告警对系统进行了升级加固后，安全对象现有的漏洞数据应进行相应的更新。

(3) 安全补丁状况。信息管理安全补丁状况信息管理涉及补丁获取、补丁分类分级、补丁与安全对象的精确关联、补丁加载任务通知、补丁测试过程管理、补丁加载过程管理等。

(4) 安全基线分析。以端口、服务以及系统配置等涉及系统安全方面的状况信息构成安全基线，由安全管理平台实时监控系统的安全状况，通过与事先定义的安全基线对比，产生与安全事件类似的报警和解决措施。

(5) 风险管理应能够对安全对象进行漏洞、威胁和风险综合评估。风险值应是安全对象价值、漏洞严重程度和威胁值的函数。信息安全运行管理系统能根据输入的安全评估结果自动进行风险计算，用户也可以对自动计算得到的风险信息进行修改。应能提供分级分域的风险计算、分析、统计、排名、查询与统计功能，便于安全管理人员和系统管理人员能方便地查找所需安全对象的信息，并能关联查找到相关的漏洞、威胁、风险、历史安全事件等信息。安全对象风险管理模块应基于安全对象信息库对安全对象上的脆弱性/漏洞以及安全对象面临的威胁进行收集和管理。可以选择配备远程漏洞评估工具以及本地评估脚本，并配以人工管理审计等，及时掌握网络中各个系统的最新安全脆弱性和威胁情况并将结果导入。

5) 流程管理

流程管理功能主要是实现工单的电子化处理功能，通过计算机系统代替以前的手动工单处理流程，通过电子流程再现、规范和优化运行维护部门的生产工作流程，从而提高用户的工作效率。在处理工单时能方便地关联查询相关安全对象信息、漏洞列表、威胁列表、风险列表、预警信息和历史事件等，并能关联到相关内容，为事件处理人员提供帮助和指导信息。安全工单模块应记录每一个工单在每一个阶段的处理时间，如从派发到受理的时间，从受理到处理完毕的时间。工单完成后，形成的经验要加入经验库。能实现与安全事件监控管理模块、安全对象风险管理模块、安全预警模块、安全策略管理等模块的接口，接收这些模块产生的工单信息，并且能够将工单的处理结果和相应信息反馈到上述模块中，以保证上述模块中的相关数据能够根据工单处理结果进行更新和修正。安全运维人员收到工单后，将使用合适的技术或管理手段(包括网管系统)来完成工单中所列任务。

6) 安全知识管理

安全知识管理应围绕信息系统的完整生命周期，能统一管理各种安全信息，具体包括：

(1) 漏洞库存放标准的漏洞信息，提示企业可能存在的漏洞，通用漏洞级别及建议的处置方式。漏洞库应支持多种统计和查询方式，便于对漏洞进行处置。

(2) 威胁库存放标准的威胁信息，提示企业可能面临的威胁，通用威胁级别及建议的处置方式。威胁库应支持多种统计和查询方式，便于对威胁进行处置。

(3) 安全经验库实现安全信息的共享和利用，提供了一个集中存放、管理、查询安全知识的环境。安全经验库的主要功能是将处理结束的安全事件方法和措施及标准事件信息收集起来，形成安全共享知识库，该知识库的数据以数据库的形式存储及管理，为培养高素质网络安全技术人员提供资源。

4. 信息安全运行管理系统信息要求

1）接口要求

根据上述功能需要，例如与网管共享数据、采集各种设备的安全信息等，SOC必须支持以下接口：

（1）内部接口。包括一种或者多种被监控设备的数据接口，安全评估结果的数据接口和预警信息接口。

（2）外部接口。企业总部SOC与上级SOC接口：企业总部SOC根据上级SOC发出的要求，提交相关数据到上级SOC。企业总部SOC与下级SOC接口：企业总部SOC向下级SOC系统进行数据调用和功能调用，实现企业SOC的集中管理。SOC与网管系统接口，SOC其他管理系统（如OA）接口。支持标准IODEF接口：组织总部SOC和上级、下级SOC的接口结构。

2）自身安全管理要求

信息安全运行管理系统首先应提供对信息安全运行管理系统的主机、数据库、网络连接情况和应用程序运行情况的安全监视功能和网管功能，同时提供部分重要应用程序启动、停止处理功能。其次，信息安全运行管理系统自身必须具备用户权限管理功能，应具备日志和审计功能，系统日志管理提供对系统日志的查询、统计和删除功能。

3）技术要求

信息安全运行管理系统应具备适合需求的可靠性、可维护性、高度的扩展性、足够的处理能力，软件本身应具备易用性，能够与终端设备、网络设备时间同步。SOC系统应考虑备份、恢复操作以及访问控制，并能够在不连接互联网的前提下实现修复漏洞、打补丁、监控威胁以及应用程序的升级。

6.2.2 信息安全事件管理

目前，没有任何一种具有代表性的信息安全策略或防护措施能够对信息、信息系统、服务或网络提供绝对的保护。即使采取了防护措施，仍可能存在残留的弱点，使得信息安全防护变得无效，从而导致信息安全事件发生，并对组织的业务运行直接或间接产生负面影响。此外，以前未被认识到的威胁也可能会发生。组织如果对这些事件没有做好充分的应对准备，其任何实际响应措施的效率都会大打折扣，甚至还可能加大潜在的业务负面影响的程度。因此，对于任何一个重视信息安全的组织来说，采用一种结构严谨、计划周全的方法来处理以下工作十分必要：发现、报告和评估信息安全事件；对信息安全事件做出响应，包括启动适当的事件防护措施来预防和降低事件影响，以及从事件影响中恢复；从信息安全事件中吸取经验教训，制定预防措施，并且随着时间的变化，不断改进整个的信息安全事件管理方法。

2007年，国家标准化指导性技术文件《信息技术 安全技术 信息安全事件管理指南》（GB/Z 20985—2007）颁布，该标准以ISO/IEC TR 18044—2004为基础。

1. 概念术语

(1) 业务连续性规划。这样一个过程：当有任何意外或有害事件发生，且对基本业务功能和支持要素的连续性造成负面影响时，确保运行的恢复得到保障。该过程还应确保恢复工作按指定优先级、在规定的时间期限内完成，且随后将所有业务功能及支持要素恢复到正常状态。这一过程的关键要素必须确保具有必要的计划和设施，且经过测试，它们包含信息、业务过程、信息系统和服务、语音和数据通信、人员和物理设施等。

(2) 信息安全事态。是被识别的一种系统、服务或网络状态的发生，表明一次可能的信息安全策略违规或某些防护措施失效，或者一种可能与安全相关但以前不为人知的情况。

(3) 信息安全事件。指由单个或一系列意外或有害的信息安全事态所组成，极有可能危害业务运行和威胁信息安全。

(4) 信息安全事件响应组。指由组织中具备适当技能且可信的成员组成的一个小组，负责处理与信息安全事件相关的全部工作。有时，小组可能会有外部专家加入，例如来自一个公认的计算机事件响应组或计算机应急响应组(CERT)的专家。

2. 信息安全事件管理框架

1) 管理目标

作为任何组织整体信息安全战略的一个关键部分，采用一种结构严谨、计划周全的方法进行信息安全事件的管理至关重要。这一方法的目标旨在确保：信息安全事态可以被发现并得到有效处理，尤其是确定是否需要将事态归类为信息安全事件；对已确定的信息安全事件进行评估，并以最恰当和最有效的方式做出响应；作为事件响应的一部分，通过恰当的防护措施，结合业务连续性计划的相关要素，将信息安全事件对组织及其业务运行的负面影响降至最小；及时总结信息安全事件及其管理的经验教训。这将增加预防将来信息安全事件发生的机会，改进信息安全防护措施的实施和使用，同时全面改进信息安全事件管理方案。

2) 管理过程

为了实现上述目标，信息安全事件管理由以下 4 个不同的过程组成。

(1) 规划和准备。规划和准备包括制定信息安全事件管理策略，获得高级管理层的承诺；制定信息安全事件管理方案；对公司及系统/服务/网络安全进行风险分析和管理，更新策略；建立 ISIRT；发布信息安全事件管理意识简报并开展培训；测试信息安全事件管理方案使用。有效的信息安全事件管理需要适当的规划和准备。为使信息安全事件的响应有效，下列措施是必要的：制定信息安全事件管理策略并使其成为文件，获得所有关键利益相关人，尤其是高级管理层对策略的可视化承诺；制定信息安全事件管理方案并使其全部成为文件，用于支持信息安全事件管理策略。用于发现、报告、评估和响应信息安全事件的表单、规程和支持工具，以及事件严重性衡量尺度的细节，均应包括在方案文件中。更新所有层面的信息安全和风险管理策略，即全组织范围的，以及针对每个系统、服务和网络的信息安全和风险管理策略，均应根据信息安全事件管理方案进行更新。确定一个适当的信息安全事件管理的组织结构，即信息安全事件响应组(ISIRT)，给那些可调用的、能够对所有已知的信息安全事件类型作出充分响应的人员指派明确的角色和责任。在大多数组织中，

ISIRT 可以是一个虚拟小组，是由一名高级管理人员领导的、得到各类特定主题专业人员支持的小组。例如，在处理恶意代码攻击时，根据相关事件类型召集相关的专业人员。通过简报和/或其他机制使所有的组织成员了解信息安全事件管理方案、方案能带来哪些益处以及如何报告信息安全事态。应该对管理信息安全事件管理方案的负责人员、判断信息安全事态是否为事件的决策者，以及参与事件调查的人员进行适当培训。全面测试信息安全事件管理方案。

（2）使用。使用包括检测并报告信息安全事态；评估并决定是否将事态归类为信息安全事件；对信息安全事件做出响应，其中包括进行法律取证分析。下列过程是使用信息安全事件管理方案的必要过程：

① 发现和报告所发件的信息安全事态（人为或自动方式）。

② 收集与信息安全事态相关的信息，通过评估这些信息确定哪些事态应归类为信息安全事件。

③ 对信息安全事件作出响应：立刻、实时或接近实时。如果信息安全事件在控制之下，按要求在相对缓和的时间内采取行动；如果信息安全事件不在控制之下，发起"危机求助"行动。将信息安全事件及任何相关的细节传达给内部和外部人员和/或组织；进行法律取证分析；正确记录所有行动和决定以备进一步分析之用；结束对已经解决事件的处理。

（3）评审。评审包括进一步进行法律取证分析；总结经验教训；确定安全的改进之处；确定信息安全事件管理方案的改进之处。在信息安全事件已经解决或结束后，进行以下评审活动是必要的：按要求进行进一步法律取证分析；总结信息安全事件中的经验教训；作为从一次或多次信息安全事件中吸取经验教训的结果，确定信息安全防护措施实施方面的改进；作为从信息安全事件管理方案质量保证评审中吸取经验教训的结果，确定对整个信息安全事件管理方案的改进。

（4）改进。改进包括改进安全风险分析和管理评审的结果；启动对安全的改进；改进信息安全事件管理方案。应该强调的是，信息安全事件管理过程虽然可以反复实施，但随着时间的推移，有许多信息安全要素需要经常改进。这些需要改进的地方应该在对信息安全事件数据、事件响应以及一段时间以来的发展趋势所作评审的基础上提出。其中包括修订组织现有的信息安全风险分析和管理评审结果；改进信息安全事件管理方案及其相关文档；启动安全的改进，可能包括新的和/或经过更新的信息安全防护措施的实施。

3. 信息安全事件管理方案的益处及需要应对的关键问题

这部分提供了以下信息：一个有效的信息安全事件管理方案可带来的益处；使组织高级管理层以及那些提交和接收方案反馈意见的人员信服所必须应对的关键问题。

1）信息安全事件管理方案的益处

任何以结构严谨的方法进行信息安全事件管理的组织均能收效匪浅。一个结构严谨、计划周全的信息安全事件管理方案带来的益处可分为以下几类：提高安全保障水平；降低对业务的负面影响，例如由信息安全事件所导致的破坏和经济损失；强化着重预防信息安全事件；强化调查的优先顺序和证据；有利于预算和资源合理利用；改进风险分析和管理评审结果的更新；增强信息安全意识和提供培训计划材料；为信息安全策略及相关文件的评审提供信息。下面逐一介绍这些主题。

(1) 提高安全保障水平。一个结构化的发现、报告、评估和管理信息安全事态和事件的过程,能使组织迅速确定任何信息安全事态或事件并对其做出响应,从而通过帮助快速确定并实施前后一致的解决方案和提供预防将来类似的信息安全事件再次发生的方式来提高整体的安全保障水平。

(2) 降低对业务的负面影响。结构化的信息安全事件管理方法有助于降低对业务潜在的负面影响的级别。这些影响包括当前的经济损失,以及长期的声誉和信誉损失。

(3) 强调以事件预防为主。采用结构化的信息安全事件管理有助于在组织内创造一个以事件预防为重点的氛围。对与事件相关的数据进行分析,能够确定事件的模式和趋势,从而便于更准确地对事件重点预防,并确定预防事件发生的适当措施。

(4) 强化调查的优先顺序和证据。一个结构化的信息安全事件管理方法为信息安全事件调查时优先级的确定提供了可靠的基础。如果没有清晰的调查规程,调查工作便会有根据临时反应进行的风险,在事件发生时才响应,只按照相关管理层的"最大声音"行事。这样会阻碍调查工作进入真正需要的方面和遵循理想的优先顺序进行。清晰的事件调查规程有助于确保数据的收集和处理是证据充分的、法律所接受的。如果随后要进行法律起诉或采取内部处罚措施的话,这些便有重点的考虑事项。然而应该认识到的是,从信息安全事件中恢复所必须采取的措施,可能危害这种收集到的证据的完整性。

(5) 预算和资源。定义明确且结构化的信息安全事件管理,有助于正确判断和简化所涉及组织部门内的预算和资源分配。此外,信息安全事件管理方案自身的益处还有:可用技术不太熟练的员工来识别和过滤虚假警报;可为技术熟练员工的工作提供更好的指导;可将技术熟练员工仅用于那些需要其技能的过程以及过程的阶段中。此外,结构化的信息安全事件管理还包括"时间戳",从而有可能"定量"评估组织对安全事件的处理。例如,它可以提供信息说明解决处于不同优先级和不同平台上的事件需要多长时间。如果信息安全事件管理的过程存在瓶颈,也应该是可识别的。

(6) 信息安全风险分析和管理。结构化的信息安全事件管理方法有助于:可为识别和确定各种威胁类型及相关脆弱性的特征收集质量更好的数据;提供有关已识别的威胁类型发生频率的数据。从信息安全事件对业务运行的负面影响中获取的数据,对于业务影响分析十分有用。识别各种威胁类型发生频率所获取的数据,对威胁评估的质量有很大帮助。同样,有关脆弱性的数据对保证将来脆弱性评估的质量帮助很大。这方面的数据将极大地改进信息安全风险分析和管理层评审结果。

(7) 信息安全意识。结构化的信息安全事件管理可以为信息安全意识教育计划提供重要信息。这些重要信息将用实例表明信息安全事件确实发生在组织中,而并非"只是发生在别人身上"。它还可能表明,迅速提供有关解决方案的信息会带来哪些益处。此外,这种意识有助于减少员工遭遇信息安全事件时的错误或惊慌/混乱。

(8) 为信息安全策略评审提供信息。信息安全事件管理方案所提供的数据可以为信息安全策略(以及其他相关信息安全文件)的有效性评审以及随后的改进提供有价值的信息。这可应用于适合整个组织以及单个系统、服务和网络的策略和其他文件。

2) 关键问题

在信息安全事件管理方法中得到的反馈,有助于确保相关人员始终将关注点集中在组织的系统、服务和网络面临的实际风险上。这一重要的反馈通过在事件发生时的专门处理是不能有效得到的。只有通过使用一个结构化的、设计明确的信息安全事件处理管理方案，且该方案采用一个适用于组织所有部分的通用框架才能更有效得到。这样的框架应该能使该方案持续产生更加全面的结果，从而可以在信息安全事件发生之前迅速识别信息安全事件可能出现的情况，这也被称作"警报"。

信息安全事件管理方案的管理和审核应该能为促进组织员工的广泛参与，以及消除各方对保证匿名性、安全和有用结果的可用性等方面的担忧，奠定必要的信任基础。例如，管理和运行人员必须对"警报"能够给出及时、相关、精确、简洁和完整的信息有信心。

组织应避免在实施信息安全事件管理方案的过程中可能遇到的问题，如缺少有用结果和对隐私相关问题的关注等。必须使利益相关人相信，组织已经采取措施预防这些问题的发生。

因此，为实现一个良好的信息安全事件管理方案，必须将一些关键问题阐述清楚，这些问题包括管理层的承诺；安全意识；法律法规；运行效率和质量；匿名性；保密性；可信运行；系统化分类。下面将逐一讨论这些问题。

(1) 管理层的承诺。要使整个组织接受一个结构化的信息安全事件管理方法，确保得到管理层的持续承诺，这一点至关重要。组织员工必须能够认识到事件的发生，并且知道应该采取什么行动，甚至了解这种事件管理方法可以给组织带来的益处。然而，除非得到管理层的支持，否则这一切都不会出现。必须将这一理念灌输给管理层，以使组织对事件响应能力的资源方面和维护工作做出承诺。

(2) 安全意识。对于组织接受一个结构化的信息安全事件管理方法而言，另一个重要的问题是安全意识。即使要求用户参与信息安全事件管理，但是用户如果不了解自己以及自己所在部门会从该结构化的信息安全事件管理中得到哪些益处，他们的参与很可能不会有太好的效果。任何信息安全事件管理方案都应该具有意识计划定义文件，并在文件中规定以下细节：组织及其员工可以从结构化的信息安全事件管理中得到的益处；信息安全事态/事件数据库中的事件信息及其输出；提高员工安全意识计划的战略和机制；根据组织的具体情况，它们可能是独立的，或者是更广泛的信息安全意识教育计划的一部分。

(3) 法律法规。以下与信息安全事件管理相关的法律法规问题应在信息安全事件管理策略和相关方案中进行阐述。

① 提供适当的数据保护和个人信息隐私。一个组织结构化的信息安全事件管理，必须考虑到满足我国在数据保护和个人信息隐私方面的相关政策、法律法规的要求，提供适当的保护，其中可能包括：只要现实、可行，保证可以访问个人数据的人员本身不认识被调查者；需要访问个人数据的人员在被授权访问之前应签订不泄露协议；信息应仅被用于获取它的特定目的，如信息安全事件调查。

② 适当保留记录。按照国家相关规定，组织需要保留适当的活动记录用于年度审计，或生成执法所用的档案(如可能涉及严重犯罪或渗透敏感政府系统的任何案件)。

③ 有防护措施以确保合同责任的履行。在要求提供信息安全事件管理服务的合同中，例如合同中对事件响应时间提不提出要求，组织都应确保提供适当的信息安全，以便在任何情况下，这些责任都能得到履行。

④ 处理与策略和规程相关的法律问题。应检查与信息安全事件管理方案相关的策略和规程是否存在法律法规问题，例如是否有对事件责任人采取纪律处罚和/或法律行动的有

关声明。

⑤ 检查免责声明的法律有效性。对于有关信息事件管理组以及任何外部支持人员的行动的所有免责声明，均应检查其法律有效性。

⑥ 与外部支持人员的合同涵盖要求的各个方面。对于与任何外部支持人员（如来自某CERT）签订的合同，均应就免责、不泄露、服务可用性、错误建议的后果等要求进行全面检查。

⑦ 强制性不泄露协议。必要时，应要求信息安全事件管理组的成员签订不泄露协议。

⑧ 阐明执法要求。根据相关执法机构的要求，对需要提供的信息安全事件管理方案相关的问题进行明确说明。例如，可能需要阐明如何按法律的最低要求记录事件以及事件文件应保存多长时间。

⑨ 明确责任。必须将潜在的责任问题以及应该到位的相关防护措施阐述清楚。以下是可能与责任问题相关的几个例子：事件可能对另一个组织造成影响（如泄露了共享信息），而该组织却没有及时得到通知，从而对其产生负面影响；发现产品的新脆弱性后没有通知供应商，随后发生与该脆弱性相关的重大事件，给一个或多个其他组织造成严重影响；按照国家相关法律法规，对于像严重犯罪，或者敏感的政府系统或部分关键国家基础设施被渗透之类案件，组织没有按要求向执法机关报告或生成档案文件；信息的泄露表明某个人或组织与攻击相关联，这可能会危害所涉及的个人或组织的声誉和业务；信息的泄露表明可能是软件的某个环节出了问题，但随后发现这并不属实。

⑩ 阐明具体规章要求。凡是有具体规章要求的地方，都应将事件报告给指定部门。

⑪ 保证司法起诉或内部处罚规程取得成功。无论攻击是技术性的还是物理的，都应采取适当的信息安全防护措施，以便成功起诉攻击者，或者根据内部规程惩罚攻击者。为了达到目的，就必须以法院或其他处罚机关所接受的方式收集证据。证据必须显示：记录是完整的，且没有经过任何篡改；可证明电子证据的复制件与原件完全相同；收集证据的任何IT系统在记录证据时均运行正常。

⑫ 阐明与监视技术相关的法律问题。必须依照国家相关的法律阐明使用监视技术的目的。有必要让人们知道存在对其活动的监视，包括通过监控技术进行的监视行动，这十分重要。采取行动时需要考虑的因素有：什么人/哪些活动受监视、如何对他们/它们进行监视以及何时进行监视。有关入侵检测系统中监视/监控活动内容的描述可参见ISO/IECTR 18043。

⑬ 制定和传达可接受的使用策略。组织应对可接受的做法/用途做出明确规定，形成正式文件并传达给所有相关用户。例如，应使用户了解可接受的使用策略，且要求用户填写书面确认，表明他们在参加组织或被授予信息系统访问权时了解并接受该策略。

(4) 运行效率和质量。结构化的信息安全事件管理的运行效率和质量取决于诸多因素，包括通知事件的责任、通知的质量、易于使用的程度、速度和培训。其中有些因素与确保用户了解信息安全事件管理的价值和积极报告事件相关。至于速度，报告事件所花费的时间不是唯一因素，还包括它处理数据和分发处理的信息所用的时间。应通过信息安全事件管理人员的支持"热线"来补充适当的意识和培训计划，以便将事件延迟报告的时间降至最低。

(5) 匿名性。匿名性问题是关系到信息安全事件管理成功的基本问题。应该使用户相信，他们提供的信息安全事件的相关信息受到完全的保护，必要时还会进行相应处理，从而使这些信息与用户所在组织或部门没有任何关联，除非协议中有相关规定。信息安全事件管理方案应该阐明这些情况，即必须确保在特定条件下报告潜在信息安全事件的人员或相关方的匿名性。各组织应作出规定，明确说明报告潜在信息安全事件的个人或相关方是否有匿名要求。ISRT 可能需要获得另外的、并非由事件报告人或报告方最初转达的信息。此外，有关信息安全事件本身的重要信息可从第一个发现该事件的人员处获得。

（6）保密性。信息安全事件管理方案中可能包含敏感信息，而处理事件的相关人员可能需要运用这些敏感信息。那么在处理过程中，或者信息应该是"匿名的"，或者有权访问信息的人员必须签订保密性协议。如果信息安全事态是由一个一般性问题管理系统记录下来的，则可能不得不忽略敏感细节。此外，信息安全事件管理方案应该作出规定，控制将事件通报给媒体、业务伙伴、客户、执法机关和普通公众等外部方。

（7）可信运行。任何信息安全事件管理组应该能够有效地满足本组织在功能、财务、法律和策略等方面的需要，并能在管理信息安全事件的过程中发挥组织的判断力。信息安全事件管理组的功能还应独立地进行审计，以确定所有的业务要求有效地得以满足。此外，实现独立性的另一个好办法是将事件响应报告链与常规运行管理分离，且任命一位高级管理人员直接负责事件响应的管理工作。财务运作方面也应与其他财务分离，以免受到不当影响。

（8）系统化分类。一种反映信息安全事件管理方法总体结构的通用系统化分类是提供一致结果的关键因素之一。这种系统化分类连同通用的度量机制和标准的数据库结构一起，将提供比较结果、改进警报信息和生成信息系统威胁及脆弱性的更加准确的视图的能力。

4．规划和准备

信息安全事件管理的规划和准备阶段应着重于：将信息安全事态和事件的报告及处理策略，以及相关方案（包括相关规程）形成正式文件；安排合适的事件管理组织结构和人员；制定安全意识简报和培训计划。这一阶段的工作完成后，组织应为恰当地管理信息安全事件作好充分准备。

1）概述

要将信息安全事件管理方案投入运行使用并取得良好的效率和效果，在必要的规划之后需要完成大量准备工作。其中包括：

（1）制定和发布信息安全事件管理策略并获得高级管理层的承诺。

（2）制定详细的信息安全事件管理方案并形成正式文件。方案中包括以下主题：用于给事件"定级"的信息安全事件严重性衡量尺度。可根据事件对组织业务运行的实际或预计负面影响的大小，将事件划分为"严重"和"轻微"两个级别；信息安全事态和事件报告单、相关文件化规程和措施，连同使用数据和系统、服务和/或网络备份以及业务连续性计划的标准规程；带有文件化的职责的 ISIRT 的运行规程，以及执行各种活动的被指定人员的角色的分配，例如包括：在事先得到相关 IT 和/或业务管理层同意的特定情况下，关闭受影响的系统、服务和/或网络；保持受影响系统、服务和/或网络的连接和运行；监视受影响系统、服务和/或网络的进出及内部数据流；根据系统、服务和/或网络安全策略启动常规备份和业务连续性规划规程及措施；监控和维护电子证据的安全保存，以备法律起诉或内部惩罚之用；将信息安全事件细节传达给内部和外部相关人员或组织。

(3) 测试信息安全事件管理方案及其过程和规程的使用。

(4) 更新信息安全和风险分析及管理策略，以及具体系统、服务或网络的信息安全策略，包括对信息安全事件管理的引用，确保在信息安全事件管理方案输出的背景下定期评审这些策略。

(5) 建立ISIRT，并为其成员设计、开发和提供合适的培训计划。

(6) 通过技术和其他手段支持信息安全事件管理方案(以及ISRT的工作)。

(7) 设计和开发信息安全事件管理安全意识计划并将其分发给组织内所有员工。以下各节逐条描述了上述各项活动，其中包括所要求的每个文件的内容。

2) 信息安全事件管理策略

(1) 目的。信息安全事件管理策略面向对组织信息系统和相关位置具有合法访问权的每一位人员。

(2) 读者。信息安全事件管理策略应经组织高级执行官的批准，并得到组织所有高级管理层确认的文件化的承诺。应对所有的组织成员及组织的合同商可用，还应在信息安全意识简报和培训中有所提及。

(3) 内容。信息安全事件管理策略的内容应涉及以下主题：

① 信息安全事件管理对于组织的重要性，以及高级管理层对信息安全事件管理及其相关方案作出的承诺。

② 对信息安全事态发现、报告和相关信息收集的概述，以及如何将这些信息用于确定信息安全事件。概述中应包含对信息安全事态的可能类型，以及如何报告、报告什么、向哪个部门以及向谁报告信息安全事态等内容的归纳，还包括如何处理全新类型的信息安全事态。

③ 信息安全事件评估的概述，其中包括具体负责的人员、必须采取的行动以及通知和上报等。

④ 确认一个信息安全事态为信息安全事件后所应采取的行动的概要，其中应该包括：立即响应；法律取证分析；向所涉及人员和相关第三方传达；考虑信息安全事件是否在可控制状态下；后续响应；“危机求助”发起；上报标准；具体负责的人员。

⑤ 确保所有活动都得到恰当记录以备日后分析，以及为确保电子证据的安全保存而进行持续监控，以供法律起诉或内部处罚。

⑥ 信息安全事件得到解决后的活动，包括事后的总结经验教训和改进过程。

⑦ 方案文件(包括规程)保存位置的详细信息。

⑧ ISRT的概述。围绕以下主题：一是ISIRT的组织结构和关键人员的身份，其中包括由谁负责以下工作：向高级管理层简单说明事件的情况；处理询问、发起后续工作等；对外联系(必要时)。二是规定了ISIRT的具体工作以及ISIRT由谁授权的信息安全管理章程。章程至少应该包括ISIRT的任务声明、工作范围定义以及有关ISIRT董事会级发起人及其授权的详细情况。三是着重描述ISIRT核心活动的任务声明。要想成为一个真正的ISIRT，该小组应该支持对信息安全事件的评估、响应和管理工作，并最终得出成功的结论。该小组的目标和目的尤为重要，需要有清晰明确的定义。四是定义ISIRT的工作范围。通

常一个组织的ISIRT工作范围应包括组织所有的信息系统、服务和网络。有的组织可能会出于某种原因而将ISIRT的工作范围规定得较小，如果是这种情况，应该在文件中清楚地阐述ISIRT工作范围之内和之外的对象。五是作为发起者并授权ISIRT行动的高级执行官/董事会成员/高级管理人员的身份，以及ISIRT被授权的级别。了解这些有助于组织所有人员理解ISIRT的背景和设置情况，且对于建立对ISIRT的信任至关重要。应该注意的是，在这些详细信息公布之前，应该从法律角度对其进行审查。在有些情况下，泄露一个小组的授权信息会使该小组的可靠性声明失效。

⑨ 信息安全事件管理安全意识和培训计划的概述。

⑩ 必须阐明的法律法规问题的总结。

3）信息安全事件管理方案

（1）目的。信息安全事件管理方案的目的是提供一份文件，对事件处理和事件沟通的过程和规程作详细说明。一旦发现信息安全事态，信息安全事件管理方案就开始起作用。该方案被用作以下活动的指南：对信息安全事态作出响应；确定信息安全事态是否为信息安全事件；对信息安全事件进行管理，并得出结论；总结经验教训，并确定方案和/或总体的安全需要改进的地方；执行已确定的改进工作。

（2）读者。应将信息安全事件管理方案告示给组织全体员工，因此，包括负责以下工作的员工：发现和报告信息安全事态，可以是组织内任何员工，无论是正式工还是合同工；评估和响应信息安全事态和信息安全事件，以及事件解决后必要的经验教训总结、改进信息安全和修订信息安全事件管理方案的工作。其中包括运行支持组成员、ISRT、管理层、公关部人员和法律代表。还应该考虑任何第三方用户，以及报告信息安全事件及相关脆弱性的第三方组织、政府和商业信息安全事件和脆弱性信息提供组织。

（3）内容。信息安全事件管理方案文件的内容应包括：

① 信息安全事件管理策略的概述。

② 整个信息安全事件管理方案的概述。

③ 与以下内容相关的详细过程和规程以及相关工具和衡量尺度的信息：一是规划和准备。发现和报告发生的信息安全事态(通过人工或自动方式)；收集有关信息安全事态的信息；使用组织内认可的事态/事件严重性衡量尺度进行信息安全事态评估，确定是否可将它们重新划分为信息安全事件。二是使用。将发生的信息安全事件或任何相关细节传达给其他内部和外部人员或组织；根据分析结果和已确认的严重性级别启动立即响应，其中可能包括启动恢复规程和/或向相关人员传达；按要求和相关的信息安全事件的严重性级别进行法律取证分析。必要时更改事件级别；确定信息安全事件是否处于可控制状态；做出任何必要的进一步响应，包括在后续时间可能需要做出的响应；如果信息安全事件不在控制下，发起“危机求助”行动；按要求上报便于进一步评估和/或决策；确保所有活动被恰当记录，以便于日后分析；更新信息安全事态/事件数据库。三是评审。按要求进行进一步法律取证分析；总结信息安全事件的经验教训并形成文件；根据所得的经验教训，评审和确定信息安全的改进；评审相关过程和规程在响应、评估和恢复每个信息安全事件时的效率，根据所总结的经验教训确定信息安全事件管理方案在总体上需要改进的地方；更新信息安全事态/事件数据库。四是改进。根据经验教训进行如下改进：信息安全风险分析和管理结果；信息安全事件管理方案；整体的安全，实施新的和/或经过改进的防护措施。

④ 事态/事件严重性衡量尺度的细节以及相关指南。

⑤ 在每个相关过程中决定是否需要上报和向谁报告的指南,及其相关规程。任何负责信息安全事态或事件评估工作的人员都应从信息安全事件管理方案文件提供的指南中知晓,在正常情况下,什么时候需要向上报告以及向谁报告。此外,还会有一些不可预见的情况可能也需要向上报告。例如,一个轻微的信息安全事件如果处理不当或在一周之内没有处理完毕,可能会发展成重大事件或“危机”情况。指南应定义信息安全事态和事件的类型、上报类型和由谁负责上报。

⑥ 确保所有活动被记录在相应表单中,以及日志分析由指定人员完成所遵守的规程。

⑦ 确保所维护的变更控制制度包括了信息安全事态和事件追踪、信息安全事件报告更新以及方案本身更新的规程和机制。

⑧ 法律取证分析的规程。

⑨ 有关使用入侵检测系统(IDS)的规程和指南,确保相关法律法规问题都得到阐述。这些指南中应包含对攻击者采取监视行动利弊问题的讨论。有关 IDS 的进一步信息可参见 ISO/IEC TR 15947《IT 入侵检测框架》和 ISO/IEC TR 18043《选择、配置和操作 IDS 指南》。

⑩ 方案的组织结构。

⑪ 整个 ISIRT 及各成员的授权范围和责任。

⑫ 重要的合同信息。

(4) 规程。在信息安全事件管理方案开始运行之前,必须有形成正式文件并经过检查的规程可供使用,这一点十分重要。每个规程文件应指明其使用和管理的负责人员,适当时指明运行支持组和/或 ISIRT。这样的规程应包含确保电子证据的收集和安全保存,以及将电子证据在不间断监控下妥善保管以备法律起诉或内部处罚之需等内容。而且应有形成文件的规程不仅包括运行支持组和 ISIRT 的活动,同时还涉及法律取证分析和“危机求助”活动,如果其他文件不包括这些内容的话。显然,形成文件的规程应该完全符合信息安全事件管理策略和其他信息安全事件管理方案文件。需要重点理解的是,并非所有规程都必须对外公开。例如,并非组织内所有员工都需要在了解了 ISIRT 的内部操作规程之后才能与之进行协作。ISIRT 应该确保可“对外公开”的指南,其中包括从信息安全事件分析中得出的信息,以易于使用的方式存在,如将其置于组织的内部网上。此外,将信息安全事件管理方案的某些细节仅限于少数相关人员掌握可以防范“内贼”篡改调查过程。例如,如果一个盗用公款的银行职员对方案的细节很清楚,他或她就能更好地隐藏自身的行为,或妨碍信息安全事件的发现和调查及事件恢复工作的进行。操作规程的内容取决于许多准则,尤其是那些与已知的潜在信息安全事态和事件的性质以及可能涉及的信息系统资产类型及其环境相关的准则。因此,一个操作规程可能与某一特定事件类型或实际上与某一类型产品乃至具体产品相关联。每个操作规程都应清楚注明需要采取哪些步骤以及由谁执行。它应该是外部人员和内部人员经验的反映。应有操作规程来处理已知类型的信息安全事态和事件。但还应有针对未知类型信息安全事态或事件的操作规程。用于针对此种情况的操作规程需阐明以下要求:处理这类“例外”的报告过程;及时得到管理层批准以免响应延迟的相关指南:在没有正式批准过程的情况下预授权的决策代表。

(5) 方案测试。应安排信息安全事件管理过程和规程的定期检查和测试,以凸显可能会在管理信息安全事态和事件过程中出现的潜在缺陷和问题。在前一次响应评审产生的任何变更生效之前，应对其进行彻底检查和测试。

4）信息安全和风险管理策略

（1）目的。在总体信息安全和风险管理策略中，以及具体系统、服务和网络的信息安全策略中包括信息安全事件管理方面的内容可达到以下目的：描述信息安全事件管理，尤其是信息安全事件报告和处理方案的重要性；表明高级管理层针对适当准备和响应信息安全事件的需要，对信息安全事件管理方案作出的承诺；确保各项策略的一致性；确保对信息安全事件作出有计划的、系统的和冷静的响应，从而将事件的负面影响降至最低。

（2）内容。应对总体的信息安全和风险管理策略，以及具体系统、服务或网络信息安全策略进行更新，以便它们清晰阐明总体的信息安全事件管理策略及相关方案。应有相关章节阐述高级管理层的承诺并概述以下内容：策略；方案的过程和相关基础设施；检查、报告、评估和管理事件的要求，并明确指定负责授权和/或执行某些关键行动的人员。此外，策略应要求建立适当的评审机制，以确保从信息安全事件发现、监视和解决过程中得出的任何信息可被用于保证总体信息安全和风险管理以及具体系统、服务或网络的信息安全策略的持续有效。

5）ISIRT 的建立

（1）目的。建立 ISIRT 的目的是为评估和响应信息安全事件并从中总结经验教训等工作提供具备合格人员的组织结构，并提供这方面工作所必要的协调、管理、反馈和沟通。ISIRT 不仅可以降低信息安全事件带来的物理和经济损失，还能降低可能因信息安全事件而造成的组织声誉损害。

（2）成员和结构。ISIRT 的规模、结构和组成应该与组织的规模和结构相对应。尽管 ISIRT 可以组成一个独立的小组或部门，但其成员还可以兼任其他职务，因此鼓励从组织内各个部门中挑选成员组成 ISIRT。许多情况下，ISIRT 是由一名高级管理人员所领导的一个虚拟小组。该高级管理人员可以得到各特定主题的专业人员（如擅长处理恶意代码攻击的专业人员）支持。ISIRT 可根据所发生信息安全事件的类型召唤相关人员前来处理紧急情况。在规模较小的组织中，一名成员还可以承担多种 ISIRT 角色。ISIRT 还可由来自组织不同部门的人员组成。

ISIRT 成员应该便于联系。因此，每个成员及其备用人员的姓名和联系方式都应该在组织内进行登记。例如，一些必要的细节应清晰记入信息安全事件管理方案的文件中，包括规程文件和报告单，但可以不在策略声明文件中有所记载。ISIRT 管理者应指派授权代表以对如何处理事件做出立即决策：通常有一条独立于正常业务运行的专线用于向高级管理层报告情况；确保 ISIRT 全体成员具有必需的知识和技能水平，并确保他们的知识和技能水平可以得到长期保持；指派小组中最适合的成员负责每次事件的调查工作。

（3）与组织其他部门的关系。ISIRT 管理者及成员必须具有某种等级授权，以便采取必要措施响应信息安全事件。但是，对于那些可能给整个组织造成经济上或声誉上的负面影响的措施，则应得到高级管理层的批准。为此，在信息安全事件管理策略和方案中必须详细说明授予 ISIRT 组长适当权限，使其报告严重的信息安全事件。应对媒体的规程和责任也应得到高级管理层批准并形成文件。这些规程应规定：由组织中哪个部门负责接待媒体；该部门如何就这一问题与 ISIRT 相互交换信息。

(4) 与外部方的关系。ISIRT应与外部方建立适当关系。外部方可能包括签订合同的外部支持人员,如来自CFRT;外部组织的ISIRT或计算机事件响应组,或CERTT;执法机关;其他应急机构;相关的政府部门;司法人员;公共关系官员和/或媒体记者;业务伙伴;顾客;普通公众。

6) 技术和其他支持

在已经取得、准备并测试了所有必要的技术和其他支持方式后,要对信息安全事件作出快速、有效的响应会变得更加容易。这包括访问组织资产的详细情况,并了解它们与业务功能之间关联方面的信息;查阅业务连续性战略及相关计划文件;文件记录和发布的沟通过程;使用电子信息安全事态/事件数据库和技术手段快速建立和更新数据库,分析其中的信息,以便于对事件作出响应;为信息安全事态/事件数据库做好充分的业务连续性安排。用来快速建立和更新数据库、分析其信息以便于对信息安全事件作出响应的技术手段应该支持快速获得信息安全事态和事件报告;通过适当方式通知已事先选定的人员,因而要求对可靠的联系信息数据库,以及适当时以安全方式将信息发送给相关人员的设施进行维护;对已评估的风险采取适当的预防措施,以确保电子通信不会在系统、服务和网络遭受攻击时被窃听;对已评估的风险采取适当的预防措施,以确保电子通信在系统、服务和网络遭受攻击时仍然可用;确保收集到有关信息系统、服务和/或网络的所有数据以及经过处理的所有数据;如果根据已得到评估的风险采取措施,利用通过加密的完整性控制措施可帮助确定系统、服务和/或网络以及数据是否发生了变动,以及它们的哪些部分发生了变动;便于对已收集信息的归档和安全保存;准备将数据打印输出,其中包括显示事件过程、解决过程和证据保管链的数据;根据相关业务连续性计划,通过以下方式将信息系统、服务和/或网络恢复正常运行:良好的备份规程;清晰可靠的备份;备份测试;恶意代码控制;系统和应用软件的原始介质;可启动介质;清晰、可靠和最新的系统和应用程序补丁。

一个受到攻击的信息系统、服务或网络可能无法正常运转。因此,只要可能,并考虑到已受评估的风险,响应信息安全事件必需的任何技术手段都不应依赖于组织的"主流"系统、服务或网络的运行。如果可能,它们应该完全独立。所有技术手段都应认真挑选、正确实施和定期测试(包括对所做备份的测试)。应指出的是,本节所描述的技术手段不包括那些用来直接检测信息安全事件和入侵并能自动通知相关人员的技术手段。有关这些技术内容的描述可参见,ISO/IECTR 15947《信息技术 安全技术 IT入侵检测框架》以及ISO/IEC 13335《信息技术 安全技术 信息和通信技术安全管理》。

7) 意识和培训

信息安全事件管理是一个过程,它不仅涉及技术,而且涉及人,因此应该得到组织内有适当信息安全意识并经过培训的员工支持。组织内所有人员的意识和参与,对于一个结构化的信息安全事件管理方法的成功来说至关重要。鉴于此,必须积极宣传信息安全事件管理的作用,以作为总体信息安全意识和培训计划的一部分。安全意识计划及相关材料应该对所有人员可用,包括新员工,以及相关第三方用户和合同商。应为运行支持组和ISIRT成员,以及如果必要的话,包括信息安全人员和特定的行政管理人员制定一项特定的培训计划。应该指出的是,根据信息安全事件类型、频率及其与事件管理方案交互的重要程度的不同,直接参与事件管理的各组成员需要不同级别的培训。

安全意识简报应该包括下列内容:信息安全事件管理方案的基本工作机制,包括它的范围以及安全事态和事件管理"工作流程"；如何报告信息安全事态和事件；如果相关的话，有关来源保密的防护措施；方案服务级别协议；结果的通知——建议在什么情况下采用哪些来源；不泄露协议规定的任何约束；信息安全事件管理组织的授权及报告流程；由谁以及如何接受信息安全事件管理方案的报告。

在有些情况下，将有关信息安全事件管理的安全意识教育细节包括在其他培训计划之中是可取的做法。这样的安全意识教育方法可以为特定人群提供极具价值的背景信息，从而改进培训计划的效果和效率。

在信息安全事件管理方案开始运行之前，所有相关人员必须熟悉发现和报告信息安全事态的规程，且被选人员必须十分了解随后的过程。还应该有后续的安全意识简报和培训课程。培训应该得到运行支持组和ISIRT成员、信息安全员和特定的行政管理员的具体练习和测试工作的支持。

5. 使用

1）概述

运行中的信息安全事件管理由"使用"和"评审"这两个主要阶段组成，在这之后是"改进"阶段，即根据总结出来的经验教训改善安全状况。这些阶段及其相关过程在前面有简要介绍。"使用"阶段是本章描述的内容，随后将分别描述"评审"和"改进"阶段。

2）关键过程的概述

使用阶段的关键过程有：

（1）发现和报告发生的信息安全事态，无论是由组织人员/顾客引起的还是自动发生的（如防火墙警报）。

（2）收集有关信息安全事态的信息，由组织的运行支持组人员进行第一次评估，确定该事态是属于信息安全事件还是发生了误报。

（3）ISIRT进行第二次评估，首先确认该事态是否属于信息安全事件。如果的确如此，则作出立即响应，同时启动必要的法律取证分析和沟通活动。

（4）由ISIRT进行评审以确定该信息安全事件是否处于控制下：如果处于控制下，则启动任何所需要的进一步的后续响应，以确保所有相关信息准备完毕，以供事件后评审所用；如果不在控制下，则采取"危机求助"活动并召集相关人员，如组织中负责业务连续性的管理者和工作组。

（5）在整个阶段按要求进行上报，以便进一步评估和/或决策。

（6）确保所有相关人员，尤其是ISIRT成员，正确记录所有活动以备后面分析所用。

（7）确保对电子证据进行收集和安全保存，同时确保电子证据的安全保存得到持续监视，以备法律起诉或内部处罚所需。

（8）确保包括信息安全事件追踪和事件报告更新的变更控制制度得到维护，从而使得信息安全事态/事件数据库保持最新。

所有收集到的、与信息安全事态或事件相关的信息应保存在由ISIRT管理的信息安全事态/事件数据库中。每个过程所报告的信息应按当时的情况尽可能保持完整，以确保为评估和决策以及其他相关措施提供可靠基础。一旦发现和报告了信息安全事态，那么随后的过程应达到以下目的：以适当的人员级别分配事件管理活动的职责，包括专职安全人员和非专职安全人员的评估、决策和行动；制定每个被通知人员均需遵守的正式规程，包括评估和修改报告，评估损害，以及通知相关人员；使用指南来完整地将一个信息安全事态记入文件，如果该事态被归类为信息安全事件，那随后采取的行动也应记入文件，并更新信息安全事态/事件数据库。

3）发现和报告

信息安全事态可以被由技术、物理或规程方面出现的某种情况引起注意的一人或多人发现。例如，发现可能来自火/烟探测器或者入侵(防盗)警报，并通知到预先指定位置以便有人采取行动。技术型的信息安全事态可通过自动方式发现，如由审计追踪分析设施、防火墙、入侵检测系统和防病毒工具在预设参数被激发的情况下发出的警报。

无论发现信息安全事态的源头是什么，得到自动方式通知或直接注意到某些异常的人员要负责启动发现和报告过程。该人员可以是组织内任何一名员工，无论是正式员工还是合同工。该员工应遵照相关规程，并使用信息安全事件管理方案规定的信息安全事态报告单在第一时间把信息安全事态报告给运行支持组和管理层。因此，所有员工要十分了解并且能够访问用于报告各种类型的可能的信息安全事态的指南，其中包括信息安全事态报告单的格式以及每次事态发生时应该通知的联系人的具体信息，这一点至关重要。

如何处理一个信息安全事态取决于该事态的性质以及它的意义和影响。对于许多人来说，这种决定超出了他们的能力。因此，报告信息安全事态的人员应尽量使用叙述性文字和当时可用的其他信息完成信息安全事态报告单，必要的话，与本部门管理者取得联系。报告单最好是电子格式的，应该安全地发送给指定的运行支持组，并将一份拷贝交给 ISIRT 管理者。

应该强调的是，在填写信息安全事态报告单的内容时，既要保证准确性，也要保证及时性。为了提高报告单内容的准确性而拖延提交报告单的时间不是一种好做法。如果报告人对报告单上某些字段中的数据没有信心，在提交时应加上适当的标记，以便后来沟通时修改。还应该认识到，有些电子报告机制本身就是明显的攻击对象。

当默认的电子报告机制(如电子邮件)存在问题或被认为存在问题(包括认为可能出现系统受攻击且报告单可以被未授权人员读取的情况)时，应该使用备用的沟通方式。备用方式可能包括通过人、电话或文本消息。当调查初期就明显表明，信息安全事态极有可能被确定为信息安全事件，特别是重大事件时，尤其应该使用上述备用方式。

应该指出的是，尽管在多数情况下，信息安全事态必须向上报告以便于运行支持组采取措施，但偶尔也会有在本部门管理者协助下直接在本地处理信息安全事态的情况。一个信息安全事态可能很快就被确定为误报，或者被解决达到满意的结果。在这种情况下，报告单应填写完毕后报告给本部门管理者以及运行支持组和 ISIRT，以便记录归档，如记入信息安全事态/事件数据库中。在这样的情况下，可以由报告信息安全事态结束的人员完成信息安全事件报告单所要求的一些信息，即使这种情况属实，那么信息安全事件报告单也应该填写完整并上报。

4）事态/事件评估和决策

(1）第一次评估和初始决策。

运行支持组中负责接收报告的人员应签收已填写完毕的信息安全事态报告单，将其输入到信息安全事态/事件数据库中，并进行评审。该人员应该从报告信息安全事态的人处得到详细说明，并从该报告人或其他地方进一步收集可用的任何必要和已知信息。随后，运行支持组的该人员应该进行评估，以确定这个信息安全事态是属于信息安全事件还是仅为一次误报。如果确定该信息安全事态属于误报，应将信息安全事态报告单填写完毕并发送给ISIRT，供添加信息安全事态/事件数据库和评审所用，同时将拷贝发送给事态报告人及其部门管理者。

这一阶段收集到的信息和其他证据可能会在将来用于内部处罚或司法起诉过程。承担信息收集和评估任务的人员应接受证据收集和保存方面的专门培训。

除了记录行动的日期和时间外，全面记录下列内容也是必要的：看见了什么、做了什么以及为什么要这么做；"证据"所处的位置；如何将证据归档；如何进行证据验证；证据材料的存储/安全保管以及随后对其进行访问的细节。

如果确定信息安全事态很可能是一个信息安全事件，而且运行支持组成员具有适当资质，则可以进行进一步评估。这可能引发必要的补救措施，例如确定应该增加哪些应急防护措施并指定适当人员执行。显然，当一个信息安全事态被确定为重大信息安全事件时，应该直接通知 ISIRT 管理者。显而易见，如果出现"危机"情况，应该及时宣布，例如通知业务连续性管理者可能需要启动业务连续性计划，同时还应通知 ISIRT 管理者和高级管理层。但最可能的情况是，必须将信息安全事件直接指派给 ISIRT 进行进一步评估和采取措施。

无论决定下一步要采取什么行动，运行支持组成员都应尽可能地将信息安全事件报告单填写完整。

信息安全事件报告单应使用叙述性文字，应尽可能确认和描述以下内容：该信息安全事件属于什么情况；事件是被如何引起的，什么情况或由谁引起；事件带来的危害或可能带来的危害；事件对组织业务造成的影响或潜在影响；确定该信息安全事件是否属于重大事件；到目前为止是如何处理的。

应从以下几个方面考虑信息安全事件对组织业务的潜在或实际负面影响时：未授权泄露信息；未授权修改信息；抵赖信息；信息和/或服务不可用；信息和/或服务遭受破坏。

首先要考虑哪些后果与之相关，例如对业务运行造成的财务损失/破坏；商业和经济利益；个人信息；法律法规义务；管理和业务运行；声誉损失。

对于那些被认为与信息安全事件相关的后果，应使用相关分类指南确定潜在或实际影响，并输入到信息安全事件报告单中。该指南给出组织划分自身信息安全事件后果等级的要点示例。该后果等级可作为组织实施 GB 20986—2007《信息安全技术信息安全事件分类分级指南》的参考依据，有助于确定信息安全事件分级中"系统损失"这参考要素的级别，结合"信息系统的重要程度"和"社会影响"，可明确信息安全事件的级别大小。

如果信息安全事件已被解决，报告中应该详细记录已经采取的防护措施和从事件中总结出的经验教训。一旦报告单填写完毕后，应将其送达 ISIRT 作为信息安全事态/事件数据库和评审的输入。如果调查时间可能超过一周，应产生一份中间报告。

应该强调的是，根据信息安全事件管理方案文件提供的指南，负责评论信息安全事件的运行支持组人员应了解：何时必须将问题上报以及应该向谁报告；运行支持组进行的所有活动应遵循正式成文的变更控制规程。

当默认的电子报告机制(如电子邮件)存在问题或被认为存在问题时，应该使用备用方式向 ISIR 管理者报告。备用方式可能包括通过人、电话或文本消息传递。当信息安全事件属于重大事件时，尤其应该使用这种备用方式。

(2) 第二次评估和事件确认。

进行第二次评估以及对是否将信息安全事态归类为信息安全事件的决定进行确认是ISIRT的职责。ISIRT接收报告的人员应该：签收由运行支持组尽可能填写完成的信息安全事态报告单；将报告单输入信息安全事态/事件数据库；向运行支持组寻求任何必要的澄清说明；评审报告单内容；从运行支持组、信息安全事态报告单填写人或其他地方进一步收集可能用的任何必要和已知信息。

如果信息安全事件的真实性或报告信息的完整性仍然存在某种程度不确定，ISIRT成员应该进行一次评估，以确定该信息安全事件属实还是仅为一次误报。如果信息安全事件被确定为误报，应完成填写信息安全事态报告，将其添加到信息安全事态/事件数据库中并送达ISIRT管理者。同时还应将报告的拷贝送达运行支持组、事态报告人及其部门管理者。

如果信息安全事件被确定是真实的，ISIRT成员应进行进一步的评估，以尽快确认：该信息安全事件是什么样的情形，是如何被引起的，由什么或由谁引起，带来或可能带来什么危害，对组织业务造成的影响或潜在影响，是否属于重大事件；对任何信息系统、服务和/或网络进行的故意的、人为的技术攻击，例如系统、服务和/或网络被渗透的程度，以及攻击者的控制程度；攻击者访问，可能复制、篡改或毁坏了哪些数据；攻击者复制、篡改或毁坏了哪些软件；对任何信息系统、服务和/或网络的硬件和/或物理位置进行的故意的、人为的物理攻击，例如物理损害造成了什么直接和间接影响；并非直接由人为活动引起的信息安全事件，其直接和间接影响；到目前为止信息安全事件是如何被处理的。

应从以下方面评审信息安全事件对组织业务的潜在或实际负面影响：未授权泄露信息；未授权修改信息；抵赖信息；信息和/或服务不可用；信息和/或服务遭受破坏；必要时确认哪些后果与之相关，如以下示例类别：对业务运行造成的财务损失/破坏；商业和经济利益；个人信息；法律法规义务；管理和业务运行；声誉损失。

对于那些被认为与信息安全事件相关的后果，应使用相关类别的指南确定潜在或实际影响，并输入到信息安全事件报告单中。在附录B中给出了要点指南，该指南给出组织划分自身信息安全事件后果等级的要点示例。该后果等级可作为组织实施GB 20986—2007《信息安全技术信息安全事件分类分级指南》的参考依据，有助于确定信息安全事件分级中“系统损失”这一参考要素的级别，结合“信息系统的重要程度”和“社会影响”，可明确信息安全事件的级别大小。

5) 响应

(1) 立即响应。

① 概述。

在多数情况下，ISIRT成员的下一步工作是确定立即响应措施，以处理信息安全事件、在信息安全事件单上记录细节并输入信息安全事态/事件数据库，以及向相关人员或工作组通报必要的措施。这可能导致采取应急防护措施(例如在得到相关IT和/或业务管理者同意后切断/关闭受影响的信息系统、服务和/或网络)和/或增加已被确定的永久防护措施并将行动通报相关人员或工作组。如果尚不能这么做，则应根据组织预先确定的信息安全事件严重性衡量尺度确定信息安全事件的严重程度，如果事件足够严重，应直接上报组织相关高级管理人员。例如，如果事件明显是一种“危机”情况，应通知业务连续性管理者以备可能启动业务连续性计划,同时还要通知 ISIRT 管理者和高级管理层。

② 措施示例。

这是一个在信息系统、服务和/或网络遭到故意攻击的情况下,采取相关的立即响应措施的例子。如果攻击者不知道自己已处于监视之下,可保留与互联网或其他网络的连接,以允许业务关键应用程序正常运转,尽可能多地收集有关攻击者的信息。

但是在执行这一决策时,必须考虑以下因素:攻击者可能会意识到自己受到监视,很可能采取行动进一步毁坏受影响信息系统、服务和/或网络以及相关数据;攻击者可能会破坏对于追踪他/她本人有用的信息。

一旦作出中断/关闭受攻击的信息系统、服务和/或网络的决定,其迅速和可靠的执行必须在技术上可行。但同时应实施适当的鉴别手段,以使未授权人员无法进行这种活动。

需要进一步考虑的是如何预防事件重演,这通常是行动的重中之重。不难得出结论,攻击者暴露了应该矫正的弱点,仅仅追踪攻击者是不够的。特别是当攻击者是非恶意的且造成的危害小乃至没有危害时,这一点容易被忽视。

对于由非蓄意攻击导致的信息安全事件,应该确定其来源。在采取防护措施的同时,可能有必要关闭信息系统、服务和/或网络,或者隔离相关部分并将其关闭。如果所发现的弱点对于信息系统、服务和/或网络设计来说是根本性的,或者说是一个关键弱点,处理起来可能需要更长时间。

另一个响应措施可能是启用监视技术。这样的行动应该依照正式成文的信息安全事件管理方案规定的规程进行。

ISIRT 成员应对照备份记录来检查因信息安全事件而出现讹误的信息,搞清是否存在篡改、删除或插入等情况。检查日志的完整性是必要的,因为故意行为的攻击者很可能为了掩盖自己的行踪而修改这些日志。

③ 事件信息更新。

无论确定下一步采取什么行动,ISIRT 成员都应尽最大能力更新信息安全事件报告,并将其添加到信息安全事态/事件数据库,同时按需要通知 ISIRT 管理者和其他必要人员。更新可能包括有关以下内容的更多信息:信息安全事件是什么样的情形;是如何被引起的——由什么或由谁引起:带来或可能带来什么危害;对组织业务造成的影响或潜在影响;是否属于重大事件;到目前为止它是如何被处理的。

如果信息安全事件已被解决,报告应包含已经采取的防护措施的详细情况和其他任何经验教训(例如用来预防相同或类似事件再次发生的进一步防护措施)。被更新的报告应该添加到信息安全事态/事件数据库中,并通报 ISIRT 管理者和其他必要人员。

应该强调的是,ISIRT 负责妥善保管与信息安全事件相关的所有信息,以备鉴别分析和可能在法庭上作证据之用。例如一个针对 IT 的信息安全事件,在最初发现事件后,应该在受影响的 IT 系统、服务和/或网络关闭之前收集所有只会短暂存在的数据,为完整的法律取证调查做好准备。需要收集的信息包括内存、缓冲区和注册表的内容以及任何过程运行的细节;根据信息安全事件的性质,对受影响的系统、服务和/或网络进行一次完整复制,或对日志和重要文件进行一次低层备份,以备法律取证之用;对相邻系统、服务和网络的日志(例如包括路由器和防火墙的日志)进行收集和评审;将所有收集到的信息安全地保存在只读介质上;进行法律取证复制时应有两人以上在场,以表明和保证所有工作都是遵照相关法律法规执行的；用来进行法律取证复制的工具和命令的规范和说明书均应登记归档，并与原始介质一起保存。

在这一阶段如果可能的话，ISIRT 成员还要负责将受影响设施恢复到不易遭受相同攻击破坏的安全运行状态。

④ 进一步的活动。

如果 ISIRT 成员确定的确发生了信息安全事件，还应采取如下其他重要措施，如开始法律取证分析；向负责对内对外沟通的人员通报情况，同时建议应该以什么形式向哪些人员报告什么内容。一旦尽力完成信息安全事件报告后，应将其输入信息安全事态/事件数据库并送达 ISIRT 管理者。如果组织内的调查工作超出了预定时间，应产生一份中间报告。

基于信息安全事件管理方案文件提供的指南，负责评估信息安全事件的 ISIRT 人员应该了解：何时必须将问题上报以及应该向谁报告；ISIRT 进行的所有活动均应遵循正式成文的变更控制规程。

当常规通信设施存在问题或者被认为存在问题，而且得出信息安全事件属于严重事件的结论；确定出现了"危机"情况时，应在第一时间将信息安全事件通过人、电话或文本方式报告给相关人员。

ISIRT 管理者在同组织的信息安全负责人及相关董事会成员/高级管理人员保持联络的同时，被认为有必要同所有相关方也应保持联络。

为了确保这样的联络快速有效，有必要事先建立一条不完全依赖于受信息安全事件影响的系统、服务和/或网络的安全通信渠道，包括指定联系人不在时的备用人选或代表。

(2) 事件是否处于控制下。

在 ISIRT 成员作出立即响应，并进行了法律取证分析和通报相关人员后，必须迅速得出信息安全事件是否处于控制之下的结论。如果需要，ISIRT 成员可以就这一问题征求同事、ISTRT 管理者和/或其他人员或工作组的意见。如果确定信息安全事件处于控制之下，ISIRT 成员应启动需要的后续响应，并进行法律取证分析和向相关人员通报情况。直至结束信息安全事件的处理工作，使受影响的信息系统恢复正常运行。如果确定信息安全事件不在控制之下，ISIRT 成员应启动"危机求助行动"。

(3) 后续响应。

在确定信息安全事件处于控制之下，不必采取"危机求助"行动之后，ISIRT 成员应确定是否需要对信息安全事件作出进一步响应以及作出什么样的响应。其中可能包括将受影响的信息系统、服务和/或网络恢复到正常运行。然后，该人员应该将有关响应细节记录到信息安全事件报告单和信息安全事态/事件数据库中，并通知负责采取相关行动的人员。一旦这些行动成功完成后，应该将结果细节记录到信息安全事件报告单和信息安全事态/事件数据库中，然后结束信息安全事件处理工作，并通知相关人员。

有些响应旨在预防同样或类似信息安全事件再次发生。例如，如果确定信息安全事件的原因是 IT 硬件或软件故障，而且没有补丁可用，应该立即联系供应商。如果信息安全事件涉及一个已知的 IT 脆弱性，则应装载相关的信息安全升级包。任何被信息安全事件凸显出来的 IT 配置问题均应得到妥善处理。降低相同或类似 IT 信息安全事件再次发生可能性的其他措施还包括变更系统口令和关闭不用的服务。

响应行动的另一个方面涉及 IT 系统、服务和/或网络的监控。在对信息安全事件进行评估之后，应在适当的地方增加监视防护措施，以帮助发现具有信息安全事件症状的异常和可疑事态。这样的监视还可以更深刻地揭露信息安全事件，同时确定还有哪些其他 IT 系统受到危及。

启动相关业务连续性计划中特定的响应可能很必要。这一点既适用于 IT 信息安全事件，同时也适用于非 IT 的信息安全事件。这样的响应应涉及业务的所有方面，不仅包括那些与 IT 直接相关的方面，同时还应包括关键业务功能的维护和以后的恢复，其中包括语音通信、人员级别和物理设施。

响应行动的最后一个方面是恢复受影响系统、服务和/或网络。针对已知脆弱性的补丁或禁用易遭破坏的要素，可将受影响的系统、服务和/或网络恢复到安全运行状态。如果因为信息安全事件破坏了日志而无法全面了解信息安全事件的影响程度，可能要考虑对整个系统、服务和/或网络进行重建。这种情况下，启动相关的业务连续性计划十分必要。

如果信息安全事件是非 IT 相关的，例如由火灾、洪水或爆炸引起，就应该依照正式成文的相关业务连续性计划开展恢复工作。

(4)"危机求助"行动。

ISIRT 确定一个信息安全事件是否处于控制下时，很可能会得出事件不在控制之下，必须按预先制定计划采取"危机求助"行动的结论。

有关如何处理可能会在一定程度上破坏信息系统可用性/完整性的各类信息安全事件的最佳选择，应该在组织的业务连续性战略中进行标识。这些选择应该与组织的业务优先顺序和相关恢复时间表直接相关，从而也与 IT 系统、语音通信、人员和食宿供应的最长可承受中断时间直接关联。业务连续性战略应该明确标明所要求的：预防、恢复和业务连续性支持措施；管理业务连续性规划的组织结构和职责；业务连续性计划的体系结构和概述。

业务连续性计划以及支持启动计划的现行防护措施，一旦经检验合格并得到批准后，便可构成开展"危机求助"行动的基础。

其他可能类型的"危机求助"行动包括(但不限于)启用：灭火设施和撤离规程；防洪设施和撤离规程；爆炸"处理"及相关撤离规程；专家级信息系统欺诈调查程序；专家级技术攻击调查程序。

(5) 法律取证分析。

当前面的评估确定需要收集证据时，在发生重大信息安全事件的背景下，ISIRT 应进行法律取证分析。这项工作涉及按照正式文件规定的程序，利用基于 IT 的调查技术和工具对指定的信息安全事件进行信息安全事件管理过程中迄今为止更周密的分析研究。它应该以结构化的方式进行，应该确定哪些内容可以用作证据，进而确定哪些证据可以用于内部处罚，哪些证据可以用于法律诉讼。

法律取证分析所需设备可分为技术(如审计工具、证据恢复设备)、规程、人员和安全办公场所 4 类。

每项法律取证分析行动都应完全登记备案，其中包括相关照片、审计踪迹分析报告、数据恢复日志。进行法律取证分析人员的熟练程度连同熟练程度测试记录应一起登记备案。能够表明分析的客观性和逻辑性的任何其他信息也都应记录在案。有关信息安全事件本身、法律取证分析行动等的所有记录以及相关的存储介质都应保存在一个安全的物理环境中,并遵照相关规程严加控制,以使其不致被未授权人员接触,也不会被篡改或变得不可用。基于IT的法律取证分析工具应该符合标准,其准确性应能经得起司法推敲,而且要随着技术的发展升级到最新版本。ISIRT工作的物理环境应提供可做验证的条件,以确保证据的处理过程不会受人质疑。显然,ISIRT要有充足的人员配备才能做到在任何时候都能对信息安全事件作出响应,而且在需要时"随叫随到"。

随着时间的推移,难免会有人要求对信息安全事件(包括欺诈、盗窃和蓄意破坏)的证据重新审理。因此,要对ISIRT有所帮助,就必须有大量基于IT的手段和支持性规程供ISIRT在信息系统、服务或网络中揭开"隐藏"信息。其中包括看似像是已被删除、加密或破坏的信息。这些手段应能应付已知类型信息安全事件的所有已知方面(并且被记录在ISIRT规程中)。

当今,法律取证分析往往必须涉及错综复杂的联网环境,调查工作必将涵盖整个操作环境,其中包括各种服务器——文件、打印、通信、电子邮件服务器等,以及远程访问设施。有许多工具可供使用,其中包括文本搜索工具,镜像软件和法律取证组件。应该强调的是,法律取证分析规程的主要焦点是确保证据的完好无缺和核查无误,以保证其经得起法律的考验,同时还要保证法律取证分析在原始数据的准确拷贝上进行,以防分析工作损害原始介质的完整性。

法律取证分析的整个过程应包括以下相关活动:确保目标系统、服务和/或网络在法律取证分析过程中受到保护,防止其变得不可用、被改变或受其他危害,同时确保对正常运行的影响没有或最小;对"证据"的"捕获"按优先顺序进行,也就是从最易变化的证据开始到最不易变化的证据结束;识别主体系统、服务和/或网络中的所有相关文件,包括正常文件、看似被删除的文件、口令或其他受保护文件和加密文件;尽可能恢复已发现的被删除文件和其他数据;揭示IP地址、主机名、网络路由和Web站点信息;提取应用软件和操作系统使用的隐藏、临时和交换文件的内容;访问受保护或被加密文件的内容;分析在特别磁盘存储区中发现的所有可能的相关数据;分析文件访问、修改和创建的时间;分析系统/服务/网络和应用程序日志;确定系统/服务/网络中用户和/或应用程序的活动;分析电子邮件的来源信息和内容;进行文件完整性检查,检测系统特洛伊木马和原来系统中不存在的文件;如果可行,分析物理证据,如查看指纹、财产损害程度、监视录像、警报系统日志、通行卡访问日志以及会见目击证人等;确保所提取的潜在证据被妥善处理和保存,使之不会被损害或不可使用,并且敏感材料不会被未授权人员看到。应该强调的是,收集证据的行为要遵守相关法律的规定;总结信息安全事件的发生原因以及在怎样的时间框架内采取的必要行动,连同具有相关文件列表的证据一起附在主报告中;如果需要,为内部惩罚或法律诉讼行动提供专家支持。所采用的方法应该记录在ISIRT规程中。

ISIRT应该充分结合各种技能来提供广泛的技术知识(包括很可能被蓄意攻击者使用的工具和技术)、分析/调查经验(包括如何保存有用的证据)、相关法律法规知识以及事件的发展趋势。

(6) 通报。

在许多情况下,当信息安全事件被ISIRT确定属实时,需要同时通知某些内部人员和外部人员。这种情况可能会发生在事件处理的各个阶段,例如,当信息安全事件被确认属实时,当事件被确认处于控制之下时,当事件被指定需要"危机求助"时,当事件的处理工作结束时以及当事件评审完成并得出结论时。

为协助必要时通报工作的顺利进行，明智的做法是提前准备一些材料，到时候根据特定信息安全事件的具体情况调整材料的部分内容，然后迅速通报给新闻界和/或其他媒体。任何有关信息安全事件的消息在发布给新闻界时，均应遵照组织的信息发布策略。需要发布的消息应由相关方审查，其中包括组织高级管理层、公共关系协调员和信息安全人员。

(7) 上报。

有时会出现必须将事情上报给高级管理层、组织内其他部门或组织外人员/组织的情况。这可能是为了对处理信息安全事件的建议行动作出决定，也可能是为了对事件作出进一步评估以确定需要采取什么行动。这时应遵循前面描述的评估过程。或者，如果严重问题早就凸显出来，或许已经处于这些过程之中。在信息安全事件管理方案文件中应有指南可供那些可能会在某一时刻需要将问题上报的人员使用。

(8) 活动日志和变更控制。

应该强调的是，所有参与信息安全事件报告和管理的人员应该完整地记录所有的活动以供日后分析之用。这些内容应该包含在信息安全事件报告单和信息安全事态/事件数据库中，而且要在从第一次报告单到事件后评审完成的整个过程中不断更新。记录下来的信息应该妥善保存并留有完整备份。

此外，在追踪信息安全事件以及更新信息安全事件报告单和信息安全事态/事件数据库的过程中所做的任何变更，均应遵照已得到正式批准的变更控制方案进行。

6. 评审

1) 概述

信息安全事件解决完毕并经各方同意结束处理过程后，还需进一步进行法律取证分析和评审，以确定有哪些经验教训需要汲取以及组织的整体安全和信息安全事件管理方案有哪些地方需要改进。

2) 进一步的法律取证分析

在事件被解决后，可能依然需要进行法律取证分析以确定证据。此项工作应由 ISIRT 使用前面建议的工具和规程进行。

3) 经验教训

一旦信息安全事件的处理工作结束，应该迅速从信息安全事件中总结经验教训并立即付诸实施，这一点十分重要。经验教训可能反映在以下方面：

新的或改变的信息安全防护措施需求。可能是技术或非技术的防护措施。根据总结出来的经验教训，可能需要迅速更新和发布安全意识简报，以及迅速修订和发布安全指南和/或标准；信息安全事件管理方案及其过程、报告单和信息安全事态/事件数据库的变更。

此外，这项工作应不仅限于某一次信息安全事件的范畴，还应分析事件的发展趋势和发生模式，这有助于确定防护措施或方法需要有哪些改变。根据一次 IT 信息安全事件的情况进行信息安全测试，尤其是脆弱性评估，也是十分明智的做法。因此，应该定期分析研究保存在信息安全事态/事件数据库中的数据，以确定事件的发展趋势和发生模式；确定需要关注的方面；分析在哪些部位采取预防措施可以降低将来事件发生的可能性。

在信息安全事件发生过程中所获得的相关信息应该用来进行事件发展趋势/发生模式

的分析。这一点对于根据以往经验和文字资料尽早确定信息安全事件以及警告进一步会引发哪些信息安全事件来说十分有效。此外，还应充分利用政府部门、商业 CERT 和供应商提供的信息安全事件和相关脆弱性信息。

发生信息安全事件后，对信息系统、服务和/或网络进行的脆弱性评估和安全测试应不仅限于受信息安全事件影响的信息系统、服务和/或网络，应该把任何相关的信息系统、服务和/或网络全都包括进来。应通过全面的脆弱性评估来了解在此事件中所利用的其他信息系统、服务和/或网络的脆弱性，同时确保没有新的脆弱性被引入。

值得强调的是，脆弱性评估应定期进行，而且信息安全事件发生后对脆弱性的再次评估应是这一持续评估过程的一个组成部分。

应该对信息安全事件作出分析总结，并呈递到组织管理层的信息安全管理协调小组和/或组织总体信息安全策略中定义的其他管理协调小组的每次会议上。

4）确定安全改进

在信息安全事件解决后的评审过程中，根据需要，可能确定新的或改变的防护措施。改进建议和相关防护措施需求可能因财务或运作上的原因不能立即付诸实施，在这种情况下应该作为组织的长期目标逐步实行。例如，换用一种更安全、更强固的防火墙短期内可能在财务上行不通，但是必须将其看作组织早晚要达到的长期信息安全目标。

5）确定方案改进

在事件解决之后，ISIRT 管理者或其代表应该评审所发生的一切以进行评估，从而"量化"对信息安全事件整体响应的效果。这样的分析旨在确定信息安全事件管理方案的哪些方面成功地发挥了作用，有哪些方面需要改进。

响应后分析的一个重要方面是将信息和知识反馈到信息安全事件管理方案中。如果事件相当严重，应在事件解决后尽快安排所有相关方召开会议。这样的会议应该考虑以下因素：

(1) 信息安全事件管理方案规定的规程是否发挥了预期作用？

(2) 是否有对发现事件有帮助的规程或方法？

(3) 是否确定过对响应过程有帮助的规程或工具？

(4) 是否有在确定事件之后对恢复信息系统有帮助的规程？

(5) 在事件发现、报告和响应的整个过程中向所有相关方的事件通报是否有效？

(6) 会议结果应记录归档，各方一致同意的任何行动都应适当地遵照行事。

7. 改进

"改进"阶段的工作包括执行"评审"阶段提出的建议，即改进安全风险分析和管理结果、改善安全状况和改进信息安全事件管理方案。下面各条将逐一阐述这些主题。

1）安全风险分析和管理改进

根据信息安全事件的严重程度和影响，在评估信息安全风险分析和管理评审的结果时，必须考虑新的威胁和脆弱性。作为完成信息安全风险分析和管理评审更新的后续工作，引入更新的或全新的防护措施可能是必要的。

2）改善安全状况

遵照"评审"阶段提出的改进建议和对许多信息安全事件的分析，更新的和/或全新的防护措施需要启动。这些措施可能是技术或非技术(包括物理)的防护措施,并可能需要迅速更新和发布安全意识简报(给用户和其他人员),以及迅速修订和公布安全指南和标准。此外,对组织的信息系统、服务和网络应定期进行脆弱性评估,以帮助确定脆弱性和提供一个对系统/服务/网络持续加固的过程。另外,在一次事件之后立即进行的信息安全规程和文件评审更有可能是以后会被要求的一种响应。

在一次信息安全事件之后,相关的信息安全策略和规程应参考事件管理过程中收集的信息和识别的任何问题来进行更新。确保组织全体人员知悉信息安全策略和规程的更新是ISIRT以及组织信息安全管理者的一个长期持续目标。

3) 改进方案

对信息安全事件管理方案中被确定需要改进的地方,需要认真评审和判断,然后据此修订更新方案文件。信息安全事件管理过程、规程和报告单的任何更改都应经过全面检查和测试后方可投入使用。

4) 其他改进

"评审"阶段可能还会确定其他需要改进的方面,如信息安全策略、标准和规程的变更,IT硬件和软件配置的变更等。

6.2.3 信息安全事件分类分级

信息安全事件的防范和处置是国家信息安全保障体系中的重要环节,也是重要的工作内容。信息安全事件的分类分级是快速有效处置信息安全事件的基础之一。

2007年国家标准GB/Z 20986—2007《信息安全技术 信息安全事件分类分级指南》发布实施。以下是该标准的介绍。

1. 信息安全事件分类

1) 考虑要素与基本分类

信息安全事件可以是故意、过失或非人为原因引起的。本指导性技术文件综合考虑信息安全事件的起因、表现和结果等,对信息安全事件进行分类。信息安全事件分为有害程序事件、网络攻击事件、信息破坏事件、信息内容安全事件、设备设施故障、灾害性事件和其他信息安全事件7个基本分类,每个基本分类分别包括若干个子类。

2) 事件分类

(1) 有害程序事件。有害程序事件是指蓄意制造、传播有害程序,或是因受到有害程序的影响而导致的信息安全事件。有害程序是指插入到信息系统中的一段程序,有害程序危害系统中数据、应用程序或操作系统的保密性、完整性或可用性,或影响信息系统的正常运行。有害程序事件包括计算机病毒事件、蠕虫事件、特洛伊木马事件、僵尸网络事件、混合攻击程序事件、网页内嵌恶意代码事件和其他有害程序事件7个子类,说明如下:

① 计算机病毒事件是指蓄意制造、传播计算机病毒,或是因受到计算机病毒影响而导致的信息安全事件。

② 程序中插入的一组计算机指令或者程序代码,它可以破坏计算机功能或者毁坏数据,影响计算机使用,并能自我复制。

③ 蠕虫事件是指蓄意制造、传播蠕虫,或是因受到蠕虫影响而导致的信息安全事件。

蠕虫是指除计算机病毒以外，利用信息系统缺陷，通过网络自动复制并传播的有害程序。

④ 特洛伊木马事件是指蓄意制造、传播特洛伊木马程序，或是因受到特洛伊木马程序影响而导致的信息安全事件。特洛伊木马程序是指伪装在信息系统中的一种有害程序，具有控制该信息系统或进行信息窃取等对该信息系统有害的功能。

⑤ 僵尸网络事件是指利用僵尸工具软件，形成僵尸网络而导致的信息安全事件。僵尸网络是指网络上受到黑客集中控制的一群计算机，它可以被用于伺机发起网络攻击，进行信息窃取或传播木马、蠕虫等其他有害程序。

⑥ 混合攻击程序事件是指蓄意制造、传播混合攻击程序，或是因受到混合攻击程序影响而导致的信息安全事件。混合攻击程序是指利用多种方法传播和感染其他系统的有害程序，可能兼有计算机病毒、蠕虫、木马或僵尸网络等多种特征。混合攻击程序事件也可以是一系列有害程序综合作用的结果，例如一个计算机病毒或蠕虫在侵入系统后安装木马程序等。

⑦ 网页内嵌恶意代码事件是指蓄意制造、传播网页内嵌恶意代码，或是因受到网页内嵌恶意代码影响而导致的信息安全事件。网页内嵌恶意代码是指内嵌在网页中，未经允许由浏览器执行，影响信息系统正常运行的有害程序。

⑧ 其他有害程序事件是指不能包含在以上 6 个子类之中的有害程序事件。

(2) 网络攻击事件。网络攻击事件是指通过网络或其他技术手段，利用信息系统的配置缺陷、协议缺陷、程序缺陷或使用暴力攻击对信息系统实施攻击，并造成信息系统异常或对信息系统当前运行造成潜在危害的信息安全事件。网络攻击事件包括拒绝服务攻击事件、后门攻击事件、漏洞攻击事件、网络扫描窃听事件、网络钓鱼事件、干扰事件和其他网络攻击事件 7 个子类，说明如下：

① 拒绝服务攻击事件是指利用信息系统缺陷，或通过暴力攻击的手段，以大量消耗信息系统的 CPU、内存、磁盘空间或网络带宽等资源，从而影响信息系统正常运行为目的的信息安全事件。

② 后门攻击事件是指利用软件系统、硬件系统设计过程中留下的后门或有害程序所设置的后门对信息系统实施的攻击的信息安全事件。

③ 漏洞攻击事件是指除拒绝服务攻击事件和后门攻击事件之外，利用信息系统配置缺陷、协议缺陷、程序缺陷等漏洞，对信息系统实施攻击的信息安全事件。

④ 网络扫描窃听事件是指利用网络扫描或窃听软件，获取信息系统网络配置、端口、服务、存在的脆弱性等特征而导致的信息安全事件。

⑤ 网络钓鱼事件是指利用欺骗性的计算机网络技术，使用户泄露重要信息而导致的信息安全事件。例如，利用欺骗性电子邮件获取用户银行账号和密码等。

⑥ 干扰事件是指通过技术手段对网络进行干扰，或对广播电视有线或无线传输网络进行插播，对卫星广播电视信号非法攻击等导致的信息安全事件。

⑦ 其他网络攻击事件是指不能被包含在以上 6 个子类之中的网络攻击事件。

(3) 信息破坏事件。信息破坏事件是指通过网络或其他技术手段造成信息系统中的信息被篡改、假冒、泄露、窃取等而导致的信息安全事件。信息破坏事件包括信息篡改事件、信息假冒事件、信息泄露事件、信息窃取事件、信息丢失事件和其他信息破坏事件 6 个子类，说明如下：

① 信息篡改事件是指未经授权将信息系统中的信息更换为攻击者所提供的信息而导

致的信息安全事件，例如网页篡改等导致的信息安全事件。

② 信息假冒事件是指通过假冒他人信息系统收发信息而导致的信息安全事件，例如网页假冒等导致的信息安全事件。

③ 信息泄露事件是指因误操作、软硬件缺陷或电磁泄漏等因素导致信息系统中的保密、敏感、个人隐私等信息暴露于未经授权者而导致的信息安全事件。

④ 信息窃取事件是指未经授权用户利用可能的技术手段恶意主动获取信息系统中信息而导致的信息安全事件。

⑤ 信息丢失事件是指因误操作、人为蓄意或软硬件缺陷等因素导致信息系统中的信息丢失而导致的信息安全事件。

⑥ 其他信息破坏事件是指不能被包含在以上 5 个子类之中的信息破坏事件。

(4) 信息内容安全事件。信息内容安全事件是指利用信息网络发布、传播危害国家安全、社会稳定和公共利益的内容的安全事件。信息内容安全事件包括以下 4 个子类，说明如下：

① 违反宪法和法律、行政法规的信息安全事件。

② 针对社会事项进行讨论、评论形成网上敏感的舆论热点，出现一定规模炒作的信息安全事件。

③ 组织串联、煽动集会游行的信息安全事件。

④ 其他信息内容安全事件。

(5) 设备设施故障。设备设施故障是指由于信息系统自身故障或外围保障设施故障而导致的信息安全事件，以及人为的使用非技术手段有意或无意地造成信息系统破坏而导致的信息安全事件。设备设施故障包括软硬件自身故障、外围保障设施故障、人为破坏事故和其他设备设施故障 4 个子类，说明如下：

① 软硬件自身故障是指因信息系统中硬件设备的自然故障、软硬件设计缺陷或者软硬件运行环境发生变化等而导致的信息安全事件。

② 外围保障设施故障是指由于保障信息系统正常运行所必需的外部设施出现故障而导致的信息安全事件，例如电力故障、外围网络故障等导致的信息安全事件。

③ 人为破坏事故是指人为蓄意地对保障信息系统正常运行的硬件、软件等实施窃取、破坏造成的信息安全事件；或由于人为的遗失、误操作以及其他无意行为造成信息系统硬件、软件等遭到破坏，影响信息系统正常运行的信息安全事件。

④ 其他设备设施故障指不能被包含在以上 3 个子类之中的设备设施故障而导致的信息安全事件。

(6) 灾害性事件。灾害性事件是指由于不可抗力对信息系统造成物理破坏而导致的信息安全事件。灾害性事件包括水灾、台风、地震、雷击、坍塌、火灾、恐怖袭击和战争等导致的信息安全事件。

(7) 其他事件。其他事件类别是指不能归为以上 6 个基本分类的信息安全事件。

2. 信息安全事件分级

1) 分级考虑要素

对信息安全事件的分级主要考虑三个要素：信息系统的重要程度、系统损失和社会影响。

(1) 信息系统的重要程度。信息系统的重要程度主要考虑信息系统所承载的业务对国家安全、经济建设、社会生活的重要性以及业务对信息系统的依赖程度,划分为特别重要信息系统、重要信息系统和一般信息系统。

(2) 系统损失。系统损失是指由于信息安全事件对信息系统的软硬件、功能及数据的破坏导致系统业务中断,从而给事发组织所造成的损失,其大小主要考虑恢复系统正常运行和消除安全事件负面影响所需付出的代价,划分为特别严重的系统损失、严重的系统损失、较大的系统损失和较小的系统损失,说明如下:

① 特别严重的系统损失。造成系统大面积瘫痪,使其丧失业务处理能力,或系统关键数据的保密性、完整性、可用性遭到严重破坏,恢复系统正常运行和消除安全事件负面影响所需付出的代价十分巨大,对于事发组织是不可承受的。

② 严重的系统损失。造成系统长时间中断或局部瘫痪,使其业务处理能力受到极大影响,或系统关键数据的保密性、完整性、可用性遭到破坏,恢复系统正常运行和消除安全事件负面影响所需付出的代价巨大,但对于事发组织是可承受的。

③ 较大的系统损失。造成系统中断,明显影响系统效率,使重要信息系统或一般信息系统业务处理能力受到影响,或系统重要数据的保密性、完整性、可用性遭到破坏,恢复系统正常运行和消除安全事件负面影响所需付出的代价较大,但对于事发组织是完全可以承受的。

④ 较小的系统损失。造成系统短暂中断,影响系统效率,使系统业务处理能力受到影响,或系统重要数据的保密性、完整性、可用性受到影响,恢复系统正常运行和消除安全事件负面影响所需付出的代价较小。

(3) 社会影响。社会影响是指信息安全事件对社会所造成影响的范围和程度,其大小主要考虑国家安全、社会秩序、经济建设和公众利益等方面的影响,划分为特别重大的社会影响、重大的社会影响、较大的社会影响和一般的社会影响,说明如下:

① 特别重大的社会影响。波及到一个或多个省市的大部分地区,极大地威胁国家安全,引起社会动荡,对经济建设有极其恶劣的负面影响,或者严重损害公众利益。

② 重大的社会影响。波及一个或多个地市的大部分地区,威胁到国家安全,引起社会恐慌,对经济建设有重大的负面影响,或者损害到公众利益。

③ 较大的社会影响。波及一个或多个地市的部分地区,可能影响到国家安全,扰乱社会秩序,对经济建设有一定的负面影响,或者影响到公众利益。

④ 一般的社会影响。波及一个地市的部分地区,对国家安全、社会秩序、经济建设和公众利益基本没有影响,但对个别公民、法人或其他组织的利益会造成损害。

2) 事件分级

根据信息安全事件的分级考虑要素,将信息安全事件划分为4个级别:特别重大事件、重大事件、较大事件和一般事件。

(1) 特别重大事件(Ⅰ级)。特别重大事件是指能够导致特别严重影响或破坏的信息安全事件,包括以下情况:会使特别重要信息系统遭受特别严重的系统损失;产生特别重大的社会影响。

(2) 重大事件(Ⅱ级)。重大事件是指能够导致严重影响或破坏的信息安全事件,包括以下情况:会使特别重要信息系统遭受严重的系统损失,或使重要信息系统遭受特别严重的系统损失；产生重大的社会影响。

(3) 较大事件(Ⅲ级)。较大事件是指能够导致较严重影响或破坏的信息安全事件,包括以下情况：会使特别重要信息系统遭受较大的系统损失,或使重要信息系统遭受严重的系统损失、一般信息系统遭受特别严重的系统损失；产生较大的社会影响。

(4) 一般事件(Ⅳ级)。一般事件是指不满足以上条件的信息安全事件,包括以下情况：会使特别重要信息系统遭受较小的系统损失,或使重要信息系统遭受较大的系统损失,一般信息系统遭受严重或严重以下级别的系统损失；产生一般的社会影响。

6.2.4 信息安全灾难恢复

2007年,国家标准《信息系统灾难恢复规范》(GB/T 20988—2007)发布,下面是其内容介绍。

1. 概念术语

(1) 备用站点。用于灾难发生后接替主系统进行数据处理和支持关键业务功能运作的场所,可提供灾难备份系统、备用的基础设施和专业技术支持及运行维护管理能力。此场所内或周边可提供备用的生活设施。

(2) 灾难备份。为了灾难恢复而对数据、数据处理系统、网络系统、基础设施、专业技术支持能力和运行管理能力进行备份的过程。

(3) 灾难备份系统。用于灾难恢复目的,由数据备份系统、备用数据处理系统和备用的网络系统组成的信息系统。

(4) 数据备份策略。为了达到数据恢复和重建目标所确定的备份步骤和行为。通过确定备份时间、技术、介质和场外存放方式,以保证达到恢复时间目标和恢复点目标。

(5) 灾难。由于人为或自然的原因,造成信息系统严重故障或瘫痪,使信息系统支持的业务功能停顿或服务水平不可接受、达到特定的时间的突发性事件。通常导致信息系统需要切换到灾难备份中心运行。

(6) 灾难恢复。为了将信息系统从灾难造成的故障或瘫痪状态恢复到可正常运行状态,并将其支持的业务功能从灾难造成的不正常状态恢复到可接受状态而设计的活动和流程。

(7) 灾难恢复预案。定义信息系统灾难恢复过程中所需的任务、行动、数据和资源的文件。用于指导相关人员在预定的灾难恢复目标内恢复信息系统支持的关键业务功能。

(8) 灾难恢复规划。为了减少灾难带来的损失和保证信息系统所支持的关键业务功能在灾难发生后能及时恢复和继续运作所做的事前计划和安排。

(9) 灾难恢复能力。在灾难发生后利用灾难恢复资源和灾难恢复预案及时恢复和继续运作的能力。

(10) 演练。为训练人员和提高灾难恢复能力而根据灾难恢复预案进行活动的过程。包括桌面演练、模拟演练、重点演练和完整演练等。

(11) 区域性灾难。造成所在地区或有紧密联系的邻近地区的交通、通信、能源及其他关键基础设施受到严重破坏,或大规模人口疏散的事件。

(12) 恢复时间目标(RTO)。灾难发生后,信息系统或业务功能从停顿到必须恢复的时间要求。

(13) 恢复点目标(RPO)。灾难发生后,系统和数据必须恢复到的时间点要求。

(14) 复原。支持业务运作的信息系统从灾难备份中心重新回到主中心运行的过程。

2. 灾难恢复概述

1) 灾难恢复的工作范围

信息系统的灾难恢复工作包括灾难恢复规划和灾难备份中心的日常运行、关键业务功能在灾难备份中心的恢复和重续运行,以及主系统的灾后重建和回退工作,还涉及突发事件发生后的应急响应。

其中,灾难恢复规划是一个周而复始、持续改进的过程,包含以下几个阶段:灾难恢复需求的确定;灾难恢复策略的制定;灾难恢复策略的实现;灾难恢复预案的制定、落实和管理。

2) 灾难恢复的组织机构

(1) 组织机构的设立。信息系统的使用或管理组织(以下简称"组织")应结合其日常组织机构建立灾难恢复的组织机构,并明确其职责。其中一些人可负责两种或多种职责,一些职位可由多人担任。灾难恢复的组织机构由管理、业务、技术和行政后勤等人员组成,一般可设为灾难恢复领导小组、灾难恢复规划实施组和灾难恢复日常运行组。组织可聘请具有相应资质的外部专家协助灾难恢复实施工作,也可委托具有相应资质的外部机构承担实施组以及日常运行组的部分或全部工作。

(2) 组织机构的职责。

① 灾难恢复领导小组。灾难恢复领导小组是信息系统灾难恢复工作的组织领导机构,组长应由组织最高管理层成员担任。领导小组的职责是领导和决策信息系统灾难恢复的重大事宜,主要如下:审核并批准经费预算;审核并批准灾难恢复策略;审核并批准灾难恢复预案;批准灾难恢复预案的执行。

② 灾难恢复规划实施组。灾难恢复规划实施组的主要职责是负责灾难恢复的需求分析;提出灾难恢复策略和等级;灾难恢复策略的实现;制定灾难恢复预案;组织灾难恢复预案的测试和演练。

③ 灾难恢复日常运行组。灾难恢复日常运行组的主要职责是负责协助灾难恢复系统实施;灾难备份中心日常管理;灾难备份系统的运行和维护;灾难恢复的专业技术支持;参与和协助灾难恢复预案的教育、培训和演练;维护和管理灾难恢复预案;突发事件发生时的损失控制和损害评估;灾难发生后信息系统和业务功能的恢复;灾难发生后的外部协作。

3) 灾难恢复规划的管理

组织应评估灾难恢复规划过程的风险、筹备所需资源、确定详细任务及时间表、监督和管理规划活动、跟踪和报告任务进展以及进行问题管理和变更管理。

4) 灾难恢复的外部协作

组织应与相关管理部门、设备及服务提供商、电信、电力和新闻媒体等保持联络和协作,以确保在灾难发生时能及时通报准确情况和获得适当支持。

5) 灾难恢复的审计和备案

灾难恢复的等级评定、灾难恢复预案的制定应按有关规定进行审计和备案。

3. 灾难恢复需求的确定

1）风险分析

标识信息系统的资产价值，识别信息系统面临的自然的和人为的威胁，识别信息系统的脆弱性，分析各种威胁发生的可能性并定量或定性描述可能造成的损失，识别现有的风险防范和控制措施。通过技术和管理手段，防范或控制信息系统的风险。依据防范或控制风险的可行性和残余风险的可接受程度，确定对风险的防范和控制措施。信息系统风险评估方法可参考 GB/T XXX《信息安全风险评估指南》。

2）业务影响分析

（1）分析业务功能和相关资源配置。对组织的各项业务功能及各项业务功能之间的相关性进行分析，确定支持各种业务功能的相应信息系统资源及其他资源，明确相关信息的保密性、完整性和可用性要求。

（2）评估中断影响。应采用如下的定量和/或定性方法，对各种业务功能的中断造成的影响进行评估：

① 定量分析。以量化方法评估业务功能的中断可能给组织带来的直接经济损失和间接经济损失。

② 定性分析。运用归纳与演绎、分析与综合以及抽象与概括等方法，评估业务功能的中断可能给组织带来的非经济损失，包括组织的声誉、顾客的忠诚度、员工的信心、社会和政治影响等。

3）确定灾难恢复目标

根据风险分析和业务影响分析的结果确定灾难恢复目标，包括关键业务功能及恢复的优先顺序；灾难恢复时间范围。

4. 灾难恢复策略的制定

1）灾难恢复策略制定的要素

（1）灾难恢复资源要素。支持灾难恢复各个等级所需的资源（以下简称“灾难恢复资源”）可分为如下 7 个要素：

① 数据备份系统。一般由数据备份的硬件、软件和数据备份介质（以下简称“介质”）组成，如果是依靠电子传输的数据备份系统，还包括数据备份线路和相应的通信设备。

② 备用数据处理系统。指备用的计算机、外围设备和软件。

③ 备用网络系统。最终用户用来访问备用数据处理系统的网络，包含备用网络通信设备和备用数据通信线路。

④ 备用基础设施。灾难恢复所需的、支持灾难备份系统运行的建筑、设备和组织，包括介质的场外存放场所、备用的机房及灾难恢复工作辅助设施，以及容许灾难恢复人员连续停留的生活设施。

⑤ 专业技术支持能力。对灾难恢复系统的运转提供支撑和综合保障的能力，以实现灾难恢复系统的预期目标。包括硬件、系统软件和应用软件的问题分析和处理能力、网络系统安全运行管理能力、沟通协调能力等。

⑥ 运行维护管理能力。包括运行环境管理、系统管理、安全管理和变更管理等。

⑦ 灾难恢复预案。

(2) 成本效益分析原则。根据灾难恢复目标,按照灾难恢复资源的成本与风险可能造成的损失之间取得平衡的原则(以下简称"成本风险平衡原则")确定每项关键业务功能的灾难恢复策略,不同的业务功能可采用不同的灾难恢复策略。

(3) 灾难恢复策略的组成。灾难恢复策略主要包括灾难恢复资源的获取方式;灾难恢复能力等级,或灾难恢复资源各要素的具体要求。

2) 灾难恢复资源的获取方式

(1) 数据备份系统。数据备份系统可由组织自行建设,也可通过租用其他机构的系统而获取。

(2) 备用数据处理系统。可选用以下三种方式之一来获取备用数据处理系统:事先与厂商签订紧急供货协议;事先购买所需的数据处理设备并存放在灾难备份中心或安全的设备仓库;利用商业化灾难备份中心或签有互惠协议的机构已有的兼容设备。

(3) 备用网络系统。备用网络通信设备可通过上述的方式获取;备用数据通信线路可使用自有数据通信线路或租用公用数据通信线路。

(4) 备用基础设施。可选用以下三种方式获取备用基础设施:由组织所有或运行;多方共建或通过互惠协议获取;租用商业化灾难备份中心的基础设施。

(5) 专业技术支持能力。可选用以下几种方式获取专业技术支持能力:灾难备份中心设置专职技术支持人员;与厂商签订技术支持或服务合同;由主中心技术支持人员兼任。但对于 RTO 较短的关键业务功能,应考虑到灾难发生时交通和通信的不正常,造成技术支持人员无法提供有效支持的情况。

(6) 运行维护管理能力。可选用以下对灾难备份中心的运行维护管理模式:自行运行和维护;委托其他机构运行和维护。

(7) 灾难恢复预案。可选用以下方式完成灾难恢复预案的制定、落实和管理:由组织独立完成;聘请具有相应资质的外部专家指导完成;委托具有相应资质的外部机构完成。

3) 灾难恢复资源的要求

(1) 数据备份系统。组织应根据灾难恢复目标,按照成本风险平衡原则,确定数据备份的范围;数据备份的时间间隔;数据备份的技术及介质;数据备份线路的速率及相关通信设备的规格和要求。

(2) 备用数据处理系统。组织应根据关键业务功能的灾难恢复对备用数据处理系统的要求和未来发展的需要,按照成本风险平衡原则,确定备用数据处理系统的数据处理能力;与主系统的兼容性要求;平时处于就绪还是运行状态。

(3) 备用网络系统。组织应根据关键业务功能的灾难恢复对网络容量及切换时间的要求和未来发展的需要,按照成本风险平衡原则,选择备用数据通信的技术和线路带宽,确定网络通信设备的功能和容量,保证灾难恢复时,最终用户能以一定速率连接到备用数据处理系统。

(4) 备用基础设施。组织应根据灾难恢复目标,按照成本风险平衡原则,确定对备用基础设施的要求,包括与主中心的距离要求;场地和环境(如面积、温度、湿度、防火、电力和工作时间等)要求;运行维护和管理要求。

(5) 专业技术支持能力。组织应根据灾难恢复目标,按照成本风险平衡原则,确定灾难备份中心在软件、硬件和网络等方面的技术支持要求，包括技术支持的组织架构、各类技术支持人员的数量和素质等要求。

(6) 运行维护管理能力。组织应根据灾难恢复目标，按照成本风险平衡原则，确定灾难备份中心运行维护管理要求，包括运行维护管理组织架构、人员的数量和素质、运行维护管理制度等要求。

(7) 灾难恢复预案。组织应根据需求分析的结果，按照成本风险平衡原则，明确灾难恢复预案的整体要求；制定过程的要求；教育、培训和演练要求；管理要求。

5. 灾难恢复策略的实现

1) 灾难备份系统技术方案的实现

(1) 技术方案的设计。根据灾难恢复策略制定相应的灾难备份系统技术方案，包含数据备份系统、备用数据处理系统和备用的网络系统。技术方案中所设计的系统应获得同主系统相当的安全保护；具有可扩展性；考虑其对主系统可用性和性能的影响。

(2) 技术方案的验证、确认和系统开发。为确保技术方案满足灾难恢复策略的要求，应由组织的相关部门对技术方案进行确认和验证，并记录和保存验证及确认的结果。按照确认的灾难备份系统技术方案进行开发，实现所要求的数据备份系统、备用数据处理系统和备用网络系统。

(3) 系统安装和测试。按照经过确认的技术方案，灾难恢复规划实施组应制定各阶段的系统安装及测试计划，以及支持不同关键业务功能的系统安装及测试计划，并组织最终用户共同进行测试。确认以下各项功能可正确实现：数据备份及数据恢复功能；在限定的时间内，利用备份数据正确恢复系统、应用软件及各类数据，并可正确恢复各项关键业务功能；客户端可与备用数据处理系统通信正常。

2) 灾难备份中心的选择和建设

(1) 选址原则。选择或建设灾难备份中心时，应根据风险分析的结果，避免灾难备份中心与主中心同时遭受同类风险。灾难备份中心包括同城和异地两种类型，以规避不同影响范围的灾难风险。灾难备份中心应具有数据备份和灾难恢复所需的通信、电力等资源，以及方便灾难恢复人员和设备到达的交通条件。灾难备份中心应根据统筹规划、资源共享、平战结合的原则，合理地布局。

(2) 基础设施的要求。新建或选用灾难备份中心的基础设施时，计算机机房应符合有关国家标准的要求；工作辅助设施和生活设施应符合灾难恢复目标的要求。

3) 专业技术支持能力的实现

组织应根据灾难恢复策略的要求，获取对灾难备份系统的专业技术支持能力。灾难备份中心应建立相应的技术支持组织，定期对技术支持人员进行技能培训。

4) 运行维护管理能力的实现

为了达到灾难恢复目标，灾难备份中心应建立各种操作规程和管理制度，用以保证数据备份的及时性和有效性；备用数据处理系统和备用网络系统处于正常状态，并与主系统的参数保持一致；有效的应急响应、处理能力。

5) 灾难恢复预案的实现

灾难恢复的每个等级均应按具体要求制定相应的灾难恢复预案，并进行落实和管理。

(1) 灾难恢复预案的制定。

灾难恢复预案的制定应遵循以下原则:

① 完整性。灾难恢复预案(以下简称"预案")应包含灾难恢复的整个过程,以及灾难恢复所需的尽可能全面的数据和资料。

② 易用性。预案应运用易于理解语言和图表,并适合在紧急情况下使用。

③ 明确性。预案应采用清晰的结构,对资源进行清楚的描述,工作内容和步骤应具体,每项工作应有明确的责任人。

④ 有效性。预案应尽可能满足灾难发生时进行恢复的实际需要,并保持与实际系统和人员组织的同步更新。

⑤ 兼容性。灾难恢复预案应与其他应急预案体系有机结合。

在灾难恢复预案制定原则的指导下,其制定过程如下:

① 起草。灾难恢复预案框架,按照风险分析和业务影响分析所确定的灾难恢复内容,根据灾难恢复能力等级的要求,结合组织其他相关的应急预案,撰写出灾难恢复预案的初稿。

② 评审。组织应对灾难恢复预案初稿的完整性、易用性、明确性、有效性和兼容性进行严格的评审。评审应有相应的流程保证。

③ 测试。应预先制定测试计划,在计划中说明测试的案例。测试应包含基本单元测试、关联测试和整体测试。测试的整个过程应有详细的记录,并形成测试报告。

④ 完善。根据评审和测试结果,纠正在初稿评审过程和测试中发现的问题和缺陷,形成预案的审批稿。

⑤ 审核和批准。由灾难恢复领导小组对审批稿进行审核和批准,确定为预案的执行稿。

(2) 灾难恢复预案的教育、培训和演练。

为了使相关人员了解信息系统灾难恢复的目标和流程,熟悉灾难恢复的操作规程,组织应按以下要求组织灾难恢复预案的教育、培训和演练:在灾难恢复规划的初期就应开始灾难恢复观念的宣传教育工作;预先对培训需求进行评估,包括培训的频次和范围,开发和落实相应的培训/教育课程,保证课程内容与预案的要求相一致,事后保留培训的记录;预先制定演练计划,在计划中说明演练的场景;演练的整个过程应有详细的记录,并形成报告;每年应至少完成一次有最终用户参与的完整演练。

(3) 灾难恢复预案的管理。

经过审核和批准的灾难恢复预案,应按照以下原则进行保存和分发:由专人负责;具有多份拷贝在不同的地点保存;分发给参与灾难恢复工作的所有人员;在每次修订后所有拷贝统一更新,并保留一套,以备查阅;旧版本应按有关规定销毁。

为了保证灾难恢复预案的有效性,应从以下方面对灾难恢复预案进行严格的维护和变更管理:业务流程的变化、信息系统的变更、人员的变更都应在灾难恢复预案中及时反映;预案在测试、演练和灾难发生后实际执行时,其过程均应有详细的记录,并应对测试、演练和执行的效果进行评估,同时对预案进行相应的修订;灾难恢复预案应定期评审和修订,至少每年一次。

6.3 信息安全风险评估

本节将介绍信息安全风险评估标准。

6.3.1 信息安全风险管理概述

以下内容是陈光的博士论文“信息系统信息安全风险管理方法研究”(2006)一个部分的节选。该学者在这方面进行了一些创新性研究,在此介绍其思想是希望读者能了解其核心的科研成果。

1. 信息系统风险定义

信息系统安全风险指在信息系统当前的安全措施配置情况下,在特定时间内威胁发起者利用相关脆弱性成功实施攻击,非法获取特定信息资产上特定的访问权限,造成信息资产特定对象安全失效的潜在频率和危害性。其度量包括三个方面:某特定时间;该时间内特定信息资产上特定的访问权限被非法获取的频率;特定信息资产上特定的访问权限被非法获取所导致的损失。

风险制造者指对信息系统进行网络访问内部或外部人员。其目标是非法获取特定信息资产上特定的访问权限。

2. 安全风险管理

信息系统信息安全风险管理有 6 个阶段(如图 6-6 所示)。

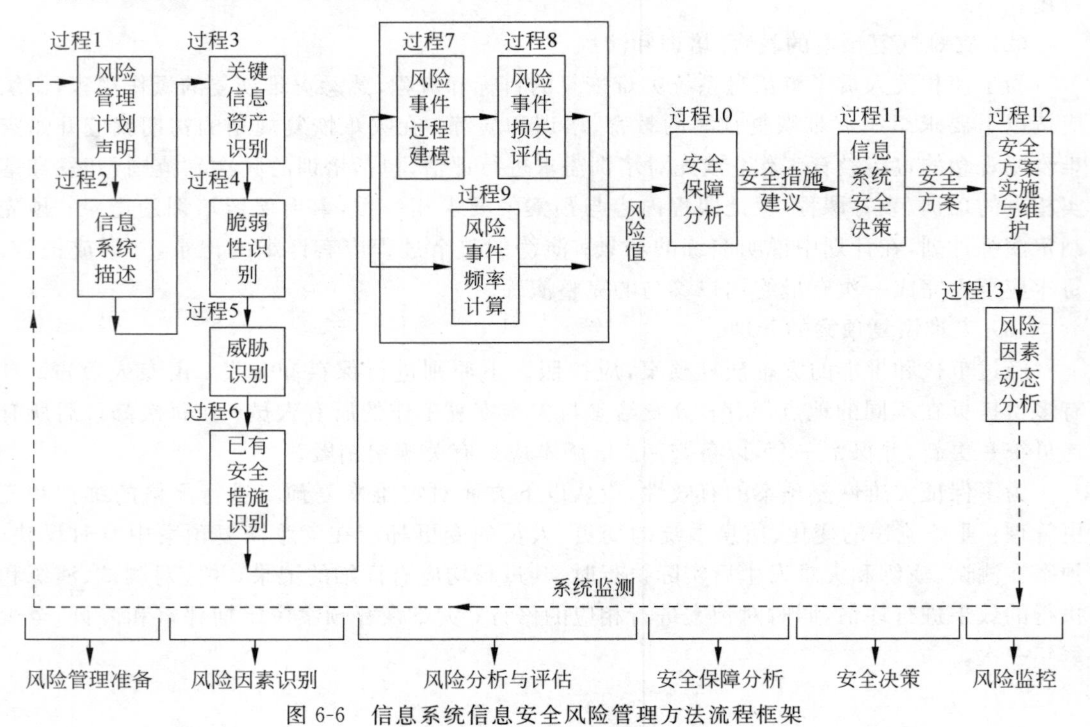

图 6-6　信息系统信息安全风险管理方法流程框架

1）风险管理准备阶段

该阶段包括风险管理计划声明和信息系统描述两个过程。风险管理计划声明对整个风险管理过程具有指导作用，它主要对风险管理目标、策略、程序、方法、进度安排以及资源约束进行规定。信息系统描述过程主要从主体域、客体域和业务域三个视角对作为风险管理对象的信息系统展开描述，从而提供一个信息系统组成与运行的全过程，为全面识别各种信息安全风险因素奠定基础。

2）信息安全风险因素识别阶段

该阶段包括关键信息资产识别、脆弱性识别、威胁识别和已有安全措施识别4个过程。信息资产、脆弱性和威胁是导致信息安全风险的因素，对这三者的界定分别通过关键信息资产识别、脆弱性识别和威胁识别三个过程来完成。其中，关键信息资产识别过程研究的是如何在众多的信息资产中选择影响组织业务运行的关键信息资产，从而保证信息安全风险管理的重点突出，更加符合工程实践的要求。已有安全措施识别是一个确认信息系统当前已采用的各种安全措施的过程。

3）信息安全风险分析与评估阶段

该阶段包括基于利用风险事件过程建模，风险事件频率计算，风险事件损失计算三个过程。其中，基于利用风险事件过程建模是对信息安全风险事件的动态形成过程进行描述的过程，当构建出描述特定风险事件形成过程的利用图后，可以根据风险事件发生频率以及成功概率情况直接计算风险事件频率。风险损失计算则是利用合理的方法直接将风险损失量化为等价货币价值的过程。

4）信息系统安全保障分析阶段

在信息系统信息安全风险管理方法中，基于美国国安局制定的《信息保障技术框架(IATF)》，采用动态信息安全保障体系(Protect，Detect，Response，Recovery，PDRR)模型对被评估信息系统的安全保障体系进行分析。这种安全保障分析过程可为安全决策阶段制定安全方案提供某种宏观意义上的指导。当安全决策人员需要从若干备选安全方案中优选出最佳方案时，安全方案能否在信息系统初始安全保障模型的基础上提升信息系统的纵深防御能力也是评价标准之一。

5）信息系统安全决策阶段

这一阶段是对信息安全风险的评估结果而定。一般而言，任何试图降低信息安全风险的安全措施都需要花费一定的费用。因此，当评估得到的各个信息安全风险或信息系统总信息安全风险处于安全决策人员根据信息系统安全策略制定的信息安全风险阈值之下时，无须启动安全决策过程。若评估所得的各个信息安全风险或信息系统总信息安全风险超出了承受水平，就需要启动安全决策过程，制订信息安全方案来降低信息安全风险。

6）信息安全风险动态监控阶段

对大多数组织来说，信息系统本身在不断更新和变化，其中信息系统软硬件基础设施的状态，信息系统所面临的威胁，信息系统具有的脆弱性，信息系统相关人员，信息系统安全策略，甚至是风险管理决策层的信息安全投资额度均可能发生动态变化，安全方案执行情况也会产生与计划的偏差。因此应该对信息系统的信息安全风险进行持续的监控。风险分析应以24个月或更短的时间为周期重复进行。

3. 安全风险管理组织

如图 6-7 所示，组织首席信息官(Chief Information Officer，CIO)是实施信息系统信息安全风险管理的负责人，负责向组织最高管理层汇报工作进展、获取资源支持、申请相关人员协助、提交风险评估和安全决策结论，同时积极推进获准的风险管理结果，即安全方案的实施。组织最高管理层则主要审批 CIO 的资源申请、人员申请，保证风险管理团队与组织内、外相关人员协作与交流渠道通畅，责成组织各部门支持信息系统信息安全风险管理的开展，并对最终安全决策结果进行裁决，一旦批准则在政策、管理、资源、人事方面予以保障。

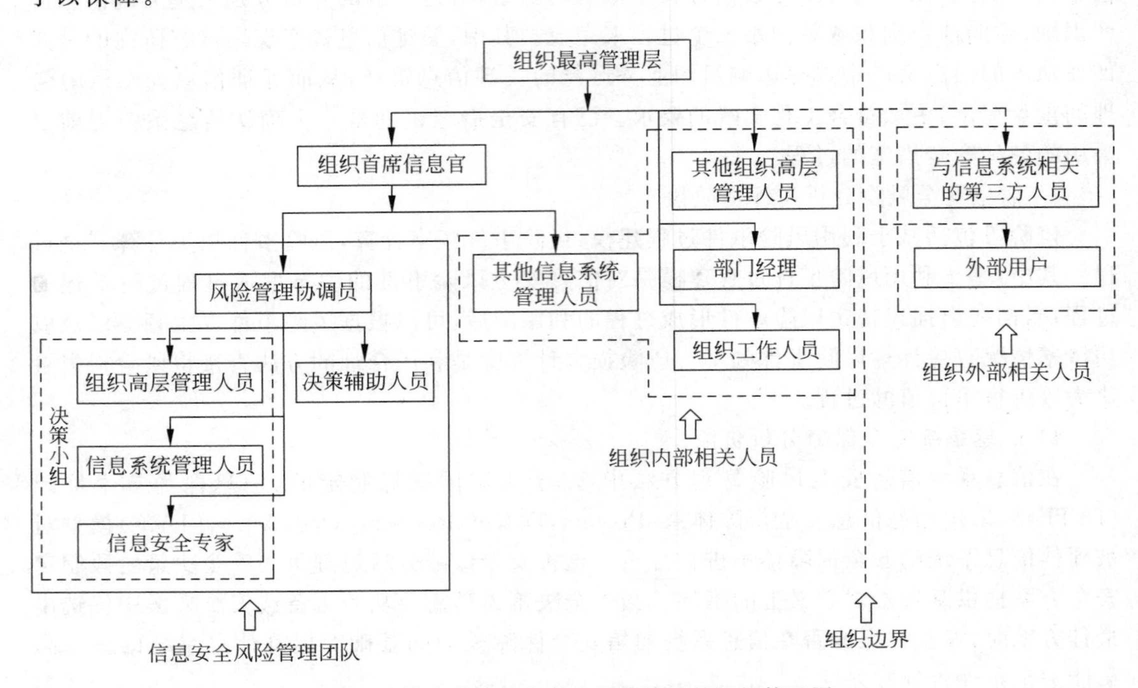

图 6-7 信息系统信息安全风险管理的组织管理图

信息安全风险管理团队是履行信息安全风险管理方法的机构，由 CIO 组建一名风险管理协调员、一个决策小组和一名决策辅助员。

风险管理协调员主要负责制定时间表、提供后勤保障、处理意外事件，协助 CIO 管理和监督信息系统信息安全风险管理中各过程工作的实行，协助决策小组与相关人员的协作与交流以收集风险信息，以及汇总工作成果并向 CIO 汇报等工作。协调员可以是专职，也可以是兼职，根据 CIO 的需要而定。

决策小组以及决策辅助员负责开展信息系统信息安全风险管理中各过程的具体工作。决策小组成员包括组织高层管理人员、信息系统管理人员以及信息安全专家多种人员，在开展信息系统信息安全风险管理方法的各个过程工作中共同进行评估、判断与决策，从而使各个过程的结论能充分纳入管理层、技术层以及安全专家的综合意见，避免“独裁”现象的发生；其中信息安全专家既可是来自组织内部，也可是外聘的。对于决策小组中的成员可统称为安全决策人员(或决策者)。决策辅助员并不直接参与信息系统信息安全风险管理中各过程的分析与判断，只是利用特定的决策技术将决策小组中各决策者的评判意见收集并整合，以形成统一的决策结果。

6.3.2 信息安全风险评估标准

随着政府部门、企事业单位以及各行各业对信息系统依赖程度的日益增强，信息安全问题受到普遍关注。运用风险评估去识别安全风险，解决信息安全问题得到了广泛的认识和应用。信息安全风险评估就是从风险管理角度，运用科学的方法和手段，系统地分析信息系统所面临的威胁及其存在的脆弱性，评估安全事件一旦发生可能造成的危害程度，提出有针对性的抵御威胁的防护对策和整改措施。为防范和化解信息安全风险，将风险控制在可接受的水平，从而最大限度地保障信息安全提供科学依据。信息安全风险评估作为信息安全保障工作的基础性工作和重要环节，要贯穿于信息系统的规划、设计、实施、运行维护以及废弃各个阶段，是信息安全等级保护制度建设的重要科学方法之一。2007 年国家标准《信息安全技术 信息安全风险评估规范》(GB/T 20984—2007)颁布。以下是其内容介绍：

1. 概念术语

(1) 保密性。数据所具有的特性，即表示数据所达到的未提供或未泄露给非授权的个人、过程或其他实体的程度。

(2) 信息安全风险。人为或自然的威胁利用信息系统及其管理体系中存在的脆弱性导致安全事件的发生及其对组织造成的影响。

(3) 信息安全风险评估。依据有关信息安全技术与管理标准，对信息系统及由其处理、传输和存储的信息的保密性、完整性和可用性等安全属性进行评价的过程。它要评估资产面临的威胁以及威胁利用脆弱性导致安全事件的可能性，并结合安全事件所涉及的资产价值来判断安全事件一旦发生对组织造成的影响。

(4) 检查评估。由被评估组织的上级主管机关或业务主管机关发起的，依据国家有关法规与标准，对信息系统及其管理进行的具有强制性的检查活动。

(5) 完整性。保证信息及信息系统不会被非授权更改或破坏的特性。包括数据完整性和系统完整性。

(6) 残余风险。采取了安全措施后，信息系统仍然可能存在的风险。

(7) 自评估。由组织自身发起，依据国家有关法规与标准，对信息系统及其管理进行的风险评估活动。

(8) 安全措施。保护资产、抵御威胁、减少脆弱性、降低安全事件的影响，以及打击信息犯罪而实施的各种实践、规程和机制。

(9) 安全需求。为保证组织业务战略的正常运作而在安全措施方面提出的要求。

(10) 威胁。可能导致对系统或组织危害的不希望事故潜在起因。

(11) 脆弱性。可能被威胁所利用的资产或若干资产的薄弱环节。

2. 风险评估框架及流程

1) 风险要素关系

风险评估中各要素的关系如图 6-8 所示。图 6-8 中方框部分的内容为风险评估的基本要素，椭圆部分的内容是与这些要素相关的属性。风险评估围绕着资产、威胁、脆弱性和安全措施这些基本要素展开，在对基本要素的评估过程中，需要充分考虑业务战略、资产价值、安全需求、安全事件、残余风险等与这些基本要素相关的各类属性。

图 6-8 中的风险要素及属性之间存在着以下关系：业务战略的实现对资产具有依赖性，依赖程度越高，要求其风险越小；资产是有价值的，组织的业务战略对资产的依赖程度越高，资产价值就越大；风险是由威胁引发的，资产面临的威胁越多则风险越大，并可能演变成安全事件；资产的脆弱性可能暴露资产的价值，资产具有的脆弱性越多则风险越大；脆弱性是未被满足的安全需求，威胁利用脆弱性危害资产；风险的存在及对风险的认识导出安全需求；安全需求可通过安全措施得以满足，需要结合资产价值考虑实施成本；安全措施可抵御威胁，降低风险；残余风险有些是安全措施不当或无效，需要加强才可控制的风险，而有些则是在综合考虑了安全成本与效益后不去控制的风险；残余风险应受到密切监视，它可能会在将来诱发新的安全事件。

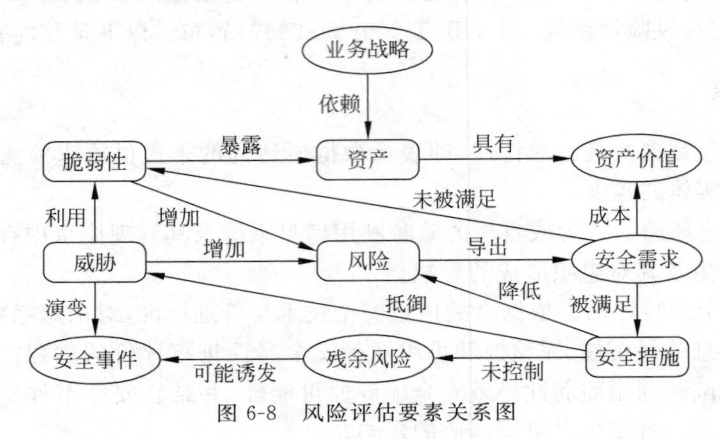

图 6-8 风险评估要素关系图

2）风险分析原理

风险分析原理如图 6-9 所示。风险分析中要涉及资产、威胁和脆弱性三个基本要素。每个要素有各自的属性，资产的属性是资产价值；威胁的属性可以是威胁主体、影响对象、出现频率、动机等；脆弱性的属性是资产弱点的严重程度。风险分析的主要内容为：对资产进行识别，并对资产的价值进行赋值；对威胁进行识别，描述威胁的属性，并对威胁出现的频率赋值；对脆弱性进行识别，并对具体资产的脆弱性的严重程度赋值；根据威胁及威胁利用脆弱性的难易程度判断安全事件发生的可能性；根据脆弱性的严重程度及安全事件所作用的资产的价值计算安全事件造成的损失；根据安全事件发生的可能性以及安全事件出现后的损失，计算安全事件一旦发生对组织的影响，即风险值。

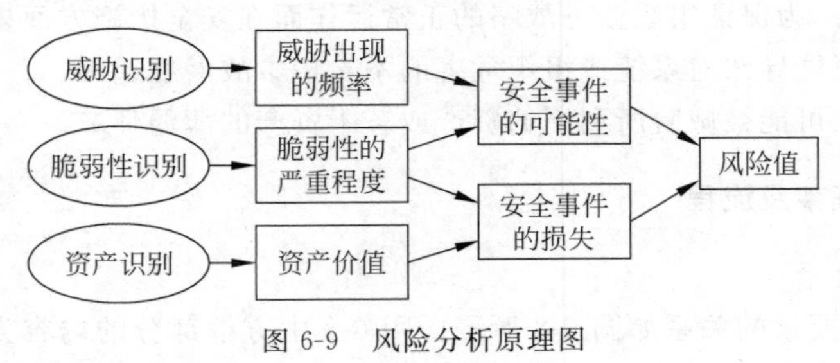

图 6-9 风险分析原理图

3）实施流程

风险评估的实施流程如图 6-10 所示。

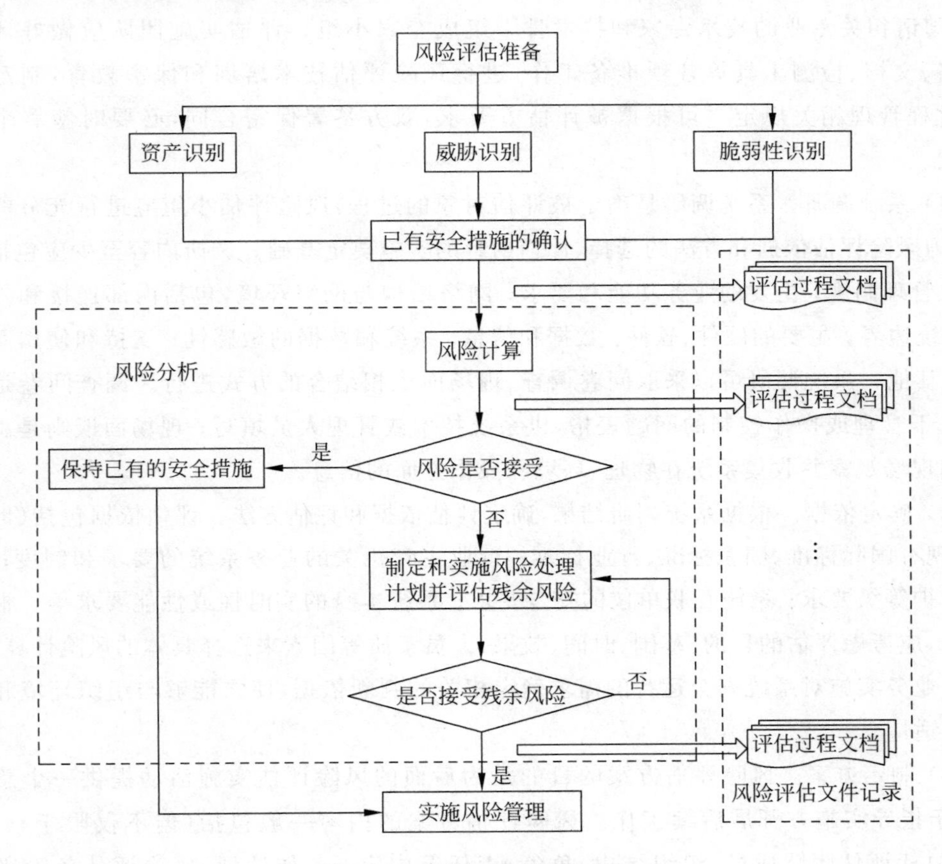

图 6-10　风险评估实施流程图

3. 风险评估实施

1）风险评估准备

风险评估准备是整个风险评估过程有效性的保证。组织实施风险评估是一种战略性的考虑，其结果将受到组织的业务战略、业务流程、安全需求、系统规模和结构等方面的影响。因此，在风险评估实施前应确定风险评估的目标；确定风险评估的范围；组建适当的评估管理与实施团队；进行系统调研；确定评估依据和方法；制定风险评估方案；获得最高管理者对风险评估工作的支持。

(1) 确定目标。根据满足组织业务持续发展在安全方面的需要、法律法规的规定等内容，识别现有信息系统及管理上的不足，以及可能造成的风险大小。

(2) 确定范围。风险评估范围可能是组织全部的信息及与信息处理相关的各类资产、管理机构，也可能是某个独立的信息系统、关键业务流程、与客户知识产权相关的系统或部门等。

(3) 组建团队。风险评估实施团队由管理层、相关业务骨干、信息技术等人员组成风险评估小组。必要时,可组建由评估方、被评估方领导和相关部门负责人参加的风险评估领导小组,聘请相关专业的技术专家和技术骨干组成专家小组。评估实施团队应做好评估前的表格、文档、检测工具等各项准备工作,进行风险评估技术培训和保密教育,制定风险评估过程管理相关规定。可根据被评估方要求,双方签署保密合同,必要时签署个人保密协议。

(4) 系统调研。系统调研是确定被评估对象的过程,风险评估小组应进行充分的系统调研,为风险评估依据和方法的选择、评估内容的实施奠定基础。调研内容至少应包括业务战略及管理制度;主要的业务功能和要求;网络结构与网络环境,包括内部连接和外部连接;系统边界;主要的硬件、软件;数据和信息;系统和数据的敏感性;支持和使用系统的人员;其他。系统调研可以采取问卷调查、现场面谈相结合的方式进行。调查问卷是提供一套关于管理或操作控制的问题表格,供系统技术或管理人员填写;现场面谈则是由评估人员到现场观察并收集系统在物理、环境和操作方面的信息。

(5) 确定依据。根据系统调研结果,确定评估依据和评估方法。评估依据包括(但不仅限于)现有国际标准、国家标准、行业标准;行业主管机关的业务系统的要求和制度;系统安全保护等级要求;系统互联单位的安全要求;系统本身的实时性或性能要求等。根据评估依据,应考虑评估的目的、范围、时间、效果、人员素质等因素来选择具体的风险计算方法,并依据业务实施对系统安全运行的需求确定相关的判断依据,使之能够与组织环境和安全要求相适应。

(6) 制定方案。风险评估方案的目的是为后面的风险评估实施活动提供一个总体计划,用于指导实施方开展后续工作。风险评估方案的内容一般包括(但不仅限于):团队组织,包括评估团队成员、组织结构、角色、责任等内容;工作计划,风险评估各阶段的工作计划,包括工作内容、工作形式、工作成果等内容,时间进度安排,项目实施的时间进度安排。

(7) 获得支持。上述所有内容确定后,应形成较为完整的风险评估实施方案,得到组织最高管理者的支持、批准;对管理层和技术人员进行传达,在组织范围就风险评估相关内容进行培训,以明确有关人员在风险评估中的任务。

2) 资产识别

(1) 资产分类。保密性、完整性和可用性是评价资产的三个安全属性。风险评估中资产的价值不是以资产的经济价值来衡量,而是由资产在这三个安全属性上的达成程度或者其安全属性未达成时所造成的影响程度来决定的。安全属性达成程度的不同将使资产具有不同的价值,而资产面临的威胁、存在的脆弱性,以及已采用的安全措施都将对资产安全属性的达成程度产生影响。为此,应对组织中的资产进行识别。在一个组织中,资产有多种表现形式。同样的两个资产也因属于不同的信息系统而重要性不同,而且对于提供多种业务的组织,其支持业务持续运行的系统数量可能更多。这时首先需要将信息系统及相关的资产进行恰当的分类，以此为基础进行下一步的风险评估。在实际工作中，具体的资产分类方法可以根据具体的评估对象和要求，由评估者灵活把握。根据资产的表现形式，可将资产分为数据、软件、硬件、服务和人员等类型。表6-1列出了一种资产分类方法。

表6-1 一种基于表现形式的资产分类方法

分类	示例
数据	保存在信息媒介上的各种数据资料，包括源代码、数据库数据、系统文档、运行管理规程、计划、报告、用户手册、各类纸质的文档等
软件	系统软件：操作系统、数据库管理系统、语句包、开发系统等 应用软件：办公软件、数据库软件、各类工具软件等 源程序：各种共享源代码、自行或合作开发的各种代码等
硬件	网络设备：路由器、网关、交换机等 计算机设备：大型机、小型机、服务器、工作站、台式计算机、便携计算机等 存储设备：磁带机、磁盘阵列、磁带、光盘、软盘、移动硬盘等 传输线路：光纤、双绞线等 保障设备：UPS、变电设备、空调、保险柜、文件柜、门禁、消防设施等 安全设备：防火墙、入侵检测系统、身份鉴别等 其他：打印机、复印机、扫描仪、传真机等
服务	信息服务：对外依赖该系统开展的各类服务 网络服务：各种网络设备、设施提供的网络连接服务 办公服务：为提高效率而开发的管理信息系统，包括各种内部配置管理、文件流转管理等服务
人员	掌握重要信息和核心业务的人员，如主机维护主管、网络维护主管及应用项目经理等
其他	企业形象、客户关系等

(2) 资产赋值。根据资产在保密性上的不同要求，将保密性赋值分为5个不同的等级，分别对应资产在保密性上应达成的不同程度或者保密性缺失时对整个组织的影响。表6-2提供了一种保密性赋值的参考。

表6-2 资产保密性赋值表

赋值	标识	定义
5	很高	包含组织最重要的秘密，关系未来发展的前途命运，对组织根本利益有着决定性的影响，如果泄露会造成灾难性的损害
4	高	包含组织的重要秘密，其泄露会使组织的安全和利益遭受严重损害
3	中等	组织的一般性秘密，其泄露会使组织的安全和利益受到损害
2	低	仅能在组织内部或在组织的某一部门内部公开的信息，向外扩散有可能对组织的利益造成轻微损害
1	很低	可对社会公开的信息，公用的信息处理设备和系统资源等

根据资产在完整性上的不同要求，将完整性赋值分为5个不同的等级，分别对应资产在完整性上缺失时对整个组织的影响。表6-3提供了一种完整性赋值的参考。

表6-3 资产完整性赋值表

赋值	标识	定义
5	很高	完整性价值非常关键，未经授权的修改或破坏会对组织造成重大的或无法接受的影响，对业务冲击重大，并可能造成严重的业务中断，难以弥补
4	高	完整性价值较高，未经授权的修改或破坏会对组织造成重大影响，对业务冲击严重，较难弥补
3	中等	完整性价值中等，未经授权的修改或破坏会对组织造成影响，对业务冲击明显，但可以弥补
2	低	完整性价值较低，未经授权的修改或破坏会对组织造成轻微影响，对业务冲击轻微，容易弥补
1	很低	完整性价值非常低，未经授权的修改或破坏对组织造成的影响可以忽略，对业务冲击可以忽略

根据资产在可用性上的不同要求，将可用性赋值分为5个不同的等级，分别对应资产在可用性上应达成的不同程度。表6-4提供了一种可用性赋值的参考。

表6-4 资产可用性赋值表

赋值	标识	定义
5	很高	可用性价值非常高，合法使用者对信息及信息系统的可用度达到年度99.9%以上，或系统不允许中断
4	高	可用性价值较高，合法使用者对信息及信息系统的可用度达到每天90%以上，或系统允许中断时间小于10min
3	中等	可用性价值中等，合法使用者对信息及信息系统的可用度在正常工作时间达到70%以上，或系统允许中断时间小于30min
2	低	可用性价值较低，合法使用者对信息及信息系统的可用度在正常工作时间达到25%以上，或系统允许中断时间小于60min
1	很低	可用性价值可以忽略，合法使用者对信息及信息系统的可用度在正常工作时间低于25%

资产价值应依据资产在保密性、完整性和可用性上的赋值等级，经过综合评定得出。综合评定方法可以根据自身的特点，选择对资产保密性、完整性和可用性最为重要的一个属性的赋值等级作为资产的最终赋值结果；也可以根据资产保密性、完整性和可用性的不同等级对其赋值进行加权计算得到资产的最终赋值结果。加权方法可根据组织的业务特点确定。

本标准中，为与上述安全属性的赋值相对应，根据最终赋值将资产划分为5级，级别越高表示资产越重要。也可以根据组织的实际情况确定资产识别中的赋值依据和等级。表6-5中的资产等级划分表明了不同等级的重要性的综合描述。评估者可根据资产赋值结果确定重要资产的范围，并主要围绕重要资产进行下一步的风险评估。

表 6-5 资产等级及含义描述

等级	标识	描述
5	很高	非常重要,其安全属性破坏后可能对组织造成非常严重的损失
4	高	重要,其安全属性破坏后可能对组织造成比较严重的损失
3	中等	比较重要,其安全属性破坏后可能对组织造成中等程度的损失
2	低	不太重要,其安全属性破坏后可能对组织造成较低的损失
1	很低	不重要,其安全属性破坏后对组织造成很小的损失,甚至忽略不计

3）威胁识别

(1) 威胁分类。威胁可以通过威胁主体、资源、动机、途径等多种属性来描述。造成威胁的因素可分为人为因素和环境因素。根据威胁的动机,人为因素又可分为恶意和非恶意两种。环境因素包括自然界不可抗的因素和其他物理因素。威胁的作用形式可以是对信息系统直接或间接的攻击,在保密性、完整性和可用性等方面造成损害；也可能是偶发的或蓄意的事件。在对威胁进行分类前,应考虑威胁的来源。表 6-6 提供了一种威胁来源的分类方法。

表 6-6 威胁来源列表

<table>
<tr><th colspan="2">来源</th><th>描述</th></tr>
<tr><td colspan="2">环境因素</td><td>断电、静电、灰尘、潮湿、温度、鼠蚁虫害、电磁干扰、洪灾、火灾、地震、意外事故等环境危害或自然灾害,以及软件、硬件、数据、通信线路等方面的故障</td></tr>
<tr><td rowspan="2">人为因素</td><td>恶意人员</td><td>不满的或有预谋的内部人员对信息系统进行恶意破坏；采用自主或内外勾结的方式盗窃机密信息或进行篡改,获取利益。
外部人员利用信息系统的脆弱性,对网络或系统的保密性、完整性和可用性进行破坏,以获取利益或炫耀能力</td></tr>
<tr><td>非恶意人员</td><td>内部人员由于缺乏责任心,或者由于不关心或不专注,或者没有遵循规章制度和操作流程而导致故障或信息损坏；内部人员由于缺乏培训、专业技能不足、不具备岗位技能要求而导致信息系统故障或被攻击</td></tr>
</table>

对威胁进行分类的方式有多种,针对表 6-6 所示的威胁来源,可以根据其表现形式将威胁进行分类。表 6-7 提供了一种基于表现形式的威胁分类方法。

表 6-7 一种基于表现形式的威胁分类表

种类	描述	威胁子类
软硬件故障	对业务实施或系统运行产生影响的设备硬件故障、通信链路中断、系统本身或软件缺陷等问题	设备硬件故障、传输设备故障、存储媒体故障、系统软件故障、应用软件故障、数据库软件故障、开发环境故障等
物理环境影响	对信息系统正常运行造成影响的物理环境问题和自然灾害	断电、静电、灰尘、潮湿、温度、鼠蚁虫害、电磁干扰、洪灾、火灾、地震等
无作为或操作失误	应该执行而没有执行相应的操作,或无意中执行了错误的操作	维护错误、操作失误等
管理不到位	安全管理无法落实或不到位,从而破坏信息系统正常有序运行	管理制度和策略不完善、管理规程缺失、职责不明确、监督控管机制不健全等

续表

种类	描述	威胁子类
恶意代码	故意在计算机系统上执行恶意任务的程序代码	病毒、特洛伊木马、蠕虫、陷门、间谍软件、窃听软件等
越权或滥用	通过采用一些措施，超越自己的权限访问了本来无权访问的资源，或者滥用自己的权限做出破坏信息系统的行为	非授权访问网络资源、非授权访问系统资源、滥用权限非正常修改系统配置或数据、滥用权限泄露秘密信息等
网络攻击	利用工具和技术通过网络对信息系统进行攻击和入侵	网络探测和信息采集、漏洞探测、嗅探（账号、口令、权限等）、用户身份伪造和欺骗、用户或业务数据的窃取和破坏、系统运行的控制和破坏等
物理攻击	通过物理的接触造成对软件、硬件、数据的破坏	物理接触、物理破坏、盗窃等
泄密	信息泄露给不应了解的他人	内部信息泄露、外部信息泄露等
篡改	非法修改信息，破坏信息的完整性，使系统的安全性降低或信息不可用	篡改网络配置信息、篡改系统配置信息、篡改安全配置信息、篡改用户身份信息或业务数据信息等
抵赖	不承认收到的信息和所作的操作和交易	原发抵赖、接收抵赖、第三方抵赖等

（2）威胁赋值。判断威胁出现的频率是威胁赋值的重要内容，评估者应根据经验和（或）有关的统计数据来进行判断。在评估中，需要综合考虑以下三个方面，以形成在某种评估环境中各种威胁出现的频率：以往安全事件报告中出现过的威胁及其频率的统计；实际环境中通过检测工具以及各种日志发现的威胁及其频率的统计；近一两年来国际组织发布的对于整个社会或特定行业的威胁及其频率统计，以及发布的威胁预警。

可以对威胁出现的频率进行等级化处理，不同等级分别代表威胁出现的频率的高低。等级数值越大，威胁出现的频率越高。表 6-8 提供了威胁出现频率的一种赋值方法。在实际的评估中，威胁频率的判断依据应在评估准备阶段根据历史统计或行业判断予以确定，并得到被评估方的认可。

表 6-8 威胁赋值表

等级	标识	定义
5	很高	出现的频率很高（或大于等于 1 次/周）；或在大多数情况下几乎不可避免；或可以证实经常发生过
4	高	出现的频率较高（或大于等于 1 次/月）；或在大多数情况下很有可能会发生；或可以证实多次发生过
3	中等	出现的频率中等（或大于 1 次/半年）；或在某种情况下可能会发生；或被证实曾经发生过
2	低	出现的频率较小；或一般不太可能发生；或没有被证实发生过
1	很低	威胁几乎不可能发生；仅可能在非常罕见和例外的情况下发生

4）脆弱性识别

（1）脆弱性识别内容。脆弱性是资产本身存在的，如果没有被相应的威胁利用，单纯的脆弱性本身不会对资产造成损害。而且如果系统足够强健，严重的威胁也不会导致安全事件发生并造成损失。即威胁总是要利用资产的脆弱性才可能造成危害。资产的脆弱性具有隐蔽性,有些脆弱性只有在一定条件和环境下才能显现,这是脆弱性识别中最为困难的部分。不正确的、起不到应有作用的或没有正确实施的安全措施本身就可能是一个脆弱性。脆弱性识别是风险评估中最重要的一个环节。脆弱性识别可以以资产为核心,针对每一项需要保护的资产,识别可能被威胁利用的弱点,并对脆弱性的严重程度进行评估;也可以从物理、网络、系统、应用等层次进行识别,然后与资产、威胁对应起来。脆弱性识别的依据可以是国际或国家安全标准,也可以是行业规范、应用流程的安全要求。对应用在不同环境中的相同的弱点,其脆弱性严重程度是不同的,评估者应从组织安全策略的角度考虑、判断资产的脆弱性及其严重程度。信息系统所采用的协议、应用流程的完备与否、与其他网络的互联等也应考虑在内。脆弱性识别时的数据应来自于资产的所有者、使用者,以及相关业务领域和软硬件方面的专业人员等。脆弱性识别所采用的方法主要有问卷调查、工具检测、人工核查、文档查阅和渗透性测试等。脆弱性识别主要从技术和管理两个方面进行,技术脆弱性涉及物理层、网络层、系统层和应用层等各个层面的安全问题。管理脆弱性又可分为技术管理脆弱性和组织管理脆弱性两方面,前者与具体技术活动相关,后者与管理环境相关。对不同的识别对象,其脆弱性识别的具体要求应参照相应的技术或管理标准实施。例如,对物理环境的脆弱性识别应按 GB/T 9361 中的技术指标实施;对操作系统、数据库应按 GB 17859—1999 中的技术指标实施;对网络、系统、应用等信息技术安全性的脆弱性识别应按 GB/T 18336—2001 中的技术指标实施;对管理脆弱性识别方面应按 GB/T 19716—2005 的要求对安全管理制度及其执行情况进行检查,发现管理脆弱性和不足。表 6-9 提供了一种脆弱性识别内容的参考。

表 6-9　脆弱性识别内容表

类型	识别对象	识 别 内 容
技术脆弱性	物理环境	从机房场地、机房防火、机房供配电、机房防静电、机房接地与防雷、电磁防护、通信线路的保护、机房区域防护、机房设备管理等方面进行识别
	网络结构	从网络结构设计、边界保护、外部访问控制策略、内部访问控制策略、网络设备安全配置等方面进行识别
	系统软件	从补丁安装、物理保护、用户账号、口令策略、资源共享、事件审计、访问控制、新系统配置、注册表加固、网络安全、系统管理等方面进行识别
	应用中间件	从协议安全、交易完整性、数据完整性等方面进行识别
	应用系统	从审计机制、审计存储、访问控制策略、数据完整性、通信、鉴别机制、密码保护等方面进行识别
管理脆弱性	技术管理	从物理和环境安全、通信与操作管理、访问控制、系统开发与维护、业务连续性等方面进行识别
	组织管理	从安全策略、组织安全、资产分类与控制、人员安全、符合性等方面进行识别

(2) 脆弱性赋值。可以根据脆弱性对资产的暴露程度、技术实现的难易程度、流行程度等,采用等级方式对已识别的脆弱性的严重程度进行赋值。由于很多脆弱性反映的是同一方面的问题,或可能造成相似的后果,赋值时应综合考虑这些脆弱性,以确定这一方面脆弱性的严重程度。对某个资产,其技术脆弱性的严重程度还受到组织管理脆弱性的影响。因此,资产的脆弱性赋值还应参考技术管理和组织管理脆弱性的严重程度。脆弱性严重程度

可以进行等级化处理,不同的等级分别代表资产脆弱性严重程度的高低。等级数值越大,脆弱性严重程度越高。表 6-10 提供了脆弱性严重程度的一种赋值方法。

表 6-10　脆弱性严重程度赋值表

等　级	标　识	定　义
5	很高	如果被威胁利用,将对资产造成完全损害
4	高	如果被威胁利用,将对资产造成重大损害
3	中等	如果被威胁利用,将对资产造成一般损害
2	低	如果被威胁利用,将对资产造成较小损害
1	很低	如果被威胁利用,将对资产造成的损害可以忽略

5）已有安全措施确认

在识别脆弱性的同时,评估人员应对已采取的安全措施的有效性进行确认。安全措施的确认应评估其有效性,即是否真正地降低了系统的脆弱性,抵御了威胁。对有效的安全措施继续保持,以避免不必要的工作和费用,防止安全措施的重复实施。对确认为不适当的安全措施应核实是否应被取消或对其进行修正,或用更合适的安全措施替代。安全措施可以分为预防性安全措施和保护性安全措施两种。预防性安全措施可以降低威胁利用脆弱性导致安全事件发生的可能性,如入侵检测系统；保护性安全措施可以减少因安全事件发生后对组织或系统造成的影响。已有安全措施确认与脆弱性识别存在一定的联系。一般来说,安全措施的使用将减少系统技术或管理上的脆弱性,但安全措施确认并不需要和脆弱性识别过程那样具体到每个资产、组件的脆弱性,而是一类具体措施的集合,为风险处理计划的制定提供依据和参考。

6）风险分析

(1) 风险计算原理。在完成了资产识别、威胁识别、脆弱性识别,以及已有安全措施确认后,将采用适当的方法与工具确定威胁利用脆弱性导致安全事件发生的可能性。综合安全事件所作用的资产价值及脆弱性的严重程度,判断安全事件造成的损失对组织的影响,即安全风险。本标准给出了风险计算原理,以下面的范式形式化加以说明：

风险值$=R(A,T,V)=R(L(T,V),F(Ia,Va))$。

其中,R 表示安全风险计算函数；A 表示资产；T 表示威胁；V 表示脆弱性；Ia 表示安全事件所作用的资产价值；Va 表示脆弱性严重程度；L 表示威胁利用资产的脆弱性导致安全事件的可能性；F 表示安全事件发生后造成的损失。有以下三个关键计算环节：

① 计算安全事件发生的可能性。

根据威胁出现频率及脆弱性的状况,计算威胁利用脆弱性导致安全事件发生的可能性,即：

安全事件的可能性$=L$(威胁出现频率,脆弱性)$=L(T,V)$。

在具体评估中,应综合攻击者技术能力(专业技术程度、攻击设备等)、脆弱性被利用的难易程度(可访问时间、设计和操作知识公开程度等)、资产吸引力等因素来判断安全事件发生的可能性。

② 计算安全事件发生后造成的损失。

根据资产价值及脆弱性严重程度,计算安全事件一旦发生后造成的损失,即：

安全事件造成的损失＝F(资产价值,脆弱性严重程度)＝$F(Ia,Va)$。

部分安全事件的发生造成的损失不仅仅是针对该资产本身,还可能影响业务的连续性;不同安全事件的发生对组织的影响也是不一样的。在计算某个安全事件的损失时,应将对组织的影响也考虑在内。

部分安全事件造成的损失的判断还应参照安全事件发生可能性的结果,对发生可能性极小的安全事件,(如处于非地震带的地震威胁、在采取完备供电措施状况下的电力故障威胁等),可以不计算其损失。

③ 计算风险值。

根据计算出的安全事件的可能性以及安全事件造成的损失计算风险值,即:

风险值＝R(安全事件的可能性,安全事件造成的损失)＝$R(L(T,V),F(Ia,Va))$。

评估者可根据自身情况选择相应的风险计算方法计算风险值,如矩阵法或相乘法。矩阵法通过构造一个二维矩阵,形成安全事件的可能性与安全事件造成的损失之间的二维关系;相乘法通过构造经验函数,将安全事件的可能性与安全事件造成的损失进行运算得到风险值。

(2) 风险结果判定。为实现对风险的控制与管理,可以对风险评估的结果进行等级化处理。可将风险划分为5级,等级越高,风险越高。评估者应根据所采用的风险计算方法计算每种资产面临的风险值,根据风险值的分布状况为每个等级设定风险值范围,并对所有风险计算结果进行等级处理。每个等级代表了相应风险的严重程度。表6-11提供了一种风险等级划分方法。

表6-11 风险等级划分表

等级	标识	描述
5	很高	一旦发生将产生非常严重的经济或社会影响,如组织信誉严重破坏、严重影响组织的正常经营,经济损失重大、社会影响恶劣
4	高	一旦发生将产生较大的经济或社会影响,在一定范围内给组织的经营和组织信誉造成损害
3	中等	一旦发生会造成一定的经济、社会或生产经营影响,但影响面和影响程度不大
2	低	一旦发生造成的影响程度较低,一般仅限于组织内部,通过一定手段很快能解决
1	很低	一旦发生造成的影响几乎不存在,通过简单的措施就能弥补

风险等级处理的目的是为风险管理过程中对不同风险的直观比较,以确定组织安全策略。组织应当综合考虑风险控制成本与风险造成的影响,提出一个可接受的风险范围。对某些资产的风险,如果风险计算值在可接受的范围内,则该风险是可接受的,应保持已有的安全措施;如果风险评估值在可接受的范围外,即风险计算值高于可接受范围的上限值,则该风险是不可接受的,需要采取安全措施以降低、控制风险。另一种确定不可接受的风险的办法是根据等级化处理的结果,不设定可接受风险值的基准,对达到相应等级的风险都进行处理。

(3) 风险处理计划。对不可接受的风险应根据导致该风险的脆弱性制定风险处理计划。风险处理计划中应明确采取的弥补脆弱性的安全措施、预期效果、实施条件、进度安排、责任部门等。安全措施的选择应从管理与技术两个方面考虑。安全措施的选择与实施应参照信息安全的相关标准进行。

(4) 残余风险评估。在对于不可接受的风险选择适当安全措施后，为确保安全措施的有效性，可进行再评估，以判断实施安全措施后的残余风险是否已经降低到可接受的水平。残余风险的评估可以依据本标准提出的风险评估流程实施，也可做适当裁减。一般来说，安全措施的实施是以减少脆弱性或降低安全事件发生可能性为目标的，因此，残余风险的评估可以从脆弱性评估开始，在对照安全措施实施前后的脆弱性状况后，再次计算风险值的大小。某些风险可能在选择了适当的安全措施后，残余风险的结果仍处于不可接受的风险范围内，应考虑是否接受此风险或进一步增加相应的安全措施。

7) 风险评估文档记录

(1) 风险评估文档记录的要求。记录风险评估过程的相关文档，应符合以下要求(但不仅限于此)：确保文档发布前是得到批准的；确保文档的更改和现行修订状态是可识别的；确保文档的分发得到适当的控制，并确保在使用时可获得有关版本的适用文档；防止作废文档的非预期使用，若因任何目的需保留作废文档时，应对这些文档进行适当的标识。对于风险评估过程中形成的相关文档，还应规定其标识、储存、保护、检索、保存期限以及处置所需的控制。相关文档是否需要以及详略程度由组织的管理者来决定。

(2) 风险评估文档。风险评估文档是指在整个风险评估过程中产生的评估过程文档和评估结果文档，包括(但不仅限于此)：风险评估方案，阐述风险评估的目标、范围、人员、评估方法、评估结果的形式和实施进度等；风险评估程序，明确评估的目的、职责、过程、相关的文档要求，以及实施本次评估所需要的各种资产、威胁、脆弱性识别和判断依据；资产识别清单，根据组织在风险评估程序文档中所确定的资产分类方法进行资产识别，形成资产识别清单，明确资产的责任人/部门；重要资产清单，根据资产识别和赋值的结果，形成重要资产列表，包括重要资产名称、描述、类型、重要程度、责任人/部门等；威胁列表，根据威胁识别和赋值的结果形成威胁列表，包括威胁名称、种类、来源、动机及出现的频率等；脆弱性列表，根据脆弱性识别和赋值的结果形成脆弱性列表，包括具体脆弱性的名称、描述、类型及严重程度等；已有安全措施确认表：根据对已采取的安全措施确认的结果，形成已有安全措施确认表，包括已有安全措施名称、类型、功能描述及实施效果等；风险评估报告，对整个风险评估过程和结果进行总结，详细说明被评估对象、风险评估方法、资产、威胁、脆弱性的识别结果、风险分析、风险统计和结论等内容；风险处理计划，对评估结果中不可接受的风险制定风险处理计划，选择适当的控制目标及安全措施，明确责任、进度、资源，并通过对残余风险的评价以确定所选择安全措施的有效性；风险评估记录，根据风险评估程序，要求风险评估过程中的各种现场记录可复现评估过程，并作为产生歧义后解决问题的依据。

4. 信息系统生命周期各阶段的风险评估

1) 信息系统生命周期概述

风险评估应贯穿于信息系统生命周期的各阶段中。信息系统生命周期各阶段中涉及的风险评估的原则和方法是一致的，但由于各阶段实施的内容、对象、安全需求不同，使得风险评估的对象、目的、要求等各方面也有所不同。具体而言，在规划设计阶段，通过风险评估以确定系统的安全目标；在建设验收阶段，通过风险评估以确定系统的安全目标达成与否；在运行维护阶段，要不断地实施风险评估以识别系统面临的不断变化的风险和脆弱性，从而确定安全措施的有效性，确保安全目标得以实现。因此，每个阶段风险评估的具体实施应根据该阶段的特点有所侧重地进行。有条件时，应采用风险评估工具开展风险评估活动。

2）规划阶段的风险评估

规划阶段风险评估的目的是识别系统的业务战略，以支撑系统安全需求及安全战略等。规划阶段的评估应能够描述信息系统建成后对现有业务模式的作用，包括技术、管理等方面，并根据其作用确定系统建设应达到的安全目标。

本阶段评估中，资产、脆弱性不需要识别；威胁应根据未来系统的应用对象、应用环境、业务状况、操作要求等方面进行分析。评估着重在以下几方面：是否依据相关规则，建立了与业务战略相一致的信息系统安全规划，并得到最高管理者的认可；系统规划中是否明确信息系统开发的组织、业务变更的管理、开发优先级；系统规划中是否考虑信息系统的威胁、环境，并制定总体的安全方针；系统规划中是否描述信息系统预期使用的信息，包括预期的应用、信息资产的重要性、潜在的价值、可能的使用限制、对业务的支持程度等；系统规划中是否描述所有与信息系统安全相关的运行环境，包括物理和人员的安全配置，以及明确相关的法规、组织安全策略、专门技术和知识等。

规划阶段的评估结果应体现在信息系统整体规划或项目建议书中。

3）设计阶段的风险评估

设计阶段的风险评估需要根据规划阶段所明确的系统运行环境、资产重要性提出安全功能需求。设计阶段的风险评估结果应对设计方案中所提供的安全功能符合性进行判断，作为采购过程风险控制的依据。

本阶段评估中，应详细评估设计方案中对系统面临威胁的描述，将使用的具体设备、软件等资产及其安全功能需求列表。对设计方案的评估着重在以下几方面：设计方案是否符合系统建设规划，并得到最高管理者的认可；设计方案是否对系统建设后面临的威胁进行了分析，重点分析来自物理环境和自然的威胁，以及由于内、外部入侵等造成的威胁；设计方案中的安全需求是否符合规划阶段的安全目标，并基于威胁的分析，制定信息系统的总体安全策略；设计方案是否采取了一定的手段来应对系统可能的故障；设计方案是否对设计原型中的技术实现以及人员、组织管理等方面的脆弱性进行评估，包括设计过程中的管理脆弱性和技术平台固有的脆弱性；设计方案是否考虑随着其他系统接入而可能产生的风险；系统性能是否满足用户需求，并考虑到峰值的影响，是否在技术上考虑了满足系统性能要求的方法；应用系统(含数据库)是否根据业务需要进行了安全设计；设计方案是否根据开发的规模、时间及系统的特点选择开发方法，并根据设计开发计划及用户需求，对系统涉及的软件、硬件与网络进行分析和选型；设计活动中所采用的安全控制措施、安全技术保障手段对风险的影响。在安全需求变更和设计变更后，也需要重复这项评估。设计阶段的评估可以以安全建设方案评审的方式进行，判定方案所提供的安全功能与信息技术安全技术标准的符合性。评估结果应体现在信息系统需求分析报告或建设实施方案中。

4）实施阶段的风险评估

实施阶段风险评估的目的是根据系统安全需求和运行环境对系统开发、实施过程进行风险识别，并对系统建成后的安全功能进行验证。根据设计阶段分析的威胁和制定的安全措施，在实施及验收时进行质量控制。

基于设计阶段的资产列表、安全措施，实施阶段应对规划阶段的安全威胁进行进一步细分，同时评估安全措施的实现程度，从而确定安全措施能否抵御现有威胁、脆弱性的影响。实施阶段风险评估主要对系统的开发与技术/产品获取、系统交付实施两个过程进行评估。

开发与技术/产品获取过程的评估要点包括：

(1) 法律、政策、适用标准和指导方针。直接或间接影响信息系统安全需求的特定法律；影响信息系统安全需求、产品选择的政府政策、国际或国家标准。

(2) 信息系统的功能需要。安全需求是否有效地支持系统的功能。

(3) 成本效益风险。是否根据信息系统的资产、威胁和脆弱性的分析结果，确定在符合相关法律、政策、标准和功能需要的前提下选择最合适的安全措施。

(4) 评估保证级别。是否明确系统建设后应进行怎样的测试和检查，从而确定是否满足项目建设、实施规范的要求。

系统交付实施过程的评估要点包括：

(1) 根据实际建设的系统，详细分析资产、面临的威胁和脆弱性。

(2) 根据系统建设目标和安全需求，对系统的安全功能进行验收测试；评价安全措施能否抵御安全威胁。

(3) 评估是否建立了与整体安全策略一致的组织管理制度。

(4) 对系统实现的风险控制效果与预期设计的符合性进行判断，如存在较大的不符合，应重新进行信息系统安全策略的设计与调整。

本阶段风险评估可以采取对照实施方案和标准要求的方式，对实际建设结果进行测试、分析。

5) 运行维护阶段的风险评估

运行维护阶段风险评估的目的是了解和控制运行过程中的安全风险，是一种较为全面的风险评估。评估内容包括对真实运行的信息系统、资产、威胁和脆弱性等各方面。

(1) 资产评估。在真实环境下较为细致的评估。包括实施阶段采购的软硬件资产、系统运行过程中生成的信息资产、相关的人员与服务等。本阶段资产识别是前期资产识别的补充与增加。

(2) 威胁评估。应全面地分析威胁的可能性和影响程度。对非故意威胁导致安全事件的评估可以参照安全事件的发生频率；对故意威胁导致安全事件的评估主要就威胁的各个影响因素做出专业判断。

(3) 脆弱性评估。是全面的脆弱性评估。包括运行环境中物理、网络、系统、应用、安全保障设备、管理等各方面的脆弱性。技术脆弱性评估可以采取核查、扫描、案例验证、渗透性测试的方式实施；安全保障设备的脆弱性评估，应考虑安全功能的实现情况和安全保障设备本身的脆弱性；管理脆弱性评估可以采取文档、记录核查等方式进行验证。

(4) 风险计算。根据本标准的相关方法，对重要资产的风险进行定性或定量的风险分析，描述不同资产的风险高低状况。

运行维护阶段的风险评估应定期执行；当组织的业务流程、系统状况发生重大变更时，也应进行风险评估。重大变更包括以下情况(但不限于)：增加新的应用或应用发生较大变更；网络结构和连接状况发生较大变更；技术平台大规模的更新；系统扩容或改造；发生重大安全事件后，或基于某些运行记录怀疑将发生重大安全事件；组织结构发生重大变动对系统产生了影响。

6）废弃阶段的风险评估

当信息系统不能满足现有要求时，信息系统进入废弃阶段。根据废弃的程度，又分为部分废弃和全部废弃两种。废弃阶段风险评估着重在以下几方面：

（1）确保硬件和软件等资产及残留信息得到了适当的处置，并确保系统组件被合理地丢弃或更换。

（2）如果被废弃的系统是某个系统的一部分，或与其他系统存在物理或逻辑上的连接，还应考虑系统废弃后与其他系统的连接是否被关闭。

（3）如果在系统变更中废弃，除对废弃部分外，还应对变更的部分进行评估，以确定是否会增加风险或引入新的风险。

（4）是否建立了流程，确保更新过程在一个安全、系统化的状态下完成。

本阶段应重点对废弃资产对组织的影响进行分析，并根据不同的影响制定不同的处理方式。对由于系统废弃可能带来的新的威胁进行分析，并改进新系统或管理模式。对废弃资产的处理过程应在有效的监督之下实施，同时对废弃的执行人员进行安全教育。

信息系统的维护技术人员和管理人员均应该参与此阶段的评估。

5. 风险评估的工作形式

信息安全风险评估分为自评估和检查评估两种形式。信息安全风险评估应以自评估为主，自评估和检查评估相互结合、互为补充。

（1）自评估

自评估是指信息系统拥有、运营或使用单位发起的对本单位信息系统进行的风险评估。自评估应在本标准的指导下，结合系统特定的安全要求进行实施。周期性进行的自评估可以在评估流程上适当简化，重点针对自上次评估后系统发生变化后引入的新威胁，以及系统脆弱性的完整识别，以便于两次评估结果的对比。但系统发生上述中所列的重大变更时，应依据本标准进行完整的评估。

自评估可由发起方实施或委托风险评估服务技术支持方实施。由发起方实施的评估可以降低实施的费用、提高信息系统相关人员的安全意识，但可能由于缺乏风险评估的专业技能，其结果不够深入准确。

同时，受到组织内部各种因素的影响，其评估结果的客观性易受影响。委托风险评估服务技术支持方实施的评估，过程比较规范、评估结果的客观性比较好，可信程度较高。但由于受到行业知识技能及业务了解的限制，对被评估系统的了解，尤其是在业务方面的特殊要求存在一定的局限。由于引入第三方本身就是一个风险因素，因此对其背景与资质、评估过程与结果的保密要求等方面应进行控制。

此外，为保证风险评估的实施，与系统相连的相关方也应配合，以防止给其他方的使用带来困难或引入新的风险。

（2）检查评估

检查评估是指信息系统上级管理部门组织的或国家有关职能部门依法开展的风险评估。

检查评估可依据本标准的要求，实施完整的风险评估过程。

检查评估也可在自评估实施的基础上，对关键环节或重点内容实施抽样评估，包括以下内容（但不仅限于）：自评估队伍及技术人员审查；自评估方法的检查；自评估过程控制与文档记录检查；自评估资产列表审查；自评估威胁列表审查；自评估脆弱性列表审查；现有安全措施有效性检查；自评估结果审查与采取相应措施的跟踪检查；自评估技术技能限制未完成项目的检查评估；上级关注或要求的关键环节和重点内容的检查评估；软硬件维护制度及实施管理的检查；突发事件应对措施的检查。

检查评估也可委托风险评估服务技术支持方实施，但评估结果仅对检查评估的发起单位负责。由于检查评估代表了主管机关，涉及评估对象也往往较多，因此要对实施检查评估机构的资质进行严格管理。

6.4 信息系统安全审计

本节将介绍信息系统安全审计的基本概念和信息系统安全审计程序。

6.4.1 信息系统安全审计概述

下面是杨正朋的硕士论文"信息系统的安全审计"(2008)部分内容的选编。他对信息系统安全审计的定义，功能和分类进行研究。

1. 安全审计的概念

安全审计是指根据一定的安全策略，通过记录和分析历史操作事件及数据，发现能够改进系统性能和系统安全的地方。确切地说，安全审计就是对系统安全的审核、稽查与计算，即在记录一切(或部分)与系统安全有关活动的基础上，对其进行分析处理、评价审查，发现系统中的安全隐患，或追查出造成安全事故的原因，并作出进一步的处理。

安全审计除了能够监控来自网络内部和外部的用户活动，对与安全有关的活动的相关信息进行识别、记录、存储和分析，对突发事件进行报警和响应外，还能通过对系统事件的记录，为事后处理提供重要依据，为网络犯罪行为及泄密行为提供取证基础。同时，通过对安全事件的不断收集与积累并且加以分析，能有选择性和针对性地对其中的对象进行审计跟踪，即事后分析及追查取证，以保证系统的安全。

2. 安全审计的功能

(1) 安全审计措施，可以通过事后跟踪，对外部的入侵者以及内部人员的恶意行为具有威慑和警告作用。

(2) 对于已经发生的系统破坏行为提供有效的追究证据，通过日志数据，记录并监控系统中的人员及设备的操作，为事后的责任追究进行取证。

(3) 为系统管理员提供有价值的系统使用日志，从而帮助系统管理员及时发现系统入侵行为或潜在的系统漏洞。

(4) 为系统管理员提供系统运行的统计日志，并根据日志数据库记录的日志数据，分析网络或系统的安全性，输出安全性分析报告。使系统管理员能够发现系统性能上的不足或需要改进与加强的地方。

3. 安全审计系统的分类

安全审计系统,按照不同的分类标准,具有不同的分类特性。

1) 按审计所分析的对象

(1) 针对主机的审计对系统资源如系统文件、打印机和注册表等文件的操作进行事前控制和事后取证,并形成日志文件。

(2) 针对网络的审计主要是针对网络的信息内容和协议分析。

2) 按安全审计系统的工作方式

(1) 集中式安全审计系统。

(2) 分布式安全审计系统。

6.4.2 信息系统安全审计程序

以下是李洋的硕士论文"信息系统安全问题审计研究"(2007)部分内容的选编。他对信息系统安全审计过程和程序进行了研究设计了安全审计的3个步骤。

1. 确定审计的范围

信息系统安全审计的第一步是确定审计范围。为了更详细地确定信息系统的审计范围,审计师应该获取或者自行编制一个信息系统详细清单。它可以帮助审计人员计划对信息系统的审计范围,以及做出开展审计所需的人力资源及必要的资金方面的预算。创建详细清单的一种方式是对机构各部门经理进行调查。如果机构规模庞大,那么有必要建立专门的调查表并分发到各个部门经理处。对于小规模机构,可通过电话或口头询问方式对各部门经理进行调查,以获得所需信息。

2. 了解被审系统的基本情况

了解被审系统基本情况是实施审计的第二步,对基本情况的了解有助于审计组织对系统的组成、环境、运行年限、安全控制等有初步印象,以明确审计的难度、所需时间及大致费用等。包括以下两个方面:

(1) 观察系统和询问用户以了解系统的以下特性:访问数据文件、程序和计算机硬件的限定范围;批准、存档和测试新程序及程序变更的过程;系统设计、存档和测试的过程;是否存在硬件控制和环境控制;备份文件的范围;是否存在灾难恢复计划,包括可替代的处理地点。

(2) 研究系统及程序文档记录。由于所有系统及程序的叙述性描述和流程图都是每项信息系统的应用文档记录不可或缺的一部分,研究文档记录能使审计人员初步评价包含程序设计在内的安全控制。审计人员应关注以下内容:系统及程序的叙述性描述;系统及程序流程图;控制特征;操作人员指南。

3. 对审计范围内的信息系统进行安全风险评估

信息系统安全风险评估是对在当前保护措施下系统脆弱点遭受安全威胁攻击导致资产损失的潜在事件及其变为现实的概率、可能性大小的评估。对信息系统进行安全风险评估可将重要信息展示给审计师，帮助审计师确定重点审计领域，安排审计计划。使审计师花费更多的时间、资源在安全控制薄弱的信息系统上，以查出重大的安全控制隐患，将审计风险降到最低。

信息系统安全风险评估有两种方法：一种是定性方法，主要以调查、访谈内容为基本资料，通过理论推导和演绎分析对资料进行整理，在此基础上做出调查结论；另一种定量方法，是指运用数量指标来对风险进行评估。审计师通常使用风险分析软件来进行风险分析，对系统所存在的最高风险做出判断。

4. 制定审计的计划

第4步是确定审计重点制定审计计划。审计计划应形成书面文件，并在审计工作底稿中加以记录。审计计划的基本内容应当包括被审计单位的基本情况、审计范围和重点、审计步骤和时间安排、人员分工、运用的信息系统审计方法、审计中应注意的事项和其他有关内容。

在制订审计计划时，审计人员还应就计划中的时间安排与管理层进行沟通，以确保得到管理层的支持和配合。审计计划不是一成不变的，审计人员还应适当地调整审计计划，以适应新情况的需要。

5. 实施信息系统安全审计

第5步是信息系统安全审计实施，该阶段是根据计划阶段确定的范围、要点、步骤、方法进行取证、评价，借以形成审计结论，实现审计目标的中间过程。它是信息系统安全审计全过程的中心环节，分为以下审计步骤：

(1) 环境安全审计。目的是评估机构的信息系统安全政策是否适当和有效，对于从开发商处购买信息系统，还应评价开发商的资格和财务稳定性。

(2) 物理安全审计。即评价整个计算机硬件、软件及其所在设备是否受到了适当的保护，包括评估整个信息系统硬件和存储媒介的物理安全性是否适当；确定是否任命了经适当培训过的后备系统安全管理员以及评价书面的业务恢复计划的适当性和有效性。

(3) 逻辑安全审计。即评估系统是否能阻止非授权的入侵以及对程序和数据的无意或有意的破坏。包括评价系统用户登录权限分配的合理性；评估系统安全参数设置的合理性；测试系统的逻辑安全控制功能以及评价系统的加密控制等。

(4) 操作控制安全审计。即评价操作系统是否能安全并有效地运行。包括评价在操作领域中，职责是否适当的分离以及评价管理政策和程序是否能有效阻止破坏性程序的侵入和传播。

6. 编写审计报告

第六步是编写信息系统安全审计报告。这是信息系统安全审计完成阶段。审计师必须运用专业判断，综合所收集到的各种证据，以经过核实的审计证据为依据，形成审计意见，出具信息系统审计报告。根据国际信息系统审计与控制协会(ISACA)发布的信息系统审计准则的相关规定，信息系统审计报告没有统一强制性的报告形式，但审计报告中应说明信息系统审计范围、目标、期间和所执行的审计工作的性质和范围，以及信息系统审计结论、信息系统审计建议。此外,信息系统审计报告中还应指明信息系统审计所采用的依据和信息系统审计技术,以及与之有关的审计结果。信息系统审计人员在审计过程中受到被审计单位或客观环境的限制,而对某些重要事项不能提供充分完整的资料,也应在信息系统审计报告中予以说明。

习题 6

1. 名词解释

(1)信息安全管理;(2)安全策略;(3)安全审计。

2. 判断题

(1) 有害程序事件是指蓄意制造、传播有害程序,或是因受到有害程序的影响而导致的信息安全事件。(　　)

(2) 网络攻击事件是指通过网络病毒的传播,使计算机服务器陷入瘫痪的事件。(　　)

3. 填空题

(1) OSI 安全体系结构的研究始于 1982 年,到 1989 年制定了一系列特定安全服务的标准,其成果标志是 ISO 发布的 ISO 7498—2 标准。该标准的基础是安全体系模型,包括三方面的内容:________、________和________。

(2) HTP 信息安全模型由三部分组成:________、________、________。

(3) 信息安全运行管理系统的主体功能包括________、________、________和________。

4. 选择题

(1) 一个有效的信息安全管理体系具有如下(　　)功能。

A. 美观的界面和良好的易操作性

B. 规范组织的信息安全行为

C. 对组织的关键信息资产进行全面系统的保护

D. 促使管理层坚持贯彻信息安全保障体系

(2) 要构建一个有效的信息安全管理体系,可以采取如下(　　)方式。

A. 建立信息安全管理框架　　B. 具体实施构架的 ISMS

C. 精准的需求分析　　D. 用户信息和访问权限控制

(3) 信息安全运行管理系统应能支持分布式部署,并能够实现分安全域分级别管理。应能提供以下(　　)功能。

A. 安全策略管理　　B. 安全事件管理

C. 安全对象风险管理　　D. 流程管理

(4) 对信息安全事件的分级主要考虑以下(　　)要素。

A. 信息的流失程度　　B. 信息系统的重要程度

C. 系统技术　　D. 系统损失

(5) 支持灾难恢复各个等级所需的资源有(　　)要素。

A. 数据备份系统　　B. 备用数据处理系统

C. 备用网络系统　　D. 备用基础设施

E. 专业技术支持能力

5. 简答题

(1) 建立信息安全管理体系一般要经过哪些步骤?

(2) 进行信息安全风险评估的方法有哪些?

(3) 灾难恢复资源的获取方式有哪些?

(4) 简述风险分析计算原理。

第7章 物联网安全

本章将介绍物联网安全的基本概念，物联网安全体系结构和物联网安全技术方法。要求学生了解物联网安全的基本框架。

7.1 物联网安全概述

本节将介绍物联网的基本概念，物联网安全的基本概念，物联网安全威胁，并对物联网安全进行技术分析。

7.1.1 物联网概述

1. 物联网概念

物联网指将各种信息传感设备，如射频识别(RFID)、红外感应器、全球定位系统、激光扫描器等种种装置与互联网结合起来而形成的一个巨大网络。物联网被称为是继互联网和移动通信网之后的世界信息产业的第三次浪潮。虽然物联网还处在发展初期，当前的应用还不够广泛，但可以预见的是物联网将在各行业、各领域中得到广泛的应用，遍及智能交通、智能家居、智能物流、环境保护、农业生产、政府工作、公共安全、智能消防、工业监测、医疗保健等多个领域。物联网的应用将会给人们的生产生活带来极大的便利，并会因此改变人类的生活方式。

2. 物联网体系结构

物联网业界比较认可的三层结构是感知层(利用RFID、传感器等随时随地获取物体的信息)、网络层(也称为传输层。通过各种网络融合，将物体的信息实时准确地传递出去)和应用层(利用云计算、模糊识别等各种智能计算技术对海量数据和信息进行分析和处理，对物体实施智能化的控制)。其中，感知层和应用层是物联网的核心，而网络层则是物联网的基础。

3. 物联网现状

近年，物联网已成为许多国家发展的战略。从2005年开始，许多国家已开始“无处不在物联网”的发展战略。日韩基于物联网的“U社会”战略、欧洲“物联网行动计划”以及美国“智能电网”、“智慧地球”等计划也纷纷出台。2009年，我国提出了把无锡建成“感知中国”中心的规划。

目前,物联网已经开始在军事、工业、农业、环境监测、建筑、医疗、空间和海洋探索等领域投入应用。2009 年,包括 Google 在内的互联网厂商、IBM、思科在内的设备制造商和方案解决商以及 AT&T、Veri-zon、中移动、中国电信等在内的电信运营企业纷纷加速了物联网的战略布局,以期在未来的物联网领域取得先发优势。

物联网不仅仅是社会生活层面的应用技术,更是国家战略层面的重点课题。各国都把物联网建设提升到国家战略来抓,通过大力加强本国物联网建设来占领这个后 IP 时代制高点,从而推动和引领未来世界经济的发展。物联网成为各国提升综合竞争力的重要手段。物联网安全随着物联网的发展变得越来越重要。

4. 物联网发展的前景

作为一种新的技术,物联网有巨大的发展空间和前景。

(1) 物联网巨大商机。全球通信网络在经历了几十年快速发展之后,已经可以基本满足人与人随时随地沟通的需求,而物与物、物与人的通信及上层应用这种物联网的基本发展需求正涌现出来。据预测,到 2020 年,世界上“物物互联”的业务跟人与人通信的业务比例将达到 30∶1,“物联网”被认为是下一个万亿美元级的通信业务。

(2) 物联网应用领域更广。现代物联网发展越来越趋向于精细化,如提高了数据采集的实时性和准确性,提高了城市管理、工业管理和操作管理的效率和精确程度。其次,物联网发展也更加智能化,管理方式也更加简单。目前,全球物联网的发展涉及医疗、机器制造、消费品制造、节能环保产品、电子支付、农业控制、交通和教育等方面。其中最具代表性的是美国 IBM 提出的智慧地球、欧盟提出的 i-2010、日本提出的 i-JAPAN,以及中国的智慧城市。

(3) 物联网的前景诱人。2010 年之前的 RFID 被广泛应用于物流、零售和制药领域,主要处于闭环的行业应用阶段。未来 10 年内物体进入半智能化阶段,物联网与互联网走向融合。10 年后,物体进入全智能化阶段,无线传感网络得到规模应用,将进入泛在网的发展阶段。我们的工作生活将更加方便、舒适。

5. 物联网发展瓶颈

作为一个新的事物,其发展将会面对一些困难和挑战。

(1) 实时性、安全可信性、资源保证性等方面要求高。物联网和互联网的关系是密不可分、相辅相成的。从信息的安全可信角度来讲,物联网和互联网在网络的组织形态、网络功能以及性能上的要求都是不一样的。互联网基于优先级管理的典型特征使得其对于安全、可信、可控、可管都没有要求,但是,物联网对于实时性、安全可信性、资源保证性等方面却有很高的要求。

(2) 以应用需求为导向,带动物联网技术与产业的发展。目前全球物联网状况尚处于概念、论证与试验阶段,处于攻克关键技术、制定标准规范与研发应用的初级阶段。物联网发展进展中,从技术发展趋势呈现出融合化、嵌入化、可信化、智能化的特征,从管理应用发展趋势呈现标准化、服务化、开放化、工程化的特征。物联网发展的关键在于应用,只有以应用需求为导向,才能带动物联网技术与产业的蓬勃发展。

(3) 全球物联网发展将面临的挑战。全球物联网的发展涉及政府部门的战略性支持,产业链的完善,关键技术的发展和成熟,市场需求的扩大等多个方面。其中,物联网的安全将是未来发展必须面对的、不可忽视的、非常紧迫的技术问题。

7.1.2　物联网安全概念

1. 物联网安全的定义

物联网安全指物联网硬件、软件及其系统中的数据受到保护，不受偶然的或者恶意的原因而遭到破坏、更改、泄露，物联网系统可连续可靠正常地运行，物联网服务不中断。

物联网系统的安全是保障物联网应用系统在信息采集、汇聚、传输、处理和决策等全过程中的安全可靠。

2. 物联网安全属性

感知信息的多样性、网络环境的复杂性和应用需求的多样性，给物联网安全提出了新的挑战。信息与网络安全的目标是要保证被保护信息的机密性、完整性和可利用性。物联网以数据为中心的特点和应用密切相关性，决定了物联网总体安全目标要达到：保密性，避免非法用户读取机密数据；数据鉴别能力，避免节点被恶意注入虚假信息；设备鉴别，避免非法设备接入物联网；完整性，校验数据是否被修改；可用性，确保感知网络的服务任何时间都可提供给合法用户。

3. 物联网安全体系

面对物联网安全威胁，其安全体系应该包括三个部分。

(1) 数据的安全。通过安全定位，在物联网恶攻下，仍能有效安全地确定节点位置。安全数据融合，任何情况下保证融合数据的真实准确的方法，保证处理数据的保密性、完整性和时效性。

(2) 网络的安全。通过安全路由，防止因误、滥用路由协议而导致网络瘫痪或信息泄露；容侵容错应避免入侵或攻击对系统造成的影响，还应使用网络可扩展、负载均衡等策略为应用层提供数据服务。

(3) 节点的安全。通过安全有效的密钥管理机制、高效冗余的密码算法、较量级的安全协议为网络传输层和应用层提供安全基础设施。

4. 物联网安全特征

在物联网世界，安全威胁带来的隐患更需要引起产业链的关注和重视。IDC认为，物联网的两个特征决定了物联网安全的特殊性：

(1) 物联网终端的数量大，种类多，分布广，发展快，其规模越来越大是安全问题的重要因素。物联网除了面对传统TCP/IP网络、无线网络和移动通信网络等传统网络安全问题之外，也存在着大量自身的特殊安全问题，这些特殊性大多来自感知层。

(2) 物联网应用是物联网的核心和业务关键环节，设备所承载的资产价值增加，黑客攻击威胁、数据丢失、信息骚扰等新安全问题逐步凸显。与互联网不同，互联网出现问题损失的是信息，可以通过信息的加密和备份来降低甚至避免损失，而物联网连接的是物理世界，物联网发展带来的信息安全、网络安全、数据安全乃至生命财产和国家政治经济安全问题将更为突出。

7.1.3 物联网安全威胁

1. 物联网安全的问题

除了传统网络安全问题之外，物联网还存在着一些特殊的安全问题。这是因为物联网由大量的机器构成，缺少人对设备的有效监控，并且数量庞大，设备集群等相关特点造成的。这些特殊的安全问题主要有以下几个方面：

(1) 物联网机器/感知节点的本地安全问题。由于物联网的应用可以取代人来完成一些复杂、危险和机械的工作，因此物联网机器/感知节点多数部署在无人监控的场景中。那么攻击者就可以轻易地接触到这些设备，从而对它们造成破坏，甚至通过本地操作更换机器的软硬件。

(2) 感知网络的传输与信息安全问题。感知节点通常情况下功能简单（如自动温度计）、携带能量少（使用电池），使得它们无法拥有复杂的安全保护能力，而感知网络多种多样，从温度测量到水文监控，从道路导航到自动控制，它们的数据传输和消息也没有特定的标准，所以没法提供统一的安全保护体系。

(3) 核心网络的传输与信息安全问题。核心网络具有相对完整的安全保护能力，但是由于物联网中节点数量庞大，且以集群方式存在，因此会导致在数据传播时，由于大量机器的数据发送使网络拥塞，产生拒绝服务攻击。此外，现有通信网络的安全架构都是从人通信的角度设计的，并不适用于机器的通信。使用现有安全机制会割裂物联网机器间的逻辑关系。

(4) 物联网业务的安全问题。由于物联网设备可能是先部署后连接网络，而物联网节点又无人看守，所以如何对物联网设备进行远程签约信息和业务信息配置就成了难题。另外，庞大且多样化的物联网平台必然需要一个强大而统一的安全管理平台，否则独立的平台会被各式各样的物联网应用所淹没。但如此一来，如何对物联网机器的日志等安全信息进行管理成为新的问题，并且可能割裂网络与业务平台之间的信任关系，导致新一轮安全问题的产生。

2. 物联网的整体安全威胁

江南大学物联网工程学院的李志华和中科院高能物理研究所网络安全实验室的许榕生学者对物联网安全威胁进行了研究，下面是他们两个人观点的综合。他们认为，物联网面临的安全威胁表现在：

(1) 传感网络是安全不确定性的环境。传感智能节点是监测和控制网络上的各种设备，它们监测网络的不同内容、提供各种不同格式的事件数据来表征网络系统当前的状态。然而，这些节点又是一个外来入侵的最佳场所。从这个角度看，物联网感知层的数据非常复杂，数据间存在着频繁的冲突与合作，具有很强的冗余性和互补性，且是海量数据。它具有很强的实时性特征，同时又是多源异构型数据。复杂的网络和实时性强的要求将是一个新的课题、新的挑战。

(2) 当物联网感知层主要采用 RFID 技术时，嵌入了 RFID 芯片的物品不仅能方便地被物品主人所感知，同时其他人也能进行感知。特别是当这种被感知的信息通过无线网络平台进行传输时，信息的安全性相当脆弱。如何在感知、传输、应用过程中提供一套强大的安全体系作保障是一个难题。

(3) 物联网的传输层和应用层也存在安全隐患，亟待出现相对应的、高效的安全防范策略和技术。只是在这两层可以借鉴TCP/IP网络已有技术的地方比较多一些，与传统的网络对抗相互交叉。

3. 对物联网的具体威胁

李志华和许榕生学者认为，物联网除了面对传统TCP/IP网络、无线网络和移动通信网络等传统网络安全问题之外，还存在着大量自身的特殊安全问题，并且这些特殊性大多来自感知层。主要威胁有以下几方面：

(1) 安全隐私。如射频识别技术被用于物联网系统时，RFID标签被嵌入任何物品中。例如，人们的日常生活用品中，而用品的拥有者不一定能觉察，从而导致用品的拥有者不受控制地被扫描、定位和追踪，这不仅涉及技术问题，而且还将涉及法律问题。

(2) 智能感知节点的自身安全。即物联网机器/感知节点的本地安全问题。由于物联网的应用可以取代人来完成一些复杂、危险和机械的工作，所以物联网机器/感知节点多数部署在无人监控的场景中。那么攻击者就可以轻易地接触到这些设备，从而对它们造成破坏，甚至通过本地操作更换机器的软硬件。

(3) 假冒攻击。由于智能传感终端、RFID电子标签相对于传统TCP/IP网络而言是"裸露"在攻击者的眼皮底下的，再加上传输平台是在一定范围内"暴露"在空中的，"窜扰"在传感网络领域显得非常频繁，并且容易。所以，传感器网络中的假冒攻击是一种主动攻击形式，它极大地威胁着传感器节点间的协同工作。

(4) 数据驱动攻击。数据驱动攻击是通过向某个程序或应用发送数据，以产生非预期结果的攻击，通常为攻击者提供访问目标系统的权限。数据驱动攻击分为缓冲区溢出攻击、格式化字符串攻击、输入验证攻击、同步漏洞攻击和信任漏洞攻击等。通常向传感网络中的汇聚节点实施缓冲区溢出攻击是非常容易的。

(5) 恶意代码攻击。恶意程序在无线网络环境和传感网络环境中有无穷多的入口。一旦入侵成功，之后通过网络传播就变得非常容易。它的传播性、隐蔽性、破坏性等相比TCP/IP网络而言更加难以防范，如类似于蠕虫这样的恶意代码，本身又不需要寄生文件，在这样的环境中检测和清除这样的恶意代码将很困难。

(6) 拒绝服务。这种攻击方式多数会发生在感知层安全与核心网络的衔接之处。由于物联网中节点数量庞大，且以集群方式存在，因此在数据传播时，大量节点的数据传输需求会导致网络拥塞，产生拒绝服务攻击。

(7) 物联网业务的安全。由于物联网节点无人值守，并且有可能是动态的，如何对物联网设备进行远程签约信息和业务信息配置就成了难题。另外，现有通信网络的安全架构都是从人与人之间的通信需求出发的，不一定适合以机器与机器之间的通信为需求的物联网络。使用现有的网络安全机制会割裂物联网机器间的逻辑关系。

(8) 信息安全。感知节点通常情况下功能单一、能量有限，使得它们无法拥有复杂的安全保护能力，而感知层的网络节点多种多样，所采集的数据、传输的信息和消息也没有特定的标准，所以无法提供统一的安全保护体系。

(9) 传输层和应用层的安全隐患。在物联网络的传输层和应用层将面临现有 TCP/IP 网络的所有安全问题,同时还因为物联网在感知层所采集的数据格式多样,来自各种各样感知节点的数据是海量的,并且是多源异构数据,带来的网络安全问题将更加复杂。

4. 物联网面临的安全挑战

由于安全和威胁,物联网面临前所未有的挑战。主要表现在以下几个方面:

(1) 互联网的脆弱性。物联网建设在互联网的基础之上,而互联网在设计之初,其目标是设计一种主要用于研究和军事目的的网络,相对比较封闭,并没有考虑安全问题。互联网本身并不保障安全性,这是当前互联网安全问题日益严重的根源。互联网所具有的安全问题,物联网同样具有。

(2) 复杂的网络环境。物联网将组网的概念延伸到了现实生活的物品当中,从某种意义上来说,现实生活将建设在物联网中,从而导致物联网的组成非常复杂,复杂性带来了不确定性,我们无法确定物联网信息传输的各个环节是否被未知的攻击者控制,复杂性可以说是安全的最大障碍。

(3) 无线信道的开放性。为了满足物联网终端自由移动的需要,物联网边缘一般采用无线组网的方式,但是,无线信道的开放性使其很容易受到外部信号干扰和攻击。同时,无线信道不存在明显边界,外部观测者可以很容易监听到无线信号。

(4) 物联网终端的局限性。一方面,无线组网方式使物联网面临着更为严峻的安全形势,使其对安全提出了更高要求;另一方面,物联网终端一般是一种微型传感器,其处理、存储能力以及能量都比较低,导致一些对计算、存储、功耗要求较高的安全措施无法加载。

(5) 无线网络攻击升级。无线网络比有线网络更容易受到入侵,因为被攻击端的计算机与攻击端的计算机并不需要网线设备上的连接,攻击者只要在你所在网域的无线路由器或中继器的有效范围内,就可以进入内部网络,访问资源。近几年针对无线终端、手机、显示屏物理设备的劫持和控制的演示已成为主流。目前,通过智能手机和手持设备发起攻击的技术不断完善。一个非常简单的设备如手机、计算机,就可以攻破智能卡。

(6) 经济利益诱惑。任何一个社会高度依赖的大众化基础设施,都将会吸引一些恶意攻击者的破坏。物联网的价值非常巨大,它将影响并控制现实世界中的事件,并且包含一些非常有价值的信息,从而不可避免地受到攻击者的极度关注。针对物联网的攻击主要表现在以下几个方面:利用漏洞的远程设备控制;标签复制和身份窃取;非授权数据访问;破坏数据完整性;传输信号干扰;拒绝服务。

(7) 国家和社会的安全。在物联网发展的高级阶段,由于物联网具有感知、计算和执行能力,广泛存在的感知设备将会对国家、社会、企业和个人信息安全构成新的威胁。一方面,由于物联网具有网络技术种类上的兼容和业务范围上无限扩展的特点,因此当大到国家电网数据,小到个人病例情况都接到看似无边界的物联网时,将可能导致更多的公众个人信息在任何时候、任何地方被非法获取;另一方面,随着国家重要的基础行业和社会关键服务领域如电力、医疗等都依赖于物联网和感知业务,国家基础领域的动态信息将可能被窃取。所有的这些问题使得物联网安全上升到国家层面,成为影响国家发展和社会稳定的重要因素。

7.1.4　物联网安全的技术分析

1. 物联网安全的技术局限

信息安全专家国富安认为，从物联网概念传入中国之初到现在，随着物联网建设的加快，物联网的安全问题必然成为制约物联网全面发展的重要因素，其技术局限表现为：

1）现实技术的局限性

与传统网络相比，物联网感知节点大都部署在无人监控的环境，具有脆弱、资源受限等特点，并且由于物联网是在现有的网络基础上扩展了感知网络和应用平台，传统网络安全措施不足以提供可靠的安全保障，从而使得物联网的安全问题具有特殊性。所以在解决物联网安全问题时，必须根据物联网本身的特点设计相关的安全机制。

由于物联网设备是先部署后连网，而物联网节点又无人值守，所以如何对物联网设备远程签约，如何对业务信息进行配置就成了物联网安全的难题之一。另外，庞大且多样化的物联网必然需要一个强大而统一的安全管理平台，否则单独的平台会被各式各样的物联网应用所淹没。但这样将使如何对物联网机器的日志等安全信息进行管理成为新的问题，并且可能割裂网络与业务平台之间的信任关系，导致新一轮安全问题的产生。传统的认证是区分不同层次的，网络层的认证负责网络层的身份鉴别，业务层的认证负责业务层的身份鉴别，两者独立存在。但是大多数情况下，物联网机器都是拥有专门的用途，因此其业务应用与网络通信紧紧地绑在一起，很难独立存在。

物联网应用是信息技术与行业专业技术紧密结合的产物。物联网应用层充分体现物联网智能处理的特点，其涉及业务管理、中间件、数据挖掘等技术。考虑到物联网涉及多领域多行业，因此广域范围的海量数据信息处理和业务控制策略将在安全性和可靠性方面面临巨大挑战。

2）未来技术的要求

物联网安全的总体需求是物理安全、信息采集安全、信息传输安全和信息处理安全的综合，安全的最终目标是确保信息的机密性、完整性、真实性和网络的容错性。

物联网的实现并不仅仅是技术方面的问题，建设物联网过程将涉及规划、管理、协调、合作以及标准和安全保护等方面的问题，这就需要有一系列相应的配套政策和规范的制定和完善。

2. 物联网安全技术的三个层面

工业和信息化部计算机与微电子发展研究中心的刘法旺等学者认为，从技术角度看，物联网安全应该考虑三个层面：

(1) 感知层安全。感知节点呈现多源异构性，感知节点通常情况下功能简单（如自动温度计）、携带能量少（使用电池），使得它们无法拥有复杂的安全保护能力，而感知网络多种多样，从温度测量到水文监控，从道路导航到自动控制，它们的数据传输和消息也没有特定的标准，所以没法提供统一的安全保护体系。

(2) 传输层安全。核心网络具有相对完整的安全保护能力，但是物联网中节点数量庞大，且以集群方式存在，因此会导致在数据传播时，由于大量数据发送使网络拥塞，易产生拒绝服务攻击。此外，现有通信网络的安全架构都是以人通信的角度设计的，对以物为主体的物联网,要建立适合感知信息传输与应用的安全架构。

(3) 应用层安全。支撑物联网业务的平台有着不同的安全策略,如云计算、分布式系统和海量信息处理等,这些支撑平台要为上层服务管理和大规模行业应用建立起一个高效、可靠和可信的系统,而大规模、多平台、多业务类型使物联网业务层次的安全面临新的挑战,是针对不同的行业应用建立相应的安全策略,还是建立一个相对独立的安全架构。

3. 物联网安全的技术

物联网是在感知网和互联网基础上构建的应用平台,因此,网络中的大部分机制、方法仍可适用于物联网安全,如认证机制、加密机制等。

1) 物联网中的业务认证机制

传统的认证是区分不同层次的,网络层的认证就负责网络层的身份鉴别,业务层的认证就负责业务层的身份鉴别,两者独立存在。但是在物联网中,大多数情况下,机器都是拥有专门的用途,因此其业务应用与网络通信紧紧地绑在一起。由于网络层的认证是不可缺少的,那么其业务层的认证机制就不再是必需的,而是可以根据业务由谁来提供和业务的安全敏感程度来设计。

2) 物联网中的加密机制

传统的网络层加密机制是逐跳加密,即信息在发送过程中,虽然在传输过程中是加密的,但是需要不断地在每个经过的节点上解密和加密,即在每个节点上都是明文的。而传统的业务层加密机制则是端到端的,即信息只在发送端和接收端才是明文,而在传输的过程中和转发节点上都是密文。由于物联网中网络连接和业务使用紧密结合,那么就面临到底使用逐跳加密还是端到端加密的选择。对于逐跳加密来说,它可以只对有必要受保护的链接进行加密,并且由于逐跳加密在网络层进行,所以可以适用于所有业务,即不同的业务可以在统一的物联网业务平台上实施安全管理,从而做到安全机制对业务的透明。这就保证了逐跳加密的低时延、高效率、低成本、可扩展性好的特点。但是,因为逐跳加密需要在各传送节点上对数据进行解密,所以各节点都有可能解读被加密消息的明文,因此逐跳加密对传输路径中各传送节点的可信任度要求很高。而对于端到端的加密方式来说,它可以根据业务类型选择不同的安全策略,从而为高安全要求的业务提供高安全等级的保护。不过端到端的加密不能对消息的目的地址进行保护,因为每一个消息所经过的节点都要以此目的地址来确定如何传输消息。这就导致端到端加密方式不能掩盖被传输消息的源点与终点,并容易受到对通信业务进行分析而发起的恶意攻击。另外,从国家政策角度来说,端到端的加密也无法满足国家合法监听政策的需求。由这些分析可知,对一些安全要求不是很高的业务,在网络能够提供逐跳加密保护的前提下,业务层端到端的加密需求就显得并不重要。但是对于高安全需求的业务,端到端的加密仍然是其首选。因而,由于不同物联网业务对安全级别的要求不同,可以将业务层端到端安全作为可选项。

7.2 物联网安全体系结构

本节将介绍物联网安全整体结构,感知等层安全体系结构,传输层安全体系结构和应用层安全体系结构。

7.2.1 物联网安全整体结构

以下是杨鸾等在《信息与电脑》上发表文章"物联网安全架构分析"的选编。他从物联网感知层、网络层和应用层介绍了安全架构。

1. 物联网的安全架构

中国移动专家王建宙认为，物联网应具备三个特征：全面感知、可靠传递和智能处理。尽管对物联网概念还有其他一些不同的描述，但内涵基本相同。因此在分析物联网的安全性时，也相应地将其分为三个逻辑层，即感知层、传输层和处理层。除此之外，在物联网的综合应用方面还应该有一个应用层，它是对智能处理后的信息的利用。在某些框架中，尽管智能处理与应用层都可能被作为同一逻辑层进行处理，但从信息安全的角度考虑，将应用层独立出来更容易建立安全架构。物联网的安全架构如图 7-1 所示。

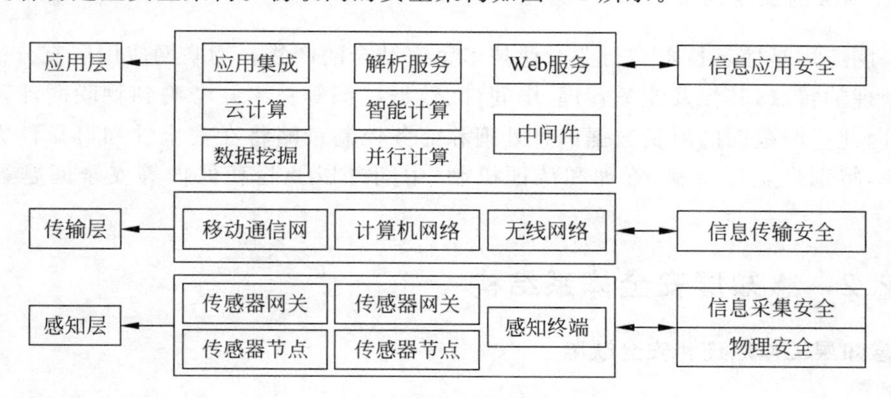

图 7-1 物联网的安全架构

2. 感知层的安全架构

在感知层内部，为保障感知层内部通信安全及网络节点之间的数据机密性保护传输，防止非法窃听，确保非法节点接入，需要建立密钥管理机制及数据机密性和认证机制。一些重要传感网需要对可能被敌手控制的节点行为进行评估，以降低入侵后的危害，建立信息评估机制。另外，几乎所有传感网内部都需要不同的安全路由技术。

3. 传输层的安全构架

传输层安全主要有以下两个方面。

1）物联网架构、接入方式和设备的安全

物联网的接入层将采用如移动互联网、有线网、Wi-Fi、WiMAX 等各种无线接入技术。接入层的异构性使得如何为终端提供移动性管理以保证异构网络间节点漫游和服务的无缝移动成为研究的重点，其中安全问题的解决将得益于切换技术和位置管理技术的进一步研究。另外，物联网接入方式将主要依靠移动通信网络。移动网络中移动站与固定网络端之间的所有通信都是通过无线接口来传输的。然而无线接口是开放的，任何使用无线设备的个体均可以通过窃听无线信道而获得其中传输的信息，甚至可以修改、插入、删除或重传无线接口中传输的消息,达到假冒移动用户身份以欺骗网络端的目的。因此移动通信网络存在无线窃听、身份假冒和数据篡改等不安全的因素。

2) 数据传输的网络安全

物联网的网络核心层主要依赖于传统网络技术,其面临的最大问题是现有的网络地址空间短缺。IPv6 采纳 IPsec 协议,在 IP 层上对数据包进行了高强度的安全处理,提供数据源地址验证、无连接数据完整性、数据机密性、抗重播和有限业务流加密等安全服务。但 IPv4 网络环境中大部分安全风险在 IPv6 网络环境中仍将存在,而且某些安全风险随着 IPv6 新特性的引入将变得更加严重。首先,拒绝服务攻击(DDoS)等异常流量攻击仍然猖獗,甚至更为严重。其次,针对域名服务器(DNS)的攻击仍将继续存在,而且在 IPv6 网络中提供域名服务的 DNS 更容易成为黑客攻击的目标。最后,IPv6 协议作为网络层的协议,仅对网络层安全有影响,其他各层的安全风险在 IPv6 网络中仍将保持不变。

4. 应用层的安全构架

物联网应用是信息技术与行业专业技术紧密结合的产物。物联网应用层充分体现物联网智能处理的特点,其涉及业务管理、中间件、数据挖掘等技术。考虑到物联网涉及多领域多行业,因此广域范围的海量数据信息处理和业务控制策略将在安全性和可靠性方面面临巨大挑战,特别是业务控制、管理和认证机制、中间件以及隐私保护等安全问题显得尤为突出。

7.2.2 感知层安全体系结构

1. 感知层工作原理和安全缺陷

1) 工作原理

物联网感知层解决的是物理世界和人类世界的数据获取问题,包括各类物理量、音频、视频数据、标识数据。感知层位于物联网三层架构的最低层,是物联网发展和应用的基础,具有物联网全面感知的核心能力。作为物联网的最基本一层,感知层具有十分重要的作用。感知层一般包括数据采集和数据短距离传输两部分,即首先通过传感器、摄像头等设备采集外部物理世界的数据,通过工业现场总线、红外、Wifi 蓝牙、ZigBee 等短距离有线或无线传输技术进行协同工作或者传递数据到网关设备。也可以只有数据的短距离传输这一部分,特别是在仅传递物品的识别码的情况下。而实际上,感知层这个部分有时很难明确区分开。

2) 安全缺陷

物联网在感知层采集数据时,其信息传输方式基本是无线网络传输,对这种暴露在公共场所中的信号,如果缺乏有效保护措施的话,很容易被非法监听、窃取、干扰。而且在物联网的应用中,大量使用传感器来标识物品设备,由人或计算机远程控制来完成一些复杂、危险或高精度的操作。在此种情况下,物联网中的这些物品设备大多都是部署在无人监控的地点完成任务的,那么攻击者就会比较容易地接触到这些设备,从而可以对这些设备或其承载的传感器进行破坏,甚至通过破译传感器通信协议,对它们进行非法操控。

3）实际问题

感知信息要通过一个或多个与外界网连接的传感节点，称为网关节点，所有与传感网内部节点的通信都需要经过网关节点与外界联系。因此感知层所面临的安全问题主要表现为以下几个方面：现有的互联网具备相对完整的安全保护能力，但是由于互联网中存在数量庞大的节点，将会容易导致大量的数据同时发送，使得传感网的节点受到来自于网络的拒绝服务攻击；传感网的网关节点被敌手控制，安全性全部丢失；传感网的普通节点被敌手捕获，为入侵者对物联网发起攻击提供了可能性；接入到物联网的超大量传感节点的标识、识别、认证和控制问题。

2. 感知层的安全策略

（1）密钥管理。密钥管理系统是安全的基础，是实现感知信息保护的手段之一。

（2）鉴别机制。物联网感知层鉴权技术包括网络内部节点之间的鉴别和消息鉴别。

（3）安全路由机制。安全路由机制以保证网络在受到威胁和攻击时，仍能进行正确的路由发现、构建和维护。

（4）访问控制机制。访问控制机制以控制用户对物联网感知层的访问为目的，能防止未授权用户访问感知层的节点和数据。

（5）安全数据融合机制。以保证信息保密性、信息传输安全、信息聚合的准确性为目的。

（6）容侵容错机制。容侵框架主要包括判定疑似恶意节点、针对疑似恶意节点的容侵机制、通过节点协作对恶意节点做出处理决定。

7.2.3 传输层安全体系结构

1. 传输层工作原理和安全缺陷

1）工作原理

传输层的功能是信息传递和处理。在物联网中，感知层感知到的数据能够被传输层无障碍、高安全性、高可靠性地进行传送。传输层解决的是感知层所获得的数据在一定范围内，尤其是远距离的传输问题。同时，物联网传输层将承担比现有网络大的数据量和面临更高的服务质量要求，所以现有网络尚不能满足物联的需求，这就意味着物联网需要对现有网络进行融合和扩展，利用新技术以实现更加广泛和高效的互联功能。

2）安全缺陷

物联网中的感知层所获取的感知信息通常由无线网络传输至系统，相比 TCP/IP 网络，恶意程序在无线网络环境和传感网络环境中有无穷多的入口。对这种暴露在公开场所之中的信息，如果没作合适保护的话更容易被入侵，如类似于蠕虫这样的恶意代码一旦入侵成功，其传播性、隐蔽性和破坏性等更加难以防范，在这样的环境中检测和清除这样的恶意代码将很困难，这将直接影响到物联网体系的安全。物联网建立在互联网的基础上，对互联网的依赖性很高，在互联网中存在的危害信息安全的因素在一定程度上同样也会造成对物联网的危害。随着互联网的发展，病毒攻击、黑客入侵、非法授权访问均会对互联网用户造成损害。物联网中感知层的传感器设备数量庞大，所采集的数据格式多种多样，而且其数据信息具有海量、多源和异构等特点，因此在传输层会带来更加复杂的网络安全问题。初步分析认为，物联网传输层将会遇到下列安全挑战：DoS攻击、DDoS攻击；假冒攻击中间人攻击等；跨异构网络的网络攻击。

3）实际问题

传输层很可能面临非授权节点非法接入的问题，如果传输层不采取网络接入控制措施，就很可能被非法接入，其结果可能是传输层负担加重或者传输错误信息。互联网或者下一代网络将是物联网网络层的核心载体，互联网遇到的各种攻击仍然存在，甚至更多，需要有更好的安全防护措施和抗毁容灾机制。物联网终端设备处理能力和网络能力差异巨大，应对网络攻击的防护能力也有很大差别，传统互联网安全方案难以满足需求，并且也很难采用通用的安全方案解决所有问题，必须针对具体需求而制定多种安全方案。

2. 传输层的安全策略

(1) IPSec(IPSecurity)。IPSec是一个开放式的IP网络安全标准，它在TCP协议栈中间位置的网络层实现，可为上层协议无缝地提供安全保障，高层的应用协议可以透明地使用这些安全服务，而不必设计自己的安全机制。接收者能获取发送的真正内容，而非授权的接收者无法获知数据的真正内容。

(2) 防火墙。用于保护内部网络安全。包括访问控制、内容过滤、地址转换。

(3) 隧道服务。其原理是在消息的发起端对数据报文进行加密封装，然后通过在互联网中建立的数据通道将其传输到消息的接收端，接收端再对包进行解封装，最后得到原始数据包。

(4) 数字签名与数字证书。不仅可以保护私有信息，也可以确保网上传递信息的机密完整性。

(5) 身份识别与访问控制。身份识别与访问控制通常联合使用，访问控制机制确定权限和授予访问权。

7.2.4 应用层安全体系结构

1. 应用层的工作原理和安全缺陷

1）工作原理

物联网应用层的主要功能是把感知和传输来的信息进行分析和处理，做出正确的控制和决策，实现智能化的管理、应用和服务。这一层解决的是信息处理和人机界面的问题。具体地讲，应用层将网络层传输来的数据通过各类信息系统进行处理，并通过各种设备与人进行交互。应用程序层进行数据处理，完成跨行业、跨应用、跨系统之间的信息协同、共享、互通的功能。

2）安全缺陷

物联网应用层的重要特征是智能处理，包括如何从网络中接收信息，并判断哪些信息是真正有用的信息，哪些是垃圾信息甚至是恶意信息。在应用层最使人困扰的是系统本身存在的安全漏洞。实际上，智能处理就是按照一定的规则、定义或者计算模型，对数据信息进行过滤和判断的过程。在这个处理过程中，除病毒、蠕虫之外，攻击者还会利用系统漏洞实施拒绝服务攻击、分布式拒绝服务攻击、木马程序、间谍软件、垃圾邮件以及网络钓鱼等攻击。系统漏洞是指系统在逻辑设计上的缺陷或错误，这个缺陷或错误可以被攻击者利用，通过植入木马、病毒等方式来攻击或控制整个系统，从而窃取重要资料和信息，甚至破坏系统。

3）实际问题

漏洞会影响到的范围很大，包括系统本身及其支撑软件，网络客户和服务器软件，网络路由器和安全防火墙等。在这些不同的软硬件设备中都可能存在不同的安全漏洞问题。在不同种类的软件、硬件设备，同种设备的不同版本之间，由不同设备构成的不同系统之间，以及同种系统在不同的设置条件下，都会存在各自不同的安全漏洞问题。

2. 应用层的安全策略

（1）服务安全。包括外部服务安全、传输级安全、消息级安全、数据级安全和身份管理几个方面的策略。

（2）中间件安全。包括数据传输、身份认证和授权管理方面的策略。

（3）数据安全。包括数据加密、数据保护和数据备份方面的策略。

（4）云安全。主要是访问控制与认证策略。

7.3 物联网安全技术方法

根据物联网在信息安全方面的特点及面临的威胁，采取适当的技术防范措施是必然的。解决物联网的信息安全问题不仅需要技术手段，还需要完善物联网信息安全管理机制。本节将概述物联网安全技术和物联网安全管理。

7.3.1 物联网安全技术

作为一种多网络融合的技术，物联网安全涉及各个网络的不同层次，在这些独立的网络中已实际应用了多种安全技术，特别是移动通信网和互联网的安全。

1. 密钥管理机制

1）密钥管理

无线传感器网络和感知节点由于计算资源的限制，对密钥系统提出了更多的要求，因此，物联网密钥管理系统面临两个主要问题：一是如何构建一个贯穿多个网络的统一密钥管理系统，并与物联网的体系结构相适应；二是如何解决传感网的密钥管理问题，如密钥的分配、更新和组播等问题。实现统一的密钥管理系统可以采用两种方式：一是以互联网为中心的集中式管理方式。由互联网的密钥分配中心负责整个物联网的密钥管理，一旦传感器网络接入互联网，通过密钥中心与传感器网络汇聚点进行交互，实现对网络中节点的密钥管理。二是以各自网络为中心的分布式管理方式。在此模式下，传感网环境中对汇聚点的要求就比较高。尽管可以在传感网中采用簇头选择方法，推选簇头，形成层次式网络结构，每个节点与相应的簇头通信，簇头间以及簇头与汇聚节点之间进行密钥的协商，但对多跳通信的边缘节点，以及由于簇头选择算法和簇头本身的能量消耗，使传感网的密钥管理成为解决问题的关键。

2）密钥管理的要求

无线传感器网络的密钥管理系统的设计在很大程度上受到其自身特征的限制，因此在设计需求上与有线网络和传统的资源不受限制的无线网络有所不同，特别是要充分考虑到无线传感器网络传感节点的限制和网络组网与路由的特征。它的安全需求主要体现在：

（1）密钥生成或更新算法的安全性。利用该算法生成的密钥应具备一定的安全强度，不能被网络攻击者轻易破解或者花很小的代价破解。即加密后保障数据包的机密性。

（2）前向私密性。对中途退出传感器网络或者被俘获的恶意节点，在周期性的密钥更新或者撤销后无法再利用先前所获知的密钥信息生成合法的密钥继续参与网络通信，即无法参加与报文解密或者生成有效的可认证的报文。

（3）后向私密性和可扩展性。新加入传感器网络的合法节点可利用新分发或者周期性更新的密钥参与网络的正常通信，即进行报文的加解密和认证行为等。而且能够保障网络是可扩展的，即允许大量新节点的加入。

（4）抗同谋攻击。在传感器网络中，若干节点被俘获后，其所掌握的密钥信息可能会造成网络局部范围的泄密，但不应对整个网络的运行造成破坏性或损毁性的后果，即密钥系统要具有抗同谋攻击。

（5）源端认证性和新鲜性。源端认证要求发送方身份的可认证性和消息的可认证性，即任何一个网络数据包都能通过认证和追踪寻找到其发送源，且是不可否认的。新鲜性则保证合法的节点在一定的延迟许可内能收到所需要的信息。新鲜性除了和密钥管理方案紧密相关外，与传感器网络的时间同步技术和路由算法也有很大的关联。

2. 数据处理与隐私性

1）数据处理

物联网的数据要经过信息感知、获取、汇聚、融合、传输、存储、挖掘、决策和控制等处理流程，而末端的感知网络几乎要涉及上述信息处理的全过程，只是由于传感节点与汇聚点的资源限制，在信息的挖掘和决策方面不占主要的位置。物联网应用不仅面临信息采集的安全性，也要考虑到信息传送的私密性，要求信息不能被篡改和非授权用户使用，同时还要考虑到网络的可靠、可信和安全。物联网能否大规模推广应用，很大程度上取决于其是否能够保障用户数据和隐私的安全。就传感网而言，在信息的感知采集阶段就要进行相关的安全处理，如对RFID采集的信息进行轻量级的加密处理后，再传送到汇聚节点。这里要关注的是对光学标签的信息采集处理与安全，作为感知端的物体身份标识，光学标签显示了独特的优势，而虚拟光学的加密解密技术为基于光学标签的身份标识提供了手段，基于软件的虚拟光学密码系统由于可以在光波的多个维度进行信息的加密处理，具有比一般传统的对称加密系统有更高的安全性，数学模型的建立和软件技术的发展极大地推动了该领域的研究和应用推广。

2）隐私保护

数据处理过程中涉及基于位置的服务与在信息处理过程中的隐私保护问题。基于位置的服务是物联网提供的基本功能，是定位、电子地图、基于位置的数据挖掘和发现、自适应表达等技术的融合。定位技术目前主要有GPS定位、基于手机的定位、无线传感网定位等。无线传感网的定位主要是射频识别、蓝牙及ZigBee等。基于位置的服务面临严峻的隐私保护问题，这既是安全问题，也是法律问题。欧洲通过了《隐私与电子通信法》，对隐私保护问题给出了明确的法律规定。基于位置服务中的隐私内容涉及两个方面：一是位置隐私，二是查询隐私。位置隐私中的位置指用户过去或现在的位置，而查询隐私指敏感信息的查询与挖掘，如某用户经常查询某区域的餐馆或医院，可以分析该用户的居住位置、收入状况、生活行为、健康状况等敏感信息，造成个人隐私信息的泄露，查询隐私就是数据处理过程中的隐私保护问题。所以，将面临一个困难的选择，一方面希望提供尽可能精确的位置服务，另一方面又希望个人的隐私得到保护。这就需要在技术上给予保证。目前的隐私保护方法主要有位置伪装、时空匿名和空间加密等。

3. 安全路由协议

物联网的路由要跨越多类网络，有基于IP地址的互联网路由协议、基于标识的移动通信网和传感网的路由算法，因此至少要解决两个问题：一是多网融合的路由问题；二是传感网的路由问题。前者可以考虑将身份标识映射成类似的IP地址，实现基于地址的统一路由体系；后者是由于传感网的计算资源的局限性和易受到攻击的特点，要设计抗攻击的安全路由算法。目前，国内外学者提出了多种无线传感器网络路由协议，这些路由协议最初的设计目标通常是以最小的通信、计算、存储开销完成节点间数据传输，但是这些路由协议大都没有考虑到安全问题。实际上由于无线传感器节点电量有限、计算能力有限、存储容量有限以及部署野外等特点，使得它极易受到各类攻击。

无线传感器网络路由协议常受到的攻击主要有以下几类：虚假路由信息攻击、选择性转发攻击、污水池攻击、女巫攻击、虫洞攻击、Hello洪泛攻击、确认攻击等。针对无线传感器网络中数据传送的特点，目前已提出许多较为有效的路由技术。按路由算法的实现方法划分，有洪泛式路由、以数据为中心的路由、层次式路由和基于位置信息的路由等。

4. 认证与访问控制

1）认证技术

认证指使用者采用某种方式来“证明”自己确实是自己宣称的某人。在物联网的认证过程中，传感网的认证机制是重要的部分，无线传感器网络中的认证技术主要包括基于轻量级公钥的认证技术、预共享密钥的认证技术、随机密钥预分布的认证技术、利用辅助信息的认证、基于单向散列函数的认证等。

(1) 基于轻量级公钥算法的认证技术。鉴于经典的公钥算法需要高计算量，在资源有限的无线传感器网络中不具有可操作性，当前有一些研究正致力于对公钥算法进行优化设计，使其能适应于无线传感器网络，但在能耗和资源方面还存在很大的改进空间，如基于RSA公钥算法的TinyPK认证方案，以及基于身份标识的认证算法等。

(2) 基于预共享密钥的认证技术。SNEP方案中提出两种配置方法：一是节点之间的共享密钥；二是每个节点和基站之间的共享密钥。这类方案使用每对节点之间共享一个主密钥，可以在任何一对节点之间建立安全通信。缺点表现为扩展性和抗捕获能力较差，任意一节点被俘获后就会暴露密钥信息，进而导致全网络瘫痪。

(3) 基于单向散列函数的认证方法。该类方法主要用在广播认证中，由单向散列函数生成一个密钥链，利用单向散列函数的不可逆性，保证密钥不可预测。通过某种方式依次公布密钥链中的密钥,可以对消息进行认证。目前基于单向散列函数的广播认证方法主要是对 μTESLA 协议的改进。μTESLA 协议以 TESLA 协议为基础,对密钥更新过程、初始认证过程进行了改进,使其能够在无线传感器网络中有效实施。

2）访问控制

访问控制是对用户合法使用资源的认证和控制,目前访问控制主要是基于角色的访问控制机制(RBAC)及其扩展模型。RBAC 机制主要由 Sandhu 于 1996 年提出的基本模型 RBAC96 构成,一个用户先由系统分配一个角色,如管理员、普通用户等,登录系统后,根据用户的角色所设置的访问策略实现对资源的访问,显然,同样的角色可以访问同样的资源。RBAC 机制是基于互联网的 OA 系统、银行系统、网上商店等系统的访问控制方法,是基于用户的。对物联网而言,末端是感知网络,可能是一个感知节点或一个物体。采用用户角色的形式进行资源的控制显得不够灵活,一是本身基于角色的访问控制在分布式的网络环境中已呈现出不相适应的地方,如对具有时间约束资源的访问控制,访问控制的多层次适应性等方面需要进一步探讨;二是节点不是用户,是各类传感器或其他设备,且种类繁多,基于角色的访问控制机制中角色类型无法一一对应这些节点,因此使 RBAC 机制难于实现;三是物联网表现的是信息的感知互动过程,包含了信息的处理、决策和控制等过程,特别是反向控制是物物互连的特征之一,资源的访问呈现动态性和多层次性,而 RBAC 机制中一旦用户被指定为某种角色,他的可访问资源就相对固定了。所以,寻求新的访问控制机制是物联网,也是互联网值得研究的问题。基于属性的访问控制(ABAC)是近几年研究的热点,如果将角色映射成用户的属性,可以构成 ABAC 与 RBAC 的对等关系,而属性的增加相对简单,同时基于属性的加密算法可以使 ABAC 得以实现。ABAC 方法的问题是对较少的属性来说,加密解密的效率较高,但随着属性数量的增加,加密的密文长度增加,使算法的实用性受到限制,目前有两个发展方向:基于密钥策略和基于密文策略,其目标就是改善基于属性的加密算法的性能。

5. 入侵检测与容侵容错技术

容侵就是指在网络中存在恶意入侵的情况下,网络仍然能够正常地运行。无线传感器网络的安全隐患在于网络部署区域的开放特性以及无线电网络的广播特性,攻击者往往利用这两个特性,通过阻碍网络中节点的正常工作,进而破坏整个传感器网络的运行,降低网络的可用性。无人值守的恶劣环境导致无线传感器网络缺少传统网络中物理上的安全,传感器节点很容易被攻击者俘获、毁坏或妥协。现阶段无线传感器网络的容侵技术主要集中于网络的拓扑容侵、安全路由容侵以及数据传输过程中的容侵机制。

无线传感器网络可用性的另一个要求是网络的容错性。一般意义上的容错性是指在故障存在的情况下系统不失效,仍然能够正常工作的特性。无线传感器网络的容错性指的是当部分节点或链路失效后,网络能够进行传输数据的恢复或者网络结构自愈,从而尽可能减小节点或链路失效对无线传感器网络功能的影响。由于传感器节点在能量、存储空间、计算能力和通信带宽等诸多方面都受限,而且通常工作在恶劣的环境中,网络中的传感器节点经常会出现失效的状况。因此,容错性成为无线传感器网络中一个重要的设计因素。

7.3.2 物联网安全管理

1. 物联网安全管理的概念

物联网安全管理是指导和控制组织的关于物联网安全风险的相互协调活动，关于物联网安全风险的指导和控制活动通常包括制定物联网安全方针、风险评估、控制目标与方式选择、风险控制、安全保证等。

物联网安全管理体系是组织在整体或特定范围内建立物联网安全方针和目标，以及完成这些目标所用方法的体系。它是基于业务风险方法来建立、实施、运行、监视、评审、保持和改进组织的物联网安全系统。

建立健全的物联网安全管理体系对企业的安全管理工作和企业的发展意义重大。首先，此体系的建立将提高员工的安全意识，提升物联网安全管理的水平，增强组织抵御灾难性事件的能力。其次，通过物联网安全管理体系的建设，可有效提高对物联网安全风险的管控能力，通过与等级保护、风险评估等工作接续起来，使得物联网安全管理更加科学有效。最后，物联网安全管理体系的建立将使得企业的管理水平与国际先进水平接轨，从而成长为企业向国际化发展与合作的有力支撑。

2. 物联网安全管理体系建设思路

物联网安全管理体系是一个系统化、程序化和文件化的管理体系，属于风险管理的范畴，体系的建立需要基于系统、全面、科学的安全风险评估。该体系强调预防控制为主的思想，要遵守国家有关信息安全的法律法规，强调全过程和动态控制，本着控制费用与风险平衡的原则，合理选择安全控制方式保护组织所拥有的关键物联网资产，确保物联网信息的保密性、完整性和可用性，从而保持组织的竞争优势和业务运作的持续性。建立物联网安全管理体系一般要经过以下几个主要步骤：

(1) 物联网安全管理体系策划与准备。策划与准备阶段主要是做好建立物联网安全管理体系的各种前期工作。内容包括教育培训、拟定计划、安全管理发展情况调研以及人力资源的配置与管理。

(2) 确定物联网安全管理体系适用的范围。物联网安全管理体系的范围就是需要重点进行管理的安全领域。组织需要根据自己的实际情况，可以在整个组织范围内，也可以在个别部门或领域内实施。在本阶段，应将组织划分成不同的物联网安全控制领域，这样做易于组织对有不同需求的领域进行适当的物联网安全管理。在定义适用范围时，应重点考虑组织的适用环境、适用人员、现有 IT 技术、现有物联网资产等。

(3) 现状调查与风险评估。依据有关信息安全技术与管理标准，对物联网系统及由其处理、传输和存储的信息机密性、完整性和可用性等安全属性进行调研和评价，评估物联网资产面临的威胁以及导致安全事件发生的可能性，并结合安全事件所涉及的物联网资产价值来判断安全事件一旦发生对组织造成的影响。

(4) 建立物联网安全管理框架。建立物联网安全管理体系要规划和建立一个合理的物联网安全管理框架，要从整体和全局的视角，从物联网系统的所有层面进行整体安全建设，从物联网系统本身出发，根据业务性质、组织特征、物联网资产状况和技术条件建立物联网资产清单，进行风险分析、需求分析和选择安全控制，准备适用性声明等步骤，从而建立安全体系并提出安全解决方案。

(5) 物联网安全管理体系文件编写。编写物联网安全管理体系文件是建立物联网安全管理体系的基础工作，也是一个组织实现风险控制、评价和改进物联网安全管理体系、实现持续改进不可缺少的依据。在物联网安全管理体系建立的文件中应该包含安全方针文档、适用范围文档、风险评估文档、实施与控制文档、适用性声明文档。

(6) 物联网安全管理体系的运行与改进。物联网安全管理体系文件编制完成以后，组织应按照文件的控制要求进行审核与批准并发布实施。至此，物联网安全管理体系将进入运行阶段。在此期间，组织应加强运作力度，充分发挥体系本身的各项功能，及时发现体系策划中存在的问题，找出问题根源，采取纠正措施，并按照更改控制程序要求对体系予以更改，以达到进一步完善物联网安全管理体系的目的。

(7) 物联网安全管理体系审核。体系审核是为获得审核证据，对体系进行客观的评价，以确定满足审核准则的程度所进行的系统的、独立的并形成文件的检查过程。体系审核包括内部审核和外部审核(第三方审核)。内部审核一般以组织名义进行，可作为组织自我合格检查的基础；外部审核由外部独立的组织进行，可以提供符合要求(如 ISO/IEC 27001)的认证或注册。物联网安全管理体系的建立是一个目标叠加的过程，是在不断发展变化的技术环境中进行的，是一个动态的、闭环的风险管理过程。要想获得有效的成果，需要从评估、防护、监管、响应到恢复，这些都需要从上到下的参与和重视，否则只能是流于形式与过程，起不到真正有效的安全控制目的和作用。

3. 物联网安全运行管理系统架构

物联网安全运行管理系统是对物联网安全管理体系的实现提供技术支撑，协助在物联网和物联网系统整个生命周期中实现安全管理方面人、技术和流程的结合。在物联网安全管理体系的 PDCA 循环中，为其计划阶段提供风险评估和安全策略功能，为执行阶段提供安全对象风险管理以及流程管理功能，为检查阶段提供系统安全监控、事件审计、残余风险评估功能，为改进阶段提供安全事件管理功能。物联网安全运行管理系统应能支持分布式部署，并能够实现分安全域分级别管理。应能提供以下功能：

(1) 安全策略管理。包括安全策略发布、存储、修订以及对安全策略的符合性检查等。

(2) 安全事件管理。包括安全事件采集、过滤、汇聚、关联分析、事件前转以及安全事件统计分析等。安全预警管理包括漏洞预警、病毒预警、事件预警以及预警分发等。

(3) 安全对象风险管理。包括安全对象、威胁管理、漏洞管理、安全基线、安全风险管理等。

(4) 流程管理。主要是对各种安全预警、安全事件、安全风险进行反应。工单是流程的一种承载方式，因此可以包括产生工单、工单流转以及将工单处理经验进行积累等。

(5) 知识管理。所有安全工作均以安全知识管理为基础，包括威胁库、病毒库、漏洞库和安全经验库等。

4. 物联网系统风险管理

物联网系统安全风险是指在物联网系统当前的安全措施配置情况下，在特定时间窗口

中威胁发起者利用相关脆弱性成功实施攻击，非法获取特定物联网资产上特定的访问权限，造成物联网资产上特定对象安全失效的潜在频率和危害性后果。

物联网系统安全风险管理有6个阶段：

(1) 风险管理准备阶段。包括风险管理计划声明和物联网系统描述两个过程。风险管理计划声明对整个风险管理过程具有指导作用，它主要对风险管理目标、策略、程序、方法、进度安排以及资源约束进行规定。物联网系统描述过程主要从主体域、客体域和业务域三个视角对作为风险管理对象的物联网系统展开描述，从而提供一个物联网系统组成与运行的全息影像，为全面识别各种物联网安全风险因素奠定基础。

(2) 物联网安全风险因素识别阶段。包括关键物联网资产识别、脆弱性识别、威胁识别、已有安全措施识别4个过程。物联网资产、脆弱性和威胁是导致物联网安全风险的因素，对这三者的界定分别通过关键物联网资产识别、脆弱性识别和威胁识别三个过程来完成。其中，关键物联网资产识别过程研究的是如何在众多的物联网资产中选择影响组织业务运行的关键物联网资产，从而保证物联网安全风险管理的重点突出，更加符合工程实践的要求。已有安全措施识别是一个确认物联网系统当前已采用的各种安全措施的过程。

(3) 物联网安全风险分析与评估阶段。包括基于利用图的风险事件过程建模、风险事件频率计算、风险事件损失计算三个过程。其中，基于利用图的风险事件过程建模是对信息安全风险事件的动态形成过程进行描述的过程，当构建出描述特定风险事件形成过程的利用图后，可以根据风险事件发生频率以及利用图中涉及的原子利用的成功概率情况直接计算风险事件频率。风险损失计算则是利用合理的方法直接将风险损失量化为等价的货币价值的过程。

(4) 物联网系统安全保障分析阶段。在物联网系统安全风险管理方法中，可采用动态信息安全保障体系PDRR(Protect，Detect，Response，Recovery)模型，对被评估物联网系统的安全保障体系进行分析。这种安全保障分析过程可为安全决策阶段制定安全方案提供某种宏观意义上的指导。

(5) 物联网系统安全决策阶段。这一阶段视对物联网安全风险的评估结果而定。一般而言，任何试图降低物联网安全风险的安全措施都需要花费一定的费用。因此，当评估得到的各个物联网安全风险或总的安全风险处于安全决策人员根据物联网系统安全策略制定的物联网安全风险阈值之下时，无须启动安全决策过程。若评估所得的各个物联网安全风险或物联网系统总的安全风险超出了承受水平，就需要启动安全决策过程，制订物联网安全方案来降低物联网安全风险。

(6) 物联网安全风险动态监控阶段。对大多数组织来说，物联网系统本身是在不断更新和变化的，其中物联网系统软硬件基础设施的状态，物联网系统所面临的威胁，物联网系统具有的脆弱性，物联网系统相关人员，物联网系统安全策略，甚至是风险管理决策层的物联网安全投资额度均可能发生动态变化，安全方案执行情况也会产生与计划的偏差。因此应该对物联网系统的安全风险进行持续的监控。

习题 7

1. 名词解释

(1)物联网安全;(2)容侵。

2. 判断题

(1) 感知层和网络层是物联网的核心,而应用层则是物联网的基础。( )

(2) 物联网网络层主要实现信息的转发和传送,它将感知层获取的信息传送到远端,为数据在远端进行智能处理和分析决策提供强有力的支持。( )

3. 填空题

(1) 物联网业界比较认可的三层结构是________、________、________。

(2) 感知层的安全策略包括________、________、________、________。

4. 选择题

(1) 物联网除了面对传统 TCP/IP 网络、无线网络和移动通信网络等传统网络安全问题之外,还存在着大量自身的特殊安全问题,并且这些特殊性大多来自感知层。主要威胁有以下( )方面。

A. 安全隐私　　B. 假冒攻击

C. 物理安全　　D. 数据驱动攻击

E. 拒绝服务

(2) 物联网安全有( )个层面。

A. 感知层安全　　B. 客户层安全

C. 传输层安全　　D. 硬件层安全

(3) 传输层的安全策略包括( )。

A. 防火墙　　B. 安全服务器

C. 隧道服务　　D. 数字签名与数字证书

(4) 密钥管理的要求有( )。

A. 前向私密性　　B. 后向私密性和可扩展性

C. 主体唯一性　　D. 保密性

5. 简答题

(1) 简述物联网发展的前景。

(2) 物联网面临的安全威胁表现在哪些方面?

(3) 传输层的工作原理是什么?有哪些安全缺陷?

第8章 物联网感知层安全

本章将介绍感知层安全威胁和对策，RFID安全和传感器网络安全。要求学生掌握物联网感知层的安全应对策略、方法和技术。

8.1 感知层安全概述

本节将介绍感知层的安全地位和感知层安全威胁。

8.1.1 感知层的安全地位

近年来，物联网技术迅速发展，具有全面感知信息、可靠传递信息和智能处理信息。以实现对物体智能化的控制与管理的功能特征，为安全生产领域做到提前感知预警，超前防范、避免重特大事故的发生提供了有效的保证，这也将是改善安全生产的有效措施。传统的网络中，网络层的安全和业务层的安全是相互独立的，而物联网的特殊安全问题很大一部分是由于物联网是在现有移动网络基础上集成了感知网络和应用平台带来的，移动网络中的大部分机制仍然可以适用于物联网并能够提供一定的安全性，如认证机制、加密机制等，但需要根据物联网的特征对安全机制进行调整和补充。这使得物联网除了面对移动通信网络的传统网络安全问题之外，还存在着一些与已有移动网络安全不同的特殊安全问题。物联网主要由感知层、网络层和应用层三个层次组成。

1. 感知层

感知层包括传感器等数据采集设备及数据接入到网关之前的传感网络。物联网的数据采集涉及多种技术，如传感器、RFID、二维码、多媒体信息采集和实时定位。对于目前关注和应用较多的RFID网络来说，张贴安装在设备上的RFID标签和用来识别RFID信息的扫描仪、感应器属于物联网的感知层。其结构如图8-1(a)所示。传感器网络组网技术可以实现数据采集技术如传感器、RFID等采集到数据的短距离传输、自组织组网。协同信息处理技术可以实现从多个传感器获取数据的协同信息处理过程。即智能节点感知信息(温度、湿度和图像等)，并自行组网传递到上层网关接入点，由网关将收集到的感应信息通过网络层提交到后台处理。其结构如图8-1(b)所示。

2. 网络层

网络层或称传输层，包括信息存储查询、网络管理等功能，建立在现有的移动通信网和

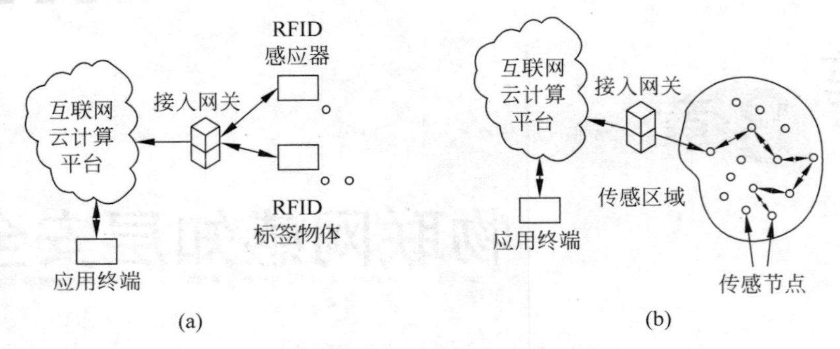

图 8-1 物联网感知层结构类型

互联网基础上。物联网通过各种接入设备与移动通信网和互联网相连接，它能够高可靠性、高安全性、无障碍地传送感知到的信息。

3. 应用层

应用层主要包含应用支撑平台子层和应用服务子层，利用经过分析处理的感知数据，为用户提供如信息协同、共享、互通等跨行业、跨应用、跨系物联网感知层的服务，典型设备包括 RFID 装置、各类传感器(如红外、超声、温度、湿度和速度等)、图像捕捉装置(摄像头)、全球定位系统(GPS)和激光扫描仪等。物联网在感知层采集数据时，其信息传输方式基本是无线网络传输，对这种暴露在公共场所中的信号如果缺乏有效保护措施的话，很容易被非法监听、窃取、干扰。而且在物联网的应用中，大量使用传感器来标识物品设备，由人或计算机远程控制来完成一些复杂、危险或高精度的操作，在此种情况下，物联网中的这些物品设备大多都是部署在无人监控的地点完成任务的，那么攻击者就会比较容易地接触到这些设备，从而可以对这些设备或其承载的传感器进行破坏，甚至通过破译传感器通信协议，对它们进行非法操控。

感知信息要通过一个或多个与外界网连接的传感节点，称为网关节点(sink 或 gateway)，所有与传感网内部节点的通信都需要经过网关节点与外界联系。因此感知层可能遇到的信息安全问题主要表现为以下几个方面：现有的互联网具备相对完整的安全保护能力，但是由于互联网中存在数量庞大的节点，将会导致大量的数据同时发送，使得传感网的节点(普通节点或网关节点)受到来自于网络的拒绝服务(DoS)攻击；传感网的网关节点被敌手控制，安全性全部丢失；传感网的普通节点被敌手捕获，为入侵者对物联网发起攻击提供了可能性；接入到物联网的超大量传感节点的标识、识别、认证和控制问题。

8.1.2 感知层安全威胁

基于物联网本身的特点和上述列举的物联网感知层在安全方面存在的问题，需要采取有效的防护对策，主要有以下几点：

1. 加强对传感网机密性的安全控制

在传感网内部，需要有效的密钥管理机制，用于保障传感网内部通信的安全，机密性需要在通信时建立一个临时会话密钥，确保数据安全。例如在物联网构建中选择射频识别系统，应该根据实际需求考虑是否选择有密码和认证功能的系统。

2. 加强节点认证

个别传感网(特别是当传感数据共享时)需要节点认证,确保非法节点不能接入。认证性可以通过对称密码或非对称密码方案解决。使用对称密码的认证方案需要预置节点间的共享密钥,在效率上也比较高,消耗网络节点的资源较少,许多传感网都选用此方案;而使用非对称密码技术的传感网一般具有较好的计算和通信能力,并且对安全性要求更高。在认证的基础上完成密钥协商是建立会话密钥的必要步骤。

3. 加强入侵监测

一些重要传感网需要对可能被敌手控制的节点行为进行评估,以降低敌手入侵后的危害。敏感场合,节点要设置封锁或自毁程序,发现节点离开特定应用和场所,启动封锁或自毁,使攻击者无法完成对节点的分析。

4. 加强对传感网的安全路由控制

几乎所有传感网内部都需要不同的安全路由技术。传感网的安全需求所涉及的密码技术包括轻量级密码算法、轻量级密码协议、可设定安全等级的密码技术等。

5. 应构建和完善我国信息安全的监管体系

目前监管体系存在着执法主体不集中,多重多头管理,对重要程度不同的信息网络的管理要求没有差异、没有标准,缺乏针对性等问题,对应该重点保护的单位和信息系统无从入手实施管控。由于传感网的安全一般不涉及其他网路的安全,因此是相对较独立的问题,有些已有的安全解决方案在物联网环境中也同样适用。但由于物联网环境中传感网遭受外部攻击的机会增大,因此用于独立传感网的传统安全解决方案需要提升安全等级后才能使用,也就是说在安全的要求上更高。

8.2 RFID安全

本节将介绍RFID安全威胁和安全技术。

8.2.1 RFID安全威胁

物联网感知层主要由RFID系统组成。射频识别(Radio Frequency Identification,RFID)技术是从20世纪80年代走向成熟的一项自动识别技术。RFID作为无线应用领域的新宠儿,正被广泛用于采购与分配、商业贸易、生产制造、物流、防盗以及军事用途上,与之相关的安全隐患也随之产生。越来越多的商家和用户担心RFID系统的安全和隐私保护问题,即在使用RFID系统过程中如何确保其安全性和隐私性,不至于导致个人信息、业务信息和财产等丢失或被他人盗用。一般RFID系统由两部分组成:RFID标签(Tag)和阅读器(Reader)。RFID系统的安全性有两个特性。首先,RFID标签和阅读器之间的通信是非接触和无线的,很容易被窃听;其次,标签本身的计算能力和编程性直接受到成本要求的限

制。一般地,RFID的安全威胁包括以下两个方面:

1. RFID系统所带来的个人隐私问题

由于RFID系统具有标识和可跟踪性,这就造成携带有RFID标签的用户的个人隐私被跟踪和泄露。

2. RFID系统所带来的安全问题

由于标签成本的限制,对于普通的商品不可能采取很强的加密方式。另外,标签与阅读器之间进行通信的链路是无线的,无线信号本身是开放的,这就给非法用户的干扰和侦听带来了便利。还有阅读器与主机之间的通信也可能受到非法用户的攻击。针对RFID主要的安全攻击可以简单地分为主动攻击和被动攻击两种类型。

1) 主动攻击

(1) 获得的射频标签实体,通过物理手段在实验室环境中去除芯片封装,使用微探针获取敏感信号,从而进行射频标签重构的复杂攻击。

(2) 通过软件,利用微处理器的通用接口,通过扫描射频标签和响应读写器的探寻,寻求安全协议和加密算法存在的漏洞,进而删除射频标签内容或篡改可重写射频标签内容。

(3) 通过干扰广播、阻塞信道或其他手段,构建异常的应用环境,使合法处理器发生故障,进行拒绝服务攻击等。

2) 被动攻击

(1) 通过采用窃听技术,分析微处理器正常工作过程中产生的各种电磁特征来获得射频标签和读写器之间或其他RFID通信设备之间的通信数据。

(2) 通过读写器等窃听设备跟踪商品流通动态。主动攻击和被动攻击都会使RFID应用系统面临巨大的安全风险。主动攻击通过软件篡改标签内容,以及通过删除标签内容及干扰广播、阻塞信息等方法来扰乱合法处理器的正常工作,影响RFID系统的正常使用。尽管被动攻击不改变射频标签的内容,也不影响RFID系统的正常工作,但它是获取RFID信息、个人隐私和物品流通信息的重要手段,也是RFID系统应用的重要安全隐患。

在RFID安全认证协议中,可以分为静态ID和动态ID。所谓静态ID是指在安全认证过程中标签ID不改变,这次通信与下次通信记录在标签中的ID相同。动态ID正如其名,在一次认证成功结束后,标签会依据协议修改标签内存储的ID,下次通信使用新的ID号。

针对动态ID认证有一种特殊的攻击——去同步攻击。在去同步攻击中,攻击者在读写器和标签通信过程中,通过拦截、修改、转发等手段使读写器和标签对当前认证过程判断不一致,达到使数据库和标签中存储ID不一致的后果。一旦被去同步攻击成功,正常的标签和读写器、数据库之间无法成功认证。

8.2.2 RFID安全技术

1. 物理层安全

使用物理方法来保护RFID系统安全性的方法主要有如下5类:封杀标签法(Kill Tag)、裁剪标签法(Sclipped Tag)、法拉第罩法(Faraday Cage)、主动干扰法(Active Interference)

和阻塞标签法(Block Tag)。这些方法主要用于一些低成本的标签中,因为这类标签有严格的成本限制,因此难以采用复杂的密码机制来实现标签与读写器之间的通信安全。

1) 封杀标签法

封杀标签的方法是在物品被购买后,利用协议中的kill指令使标签失效,这是由标准化组织Auto. IDCenter提出的方案。它可以完全杜绝物品的ID号被非法读取,但是该方法以牺牲RFID的性能为代价换取了隐私的保护,使得RFID的标签功能尽失,是不可逆的操作,如顾客需要退换商品时,则无法再次验证商品的信息。把电子标签杀死或在购买产品后将其丢弃并不能解决RFID技术所有的隐私问题,更何况电子标签在出售后对消费者来说还有很多用处,所以简单的执行kill命令的方案并不可行。

2) 阻塞标签

阻塞标签法也称为RSA软阻塞器,内置在购物袋中的标签,在物品被购买后,禁止读写器读取袋中所购货物上的标签。EPCglobal第二代标准具有这项功能。阻塞标签法基于二进制树查询算法,它通过模拟标签ID的方式干扰算法的查询过程。阻塞标签可以模拟RFID标签中所有可能的ID集合,从而避免标签的真实ID被查询到。该方法也可以将模拟ID的范围定为二进制树的某子树,子树内的标签有固定的前缀,当读写器查询标签ID的固定前缀时,阻塞标签不起作用。当查询到固定前缀的后面几位时,通过模拟标签ID来干扰算法的查询过程。通过这种方式,选择性阻塞标签可以用于阻止读写器查询具有任意固定前缀的标签。阻塞标签法可以有效地防止非法扫描,最大的优点是RFID标签基本上不需要修改,也不用执行加解密运算,减少了标签的成本,而且阻塞标签的价格可以做到和普通标签价格相当,这使得阻塞标签可以作为一种有效的隐私保护工具。但是缺点是阻塞标签可以模拟多个标签存在的情况,攻击者可利用数量有限的阻塞标签向读写器发动拒绝服务攻击。另外,阻塞标签有其保护范围,恶意阻塞标签通过模拟标签ID能阻塞规定ID隐私保护范围之外的标签,从而干扰正常的RFID应用。

3) 裁剪标签法

IBM公司针对RFID的隐私问题,开发了一种"裁剪标签"技术,消费者能够将RFID天线扯掉或者刮除,大大缩短了标签的可读取范围,使标签不能被远端的读写器随意读取。IBM的裁剪标签法弥补了封杀标签法的短处,使得标签的读取距离缩短到1~2英寸,可以防止攻击者在远处非法的监听和跟踪标签。

4) 法拉第罩法

法拉第罩法根据电磁波屏蔽原理,采用金属丝网制成电磁波不能穿透的容器,用以放置带有RFID标签的物品。根据电磁场的理论,无线电波可以被由传导材料构成的容器所屏蔽。当将标签放入法拉第网罩内,可以阻止标签被扫描,被动标签接收不到信号不能获得能量,而主动标签不能将信号发射出去。利用法拉第网罩同时可以阻止隐私侵犯者的扫描。例如,当货币嵌入RFID标签以后,可以利用法拉第网罩原理,在钱包的周围裹上金属箔片,防止他人扫描得知身上所带的现金数量。此方法是一种初级的物理方法,比较适合体积小的RFID物品的隐私保护。但如果此方法被滥用,还有可能成为商场盗窃的另一种手段。

5) 主动干扰法

主动干扰法使用某些特殊装置干扰RFID读写器的扫描,破坏和抵制非法的读取过程。

主动干扰无线电信号是另一种屏蔽标签的方法。标签用户可以通过一个设备主动广播无线电信号用于阻止或破坏附近的 RFID 读写器的操作。主动干扰法使用比较麻烦,需要特定的无线电信号发射装置,此方法可以用于装载货物的货车,在途中可以避免攻击者非法读取车中的信息。但主动干扰实现成本比较高,不便于操作,如果其使用频率与周围的通信系统相冲突,或者干扰功率没有严格的限制,则可能影响正常的无线电通信及相关通信设备的使用。

6) 夹子标签(Clipped Tag)

夹子标签是公司针对 RFID 隐私问题开发的新型标签。消费者能够将 RFID 天线扯掉或者刮除,缩小标签的可阅读范围,使标签不能被随意读取。使用夹子标签技术,尽管天线不能再用,阅读器仍然能够近距离读取标签(当消费者返回来退货时,可以从 RFID 标签中读出信息)。

7) 假名标签(Tag Pseudonyms)

给每个标签一套假名 P1,P2,…,Pn,在每次阅读标签的时候循环使用这些假名,这就是假名标签。它实现了不给标签写入密码,只简单改变它们的序号就可以保护消费者隐私的目的。但是,攻击者可以反复扫描同一标签,从而迫使它循环使用所有可用的假名。

8) 天线能量分析(Antenna-Energy Analysis)

Kenneth Fishkin 和 Sumit Roy 提出了一个保护隐私的系统,该系统的前提是合法阅读器可能会相当接近标签(如一个收款台),而恶意阅读器可能离标签很远。由于信号的信噪比随距离的增加迅速降低,所以阅读器离标签越远,标签接收到的噪声信号越强。加上一些附加电路,一个 RFID 标签就能粗略估计一个阅读器的距离,并以此为依据改变它的动作行为:标签只会给一个远处的阅读器很少的信息,却告诉近处的阅读器自己唯一的 ID 信息等。但是更狡猾、多层次的攻击方式也可能成功,因为随着阅读器离标签距离的减小,标签会提供给阅读器越来越多的信息。

2. RFID 协议层安全

与基于物理方法的硬件安全机制相比,基于密码技术的软件安全机制受到人们更多的青睐。其主要研究内容是利用各种成熟的密码方案和机制来设计和实现符合 RFID 安全需求的密码协议。这已经成为当前 RFID 安全研究的热点。目前,已经提出了多种 RFID 安全协议,例如 Hash-Lock 协议、随机化 Hash-Lock 协议和 Hash 链协议等。下面对其进行简单的介绍。

1) Hash-Lock 协议

Hash-Lock 协议是由 Sarma 等人提出的。为了避免信息泄露和被追踪,它使用 metaID 来代替真实的标签 ID。该协议中没有 ID 动态刷新机制,并且 metaID 也保持不变,ID 是以明文的形式通过不安全的信道传送,因此 Hask-Lock 协议非常容易受到假冒攻击和重传攻击,攻击者也可以很容易地对 Tag 进行追踪。

2) 随机化 Hash-Lock 协议

随机化 Hash-Lock 协议由 Weis 等人提出,它采用了基于随机数的询问—应答机制。在该协议中,认证通过后的 Tag 标识 I 队仍以明文的形式通过不安全信道传送,因此攻击者可以对 Tag 进行有效的追踪。同时,一旦获得了 Tag 的标识,攻击者就可以对 Tag 进行假冒。该协议也无法抵抗重传攻击。不仅如此，每一次 Tag 认证时，后端数据库都需要将所有 Tag 的标识发送给阅读器，二者之间的数据通信量很大。所以，该协议不仅不安全，也不实用。

3）Hash 链协议

本质上，Hash 链协议也是基于共享秘密的询问—应答协议。但是，在 Hash 链协议中，当使用两个不同杂凑函数的阅读器发起认证，Tag 总是发送不同的应答。在该协议中，Tag 成为了一个具有自主 ID 更新能力的主动式 Tag。同时，Hash 链协议是一个单向认证协议，只能对 Tag 身份进行认证，不能对阅读器身份进行认证。Hash 链协议非常容易受到重传和假冒攻击。此外，每一次 Tag 认证发生时，后端数据库都要对每一个 Tag 进行一次杂凑运算。因此其计算载荷也很大。同时，该协议需要两个不同的杂凑函数，也增加了 Tag 的制造成本。

4）基于杂凑的 ID 变化协议

基于杂凑的 ID 变化协议与 Hash 链协议相似，每一次回话中的 ID 交换信息都不相同。系统使用了一个随机数 R 对 Tag 标识不断进行动态刷新，同时还对 TID(最后一次回话号)和 LST(最后一次成功的回话号)信息进行更新，所以该协议可以抵抗重传攻击。但是，在 Tag 更新其 ID 和 LST 信息之前，后端数据库已经成功地完成相关信息的更新。如果在这个时间延迟内攻击者进行攻击(例如，攻击者可以伪造一个假消息，或者干脆实施干扰使 Tag 无法接收到该消息)，就会在后端数据库和 Tag 之间出现严重的数据不同步问题，这也就意味着合法的 Tag 在以后的回话中将无法通过认证。也就是说，该协议不适合使用分布式数据库的普适计算环境，同时存在数据库同步的潜在安全隐患。

5）数字图书馆 RFID 协议

David 等提出的数字图书馆 RFID 协议使用基于预共享秘密的伪随机函数来实现认证。到目前为止，还没有发现该协议具有明显的安全漏洞。但是，为了支持该协议，必须在 Tag 电路中包含实现随机数生成以及安全伪随机函数两大功能模块。故而该协议完全不适用于低成本的 RFID 系统。

6）分布式 ID 询问—应答认证协议

Rhee 等人提出了一种适用于分布式数据库环境的 RFID 认证协议，它是典型的询问—应答型双向认证协议。到目前为止，还没有发现该协议有明显的安全漏洞或缺陷。但是，在本方案中，执行一次认证协议需要 Tag 进行两次杂凑运算。Tag 电路中自然也需要集成随机数发生器和杂凑函数模块，因此它也不适合低成本 RFID 系统。

7）LCAP 协议

LCAP 协议也是询问—应答协议，但是与前面的同类其他协议不同，它每次执行之后都要动态刷新 Tag 的 ID。与基于杂凑的 ID 变化协议的情况类似，Tag 更新其 ID 之前，后端数据库已经成功完成相关 ID 的更新。因此，LCAP 协议也不适用于分布式数据库的普适计算环境，同时也存在数据库同步的潜在安全隐患。

8）再次加密机制(Re-encryption)

RFID 标签的计算资源和存储资源都十分有限，因此极少有人设计使用公钥密码体制的 RFID 安全机制。到目前为止，公开发表的基于公钥密码机制的 RFID 安全方案只有两个：Juels 等人提出的用于欧元钞票上 Tag 标识的建议方案；Golie 等人提出的可用于实现

RFID 标签匿名功能的方案。

8.3 传感器网络安全

本节将介绍传感器网络结构,传感器网络安全威胁,传感器网络安全防护手段和传感器网络典型安全技术。

8.3.1 传感器网络结构

传感器网络是物联网的重要组成部分。它将智能节点感知信息(温度、湿度和图像等)自行组网传递到上层网关接入点,由网关将收集到的感应信息通过网络层提交到后台处理。无线传感器网络将逻辑上的信息世界和客观上的物理世界融合在了一起,从根本上改变了人与自然的交互方式。将无线传感器网络和现有的网络进行融合,将极大地增强人类认识世界的能力。无线传感器网络在军事、环境监测、智能家居、医疗护理、智能交通、物流、抗震救灾、煤矿安全监测等方面都显示出了巨大的潜在应用价值。

1. 传感器体系结构

在实际应用中,无线传感器网络结构如图 8-2 所示。监控区域内的节点对感兴趣的数据进行采集、处理、融合,并通过主节点(接收器 Sink)路由到基站,用户可以通过卫星或因特网进行查看、控制整个网络。典型的异构型结构如图 8-2 所示:传感器节点自组织成子网,每个子网通过网关同数据库中心连接,终端用户通过数据中心对各个子网进行监控。

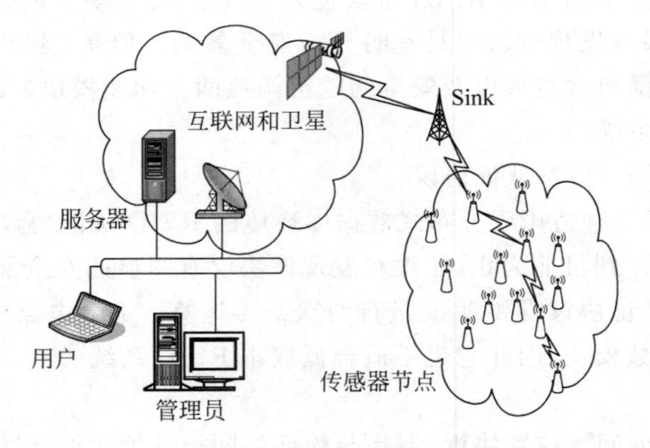

图 8-2 无线传感器网络体系结构

2. 传感器节点结构

传感器节点由传感器模块、处理器模块、无线通信模块和能量供应模块 4 部分组成,如图 8-3 所示。

传感器模块负责监测区域内信息的采集和数据转换;处理器模块负责控制整个传感器节点的操作,存储和处理本身采集的数据以及其他节点发来的数据;无线通信模块负

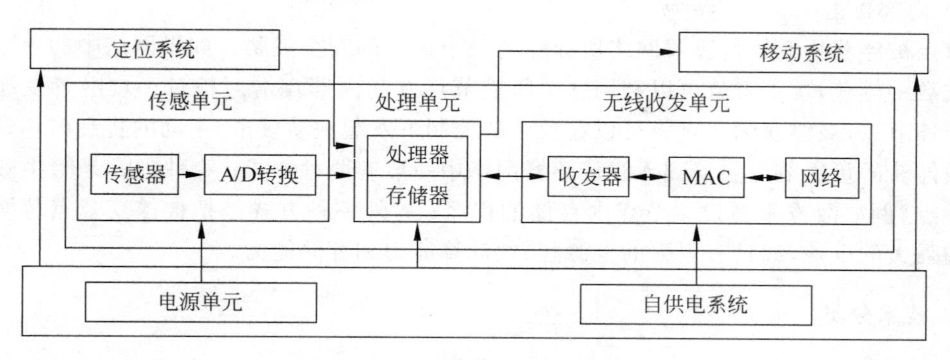

图 8-3 传感器节点的结构

责与其他传感器节点进行无线通信，交换控制信息和收发采集数据；能量供应模块为传感器节点提供运行所需的能量，通常采用微型电池。由于传感器节点采用电池供电，一旦电能耗尽，节点就失去了工作能力。为了最大限度地节约电能，在硬件设计方面，尽量采用低功耗器件，在没有通信任务的时候切断射频部分电源；在软件设计方面，各通信协议都应该以节能为中心，必要时可以牺牲一些其他的网络性能指标，以获得更高的电源效率。

随着无线传感器网络技术的不断发展，应用范围的不断扩大，传感器节点的处理能力日趋增强，通过传感器收集和处理的数据也越来越多，迫切需要保证节点间信息传输的安全。因此，无线传感器网络的安全应用也成为一个技术热点。下面首先介绍无线传感器网络，接着分析无线传感器网络所面临的安全威胁，得出无线传感网络的主要安全问题，从而总结无线传感网络的安全目作为无线传感器网络安全研究的主要依据。

8.3.2 传感器网络安全威胁分析

1. 应用分类

针对无线传感器网络应用，可将其安全威胁大致分为外部攻击和内部攻击两类。

1）外部攻击

外部攻击是攻击者未被授权的加入传感器网络中的攻击方式。由于传感器网络的通信采用无线信道，一个被动攻击者可以在网络的无线频率范围内轻易地窃听信道上传送的数据，从而获取隐私或者机密信息。另外，敌手也可以篡改或者欺骗数据包，从而伪造通信中的认证信息或者注入大量的垃圾包阻塞网络。另一种外部攻击是攻击者直接破坏传感器节点，使之失效，从而攻击者可以替代该失效节点向网络中重放数据包消耗接收节点所有的电源能量。当然，并不是节点失效的所有原因都是因为敌手的攻击破坏，自然的电源耗尽或者恶劣的天气状况也可能导致节点的失效。虽然敌手破坏和自然失效有区别，但是在网络中区分这两种情况哪种是由外部攻击造成的是很困难的，况且两种情况的失效都会导致网络拓扑的动态变换，也会对网络的安全性产生影响。

2）内部攻击

节点被俘获是无线传感器网络所面临的一个最大的安全威胁。如果网络中的一个节点一旦被敌手俘获，攻击者就可以利用这个叛逆节点发起内部攻击。相对于攻击者发起被动攻击破坏节点，被俘获的节点将可以在敌手的控制下发起主动攻击，主动的扰乱破坏整个网络。被俘获的叛逆节点隐秘到无线传感器网络中一般有两种方式：一种方式是暗中破坏传感器节点，例如敌方重新设置节点内存储的程序；另外一种方式是把被俘获节点替换为功能更加强大的设备，如具有更强的电源能量、计算能力和存储能力。

2. 技术分类

由于无线传感器网络规模大，但是节点自身的能力有限（包括计算、传输、存储和供能都非常有限），并不是所有的传感节点都能与基站直接进行通信，离基站较远的传感节点所发送的信息必须经过中间节点的转发才能到达基站。无线传感器网络可能遭遇的攻击类型多种多样，按照网络模型划分，主要面临的威胁如下：

1）物理层攻击

物理攻击主要集中在物理破坏、节点捕获、信号干扰、窃听和篡改等。攻击者可以通过流量分析，发现重要节点如簇头、基站的位置，然后发动物理攻击。

（1）信号干扰和窃听攻击。因为采用无线通信，低成本的传感器网络很容易遭受信号干扰和窃听攻击。

（2）篡改和物理破坏攻击。由于传感器节点分布广、成本低，很容易物理损坏或被捕获，因此一些加密密钥和机密信息就可能被破坏或泄露，攻击者甚至可以通过分析其内部敏感信息和上层协议机制，破解传感器网络的安全机制。

（3）仿冒节点攻击。因为很多路由协议并不认证报文的地址，所以攻击者可以声称为某个合法节点而加入网络，甚至能够屏蔽某些合法节点，替它们收发报文。

2）链路层安全威胁

链路层比较容易遭受 DoS 攻击，攻击者可以通过分析流量来确定通信链路，发动相应攻击，如对主要通信节点发动资源消耗攻击。

（1）链路层碰撞攻击。数据包在传输过程中不能够发生冲突，只要有一个字节的数据发生冲突，那么整个数据包都会被丢弃，这种冲突在链路层协议中称为碰撞。攻击者通过花费很小的代价可实行链路层碰撞攻击。例如发送一个字节的报文破坏正在传送的正常数据包，从而引起接受方校验和出错，进而在一些 MAC 协议中认为链路层碰撞，引发指数退避机制，造成网络延迟，甚至瘫痪。

（2）资源消耗攻击。攻击者发送大量的无用报文消耗网络和节点资源，如带宽、内存、CPU 和能量等。例如不间断攻击用，攻击者不停发送报文，使得节点的电源很快耗尽，从而达到 DoS 攻击效果。

（3）非公平竞争。如果网络通信机制中存在优先级控制，则被俘节点或恶意节点就可以通过不断发送高优先级的数据包占据信道，从而使得其他节点在通信过程中不能够获得信道。

3）网络层的安全威胁

（1）虚假路由攻击。通过欺骗、篡改或重发路由信息，攻击者可以创建路由循环，引起或抵制网络传输，延长或缩短源路径，形成虚假错误消息，分割网络，增加端到端的延迟等。

（2）选择性地转发。恶意性节点可以概率性地转发或者丢弃特定消息，使数据包不能到达目的地，导致网络陷入混乱状态。当攻击者在数据传输路径上时，该攻击通常最为有效。

（3）Sinkhole槽洞攻击。攻击者的目标是尽可能地引诱一个区域中的流量通过一个恶意节点或已遭受入侵的节点，进而制造一个以恶意节点为中心的“接收洞”，一旦数据都经过该恶意节点，节点就可以对正常数据进行篡改，并能够引发很多其他类型的攻击。因此，无线传感器网络对Sinkhole攻击特别敏感。

（4）拒绝服务攻击。由于无线传感器网络是基于某一任务的合作团队，在无线传感器网络节点之间建立合作规则以达成默契，这需要彼此之间频繁地交换信息。攻击点可以以不同的身份连续向某一邻居发送路由或数据请求报文，使该邻居不停地分配资源以维持一个新的连接。由于无线传感器网络节点资源有限，这种攻击尤为致命。

（5）Sybil攻击。Sybil攻击是位于某个位置的单个恶意节点不断地声明其有多重身份（如多个位置等），通告给其他节点，使得它在其他节点面前具有多个不同的身份，事实上是不存在的，所有发往这些虚拟节点的数据都被恶意节点获得。Sybil攻击对于基于位置信息的路由算法很有威胁。

（6）Wormholes攻击。恶意节点通过声明低延迟链路骗取网络的部分消息并开凿隧道，以两个节点间貌似较短的距离来吸引路由，并在网络的其他区域中重放骗取到的消息。如图8-4所示，两个恶意节点之间有一个低延迟、高带宽的链路，其中一个恶意节点位于基站附近，这样较远处的那个恶意节点可以使周围节点相信自己有一条到达基站的高效路由，从而吸引周围的流量。虫洞攻击可以引发其他类似于Sinkhole攻击等，也可能与选择性转发或Sybil攻击结合起来。

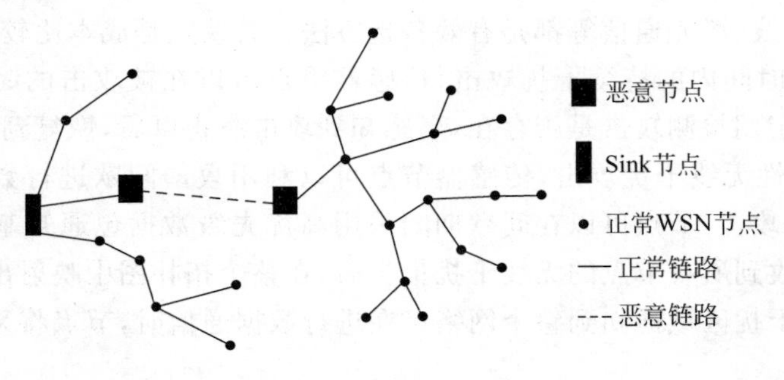

图8-4 Wormhole攻击

（7）HELLO洪泛攻击。攻击者使用足够大功率的无线设备广播HELLO包，使得网络中的每一个节点都认为攻击者是其直接邻居，并试图将其报文转发给攻击节点。由于一部分节点距离攻击节点相当远，加上传输能力有限，发送的消息根本不可能到达攻击节点而造成数据包丢失，从而使网络陷入一种混乱状态。

（8）确认欺骗。一些传感器网络路由算法依赖于潜在的或者明确的链路层确认。在确认欺骗攻击中，恶意节点窃听发往邻居的分组，并伪造链路层确认，使得发送者相信一条差的链路是好的或一个已死节点是活着的，而随后在该链路上传输的报文将丢失。

（9）被动窃听。攻击者可轻易地对单个甚至多个通信链路间传输的信息进行窃听，从而分析出传感信息中的敏感数据。另外，通过传感信息包的窃听，还可以对无线传感器网络中的网络流量进行分析，推导出传感节点的作用等。

4）传输层攻击

（1）洪泛攻击。攻击者通过发送很多连接确认请求给节点，迫使节点为每个连接分配资源以维持每个连接，以此消耗节点资源。

（2）重放攻击。攻击者截获在无线传感器网络中传播的传感信息、控制信息和路由信息等，对这些截获的旧信息进行重新发送，从而造成网络混乱、传感节点错误决策等。

8.3.3 传感器网络安全防护主要手段

就像所有计算机平台一样，确保传感器网络提供正常的服务功能是一个核心。这样的网络伴随着特定的安全需求，如机密性、完整性和真实性等，取决于特定的应用需求。然而，要达到这样的目标，对于传感器网络而言并非易事，其固有特征决定了在对抗来自于外部或内部的攻击时显得非常脆弱。一方面，传感器节点在计算能力、存储器大小、通信带宽和电池能量等方面资源严格受限；另一方面，它必须分布于要感知事件的周围而容易被物理地直接访问，并由于成本的因素而不容易实现。

1. 物理层防护手段

1）无线干扰攻击

根据攻击形式的不同，一些应对无线干扰攻击的办法如下：

（1）对于单频点的无线干扰攻击，使用宽频和跳频的方法比较有效。在检测到所在空间遭受到攻击后，网络节点将跳转到另外一个频率进行通信。

（2）对于全频长期持续无线干扰攻击，唯一有效的方法是转换通信模式。如切换到其他通信方式如红外线、激光通信等都是有效备选方法。其缺点是成本比较高。

（3）对于有限时间内的持续干扰攻击，传感器节点可以在被攻击的时候不断降低自身工作的占空比，并定期检测攻击是否存在，当感知到攻击终止以后，恢复到正常的工作状态。

（4）对于间歇性无线干扰攻击，传感器节点可以利用攻击间歇进行数据转发。如果攻击者采用的是局部攻击，节点可以在间歇期间采用高优先级数据包通知基站遭受到无线干扰攻击，基站在接收到所有节点的无线干扰报告后，在整个拓扑图中映射出受攻击地点的区域范围，并将无线干扰区域通知到整个网络。在进行数据通信时，节点将采取避让策略绕过无线干扰区域。

2）物理篡改攻击

对于物理篡改，需要采用更精细的保护机制，例如：

（1）增加物理损害感知机制，使得节点能够根据其外部环境的变化、收发数据包的情况以及一些敏感信号的变化，判断是否遭受物理侵犯。节点在感知到被破坏后，采用具体的策略，如销毁敏感数据、脱离网络、修改安全处理程序等，使攻击者不能正确分析系统的安全机制。

（2）对敏感信息进行加密存储。通信加密密钥、认证密钥和各种安全启动密钥需要严密的保护。攻击者通常采用静态分析系统非易失存储器的方法，因为对于攻击者而言，读取系统动态内存中的信息比较困难。因此，在实现时，敏感信息尽量存放在易失存储器上，如果必须要存储在非易失存储器上，则需先进行加密处理。

(3) 在实际应用中，对节点进行物理伪装和隐藏也是躲避物理破坏攻击的有效方法。

3) 仿冒节点攻击

造成仿冒攻击的根本原因是节点未能鉴别报文的来源。因此对付仿冒节点攻击的有效方法是网络各节点之间进行相互认证。对于节点的行为，首先要进行身份认证，确定为合法节点才能接收和发送报文。

2. 链路层攻击

1) 链路层碰撞攻击

针对碰撞攻击，可以采用以下几种处理方法：

(1) 纠错编码。纠错编码通过在数据包中增加冗余信息来纠正数据包中的错误位，通常采用 1 或 2 位纠错码。如果碰撞攻击者采用瞬间攻击，只影响个别数据位，那么使用纠错编码是有效的。

(2) 信道监听和重传机制。采用这种方法旨在降低碰撞的概率，节点在发送前先对信道随机监听一段时间，在预测信道一段时间为空闲的时候开始发送。对于有确认的数据传输协议，如果对方表示没有收到正确的数据包，则将数据重新发送一遍。

2) 资源消耗攻击

对抗资源耗尽攻击的常用方法如下：

(1) 限制网络发送速度，节点自动抛弃多余数据请求，但会降低网络效率。

(2) 在协议实现时制定一些策略，对过度频繁的请求不予理睬，或者限制同一个数据包的重传次数等。

3) 非公平竞争

这种攻击方式需要攻击者十分了解传感器网络的 MAC 层协议机制，并利用 MAC 层的协议进行攻击。解决方法通常有如下两种：

(1) 短包策略。不使用过长的数据包，缩短每包占用信道的时间。

(2) 不采用优先级策略或者弱化优先级差异，可以采用时分复用或者竞争的方式进行数据传输。

3. 网络层攻击防御手段

针对网络层各种威胁的解决方案如下。

1) 外部攻击的防御

(1) 对于 WSN 网络层的外部被动窃听攻击，可以采用加密报文头部或假名变换等方法隐藏关键节点的位置和身份，采用延时、填充等匿名变换技术实现信息收发的逻辑隔离，增大攻击者的逻辑推理难度。

(2) 对于 WSN 网络层的大部分外部主动攻击，如外部女巫、告知收到欺骗和 HELLO 洪泛攻击等，可以通过使用链路层加密和认证机制来防御。攻击者由于不知道密钥，不能解密，因而无法篡改数据包。由于无法计算正确的消息认证码，因而攻击者的数据包不能通过认证，从而被阻挡在网络之外。

(3) 由于虫洞和 HELLO 洪泛攻击方式不对数据包内部做任何改动，因而尽管攻击者被阻挡在网络之外，以上链路层的加密和认证机制仍旧对这两种攻击收效甚微，采用单纯应用密码学知识不能完全抵御这类破坏。

2）内部攻击的防御

对于内部攻击者或妥协节点而言，使用全局共享密钥的链路层安全机制毫无作用。内部攻击者可以通过哄骗或注入虚假信息、创建槽洞、选择转发数据包或使用内部女巫攻击或广播 HELLO 消息等方式攻击网络，需考虑采用其他机制抵御这些攻击。以下逐一进行讨论：

(1) Sybil 攻击的防御。节点身份确认是抵御女巫攻击的有效手段。一个方法是令节点间的共享密钥与节点的特有属性信息（如节点位置信息等）相关联，攻击节点由于只具有它所妥协节点的特有属性信息，因此其伪造身份将不会通过认证。另一个方法是令每个节点都与可信任的基站共享唯一的对称密钥，两个需要通信的节点可以使用类似 Needham. Schroeder 协议确认对方身份和建立共享密钥，相邻节点可通过协商的密钥实现认证和加密链路。为了防止一个内部攻击者试图与网络中的所有节点建立共享密钥，基站可以给每个节点设置一个邻居节点数目限制。

(2) HELLO 洪泛攻击的防御。对于该攻击的一个可能的解决办法是通过信任基站，使用身份确认协议认证每一个邻居的身份，并且基站限制节点的邻居个数，当攻击者试图发起 HELLO 洪泛攻击时，必须被大量邻居认证，这将引起基站的注意。

(3) Wormholes 和 Sinkhole 的防御。防御这两种攻击十分困难，尤其是两者联合发起的时候。虫洞攻击者使用一个超出频率范围的、私有的、对传感器网络不可见的信道，因而虫洞攻击难以察觉；槽洞攻击对于那些基于竞争条件（如剩余能量、估计端到端的可靠度等）进行路由的协议而言很难防御。地理路由协议能够抵御虫洞和槽洞攻击。协议中节点之间按需形成地理位置拓扑结构，每个节点都保持自己绝对或是彼此相对的位置信息，当虫洞攻击者妄图跨域发起攻击时，局部节点能够通过彼此之间的拓扑信息来将其识破。另外，由于流量自然的流向基站的物理位置，别的位置很难吸引流量，因而不能创建槽洞。此外，安全定位技术也是检测虫洞攻击的一种有效方法。

(4) 选择性转发攻击的防御。选择性转发攻击是无线传感器网络中常见而又威胁极大的一种攻击。只要网络中有妥协节点存在，就可能引发选择转发攻击。冗余的多路径、多跳确认以及基于信任管理机制的测评方法等能够抵御此类攻击。

4. 传输层的安全威胁

1）洪泛攻击

(1) 限制连接数量和客户端谜题的方法进行抵御。要求客户成功回答服务器的若干问题后再建立连接，它的缺点是要求合法节点进行更多的计算、通信和消耗更多的能量。

(2) 入侵检测机制。引入入侵检测机制，基站限制这些泛洪攻击报文的发送。如规定在一定时间内，节点发包数量不能超过某个阈值。

2）重放攻击

可以通过对数据包赋予时效性来抵御重放攻击，在加密的数据包里添加时间戳或者通过报文鉴别码 MAC 对所有报文（传输协议中包头的控制部分）进行鉴别，发现并防止攻击者通过伪造报文来破坏同步机制。

8.3.4 传感器网络典型安全技术

本节详细分析传感器网络密钥算法、安全协议、密钥管理、身份认证、安全路由、入侵检测、DoS攻击、访问控制等技术。

1. 传感器网络加密技术

加密是一种基本的安全机制，它把传感器节点间的通信消息转换为密文，形成加密密匙，这些密文只有知道解密密匙的人才能识别。在许多应用场合，敏感数据在传输过程中需要加密。然而，由于传感器节点的内存、计算、能量和带宽的限制，不能使用一些典型但计算过于复杂或由于加密导致密文过长的数据加密算法。本章接下来将讨论一些适合传感器网络的典型数据加密算法方法，并对它们进行适当的分析。

1）对称密钥加密算法

（1）TEA加密算法。DavidJ. Wheeler等人提出了一种微型加密算法（Tiny Encryption Algorithm，TEA）。该对称分组加密算法采用迭代、加减而不是异或操作来进行可逆操作，它是一种Feistel类型的加密算法。Shauang Liu等人在传感器Mote上进行实验，在实验设定的不同频率发包下，使用TEA算法使得发送消息包时间间隔平均增加了43%。TEA算法的优点是至今未能破解密文、占用极小的内存和计算资源。它的一个缺陷是在每64位组内，当第32位及64位一同发生改变时，TEA算法无法检测到这种变化。另外，它的安全性还没经过严密的安全审查。

（2）RC5，RC6加密算法。RC5是1994年由MIT的RonaldL. Rivest等人提出的一种快速对称加密算法。使用加法、异或和循环左移三个基本操作实现加密。它的特点是适合硬件和软件实现、快速、可变块长、可变长度密钥、简单高安全性和使用依赖于数据的循环移位等。该算法中循环移位是唯一的线性部分，与数据相关循环移位运算将使得线性和差分密码分析更加困难。RC6算法是在RC5算法基础之上针对RC5算法中的漏洞，通过引入乘法运算来决定循环移位次数的方法，对RC5算法进行了改进，提高了RC5算法的安全性。然而RC6算法相对复杂，执行效率也远比RC5算法低。AdrianPerrig等人在传感器网络安全协议SPINS中，采用RC5子集、裁剪代码等方法，使得代码量减少了40%，并在BerkeleySrnartDust实现了该算法。该算法的优点是安全性高。它的缺点是相对传感器网络来说资源耗费比较大。另外，Perrig等人的改写算法还需要进一步实践证明；并且RC5本身也容易受到暴力攻击；RC5需要计算初始计算密钥，将浪费额外的节点RAM字节数。

2）非对称密钥加密算法

（1）RSA。RSA公钥算法是第一个比较完善的公开密钥算法，它既能用于加密，也能用于数字签名。RSA方案自在1978年首次公布之后，已经经受了多年深入的密码分析，虽然密码分析者不能证明也不能否定RSA的安全性，但这恰恰说明了该算法有一定的可信度。RSA方案目前已经得到了广泛的应用，在公钥加密算法中是比较流行的。由于RSA是最容易理解和实现的，也由于RSA的地位，有必要研究一下这个算法。

RSA的安全是基于大数分解的难度，是一种分组加密方法。其公开密钥和私人密钥是一对大素数（100～200个十进制数或是更大）的函数。从一个公开密钥和密文中恢复出明文的难度等价于分解两个大素数之积。

为了产生两个密钥，选取两个大素数 p 和 q。为了获得最大程度的安全性，两数的长度一样。计算乘积：$n=p\times q$。

然后随机选取加密密钥 e，使 e 和 $(p-1)(q-1)$ 互素。最后用欧几里德扩展算法计算解密密钥 d，以满足 $ed=1(\mathrm{mod}(p-1)(q-1))$。

$d=e^{-1}\mathrm{mod}((p-1)(q-1))$，其中 d 和 n 也互素。e 和 n 是公开密钥，d 是私人密钥。两个素数 p 和 q 不再需要，它们应该被舍弃，但绝不可泄露。

(2) Diffe-Huffman。Diffe-Huffman 算法是基于离散对数计算的困难性。

(3) 椭圆曲线密码算法(ECC)。椭圆曲线密码算法是由 NeilKoblitz 和 VictorMiller 两位学者分别在 1985 年提出的。RSA 系统中需要使用 1024 位的模数才能达到的安全等级，椭圆曲线密码算法只需要 160 位模数即可，且传送密文和签名所需要的频宽较少，现已经列入 IEEE 1363 标准。

许多研究者正尝试着在传感器节点上实现公钥运算。Gum 等在 8 位微控制器上实现 ECc 和 RSA 并比较它们的性能。DavidJ. Malan 等人第一次在传感器 MICA2Mote 上实现了 RSA 公钥加密——椭圆曲线加密。RonaldWatro 等人也在 TinyPk 中使第三方节点加入传感器网络时可以安全地传输会话密钥给第三方，采用了 RSA 加密和 Diffie-Hellman 密钥交换。此外，由于基站的资源限制较少，因此在基站中多采用 PKI 技术进行传感器节点的身份认证。Benenson 等基于 EccM 库设计用户认证协议，并在 TelosB 节点上实现，但是认证需要几分钟。Sizzle 使用 ECC 将标准的 SSL 在传感器网络中实现。现有传感器网络访问控制主要是基于公钥体制。HaodongW 等提议基于椭圆曲线密码的传感器网络访问机制。

随着技术的进步，传感器节点的能力也越来越强。原先被认为不可能应用的密码算法的低开销版本开始被接受。低开销的密码算法依然是传感器网络安全研究的热点之一。

2. 网络密钥管理技术

密钥管理是传感器网络的安全基础。密钥管理的目的是确保密钥的安全性(真实性和有效性)，但是由于无线传感器网络的特性如无线多跳通信、大规模分配在未被保护/敌对区域、资源受限、节点容易被捕获等，使得传统 Internet 网络或移动 AdHoc 网络的密钥管理机制很难直接应用于传感器网络。因此，密钥管理已成为目前传感器网络安全研究的一个重要组成部分。

传感器网络密钥管理的目标是在所有需要安全数据交换的节点间建立共享密钥，并且支持新加入的传感器节点能与网络中其他节点建立共享密钥，以及能比较方便地在网络中更新密钥、撤销已经或可能泄露的密钥(如传感器节点被捕俘或失效时，可能泄露密钥)。此外，密钥管理还需保证未通过认证的节点不能和网络节点建立通信链路，对网络性能影响尽可能小等。简单地说，传感器网络密钥管理研究主要考虑的因素包括：

(1) 机制能安全地分发密钥给传感器节点；

(2) 共享密钥发现过程是安全的，能防止窃听、仿冒等攻击；

(3) 部分密钥泄露后对网络中其他正常节点的密钥安全威胁不大；

(4) 能安全和方便地进行密钥更新和撤销；

(5) 密钥管理机制对网络的连通性、可扩展性影响小，网络资源消耗少等。

密钥管理机制研究的一般前提假设是传感器网络资源十分有限；传感器节点部署在未被保护或敌对区域，容易被捕获而泄露密钥；传感器节点部署前，不能预知节点的周边环境和精确位置。

目前针对无线传感器网络提出的密钥管理机制主要有：

1）基于公开密钥的密钥管理

DavidJ. Malan 等人提出了基于椭圆曲线的密钥管理机制。在 MICA2 平台上，它能在 34s 内产生公钥和完成私钥分发。RonaldWatro 等人在 TinyPk 中设计实现了基于 PKI 技术的加密协议，该协议使得第三方加入传感器网络时，可以安全地传输会话密钥给第三方。其过程如下：传感器在收到第三方发来的消息包时，用预分配的 CA 公钥鉴别该包，如果成功，抽取消息包的第一部分即第三方自己的公钥 PK，随后抽取消息包的第二部分即时间戳和校验和，一旦通过验证，第三方成功被认为是被授权的实体。然后，传感器节点用第三方的公钥 PK 对会话密钥和时间戳进行加密后送回第三方，如果第三方用自己的私钥解密后发现这个时间戳是它发送的，就保存这个会话密钥供将来和传感器网络通信使用。TinyPk 实现了基于 PKI 技术的传感器网络与第三方网络的认证通信，节点抗捕获性能和网络扩展性较好。其缺点是对第三方的私钥被捕获没有提供机制来进行检测发现。另外，这些基于公钥的密钥管理因为消耗资源大，并不适合一些资源紧张的传感器网络使用。

2）基于随机密钥预分配的密钥管理

随机密钥分配方案是 Esehenauer 和 Gligor 最早提出的。他们首先提出了随机密钥预分配机制。在密钥预分配时，从含有 n 个密钥的密钥池中随机取出 m 个密钥并组成密钥环分配给每个传感器节点。在给定的 m,n 值下，任意一对节点之间以 p 的概率共享至少一个密钥。部署后启动密钥发现机制，每个节点对预分配的密钥 ID 信息进行广播，邻居收到后，直接在自己的密钥环中找到匹配的共享密钥。Esehenauer 和 Gligor 把密钥管理分成三个阶段，即密钥预分布、共享密钥发现和路径密钥建立阶段。

这种方法的优点是实现了端到端的加密，并且很容易在新节点加入时进行密钥分配。缺点是攻击者能根据窃听到的密钥 ID 和捕获的密钥，构造出一个优化的密钥集合，这就可能造成整个网络的密钥失效。解决方法是通过每个节点发送一个由 m 个谜语组成的信息（密钥环中一个密钥对应一个谜语）给邻居节点，邻居节点在正确回答谜语后，认定是合法节点，并发现和建立共享对密钥。在共享对密钥建立后，形成一张安全链路连接图。对于节点间的通信，可以在图中发现一条路径，使用路径密钥保证从源节点到目的节点的通信安全。由于概率建立连接，该图可能不是全联通的，如果传感器网络检测到不联通，传感器节点可通过增加发射功率，扩大信号覆盖范围或通过其他中间节点协助建立共享密钥来进行联通。该方法的代价是需要消耗更多的节点资源。

q-composite 随机密钥预分配机制是对随机密钥分配模型的一种改进。它在密钥预分配时要求两个节点密钥环中至少有 q 个密钥相同才能建立共享密钥。该机制使得攻击者构造优化的密钥集合进行攻击更加困难。尽管 q 的增加使得安全性提高了，但是在给定的概率 p 和传感器节点的物理资源（如内存）限制下，q 的增加必然使得密钥池的密钥总数减少，对于攻击者来说，捕获的密钥将是一个很大的密钥池样本。于是产生了一个对 q 的优化问题，以使得网络安全最大化。实验证明，q-composite 随机密钥预分配机制对于小规模的攻击有很好的抵抗性，但大规模的攻击将大大减少网络的安全性，幸运的是大规模攻击是昂贵并容易被检测到的。相比较而言，q-composite 随机密钥预分配机制具有更高的安全性。

3）基于密钥分类的密钥管理

SeneunZhu 等人在 LEAP 中，根据不同类型的信息交换需要不同的安全要求（如路由信息广播无须加密，而传感器送到基站的信息必须加密等），提出了每个节点应该拥有 4 种不同类型的密钥：和基站共享的密钥 K_s、与其他节点共享的对密钥 K_p 和邻居节点共享的簇密钥 K_c，以及与所有节点共享的密钥 K_g。对于基站共享的密钥 K_s，LEAP 建议采用计算开销比较小的伪随机函数，并预先装入到各个节点中。在部署对密钥 K_p 时，通过预先分配的 K_s，K_s 派生出主密钥 K_m 以和时间戳对邻居节点进行认证后建立对密钥。建立对密钥的好处是当节点被捕获时，不会影响其他没有和捕获节点有相同对密钥的节点的安全，这样就可以把安全威胁局限于网络的很小范围内。在建立对密钥后，就可以用对密钥加密直接建立簇密钥 K_c。有两种方法分发所有节点共享的密钥 K_g。方法一是基站用自己的簇密钥加密，然后广播，其他节点收到后解密得到，然后再用自己的密钥加密后再广播，依此类推。方法二是预先分配 K_g。

这两种方法都有缺点，前者中由于每个节点加密，解密使得计算和通信量较大，耗费了资源。后者如果一个节点的 K_g 被捕获的话，不得不更新 K_g。更新 K_g 时，可以利用 K_s 对 K_g 加密，分发 K_g。不幸的是，由于通信和计算代价随着网络的扩大而线性增加，因此这种方法限制了网络的伸缩性。另外，LEAP 建议使用簇密钥来加密广播消息，避免了用对密钥加密阻止其他节点的被动参与问题。作者没有提出轻量级的协议来对付内部攻击。该机制也不能防止欺骗，篡改和回放攻击。采用对密钥可以防止 Sybil 攻击，但是不能防止 Sinkhole 攻击。对几类密钥机制的性能分析如下：

(1) 基站和各节点分别共享一个独一无二的密钥，作为各节点和基站之间通信数据的认证加密密钥。在传感器节点部署后，基站作为第三方认证双方建立密钥。该方法假设一个节点和基站之间能可靠传递信息，并且在节点对密钥建立前能安全通信。该假设的问题是实现比较困难。尽管可采用泛洪的方法，少数恶意节点不能阻止节点和基站间的通信，但是泛洪却使得网络的规模受限。该密钥机制的优点是内存消耗量小；能有效对抗节点捕获，即使节点被捕获而泄露密钥，也不会影响到其他传感器节点的安全通信；撤销节点密钥简单，因为每个节点的安全链路被存储在基站，如果基站发现一个节点的安全链路数很多，可以认定该节点被捕获了，因此节点复制攻击容易得到控制。它的主要缺点是通信开销较高，不利于网络扩充。另外，基站是一个重要的攻击目标，而且通信瓶颈问题更加突出。

(2) 整个网络共享一个密钥并附加报文鉴别码。这种机制消耗传感器节点的最小内存，能在一定程度上阻止 DoS 攻击和报文的篡改。它的主要缺点是一个节点被捕获就会导致整个网络的密钥泄露。

(3) 任意节点间共享对密钥机制。对一个含 n 个节点的网络来说，为了任意两个节点能进行通信，共需 $n(n-1)/2$ 个对密钥，每个节点需要存储 $n-1$ 个对密钥。对密钥的优点是很好地降低了节点被捕获对整个网络的安全威胁；撤销对密钥也比较容易；使用对称密钥能有效防止 DoS 攻击。缺点是网络的扩展性不好；增加新节点时，密钥分配比较麻烦；另外阻止了其他节点对广播信息的被动参与。

(4) 簇密钥机制。使用簇密钥来加密广播消息，避免了用对密钥认证而阻止节点的被动参与问题。

4）基于位置的密钥管理

DonggangLiu 等提出了一种用于静态传感器网络的基于位置的密钥安全引导方案。该方案是对随机密钥对模型的一个改进方案，它基于位置的对密钥分配中提出了位置最近对密钥预分配机制和基于双变量多项式的位置对密钥分发机制。DonggangLiu 等分析指出该算法在相同的网络规模、相同的密钥对存储容量的情况下提高了两个邻接节点具有相同密钥对的概率，同时该算法提高了网络抗击被俘威胁的能力。

最近对密钥预分配机制的基本思想是对一个节点认为部署后位置最近的 c 个节点（c 的大小由节点的内存大小决定）进行预分配对密钥。前提假设是部署前，两个事先认为位置较近的节点在部署后以较高的概率部署在相互有效的信号通信范围内。如果部署后，两个相邻节点 u,v 没有对密钥，就通过各自的邻居传感器网络认证传感器网络认证技术主要包含内部实体之间认证，网络和用户之间认证和广播认证。

节点 i 建立会话密钥（假设 u,i 和 v,i 有对密钥），然后用会话密钥加密建立 u,v 的对密钥。在预分配中用伪随机函数产生对密钥，并且对相邻节点 u,v 分为主节点和副节点。其中仅仅主节点 u 存储对密钥 K_{uv}，副节点 v 在部署后利用伪随机函数 PRFk(u)计算得到 K_{uv}，这样可为预分配密钥时认为两个相邻而实际分布中不相邻的节点节省内存空间，但是这种方法是以增加计算量为代价的。在增加新节点 U 时，配置服务器取 U 的相邻节点集 V，对节点集的每一个 v 计算 $K_{uv}=\text{PRFk}(u)$，并且分发 K_{uv} 给 u。这里在主密钥不被捕俘时，根据 DonggangLiu 的分析，被捕获节点数量的增加，其他节点的对密钥安全性能不受影响。

DonggangLiu 等人也提出了结合多项式密钥预分配技术和位置最近对密钥分配机制的方法。他把目标区域划分成一个个方格，在一个传感器确定布置在一个方格后，其他相邻的4个方格被赋予一个共享多项式集。在部署后，如果两个节点需要建立对密钥，就找到一个共享双变量的多项式，利用节点的ID和此多项式计算得到共享对密钥。该机制的优点是网络规模受对密钥的限制减少，邻居节点直接建立对密钥的概率却提高了。

该机制不受被捕获节点数量的限制，即不会随着被捕获节点数量的增加，其他节点的对密钥也被攻破。也克服了因为节点不能存储过多对密钥而网络大小受到限制。此外，该机制建立共享对密钥的概率和阻止节点捕获的能力也增加了。

DijiangHuang 也提出了基于位置的密钥管理方案。不同的是他们不是从密钥池里随机取出密钥（随机密钥预分配 RKP 机制在前面已有较多的阐述），而是从结构化的密钥池中选取密钥分配给每个传感器节点。分析说明他们的密钥预分配需要较少的密钥数量给每个传感器节点以建立对密钥，能防止选择性节点捕获攻击和节点仿冒攻击。

5）基于多密钥空间的对密钥预分配模型

在单密钥空间（Single-Space）建立共享对密钥机制中，Blom 的机制和多项式机制要求一个传感器节点 i 存储一个独一无二的公开信息 U_i 和私有信息 V_j，节点 i 能通过 $F(V_i,U_j)$计算它和节点 j 的共享密钥 K_{ij}，函数 F 具有 $F(V_i,U_j)=F(V_j,U_i)$的性质。Blom 的机制和多项式机制都保证了 λ 安全属性。也就是说，在少于 λ 个节点被捕俘时，对其他节点之间的对密钥安全没有影响。

基于多密钥空间（Multi-Space）的对密钥机制能有效提高基于单密钥机制的安全性。它是密钥池机制和单密钥空间机制的结合。配置服务器随机生成一个含有 m 个不同密钥空间的池。如果两个相邻节点有一个以上的密钥空间相同，它们能通过此单个密钥空间机制建立对密钥。

在多密钥空间的对密钥预分配模型下，Wenliang Du 分析了至少一个密钥空间被解密的概率和在 x 个节点被俘虏相框下其他通信信道被破解的概率。分析结果表明，在相同存储空间的支持下，该模型比随机密钥对模型表现得更好。

在传感器网络中，将多密钥空间的对密钥预分配模型和单密钥空间的对密钥预分配模型相结合，配置服务器随机生成一个含有多个不同密钥空间的池。如果两个相邻的节点有一个以上的密钥空间相同，那么它们能通过此单个密钥空间机制建立对密钥。建立对密钥的优点是能降低在节点被捕获后对整个网络的安全威胁。缺点是网络的扩展性不好；增加新节点时，建立对密钥比较麻烦。另外，对密钥也阻止了节点对广播信息的被动参与。

6）基于多路径密钥加强的密钥管理

Anderson 和 Perrig 首先提出了基于多路径密钥加强的密钥管理机制，目的是为了解决节点密钥被捕获时，其他未捕获的节点对如 A、B 节点也可能共享着这个密钥，这就导致了 AB 链路通信安全存在着严重的威胁。该机制的基本思想是利用多条路径发送加密相关信息，使得网络窃听和密钥捕获更加困难。假如 AB 间有 j 条路径，A 产生 j 个随机值 $(V_1,\cdots,V_j)$，为防止窃听，从不同的 j 条路径发给 B，然后建立新的密钥 $K_1=K\oplus V_1\oplus V_2\oplus\cdots\oplus V_j$。节点 B 使用先前收到的随机数 $(V_1,\cdots,V_j)$ 和密钥 K 解密。在 AB 间路径越多，路径密钥加强越能提供 AB 链路安全，但是路径越长越可能使得路径中的某段链路被窃听，以致整条路径不安全。Anderson 等人建议用两跳的多路径密钥加强机制。这样的好处是在路径发现时，报文开销比较小。另一个优点是不需要保存这些路径的路由信息。q-composite 随机密钥预分配机制和多路径密钥增强都使得窃听比较困难。然而 q-composite 随机密钥分配机制以密钥池密钥数量减少为代价，而多路径增强则是以增加网络的负荷为代价。对多路径增强来说，是否值得使用主要看实际应用需要和传感器网络的布置密度。

设计密钥管理机制除了考虑节点间能建立起安全通信外，还必须考虑未来追加的节点也能建立安全通信机制；防止通过数据包截获或仿冒节点加入网络；当节点被捕获时，网络应具有抗毁性，撤销被捕获节点的密钥；密钥机制不影响网络的伸缩性等。

3. 安全架构和协议

鉴于传感器网络面临的诸多安全威胁，为传感器设计合适的安全机制已迫在眉睫。本小节主要介绍无线传感器网络安全的整体解决方案。

1）安全协议 SPINS

SPINS 安全协议主要由安全加密协议 SNEP(Secure Net Work Encryption)和认证流广播 μTESLA(Microtime Deficient Striming Loss-tolerant)两部分组成。SNEP 主要考虑加密，双向认证和新鲜数据(Freshdata)。而 μTESLA 主要在传感器网络中实现认证流安全广播。SPINS 提供点对点的加密和报文的完整性保护。通过报文鉴别码实现双方认证和保证报文的完整性。消息验证码由密钥、计数器值和加密数据混合计算得到。用计数器值和密钥加密数据，节点之间的计数器值不用加密交换。有两种防止 DoS 攻击的方法：一是节点间的计数器进行同步；二是对报文添加另一个不依赖于计数器的报文鉴别码。SNEP 的特点是保证了语义安全，数据认证，回放攻击保护和数据的弱新鲜性，并且有较小的通信量。

在 μTESLA 中，它克服了 TESLA 计算量大，占用包的数据量大(>50%)和耗费太多内存的缺点，继承了中间节点可相互认证的优点(可以提高路由效率)。μTESLA 通过延迟对称密钥的公开，实现广播认证机制。密钥链中的报文鉴别码密钥采用一个公开的单向函数 F 计算得到，$K_i = F(K_{i+1})$。因此在节点已经知道后，就能对下一个节点。进行认证鉴别。

SPINS 实现了认证路由机制和节点到节点间的密钥合作协议，在 30 个字节的包中仅有 6 个字节用于认证、加密和保证数据的新鲜性。它的缺点是没有详细地提出无线传感器网络的安全机制。另外，SPINS 假设节点不会泄露网络中所有密钥，也没解决通过较强信号阻塞无线信道的 DoS 攻击等。μTESLA 要求基站和每个节点保持共享对称密钥，实际上在 AdHoe 网上配置是比较困难的。

2) 安全链路层架构 TinySee

TmySee 是一种无线传感器网络的安全链路层架构，它的设计主要集中考虑数据包鉴别，完整性和数据加密等方面。加密方法采用 Skipjack 块加密方法或 RC5。为了防止回放攻击，节点使用计数器和邻居表(只有在节点的邻居表中的节点才能和该节点通信)使初始向量Ⅳ达到同样的明文经过两次加密后得到不同密文的效果。为了防止由于初始向量Ⅳ的重复使用而可能导致加密失败，TinySec 使用 8 位初始向量Ⅳ，其中后 4 位由数据包中的目的地址、报文和报文长度三者通过或操作来得到，以节省内存。鉴于传感器网络的发包速度远比其他网络慢，在网络有效期内，8 位初始向量Ⅳ难以出现重复，保证了加密的安全性。该机制用密码块链消息验证码 CBC-MAC 替代链路层的循环码校错 CRC，并提出了使用组共享密码的方法，以便其他节点加入网络和进行区域广播。实验显示，采用 TinySee，在网络能量消耗、延迟和带宽消耗上均小于 10%。

TinySee 的优点是详细实现了传感器网络链路层的安全协议，能量消耗、延迟和带宽消耗比较小，提供了传感器安全进一步研究的基础平台。其缺点是对消耗资源攻击、物理篡改和捕获节点攻击等问题没有考虑。

3) 基于基站和节点通信的安全架构

Avancha 等人假设传感器节点仅仅向计算能力很强且安全的基站报告数据，提出了基站与节点通信的安全架构。该架构使用两种密钥：一种是基站和所有传感器共享的 64 位密钥 K_{bs}，另一种是基站单独和每个传感器节点 j 共享的密钥 K_j。在基站中存有路由表、K_j 密钥表和活动表。活动表负责记录每个节点的路由失败次数和被破坏包的数量。在基站向传感器节点发消息的时候，对目的地址 j 和数据采用 K_j 加密；节点 i 向基站传输数据的时候，前导码用 K_{bs} 加密。地址 i 和数据用 K 加密，基站收到后，用 K_{bs} 解密前导码，根据前导码信息查密钥表得到密钥 K_j，然后对地址 i 和数据解密。这样做的主要目的是阻止攻击者发现传感器的数量和它们的地址，从而阻止攻击者进行流量分析。另外，当节点被捕获时，网络也不会瘫痪。为了隔离异常节点，基站采用轮询的方法。如果节点没有应答，基站从另外可能的路径访问该节点。如果收到回答，活动表中的路由失败次数记录值增加，否则就从路由表中直接删除该节点。在应付 DoS 攻击中，由于活动表中记录了每个节点被破坏包的数量，当超过一定阈值时，在路由表中删除该节点。相对于 SPINS，Avaacha 没有对广播包进行验证。SPINS 使用源路由，比较容易进行流量分析。而 Avancha 的方法采用广播和端到端的加密，因此难以进行流量分析。另外，在该方法中提供了异常检测机制和隔离异常节点的机制。相对而言，SPINS在减少代码上有比较好的优势。

4）安全级别分层架构

Slijepcevic等人提出了根据不同安全级别进行不同级别加密的分层模型，目的是为了平衡传感器网络安全和资源消耗。文献认为最重要的是移动应用码，并且这些包通信不频繁，适合采用比较高的安全机制。其次是传感器节点的物理位置信息。对于频繁传输的实际应用数据被认为安全要求最低。因为RC6算法使用不同的参数能达到不同的安全要求，因此Slijepcevic等人建议采用该算法加密。在中间层安全架构中，他们提出了基于位置的密钥，用主密钥和位置信息联合生成密钥。不同之处是采用蜂窝模式，每个蜂窝单元内传感器节点共享基于位置的密钥。在每个蜂窝单元周边地带被几个区域的节点信号覆盖，通常在这个地带的传感器需要几个密钥。因为蜂窝单元是边变形，一个传感器在任何区域最多只要三个密钥。对第三层安全级别，建议采用MD5函数把主密钥作为参数生成密钥。这种安全级别分层的架构模型提供了在资源有限情况下的网络安全解决思路。然而并不是所有实际应用数据和频繁传输的信息都是不重要的，相反，在军事领域，这些频繁传输的信息可能很重要。加密信息势必造成大量的加密开销，从而导致Slijepcevie的安全分层模型并不实用。另外，文献假设传感器节点间精确同步，实际上难以实现。

5）安全协议LiSP

TacjoonPark等提出了一种轻量级的安全协议LiSP。LiSP由一个入侵检测系统和临时密钥TK管理机制组成。前者用于检测攻击节点，后者用于对临时密钥TK的更新，防止网络通信被攻击。LiSP使用单向加密函数，每个传感器节点使用两个缓冲区存储密钥链，以使得密钥更新无缝（即密钥更新时不影响网络加密操作）。因为流加密处理比较快速，Park等人建议采用流密钥加密方法。周期性的密钥更新采用加密Hash算法。另外，LisP使用传统的CSMA协议。在LiSP的架构中，组成员共享一个临时密钥TK，另外有一个主密钥M_K。簇头利用主密钥M_K单播TK到簇内的各个节点。因为使用簇的架构，簇内成员关系不影响其他簇，LiSP实现了网络的可伸缩性和密钥的更新。由于簇头是一个簇的通信量汇总中心，入侵检测系统被建议安装在簇头中。这样入侵检测系统既可以进行簇内节点监控，又防止了单点失败引起的整个网络瘫痪。TK管理中由于采用了单向Hash函数H，即$TK_i=H(TK_{i+1})$。当$i<n$时，$TK_i=H^{n-i}(TK_n)$。另外，对TK_{i+1}密钥认证也通过此函数计算认证。利用双缓冲区分别存储$i+2$个密钥串$TK_i \cdots TK_{k-i-1}$，其中用第一个缓冲区的TK_{k-i-1}加密，当密钥更新时（即加入新的临时密钥TK_{k+1}），TK_{k+1}加入第一缓冲区，用第二缓冲区的TK_{k-1}加密。更新后，TK_{k-i-1}在两个缓冲区内被丢弃。继续用第一缓冲区TK_{k-i}加密，第二缓冲区的TK_{k-i+1}在下一次TK密钥更新中加密，这样实现了密钥的无缝更新。另外，在不连续收到i个错误的密钥时，根据$TK_i=H^{n-i}(TK_n)$可以恢复前i个TK密钥。LiSP使用了较小的固定缓存区存储$i+2$个TK密钥，克服了TESLA在收到正确的密钥前缓存所有的报文。如果有几个密钥没有被发现，就会产生比较高的延迟和占用较大缓存的缺点。LiSP密钥分配合理，不会因为少量TK密钥（$<i$）丢失而影响数据加密传输。LiSP采用两个相邻解密密钥TK_i和TK_{i+1}尝试解密，以解决由于时间漂移，节点通信时可能用不同的密钥TK_i和TK_{i+1}加密的问题。

LiSP的优点是对TK密钥的修改可以通过认证鉴别计算而发现；丢失的TK密钥可

以被恢复；由于在给定的时间间隔内有一个独一无二的 *TK*，这样就防止了攻击者仿冒以前的 *TK* 进行回放攻击：攻击范围限制在一个簇的范围内等。LiSP 的主要贡献是提出了一种不需要重传和应答的密钥广播机制，它能在开销较小的情况下鉴别密钥的真伪，发现和恢复丢失的密钥，无缝密钥更新和允许内部节点一定量的时钟漂移。

6）基于路由的入侵容忍机制

Deng 等人提出了基于路由的无线传感器网络安全机制 INSENS。INSENS 包含路由发现和数据转发两个阶段。在路由发现阶段，基站通过多跳转发向所有节点发送一个查询报文，相邻节点收到报文后，记录发送者的 ID，然后发给那些还没收到报文的相邻节点，以此建立邻居关系。收到查询报文的节点同时向基站发送自己的位置拓扑等反馈信息。最后，基站生成到每个节点有两条独立路由路径的路由转发表。第二阶段的数据包转发就可以根据节点的转发表进行转发。报文的完整性通过密钥机制加密保护。INSENS 通过多路径路由解决了节点被捕获后消息可能不能正确到达目的地的问题。其根本目的是用减小被破坏链路影响的方法来保证整个网络的相对安全性。INSENS 要求每个节点保存路由转发表，用来绕过恶意节点。实际上该机制中节点计算、通信、存储、带宽消耗减少是以基站的计算和通信量增加为代价。为了防止恶意节点向一些节点发起能量消耗攻击，协议规定只有基站能广播消息，单个节点不能广播信息到整个网络。同样，INSENS 利用单向 Hash 函数认证，防止节点假冒基站。为了防止虚假路由信息，基站授权控制信息传播。

4. 传感器网络安全路由技术

路由协议是传感器网络技术研究的热点之一。目前许多传感器网络路由协议被提议，但是这些路由协议都非常简单，主要是以能量高效为目的设计的，没有考虑安全问题。事实上，传感器网络路由协议容易受到各种攻击。敌人能够捕获节点对网络路由协议进行攻击，如伪造路由信息、选择性前转、污水池等。受到这些攻击的传感器网络，一方面无法正确、可靠地将信息及时传递到目的节点；另一方面消耗大量的节点能量，缩短网络寿命。因此，研究传感器网络安全路由协议是非常重要的。WSN 的安全路由需要解决以下问题：建立低计算、低通信开销的认证机制以阻止攻击者基于泛洪节点执行 DoS 攻击、安全路由发现、路由维护、避免路由误操作和防止泛洪攻击。

1）Directed Diffusion 协议

Directed Diffusion 是一个典型的以数据为中心的、查询驱动的路由协议，路由机制包含兴趣扩散、梯度建立以及路径加强三个阶段。在兴趣扩散阶段，由 Sink 节点泛洪兴趣消息 Interest 到整个区域或部分区域内的所有节点上，Interest 包含任务类型、目标区域、数据发送速率和时间戳等信息。当节点收到邻居节点的兴趣消息时，如果兴趣列表中不存在参数类型相同的表项，就建立一个新表项保存此消息；如果存在某些参数类型相同的表项，则对该表项中的数据进行更新；如果收到的消息和刚刚转发的某条消息一样，则直接丢弃此消息。梯度建立是和兴趣扩散阶段同时进行的，在兴趣扩散阶段中，节点在创建兴趣列表时，记录中已经包含了邻居节点指定的数据发送率即梯度。当传感器节点具有与兴趣匹配的数据时，就把数据发送到梯度上的邻居节点，并按照梯度上的数据传输速率设定传感器模块采集数据的速率。由于可能从多个邻居节点收到兴趣消息，节点向多个邻居节点发送数据，Sink 节点可能收到经过多个路径的相同数据。Sink 节点收到从源节点发来的数据后，启动建立到源节点的加强路径，后续数据将沿着加强路径以较高的数据速率进行传输。路由加强的标准有多种，例如数据传输延迟、链路质量等都可以作为路由加强的标准。假设这里以数据传输时延为路由加强的标准，Sink 节点选择首先发来最新数据的邻居节点作为加强路由的下一跳节点，向该邻居节点发送路由加强消息，邻居节点更新相应的兴趣列表项，并按照同样的规则选择下一跳的路由加强节点。

DirectedDiffusion 是一个高效的以数据为中心的传感器网络路由协议，虽然维持多条路径的方法极大地增强了 DirectedDiffusion 的健壮性，但是由于缺乏必要的安全防护，DirectedDiffusion 仍然是比较脆弱的。针对 DirectedDiffusion，攻击者可以发动多种攻击：

(1) 攻击者可以将自己伪装成一个基站，发出兴趣消息，对目标数据进行偷听；

(2) 攻击者可以通过谎称加强的或减弱的路径以及虚假的匹配数据来影响数据流的传输；

(3) 通过向上游节点发送欺骗性的低延迟、高速率的数据发动 Sinkhole 或 Wormhole 攻击；

(4) 通过对 Sink 节点发动 Sybil 攻击，可以阻止 Sink 节点获取任何有效信息。

2) Rumor 协议

Rumor 算法适合应用在数据传输量较少的传感器网络中，该协议借鉴了欧氏平面图上任意两条曲线交叉几率很大的思想。Rumor 算法的基本思想是：事件发生区域的节点创建称为 Agent 的数据包，数据包内包含事件和源节点信息，然后将其按一条路径或多条路径随机在网络中转发，收到 Agent 的节点根据事件和源节点信息建立反向路径，并将 Agent 再次发向相邻节点。BS 的查询请求也沿着一条随机路径转发，当两条路径相交时就会形成一条从事件区域到 BS 的完整路径。Rumor 协议很容易受到选择性转发攻击，恶意节点在收到 Agent 或 BS 的查询请求时不再转发，使得路由不可能建立起来。恶意节点也可以发动虚假路由攻击，冒充 BS 发出查询消息，从而将流量吸引到恶意节点上，然后再发动选择性转发攻击。

3) LEACH 协议

LEACH 是一种自适应分簇的层次型、低功耗路由算法，该协议的主要特征是按周期随机选举簇头、动态的形成簇、与数据融合技术相结合。每一个周期(或每一轮)分为簇头选举阶段和稳定阶段。LEACH 算法选举簇头的过程如下：节点产生一个 0～1 之间的随机数，如果这个数小于阈值 $T(n)$，则发布自己是簇头的公告消息。在每轮循环中，如果节点已经当选过簇头，则把阈值设为 0，这样该节点就不会再次当选为簇头。随着当选过簇头的节点数目的增加，剩余节点当选簇头的阈值随之增大。$T(n)$的计算公式为：

$$T(n)=\begin{cases}\dfrac{p}{1-p(r\bmod(1/p))} & (n\in G)\\ 0 & (\text{其他})\end{cases}$$

其中，p 是簇头在所有节点中所占的百分比，r 为当前的轮数，G 为当前轮中没有当选过簇头的节点的集合。在随机选举出簇头后，成为簇头的节点向网络发出广播，告知其他节点产生了一个新的簇头，其他节点在收到该消息后，根据信号强度来决定加入哪个簇，并告知相应的簇头。

在稳定阶段，节点将监测到的数据发送给簇头节点，簇头节点将接收到的数据进行数据融合后发送到 Sink 节点。LEACH 协议通过随机选择簇头平均分担了中继通信的业务量，通过数据融合技术减少了通信次数，延长了传感器网络的生命周期。但是 LEACH 要求节点有较大功率的通信能力，不适合较大规模的网络。

LEACH 协议很容易受到恶意节点的攻击。由于节点是根据信号的强弱来选取簇头的，恶意节点可以以较大的功率声称自己是簇头节点，吸引其他节点选择自己为簇头，从而发动选择性转发或 Sinkhole 攻击。LEACH 假定所有节点都可以和 BS 通信，所以对虚假路由、Sybil 攻击等有一定的防御能力。

4）TEEN 协议

TEEN 也是一个层次型的路由协议，利用门限过滤的方式来减少数据传输量，该协议采用和 LEACH 相同的形成簇的方式，但是 TEEN 不要求节点具有较大的通信能力，簇头根据与 BS 距离的不同形成层次结构。TEEN 协议将传感器网络分为主动和响应两种类型，主动型网络的主要任务是不断采集监测目标的相关信息，并按照一定的频率发送给 BS；响应型网络是只有在节点监测到某个事件发生时才会向 BS 发送数据。TEEN 主要面向响应型的无线传感器网络。

当簇构造好后，BS 通过簇头节点向全网通告两个门限值（分别称为硬门限和软门限）来过滤数据发送。硬门限是节点进行数据传输的最低限度，只有采集到的数据超过该值并且数据变化幅度超过软门限时，传感器节点才会向其所在簇的簇头发送采集到的数据。

5）GPSR 协议

GPSR 是一个典型的基于位置的路由协议，在该协议中，每个节点只需知道邻居节点和自身的位置即可利用贪心算法转发数据。在贪心算法中，接到数据的节点搜索它的邻居节点表，如果邻居节点到 BS 的距离小于本节点到 BS 的距离，则转发数据到邻居节点。然而这样的贪婪转发策略是有缺陷的，在路由转发过程中会出现路由“空洞”，如图 8-5 所示。在这样的拓扑条件下，容易看出 X 到 BS 的距离比 w 和 Y 都近，尽管存在两条路由，但是依据贪婪转发策略，节点 X 不会选择 W 和 Y 为下一跳转发节点。因此，当节点发现空洞问题时，则利用右手法则转发数据。接收到利用右手法则转发数据的节点，如果其邻居节点（非发送数据的源节点）到 BS 的距离小于其到 BS 的距离，则重新利用贪心算法转发数据。

GPSR 很容易受到位置攻击，如图 8-6 所示，恶意节点通知节点 C 节点 B 的位置在（2，1）点，实际上节点 B 在（O，1），于是节点 C 将数据发送给 B，B 根据贪心算法又会将数据发送给 C，这样就进入了路由死循环状态。

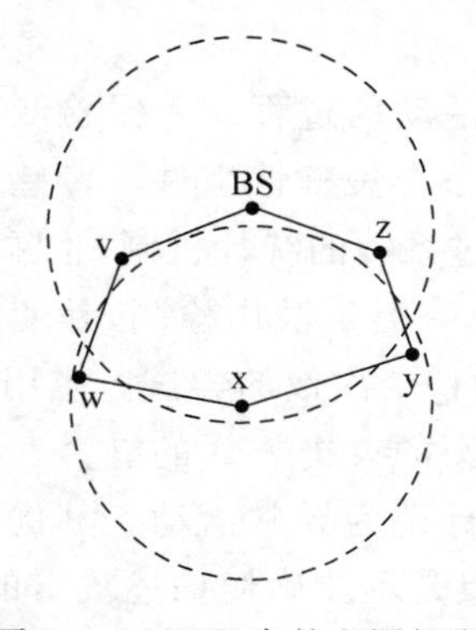

图 8-5　GPSR 中的空洞问题

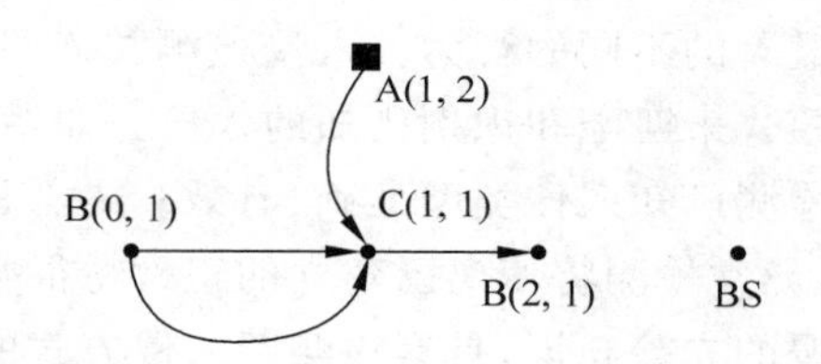

图 8-6　利用位置信息的攻击

6）GEAR 协议

和 GPSR 相似，GEAR 也是一个基于地理位置信息的路由协议。所不同的是，GEAR 在选择路由节点时还考虑了节点的能量。GEAR 路由中，汇聚节点发出查询命令，并根据事件区域的地理位置将查询命令传送到事件区域内距离汇聚节点最近的节点，然后从该节点将查询命令传播到事件区域内的其他节点。监测数据沿查询消息的反向路径向汇聚节点传送。

节点根据能量和距离信息估计到目的地的路径代价：

$$c(N,R) = ad(N,R) + (1-\alpha)e(N)$$

这里 $c(N,R)$ 为节点 N 到事件区域的估计代价，$d(N,R)$ 为节点 N 到事件区域的距离，$e(N)$ 为节点 N 的剩余能量，α 为比例参数。$d(N,R)$ 和 $e(N)$ 都是归一化后的参数值。GEAR 容易受到虚假路由攻击和类似于针对 GPSR 的攻击，形成循环路由。

7）多路径路由

多路径路由研究的首要问题是如何建立数据源节点到目的节点的多条路径。GanesanD 等提出了一种多路径路由机制，其基本思想是：首先建立从数据源节点到目的节点的主路径，然后再建立多条备用路径；数据通过主路径进行传输，同时利用备用路径低速传送数据来维护数据的有效性；当主路径失败时，从备用路径中选择次优路径作为新的主路径。对于多路径建立方法，GanesanD 提出了不相交多路径和缠绕多路径两种方法。不相交多路径是指从源节点到目的节点之间任意两条路径都没有相交的节点。在不相交路径中，备用路径可能比主路径长得多，为此引入缠绕路径，同时解决主路径上单个节点失败问题。理想的缠绕路径是由一组缠绕路径形成的。主路径上的每个节点都对应一条缠绕路径，这些缠绕路径构成从源节点到目的节点的缠绕多路径。

DebB 等提议 ReInForM 路由协议，其基本过程是：首先数据源节点根据传输的可靠性要求计算需要的传输路径数目；然后邻居节点选择若干个节点作为下一跳转发节点，并给每个节点按照一定的比例分配路径数目；最后数据源节点将分配的路径数作为数据报头中的一个字段发给邻居节点。

传感器网络安全路由协议的进一步研究方向为：根据传感器网络的自身特点，在分析路由安全威胁的基础上，从密码技术、定位技术和路由协议安全性等方面探讨了安全路由技术。

5. 入侵检测技术

入侵检测是发现、分析和汇报未授权或者毁坏网络活动的过程。入侵检测技术作为一种主动的入侵防御技术，已经发展成网络安全体系中的一个关键性组件。传感器网络入侵检测的主要假设是用户和程序的活动是可观察的，如通过系统的统计机制，正常活动和异常活动有显著的不同的行为。入侵检测技术可分为两类：一类是滥用检测，是使用众所周知的攻击模式来匹配和识别已知的入侵。如系统所设置的口令次数的尝试。滥用检测的主要优点是检测已知入侵类型准确、有效；缺点是缺乏检测新的攻击方式的能力。另一类是异常检测，异常检测将偏离已建立的正常特征数据的活动标记为异常活动。其优点是不需要有关入侵的先验知识，具有检测新入侵方式的能力；缺点是不能确切描述攻击的特征，误警率高。无线传感器网络入侵检测系统与传统网络的入侵检测系统区别较大，主要表现在：

(1) 无固定网络基础。固定有线网络的入侵检测系统依赖中心节点(路由器、交换机等)对实时业务流的分析,无线传感器网络没有这样的业务集中点,入侵检测系统不能很好地统计数据,这要求无线传感器网络的入侵检测系统能基于部分的、本地的信息进行。

(2) 通信类型。无线传感器网络的通信链路具有低速率、有限带宽、高误码等特征,断链在无线传感器网络数据传输中是非常常见的,常常会导致检测系统误报警。

(3) 可用资源(如能量、CPU 和内存等)。传统的入侵检测系统需要的计算量大,无线传感器网络由于可用资源极端受限,入侵检测机制的引入所面临的最大问题就是解决其能耗问题,必须设计出一种轻量级的较少计算和通信开销的入侵检测系统。

传感器网络通常被部署在恶劣的环境下,甚至是敌人区域,因此容易受到敌人捕获和侵害。传感器网络入侵检测技术主要集中在监测节点的异常以及辨别恶意节点上。由于资源受限以及传感器网络容易受到更多的侵害,传统的入侵检测技术不能够应用于传感器网络。传感器网络入侵检测由三个部分组成:入侵检测、入侵跟踪和入侵响应。这三个部分顺序执行。首先入侵检测将被执行,要是入侵存在,入侵跟踪将被执行来定位入侵,然后入侵响应被执行来防御反对攻击者。此入侵检测框架如图 8-7 所示。

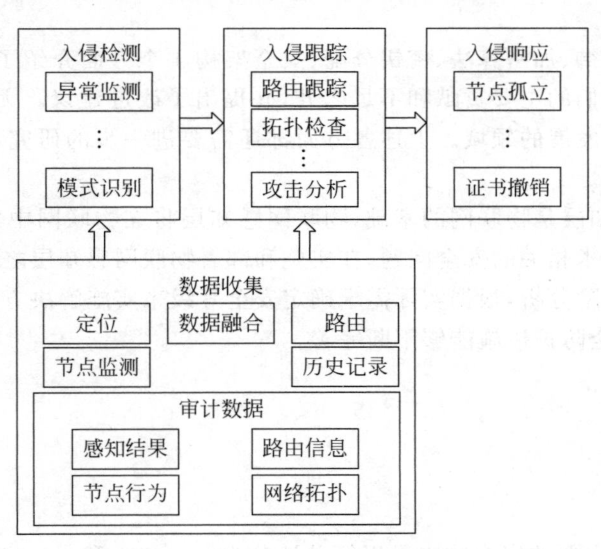

图 8-7 入侵检测框架

在无线传感器网络入侵检测的研究中,已有的理论成果相对还比较少。w. Ribeiro 等提议通过监测恶意信息传输来标识传感器网络的恶意节点。要是信息传输的信号强度和其所在的地理位置相矛盾,那么此信息被认为是可疑的。当节点接收到信息的时候,它比较接收信息的信号强度和期望的信号强度(根据能量损耗模型计算),如果相匹配,则将此节点的不可疑投票加 1,否则将可疑投票加 1。然后通过信息分发协议来标识恶意节点。A. Agah 等通过博弈论的方法衡量传感器网络的安全。协作、信誉和安全质量是衡量节点的基本要素。另外,在攻击者和传感器网络之间规定非协作博弈,最终得到抵制入侵的最佳防御策略。Krishnamachari 等人针对区域容错行为提出了一种分布式贝叶斯算法。

6. 安全数据融合技术

无线传感器网络存在能量约束,减少传输的数据量能够有效地节省能量,因此在从各个传感器节点收集数据的过程中,节点可以将收集到的信息进行融合,去除冗余信息,从而达到节省能量的目的。安全数据融合技术是保护传感器网络节点在一个开放的环境中安全地进行数据融合,以保证被融合信息的完整性、认证性和机密性。

有众多节点的 WSN 会产生大量原始冗余信息,数据融合是节省网络通信资源、减轻网络负荷的有效方法。一旦融合节点受到攻击,其最终得出的数据将是无效的,甚至是有害的,安全的数据融合十分必要。有学者提出了一个称为融合—承诺—证实的安全数据融合方案,它由三个阶段组成:第一阶段,融合节点从传感器节点收集原始数据并用特定的融合函数在本地生成融合结果,每一个传感器节点都和融合节点共享一个密钥,以便融合节点证实收到的数据是真实的。第二阶段,融合节点对融合数据做出承诺,生成承诺标识(如基于 Merkle HASH 树结构来生成承诺标识),确保融合器提交数据后就不能再改变它,否则将被发现。融合节点向主服务器提交融合结果和承诺标识。第三阶段,主服务器与融合节点基于交互式证明协议来证实结果的正确性。目前,安全数据融合方面的研究还不多,尚有大量的工作需要完成。

本节从攻击与防御、加密算法、密钥分配、安全架构 4 个方面介绍了传感器网络安全的研究进展。指出了它们的主要贡献和不足之处,并提出了改进建议。无线传感器网络安全是一个年轻而又迅速发展的领域。上述各方面都还需要进一步的研究,以期这些安全机制能真正进行实际应用。

总之,物联网感知层是物联网的基础,物联网感知层将在物联网中发挥关键性的作用。感知层存在许多与技术相关的安全问题,在实施和部署物联网感知层之前,应该根据实际情况进行安全评估和风险分析,根据实际需求确定安全等级来实施解决方案,使物联网在发展和应用过程中,其安全防护措施能够不断完善。

习题 8

1. 填空题

(1) 针对 RFID 主要的安全攻击可以简单地分为________和________两种类型。

(2) 使用物理方法来保护 RFID 系统安全性的方法主要有如下 5 类:________、________、________、主动干扰法和阻塞标签法。

(3) 传感器节点由________、________、________和能量供应模块 4 部分组成。

2. 选择题

(1) 针对链路层碰撞攻击,可以采用以下(　　)处理方法。

A. 模式识别　　B. 加固系统安全

C. 纠错编码　　D. 信道监听和重传机制

(2) 传感器网络密钥管理研究主要考虑的因素包括(　　)。

A. 机制能安全地分发密钥给传感器节点

B. 共享密钥发现过程是安全的,能防止窃听、仿冒等攻击

C. 部分密钥泄露后对网络中其他正常节点的密钥安全威胁不大

D. 能安全和方便地进行密钥更新和撤销

(3) 目前针对无线传感器网络提出的密钥管理机制主要有(　　)。

A. 基于公开密钥的密钥管理　　B. 基于随机密钥预分配的密钥管理

C. 基于密钥分类的密钥管理　　D. 基于安全系数的密钥管理

(4) 入侵检测技术包括(　　)。

A. 滥用检测　　B. 通用检测　　C. 异常检测　　D. 安全检测

3. 简答题

(1) 基于物联网本身的特点和上述列举的物联网感知层在安全方面存在的问题,需要采取哪些有效的防护对策?

(2) 传感器网络加密技术有哪些算法?

4. 论述题

无线传感器网络可能遭遇的攻击类型多种多样,按照网络模型划分,主要面临的威胁有哪些?

第9章 物联网网络层安全

本章将介绍网络层安全需求，物联网核心网安全，下一代网络安全，网络虚拟化的安全，移动通信接入安全和无线接入安全技术。要求学生掌握物联网网络层的安全技术。

9.1 网络层安全需求

网络层使用较高的服务来传送数据报文，所有上层通信，如 TCP、UDP、ICMP、IGMP 都被封装到一个 IP 数据报中。ICMP 和 IGMP 仅存于网络层，因此被当作一个单独的网络层协议来对待。网络层应用的协议在主机到主机的通信中起到了帮助作用，绝大多数的安全威胁并不来自 TCP/IP 堆栈的这一层。每一个 IP 数据报文都是单独的信息，从一台主机传递到另一台主机，主机把收到的 IP 数据包作为一个可使用的形式。这种开放式的构造使得 IP 层很容易成为黑客的目标。本节将介绍网络层安全威胁和网络层安全策略。

9.1.1 网络层安全威胁

1. 网络层的安全性特征

网络层安全性的主要优点是它的透明性。也就是说，安全服务的提供不需要应用程序、其他通信层次和网络部件做任何改动。

它的主要缺点是网络层一般对属于不同进程和相应条例的包不做区别。对所有去往同一地址的包，它将按照相同的加密密钥和访问控制策略来处理。这可能导致提供不了所需的功能，也可能导致性能下降。

2. 网络层的安全威胁

(1) IP 欺骗。黑客经常利用一种叫做 IP 欺骗的技术把源 IP 地址替换成一个错误的 IP 地址。接收主机不能判断源 IP 地址是不正确的，并且上层协议必须执行一些检查来防止这种欺骗。在这一层中经常发现的一种策略是利用源路由 IP 数据包，仅仅被用于一个特殊的路径中传输，这种利用被称为源路由，这种数据包被用于击破安全措施，例如防火墙。使用 IP 欺骗的攻击很有名的是一种 Smurf 攻击。Smurf 攻击向大量的远程主机发送一系列的 ping 请求，然后对目标地址进行回复。

(2) ICMP 攻击。Internet 控制信息协议(ICMP)在 IP 中检查错误和其他条件。Tribal Flood Network 是一种利用 ICMP 的攻击，利用 ICMP 消耗带宽来有效地摧毁站点。另外，微软早期版本的 TCP/IP 堆栈有缺陷，黑客发送一个特殊的 ICMP 包就可以使之崩溃。

3. 物联网网络层的安全威胁

物联网网络层可划分为接入/核心网和业务网两部分，它们面临的安全威胁主要如下：

(1) 拒绝服务攻击。物联网终端数量巨大且防御能力薄弱，攻击者可将物联网终端变为傀儡，向网络发起拒绝服务攻击。

(2) 假冒基站攻击。2G GSM 网络中终端接入网络时的认证过程是单向的，攻击者通过假冒基站骗取终端驻留其上并通过后续信息交互窃取用户信息。

(3) 基础密钥泄露威胁。物联网业务平台 WMMP 协议以短信明文方式向终端下发所生成的基础密钥。攻击者通过窃听可获取基础密钥，任何会话无安全性可言。

(4) 隐私泄露威胁。攻击者攻破物联网业务平台之后，窃取其中维护的用户隐私及敏感信息。

(5) IMSI 暴露威胁。物联网业务平台基于 IMSI 验证终端设备、(U)SIM 卡及业务的绑定关系。这就使网络层敏感信息 IMSI 暴露在业务层面，攻击者据此获取用户隐私。

9.1.2　网络层安全技术和方法

1. 网络安全保护技术

网络层安全是物联网安全的重要层面。学者张存博就网络层安全策略在《大众商务》(2009)提出了三点建议，包括从被动安全保护、主动安全保护、整体安全保护的角度进行了探讨。

(1) 被动的安全保护技术。在网络安全中，被动的安全保护技术主要有物理保护和安全管理、入侵检测、防火墙等。

(2) 主动的安全保护技术。主动的安全保护技术一般有存取控制、权限设置、数据加密和身份识别等。

(3) 整体的安全保护技术。被动和主动安全保护技术都是目前提高网络系统安全性的有效手段。其中的脆弱性扫描技术是检查自身网络系统安全，及时发现问题和修补脆弱性，降低系统的安全风险。现在多数的网络安全保护模型采用防火墙、入侵检测系统、扫描器的安全保护体系，在最外层通过防火墙来对内部网和外部网之间的信息进行过滤。第二层通过入侵检测系统对网络系统进行实时监测和分析，并且作出相应的报警。内层则通过安全扫描器对网络系统进行安全评估和查找脆弱性。

2. 网络层安全防护方法

在计算机网络层安全方案设计中，重点要解决利用 IP 地址欺骗手段侵入计算机网络，非法访问未授权信息的问题。网络层的安全手段一般包括利用路由器进行数据包过滤、VLAN 划分和采用防火墙等。

(1) VLAN 划分。基于 MAC 的 VLAN 不能防止 MAC 欺骗攻击。因此，VLAN 划分最好基于交换机端口。VLAN 的划分方式的目的是为了保证系统的安全性。因此，可以按照系统的安全性来划分 VLAN。

(2) 防火墙。防火墙是网络互联中的第一道屏障，主要作用是在网络入口点检查网络通信。通过防火墙能解决如下问题：保护脆弱服务；控制对系统的访问；集中的安全管理。防火墙定义的规则可以运用于整个网络，不许在内部网每台计算机上分别定义安全策略；增强的保密性。使用防火墙可以组织攻击者攻击网络系统的有用信息，如 Finger、DNS 等；记录和统计网络利用数据以及非法使用数据；策略执行；流量控制、防攻击检测等。

(3) 加密技术。加密型网络安全技术的基本思想是不依赖于网络中数据路径的安全性来实现网络系统的安全，而是通过对网络数据的加密来保障网络的安全可靠性。加密技术用于网络安全通常有两种形式，即面向网络或面向应用服务。前者通常工作在网络层或传输层，使用经过加密的数据包传送、认证网络路由及其他网络协议所需的信息，从而保证网络的连通性不受损害。

(4) 数字签名和认证技术。认证技术主要解决网络通信过程中通信双方的身份认可，数字签名是身份认证技术中的一种具体技术，同时数字签名还可用于通信过程中的不可抵赖要求的实现。

(5) User Name/Password 认证。该种认证方式是最常用的一种认证方式，用于操作系统登录、Telnet 和 Rlogin 等。但此种认证方式过程不加密，即 Password 容易被监听和解密。

(6) 使用摘要算法的认证。Radius、OSPF、SNMP Security Protocol 等均使用共享的 Security Key，加上摘要算法(MD5)进行认证。由于摘要算法是一个不可逆的过程，因此在认证过程中，由摘要信息不能得到共享的 Security Key，敏感信息不在网络上传输。市场上主要采用的摘要算法有 MD5 和 SHA-1。

(7) 基于 PKI 的认证。使用公开密钥体系进行认证。该种方法安全程度较高，综合采用了摘要算法、不对称加密、对称加密、数字签名等技术，结合了高效性和安全性。但涉及繁重的证书管理任务。

(8) 数字签名。数字签名作为验证发送者身份和消息完整性的根据。并且，如果消息随数字签名一同发出，对消息的任何修改在验证数字签名时都会被发现。

(9) VPN 技术。网络系统总部和分支机构之间采用公网互联，其最大弱点在于缺乏足够的安全性。完整的 VPN 安全解决方案，提供在公网上安全的双向通信，以及透明的加密方案，以保证数据的完整性和保密性。

9.2 物联网核心网安全

这部分将从核心网的概念，安全需求和安全措施三个方面进行介绍。

9.2.1 核心网概述

1. 核心网定义

核心网(Core Network)通常指除接入网和用户驻地网之外的网络部分。将业务提供者与接入网，或者将接入网与其他接入网连接在一起的网络，如图 9-1 所示。

如果把移动网络划分为三个部分，基站子系统，网络子系统和系统支撑部分核心网部分就是位于网络子系统内，核心网的主要作用是把呼叫请求或数据请求接续到不同的网络上。

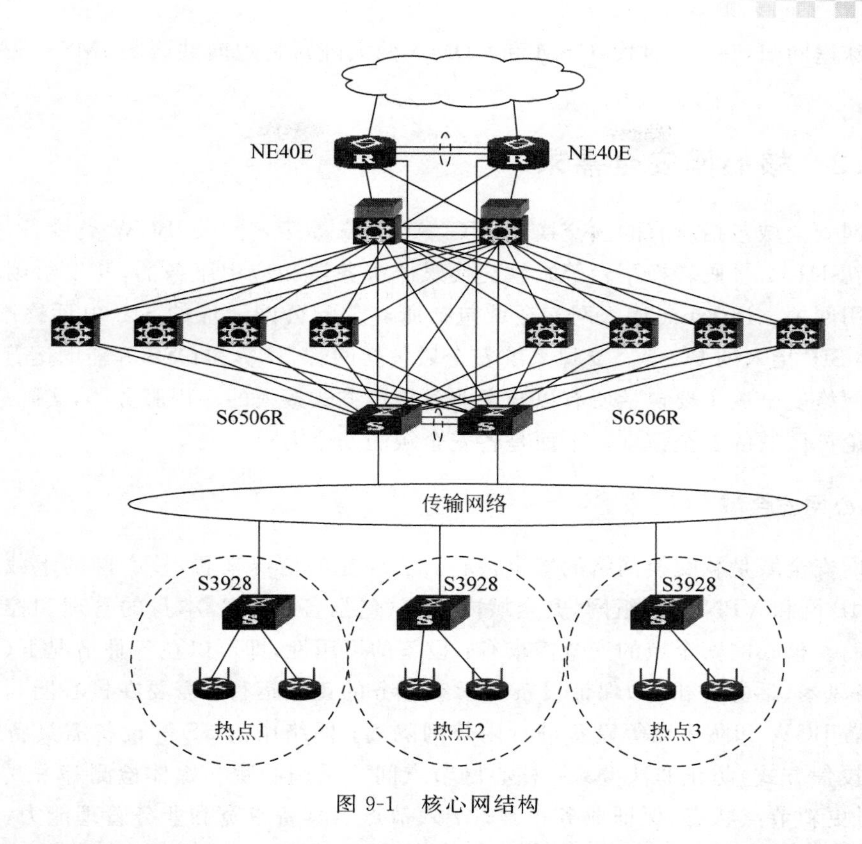

图 9-1　核心网结构

主要是涉及呼叫的接续、计费，移动性管理，补充业务实现，智能触发等方面主体支撑。至于软交换则有两个很明显的概念：控制与承载的分离，控制信道与数据信道的分离。

2. 核心网的功能

核心网的功能主要是提供用户连接、对用户的管理以及对业务完成承载，作为承载网络提供到外部网络的接口。用户连接的建立包括移动性管理(MM)、呼叫管理(CM)、交换/路由、录音通知(结合智能网业务完成到智能网外围设备的连接关系)等功能。用户管理包括用户的描述、Qos(加入了对用户业务 Qos 的描述)、用户通信记录(Accounting)、VHE(与智能网平台的对话提供虚拟居家环境)、安全性(由鉴权中心提供相应的安全性措施，包含了对移动业务的安全性管理和对外部网络访问的安全性处理)。承载连接(Access to)包括到外部的 PSTN、外部电路数据网和分组数据网、Internet 和 Intranets，以及移动自己的 SMS 服务器等。核心网可以提供的基本业务包括移动办公、电子商务、通信、娱乐性业务、旅行和基于位置的服务、遥感业务(Telemetry)、简单消息传递业务(监视控制)等。

3. 核心网的发展方向

核心网的发展方向是核心网全面进入 IP 时代，IP、融合、宽带、智能、容灾和绿色环保是其主要特征。从电路域看，移动软交换已经全面从 TDM 的传输电路转向 IP；从分组域看，宽带化、智能化是其主要特征；从用户数据看，新的 HLR 被广泛接受，逐步向未来的融合数据中心演进。另外，运营商纷纷将容灾和绿色环保提到战略的高度。移动网络在未来发展和演进上殊途同归，在4G时代，GSM和CDMA两大阵营将走向共同的IMS＋SAE＋LTE架构。

9.2.2 核心网安全需求

核心网安全域包括所有的软交换机，TG、AG、SG等接入网关，BGW类设备，关键业务平台(包括SHLR、号码转换平台等)，软交换媒体服务器和应用服务器，开发给第三方业务接口的应用网关。Internet接入网安全域包括所有分配公网地址的SIP电话终端、IAD类设备、各类SIP接入的PC等。支撑系统安全域包括网管、计费和OSS等辅助运营系统。第三方应用网络安全域主要包括所有以开发业务接口方式接入的应用服务器，实际应用很少，这里不讨论该区域的安全需求。下面是各安全域的安全需求。

1. 核心网安全域

核心网安全域是软交换网络的安全核心。从现在的情况来看，核心网的承载层一般都采用专用IP网和VPN方式组网，安全域内设备(包括各种AG)本身的管理和控制可以认为是安全的。核心网安全域的安全需求有：设备的可用性，即可以在各种情况下(包括设备故障、网络风暴、话务冲击等)保证设备和承载业务的正常运行；需要在核心网与其他网络连接处部署BGW和防火墙等设备进行内外网隔离；网络中的SS等设备需具备完善的设备认证和授信方式，防止非法登录；核心网节点间需采用心跳和媒体检测等方式进行状态检查，及时更新节点状态，保证业务正常；接入节点需具备带宽和业务管理能力，防止用户非法占用带宽和使用业务；核心网节点应具备对异常信令和消息的处理能力，防止人为攻击等造成节点瘫痪或过负。

2. Internet接入网安全域

Internet存在安全问题，当通过Internet提供软交换业务时，需要保证业务接入设备与软交换网络之间的通信安全。Internet接入网安全域的安全需求有：在SIP电话、软件电话等终端设备与Internet和软交换网络互联设备之间需要应用L2TP、IPSec等隧道技术；小容量AGW、IAD等通过Internet接入时，它们与Internet和软交换网络互联设备之间需要应用GRE、IPinIP和IPSec等隧道技术；需要完善的接入设备认证和授信手段，防止冒名使用。

3. 支撑系统安全域

支撑系统主要包括网管、计费和OSS等系统。虽然支撑系统不向用户直接提供业务，且都在内网区域内，受攻击的可能性较小，但其功能的特殊性且大多采用通用操作系统，因此必须保证其安全。支撑系统安全域的安全需求有：高强度的用户认证机制；重要系统需要进行物理隔离，并且网间需要部署功能强大的防火墙设备；需要优化系统安全策略。

9.2.3 软交换网络安全措施

1. 承载网层面

软交换网络的承载层现在除了用专网和 MPLSVPN 等手段进行网络隔离外，一些厂商采用在关键节点放置网络探头，以 ping 段包的形式进行侦听等手段进行网络质量监控。目前这种方式有以下难题需要解决：一是 ping 包和软交换消息包的长度差异较大，在一定丢包率情况下无法满足软交换信令的要求；二是 ping 包的频率不能设置太短，在承载网完全中断情况下，可以准确定位故障点，但是在闪断或者网络质量不稳定情况下，难以保证实时性业务的质量和实现故障定位。

2. 网络层面

在软交换设计和规划期间，应该对软交换网络安全有全面考虑：承载网的安全，包括网络隔离、防攻击等；关键业务节点的备份和用户的业务归属；业务的合理配备和设置，尽量在分散和易管理之间找到平衡。对于软交换网络特有的双归属容灾应该加以充分利用，弥补网络安全漏洞。但需注意对双归属机制进行完善，包括网关的切换策略、软交换的控制策略、心跳参数设置策略、容灾数据库管理等。

3. 软交换设备层面

软交换设备的安全主要靠厂商的安全设计来保证，但同时应该重视以下几个方面：建立关键板件检测制度和定期切换检测制度，充分保证关键板件倒换成功；为了保证软件版本和补丁的安全性，厂商应建立软件版本安全控制体系，运营商应加强入网检验制度和应用流程管理，共同解决软件的安全性和兼容性问题；充分了解和用好设备的自保护措施，如软交换的过负荷保护机制。

4. 管理层面

网络安全工作是一个以管理为主的系统工程，靠的是“三分技术，七分管理”，因此必须制定一系列的安全管理制度、安全评估和风险处置手段、应急预案等，这些措施应覆盖网络安全的各个方面，达到能够解决的安全问题及时解决，可以减轻的安全问题进行加固，不能解决的问题编制应急预案减少安全威胁。与此同时，需要强有力的管理来保障这些制度和手段落到实处。

9.3 下一代网络安全

这部分将介绍下一代网络的概念、安全威胁、安全需求、安全体系结构、安全机制和安全应对方法。

9.3.1 下一代网络概述

下一代网络(Next Generation Network，NGN)泛指一个以 IP 技术为核心，基于 TDM

(时分复用)的 PSTN 语音网络和基于 IP/ATM(异步传输模式)的分组网络融合的产物,同时可以支持电话和 Internet 接入业务、数据业务、视频流媒体业务、数字 TV 广播业务和移动等业务,NGN 是全业务的网络。NGN 的重点在开发更先进的增值业务上,也可以逐步实现固网和移动网的融合。随着网络自身业务的完善,包括承载网 QoS 的完善,网络业务逐步转向以提供多媒体业务为特征的业务。

下一代网络,又称为次世代网络。主要思想是在一个统一的网络平台上以统一管理的方式提供多媒体业务,在整合现有的市内固定电话、移动电话的基础上(统称 FMC)增加多媒体数据服务及其他增值型服务。其中语音的交换将采用软交换技术,而平台的主要实现方式为 IP 技术,逐步实现统一通信,其中 voip 将是下一代网络中的一个重点。为了强调 IP 技术的重要性,思科公司(Cisco Systems)主张称为 IP-NGN。

NGN 是一个分组网络,提供包括电信业务在内的多种业务,能够利用多种带宽和具有 QoS 能力的传送技术,实现业务功能与底层传送技术的分离。它允许用户对不同业务提供商网络的自由接入,并支持通用移动性,实现用户对业务使用的一致性和统一性。它是以软交换为核心的,能够提供包括语音、数据、视频和多媒体业务的基于分组技术的综合开放的网络架构,代表了通信网络发展的方向。NGN 具有分组传送,控制功能从承载、呼叫/会话、应用/业务中分离,业务提供与网络分离,提供开放接口,利用各基本的业务组成模块,提供广泛的业务和应用,端到端 QoS 和透明的传输能力通过开放的接口规范与传统网络实现互通,通用移动性,允许用户自由地接入不同业务提供商,支持多样标志体系,融合固定与移动业务等特征。

NGN 包括 9 大支撑技术:IPv6,光纤高速传输,光交换与智能光网,宽带接入,城域网,软交换,3G 和后 3G 移动通信系统,IP 终端,网络安全。

9.3.2 下一代网络安全问题

NGN 网络的一个特点是开放性端口增多,导致其安全性下降。NGN 网络的安全问题主要包括网络安全和用户数据安全两个方面。网络安全是指交换网络本身的安全,即交换网络中的网关、交换机、服务器不会受到非法攻击。需要在 IP 网上采用合适的安全策略,以保证交换网的网络安全。用户数据安全是指用户的账户信息和通信信息的安全,即不会被非法的第三方窃取和监听。要求有相应的安全认证策略保证用户账户信息的安全,同时无论是用户的账户信息还是用户的通信信息的安全均需要 IP 网的安全策略作为保证。

学者谢清辉在《内蒙古科技与经济》(2010 年 11 期)上撰文,就下一代网络安全问题进行了分析。下面在其基础上进行了概括和补充。

1. NGN 的安全威胁

NGN 作为承载在分组网络上的下一代通信网络,继承了分组 IP 网络的主要安全问题,包括黑客 DoS 攻击、病毒蠕虫木马的入侵、非法扫描、信息盗取、电话盗听、地址欺骗、信息骚扰等。NGN 核心系统位置相对集中,业务覆盖面广,NGN 核心系统的安全成为 NGN 安全的重中之重。NGN 终端多为有复杂操作系统的智能终端,接入的形式多种多样,位置分散,与常规的数据终端同处于一个环境,使得终端系统遭到攻击的可能性大大增加。

IAD/IPPhone 等终端及用户通过冒用截获的账号进行非法接入、电话盗打、电话骚扰。NGN 系统采用媒体流与控制分离的思路，客观上增加了安全监控的难度。

目前，大部分 NGN 网络都是基于 IP 进行通信的，因此根据 IP 协议层次的不同，NGN 安全威胁可以分为来自底层协议的攻击和来自高层协议的攻击。底层协议攻击主要是指第一层到第四层的网络攻击，如针对 TCP、UDP 或 SCTP 协议的攻击。来自底层协议的攻击是非常普遍的，对于网络中的大量设备会产生相同的影响，所以对这些攻击的防范是与整个网络密切相关的，且与上面运行什么协议无关。高层协议攻击主要是针对 NGN 协议的攻击，如 SIP、H. 323、MEGACO 和 COPS 等协议。由于来自高层协议的攻击一般都是针对特定目标协议的，因此一般的防护方法，或针对特定的协议，或使用安全的隧道机制。

NGN 中还存在一些其他的常见攻击种类。拒绝服务攻击，偷听，伪装，修改信息。

作为通信网络的一种，NGN 可能面临的安全威胁包括电磁安全，设备安全，链路安全，通信基础设施过于集中，信令网安全，同步安全，网络遭受战争，自然灾害，网络被流量冲击，终端安全，网络业务安全，网络资源安全，通信内容安全，有害信息扩散。

2. NGN 安全分层

在 NGN 网络中，运营商必须保证提供的各种业务的安全。可以把 NGN 系统设备、各种业务服务器归属于不同的安全域，不同的安全域对应为不同的安全等级，安全等级的划分保证了高级别安全域的系统设备与低等级系统的安全隔离。等级高的安全域可以访问低等级的安全域，低等级的安全域不能直接访问高等级的安全域。

网络安全承载与业务网络安全通常包括承载与业务网络安全，网络服务安全以及信息传递安全。通信网络安全通常不保证意识形态安全，需要技术手段，例如合法监听等来支持意识形态安全。

(1) 承载与业务网络安全包括网络可靠性与生存性。网络可靠性与生存性依靠环境安全、物理安全、节点安全、链路安全、拓扑安全和系统安全等方面来保障。这里承载与业务网是拥有自己节点、链路、拓扑和控制的网络，例如传输网、互联网、ATM 网、帧中继网、DDN 网、X. 25 网、电话网、移动通信网和支撑网等电信网络。

(2) 网络服务安全包括服务可用性与服务可控性。服务可控性依靠服务接入安全，服务防否认、服务防攻击等方面来保障。服务可用性与承载与业务网络可靠性以及维护能力等相关。服务可以是网络提供的 DDN 专线、ATM 专线、语音业务、VPN 业务和 Internet 业务等。

(3) 信息传递安全包括信息完整性、机密性和不可否认性。信息完整性可以依靠报文鉴别机制例如哈希算法等来保障；信息机密性可以依靠加密机制以及密钥分发等来保障；信息不可否认性可以依靠数字签名等技术保障。

(4) 意识形态安全是指传递的信息不包含中华人民共和国电信条例第 57 条所规定内容。第 57 条规定，不得利用电信网制作、复制、发布、传播含有违反国家宪法、危害国家安全、泄露国家机密、颠覆国家政权、破坏国家统一、损害国家荣誉和利益、煽动民族仇恨、民族歧视、破坏民族团结等内容。

9.3.3 下一代网络安全技术

学者滕志猛，吴波，韦银星在《中兴通讯技术》2007 年第 5 期就“下一代网络的安全技术”进行了探讨，主要涉及 NGN 安全基础、NGN 安全需求、安全体系架构、安全机制等内容，这些对 NGN 的研究和部署有一定的参考价值。

1. NGN 的安全基础

NGN 基于 IP 技术，采用业务层和传送层相互分离、应用与业务控制相互分离、传送控制与传送相互分离的思想，能够支持现有的各种接入技术，提供语音、数据、视频、流媒体等业务，并且支持现有移动网络上的各种业务，实现固定网络和移动网络的融合。此外，还能够根据用户的需要，保证用户业务的服务质量。NGN 的网络体系架构包括应用、业务控制层、传送控制层、传送层、网络管理系统、用户网络和其他网络，如图 9-2 所示。

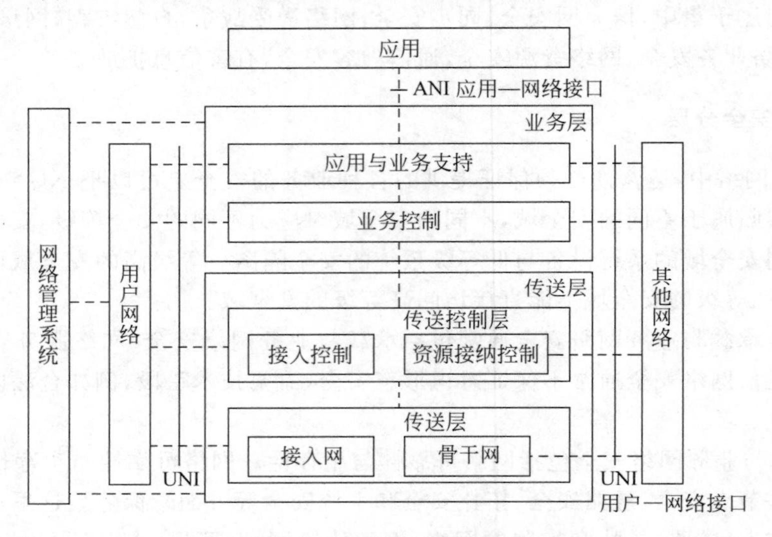

图 9-2 NGN 网络体系架构

ITU-T 在 X.805 标准中全面地规定了信息网络端到端安全服务体系的架构模型。这一模型包括 3 层 3 面 8 个维度，即应用层、业务层和传送层，管理平面、控制平面和用户平面，认证、可用性、接入控制、不可抵赖、机密性、数据完整性、私密性和通信安全，如图 9-3 所示。

这里的 NGN 安全体系架构是在应用 X.805 安全体系架构基础上，结合 NGN 体系架构和 IETF 相关的安全协议而提出来的，如图 9-4 所示，这样可以有效地指导 NGN 安全解决方案的实现。

2. NGN 的安全需求

在 X.805 标准的指导下，通过对 NGN 网络面临的安全威胁和弱点进行分析，NGN 安全需求大致可以分为安全策略，认证、授权、访问控制和审计，时间戳与时间源，资源可用性，系统完整性，操作、管理、维护和配置安全，身份和安全注册，通信和数据安全，隐私保证，密钥管理，NAT/防火墙互连，安全保证，安全机制增强等需求。

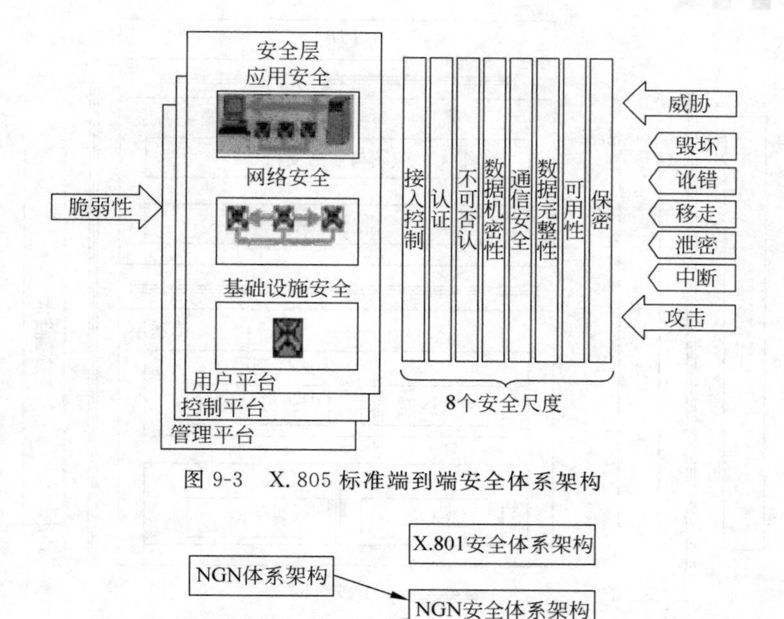

图 9-3　X.805 标准端到端安全体系架构

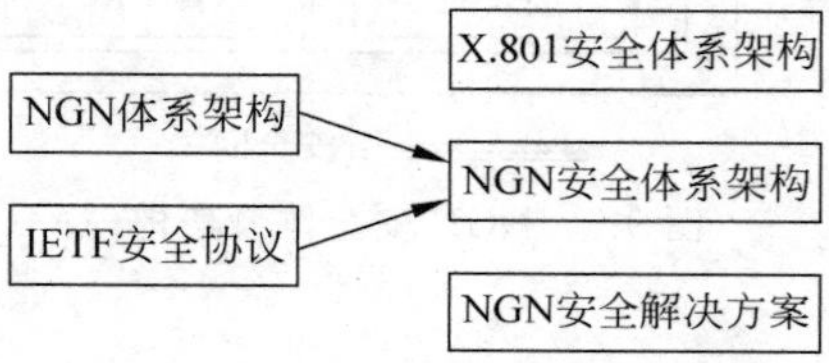

X.801安全体系架构

NGN体系架构

NGN安全体系架构

IETF安全协议

NGN安全解决方案

图 9-4　NGN 安全体系架构基础

3. NGN 安全体系架构

根据 NGN 分层的思想(如图 9-1 所示),NGN 安全体系架构在水平方向上可以划分为传送层安全和业务层安全。传送层和业务层的安全体系架构应相对独立,传送层安全体系架构主要是解决数据传输的安全,业务层安全体系架构主要解决业务平台的安全。

NGN 安全的系统架构在垂直方向上可以划分为接入网安全、骨干网安全和业务网安全,从而使得原来网络端到端安全变成了网络逐段安全。在垂直方向上,NGN 可以被划分成多个安全域。

接入网通过接入控制部分对用户的接入进行控制,防止非授权用户访问传送网络,并负责用户终端 IP 地址的分配；骨干网通过边界网关对网络互连进行控制,保证只有被授权的其他网络上的用户面、控制面和管理面才能接入信任域；业务网通过业务控制部分和根据需要通过应用与业务支持部分对用户访问业务进行控制,防止非授权用户访问业务,或授权用户访问非授权业务。

安全域之间用安全网关(SEGF)互联,如图 9-5 所示。在每个安全域里,除了 SEGF 之外,可能还存在 SEG 证书权威(CA)和互联 CA。同一个安全域的 SEGF 采用 IETF 安全协议实现域内端到端安全。

4. NGN 的安全机制

NGN 安全机制包括以下机制：

(1) 身份识别、认证与授权机制。

(2) 传送安全机制。

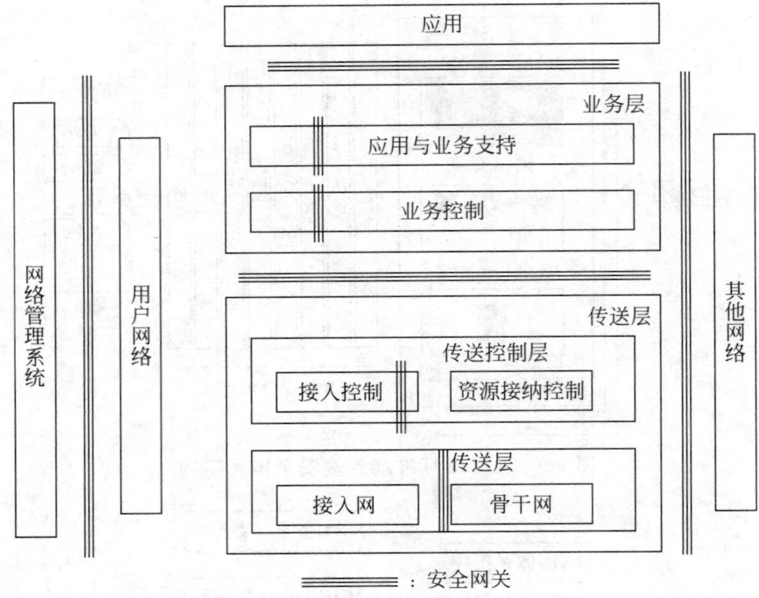

图 9-5 NGN 安全体系架构

(3) 访问控制机制。

(4) 审计与监控机制。

(5) 密钥交换与管理机制。

(6) OAMP 机制。

(7) 系统管理机制。

5. 提高 NGN 安全的方法

学者谢清辉在《内蒙古科技与经济》(2010 年 11 期)上撰文就下一代网络安全问题的应对方法进行探讨,提出了 4 点建议。

1) 跟踪 NGN 系统面临的不断变化的各种安全威胁

启用严格的网络安全机制,系统关闭任何不使用的网络服务,防止非法用户通过非法的服务入侵设备;通过隔离、过滤、监测、认证和加密等手段降低遭受攻击的可能性,并检测、记录攻击的发生,保证攻击的可溯源性。

2) 制定 NGN 安全标准规范

由于各厂家在保证 NGN 安全方面的做法不尽相同,迫切需要有关部门能够统一协调,制定统一规范,以保证 NGN 系统在业务提供层面、NGN 信令层面、IP 承载层面、终端层面等各个不同环节的互联互通及 NGN 业务的安全提供。

3) 对 NGN 的协议安全进行深入研究

随着 NGN 的日益普及,SIP、BICC、H248 和 Sigt ran 等 NGN 协议在 IP 承载网上进行传输时需要考虑相应的协议安全性、反攻击性,需要对 NGN 协议的安全性进一步研究,防患于未然。

4) 关注 NGN 终端接入的安全

当前 NGN 核心系统的建设采用物理隔离,VPN 逻辑隔离,以及采用防火墙等安全设备，安全基本上得到保证。在NGN终端层面，由于网络接入形式多种多样，面临的安全风险很多，给NGN整个系统的安全带来了隐患，所以需要业界建立标准的NGN终端接入安全体系。提高NGN网络的安全性，可以从两个方面入手：网络部署和安全的传输。

9.4 网络虚拟化的安全

这部分将介绍网络虚拟化的概念，安全威胁和安全策略。

9.4.1 网络虚拟化技术

1. 云计算与虚拟化技术

云计算是IT产业的又一次变革，它将各种传统的计算资源、存储资源以及网络资源，通过互联网全部转移到"云中"，用户不必了解设备的位置，也不必了解计算的过程，而只要"按需使用"就行了。其基本原理是使计算从本地计算机或远程服务器中分布到大量的分布式计算机上。云计算是随着处理器技术、分布式技术、虚拟化技术、自动化技术和互联网技术的发展而产生的，它能够提供动态资源池、虚拟化和高可用性的下一代计算平台。

虚拟化是支撑云计算的重要技术基石，云计算中所有应用的物理平台和部署环境都依赖虚拟平台的管理、扩展、迁移和备份，各操作都通过虚拟化层次完成。从云计算的最重要的虚拟化特点来看，大部分软件和硬件已经对虚拟化有了一定支持，可以把各种IT资源、软件、硬件、操作系统和存储网络等要素都进行虚拟化，放在云计算平台中统一管理。虚拟化技术打破了各种物理结构之间的壁垒，代表着把物理资源转变为逻辑可管理资源的必然趋势，不久的将来所有的资源都透明地运行在各种物理平台上，资源的管理都将按逻辑方式进行，完全实现资源的自动化分配，而虚拟化技术则是实现这一构想重要的工具，如图9-6所示。

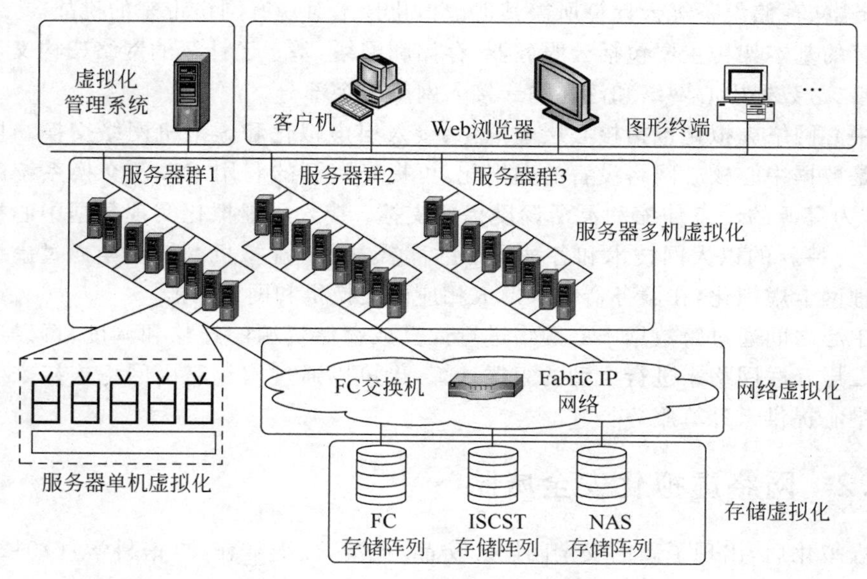

图9-6 网络虚拟化

2. 服务器虚拟化

服务器虚拟化是将底层物理设备与上层操作系统、软件分离的一种去耦合技术，它将硬件、操作系统和应用程序一同装入一个可迁移的虚拟机档案文件中。虚拟化通过其管理软件将多个物理设备纳入统一的资源池进行管理，从而增强了物理设备和物理设备之间的耦合性。在单一物理服务器上可同时运行多个虚拟机，同时虚拟机之间相互隔离，以提高资源利用率，降低能耗，实现服务器的共享和隔离。虚拟机可以根据其需求弹性增加或减少其分配的硬件资源，提高资源配置的灵活性，以实现资源弹性。虚拟机将整个系统，包括硬件配置、操作系统以及应用等封装在文件里，用于系统快速部署、软件发布、系统备份，可以在不同服务器上不加修改直接迁移正在运行的虚拟机，增强系统的可靠性和可扩展性。

3. 存储虚拟化

存储虚拟化(Storage Virtualization)是指对存储硬件资源进行抽象化的表现，通过将一个或多个目标服务或功能与其他附加的功能集成，统一提供有用的全面功能服务。虚拟化是作用在一个或者多个实体上的，而这些实体则是用来提供存储资源或服务。存储虚拟化是一种贯穿于其中，用于简化本来可能会相对复杂的底层基础架构的技术。

4. 网络虚拟化

虚拟化的计算资源和存储资源最终都以网络形式为用户提供服务。如何通过虚拟化技术提高网络资源的利用率，如何让网络具备灵活的可扩展性和可管理性，这些都是云计算网络研究的重点。网络虚拟化能使不同需求的用户组访问同一个物理网络，但逻辑上却进行一定程度的隔离，使其保持相对的独立性，以确保网络的安全使用。通过网络虚拟化技术可把多个封闭的用户组设置在单一物理基础设施上，更能确保整个网络保持高度的实用性、安全性、可管理性和可扩展性。网络虚拟化安全、弹性、易管理和自适应的基础网络特征，能充分满足服务器、存储设备等云计算所需其他虚拟化技术对现有网络带来的挑战。

云计算的基本架构主要包括云服务器、存储和网络，基于云计算的网络架构又可分为数据中心网络、跨数据中心网络和泛在的云接入网络三个部分。

数据中心网络虚拟化包括核心层虚拟化、接入层虚拟化和虚拟机网络交换。核心层网络虚拟化是数据中心核心网络设备的虚拟化，可提高资源的利用率以及交换系统的灵活性和扩展性，为资源的动态伸缩和灵活调度提供支撑；接入层虚拟化实现数据中心接入层的分级设计，支持新的以太网技术和各种灵活的部署方式；虚拟机网络交换通过虚拟网络交换机和物理网卡虚拟化，在服务器内部形成相应的交换机和网卡功能。

数据中心之间通过跨数据中心网络进行计算或存储资源的迁移和调度，可以通过构建大范围的二层互联网络来进行大型的集群计算，也可以通过构建路由网络连接来满足多个虚拟数据中心提供云计算服务。

9.4.2 网络虚拟化安全威胁

网络虚拟化后，出现了新的安全问题。房晶，吴昊，白松林在《电信科学》(2012-4-15)上发表的文章讨论了云计算的虚拟化安全问题。

1. 虚拟化的安全问题

虚拟化技术对于云计算而言是非常重要的，所以虚拟化的安全也直接关系到云计算的安全。从目前研究来看，云计算的虚拟化安全问题主要集中在以下几点。

1) VM Hopping

VM Hopping 指一台虚拟机可能监控另一台虚拟机甚至会接入到宿主机。如果两个虚拟机在同一台宿主机上，一个在虚拟机 1 上的攻击者通过获取虚拟机 2 的 IP 地址或通过获得宿主机本身的访问权限可接入到虚拟机 2。攻击者监控虚拟机 2 的流量，可以通过操纵流量攻击，或改变它的配置文件将虚拟机 2 由运行改为离线，造成通信中断。当连接重新建立时，通信需要重新开始。

2) VM Escape

VM Escape 攻击获得监控者的访问权限，从而对其他虚拟机进行攻击。若一个攻击者接入的主机运行多个虚拟机，它可以关闭监控者，最终导致这些虚拟机关闭。

3) 远程管理缺陷

监控者通常由管理平台来为管理员管理虚拟机。例如，Xen 用 XenCenter 管理其虚拟机。这些控制台可能会引起一些新的缺陷，例如跨站脚本攻击、SQL 入侵等。

4) 拒绝服务(DoS)的缺陷

在虚拟化环境下，资源（如 CPU、内存、硬盘和网络）由虚拟机和宿主机一起共享。因此，DoS 攻击可能会加到虚拟机上，从而获取宿主机上所有的资源，因为没有可用资源，从而造成系统将会拒绝来自客户的所有请求。

5) 基于 Rootkit 的虚拟机

Rootkit 概念出现在 UNIX 中，它是一些收集工具，能够获得管理员级别的计算机或计算机网络访问。如果监控者被 Rootkit 控制，Rootkit 可以得到整个物理机器的控制权。

6) 迁移攻击

迁移攻击可以将虚拟机从一台主机移动到另一台，也可以通过网络或 USB 复制虚拟机。虚拟机的内容存储在监控者的一个文件中。在虚拟机移动到另一个位置的过程中，虚拟磁盘被重新创建，攻击者能够改变源配置文件和虚拟机的特性，对主机形成威胁。

2. 虚拟化安全分层分析

虚拟化安全有两个方面：一个是虚拟化软件的安全；另一个是虚拟服务器的安全。

1) 虚拟化软件的安全

软件层直接部署于裸机之上，提供能够创建、运行和销毁虚拟服务器的能力。目前有两种攻击方式：一是恶意代码通过应用程序接口（API）攻击，因虚拟机通过调用 API 向监控者发出请求，监控者要确保虚拟机只会发出经过认证和授权的请求。二是通过网络对监控者进行攻击。通常，监控者所使用的网络接口设备也是虚拟机所使用的。如果网络配置得不是很严格，这意味着虚拟机可以连接到监控者的 IP 地址，并且可以在监控者的登录密码没有使用强密码保护的情况下入侵到监控者。这种不严格的网络配置还可能导致对监控者的 DoS 攻击，使得外网无法链接到监控者去关闭这些有问题的虚拟机。

2）虚拟服务器的安全

服务器的虚拟化相对于变化了的网络架构，相应地也产生了许多安全问题。服务器虚拟化后，每一台服务器都将支持若干个资源密集型的应用程序，可能出现负载过重，甚至会出现物理服务器崩溃的状况。在管理程序设计过程中的安全隐患会传染到同台物理主机上的虚拟机，造成虚拟机溢出，此时的虚拟机从管理程序脱离出来，黑客可能进入虚拟机管理程序，能够避开虚拟机安全保护系统，对虚拟机进行危害。另外，虚拟机迁移以及虚拟机间的通信将会大大增加服务器遭受渗透攻击的威胁，包括接入和管理主机的密钥被盗，攻击未打补丁的主机，在脆弱的服务标准端口侦听，劫持未采取合适安全措施的账户等。

9.4.3 网络虚拟化安全策略

网络虚拟化后，将出现虚拟化软件安全和虚拟服务器安全问题。为此，余秦勇，童斌，陈林在《信息安全与通信保密》(2012-11-10)上发表文章，就网络虚拟化的安全策略进行了讨论，提出了网络虚拟化安全建设的三点意见，并从网络虚拟化安全规划和部署方面进行了探索。

1. 虚拟化安全建议

虚拟化系统的安全性密切依赖每个组件自身的安全，这些组件包括 Hypervisor、宿主 OS、客户 OS、应用和存储，实践中应该确保对这些组件的安全防护基于最佳实践。下面根据虚拟化系统中面临的风险，提供针对性的建议。

1）监控者安全

监控者管理通信保护，一种方法是采用带外管理，通过专门的管理网络，它们与其他网络独立开来，仅能被授权的管理员访问；另一种方式是采用加密技术在不信任的网络上的管理通信中做加密保护，例如 VPN 加密通信。

增强监控者安全的建议：

(1) 安装厂商发布的监控者的全部更新。大多数监控者具有自动检查更新并安装的功能，也可以用集中化补丁管理解决方案来管理更新。

(2) 限制管理接口的访问权限。用专门的管理网络实现管理通信，或采用加密模块加密和认证管理网络通信。

(3) 关闭所有不用的监控者服务，如剪贴板和文件共享，因为每个这种服务都可能提供攻击向量。

(4) 使用监控功能来监视每个客户操作系统的安全。如果一个客户操作系统被攻击了，它的安全控制可能会被关闭或重新配置来掩饰被攻击的征兆。使用监控功能来监视客户操作系统之间的行为安全。在虚拟化环境中，网络的监控尤为重要。

(5) 仔细地监控监控者自身的漏洞征兆，包括使用监控者提供的自身完整性监控工具和日志监控与分析工具。

2）客户操作系统安全

如果客户操作系统被恶意软件攻陷了，它可能通过共享磁盘和文件夹传播，特别是共享网络存储，因此需要加强采用了共享网络存储的虚拟化共享磁盘上的安全防护。

客户操作系统自身的安全建议：

(1) 遵守推荐的物理操作系统管理惯例，如时间同步、日志管理、认证和远程访问等。

(2) 及时安装客户操作系统的全部更新,现在的所有操作系统都可以自动检查更新并安装。

(3) 在每个客户操作系统里断开不用的虚拟硬件。这点对于虚拟驱动器(虚拟 CD、虚拟软驱)尤为重要,对虚拟网络适配器,包括网络接口、串口、并口也很重要。

(4) 为每个客户操作系统采用独立的认证方案,除非有特殊的原因需要两个客户操作系统共享证书。

(5) 确保客户操作系统的虚拟设备都正确联到宿主系统的物理设备上,例如在虚拟网卡和物理网卡之间的映射。

3) 虚拟化基础设施安全

虚拟化提供了硬件模拟,如存储、网络。把多个客户操作系统连接在一起的监控系统有安全风险。例如,一个组织的安全策略里可能要求所有与多个服务器连接的交换机必须被管理,并且服务器之间的通信被监控,从而发现可疑行为。然而,大多数虚拟系统的网络交换机没有这种能力,传统的入侵检测工具可能没法融入或运行在虚拟化的网络或系统中。鉴于虚拟化技术变得越来越流行,虚拟 IDS 和 IPS 技术的应用无疑将会更加普遍。

2. 网络虚拟化安全规划和部署

实施一个安全虚拟化系统的关键在于安装、配置和部署之前进行规划,许多虚拟化的安全问题和性能问题都是因为缺乏规划和管理控制。在系统生命周期的初始规划阶段就应该考虑到安全性最大化和成本最小化,这有助于虚拟化系统符合组织的相关安全策略,在部署之后再考虑安全性会困难和昂贵得多。

1) 虚拟化系统安全规划

规划阶段的一个关键工作是开发虚拟化安全策略,安全策略应该定义组织允许哪种形式的虚拟化以及每种虚拟化下能够使用的程序和数据。安全策略还应该包括组织的虚拟化系统如何管理、组织的策略如何更新。

2) 虚拟化系统安全设计

一旦组织建立了虚拟化安全策略、确定了虚拟化需求、完成了其他准备工作,下一步就是决定使用哪种类型的虚拟化技术并设计安全解决方案。这一阶段里,需明确虚拟化解决方案和相关组件的技术特征,包括认证方式和保护数据的加密机制。

3) 虚拟化系统安全实施

虚拟化解决方案设计好以后,下一步就是把解决方案变成实际的系统,涉及的方面如下:第一,物理到虚拟的转化;第二,监控方面,确保虚拟化系统提供了必要的监控能力,对 Guest OS 内发生的安全事件进行监控;第三,实施的安全性,部署其他安全控制和技术的配置,如安全事件登录、网络管理和认证服务器集成。

4) 虚拟化系统安全运维

运维对保持虚拟化系统的安全尤其重要,应当严格按策略执行。这一阶段应当执行的安全任务包括确保只有授权的管理员能物理访问监控者的硬件、逻辑访问监控者软件和宿主操作系统;检查监控者、每个客户操作系统、主机操作系统以及每个客户操作系统上运行的所有应用软件的更新,为虚拟环境中的所有系统获取、测试和配置这些更新;确保每个虚拟化组件的时间与一个通用的时间资源同步,使得时间戳与其他系统产生的时间戳匹配;

在需要时重新配置访问控制属性：基于策略变化、技术变化、审计发现以及新的安全需求等因素；把虚拟化环境中发现的异常记成文档，这些异常可能预示着恶意行为或背离策略的事件；组织应当周期地执行评估来确认组织的虚拟化策略、步骤和过程都被正确地遵循，在虚拟化基础设施的每一层都要做评估，包括宿主和客户操作系统、监控者和共享存储介质。

9.5 移动通信接入安全

移动通信(Mobile Communication)是移动体之间的通信，或移动体与固定体之间的通信。这部分将介绍 2G/3G/4G 移动通信的概念，2G 安全机制，3G 安全威胁，3G 安全需求和 3G 安全体系，以及 4G 的安全威胁和安全策略。

9.5.1 2G 移动通信及安全

以下内容是在西南交通大学毛光灿的硕士论文(2003)“移动通信安全研究”和其他资料的基础上进行概要和整理后的结果。

1. 2G 概述

2G 是第二代(Second Generation)移动通信技术规格的简称，相对于前一代直接以类比方式进行语音传输，2G 移动通信系统对语音以数字化方式传输，除了具有通话功能外，某些系统引入了短信(Short Message Service，SMS)功能。在某些 2G 系统中也支援资料传输与传真，但因为速度缓慢，只适合传输量低的电子邮件、软件等信息。2G 采用多路复用(Multiplexing)技术，该技术可分成两类：一种是基于 TDMA 所发展出来的系统，以 GSM 为代表；另一种则是基于 CDMA 规格所发展出来的系统，例如 CDMA One。

第二代手机通信技术规格标准有：GSM 是基于 TDMA 发展起来的，源于欧洲，目前已全球化。IDEN 是基于 TDMA 发展起来的、美国独有的系统，被美国电信系统商 Nextell 使用。IS-136(也叫做 D-AMPS)是基于 TDMA 发展起来的，是美国最简单的 TDMA 系统，用于美洲。IS-95(也叫做 CDMAOne)是基于 CDMA 发展起来的，是美国最简单的 CDMA 系统，用于美洲和亚洲一些国家。PDC(Personal Digital Cellular)是基于 TDMA 发展起来的，仅在日本普及。

2. 2G 安全目标和特性

2G 安全目标是防止未经许可的人操作 MS(假扮合法用户)，非法使用其资源，保护网络防止未授权的接入；保护用户的隐私，防止无线路径上交换的信息被窃听。

2G 安全特性包括用户永久身份(IMSI)的保密；网络对用户的认证；物理连接的用户数据的保密；无连接用户数据的保密(SMS，短消息服务)；信令信息单元的保密。

3. 2G 安全特性的具体实现机制

在 GSM 系统中，为了实现安全特性和目标，主要采取了以下安全措施：接入网络方面采用了对用户鉴权；无线链路上采用对通信信息加密；用户身份(IMSI)采用临时识别码

(TMSI)保护；对移动设备采用设备识别；SIM 卡用 PIN 码保护。

1）临时识别(用户身份保密)

为了保护用户的隐私，防止用户位置被跟踪，SM 中使用临时识别符 TMSI 方式来对用户身份进行保密，不在特殊情况下不会使用用户的 IMSI 对用户进行识别，只有在网络根据 TMSI 无法识别出它所在的 HLR/AUC，或是无法到达用户所在的 HLR/AUC，才会使用用户的 IMSI 来识别用户，从它所在的 HLR/AUC 获取鉴权参数来对用户进行认证。在 GSM 中 TMSI 总是与一定的 LAI(位置区识别符)相关联，当用户所在的 LA(位置区)发生改变时，通过位置区更新过程实现 TMSI 的重新分配，重新分配给用户的 TMSI 是在用户的认证完成时，启动加密模式后，由 VLR 加密后传送给用户，从而实现了 TMSI 的保密。同时在 VLR 中保存新分配给用户的 TMSI，将旧的 TMSI 从 VLR 中删除。

2）鉴权(用户入网认证)

使用鉴权三参数组(加密密钥 K_c，随机数 RAND，符号响应 SRES)实现用户鉴权。在用户入网时，用户鉴权键 K_i 连同 IMSI 一起分配给用户。在网络端 K_i 存储在鉴权中心 AUC，在用户端 K_i 存储在 SIM 卡中。鉴权参数由网络中的鉴权中心生成，在 AUC 中执行相应的算法产生鉴权三参数组：由一个随机数发生器生成随机数 RAND；使用 A3 算法，生成符号响应 SRES＝A3(RAND，K_i)；使用 As 算法，生成加密密钥 Ke＝AS(RAND，K_i)。

AUC 应 MSC/VLR 的请求，每次生成若干个三参数组(RAND，SRES，K_e)，并将生成的三参数组存储在 HLR 中。HLR 存储每个用户的三参数组，并在 MSC/vLR 请求时传送给它，以此保证对网络中的所有访问用户至少有一个未使用的三参数组。在用户需要接入认证时，MSC/VLR 向移动台(MS)发送 RAND，MS 使用存储在 SIM 卡中的和 AUC 中一样的 K_i 与算法计算出 SRES。然后把 SRES 回送给 MSC/VLR，验证其合法性，是否让其接入网络。在 MS 位置更新，做主叫或被叫，补充业务的激活或去活，位置登记或删除之前均需要鉴权。

3）加密

网络对用户的数据进行加密，以防止窃听。加密是受鉴权过程中产生的加密密钥 K_c 控制的，加密密钥的产生过程是通过密钥算法 A。和加密算法 A3 有相同的输入参数 RAND 和 K_i，因而可以将两个算法合为一个算法，用来计算符号响应和加密密钥。加密密钥 K_c 不在无线接口上传送，而是存在 SIM 卡和 AUC 中，分别由这两部分来完成相应的算法。

4）设备识别

设备识别是防止盗用或非法设备入网使用。

(1) MSC/VLR 向 MS 请求 IMEI(国际移动设备识别码)，并将其发送给 EIR(设备识别寄存器)。

(2) 收到 IMEI 后，EIR 使用它所定义的三个清单：白名单，黑名单和灰名单。

(3) 将设备鉴定结果发送给 MSC/VLR，以决定是否允许入网。

4. 2G 的安全缺陷

2G 的安全缺陷主要包括：单向身份认证；使用明文进行传输，易造成密钥信息泄露；加密功能没有延伸到核心网；无法抗击重放攻击；无消息完整性认证，无法保证数据在链路中传输过程中的完整性；用户漫游时，归属网络(HE)不知道和无法控制服务网络(SN)如何使用自己用户的认证参数；无第三方仲裁功能。系统安全缺乏升级能力。

9.5.2 3G移动通信及威胁

1. 3G移动通信概述

第三代移动通信技术(3rd-Generation,3G)是指支持高速数据传输的蜂窝移动通信技术。3G服务能够同时传送声音及数据信息，速率一般在几百kbps以上。3G是指将无线通信与国际互联网等多媒体通信结合的新一代移动通信系统。3G有4种标准：CDMA2000、WCDMA、TD-SCDMA和WiMAX。

3G与2G的主要区别是在传输声音和数据的速度上的提升，它能够在全球范围内更好地实现无线漫游，并处理图像、音乐和视频流等多种媒体形式，提供包括网页浏览、电话会议和电子商务等多种信息服务，同时也要考虑与已有第二代系统的良好兼容性。为了提供这种服务，无线网络必须能够支持不同的数据传输速度，也就是说在室内、室外和行车的环境中能够分别支持至少2Mbps(兆比特/秒)、384kbps(千比特/秒)以及144kbps的传输速度。

3G是第三代通信网络，目前国内支持国际电联确定的三个无线接口标准，分别是中国电信的CDMA2000，中国联通的WCDMA，中国移动的TD-SCDMA。GSM设备采用的是时分多址，而CDMA使用码分扩频技术，先进功率和语音激活至少可提供大于3倍GSM网络容量。业界将CDMA技术作为3G的主流技术，国际电联确定三个无线接口标准，分别是美国CDMA2000，欧洲WCDMA，中国TD-SCDMA。原中国联通的CDMA卖给中国电信，中国电信已经将CDMA升级到3G网络，3G的主要特征是可提供移动宽带多媒体业务。

2. 3G标准

3G标准分别是WCDMA(欧洲版)、CDMA2000(美国版)、TD-SCDMA(中国版)和WiMAX。国际电信联盟(ITU)在2000年5月确定WCDMA、CDMA2000和TD-SCDMA三大主流无线接口标准，写入3G技术指导性文件《2000年国际移动通信计划》(简称IMT-2000)。2007年，WiMAX也被接受为3G标准之一。CDMA(Code Division Multiple Access,码分多址)是第三代移动通信系统的技术基础。第一代移动通信系统采用频分多址(FDMA)的模拟调制方式，这种系统的主要缺点是频谱利用率低，信令干扰语音业务。第二代移动通信系统主要采用时分多址(TDMA)的数字调制方式，提高了系统容量，并采用独立信道传送信令，使系统性能大大改善，但TDMA的系统容量仍然有限，越区切换性能仍不完善。CDMA系统以其频率规划简单、系统容量大、频率复用系数高、抗多径能力强、通信质量好、软容量、软切换等特点显示出巨大的发展潜力。下面分别介绍一下3G的几种标准：

1) WCDMA

全称为Wideband CDMA，也称为CDMA Direct Spread，意为宽频分码多重存取，这是基于GSM网发展出来的3G技术规范，是欧洲提出的宽带CDMA技术，它与日本提出的宽带CDMA技术基本相同，目前正在进一步融合。WCDMA的支持者主要是以GSM系统为主的欧洲厂商，日本公司也或多或少参与其中，包括欧美的爱立信、阿尔卡特、诺基亚、朗讯、北电，以及日本的NTT、富士通、夏普等厂商。该标准提出了GSM(2G)→GPRS→EDGE→WCDMA(3G)的演进策略。这套系统能够架设在现有的GSM网络上，对于系统提供商而言可以较轻易地过渡。预计在GSM系统相当普及的亚洲，对这套新技术的接受度会相当高，因此WCDMA具有先天的市场优势。WCDMA已是当前世界上采用的国家及地区最广泛的，终端种类最丰富的一种3G标准，占据全球80%以上市场份额。

2) CDMA2000

CDMA2000是由窄带CDMA(CDMA IS95)技术发展而来的宽带CDMA技术，也称为CDMA Multi-Carrier，它是由美国高通北美公司为主导提出，摩托罗拉、Lucent和后来加入的韩国三星都有参与，韩国成为该标准的主导者。这套系统是从窄频CDMAOne数字标准衍生出来的，可以从原有的CDMAOne结构直接升级到3G，建设成本低廉。但使用CDMA的地区只有日、韩和北美，所以CDMA2000的支持者不如W-CDMA多。不过CDMA2000的研发技术却是目前各标准中进度最快的，许多3G手机已经率先面世。该标准提出了CDMA IS95(2G)→CDMA20001x→CDMA20003x(3G)的演进策略。CDMA20001x被称为2.5代移动通信技术。CDMA20003x与CDMA20001x的主要区别在于应用了多路载波技术，通过采用三载波使带宽提高。中国电信正在采用这一方案向3G过渡，并已建成了CDMA IS95网络。

3) TD-SCDMA

TD-SCDMA(Time Division-Synchronous CDMA，时分同步CDMA)标准是由中国大陆独自制定的3G标准，1999年6月29日，中国原邮电部电信科学技术研究院(大唐电信)向ITU提出，但技术发明始于西门子公司。TD-SCDMA具有辐射低的特点，被誉为绿色3G。该标准将智能无线、同步CDMA和软件无线电等当今国际领先技术融于其中，在频谱利用率、对业务支持具有灵活性、频率灵活性及成本等方面的独特优势。另外，由于中国内地庞大的市场，该标准受到各大主要电信设备厂商的重视，全球一半以上的设备厂商都宣布可以支持TD-SCDMA标准。该标准提出不经过2.5代的中间环节，直接向3G过渡，非常适用于GSM系统向3G升级。军用通信网也是TD-SCDMA的核心任务。相对于另外两个主要的3G标准CDMA2000和WCDMA，它的起步较晚，技术不够成熟。

4) WiMAX

WiMAX(Worldwide Interoperability for Microwave Access，微波存取全球互通)又称为802・16无线城域网，是一种为企业和家庭用户提供“最后一英里”的宽带无线连接方案。将此技术与需要授权或免授权的微波设备相结合之后，由于成本较低，将扩大宽带无线市场，改善企业与服务供应商的认知度。2007年10月19日，在国际电信联盟在日内瓦举行的无线通信全体会议上，经过多数国家投票通过，WiMAX正式被批准成为继WCDMA、CDMA2000和TD-SCDMA之后的第4个全球3G标准。

3. 3G移动通信安全威胁

3G系统的安全威胁大致可以分为如下几类：

(1) 敏感数据的非法获取，对系统信息的保密性进行攻击。其中主要包括：

① 侦听。攻击者对通信链路进行非法窃听，获取消息。

② 伪装。攻击者伪装合法身份，诱使用户或网络相信其身份合法，从而窃取系统信息。

③ 流量分析。攻击者对链路中消息的时间、速率、源及目的地等信息进行分析，从而判断用户位置或了解重要的商业交易是否正在进行。

④ 浏览。攻击者对敏感信息的存储位置进行搜索。

⑤ 泄露。攻击者利用合法接入进程获取敏感信息。

⑥ 试探。攻击者通过向系统发送一信号来观察系统反应。

(2) 对敏感数据的非法操作，对消息的完整性进行攻击。主要包括对消息的篡改、插入、重放或删除。

(3) 对网络服务的干扰或滥用。结果导致系统拒绝服务或导致系统服务质量的降低。主要包括：

① 干扰。攻击者通过阻塞用户业务、信令或控制数据使合法用户无法使用网络资源。

② 资源耗尽。攻击者通过使网络过载，从而导致用户无法使用服务。

③ 特权滥用。用户或服务网络利用其特权非法获取非授权信息。

④ 服务滥用。攻击者通过滥用某些系统服务，从而获取好处，或者导致系统崩溃。

(4) 否认。主要指用户或网络否认曾经发生的动作。

(5) 对服务的非法访问。主要包括攻击者伪造成网络和用户实体，对系统服务进行非法访问。用户或网络通过滥用访问权利非法获取未授权服务。

4. 针对3G系统无线接口的攻击

(1) 对非授权数据的非法获取。基本手段包括对用户业务的窃听、对信令与控制数据的窃听、伪装网络实体截取用户信息以及对用户流量进行主动与被动分析。

(2) 对数据完整性的攻击。主要是对系统无线链路中传输的业务与信令、控制消息进行篡改，包括插入、修改和删除等。

(3) 拒绝服务攻击。拒绝服务攻击可分为三个不同层次：

① 物理级干扰。攻击者通过物理手段对系统无线链路进行干扰，从而使用户数据与信令数据无法传输。物理攻击的一个例子就是阻塞。

② 协议级干扰。攻击者通过诱使特定的协议失败流程干扰正常的通信。

③ 伪装成网络实体拒绝服务。攻击者伪装成合法网络实体，对用户的服务请求作出拒绝回答。

(4) 对业务的非法访问攻击。攻击者伪装成其他合法用户身份，非法访问网络，或切入用户与网络之间，进行中间攻击。

(5) 主动用户身份捕获攻击。攻击者伪装成服务网络，对目标用户发身份请求，从而捕获用户明文形式的永久身份信息。

(6) 对目标用户与攻击者之间的加密流程进行压制，使加密流程失效。基本的手段有：

① 攻击者伪装成一服务网络，分别与用户和合法服务网络建立链路，转发交互信息，从而使加密流程失效。

② 攻击者伪装成服务网络，通过发适当的信令使加密流程失效。

③ 攻击者通过篡改用户与服务网络间信令，使用户与网络的加密能力不匹配，从而使加密流程失效。

5. 针对系统核心网的攻击

(1) 对数据的非法获取。基本手段包括对用户业务、信令及控制数据的窃听，冒充网络实体截取用户业务及信令数据，对业务流量的被动分析，对系统数据存储实体的非法访问，以及在呼叫建立阶段伪装用户位置信息等。

(2) 对数据完整性的攻击。基本手段包括对用户业务与信令消息进行篡改，对下载到用户终端或 USIM 的应用程序及数据进行篡改，通过伪装成应用程序及数据的发起方篡改用户终端或 USIM 的行为，篡改系统存储实体中存储的用户数据等。

(3) 拒绝服务攻击。基本手段包括物理干扰，协议级干扰，伪装成网络实体对用户请求作出拒绝回答，滥用紧急服务等。

(4) 否定。主要包括对费用的否定，对发送数据的否定等。

(5) 对非授权业务的非法访问。基本手段包括伪装成用户归属网络滥用特权非法访问非授权业务。

6. 针对终端和用户智能卡的攻击

(1) 使用偷窃的终端和智能卡。

(2) 对终端或智能卡中的数据进行篡改。

(3) 对终端与智能卡间的通信进行侦听。

(4) 伪装身份截取终端与智能卡间的交互信息。

(5) 非法获取终端或智能卡中存储的数据。

9.5.3 3G 移动通信安全体系

第三代移动通信系统(3G)在 2G 的基础上进行了改进，继承了 2G 系统安全的优点，同时针对 3G 系统的新特性，定义了更加完善的安全特征与安全服务。

1. 3G 移动通信系统的安全体系

为实现 3G 安全特征的一般目标，应针对它所面临的各种安全威胁和攻击，从整体上研究和实施 3G 系统的安全措施，只有这样才能有效保障 3G 系统的信息安全。图 9-7 给出了一个完整的 3G 系统安全体系图。

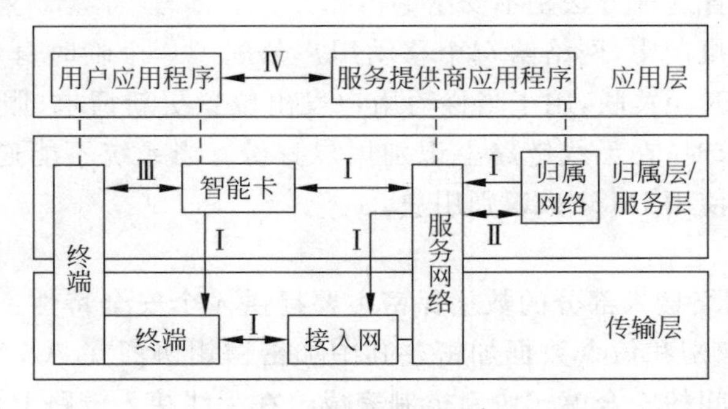

图 9-7 3G 系统的安全体系

在3G系统的安全体系中定义了5个安全特征组，它们涉及传输层、归属/服务层和应用层，同时也涉及移动用户(包括移动设备MS)、服务网和归属环境。每一安全特征组用以对抗某些威胁和攻击，实现3G系统的某些安全目标，具体如下：

(1) 网络接入安全。该安全特征组提供用户安全接入3G业务，特别是对抗在无线接入链路上的攻击。

(2) 网络域安全。该安全特征组使网络运营者之间的结点能够安全地交换信令数据，对抗在有限网络上的攻击。

(3) 用户域安全。该安全特征组确保安全接入移动设备。

(4) 应用域安全。该安全特征组使得用户和网络运营者之间的各项应用能够安全地交换信息。

(5) 安全的可知性和可配置性。该安全特征集使得用户能知道一个安全特征组是否在运行，并且业务的应用和设置是否依赖于该安全特征。

2. 3G系统的防范策略

3G移动通信系统中的安全防范技术是在2G的安全基础上建立起来的，它克服了2G系统中的安全问题，也增加了新的安全功能，下面从用户身份保密、认证以及数据传输的保密性与完整性等几个方面对3G系统中主要的安全防范策略加以介绍。

1) 实体认证

3G系统的实体间认证过程比原有2G系统认证功能增强很多，且增加了新功能，具体有以下三个方面：3G系统完成了网络和用户之间的双向认证；3G系统增加了数据完整性这一安全特性，以防止篡改信息这样的主动攻击；在认证令牌AUTN中包括了序列号SQN，保证认证过程的最新性，防止重新攻击，并且SQN的有效范围受到限制。

2) 身份保密

3G系统中的用户身份保密有三个方面的含义：在无线链路上窃听用户身份IMSI是不可能的；确保不能够通过窃听无线链路来获取当前用户的位置；窃听者不能够在无线链路上获知用户正在使用的不同的业务。为了达到上述要求，3G系统使用了两种机制来识别用户身份：使用临时身份TMSI和使用加密的永久身份IMSI。而且要求在通信中不能长期使用同一个身份。另外，为了达到这些要求，那些可能会泄露用户身份的信令信息以及用户数据也应该在接入链路上进行加密传送。在3G中为了保持与第二代系统兼容，也允许使用非加密的IMSI，尽管这种方法是不安全的。

在使用临时身份机制中，网络给每个移动用户分配了一个临时身份TMSI。该临时身份与IMUI由网络临时相关联，用于当移动用户发出位置更新请求、服务请求、脱离网络请求，或连接再建立请求时，在无线链路上识别用户身份。当系统不能通过TMUI识别用户身份时，3G系统可以使用IMSI来识别用户。

3) 数据保密

在3G系统中，网络接入部分的数据保密主要提供4个安全特性：加密算法协商、加密密钥协商、用户数据加密和信令数据加密。其中加密密钥协商在AKA中完成。加密算法协商由用户与服务网间的安全模式协商机制完成。在无线接入链路上仍然采用分组密码流对原始数据加密，采用了f8算法。

4）数据完整

在移动通信中，MS和网络间的大多数信令信息是非常敏感的，需要得到完整性保护。在3G中采用了消息认证来保护用户和网络间的信令消息没有被篡改。

3. 3G安全缺陷

3G与以往的移动通信系统相比，在安全性方面有了很大的提高，但是3G仍然存在一些安全缺陷，表现在以下几个方面：未保护到的信令数据，拒绝服务攻击，未提供用户数据完整性保护，Iu和Iur接口上传输的数据缺乏保护措施。

未来3G系统的安全将可以从以下几个方面加以发展和完善：建立适合未来移动通信系统的安全体系结构模型，由私钥密码体制向混合密码体制的转变，安全体系向透明化发展，新密码技术的广泛应用。移动通信网络的安全措施更加体现面向用户的理念。

9.5.4 4G移动通信概述

1. 4G移动通信定义

4G是第四代移动通信及其技术的简称，是集3G与WLAN于一体并能够传输高质量视频图像且图像传输质量与高清晰度电视不相上下的技术产品。4G系统能够以100Mbps的速度下载，比拨号上网快2000倍，上传的速度也能达到20Mbps，并能够满足几乎所有用户对于无线服务的要求。此外，4G可以在DSL和有线电视调制解调器没有覆盖的地方部署，然后再扩展到整个地区。4G有望集成不同模式的无线通信——从无线局域网和蓝牙等室内网络、蜂窝信号、广播电视到卫星通信，移动用户可以自由地从一个标准漫游到另一个标准。

2. 4G系统网络结构及其关键技术

如图9-8所示，作为一个多种无线网络共存的通信系统，4G系统包括移动终端、无线接入网、无线核心网和IP骨干网Internet这4个部分。

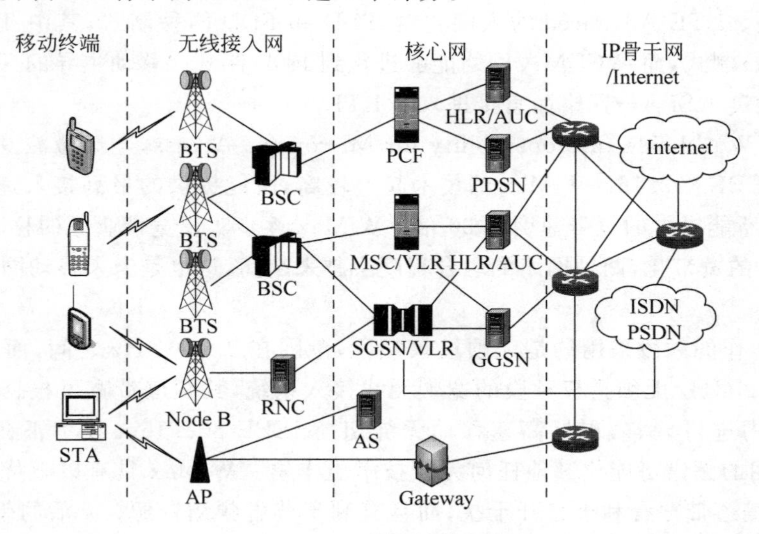

图9-8 4G系统结构划分

4G 移动系统网络结构可分为三层：物理网络层、中间环境层和应用网络层。物理网络层提供接入和路由选择功能，它们由无线和核心网的结合格式完成。中间环境层的功能有 QoS 映射、地址变换和完全性管理等。物理网络层与中间环境层及其应用环境之间的接口是开放的，它使发展和提供新的应用及服务变得更为容易，提供无缝高数据率的无线服务，并运行于多个频带。这一服务能自适应多个无线标准及多模终端能力，跨越多个运营者和服务，提供大范围服务。

第四代移动通信系统的关键技术包括信道传输；抗干扰性强的高速接入技术、调制和信息传输技术；高性能、小型化和低成本的自适应阵列智能天线；大容量、低成本的无线接口和光接口；系统管理资源；软件无线电、网络结构协议等。第四代移动通信系统主要是以正交频分复用(OFDM)为技术核心。OFDM 技术的特点是网络结构高度可扩展，具有良好的抗噪声性能和抗多信道干扰能力，可以提供无线数据技术质量更高(速率高、时延小)的服务和更好的性能价格比，能为 4G 无线网提供更好的方案。例如无线区域环路(WLL)、数字音讯广播(DAB)等，预计都采用 OFDM 技术。4G 移动通信对加速增长的宽带无线连接的要求提供技术上的回应，对跨越公众的和专用的、室内和室外的多种无线系统和网络保证提供无缝的服务。通过对最适合的可用网络提供用户所需求的最佳服务，能应付基于因特网通信所期望的增长，增添新的频段，使频谱资源更好地扩展，提供不同类型的通信接口，运用路由技术为主的网络架构，以傅立叶变换来发展硬件架构实现第四代网络架构。移动通信会向数据化、高速化、宽带化、频段更高化方向发展，移动数据、移动 IP 预计会成为未来移动网的主流业务。

3. 4G 标准

LTE-Advanced 就是 LTE 技术的升级版，它的正式名称为 Further Advancements for E-UTRA，满足 ITU-R 的 IMT-Advanced 技术征集的需求，是 3GPP 形成欧洲 IMT-Advanced 技术提案的一个重要来源。LTE-Advanced 是 一个后向兼容的技术，是完全兼容 LTE 的演进。如果严格地讲，LTE 作为 3.9G 移动互联网技术，那么 LTE-Advanced 作为 4G 标准更加确切一些。LTE-Advanced 的入围包含 TDD 和 FDD 两种制式，其中 TD-SCDMA 能够进化到 TDD 制式，而 WCDMA 网络能够进化到 FDD 制式。移动主导的 TD-SCDMA 网络期望能够绕过 HSPA＋网络而直接进入到 LTE。

WiMax (Worldwide Interoperability for Microwave Access，全球微波互联接入)的另一个名字是 IEEE 802.16。WiMax 的技术起点较高，所能提供的最高接入速度是 70M，这个速度是 3G 所能提供的宽带速度的 30 倍。WiMax 逐步实现宽带业务的移动化，而 3G 则实现移动业务的宽带化，两种网络的融合程度会越来越高，这也是未来移动网络和固定网络的融合趋势。

802.16 工作的频段采用的是无须授权频段，范围在 2～66GHz 之间，而 802.16a 则是一种采用 2～11GHz 无须授权频段的宽带无线接入系统，其频道带宽可根据需求在 1.5～20MHz 范围内进行调整，更好高速移动无缝切换 IEEE 802.16m 技术正在研发。因此，802.16 所使用的频谱可能比其他任何无线技术更丰富。WiMax 具有以下优点：对于已知的干扰，窄的信道带宽有利于避开干扰，而且有利于节省频谱资源；灵活的带宽调整能力，有利于运营商或用户协调频谱资源；WiMax 所能实现的 50km 的无线信号传输距离是无线局域网所不能比拟的，网络覆盖面积是3G发射塔的10倍，只要少数基站建设就能实现全城覆盖，能够使无线网络的覆盖面积大大提升。

虽然WiMax网络在网络覆盖面积和网络的带宽上优势巨大，但是其移动性却有着先天的缺陷，无法满足高速(≥50km/h)下网络的无缝链接。从这个意义上讲，WiMax还无法达到3G网络的水平，严格地说并不能算作移动通信技术，而仅仅是无线局域网的技术。但是WiMax的希望在于IEEE 802.11m技术上，将能够有效地解决这些问题。也正是因为有中国移动、英特尔、Sprint各大厂商的积极参与，WiMax成为呼声仅次于LTE的4G网络手机。

WirelessMAN-Advanced是WiMax的升级版，即IEEE 802.16m标准。802.16系列标准在IEEE中正式称为WirelessMAN。其中，802.16m最高可以提供1Gbps无线传输速率，还将兼容未来的4G无线网络。802.16m可在“漫游”模式或高效率/强信号模式下提供1Gbps的下行速率。该标准还支持“高移动”模式，能够提供1Gbps速率。其优势如下：提高网络覆盖，改建链路预算；提高频谱效率；提高数据和VoIP容量；低时延&QoS增强；功耗节省。WirelessMAN-Advanced有5种网络数据规格，其中极低速率为16kbps，低速率数据及低速多媒体为144kbps，中速多媒体为2Mbps，高速多媒体为30Mbps，超高速多媒体则达到了30Mbps～1Gbps。但是该标准可能会率先被军方所采用，IEEE方面表示军方的介入能够促使WirelessMAN-Advanced更快地成熟和完善，而且军方的今天就是民用的明天。不论怎样，WirelessMAN-Advanced得到ITU的认可并成为4G标准的可能性极大。

9.5.5　4G移动通信安全

学者郑宇在其博士论文(2006)中对4G无线网络安全若干关键技术进行了研究。下面从4G安全威胁和4G安全框架进行介绍。

1. 4G安全威胁

作为一个多种无线网络共存的通信系统，4G面临的安全威胁来自4个方面，包括移动终端、无线接入网、无线核心网和IP骨干网。

移动终端在4G系统中面临的安全威胁：移动终端硬件平台面临的安全威胁，操作系统安全威胁，无线网络面临的安全威胁，移动性管理，网络结构和QoS，安全性和容错性。

无线业务面临的威胁：现有的安全机制难以满足高安全级别的需求，以及多运营商和多计费系统安全威胁。

2. 4G安全策略

在设计其安全方案时应同时考虑安全性、效率、兼容性、可扩展性和用户的可移动性5大因素。针对以上5大因素，在制定4G无线网络安全方案时应综合采用以下策略，如图9-9所示。

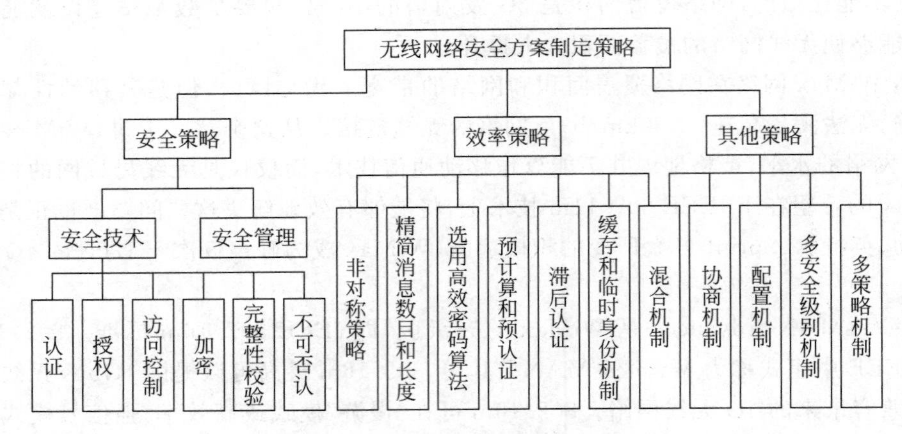

图 9-9　4G 网络安全方案的制定策略

3. 4G 系统的安全体系

如图 9-10 所示，4G 安全体系包含 5 种安全特性以满足相应的安全需求。与 3G 安全体系相比，该安全体系具有以下特性：

(1) 通过在 ME 中植入 TPM，从而在安全体系中引入可信移动平台的思想。将用户、USIM 和 ME/TPM 视为三个独立的实体，利用可信计算的安全特性来提高用户域的安全。

(2) 综合考虑了对无线和有线链路的保护，提高了有线链路的安全性。

(3) 通过在网络域中各个实体间建立认证机制，如用户、接入网和归属网络之间的相互认证，以及 AN、SP 和 HE 间的相互认证，从而提高网络域的安全级别。

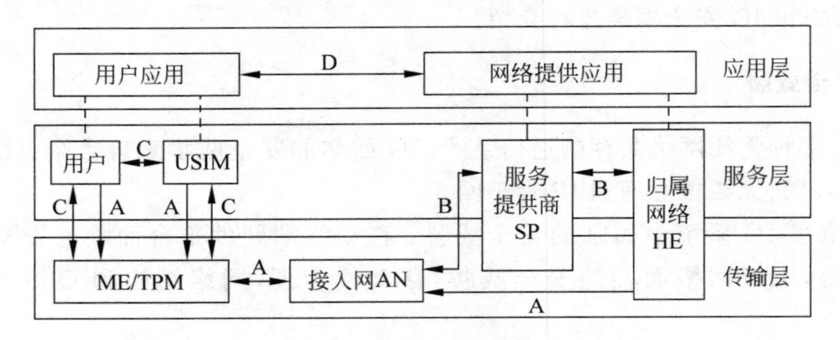

图 9-10　4G 无线网络的安全体系

9.6 无线接入安全技术

本节将介绍无线局域网的安全问题，对策，WAP 安全机制，APA 安全机制，IEEE 802.16d 的安全机制和 IEEE 802.1X EAP 认证机制。

9.6.1 无线局域网安全协议概述

1. 无线网络安全问题与对策

1）安全问题

无线网络已成为当今黑客最感兴趣的目标之一，有些黑客已经将其作为攻击网络的绝好机会，因为与有线网络不同，无线网络是在空中传输数据的，而且通常传输范围大于机构的物理边界。尤其值得注意的是，如果使用了功能强大的定向天线，WLAN 可以方便地扩展到设计规定的大厦以外。这种情况使传统物理安全控制措施失去效力，因为无线频率范围内的所有人都能看到传输的内容。例如，某人只需拥有 Linux 掌上计算机和 TCPDUMP 等程序，就可以接收和保存某个 WLAN 上传输的所有数据。

(1) 干扰无线通信也很容易。简单的干扰发送器就能使通信瘫痪。例如，不断对 AP 提出接入请求，无论成功与否，最终都会耗尽其可用的无线频谱，将它"踢出"网络。相同频率范围以内的其他无线服务可以降低 WLAN 技术的范围和可用带宽。用于在手机和其他信息设备之间通信的"蓝牙"技术是当今与 WLAN 设备使用相同无线频率的诸多技术之一。这些有意或无意的拒绝服务攻击都可以严重干扰 WLAN 设备的操作。

(2) 多数 WLAN 设备都使用直接排序扩展频谱(DSSS)通信。由于多数 WLAN 设备都基于标准，因此必须假设攻击者拥有可以调整到相同传播顺序的 WLAN 卡，这样看来，DSSS 技术本身既不保密也没有认证功能。

(3) WLAN 接入点可以识别按照刻录或打印在卡上的唯一 MAC 地址制造的每块无线卡。在使用无线服务之前，某些 WLAN 要求对卡进行登记，然后接入点将按照用户识别卡。但这种情况比较复杂，因为每个接入点都需要访问这个表。即使实施了这个方案，也不能防止黑客侵入，因为黑客可以使用借助固件下载的 WLAN 卡，这些 WLAN 卡不适用于内部 MAC 地址，而使用随机选择或特意假冒的地址。借助这种假冒的地址，黑客可以注入网络流量，或者欺骗合法用户。

(4) 最大的危险是 AP 被安装到网络中。黑客进入大楼后，由于 AP 相对较小，黑客可以隐秘安装。例如，只要将 AP 安装在会议桌下面，或者插入到网络中，黑客就可以从相对安全的地方侵入网络，例如位于停车场的汽车内。另外，还存在遭受中间人(MITM)攻击的可能性。借助可以假冒成可信 AP 的设备，黑客可以像在自己设备上一样操作无线帧。

2）对策

要消除这种危险，企业可以使用政策和防范步骤。

(1) 从政策角度看，思科建议企业在整体安全政策的基础上制定完整的无线网络政策。这种无线政策至少应禁止 IT 不支持的 AP 连接到网络中。从步骤角度看，IT 部门应该定期检查办公区，看有没有欺诈性 AP。这种检查包括物理搜索和无线扫描。几家厂商提供的工具都可以检查某个区域是否存在无线 AP。

(2) 从实施角度看，以太网交换机都能按照连接客户端的 MAC 地址限制对某些端口的访问。这些控制可以识别与端口相连的第一个 MAC 地址，然后防止后续 MAC 地址连接。通过控制，还可以防止规定数量以上的 MAC 地址连接。这些特性都可以解决欺诈 AP 问题，但都会增加管理负担。在大企业中管理 MAC 地址表本身就可能成为全职工作。还需要注意的是，在会议室里，很难知道哪些系统将与某个网络端口相连。由于会议室是黑客安装欺诈AP的目标，因此可以禁止从所有会议室进行有线网络接入。总之，从会议室提供对网络的无线接入是当今企业选择部署无线LAN技术的主要原因之一。

2. IEEE 802.11b 不安全性及对策

802.11b是当今部署最广泛的WLAN技术。遗憾的是，802.11b的安全基础是称为有线等价专用性(WEP)的帧加密协议。802.11标准将WEP定义为保护WLAN接入点与网络接口卡(NIC)间空中传输的简单机制。WEP在数据链路层操作，要求所有通信各方都共享相同的密钥。为避免与标准开发时生效的美国出口控制法发生冲突，IEEE 802.11b需要40位加密密钥，但目前的许多厂商都支持可选的128位标准。借助互联网上提供的现成工具，WEP可以方便地创建40位和128位变形。在繁忙的网络上，只需15s就能获得128位静态WEP密钥。

思科建议用以下三种技术取代IEEE 802.11规定的WEP，包括基于IP Securtiy(IPSec)的网络层加密方法，使用802.1X、基于人工认证的密钥分发方法，以及思科最近对WEP所做的某些专门改进。另外，IEEE 802.11任务组"i"也正在改进WLAN加密标准。

1) 基于IP Securtiy(IPSec)的网络层加密方法

IPSec是一种开放标准框架，可以保证通过IP网络实现安全私密通信。IPSec VPN使用IPSec内定义的服务，以保证互联网等公共网上数据通信的保密性、完整性和认证。IPSec还拥有实用应用，它们将IPSec放置在纯文本802.11无线流量的上面，以便保护WLAN。

在WLAN环境中部署IPSec时，IPSec放置在与无线网络连接的每台PC上，用户则需要建立IPSec通道，以便将流量传送到有线网。过滤器用于防止无线流量到达VPN网关和DHCP/DNS服务器以外的目的地。IPSec用于实现IP流量的保密性、认证和防重播功能。保密性通过加密实现，加密使用数据加密标准(DES)的变种(称为三DES(3DES))，即用三个密钥对数据进行三次加密。

虽然IPSec主要用于实现数据保密性，但标准的扩展也可以用于用户认证和授权，并作为IPSec过程的一部分。

2) 使用EAP/802.1X基于人工认证的密钥分发方法

另一种WLAN安全方法注重为提供集中认证和动态密钥分发而开发框架。在思科、微软及其他机构向IEEE共同提交的建议中，提出了使用802.1X和可扩展认证协议(EAP)的端到端框架，以便提供这种增强的功能。这个建议的两个主要组件是：

(1) EAP。允许使用无线客户端适配器，可以支持不同的认证类型，因而能与不同的后端服务器通信，如远程接入拨入用户服务(RADIUS)。

(2) IEEE 802.1X。基于端口的网络访问控制的标准。

如果实施了这些特性，与AP相关的无线客户端将不能接入网络，直到用户执行网络登录为止。当用户在网络登录对话框中输入用户名和密码或者等价信息时，客户端和RADIUS服务器将执行相互认证，其中客户端用提供的用户名和密码认证。然后，RADIUS服务器和客户端将获得一个客户端专用WEP密钥，供客户端在当前登录操作中使用。用户密码和操作密钥永远不会以原始形式在无线链路上传输。

该方法步骤如下：

(1) 无线客户端与接入点联络。

(2) 接入点禁止客户端以任何方式访问网络资源，除非客户端登录到网络上。

(3) 客户端上的用户在网络登录框中输入用户名和密码，或者用户名和密码的等价物。

(4) 借助802.1X和EAP，无线客户端和有线LAN上的RADIUS服务器通过接入点相互认证。用户可以从集中认证方法或类型中选择一种使用。如果使用Cisco认证类型LEAP，RADIUS服务器将向客户端发送认证问题。客户端利用用户提供的密码的单向散列形成问题的答案，并将答案发送到RADIUS服务器。借助用户数据库中的信息，RADIUS服务器将形成自己的答案，并与客户端提供的答案相比较。如果RADIUS服务器对客户端表示认可，将执行反向过程，即让客户端对RADIUS服务器进行认证。

(5) 当相互间的认证都成功完成之后，RADIUS服务器和客户端将为客户端提供唯一的WEP密钥。客户端将保留这个密钥，并在登录操作中使用。

(6) RADIUS服务器通过有线LAN将WEP密钥(称为操作密钥)发送到接入点。

(7) 接入点用操作密钥对其广播密钥进行加密，然后将密钥发送给客户端，让客户端使用操作密钥进行加密。

(8) 客户端和接入点激活WEP，并在其余操作过程中为所有通信使用操作和广播WEP密钥。

(9) 操作密钥和广播密钥都应按照RADIUS服务器的配置定期修改。

LEAP认证过程如下：

① 客户端与接入点联络。

② 接入点禁止所有用户访问LAN用户机器(带客户端适配器)。

③ 用户执行网络登录(用户名和密码)。

④ RADIUS服务器和客户端执行相互认证并获取WEP密钥。

⑤ 客户端适配器和接入点激活WEP并使用密钥进行传输。

⑥ RADIUS服务器向接入点提供密钥。

与WEP相比，LEAP具有两个优点。第一个优点是上面介绍的相互认证方案。这种方案能有效地消除假冒接入点和RADIUS服务器发起的“中间人攻击”。第二个优点是集中管理和分发WEP使用的密钥。即使RC4实施的WEP没有缺陷，在将静态密钥分发到网络中的所有AP和客户端时也会有管理困难。每次无线设备丢失时，网络都必须重新获得密钥，以防非法用户访问丢失的系统。

3) 改进WEP

(1) WEP密钥散列。在对WEP发起攻击时，必须利用使用相同密钥的加密流量流中的多个薄弱Ⅳ，因此，为每个包使用不同的密钥应该能消除这种威胁。Ⅳ和WEP密钥进行散列，以便产生唯一的包密钥(称为临时密钥)，然后与Ⅳ组合在一起，或者与纯文本执行XOR操作。这种方法能防止黑客利用薄弱Ⅳ获取基础WEP密钥，因为薄弱Ⅳ只允许获取每个包的WEP密钥。为防止因Ⅳ冲突而遭受攻击，应该在Ⅳ重复之前修改基础密钥。由于繁忙网络上的Ⅳ可以每几小时重复一次，因此LEAP等机制应该用于执行密码重定操作。

(2) 消息完整性检查。WEP的另一个问题是易于遭受重播攻击。消息完整性检查

(MIC)能防止 WEP 帧被损害。MIC 基于种子值、源 MAC 和负载(换言之,对这些元素的任何修改都会影响 MIC 值)。MIC 包含在 WEP 加密的负载中。MIC 使用散列算法获取最终值。这是对基于标准 WEP 执行的循环冗余检查 CRC-32,查总功能的改进。借助 CRC-32,可以根据传输的消息的位差异计算两个 CRC 之间的位差异。换言之,反转消息中的位 n 后,将在 CRC 中产生确定的位集,这个位集只有反转才能在修改的信息上产生正确的查总。由于反转位能坚持到 RC4 加密之后,因此黑客可以反转加密信息中的任意位,并正确地调整查总,使最终消息看起来有效。

9.6.2 WAPI 安全机制

1. WAPI 概述

WAPI(Wireless LAN Authentication and Privacy Infrastructure,无线局域网鉴别和保密基础结构)是一种安全协议,同时也是中国无线局域网安全强制性标准。在中国无线局域网国家标准 GB 15629.11 中提出的 WLAN 安全解决方案已由 ISO/IEC 授权的机构 IEEE Registration Authority(IEEE 注册权威机构)审查并获得认可,分配了用于 WAPI 协议的以太类型字段,这也是中国目前在该领域唯一获得批准的协议。

WAPI 像红外线、蓝牙、GPRS 和 CDMA1X 等协议一样,是无线传输协议的一种,只不过跟它们不同的是,它是无线局域网中的一种传输协议而已,它与现行的 802.11i 传输协议比较相近。

WAPI 安全系统采用公钥密码技术,鉴权服务器 AS 负责证书的颁发、验证与吊销等,无线客户端与无线接入点(AP)上都安装了 AS 颁发的公钥证书,作为自己的数字身份凭证。当无线客户端登录至无线接入点时,在访问网络之前必须通过鉴别服务器对双方进行身份验证。根据验证的结果,持有合法证书的移动终端才能接入持有合法证书的无线接入点。

无线局域网鉴别与保密基础结构(WAPI)系统中包含以下部分:WAI 鉴别及密钥管理和 WPI 数据传输保护。

无线局域网保密基础结构(WPI)对 MAC 子层的 MPDU 进行加密、解密处理,分别用于 WLAN 设备的数字证书、密钥协商和传输数据的加解密,从而实现设备的身份鉴别、链路验证、访问控制和用户信息在无线传输状态下的加密保护。

WAPI 无线局域网鉴别基础结构(WAI)不仅具有更加安全的鉴别机制、更加灵活的密钥管理技术,而且实现了整个基础网络的集中用户管理,从而满足更多用户和更复杂的安全性要求。

2. 传输协议

无线局域网(WLAN)的传输协议有很多种,包括 802.11a、802.11b、802.11g 和 802.11n 等,其中以 802.11n 最为普及和流行。目前包括迅驰和联想最新的关联计算机在内的大多数无线网络产品所采用的都是 802.11B 的传输协议,它是由美国非赢利机构 WIFI 组织制定和进行认证的,而 WAPI 则由 ISO/IEC 授权的 IEEE Registration Authority 审查获得认可,两者所属的机构不同,其性质自然不一样。其最大的区别是安全加密的技术不同:

WAPI 使用的是一种名为“无线局域网鉴别与保密基础架构”的安全协议，而 802.11B 则采用“有线加强等效保密(WEP)”安全协议。WAPI 是无线局域网中的安全协议。

802.11b 是无线局域网中传输协议的一种。无线局域网的传输协议包括 802.11a、802.11b、802.11g 及 802.11n，现在以 802.11n 最为流行，以及未来 802.11ac 协议。

IEEE 802.11b—1999 为 IEEE 802.11—1999 的补篇，在 2.4GHz 频段提供了最高 11Mbps 的速率规格，其中的修改主要集中在物理层，而安全部分没有改变，仍然沿用了 IEEE 802.11—1999 中的安全机制。WAPI 安全机制与 IEEE 802.11b—1999 在功能上并没有实质性的关联，适用于 IEEE 802.11b—1999 标准的网络体系结构，仅需对原始 IEEE 802.11—1999 标准的安全机制部分进行修改，将原有的鉴别机制(Open System 和 Shared Key)和保密机制(WEP)分别替换为 WAI(预共享密钥和证书)和 WPI(SMS4 加密)。

3. WAPI 标准的安全性

无线局域网安全性方面依然很脆弱，因为现行的无线网络产品大多数都采用 802.11B 作为无线传输协议，这种协议的优点是传输速率能达到 11M，而且覆盖范围达 100m。但是，正是其传输速度快，覆盖范围广，才使它在安全方面非常脆弱。因为数据在传输的过程中都暴露在空中，很容易被别有用心的人截取数据包。虽然 3COM、安奈特等国外厂商都针对 802.11B 制定了一系列的安全解决方案，但总地来说并不尽如人意，而且其核心技术掌握在别国人手中，他们既然能制定得出就一定有办法破解，所以在安全方面成了政府和商业用户使用 WLAN 的一大隐患。由于我国掌握了 WAPI 加密核心技术，不怕有人利用 WLAN 来盗取机密信息，而且它的加密技术比 802.11B 更先进，WAPI 采用国家密码管理委员会办公室批准的公开密钥体制的椭圆曲线密码算法和秘密密钥体制的分组密码算法，实现了设备的身份鉴别、链路验证、访问控制和用户信息在无线传输状态下的加密保护。此外，WAPI 从应用模式上分为单点式和集中式两种，可以彻底扭转目前 WLAN 采用多种安全机制并存且互不兼容的现状，从根本上解决安全问题和兼容性问题。所以我国强制性地要求相关商业机构执行 WAPI 标准能更有效地保护数据的安全。

9.6.3 WPA 安全机制

1. WPA 概述

WPA2 (WPA 第 2 版)是 Wi-Fi 联盟对采用 IEEE 802.11i 安全增强功能的产品的认证计划。WPA2 是基于 WPA 的一种新的加密方式。

Wi-Fi 联盟是一家对不同厂商的无线 LAN 终端产品能够顺利地相互连接进行认证的业界团体，由该团体制定的安全方式是 WPA (Wi-Fi Protected Access，Wi-Fi 保护访问)。2004 年 9 月发表的 WPA2 支持 AES 加密方式。除此之外，与过去的 WPA 相比在功能方面没有大的区别。

为了提高安全性，IEEE 曾一直致力于制定 IEEE 802.11i 方式，但标准化工作却花费了相当长的时间。因此，Wi-Fi 联盟就在 2002 年 10 月发表了率先采用 IEEE 802.11i 功能的 WPA，希望以此提高无线 LAN 的安全性。2004 年 6 月 IEEE 802.11i 制定完毕。于是，Wi-Fi 联盟经过修订后重新推出了具有与 IEEE 802.11i 标准相同功能的 WPA2。2006 年

3月WPA2已经成为一种强制性的标准。WPA2需要采用高级加密标准(AES)的芯片组来支持。

WPA只是802.11i的草案,但是明显芯片厂商已经迫不及待地需要一种更为安全的算法,并能成功兼容之前的硬件。而通过简单的固件升级,WPA就能使用在之前的WEP产品上。WPA采用了TKIP算法(其实也是一种rc4算法,相对WEP有些许改进,避免了弱Ⅳ攻击),还有MIC算法来计算效验和。目前能破解TKIP+MIC的方法只有通过暴力破解和字典法。暴力破解所耗的时间应该在正常情况下用正常的PC是算一辈子也算不出来的。而字典法破解利用的字典往往是英文单词、数字、论坛ID(有些论坛把你的ID给卖了)。目前为止还没有人能像破解WEP一样"点杀"WPA密码。如果破解者有一本好字典,同时受害者取了个"友好"的名字除外。因此,往WPA密码中加一些奇怪的字符会有效地保证安全。

WPA2是WPA的升级版,现在新型的网卡、AP都支持WPA2加密。WPA2则采用了更为安全的算法。CCMP取代了WPA的TKIP,AES取代了WPA的MIC。同样,因为算法本身几乎无懈可击,所以也只能采用暴力破解和字典法来破解。暴力破解是"不可能完成的任务",字典破解猜密码则像买彩票。可以看到无线网络的环境如今是越来越安全了,同时覆盖范围越来越大,速度越来越快,日后无线的前途无量。

WPA和WPA2都是基于802.11i的。貌似WPA和WPA2只是一个标准,而核心的差异在于WPA2定义了一个具有更高安全性的加密标准CCMP。所以,采用的是什么标准不重要,重要的是看采用哪种加密方式。

2. WPA/WPA2的安全机制

白珅,王铁骏,薛质在《信息安全与通信保密》(2012年1期)撰文介绍了WPA/WPA2协议安全性。他们认为,WPA/WPA2不仅有加密算法,而且采用多种机制来提高安全性。作为802.11i的子集,WPA/WPA2包含了加密、认证和消息完整性校验三个组成部分,是一个完整的安全方案。

1) 加密

WPA和WPA2放弃了WEP的RC4加密算法,分别采用了TKIP算法和AES算法进行加密,有效地提高了加密性能。暂时密钥集成协议(TKIP)是对WEP密钥的改进,相当于包裹在WEP密钥外围的一层"外壳",这种加密方式在尽可能使用WEP算法的同时消除了WEP的缺点。

2) 认证

WPA和WPA2分为企业版的WAP-Enterprise和个人版的WPA-PSK,分别采用不同的认证方式。WPA-Enterprise采用了RADIUS(Remote AuthenticationDial In User Service)认证,即远程用户拨号认证系统,具有很高的安全性,主要用于大型企业网络中。

3) 消息完整性校验

消息完整性校验(MIC)是为了防止攻击者从中间截获数据报文,篡改后重发而设置的。除了和WEP一样继续保留对每个数据分段(MPDU)进行CRC校验外,WPA为每个数据分组(MSDU)都增加了一个8个字节的消息完整性校验值,这和WEP对每个数据分段(MPDU)进行ICV校验的目的不同。ICV的目的是为了保证数据在传输途中不会因为噪声等物理因素导致报文出错，因此采用相对简单高效的CRC算法，但是攻击者可以通过修改ICV值来使之和被篡改过的报文相吻合，可以说没有任何安全的功能。而WPA中的MIC则是专门为了防止攻击者的篡改而定制的，它采用Michael算法，具有很高的安全特性。当MIC发生错误的时候，数据很可能已经被篡改，系统很可能正在受到攻击。

9.6.4 IEEE 802.1X EAP认证机制

1. 概述

802.1X协议是基于Client/Server的访问控制和认证协议。它可以限制未经授权的用户/设备通过接入端口(Access Port)访问LAN/WLAN。在获得交换机或LAN提供的各种业务之前，802.1X对连接到交换机端口上的用户/设备进行认证。在认证通过之前，802.1X只允许EAPoL(基于局域网的扩展认证协议)数据通过设备连接的交换机端口；认证通过以后，正常的数据可以顺利地通过以太网端口。

网络访问技术的核心部分是EAP(端口访问实体)。在访问控制流程中，端口访问实体包含三部分：认证者，对接入的用户/设备进行认证的端口；请求者，被认证的用户/设备；认证服务器，根据认证者的信息，对请求访问网络资源的用户/设备进行实际认证功能的设备。

以太网的每个物理端口被分为受控和不受控的两个逻辑端。认证基于以太网端口认证的802.1X协议有如下特点：IEEE 802.1X协议为二层协议，不需要到达三层，对设备的整体性能要求不高，可以有效降低建网成本；借用了在RAS系统中常用的EAP(扩展认证协议)，可以提供良好的扩展性和适应性，实现对传统PPP认证架构的兼容；802.1X的认证体系结构中采用了“可控端口”和“不可控端口”的逻辑功能，从而可以实现业务与认证的分离，由RADIUS和交换机利用不可控的逻辑端口共同完成对用户的认证与控制，业务报文直接承载在正常的二层报文上通过可控端口进行交换，通过认证之后的数据包是无须封装的纯数据包；可以使用现有的后台认证系统降低部署的成本，并有丰富的业务支持；可以映射不同的用户认证等级到不同的VLAN；可以使交换端口和无线LAN具有安全的认证接入功能。

2. 认证过程

(1) 当用户有上网需求时打开802.1X客户端程序，输入已经申请、登记过的用户名和口令，发起连接请求。此时，客户端程序将发出请求认证的报文给交换机，开始启动一次认证过程。

(2) 交换机收到请求认证的数据帧后，将发出一个请求帧要求用户的客户端程序将输入的用户名送上来。

(3) 客户端程序响应交换机发出的请求，将用户名信息通过数据帧送给交换机。交换机将客户端送上来的数据帧经过封包处理后送给认证服务器进行处理。

(4) 认证服务器收到交换机转发上来的用户名信息后，将该信息与数据库中的用户名表相比对，找到该用户名对应的口令信息，用随机生成的一个加密字对它进行加密处理，同时也将此加密字传送给交换机，由交换机传给客户端程序。

(5) 客户端程序收到由交换机传来的加密字后，用该加密字对口令部分进行加密处理(此种加密算法通常是不可逆的)，并通过交换机传给认证服务器。

(6) 认证服务器将送上来的加密后的口令信息和自己经过加密运算后的口令信息进行对比，如果相同，则认为该用户为合法用户，反馈认证通过的消息，并向交换机发出打开端口的指令，允许用户的业务流通过端口访问网络。否则，反馈认证失败的消息，并保持交换机端口的关闭状态，只允许认证信息数据通过而不允许业务数据通过。

3. 环境特点

(1) 交换式以太网络环境。在交换式以太网络中，用户和网络之间采用点对点的物理连接，用户彼此之间通过 VLAN 隔离，此网络环境下，网络管理控制的关键是用户接入控制，802.1X 不需要提供过多的安全机制。

(2) 共享式网络环境。当 802.1X 应用于共享式的网络环境时，为了防止在共享式的网络环境中出现类似“搭载”的问题，有必要将 PAE 实体由物理端口进一步扩展为多个互相独立的逻辑端口。逻辑端口和用户/设备形成一一对应关系，并且各逻辑端口之间的认证过程和结果相互独立。在共享式网络中，用户之间共享接入物理媒介，接入网络的管理控制必须兼顾用户接入控制和用户数据安全，可以采用的安全措施是对 EAPoL 和用户的其他数据进行加密封装。在实际网络环境中，可以通过加速 WEP 密钥重分配周期，弥补 WEP 静态分配秘钥导致的安全性的缺陷。

4. 优点

认证优势综合 IEEE 802.1X 的技术特点，其具有的优势可以总结为以下几点。

(1) 简洁高效。纯以太网技术内核，保持了 IP 网络无连接特性，不需要进行协议间的多层封装，去除了不必要的开销和冗余；消除网络认证计费瓶颈和单点故障，易于支持多业务和新兴流媒体业务。

(2) 容易实现。可在普通 L3、L2、IPDSLAM 上实现，网络综合造价成本低，保留了传统 AAA 认证的网络架构，可以利用现有的 RADIUS 设备。

(3) 安全可靠。在二层网络上实现用户认证，结合 MAC、端口、账户、VLAN 和密码等；绑定技术具有很高的安全性，在无线局域网网络环境中 802.1X 结合 EAP-TLS、EAP-TTLS，可以实现对 WEP 证书密钥的动态分配，克服无线局域网接入中的安全漏洞。

(4) 行业标准。IEEE 标准和以太网标准同源，可以实现和以太网技术的无缝融合，几乎所有的主流数据设备厂商在其设备，包括路由器、交换机和无线 AP 上都提供对该协议的支持。在客户端方面，微软 Windows XP 操作系统内置支持，Linux 也提供了对该协议的支持。

(5) 应用灵活。可以灵活控制认证的颗粒度，用于对单个用户连接、用户 ID 或者是对接入设备进行认证，认证的层次可以进行灵活的组合，满足特定的接入技术或者是业务的需要。

(6) 易于运营。控制流和业务流完全分离，易于实现跨平台多业务运营，少量改造传统包月制等单一收费制网络即可升级成运营级网络，而且网络的运营成本也有望降低。

5. 认证标准

IEEE 802.1X 是 IEEE 制定关于用户接入网络的认证标准(注意：此处 X 是大写，详细内容请参看 IEEE 关于命名的解释)。它的全称是“基于端口的网络接入控制”，于 2001 年标准化，之后为了配合无线网络的接入进行修订改版，于 2004 年完成。

IEEE 802.1X 协议在用户接入网络(可以是以太网，也可以是 Wi-Fi 网)之前运行，运行于网络中的 MAC 层。

IEEE 802.1X 协议具有完备的用户认证、管理功能，可以很好地支撑宽带网络的计费、安全、运营和管理要求，对宽带 IP 城域网等电信级网络的运营和管理具有极大的优势。IEEE 802.1X 协议对认证方式和认证体系结构进行了优化，解决了传统 PPPOE 和 WEB/PORTAL 认证方式带来的问题，更加适合在宽带以太网中的使用。

6. 认证模式

(1) 端口认证模式。在模式下只要连接到端口的某个设备通过认证，其他设备则不需要认证就可以访问网络资源。

(2) MAC 认证模式。该模式下连接到同一端口的每个设备都需要单独进行认证。

9.6.5 IEEE 802.16d 的安全机制

1. 概述

IEEE 802.16 宽带无线 MAN 标准，也就是 WiMAX(IEEE 802.16：Broadband Wireless MAN Standard-WiMAX)。IEEE 802.16 是为用户站点和核心网络(如公共电话网和 Internet)间提供通信路径而定义的无线服务。无线 MAN 技术也称为 WiMAX。这种无线宽带访问标准解决了城域网中“最后一英里”问题，因为 DSL、电缆及其他带宽访问方法的解决方案要么行不通，要么成本太高。

IEEE 802.16 标准主要与用户收发站和基站间的无线接口相关。它于 2004 年 6 月被 IEEE 正式审核通过。有三个工作组受特许制定该标准：IEEE 802.16 任务组 1，推出了一种点对多点的宽带无线访问系统标准，其中系统频带范围为 10～66GHz。该标准包含介质访问控制(MAC)和物理层(PHY)。任务组 a 和 b 共同合作拓展规范，对许可和未许可波段(2～11GHz)在技术上作了进一步改善。

2. IEEE 802.1 的层次

IEEE 802.16 负责对无线本地环路的无线接口及其相关功能制定标准，它由三个小工作组组成，每个小工作组分别负责不同的方面：IEEE 802.16.1 负责制定频率为 10～60GHz 的无线接口标准；IEEE 802.16.2 负责制定宽带无线接入系统共存方面的标准；IEEE 802.16.3 负责制定频率范围在 2～10GHz 之间获得频率使用许可的应用的无线接口标准。可以看到，802.16.1 所负责的频率是非常高的，而它的工作也是在这三个组中走在最前沿的。由于其所定位的带宽很特殊，在将来 802.16.1 最有可能会引起工业界的兴趣。

IEEE 802.16 无线服务的作用就是在用户站点同核心网络之间建立起一个通信路径，

这个核心网络可以是公用电话网络，也可以是因特网。IEEE 802.16 标准所关心的是用户的收发机同基站收发机之间的无线接口。其中的协议专门对在网络中传输大数据块时的无线传输地址问题做了规定，协议标准是按照三层结构体系组织的。

三层结构中的最底层是物理层，该层的协议主要是关于频率带宽、调制模式、纠错技术以及发射机同接收机之间的同步、数据传输率和时分复用结构等方面的。对于从用户到基站的通信，标准使用的是按需分配多路寻址—时分多址(DAMA-TDMA)技术。按需分配多路寻址技术是一种根据多个站点之间的容量需要的不同而动态地分配信道容量的技术。时分多址是一种时分技术，它将一个信道分成一系列的帧，每个帧都包含很多的小时间单位，称为时隙。时分多路技术可以根据每个站点的需要为其在每个帧中分配一定数量的时隙来组成每个站点的逻辑信道。通过 DAMA-TDMA 技术，每个信道的时隙分配可以动态地改变。

在物理层之上是数据链路层，在该层上 IEEE 802.16 规定的主要是为用户提供服务所需的各种功能。这些功能都包括在 MAC 层中，主要负责将数据组成帧格式来传输和对用户如何接入到共享的无线介质中进行控制。MAC 协议对基站或用户在什么时候采用何种方式来初始化信道做了规定。因为 MAC 层之上的一些层如 ATM 需要提供服务质量服务(QoS)，所以 MAC 协议必须能够分配无线信道容量。位于多个 TDMA 帧中的一系列时隙为用户组成一个逻辑上的信道，而 MAC 帧则通过这个逻辑信道来传输。IEEE 802.16.1 规定每个单独信道的数据传输率范围是 2～155Mb/s。

在 MAC 层之上是一个汇聚层，该层根据提供服务的不同提供不同的功能。对于 IEEE 802.16.1 来说，能提供的服务包括数字音频/视频广播、数字电话、异步传输模式 ATM、因特网接入、电话网络中无线中继和帧中继。

3. IEEE 802.16m 标准

2012 年 8 月 7 日，IEEE 批准 IEEE 802.16m 成为下一代 WiMax 标准。IEEE 802.16m 标准也被称作 WirelessMAN-Advanced 或者 WiMax 2，是继 802.16e 后的第二代移动 WiMax 国际标准。IEEE 表示，新标准的制定花费了超过 4 年的时间，但是更多的运营商目前还是选择使用其他标准。例如，大多数想要部署 4G 网络的运营商选择的是长期演进(LTE)技术，它与 WiMax 拥有着部分共同点，但是由不同标准机构制定。

IEEE 802.16m 采用了多输入多输出技术(Multiple-Input/Multiple-Output，MIMO)。MIMO 目前应用于 802.11g 和 802.11n 路由器，以及需要提速的接入点。基于该技术的 54Mbps 路由器理论上可以达到 108Mb/s 的传输速率。

IEEE 委员会指出，尽管 802.16m 并非 WiMax 的一部分，但在两种标准之间将存在跨平台的兼容性。另外，新的 802.16m 标准还将兼容未来的 4G 无线网络。届时 4G 将基于 OFDMA 规范，放弃现在的 WCDMA 和 CDMA2000 标准。据 IEEE 透露，802.16m 也将兼容 OFDMA。

目前的 802.16m 规格包括：

(1) 极低速率数据 16kbps；

(2) 低速率数据及低速多媒体 144kbps；

(3) 中速多媒体 2Mbps；

(4) 高速多媒体 30Mbps;

(5) 超高速多媒体 30～100Mbps/1Gbps。

不过,802.16m 的上行速率仍未确定。尽管 802.16m 可为移动设备带来高传输速率,但是 IEEE 委员会决定将其率先应用于军用领域而非主流市场。IEEE 的 802.16m 文档透露,军方的帮助可令这一新型的无线标准开发得更快。IEEE 表示,今天的军用需求就是明天的民用需求。

习题 9

1. 名词解释

(1)核心网;(2)NGN;(3)服务器虚拟化;(4)移动通信;(5)3G。

2. 判断题

虚拟化是支撑云计算的重要技术基石,云计算中所有应用的物理平台和部署环境都依赖虚拟平台的管理、扩展、迁移和备份,各操作都通过虚拟化层次完成。( )

3. 填空题

(1) 网络层的安全手段包括________、________、________、________。

(2) NGN 网络的安全问题主要包括________和________两个方面。

(3) 就目前通信网络现状而言,NGN 可能面临的安全威胁包括________、________、________、________。

(4) 云计算的基本架构主要包括________、________和________,基于云计算的网络架构又可分为________、________和________三个部分。

(5) 作为一个多种无线网络共存的通信系统,4G 系统包括________、________、________和 IP 骨干网 4 个部分。

(6) 在制定 4G 无线网络安全方案时应综合采用以下策略:________、________、________、________。

4. 选择题

(1) 网络层的安全威胁包括( )。

A. 网关攻击　　B. IP 欺骗　　C. ICMP 攻击　　D. 系统漏洞

(2) 物联网网络层可划分为接入/核心网和业务网两部分,它们面临的安全威胁主要是( )。

A. 拒绝服务攻击　　B. 假冒基站攻击

C. 基础密钥泄露威胁　　D. 隐私泄露威胁

(3) 支撑系统安全域的安全需求有( )。

A. 高强度的用户认证机制　　B. 稳健的操作运行平台

C. 重要系统物理隔离　　D. 优化系统安全策略

(4) 数据中心网络虚拟化包括( )。

A. 核心层虚拟化　　B. 接入层虚拟化

C. 虚拟机网络交换　　D. 应用层虚拟化

(5) 虚拟化解决方案设计好以后,下一步就是把解决方案变成实际的系统,涉及的方面有( )。

A. 系统需求分析　　　　　　　　B. 物理到虚拟的转化
C. 系统的稳健性和易操作性　　　D. 实施的安全性

(6) 3G 系统的安全威胁包括(　　)。

A. 用户不当使用　　　　　　　　B. 敏感数据的非法获取
C. 对网络服务的干扰或滥用　　　D. 对服务的非法访问

(7) 3G 与以往的移动通信系统相比,在安全性方面有了很大的提高,但是 3G 仍然存在一些安全缺陷,表现在(　　)。

A. 未保护到的信令数据
B. 拒绝服务攻击
C. 未提供用户数据完整性保护
D. Iu 和 Iur 接口上传输的数据缺乏保护措施

5. 简答题

(1) 网络安全保护技术分为哪几类?
(2) 云计算的虚拟化安全问题主要集中在哪几点?
(3) 请简单介绍一下 3G 的几种标准。
(4) 3G 的安全要求有哪些?

6. 论述题

未来 3G 系统的安全将可以从哪几个方面加以发展和完善?

第10章 物联网应用层安全

本章将介绍应用层安全需求、Web安全、中间件安全、数据安全和云计算安全。要求学生掌握物联网应用层安全的技术。

10.1 应用层安全需求

本节将介绍应用层面临的安全问题和应用层安全技术需求。

10.1.1 应用层面临的安全问题

1. 应用层安全漏洞

目前的网络攻击大多出现在应用层,而不是普通防火墙防范的网络层。很多攻击手段可以轻易地绕过防火墙进入网络。而这些攻击的最大威胁在于直接面对应用。

传统的骨干网络交换设备都是基于2～3层网络结构所设计,它们为网络提供了最为基础的构架,确保了骨干网的大容量、高速率。但是,随着网络应用的不断发展,更多的功能与服务都将通过4～7层网络来实现。随着4～7层网络应用的增多,安全问题难以避免。在4～7层网络上如何保证安全性呢?随着针对网络应用层的病毒、黑客以及漏洞攻击的不断爆发,目前面临的安全方面的挑战主要集中在应用层,所以解决的办法也不能像普通防火墙一样在网络层解决。安全性的保障应该是从应用层着手。

传统的网络安全体系架构通常是由2～3层(数据链路层和网络层)设备组成的,对数据包只能进行2～3层的分析和处理,因而存在巨大的缺陷。

近来大多数攻击都有一些共同的特点,那就是针对应用层攻击、蔓延速度快等。传统的2～3层网络安全体系,其防范措施要么是等待下载补丁程序,要么是关闭某些端口。这些措施不但费时费力,而且有一点事后诸葛的味道,无法彻底保证网络系统的安全。而网络安全是一个完整的体系,针对4～7层的攻击也日益增多,因此4～7层的网络安全同样不可忽视。

2. 应用层安全威胁

在解决安全问题之前,需要先了解一下应用层威胁的形式和原理。所谓应用层威胁,主要包括下面几种形式:病毒、蠕虫、木马、不受欢迎应用程序、远程攻击、人员威胁等。

1）病毒、蠕虫和木马

（1）病毒。计算机病毒是破坏计算机正常运行的程序，使之无法正常使用。计算机病毒有复制能力，可以很快蔓延，难以根除。它们能把自身附着在各种类型的文件上，当文件被复制和传送时，它们就随之一起蔓延开来。病毒程序不是独立存在的，它隐蔽在其他可执行的程序之中，既有破坏性又有传染性和潜伏性。轻则影响机器运行速度，重则使机器处于瘫痪，给用户带来不可估量的损失。

（2）蠕虫。蠕虫的定义是指"通过计算机网络进行自我复制的恶意程序，泛滥时可以导致网络阻塞和瘫痪"。从本质上讲，蠕虫和病毒的最大区别在于蠕虫是通过网络进行主动传播，而病毒需要人的手工干预（如各种外部存储介质的读写）。但是时至今日，蠕虫往往和各种威胁结合起来，形成混合型蠕虫。蠕虫通过电子邮件或网络数据包传播。因此，蠕虫的生存能力远超计算机病毒。借助 Internet，可以在发布后数小时内传播到世界各地。这种独立快速复制的能力使得它们比其他类型恶意软件（如病毒）更加危险。

（3）木马。历史上对计算机木马的定义是：试图以有用程序的假面具欺骗用户允许其运行的一类渗透。"木马"一词用来形容不属于任何特定类别的所有渗透。

2）不受欢迎应用程序

潜在的不受欢迎应用程序未必是恶意的，它会以负面方式影响计算机的性能。此类应用程序通常会在安装前提请用户同意。如果计算机上安装了这类程序，系统运行（与安装前相比）会有所不同。其中最显著的变化是：系统会打开以前没见过的新窗口，启动并运行隐藏的进程，系统资源的使用增加，搜索结果发生改变，应用程序会与远程服务器通信。

（1）Rootkit。Rootkit 是一种恶意程序，它能在隐瞒自身存在的同时赋予 Internet 攻击者不受限制的系统访问权。访问系统（通常利用系统漏洞）后，Rootkit 可使用操作系统中的功能避开病毒防护软件的检测：它们能够隐藏进程、文件和 Windows 注册表数据。有鉴于此，几乎无法使用普通测试技术检测到它们。

（2）广告软件。广告软件是可支持广告宣传的软件的简称。显示广告资料的程序便属于这一类别。广告软件应用程序通常会在 Internet 浏览器中自动打开一个包含广告的新弹出窗口，或者更改浏览器主页。广告软件通常与免费软件程序绑定在一起，以填补免费软件开发人员开发应用程序（通常为有用程序）的成本。广告软件本身并不危险，用户仅会受到广告的干扰。广告软件的危险在于它也可能执行跟踪功能（和间谍软件一样）。

（3）间谍软件。此类别包括所有在未经用户同意/了解的情况下发送私人信息的应用程序。它们使用跟踪功能发送各种统计数据，例如所访问网站的列表、用户联系人列表中的电子邮件地址、输入按键的列表、安全代码、PIN、银行账号等。

（4）潜在的不安全应用程序

许多合法程序用于简化联网计算机的管理。但如果使用者动机不纯，它们也可能被恶意使用。这就是 ESET 创建此特殊类别的原因。客户现在可以选择病毒防护系统是否检测此类威胁。"潜在的不安全应用程序"是指用于商业目的的合法软件。其中包括远程访问工具、密码破解应用程序以及按键记录器（用于记录用户键盘输入信息）等程序。

3）远程攻击

许多特殊技术允许攻击者危害远程系统安全。它们分为多个类别。

（1）DoS 攻击。DoS（拒绝服务）是一种使计算机资源对其目标用户不可用的攻击。受到 DoS 攻击的计算机通常需要重新启动，否则它们将无法正常工作。受影响用户之间的通信会受到阻塞，无法以正常方式继续执行。在大多数情况下，此攻击的目标是 Web 服务器，目的在于使用户在一段时间内无法访问它们。

(2) DNS 投毒。通过 DNS(域名服务器)投毒方法，黑客可以欺骗任何计算机的 DNS 服务器，使其相信它们提供的虚假数据是合法、可信的。然后，虚假信息将缓存一段时间。例如，攻击者可以改写 IP 地址的 DNS 回复。因此，尝试访问 Internet 网站的用户将下载计算机病毒或蠕虫，而不是初始内容。

(3) 端口扫描。端口扫描控制网络主机上是否有开放的计算机端口。端口扫描程序是用于查找此类端口的软件。计算机端口是处理传入和传出数据的虚拟点，从安全角度来说它非常重要。在大型网络中，端口扫描程序收集的信息可能有助于识别潜在漏洞。此类使用是合法行为。不过，试图破坏系统安全的黑客也常使用端口扫描。他们第一步是向每个端口发送数据包。根据响应类型，可以确定哪些端口正在使用中。扫描本身不引起破坏，但请注意，此活动可暴露潜在漏洞并允许攻击者控制远程计算机。建议网络管理员阻止所有不使用的端口，保护正在使用的端口免遭未经授权的访问。

(4) TCP 去同步化。TCP 去同步化是 TCP 劫持攻击中使用的技术。它由进程触发，在该进程中传入数据包的序列号与预期序列号不同。具有非预期序列号的数据包将被拒绝(或者保存在缓存存储区中，如果它们出现在当前通信窗口中的话)。在去同步化状态下，两个通信端点都会拒绝收到的数据包。此时，远程攻击者可以渗透并提供带有正确序列号的数据包。攻击者甚至可以使用命令操纵通信，或者以其他方式修改通信。TCP 劫持攻击的目的在于中断服务器与客户端通信或点对点通信。

(5) SMB 中继。SMBRelay 和 SMBRelay2 是能够对远程计算机执行攻击的特殊程序。SMBRelay 在 UDP 端口 139 和 445 上接收连接，中继客户端和服务器交换的数据包，并修改它们。连接并验证后，将断开客户端连接。SMBRelay2 攻击允许远程攻击者在不被注意的情况下读取、插入和修改两个通信端点之间交换的消息。受到此类攻击的计算机常常停止响应或意外重新启动。

(6) ICMP 攻击。ICMP(Internet 控制消息协议)是一种流行且广泛使用的 Internet 协议。它主要由联网计算机用于发送各种错误消息。远程攻击者试图利用 ICMP 协议的弱点。ICMP 设计用于无须验证的单向通信。这允许远程攻击者触发所谓的 DoS 攻击，或允许未经授权的个人访问传入和传出数据包的攻击。典型 ICMP 攻击包括 ping flood、ICMP_ECHO flood 和 smurf attack。受到 ICMP 攻击的计算机速度明显减慢，并且出现 Internet 连接问题。

4) 人员威胁

(1) 骇客。Cracker 的音译，“破解者”的意思。从事恶意破解商业软件、恶意入侵别人的网站等事务。

(2) 内部人员。内部人员的威胁常常是计算机安全的主要敌人。恶意系统管理员能够造成预计之外的破坏效果。

(3) 带宽滥用。“带宽滥用”是指对于企业网络来说，非业务数据流消耗了大量带宽，轻则使企业业务无法正常运作，重则致使企业 IT 系统瘫痪。P2P(Peer-to-Peer，对等互联网络技术)也叫点对点网络技术，它使用户可以直接连接到其他用户的计算机，进行文件共享与交换。P2P包括两类：第一类是文件共享型P2P应用，包括BT、eMule和eDonkey等。第二类是IM(即时通信)软件，如QQ、MSN和Skypy等。带宽滥用给网络带来了新的威胁和问题，甚至影响到企业IT系统的正常运作，它使用户的网络不断扩容，但还是不能满足“P2P对带宽的渴望”，大量的带宽浪费在与工作无关流量上，造成了投资的浪费和效率的降低。另一方面，P2P使得文件共享和发送更加容易，带来了潜在的信息安全风险。

3. 物联网应用层安全威胁

应用层实现的是各种具体应用业务，它所涉及的安全问题主要有下面几个方面：如何实现用户隐私信息的保护，同时又能正确认证用户信息；不同访问权限如何对同一数据库内容进行筛选；信息泄露如何追踪问题；电子产品和软件的知识产权如何保护；恶意代码以及各类软件系统自身漏洞、可能的设计缺陷、黑客、各类病毒是物联网应用系统的重要威胁；物联网涉及范围广，目前海量数据信息处理和业务控制策略方面的技术还存在着安全性和可靠性的问题。

10.1.2 应用层安全技术需求

当前，学术领域和应用领域普遍将物联网研究聚焦在物联网的感知层，强调对物理世界的感知和信息采集，而对网络层和应用层的重视不足。对于物联网来讲，感知层的数据采集只是物联网的首要环节，而对感知层所采集海量数据的智能分析和数据挖掘，以实现对物理世界的精确控制和智能决策支撑才是物联网的最终目标，也是物联网智慧性体现的核心，这一目标的实现离不开应用层的支撑。

如果从应用层的角度来看物联网，物联网可以看作是一个基于通信网、互联网或专用网络的，以提高物理世界的运行、管理、资源使用效率等水平为目标的大规模信息系统。这一信息系统的数据来自于感知层对物理世界的感应，并将产生大量引发应用层深度互联和跨域协作需求的事件，从而使得上述大规模信息系统表现出如下特性：

(1) 数据实时采集。具有明显实效特征。物联网中通过对物理世界信息的实时采集，基于所采集数据进行分析处理后，进行快速的反馈和管理，具有明显的实效性特征，这就对应用层需要对信息进行快速处理提出了要求。

(2) 事件高度并发。具有不可预见性。对物理世界的感知往往具有多个维度，并且状态处于不断变化之中，因此会产生大量不可预见的事件，从而要求物联网应用层具有更高的适应能力。

(3) 基于海量数据的分析挖掘感知层信息的实时采集特性决定了必然产生海量的数据，这除了存储要求之外，更为重要的是基于这些海量数据的分析挖掘，预判未来的发展趋势，才能实现实时的精准控制和决策支撑。

(4) 自主智能协同物联网感知事件的实时性和并发性，需要应对大量事件应用的自动关联和即时自主智能协同，提升对物联网世界的综合管理水平。

以上特征要求从新的角度审视物联网应用层的建设需求，因此需要针对性地研究物联网应用层的集成、体系架构和标准规范。

10.2 Web安全

本节将介绍 Web 结构原理、Web 安全威胁、Web 安全分析和防护 Web 应用安全。

10.2.1 Web 结构原理

Web 应用是由动态脚本、编译过的代码等组合而成。它通常架设在 Web 服务器上，用户在 Web 浏览器上发送请求，这些请求使用 HTTP 协议，经过因特网和企业的 Web 应用交互，由 Web 应用和企业后台的数据库及其他动态内容通信。

1. Web 应用的架构

尽管不同的企业会有不同的 Web 环境搭建方式，一个典型的 Web 应用通常是标准的 3 层架构模型，如图 10-1 所示。在这种最常见的模型中，客户端是第一层；使用动态 Web 内容技术的部分属于中间层；数据库是第 3 层。用户通过 Web 浏览器发送请求(Request)给中间层，由中间层将用户的请求转换为对后台数据的查询或是更新，并将最终的结果在浏览器上展示给用户。

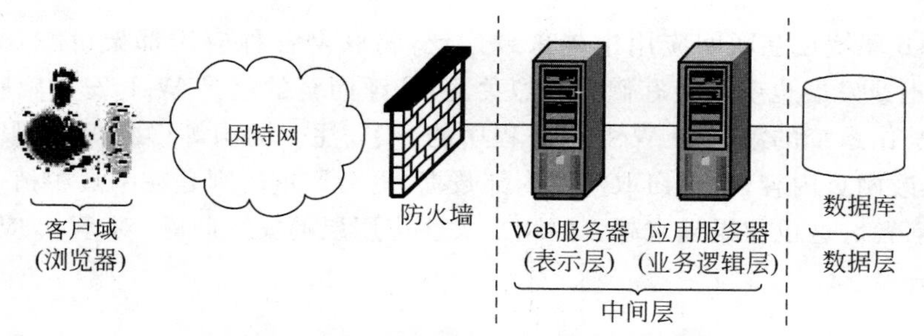

图 10-1 Web 应用通常是标准的 3 层架构模型

2. Web 架构原理

要保护 Web 服务，先要了解 Web 系统架构，图 10-2 是 Web 服务的一般性结构图，适用于互联网上的网站，也适用于企业内网上的 Web 应用架构。

用户使用通用的 Web 浏览器，通过接入网络(网站的接入则是互联网)连接到 Web 服务器上。用户发出请求，服务器根据请求的 URL 的地址连接，找到对应的网页文件，发送给用户。网页文件是用文本描述的，HTML/Xml 格式，在用户浏览器中有一个解释器，把这些文本描述的页面恢复成图文并茂、有声有影的可视页面。

通常情况下，用户要访问的页面都存在 Web 服务器的某个固定目录下，是一些 html 或 xml 文件，用户通过页面上的超链接可以在网站页面之间跳跃，这是静态的网页。后来人们觉得这种方式只能单向地给用户展示信息，信息发布还可以，但让用户做一些例如身份认证、投票选举之类的事情就比较麻烦，由此产生了动态网页的概念。所谓动态就是利用 flash、Php、asp 和 Java 等技术在网页中嵌入一些可运行的小程序，用户浏览器在解释页面时，遇到这些小程序就启动运行它。Web 中小程序的应用也带来了安全问题。

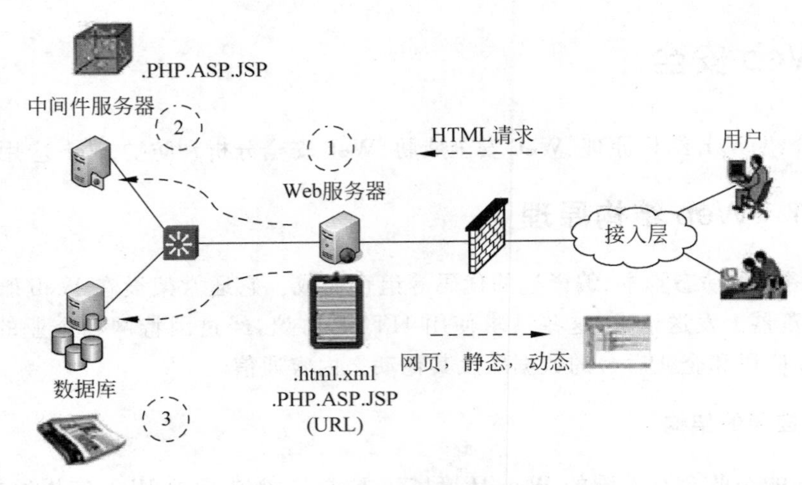

图 10-2 Web 结构

10.2.2 Web 安全威胁

1. Web 安全威胁

随着 Web 环境在互联网应用中越来越广泛，物联网各种应用都架设在 Web 平台上，Web 业务的迅速发展也引起黑客们的强烈关注，接踵而至的就是 Web 安全威胁的凸显，黑客利用网站操作系统的漏洞和 Web 服务程序的 SQL 注入漏洞等得到 Web 服务器的控制权限，轻则篡改网页内容，重则窃取重要内部数据，更为严重的则是在网页中植入恶意代码，侵害网站访问者。这也使得越来越多的用户关注应用层的安全问题，对 Web 应用安全的关注度也逐渐升温。

2. Web 安全威胁日趋严重的原因

目前很多业务都依赖于互联网，例如网络购物，很多恶意攻击者出于不良的目的对 Web 服务器进行攻击，想方设法通过各种手段获取他人的个人账户信息谋取利益。正是因为这样，Web 业务平台最容易遭受攻击。同时，对 Web 服务器的攻击也可以说是形形色色、种类繁多，常见的有挂马、SQL 注入、缓冲区溢出、嗅探、利用 IIS 等针对 Web Server 漏洞进行攻击。

一方面，由于 TCP/IP 设计没有考虑安全问题，这使得在网络上传输的数据是没有任何安全防护的。攻击者可以利用系统漏洞造成系统进程缓冲区溢出，可能获得或者提升自己在有漏洞的系统上的用户权限来运行任意程序，甚至安装和运行恶意代码，窃取机密数据。而应用层面的软件在开发过程中也没有过多考虑到安全的问题，这使得程序本身存在很多漏洞，诸如缓冲区溢出、SQL 注入等流行的应用层攻击，这些均属于在软件研发过程中疏忽了对安全的考虑所致。

另一方面，用户对某些隐秘的东西带有强烈的好奇心，一些利用木马或病毒程序进行攻击的攻击者，往往就利用了用户的这种好奇心理，将木马或病毒程序绑定在一些图片、音视频及免费软件等文件中，然后把这些文件置于某些网站中，再引诱用户去单击或下载运行。

或者通过电子邮件附件和QQ、MSN等即时聊天软件，将这些绑定了木马或病毒的文件发送给用户，利用用户的好奇心理引诱用户打开或运行这些文件。

3. Web系统入侵的危害

Web入侵造成的危害很大，主要包括：

(1) 网站瘫痪。网站瘫痪是让服务中断。使用DDoS攻击就可以让网站瘫痪，但对Web服务内部没有损害，而网络入侵可以删除文件、停止进程，让Web服务器彻底无法恢复。一般来说，这种做法是索要金钱或恶意竞争的要挟，也可能是显示他的技术高超，拿你的网站被攻击作为宣传他的工具。

(2) 篡改网页。修改网站的页面显示，是相对比较容易的，也是公众容易知道的攻击效果。对于攻击者来说，没有什么实惠好处，主要是炫耀自己，当然对于政府等网站，形象问题是很严重的。

(3) 挂木马。这种入侵对网站不产生直接破坏，而是对访问网站的用户进行攻击。挂木马的最大实惠是收集僵尸网络的"肉鸡"，一个知名网站的首页传播木马的速度是爆炸式的。挂木马容易被网站管理者发觉，XSS(跨站攻击)是新的倾向。

(4) 篡改数据。这是最危险的攻击者，篡改网站数据库，或者是动态页面的控制程序，表面上没有什么变化，非常不容易发觉，是最常见的经济利益入侵。数据篡改的危害是难以估量的，例如购物网站可以修改用户的账号金额或交易记录，政府审批网站可以修改行政审批结果，企业ERP可以修改销售订单或成交价格。有人说采用加密协议可以防止入侵，如https协议，这种说法是不准确的。首先，Web服务是面向大众的，不可以完全使用加密方式，在企业内部的Web服务上可以采用，内部人员对加密方式是共知的。其次，加密可以防止别人窃听，但入侵者可以冒充正规用户，一样可以入侵。再者，"中间人劫持"同样可以窃听加密的通信。

10.2.3 防护Web应用安全

没有对用户输入数据的合法性进行判断，使应用程序存在安全隐患。所谓SQL注入，就是通过把SQL命令插入到Web表单递交或输入域名或页面请求的查询字符串，最终达到欺骗服务器执行恶意的SQL命令。例如，先前的很多影视网站VIP会员密码泄露大多就是通过Web表单递交查询字符实现的，这类表单特别容易受到SQL注入式攻击。

SQL注入攻击的原理本身非常简单，相关攻击工具容易下载，攻击者获得权限后有利可图。这使得它成为最有效的、攻击者最常采用的Web入侵手段，是众多网站成为恶意代码传播平台的起因之一。

针对这一攻击手段，安全专家认为，最根本的措施是对Web应用的用户输入进行过滤。并针对Web应用的基本特性，对Web应用的整体安全工作采取以下具体措施：

(1) Web应用安全评估。结合应用的开发周期，通过安全扫描、人工检查、渗透测试、代码审计和架构分析等方法，全面发现Web应用本身的脆弱性及系统架构导致的安全问题。应用程序的安全问题可能是软件生命周期的各个阶段产生的，其各个阶段可能会影响系统安全。

(2) Web应用安全加固。对应用代码及其中间件、数据库、操作系统进行加固，并改善其应用部署的合理性。从补丁、管理接口、账号权限、文件权限、通信加密和日志审核等方面对应用支持环境和应用模块间部署方式划分的安全性进行增强。

（3）对外部威胁的过滤。通过部署 Web 防火墙、IPS 等设备，监控并过滤恶意的外部访问，并对恶意访问进行统计记录，作为安全工作决策及处置的依据。

（4）Web 安全状态检测。持续地检测被保护应用页面的当前状态，判断页面是否被攻击者加入恶意代码。同时通过检测 Web 访问日志及 Web 程序的存放目录，检测是否存在文件篡改及是否被加入 Web Shell 一类的网页后门。

（5）事件应急响应。提前做好发生几率较大的安全事件的预案及演练工作，力争以最高效、最合理的方式申报并处置安全事件，并整理总结。

（6）安全知识培训。让开发和运维人员了解并掌握相关知识，在系统的建设阶段和运维阶段同步考虑安全问题，在应用发布前最大程度地减少脆弱点。

在现在和将来，由于受互联网地下黑色产业链中盗取用户账号及虚拟财产等行为的利益驱动，攻击者仍将 Web 应用作为传播木马等恶意程序的主要手段。尽管这会对广大的运维人员和安全工作者造成很大的工作压力，但是通过持续不断地执行并改进相关安全措施，可以最大限度地保障 Web 应用的安全，将关键系统可能发生的风险控制在可接受的范围之内。

10.3 中间件安全

本节将介绍中间件的基本概念，物联网中间件和 RFID 中间件安全技术。

10.3.1 中间件

1. 中间件定义

中间件是一类独立的系统软件或服务程序，分布式应用软件借助这种软件在不同的技术之间共享资源。中间件位于客户端/服务器的操作系统之上，管理计算机资源和网络通信，是连接两个独立应用程序或独立系统的软件。相连接的系统，即使它们具有不同的接口，但通过中间件相互之间仍能交换信息。执行中间件的一个关键途径是信息传递。通过中间件，应用程序可以工作于多平台或 OS 环境。

中间件是一类连接软件组件和应用的计算机软件，它包括一组服务，以便于运行在一台或多台计算机上的多个软件通过网络进行交互。该技术所提供的互操作性推动了一致分布式体系架构的演进。该架构通常用于支持分布式应用程序并简化其复杂度，包括 Web 服务器、事务监控器和消息队列软件。

为解决分布异构问题，提出了中间件（Middleware）的概念。中间件是位于平台（硬件和操作系统）和应用之间的通用服务，如图 10-3 所示，这些服务具有标准的程序接口和协议。针对不同的操作系统和硬件平台，它们可以有符合接口和协议规范的多种实现。

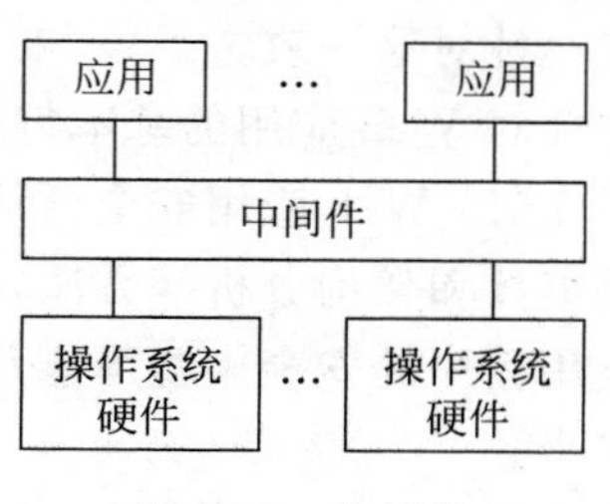

图 10-3　中间件

用户在使用中间件时，往往是一组中间件集成在一起，构成一个平台(包括开发平台和运行平台)。但在这组中间件中必须要有一个通信中间件,即“中间件=平台+通信”,这个定义也限定了只有用于分布式系统中才能称为中间件,同时还可以把它与支撑软件和实用软件区分开来。

具体地说,中间件屏蔽了底层操作系统的复杂性,使程序开发人员面对一个简单而统一的开发环境,减少程序设计的复杂性,将注意力集中在自己的业务上,不必再为程序在不同系统软件上的移植而重复工作,大大减少了技术上的负担。中间件带给应用系统的,不只是开发的简便、开发周期的缩短,也减少了系统的维护、运行和管理的工作量,还减少了计算机总体费用的投入。

2. 中间件的分类

按照 IDC 的定义,中间件是一类软件,而非一种软件。中间件不仅仅实现互连,还要实现应用之间的互操作。中间件是基于分布式处理的软件,最突出的特点是其网络通信功能。主要类型包括:

(1) 屏幕转换及仿真中间件。应用于早期的大型机系统,主要功能是将终端机的字符界面转换为图形界面,目前此类中间件在国内已没有应用市场。

(2) 数据库访问中间件。用于连接客户端到数据库的中间件产品。早期,由于用户使用的数据库产品单一,因此该中间件一般由数据库厂商直接提供。目前正在逐渐被为解决不同品牌数据库之间格式差异而开发的多数据库访问中间件取代。

(3) 消息中间件。连接不同应用之间的通信,将不同的通信格式转换成同一格式。

(4) 交易中间件。为保持终端与后台服务器数据的一致性而开发的中间件。是应用集成的基础软件,目前正处于高速发展期。

(5) 应用服务器中间件。功能与交易中间件类似,但主要应用于互联网环境。随着互联网的快速发展,其市场开始逐渐启动并快速发展。

(6) 安全中间件。为网络安全而开发的一种软件产品。

10.3.2　物联网中间件

1. RFID 中间件定义

RFID 中间件扮演 RFID 标签和应用程序之间的中介角色,从应用程序端使用中间件所提供一组通用的应用程序接口(API),即能连到 RFID 读写器,读取 RFID 标签数据。这样一来,即使存储 RFID 标签情报的数据库软件或后端应用程序增加或改由其他软件取代,或者读写 RFID 读写器种类增加等情况发生时,应用端不需修改也能处理,省去了多对多连接的维护复杂性问题。

2. RFID 中间件原理

RFID 中间件是一种面向消息的中间件(Message-Oriented Middleware,MOM),信息(Information)是以消息(Message)的形式从一个程序传送到另一个或多个程序。信息可以以异步(Asynchronous)的方式传送,所以传送者不必等待回应。面向消息的中间件包含的功能不仅是传递(Passing)信息,还必须包括解译数据、安全性、数据广播、错误恢复、定位网络资源、找出符合成本的路径、消息与要求的优先次序以及延伸的除错工具等服务。

3. RFID 中间件分类

RFID 中间件可以从架构上分为两种：

(1) 以应用程序为中心(Application Centric)。这种设计概念是通过 RFID Reader 厂商提供的 API,以 Hot Code 方式直接编写特定 Reader 读取数据的 Adapter,并传送至后端系统的应用程序或数据库,从而达成与后端系统或服务串接的目的。

(2) 以软件架构为中心(Infrastructure Centric)。随着企业应用系统的复杂度增高,企业无法负荷以 Hot Code 方式为每个应用程序编写 Adapter,同时面对对象标准化等问题,企业可以考虑采用厂商所提供的标准规格 RFID 中间件。这样一来,即使存储 RFID 标签情报的数据库软件改由其他软件代替,或读写 RFID 标签的 RFID Reader 种类增加等情况发生时,应用端不修改也能应付。

4. RFID 中间件的特点

(1) 独立于架构。RFID 中间件独立并介于 RFID 读写器与后端应用程序之间,并且能够与多个 RFID 读写器以及多个后端应用程序连接,以减轻架构与维护的复杂性。

(2) 数据流。RFID 的主要目的在于将实体对象转换为信息环境下的虚拟对象,因此数据处理是 RFID 最重要的功能。RFID 中间件具有数据的搜集、过滤、整合与传递等特性,以便将正确的对象信息传到企业后端的应用系统。

(3) 处理流。RFID 中间件采用程序逻辑及存储再转送的功能来提供顺序的消息流,具有数据流设计与管理的能力。

(4) 标准。RFID 为自动数据采样技术与辨识实体对象的应用。EPC global 目前正在研究为各种产品的全球唯一识别号码提出通用标准,即 EPC(产品电子编码)。EPC 是在供应链系统中,以一串数字来识别一项特定的商品。通过无线射频辨识标签由 RFID 读写器读入后,传送到计算机或是应用系统中的过程称为对象命名服务。对象命名服务系统会锁定计算机网络中的固定点抓取有关商品的消息。EPC 存放在 RFID 标签中,被 RFID 读写器读出后,即可提供追踪 EPC 所代表的物品名称及相关信息,并立即识别及分享供应链中的物品数据,有效率地提供信息透明度。

5. RFID 中间件的 3 个发展阶段

从发展趋势看,RFID 中间件可分为 3 个发展阶段：

(1) 应用程序中间件发展阶段。RFID 初期的发展多以整合、串接 RFID 读写器为目的,这个阶段多为 RFID 读写器厂商主动提供简单 API,以供企业将后端系统与 RFID 读写器串接。从整体发展架构来看,此时企业的导入必须自行花费许多成本去处理前后端系统连接的问题,通常企业在本阶段会通过试点工程方式来评估成本效益与导入的关键议题。

(2) 架构中间件发展阶段。这个阶段是 RFID 中间件成长的关键阶段。由于 RFID 的强大应用,沃尔玛与美国国防部等关键使用者相继进行 RFID 技术的规划并进行导入的试点工程,促使各国际大厂持续关注 RFID 相关市场的发展。本阶段 RFID 中间件的发展不但已经具备基本数据搜集、过滤等功能,同时也满足企业多对多的连接需求,并具备平台的管理与维护功能。

(3) 解决方案中间件发展阶段。未来在 RFID 标签、读写器与中间件发展成熟过程中，各厂商针对不同领域提出各项创新应用解决方案，例如曼哈特联合软件公司提出“RFID 一盒方案(RFID in a Box)”，企业不需再为前端 RFID 硬件与后端应用系统的连接而烦恼。该公司与 Alien 技术公司在 RFID 硬件端合作，发展 Microsoft. Net 平台为基础的中间件，针对该公司 900 家已有供应链客户群发展供应链执行解决方案，原本使用曼哈特联合软件公司供应链执行解决方案的企业只需通过“RFID 一盒方案”，就可以在原有应用系统上快速利用 RFID 来加强供应链管理的透明度。

6. RFID 中间件的两个应用方向

(1) 面向服务的架构 RFID 中间件。其目标就是建立沟通标准，突破应用程序对应用程序沟通的障碍，实现商业流程自动化，支持商业模式的创新，让 IT 变得更灵活，从而更快地响应需求。因此，RFID 中间件在未来发展上，将会以面向服务的架构为基础的趋势，提供企业更弹性灵活的服务。

(2) 安全架构的 RFID 中间件。RFID 应用最让外界质疑的是 RFID 后端系统所连接的大量厂商数据库可能引发的商业信息安全问题，尤其是消费者的信息隐私权。通过大量 RFID 读写器的布置，人类的生活与行为将因 RFID 而容易追踪，沃尔玛、Tesco(英国最大零售商)初期 RFID 试点工程都因为用户隐私权问题而遭受过抵制与抗议。为此，飞利浦半导体等厂商已经开始在批量生产的 RFID 芯片上加入“屏蔽”功能。RSA 信息安全公司也发布了能成功干扰 RFID 信号的技术“RSA Blocker 标签”，通过发射无线射频扰乱 RFID 读写器，让 RFID 读写器误以为搜集到的是垃圾信息而错失数据，达到保护消费者隐私权的目的。目前 Auto-ID 中心也在研究安全机制以配合 RFID 中间件的工作。相信安全将是 RFID 未来发展的重点之一，也是成功的关键因素。

7. RFID 中间件技术现状

RFID 中间件被广泛应用于 RFID 系统中。从发展趋势来看，RFID 中间件经历了应用程序中间件、架构中间件、解决方案中间件 3 个发展阶段。根据中间件作用不同，中间件分为 5 类：数据访问中间件、远程过程调用中间件、消息中间件、交易中间件和对象中间件。

目前，国际 IT 知名厂商和组织机构对 RFID 中间件的研究与开发表现出极大兴趣，纷纷加入到该软件的研发，并提出了具有各自特色的 RFID 中间件的解决方案。SAP RFID 中间件是采用 J2EE 企业架构开发的，产品系列化和与其他 RIFD 中间件产品集成是其一大亮点。BEA 公司收购中间件技术厂商后，推出的 BEA RFID 中间件在市场上占据着非常重要的位置，具有很强的竞争力。BEA 是从 BEA Web Logic RFID Edge Server 和 BEA Web Logic RFID Enterprise Server 两个层面去实现的。Oracle 公司借助其数据库海量数据处理能力，采用 Java 语言开发的 RFID 中间件能与 Oracle 无缝集成，充分发挥着强大数据处理能力优势，并向用户提供了人机交互配置界面。微软 RFID 中间件主要运行于 Windows 系列操作平台，并打算把 RFID 中间件作为操作系统的一部分与 Windows 无缝集成。IBM RFID 中间件采用 J2EE 平台开发，强大的海量数据处理能力深受零售业厂商的欢迎，其产品已经应用于 Metro 公司。RFID Anywhere 是 Sybase 公司针对 RFID 安全问题开发的

RFID中间件产品,支持新一代RIFD器件。Sun RFID中间件经历了1.0和2.0版本,由信息服务器和事件管理器组成,其产品性能在企业实际测试中不断完善,已完全符合设计需求,并很好地与Oracle数据库集成。国内的中间件产品与国外经过企业测试的RFID中间件产品相比,还有一定差距。值得欣喜的是,国家863计划大力支持无线射频关键技术研究与开发,国内的一些研究机构和公司抓住机遇,提出了自己的RIFD中间件解决方案。如华中科技大学开发的Smart,该中间件产品支持多通信平台。深圳立格射频科技有限公司开发的AIT LYNKO. ALE是一套遵循ALE规范的RFID中间件解决方案。上海交通大学开发的面向物流的集成中间件平台,中科院自动化所开发的用于管理血液、药品和食品的RFID公共服务体系。学术上,在制定RFID中间件标准方面,EPCglobal组织走在了前列。EPCglobal发布的ALE规范为统一中间件标准、提供标准服务做出了巨大贡献。

10.3.3 RFID安全中间件

物联网是一个在互联网基础上结合RFID、传感器等技术构建的连接范围更为广阔的网络,因此物联网安全问题既包括当前网络的安全问题,即传统安全问题,又包含由RFID和传感器网络特点决定的新型安全问题,即物联网特有的安全问题。由于物联网感知识别层中大量应用RFID及无线传感器,因此物联网特有的安全问题主要是RFID系统安全和无线传感器网络安全。RFID标签保存有个人私密信息,且随着定位技术的发展,如果RFID标签受到跟踪、定位或者私密信息受到窃取,就会对用户的个人隐私造成侵害。

1. RFID中间件安全设计要求

RFID中间件的设计原则要遵循功能全面、易设计、易维护、具有良好的扩展性和可移植性的原则。设计的中间件至少要解决以下几个问题:

(1) 屏蔽下层硬件,兼容不同的RFID阅读器。不同厂家生产的硬件设备在读取频率、支持协议、读取范围、防冲突性能方面有差异,屏蔽物理设备的差异,能方便地进行集成扩展,是RFID中间件应具有的特点。

(2) 对硬件设备进行统一管理。包括关闭、打开、获取设备参数、发出读取命令、缓存标签、定义逻辑阅读器等,使上层感觉不到设备的差异,提供透明服务。

(3) 对大规模的数据流进行过滤和分组。采用一些算法和数据结构剔除掉用户不感兴趣的、重复的、无规则的数据,否则,大量的数据流入上层,对企业应用程序会是一个沉重的负担,甚至造成上层应用程序崩溃。

(4) 数据接收和数据格式转换。中间件要接收来自RFID设备的标签数据,并向上层传输。由于数据标签编码方式多种多样,规范标准不统一,若不进行数据格式处理,会造成数据混乱,难以识别。

(5) 中间件的安全问题日益突出,电子标签的安全和隐私问题成为急需解决的问题,已经制约着EPC技术的发展和应用。RFID系统在进行数据采集、数据传输时,电子标签和阅读器容易受到信号的干扰,再加上电子标签容易被追踪和定位,侵犯他人隐私,安全问题难以避免。中间件如何提供一个安全可靠的服务是本文关注的重点。

(6) 与企业应用程序的通信交互。企业应用程序定制自己感兴趣的数据格式,采用何

种方式与中间件进行交互，如何高效地实现中间件与应用程序之间的数据交换，也是中间件需要解决的重要问题。

2. 通用中间件安全模型

学者吴景阳和毋国庆在《计算机工程与科学》(2006 年第 28 卷第 1 期)上发表文章，设计了一种通用中间件安全模型。从中间件层的特点来看，访问控制的实现依赖于引用监视器(Reference Monitor)及访问策略的位置和实施。因此，可根据安全逻辑的实现，将引用监视器的功能分成两部分：

(1) 决策功能。这个模块根据访问策略来决定一个主体是否有权力来访问它所请求的客体资源，采用的决策机制可以是自主访问控制(DAC)，也可以是强制访问控制(MAC)，或是其他的机制，非常灵活。

(2) 执行功能。这个模块接受主体的访问请求，该请求则是通过底层技术层传递过来的，由执行功能模块负责将此请求传递给中间件层中的决策功能模块，由该模块返回访问决策。而执行功能模块根据此决策来执行相应的动作，如果访问被许可，则按照访问请求的要求将主体的请求信息传递给目标对象。如果需要的话，可能还要调用中间件其他的部件，执行某些特定的功能，如事务处理、数据库调用等。

模型示意图如图 10-4 所示。从图 10-4 中还看到，决策功能模块给目标对象提供了接口用于目标对象的注册，这是由应用层对象调用的，用于获得目标对象的相关信息，从而提供给安全策略以辅助决策功能模块的实现。这个接口的实现一方面有效地解决了对于应用层目标对象特定信息的访问控制，另一方面也是该模型对于应用层灵活性的体现，可以很容易地满足不同应用中不同目标对象所要求的安全控制。

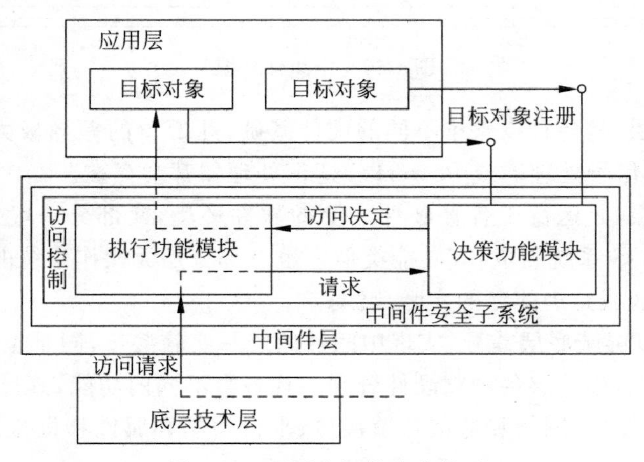

图 10-4　通用中间件安全模型

3. 物联网中间件安全模型

学者姚远在《电脑知识与技术》(2011 年 1 月第 7 卷)上发表文章，提出了基于中间件的物联网安全模型。他认为物联网安全问题要进行 3 方面的保护：存储信息安全问题、传输安全问题(防窃取)和设备安全问题(防破解和攻击)。

1）中间件框图

一般来说，中间件的设计遵循整体的分层原则，先看中间件的设计框图，如图 10-5 所示。

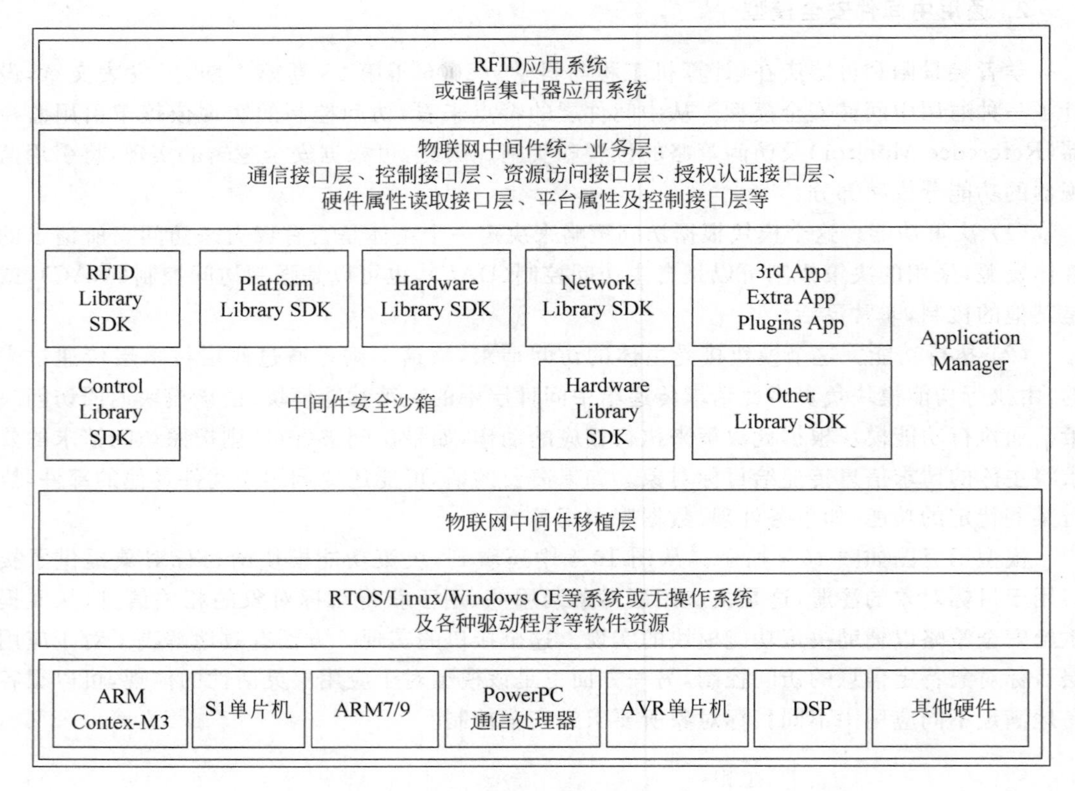

图 10-5　中间件框图

由下至上第一层，是各种设备中不同的硬件基础，此部分的差异极大，从低端的单片机到高端的 DSP 数字信号处理器或 PowerPC 通信处理器都会存在。

由下至上第二层，是运行于各种硬件之上的软件环境，此部分一般差异较硬件部分要小，通常由各种 RTOS 系统组成，其功能类似。也有部分是无操作系统的软件环境。

中间最大一块区域是中间件的实际范围。

（1）移植层用以屏蔽底层差异，实现中间件的统一实施接口，同时也是平台主要能力的体现接口。一般来说，移植层各种软硬件分别实现各自不同的功能，其接口包括线程或任务移植接口、显示移植接口、网络和通信移植接口、平台控制和属性移植接口、RFID 读写移植接口等。

（2）基于该移植层，是中间件中的关键模块中间件安全沙箱，其内部包含多种执行模块，如 RFID 模块、通信模块和硬件控制模块等，所有的模块统一位于一个安全沙箱中。该安全沙箱可以保证通信协议和远程控制对本地资源的安全访问。

（3）中间件的最上层是业务开发层，该层提供给本地或远程应用程序，调用以实现相应的业务功能。其接口设计一般包含物联网设备的控制，信息读写、通信、显示、授权认证等通用接口，并将这些模块的实现映射到安全沙箱中解析或执行。

2）中间件安全模型

物联网中间件从以下3个方面建立一个通用的安全模型：使用安全沙箱保证只有明确授权的应用程序可以访问底层资源；支持基于SSL、TSL和VPN等加密通道传输信息；使用基于X509证书的授权方式保证终端和设备授权认证的通过。

沙箱模型(Sandbox)是一种保护本机安全的虚拟技术。利用沙箱技术，可以将系统关键数据进行虚拟化映射，外界对数据的获取和修正首先在沙箱映射层中实现，只有经过严格授权的请求才会访问底层实际硬件和资源，从而保证了设备本身不会因为受到病毒或恶意程序的攻击而崩溃。中间件中使用此模型，则通过远程调用或通信协议执行的一般信令，不可能访问真正的设备系统资源。但由于沙箱中的关键数据和系统中的数据时刻保持同步，此模型并不会影响获取数据的实时性。

中间件支持通过插件(Plugins)模式挂接不同的通信适配组件，如SSL安全层或TSL传输安全层，也可以配置其挂载VPN(如IPsec)通道，实现数据的安全传输。传统的网络层加密机制是逐跳加密，即信息在发送过程中和传输过程中是加密的，但在每个节表关联。

10.4 数据安全

本节将介绍数据安全的基本概念、数据保护技术、数据库安全技术、虚拟化数据安全技术和数据容灾技术。

10.4.1 数据安全概述

1. 数据安全的定义

信息安全或数据安全有对立的两方面的含义：一是数据本身的安全，主要是指采用现代密码算法对数据进行主动保护，如数据保密、数据完整性和双向强身份认证等；二是数据防护的安全，主要是采用现代信息存储手段对数据进行主动防护，如通过磁盘阵列、数据备份和异地容灾等手段保证数据的安全。数据安全是一种主动的包含措施，数据本身的安全必须基于可靠的加密算法与安全体系，主要有对称算法与公开密钥密码体系两种。

数据处理安全是指如何有效地防止数据在录入、处理、统计或打印中，由于硬件故障、断电、死机、人为的误操作、程序缺陷、病毒或黑客等造成的数据库损坏或数据丢失现象，某些敏感或保密的数据可能被不具备资格的人员或操作员阅读，从而造成数据泄密等后果。

数据存储安全是指数据库在系统运行之外的可读性。一个标准的Access数据库，稍微懂得一些基本方法的计算机人员都可以打开阅读或修改。一旦数据库被盗，即使没有原来的系统程序，照样可以另外编写程序对盗取的数据库进行查看或修改。从这个角度说，不加密的数据库是不安全的，容易造成商业泄密。这就涉及了计算机网络通信的保密、安全及软件保护等问题。

2. 信息安全的基本特点

(1) 机密性。机密性又称为保密性(Secrecy)，是指个人或团体的信息不为其他不应获得者获得。在计算机中，许多软件包括邮件软件、网络浏览器等，都有保密性相关的设定，用以维护用户资讯的保密性。另外，间谍档案或黑客有可能会造成保密性的问题。

(2) 完整性。数据完整性是信息安全的3个基本要点之一，指在传输、存储信息或数据的过程中，确保信息或数据不被未授权的篡改或在篡改后能够被迅速发现。在信息安全领域使用过程中，常常和保密性边界混淆。以普通RSA对数值信息加密为例，黑客或恶意用户在没有获得密钥破解密文的情况下，可以通过对密文进行线性运算，相应改变数值信息的值。例如交易金额为 X 元，通过对密文乘以2，可以使交易金额成为 $2X$，也称为可延展性。为解决以上问题，通常使用数字签名或散列函数对密文进行保护。

(3) 可用性。数据可用性是一种以使用者为中心的设计概念，易用性设计的重点在于让产品的设计能够符合使用者的习惯与需求。以互联网网站的设计为例，希望让使用者在浏览的过程中不会产生压力或感到挫折，并能让使用者在使用网站功能时，能用最少的努力发挥最大的效能。基于这个原因，任何有违信息的"可用性"都算是违反信息安全的规定。因此，世界上不少国家，不论是美国还是中国都有要求保持信息可以不受规限地流通。

对信息安全的认识经历了数据安全阶段(强调保密通信)、网络信息安全时代(强调网络环境)和信息保障时代(强调不能被动地保护，需要有保护—检测—反应—恢复4个环节)。

3. 威胁数据安全的主要因素

威胁数据安全的因素有很多，以下几个比较常见：

(1) 硬盘驱动器损坏。一个硬盘驱动器的物理损坏意味着数据丢失。设备的运行损耗、存储介质失效、运行环境以及人为的破坏等都能给硬盘驱动器设备造成影响。

(2) 人为错误。由于操作失误，使用者可能会误删除系统的重要文件，或者修改影响系统运行的参数，以及没有按照规定要求或操作不当导致的系统宕机。

(3) 黑客。入侵者通过网络远程入侵系统，侵入形式包括系统漏洞、管理不力等。

(4) 病毒。由于感染计算机病毒而破坏计算机系统，造成的重大经济损失屡屡发生，计算机病毒的复制能力强，感染性强，特别是网络环境下，传播性更快。

(5) 信息窃取。从计算机上复制、删除信息或干脆把计算机偷走。

(6) 自然灾害。地震、火山爆发、泥石流、海啸、台风和洪水等突发性灾害。

(7) 电源故障。电源供给系统故障，一个瞬间过载电功率会损坏在硬盘或存储设备上的数据。

(8) 磁干扰。磁干扰是指重要的数据接触到有磁性的物质，会造成计算机数据被破坏。

4. 数据安全的防护技术

计算机存储的信息越来越多，而且越来越重要，为防止计算机中的数据意外丢失，一般都采用许多重要的安全防护技术来确保数据的安全。下面简单的介绍常用和流行的数据安全防护技术：

1) 磁盘阵列

磁盘阵列是指把多个类型、容量、接口甚至品牌一致的专用磁盘或普通硬盘连成一个阵列，使其以更快的速度、准确、安全的方式读写磁盘数据，从而达到数据读取速度和安全性的一种手段。

2）数据备份

备份管理包括备份的可计划性，自动化操作，历史记录的保存或日志记录。

3）双机容错

双机容错的目的在于保证系统数据和服务的在线性，即当某一系统发生故障时，仍然能够正常地向网络系统提供数据和服务，使系统不至于停顿。双机容错的目的在于保证数据不丢失和系统不停机。

4）NAS

NAS解决方案通常配置为文件服务的设备，由工作站或服务器通过网络协议和应用程序来进行文件访问，大多数NAS链接在工作站客户机和NAS文件共享设备之间进行。这些链接依赖于企业的网络基础设施来正常运行。

5）数据迁移

由在线存储设备和离线存储设备共同构成协调工作存储系统，该系统在在线存储和离线存储设备间动态地管理数据，使得访问频率高的数据存放于性能较高的在线存储设备中，而访问频率低的数据存放于较为廉价的离线存储设备中。

6）异地容灾

以异地实时备份为基础的高效、可靠的远程数据存储。在各单位的IT系统中，必然有核心部分，通常称为生产中心，往往给生产中心配备一个备份中心，该备份中心是远程的，并且在生产中心的内部已经实施了各种各样的数据保护。不管怎么保护，当火灾、地震这种灾难发生时，一旦生产中心瘫痪了，备份中心会接管生产，继续提供服务。

7）SAN

SAN允许服务器在共享存储装置的同时仍能高速传送数据。这一方案具有带宽高、可用性高、容错能力强的优点，而且它可以轻松升级，容易管理，有助于改善整个系统的总体成本状况。

10.4.2 数据保护

从保护数据的角度讲，对数据安全这个广义概念，可以细分为3个部分：数据加密、数据传输安全和身份认证管理。

1. 数据加密

数据加密就是按照确定的密码算法把敏感的明文数据变换成难以识别的密文数据，通过使用不同的密钥，可用同一加密算法把同一明文加密成不同的密文。当需要时，可使用密钥把密文数据还原成明文数据，称为解密。这样就可以实现数据的保密性。数据加密被公认为是保护数据传输安全唯一实用的方法和保护存储数据安全的有效方法，它是数据保护在技术上最重要的防线。

数据加密技术是最基本的安全技术，被誉为信息安全的核心，最初主要用于保证数据在存储和传输过程中的保密性。它通过变换和置换等各种方法将被保护信息置换成密文，然后再进行信息的存储或传输，即使加密信息在存储或者传输过程中为非授权人员所获得，也可以保证这些信息不为其认知，从而达到保护信息的目的。该方法的保密性直接取决于所采用的密码算法和密钥长度。

根据密钥类型不同可以把现代密码技术分为两类：对称加密算法（私钥密码体系）和非对称加密算法（公钥密码体系）。在对称加密算法中，数据加密和解密采用的都是同一个密钥，因而其安全性依赖于所持有密钥的安全性。对称加密算法的主要优点是加密和解密速度快，加密强度高。且算法公开，但其最大的缺点是实现密钥的秘密分发困难，在大量用户的情况下密钥管理复杂，而且无法完成身份认证等功能，不便于应用在网络开放的环境中。最著名的对称加密算法有数据加密标准（DES）和欧洲数据加密标准（IDEA）等，加密强度最高的对称加密算法是高级加密标准（AES）。

对称加密算法、非对称加密算法和不可逆加密算法可以分别应用于数据加密、身份认证和数据安全传输。

1）对称加密算法

对称加密算法是应用较早的加密算法，技术成熟。在对称加密算法中，数据发信方把明文（原始数据）和加密密钥一起经过特殊加密算法处理后，使其变成复杂的加密密文发送出去。收信方收到密文后，若想解读原文，则需要使用加密用过的密钥及相同算法的逆算法对密文进行解密，才能使其恢复成可读明文。在对称加密算法中，使用的密钥只有一个，发收信双方都使用这个密钥对数据进行加密和解密，这就要求解密方事先必须知道加密密钥。对称加密算法的特点是算法公开、计算量小、加密速度快、加密效率高。不足之处是交易双方都使用同样的钥匙，安全性得不到保证。此外，每对用户每次使用对称加密算法时，都需要使用其他人不知道的唯一钥匙，这会使得发收信双方所拥有的钥匙数量呈几何级数增长，密钥管理成为用户的负担。对称加密算法在分布式网络系统上使用较为困难，主要是因为密钥管理困难，使用成本较高。在计算机专网系统中广泛使用的对称加密算法有 DES、IDEA 和 AES。

2）不对称加密算法

不对称加密算法使用完全不同但又是完全匹配的一对钥匙——公钥和私钥。在使用不对称加密算法加密文件时，只有使用匹配的一对公钥和私钥，才能完成对明文的加密和解密过程。加密明文时采用公钥加密，解密密文时使用私钥才能完成，而且发信方（加密者）知道收信方的公钥，只有收信方（解密者）才是唯一知道自己私钥的人。不对称加密算法的基本原理是如果发信方想发送只有收信方才能解读的加密信息，发信方必须首先知道收信方的公钥，然后利用收信方的公钥来加密原文；收信方收到加密密文后，使用自己的私钥才能解密密文。显然，采用不对称加密算法，收发信双方在通信之前，收信方必须把自己早已随机生成的公钥送给发信方，而自己保留私钥。由于不对称算法拥有两个密钥，因而特别适用于分布式系统中的数据加密。广泛应用的不对称加密算法有 RSA 算法和美国国家标准局提出的 DSA。以不对称加密算法为基础的加密技术应用非常广泛。

3）不可逆加密算法

不可逆加密算法的特征是加密过程中不需要使用密钥，输入明文后由系统直接经过加密算法处理成密文。这种加密后的数据是无法被解密的，只有重新输入明文，并再次经过同样不可逆的加密算法处理，得到相同的加密密文并被系统重新识别后才能真正解密。显然，在这类加密过程中，加密是自己，解密还得是自己，而所谓解密，实际上就是重新加一次密，所应用的“密码”也就是输入的明文。不可逆加密算法不存在密钥保管和分发问题，非常适合在分布式网络系统上使用。但因加密计算复杂，工作量相当繁重，通常只在数据量有限的情形下使用,如广泛应用在计算机系统中的口令加密,利用的就是不可逆加密算法。随着计算机系统性能的不断提高,不可逆加密的应用领域逐渐增大。在计算机网络中应用较多不可逆加密算法的有 RSA 公司发明的 MD5 算法和美国国家标准局建议的不可逆加密标准 SHS(Secure Hash Standard,安全杂乱信息标准)等。

2. 传输安全

数据传输安全是指数据在传输过程中必须要确保数据的安全性、完整性和不可篡改性。

数据传输加密技术的目的是对传输中的数据流加密,以防止通信线路上的窃听、泄露、篡改和破坏。数据传输的完整性通常通过数字签名的方式来实现,即数据的发送方在发送数据的同时利用单向的不可逆加密算法 Hash 函数或者其他信息文摘算法计算出所传输数据的消息文摘,并把该消息文摘作为数字签名随数据一同发送。接收方在收到数据的同时也收到该数据的数字签名,接收方使用相同的算法计算出接收到的数据的数字签名,并把该数字签名和接收到的数字签名进行比较,若二者相同,则说明数据在传输过程中未被修改,数据完整性得到了保证。

Hash 算法也称为消息摘要或单向转换,是一种不可逆加密算法。称它为单向转换是因为:双方必须在通信的两个端头处各自执行 Hash 函数计算;使用 Hash 函数很容易从消息计算出消息摘要,但其逆向反演过程以计算机的运算能力几乎不可实现。

Hash 散列本身就是所谓加密检查,通信双方必须各自执行函数计算来验证消息。举例来说,发送方首先使用 Hash 算法计算消息检查和,然后把计算结果 A 封装进数据包中一起发送;接收方再对所接收的消息执行 Hash 算法计算得出结果 B,并把 B 与 A 进行比较。如果消息在传输中遭篡改致使 B 与 A 不一致,接收方丢弃该数据包。

有两种最常用的 Hash 函数:

(1) MD5(消息摘要 5)。MD5 对 MD4 做了改进,计算速度比 MD4 稍慢,但安全性能得到了进一步改善。MD5 在计算中使用了 64 个 32 位常数,最终生成一个 128 位的完整性检查。

(2) SHA 安全 Hash 算法。其算法以 MD5 为原型。SHA 在计算中使用了 79 个 32 位常数,最终产生一个 160 位完整性检查。SHA 检查和长度比 MD5 更长,因此安全性也更高。

3. 身份认证

身份认证的目的是确定系统和网络的访问者是否是合法用户。主要采用登录密码、代表用户身份的物品(如智能卡、IC 卡等)或反映用户生理特征的标识鉴别访问者的身份。

身份认证要求参与安全通信的双方在进行安全通信前,必须互相鉴别对方的身份。保护数据不仅仅是要让数据正确、长久地存在,更重要的是,要让不该看到数据的人看不到。这方面就必须依靠身份认证技术来给数据加上一把锁。数据存在的价值就是需要被合理访问,所以建立信息安全体系的目的应该是保证系统中的数据只能被有权限的人访问,未经授权的人则无法访问到数据。如果没有有效的身份认证手段,访问者的身份就很容易被伪造,使得未经授权的人仿冒有权限人的身份,这样,任何安全防范体系就都形同虚设,所有安全投入就被无情地浪费了。

在企业管理系统中,身份认证技术要能够密切结合企业的业务流程,阻止对重要资源的非法访问。身份认证技术可以用于解决访问者的物理身份和数字身份的一致性问题,给其他安全技术提供权限管理的依据。所以说，身份认证是整个信息安全体系的基础。

由于网上的通信双方互不见面，必须在交易时(交换敏感信息时)确认对方的真实身份。身份认证指的是用户身份的确认技术，它是网络安全的第一道防线，也是最重要的一道防线。

在公共网络上的认证，从安全角度分有两类：一类是请求认证者的秘密信息(例如口令)在网上传送的口令认证方式；另一类是使用不对称加密算法，而不需要在网上传送秘密信息的认证方式，这类认证方式中包括数字签名认证方式。

1) 口令认证方式

口令认证必须具备一个前提：请求认证者必须具有一个ID，该ID必须在认证者的用户数据库(该数据库必须包括ID和口令)中是唯一的。同时为了保证认证的有效性，必须考虑到以下问题：请求认证者的口令必须是安全的；在传输过程中，口令不能被窃看、替换；请求认证者在向认证者请求认证前，必须确认认证者的真实身份，否则会把口令发给冒充的认证者。

口令认证方式还有一个最大的安全问题就是系统的管理员通常都能得到所有用户的口令。因此，为了避免这样的安全隐患，通常情况下会在数据库中保存口令的Hash值，通过验证Hash值的方法来认证身份。

2) 使用不对称加密算法的认证方式(数字证书方式)

使用不对称加密算法的认证方式，认证双方的个人秘密信息(例如口令)不用在网络上传送，减少了认证的风险。这种方式是通过请求认证者与认证者之间对一个随机数作数字签名与验证数字签名来实现的。

认证一旦通过，双方即建立安全通道进行通信，在每一次的请求和响应中进行，即接收信息的一方先从接收到的信息中验证发信人的身份信息，验证通过后才根据发来的信息进行相应的处理。

用于实现数字签名和验证数字签名的密钥对必须与进行认证的一方唯一对应。

在公钥密码(不对称加密算法)体系中，数据加密和解密采用不同的密钥，而且用加密密钥加密的数据只有采用相应的解密密钥才能解密，更重要的是从加密密码来求解解密密钥十分困难。在实际应用中，用户通常把密钥对中的加密密钥公开(称为公钥)，而秘密持有解密密钥(称为私钥)。利用公钥体系可以方便地实现对用户的身份认证，即用户在信息传输前首先用所持有的私钥对传输的信息进行加密，信息接收者在收到这些信息之后利用该用户向外公布的公钥进行解密，如果能够解开，说明信息确实为该用户所发送，这样就方便地实现了对信息发送方身份的鉴别和认证。在实际应用中通常把公钥密码体系和数字签名算法结合使用，在保证数据传输完整性的同时完成对用户的身份认证。

不对称加密算法都是基于一些复杂的数学难题，例如广泛使用的RSA算法就是基于大整数因子分解这一著名的数学难题。常用的非对称加密算法包括整数因子分解(以RSA为代表)、椭圆曲线离散对数和离散对数(以DSA为代表)。公钥密码体系的优点是能适应网络的开放性要求，密钥管理简单，并且可方便地实现数字签名和身份认证等功能，是电子商务等技术的核心基础。其缺点是算法复杂，加密数据的速度和效率较低。因此在实际应用中，通常把对称加密算法和非对称加密算法结合使用，利用AES、DES或者IDEA等对称加密算法来进行大容量数据的加密，而采用RSA等非对称加密算法来传递对称加密算法所使用的密钥,通过这种方法可以有效地提高加密的效率并能简化对密钥的管理。

10.4.3 数据库安全

数据库安全包含两层含义:第一层是指系统运行安全。系统运行安全通常受到的威胁如下:一些网络不法分子通过网络、局域网等途径入侵计算机使系统无法正常启动,或让超负荷计算机运行大量算法,并关闭CPU风扇,使CPU过热烧坏等破坏性活动。第二层是指系统信息安全。系统安全通常受到的威胁如下:黑客对数据库入侵,并盗取想要的资料。

1. 数据库安全特征

数据库系统的安全特性主要是针对数据而言的,包括数据独立性、数据安全性、数据完整性、并发控制和故障恢复等几个方面。下面分别对其进行介绍。

1)数据独立性

数据独立性包括物理独立性和逻辑独立性两个方面。物理独立性是指用户的应用程序与存储在磁盘上的数据库中的数据是相互独立的;逻辑独立性是指用户的应用程序与数据库的逻辑结构是相互独立的。

2)数据安全性

操作系统中的对象一般情况下是文件,而数据库支持的应用要求更为精细。通常比较完整的数据库对数据安全性采取以下措施:将数据库中需要保护的部分与其他部分相隔;采用授权规则,如账户、口令和权限控制等访问控制方法;对数据进行加密后存储于数据库。

3)数据完整性

数据完整性包括数据的正确性、有效性和一致性。正确性是指数据的输入值与数据表对应域的类型一样;有效性是指数据库中的理论数值满足现实应用中对该数值段的约束;一致性是指不同用户使用的同一数据应该是一样的。保证数据的完整性,需要防止合法用户使用数据库时向数据库中加入不合语义的数据。

4)并发控制

如果数据库应用要实现多用户共享数据,就可能在同一时刻多个用户要存取数据,这种事件叫做并发事件。当一个用户取出数据进行修改,在修改存入数据库之前如有其他用户再取此数据,那么读出的数据就是不正确的。这时就需要对这种并发操作施行控制,排除和避免这种错误的发生,保证数据的正确性。

5)故障恢复

由数据库管理系统提供一套方法,可及时发现故障和修复故障,从而防止数据被破坏。数据库系统能尽快恢复数据库系统运行时出现的故障,可能是物理上或是逻辑上的错误,如对系统的误操作造成的数据错误等。

2. 数据库安全威胁种类

近两年,数据库问题频发,黑客盗取数据库的技术在不断提升。虽然数据库的防护能力也在提升,但相比黑客的手段来说,单纯的数据库防护还是心有余而力不足。数据库审计已

经不是一种新兴的技术手段,但是却在数据库安全事件频发的今天给我们以新的启示。数据库受到的威胁大致有下面几种:

1) 内部人员错误

数据库安全的一个潜在风险就是"非故意的授权用户攻击"和内部人员错误。这种安全事件类型的最常见表现包括由于不慎而造成意外删除或泄露,非故意的规避安全策略。在授权用户无意访问敏感数据并错误地修改或删除信息时,就会发生第一种风险。在用户为了备份或"将工作带回家"而作了非授权的备份时,就会发生第二种风险。虽然这并不是一种恶意行为,但很明显,它违反了公司的安全策略,并会造成数据存放到存储设备上,在该设备遭到恶意攻击时就会导致非故意的安全事件。例如,笔记本式计算机就能造成这种风险。

2) 社交工程

由于攻击者使用的是高级钓鱼技术,在合法用户不知不觉地将安全机密提供给攻击者时,就会发生大量的严重攻击。这些新型攻击的成功,意味着此趋势在2012年继续。在这种情况下,用户会通过一个受到损害的网站或通过一个电子邮件响应将信息提供给看似合法的请求。应当通知雇员这种非法的请求,并教育他们不要做出响应。此外,企业还可以通过适时地检测可疑活动来减轻成功的钓鱼攻击的影响。数据库活动监视和审计可以使这种攻击的影响最小化。

3) 内部人员攻击

很多数据库攻击源自企业内部。当前的经济环境和有关的裁员方法都有可能引起雇员的不满,从而导致内部人员攻击的增加。这些内部人员受到贪欲或报复欲的驱使,且不受防火墙及入侵防御系统等的影响,容易给企业带来风险。

4) 错误配置

黑客可以使用数据库的错误配置控制"肉机"访问点,借以绕过认证方法并访问敏感信息。这种配置缺陷成为攻击者借助特权提升发动某些攻击的主要手段。如果没有正确地重新设置数据库的默认配置,非特权用户就有可能访问未加密的文件,未打补丁的漏洞就有可能导致非授权用户访问敏感数据。

5) 未打补丁的漏洞

如今攻击已经从公开的漏洞利用发展到更精细的方法,并敢于挑战传统的入侵检测机制。漏洞利用的脚本在数据库补丁发布的几小时内就可以被发到网上。当即就可以使用的漏洞利用代码,再加上几十天的补丁周期(在多数企业中如此),实质上几乎把数据库的大门完全打开了。

6) 高级持续性威胁

之所以称其为高级持续性威胁,是因为实施这种威胁的是有组织的专业公司或政府机构,它们掌握了威胁数据库安全的大量技术和技巧,而且是"咬定青山不放松,立根原在金钱(有资金支持)中","千磨万击还坚劲,任尔东西南北风"。这是一种正甚嚣尘上的风险:热衷于窃取数据的公司甚至外国政府专门窃取存储在数据库中的大量关键数据,不再满足于获得一些简单的数据。特别是一些个人的私密及金融信息,一旦失窃,这些数据记录就可以在信息黑市上销售或使用,并被其他政府机构操纵。鉴于数据库攻击涉及成千上万甚至上百万的记录,所以其日益增长和普遍。通过锁定数据库漏洞并密切监视对关键数据存储的访问,数据库的专家们可以及时发现并阻止这些攻击。

3. 数据库安全策略

1）用户角色管理

(1) 用户管理。建立不同的用户组和用户口令验证可以有效地防止非法的Oracle用户进入数据库系统，造成不必要的麻烦和损坏。在Oracle数据库中，可以通过授权来对Oracle用户的操作进行限制，即允许一些用户可以对Oracle服务器进行访问，也就是说对整个数据库具有读写的权利，而大多数用户只能在同组内进行读写或对整个数据库只具有读的权利。尽量避免使用DBA用户对系统进行访问及操作(如sys、system账户)，Oracle初始化建立的SYS和SYSTEM系统管理员用户密码改成别的不易被记忆的字符串。Oracle Web Server的管理端口具备DBA浏览数据库的能力，因此其管理者admin的密码也应保密，密码改成别的不易被记忆的字符串，并指定专门的数据库管理员定期修改。

(2) 用户密码设置。定时对系统的密码进行修改(如15个工作日或者7个工作日)。

密码设定原则：Oracle支持用户定义的复杂密码规则，从而可以在用户提供密码的同时验证密码的强度。复杂密码规则对于确保设定健壮的密码是非常重要的，而复杂密码的规则也应该成为组织中正式的密码策略(如果建立了这样一个策略，那么就应该执行它)。可以根据这条规则检验密码复杂性要求的各个方面，而最大的例外则是对大小写的区分，数据库在认证密码时是区分大小写的。根据密码复杂性规则，下面列出的通常是需要检测的情况：

① 密码不应该和用户名相一致。

② 密码至少需要包含一位数字。

③ 密码应该超过一定的字符长度。

④ 密码不应该和过去的密码相一致。

⑤ 密码不应该是很容易就能被猜测到的单词，例如manager、oracle或者是公司的名字。

⑥ 密码设置的长度要大于16位，由字母、数字和标点符号等组成。

2）数据备份

数据库的备份已经成为信息时代每天都必做的事情，这样才能在数据库的数据或者硬件出现故障时，能够保证数据库系统得到迅速的恢复。备份是数据的一个代表性副本。该副本会包含数据库的重要部分，如控制文件、重做日志和数据文件。备份通过提供一种还原原始数据的方法保护数据不受应用程序错误的影响并防止数据的意外丢失。备份分为物理备份和逻辑备份。物理备份是物理数据库文件的副本。“备份与恢复”通常指将复制的文件从一个位置转移到另一个位置，同时对这些文件执行各种操作。

(1) 逻辑备份。逻辑备份就是把现在使用的数据库中的数据导出来，存放到另外一台计算机设备上，在数据库中的数据出现丢失，可以进行及时恢复。

(2) 物理备份。物理备份也是数据库管理员经常使用的一种备份方式。数据库物理备份就是对数据库中的所有内容进行备份。

3）网络安全设置

为了加强数据库在网络中的安全性，对于远程用户，应使用加密方式通过密码来访问数据库，加强网络上的DBA权限控制，如拒绝远程的DBA访问等。

4）数据库系统恢复

在使用数据库时，总希望数据库能够正常安全地运行，但是有时候会出现人为地操作数据失误，或者服务器的硬件设备出现故障，这些都是我们所不愿意看到的，但又是不得不面对的问题。即使出现这种情况，由于对数据库的数据进行了系统备份，可以很顺利地解决这些问题。即使计算机发生故障，如介质损坏、软件系统异常等情况时，可以通过备份进行不同程度的恢复，使Oracle数据库系统尽快恢复到正常状态。

(1) 由于人为操作或者系统问题造成数据丢失。使用Oracle命令Import导入相应表的数据信息。

(2) 数据文件损坏。这种情况可以用最近所做的数据库文件备份进行恢复，即将备份中的对应文件恢复到原来位置，重新加载数据库。

(3) 控制文件损坏。若数据库系统中的控制文件损坏，则数据库系统将不能正常运行，那么只需将数据库系统关闭，然后从备份中将相应的控制文件恢复到原位置，重新启动数据库系统。

(4) 整个文件系统损坏。在大型的操作系统中，如UNIX，由于磁盘或磁盘阵列的介质不可靠或损坏是经常发生的，这将导致整个Oracle数据库系统崩溃。将磁盘或磁盘阵列重新初始化，去掉失效或不可靠的坏块，重新创建文件系统，利用备份将数据库系统完整地恢复，启动数据库系统。

(5) 操作系统故障，重做Oracle数据库系统。重新安装Oracle系统，创建表空间及用户，根据需要对系统参数进行相应的配置，导入备份的用户数据对象，导入备份的数据库数据。

10.4.4 虚拟化数据安全

数据中心虚拟化是指利用虚拟化技术构建基础设施池，主要包括计算、存储和网络3种资源。数据中心虚拟化后不再独立地看待某台设备和链路，而是计算、存储和网络的深度融合，当作按需分配的整体资源来对待。从主机等计算资源角度看，数据中心虚拟化包含多合一、一分多两个方向，都提供了计算资源按需调度的手段。存储虚拟化的核心就是实现物理存储设备到单一逻辑资源池的映射，是为了便于应用和服务进行数据管理，对存储子系统或存储服务进行的内部功能抽象、隐藏和隔离的行为。在现代信息技术中，虚拟化技术以其对资源的高效整合、提高硬件资源利用率、节省能源、节约投资等优点而得到广泛应用。但虚拟化技术在为用户带来利益的同时，也对用户的数据安全和基础架构提出了新的要求。如何在安全的范畴使用虚拟化技术，成为迫在眉睫需要解决的问题。

1. 虚拟化后数据中心面临的安全问题

(1) 服务器利用率和端口流量大幅提升，对数据中心网络承载性能提出巨大挑战，对网络可靠性要求更高。

(2) 各种应用部署在同一台服务器上，网络流量在同一台服务器上叠加，使得流量模型更加复杂。

(3) 虚拟机的部署和迁移，使安全策略的部署更复杂，需要一个动态安全机制对数据中心进行防护。

(4) 在应用虚拟存储技术后,面对异构存储设备的特点,存在如何统一监管的问题。

(5) 虚拟化后不同密级信息混合存储在同一个物理介质上,将造成越权访问等问题。

2. 数据中心安全风险分析

1) 高资源利用率带来的风险集中

通过虚拟化技术,提高了服务器的利用效率和灵活性,也导致服务器负载过重,运行性能下降。虚拟化后多个应用集中在一台服务器上,当物理服务器出现重大硬件故障是更严重的风险集中问题。虚拟化的本质是应用只与虚拟层交互,而与真正的硬件隔离,这将导致安全管理人员看不到设备背后的安全风险,服务器变得更加不固定和不稳定。

2) 网络架构改变带来的安全风险

虚拟化技术改变了网络结构,引发新的安全风险。在部署虚拟化技术之前,可在防火墙上建立多个隔离区,对不同的物理服务器采用不同的访问控制规则,可有效保证攻击限制在一个隔离区内。在部署虚拟化技术后,一台虚拟机失效,可能通过网络将安全问题扩散到其他虚拟机。

3) 虚拟机脱离物理安全监管的风险

一台物理机上可以创建多个虚拟机,且可以随时创建,也可被下载到桌面系统上,常驻内存,可以脱离物理安全监管的范畴。很多安全标准是依赖于物理环境发挥作用的,外部的防火墙和异常行为监测等都需要物理服务器的网络流量,有时虚拟化会绕过安全措施。存在异构存储平台的无法统一安全监控和无法有效资源隔离的风险。

4) 虚拟环境的安全风险

(1) 黑客攻击。控制了管理层的黑客会控制物理服务器上的所有虚拟机,而管理程序上运行的任何操作系统都很难侦测到流氓软件等的威胁。

(2) 虚拟机溢出。虚拟机溢出的漏洞会导致黑客威胁到特定的虚拟机,将黑客攻击从虚拟服务器升级到控制底层的管理程序。

(3) 虚拟机跳跃。虚拟机跳跃会允许攻击从一个虚拟机跳转到同一个物理硬件上运行的其他虚拟服务器。

(4) 补丁安全风险。物理服务器上安装多个虚拟机后,每个虚拟服务器都需要定期进行补丁更新、维护,大量的打补丁工作会导致不能及时补漏而产生安全威胁。安全研究人员在虚拟化软件发现了严重的安全漏洞,即可通过虚拟机在主机上执行恶意代码。黑客还可以利用虚拟化技术隐藏病毒和恶意软件的踪迹。

10.4.5 数据容灾

1. 存在的问题

早期的容灾系统局限于小范围区域,通常称为本地容灾系统,即只在本地构建数据备份中心和本地备用服务系统。该系统能够容忍硬件毁坏等灾难造成的单点失效问题,而对于火灾、建筑物坍塌等灾难却无能为力。随着人们对容灾力度需求的不断提高,出现了异地容灾系统,即建立异地应用系统和异地数据备份中心。根据异地备份中心与本地系统距离的远近,系统所能容忍的灾难有所不同。如果其间距离在100km之内,可容忍火灾、建筑物坍塌等灾难；如果距离达到了几百千米，则可容忍地震、水灾等大规模灾难。但是这种容灾系统降低了数据恢复的速度，面对一些小范围故障恢复时，效率低下。

为了克服上述问题，出现了设备级虚拟化产品在容灾系统中的应用。HP Storage Works EVA 企业虚拟阵列存储系统是设备级虚拟化产品在容灾系统中应用的典范，它的引入可以有效提高数据的备份和恢复速度。从理论上讲，将虚拟存储技术应用到容灾系统，可以在不中断应用的情况下在线增加存储容量，更换存储设备，实现数据的透明备份、恢复、迁移等，从而极大地提高容灾的有效性和灵活性。但是现阶段基于这种设备级虚拟存储技术的应用范围仍具有一定的局限性，而且也未能实现真正意义上的容灾系统透明化管理。

而在备份数据安全保护方面，Symantec 公司的 Backup Exec 11d 软件提供了备份数据保护技术，其采取 AES 加密技术，根据用户的口令生成唯一的加密密钥，可以防范他人非法访问备份存储设备窃取数据。但其提供的加密技术，每进行一次加解密操作都需要用户的手动干预，使用起来极不方便。基于上述分析，可以得出目前容灾系统中仍存在以下 3 个问题：针对已有系统增加容灾功能，需要对原有系统进行大量的修改，并且在面对大量备份数据时，管理复杂度高；面对大规模数据容灾，容灾的灵活性有限，总体效率不高；未对备份数据提供良好的加密保护机制，存在很大的安全隐患。

2. 数据容灾的概念

数据级容灾是指通过建立异地容灾中心，做数据的远程备份，在灾难发生之后要确保原有的数据不会丢失或者遭到破坏，但在数据级容灾这个级别，发生灾难时应用是会中断的。在数据级容灾方式下，所建立的异地容灾中心可以简单地把它理解成一个远程的数据备份中心。数据级容灾的恢复时间比较长，但是相比其他容灾级别来讲它的费用比较低，而且构建实施也相对简单。

所谓数据容灾，就是指建立一个异地的数据系统，该系统是本地关键应用数据的一个可用复制。在本地数据及整个应用系统出现灾难时，系统至少在异地保存有一份可用的关键业务的数据。该数据可以是与本地生产数据的完全实时备份，也可以比本地数据略微落后，但一定是可用的。采用的主要技术是数据备份和数据复制技术。

数据容灾技术，又称为异地数据复制技术，按照其实现的技术方式，主要可以分为同步传输方式和异步传输方式(各厂商在技术用语上可能有所不同)。另外，也有如“半同步”这样的方式。半同步传输方式基本与同步传输方式相同，只是在 Read 占 I/O 比重比较大时，相对同步传输方式可以略微提高 I/O 的速度。而根据容灾的距离，数据容灾又可以分成远程数据容灾和近程数据容灾方式。下面将主要按同步传输方式和异步传输方式对数据容灾展开讨论，其中也会涉及远程容灾和近程容灾的概念，并作相应的分析。

3. 数据容灾备份的等级

容灾备份是通过在异地建立和维护一个备份存储系统，利用地理上的分离来保证系统和数据对灾难性事件的抵御能力。

根据容灾系统对灾难的抵抗程度，可分为数据容灾和应用容灾。数据容灾是指建立一个异地的数据系统，该系统是对本地系统关键应用数据的实时复制。当出现灾难时，可由异地系统迅速接替本地系统而保证业务的连续性。应用容灾比数据容灾层次更高，即在异地建立一套完整的、与本地数据系统相当的备份应用系统(可以同本地应用系统互为备份,也可与本地应用系统共同工作)。在灾难出现后,远程应用系统迅速接管或承担本地应用系统的业务运行。设计容灾备份系统,需要考虑多方面的因素,如备份/恢复数据量大小、应用数据中心和备援数据中心之间的距离和数据传输方式、灾难发生时所要求的恢复速度、备援中心的管理及投入资金等。根据这些因素和不同的应用场合,通常可将容灾备份分为4个等级。

(1) 第0级：没有备援中心。这一级容灾备份,实际上没有灾难恢复能力,它只在本地进行数据备份,并且被备份的数据只在本地保存,没有送往异地。

(2) 第1级：本地磁带备份,异地保存。在本地将关键数据备份,然后送到异地保存。灾难发生后,按预定数据恢复程序恢复系统和数据。这种方案成本低、易于配置。但当数据量增大时,存在存储介质难管理的问题,并且当灾难发生时存在大量数据难以及时恢复的问题。为了解决此问题,灾难发生时,先恢复关键数据,后恢复非关键数据。

(3) 第2级：热备份站点备份。在异地建立一个热备份点,通过网络进行数据备份。也就是通过网络以同步或异步方式,把主站点的数据备份到备份站点,备份站点一般只备份数据,不承担业务。当出现灾难时,备份站点接替主站点的业务,从而维护业务运行的连续性。

(4) 第3级：活动备援中心。在相隔较远的地方分别建立两个数据中心,它们都处于工作状态,并进行相互数据备份。当某个数据中心发生灾难时,另一个数据中心接替其工作任务。这种级别的备份根据实际要求和投入资金的多少,又可分为两种：其一,两个数据中心之间只限于关键数据的相互备份；其二,两个数据中心之间互为镜像,即零数据丢失等。零数据丢失是目前要求最高的一种容灾备份方式,它要求不管什么灾难发生,系统都能保证数据的安全。所以,它需要配置复杂的管理软件和专用的硬件设备,需要的投资相对而言是最大的,但恢复速度也是最快的。

4. 容灾备份的关键技术

在建立容灾备份系统时会涉及多种技术,如SAN或NAS技术、远程镜像技术、基于IP的SAN的互连技术、快照技术等。这里重点介绍远程镜像、快照和互连技术。

1) 远程镜像技术

远程镜像技术在主数据中心和备援中心之间的数据备份时用到。镜像是在两个或多个磁盘或磁盘子系统上产生同一个数据的镜像视图的信息存储过程,一个叫主镜像系统,另一个叫从镜像系统。按主从镜像存储系统所处的位置可分为本地镜像和远程镜像。远程镜像又叫远程复制,是容灾备份的核心技术,同时也是保持远程数据同步和实现灾难恢复的基础。远程镜像按请求镜像的主机是否需要远程镜像站点的确认信息,又可分为同步远程镜像和异步远程镜像。

(1) 同步远程镜像(同步复制技术)是指通过远程镜像软件,将本地数据以完全同步的方式复制到异地,每一本地的I/O事务均需等待远程复制的完成确认信息方予以释放。同步镜像使备份总能与本地机要求复制的内容相匹配。当主站点出现故障时,用户的应用程序切换到备份的替代站点后,被镜像的远程副本可以保证业务继续执行而没有数据的丢失。但它存在往返传播造成延时较长的缺点,只限于在相对较近的距离上应用。

(2) 异步远程镜像(异步复制技术)保证在更新远程存储视图前完成向本地存储系统的

基本操作，而由本地存储系统提供给请求镜像主机的I/O操作完成确认信息。远程的数据复制是以后台同步的方式进行的，这使本地系统性能受到的影响很小，传输距离长（可达1000km以上），对网络带宽要求小。但是，许多远程的从属存储子系统的没有得到确认，当某种因素造成数据传输失败，可能出现数据一致性问题。为了解决这个问题，目前大多采用延迟复制的技术（本地数据复制均在后台日志区进行），即在确保本地数据完好无损后进行远程数据更新。

2）快照技术

远程镜像技术往往同快照技术结合起来实现远程备份，即通过镜像把数据备份到远程存储系统中，再用快照技术把远程存储系统中的信息备份到远程的磁带库、光盘库中。

快照是通过软件对要备份的磁盘子系统的数据快速扫描，建立一个要备份数据的快照逻辑单元号LUN和快照cache。在快速扫描时，把备份过程中即将要修改的数据块同时快速复制到快照cache中。快照LUN是一组指针，它指向快照cache和磁盘子系统中不变的数据块（在备份过程中）。在正常业务进行的同时，利用快照LUN实现对原数据的一个完全的备份。它可使用户在正常业务不受影响的情况下（主要指容灾备份系统），实时提取当前在线业务数据。其“备份窗口”接近于0，可大大增加系统业务的连续性，为实现系统真正的7×24运转提供了保证。

快照是通过内存作为缓冲区（快照cache），由快照软件提供系统磁盘存储的即时数据映像，它存在缓冲区调度的问题。

3）互连技术

早期的主数据中心和备援数据中心之间的数据备份，主要是基于SAN的远程复制（镜像），即通过光纤通道FC把两个SAN连接起来，进行远程镜像（复制）。当灾难发生时，由备援数据中心替代主数据中心保证系统工作的连续性。这种远程容灾备份方式存在一些缺陷，如实现成本高、设备的互操作性差、跨越的地理距离短（10km）等，这些因素阻碍了它的进一步推广和应用。

目前，出现了多种基于IP的SAN的远程数据容灾备份技术。它们是利用基于IP的SAN的互连协议，将主数据中心SAN中的信息通过现有的TCP/IP网络，远程复制到备援中心SAN中。当备援中心存储的数据量过大时，可利用快照技术将其备份到磁带库或光盘库中。这种基于IP的SAN的远程容灾备份可以跨越LAN、MAN和WAN，成本低、可扩展性好，具有广阔的发展前景。基于IP的互连协议包括FCIP、iFCP、Infiniband和iSCSI等。

5. 高效数据备份恢复

数据备份恢复速率是容灾系统的一个重要指标，基于缓存的高效数据备份恢复技术可以有效提高其效率。

衡量容灾备份的两个技术指标：RPO（Recovery Point Objective），即数据恢复点目标，主要指的是业务系统所能容忍的数据丢失量；RTO（Recovery Time Objective），即恢复时间目标，主要指的是所能容忍的业务停止服务的最长时间，也就是从灾难发生到业务系统恢复服务功能所需要的最短时间周期。RPO针对的是数据丢失，而RTO针对的是服务丢失，二者没有必然的关联性。RTO和RPO必须在进行风险分析和业务影响分析后根据不同的业务需求确定。对于不同企业的同一种业务，RTO 和 RPO 的需求也会有所不同。

1）缓存技术

缓存技术是存储分层结构的核心技术，其中心思想是对于每个 k，位于 k 层的更快更小的存储设备作为位于 $k+1$ 层的更慢更大的存储设备的缓存。容灾架构中，本地容灾服务器磁盘系统作为异地容灾服务器磁盘系统的缓存，而异地容灾服务器磁带系统作为其磁盘系统的缓存，以形成两级缓存结构。缓存的有效性取决于缓存算法的好坏，因而需要基于容灾系统的数据访问特点设计适用于容灾系统的缓存算法。在系统中，缓存主要用来实现数据的快速备份恢复，更关注单位时间对数据的恢复频率。根据其应用需求，设计了一个"单位时间最少恢复"缓存算法。算法中有两个重要指标：对数据的恢复次数；数据在磁盘、磁带上停留的时间。单位时间最少恢复缓存算法描述如下：虚拟文件系统为每个数据块设置一个与其相关的状态变量，记录数据块恢复次数。而需要执行数据块替换的时刻有两个：

（1）本地容灾磁盘系统饱和时。计算单位时间数据块恢复次数，将次数最少的Ⅳ个数据块换出（Ⅳ的大小取决于用户的数据平均备份量）。

（2）需要恢复存放在异地的数据块时。计算这些需要恢复的数据块的单位时间数据块恢复次数，并选择本地间等数量的单位时间数据块恢复次数最少的数据块与之比较，将异地大于本地部分的数据块换入。如果没有大于部分，则不执行换入操作。

2）基于缓存的高效数据恢复技术

快速恢复策略是在本地与异地磁盘系统间实现的。容灾服务器在为用户创建虚拟卷时，根据用户申请的卷大小为其备份容量设置一个上限值（小于申请的卷大小）。在执行备份操作时，将每一次执行的新备份的数据在本地、异地容灾系统中各保留一份备份（先复制到本地，再异步地传输到异地）。当本地备份容量超过上限值时，则根据单位时间最少恢复算法删除超越量大小的数据块。

在执行恢复操作时，先查询本地是否保留了备份，如果有，则直接恢复；如果没有，则从异地恢复，并根据单位时间最少恢复算法决定是否要将相关的数据块在本地保留一份备份。根据数据访问时间局域性原理，基于这种算法的缓存命中率较高，有效地实现了高效数据备份恢复策略，并且在执行数据迁移时，运用了数据自动迁移技术，整个变换过程对用户透明。备份数据的安全性比数据备份本身更为重要。针对备份数据的安全问题，先分析了虚拟磁盘技术，然后设计一个基于该技术且适用于容灾系统的加密机制，并描述了其在容灾系统中的应用。

3）虚拟磁盘技术

虚拟磁盘驱动程序与一般物理磁盘驱动程序的层次结构基本一致，所不同的只是虚拟磁盘驱动程序不直接访问物理磁盘设备，而是以访问物理磁盘的方式来访问一个卷文件，将这个卷文件虚拟成一个磁盘。其核心功能主要是负责响应 I/O 管理器发送给虚拟磁盘的 IRP；根据接收到的 IRP 的功能代码来调用相应的分派函数，对卷文件执行 IRP 所要求的具体操作，然后做出正确的回复。这里面最重要的 I/O 请求是虚拟磁盘的加载、卸载以及读、写请求。在虚拟磁盘驱动程序中嵌入一个加解密模块。在驱动程序处理 I/O 请求的过程中，调用这个加解密模块对虚拟磁盘的数据流进行实时的加解密处理。

读写数据时的加解密流程：当虚拟磁盘驱动程序收到写数据请求的 IRP 时，就调用加密模块对 IRP 中的明文数据进行加密，然后将密文写到卷文件中；当虚拟磁盘驱动程序收到读数据请求的 IRP 时，先从卷文件中读出密文数据，然后调用解密模块进行解密，再将明文写到 IRP 的数据区中返回给应用程序。通过这样的方式即可实现对保存到虚拟磁盘中的文件加密，对从虚拟磁盘中读取的文件解密。

4）基于虚拟磁盘的备份数据加密保护技术

基于虚拟磁盘的卷文件可以以任何文件形式显示，从外观上看与其他文件一样，存储方式也一样。客户端代理程序将用户的敏感备份数据存入创建的卷文件中，然后将卷文件同其他文件一起备份存储到容灾服务器端。当用户需要访问备份数据时，先提供正确的密钥，卷文件以虚拟磁盘的形式挂载。用户以访问普通物理卷的方式访问该虚拟卷，并且可以任意修改、添加、删除里面的数据。如果用户不能提供正确的密钥，则卷文件不能正常打开。

这种在操作系统内核模式下进行的加解密过程具有较高的效率和安全性，而且对上层的文件系统驱动和应用程序没有任何影响。这种方式同时保证了数据在传输链路和服务器端的安全。

10.5 云计算安全

本节将介绍云计算的基本概念、云计算安全问题、云计算安全的基本概念、云计算安全需求、云计算安全体系架构和云计算安全标准。

10.5.1 云计算概述

1. 云计算概念

狭义云计算指 IT 基础设施的交付和使用模式，指通过网络以按需、易扩展的方式获得所需资源。广义云计算指服务的交付和使用模式，指通过网络以按需、易扩展的方式获得所需服务。这种服务可以是 IT 和软件、互联网相关，也可是其他服务。云计算的核心思想是将大量用网络连接的计算资源统一管理和调度，构成一个计算资源池向用户按需服务。提供资源的网络称为“云”。“云”中的资源在使用者看来是可以无限扩展的，并且可以随时获取，按需使用，随时扩展，按使用付费。

云计算是网格计算、分布式计算、并行计算、效用计算、网络存储、虚拟化、负载均衡等传统计算机和网络技术发展融合的产物。事实上，许多云计算部署依赖于计算机集群(但与网格的组成、体系机构、目的、工作方式大相径庭)，也吸收了自主计算和效用计算的特点。通过使计算分布在大量的分布式计算机上，而非本地计算机或远程服务器中，企业数据中心的运行与互联网更相似。这使得企业能够将资源切换到需要的应用上，根据需求访问计算机和存储系统。好比是从古老的单台发电机模式转向了电厂集中供电的模式。它意味着计算能力也可以作为一种商品进行流通，就像煤气、水电一样，取用方便，费用低廉。最大的不同在于它是通过互联网进行传输的。

2. 云计算服务

云计算可以认为包括以下几个层次的服务：基础设施即服务(IaaS)、平台即服务(PaaS)和软件即服务(SaaS)。云计算服务通常提供通用的通过浏览器访问的在线商业应用，软件和数据可存储在数据中心。

(1) IaaS(Infrastructure-as-a-Service)：消费者通过Internet可以从完善的计算机基础设施获得服务。

(2) PaaS(Platform-as-a-Service)：PaaS实际上是指将软件研发的平台作为一种服务，以SaaS的模式提交给用户。因此，PaaS也是SaaS模式的一种应用。但是，PaaS的出现可以加快SaaS的发展，尤其是加快SaaS应用的开发速度。

(3) SaaS(Software-as-a-Service)：SaaS是一种通过Internet提供软件的模式，用户无须购买软件，而是向提供商租用基于Web的软件来管理企业经营活动。相对于传统的软件，SaaS解决方案有明显的优势，包括较低的前期成本，便于维护，快速展开使用等。

3. 云计算体系架构

云计算的3级分层：云软件、云平台、云设备，如图10-6所示。

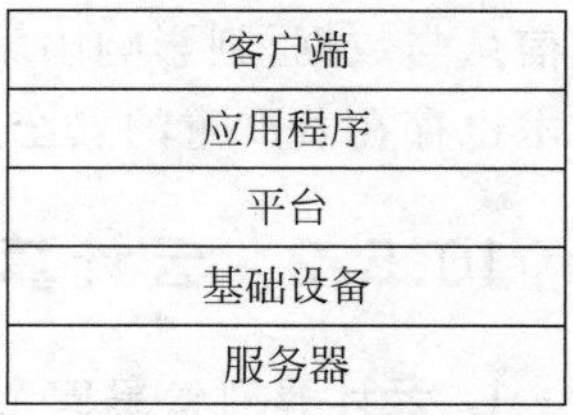

客户端
应用程序
平台
基础设备
服务器

图10-6 云层次结构

(1) 上层分级。云软件打破以往大厂垄断的局面，所有人都可以在上面自由挥洒创意，提供各式各样的软件服务。参与者是世界各地的软件开发者。

(2) 中层分级。云平台打造程序开发平台与操作系统平台，让开发人员可以通过网络撰写程序与服务，一般消费者也可以在上面运行程序。参与者是Google、微软、苹果、Yahoo。

(3) 下层分级。云设备将基础设备(如IT系统、数据库等)集成起来，像旅馆一样，分隔成不同的房间供企业租用。参与者是英业达、IBM、戴尔、升阳、惠普、亚马逊。

大部分的云计算基础构架是由通过数据中心传送的可信赖的服务和创建在服务器上的不同层次的虚拟化技术组成的。人们可以在任何提供网络基础设施的地方使用这些服务。“云”通常表现为对所有用户的计算需求的单一访问点。人们通常希望商业化的产品能够满足服务质量(QoS)的要求，并且一般情况下要提供服务水平协议。开放标准对于云计算的发展是至关重要的，并且开源软件已经为众多的云计算实例提供了基础。

云的基本概念是通过网络将庞大的计算处理程序自动分拆成无数个较小的子程序，再由多部服务器所组成的庞大系统搜索、计算分析之后将处理结果回传给用户。通过这项技术，远程的服务供应商可以在数秒之内达成处理数以千万计甚至亿计的信息，达到和“超级计算机”同样强大性能的网络服务。它可分析DNA结构、基因图谱定序、解析癌症细胞等高级计算，例如Skype以点对点(P2P)方式来共同组成单一系统；又如Google通过MapReduce架构将数据拆成小块计算后再重组回来，而且BigTable技术完全跳脱一般数据库数据运作方式，以row设计存储又完全地配合Google自己的文件系统(Google文件系统)，以帮助数据快速穿过“云”。

4. 云计算与物联网的关系

李红和薛礼在文章“云计算与物联网”(硅谷，2012-9)中讨论了云计算与物联网的关系。他们认为：云计算是实现物联网的核心。物联网需要三大支撑：一是用于感知的传感器设备；二是物联网设备互相联动时彼此之间需要传输大量信息的传输设施；三是控制和支配对象的，且动态运行、效率极高的、可大规模扩展的智能处理中心，也就是计算资源处理中心。这个资源处理中心，目前普遍采用的架构环节就是云计算。利用云计算模式，可以处理海量数据，并能实时动态管理和即时智能分析，并通过无线或有线传输动态信息送达计算资源处理中心，进行数据的汇总、分析、管理、处理，从而将各种物体连接。

云计算机成为互联网和物联网融合的纽带。自从"智慧地球"说法被提出后，通信技术突飞猛进地发展，物联网和互联网也需要更深层次的融合，需要大容量信息存储与处理的计算中心正是云计算所承载的主要功能。另外，云计算所提供的创新型的支付服务方式也推进了物联网和互联网融合的进程，促进了二者内部的互联互通，为新的商业模式提供了导向与技术平台支撑。

云计算和物联网技术作为信息技术界新兴的技术处于起步完成与成熟阶段，目前存有一些尚待解决的问题，例如安全问题。随着互联网的发展，计算机病毒层出不穷，从伤害个人信息与数据，到影响国家重要信息安全。而基于互联网信息传输的物联网技术和云计算技术也存在着严重的安全隐患。

10.5.2 云计算安全问题

1. 云计算对信息安全领域带来的冲击

从目前来看，实现云计算安全至少应解决关键技术、标准与法规建设以及国家监督管理制度等多个层次的挑战。冯登国等在《软件学报(2011)》发表文章"云计算安全研究"提出了云计算存在的安全问题。

挑战1：研究云计算安全需要重点分析与解决云计算的服务计算模式、动态虚拟化管理方式以及多租户共享运营模式等对数据安全与隐私保护带来的挑战。云计算服务计算模式所引发的安全问题，云计算的动态虚拟化管理方式引发的安全问题和云计算中多层服务模式引发的安全问题。

挑战2：建立云计算安全标准及其测评体系的挑战在于以下几点：云计算安全标准应支持更广义的安全目标，云计算安全标准应支持对灵活、复杂的云服务过程的安全评估和云计算安全标准应规定云服务安全目标验证的方法和程序。

挑战3：与互联网监控管理体系相比，实现云计算监控管理必须解决以下几个问题：实现基于云计算的安全攻击的快速识别、预警与防护。实现云计算内容监控和识别并防止基于云计算的密码类犯罪活动。

2. 云计算中的具体安全威胁

裴小燕和张尼在《信息通信技术(2012-1)》发表文章"浅析云计算安全"，对云中数据安全、应用安全、虚拟化安全、云服务滥用等问题进行了分析和归纳。

1) 云中数据安全

云计算环境下，用户所有数据直接存储在云中，在需要时直接从云端下载使用。用户使用的软件由服务商统一部署在云端运行，软件维护由服务商来完成，当终端出现故障时不会对用户造成影响，用户只需要更换终端，接入云服务就可以获得数据。实现上述描述的前提是云服务商需要具备完善的数据安全机制。

2）应用安全

由于云环境的灵活性、开放性以及公众可用性等特性，给应用安全带来了挑战。云服务商在部署应用程序时应当充分考虑未来可能引发的安全风险。对于使用云服务的用户而言，应提高安全意识，采取必要措施，保证云终端的安全。例如，用户可以在处理敏感数据的应用程序服务器之间通信时采用加密技术，以确保其机密性。云用户应定期自动更新，及时为使用云服务的应用打补丁或更新版本。

3）虚拟化安全

Gartner公司研究表明，60%的虚拟化服务器比物理基础设施更容易遭到攻击，不是因为虚拟化本身不安全，而在于系统配置方面。40%的虚拟化部署在最初的架构和规划阶段甚至都没有考虑到IT安全因素。Gartner建议安全流程应该扩展到虚拟化管理程序和虚拟机监视器方面。虚拟化层可能包含嵌入的和没有发现的安全漏洞，这些安全漏洞一旦被利用，将会对云系统造成严重影响。虚拟化技术为云计算引入的风险包括两个方面，即虚拟化软件安全和虚拟服务器的安全。

4）云服务滥用

(1) 云计算平台为用户提供低门槛的使用接口，用户不需要自行维护服务器、网络，只需专注于自身业务。用户可以通过互联网申请云计算平台中的资源，而且这种资源的使用是按需付费的，这就意味着使用资源进行信息发布与运营的能力是可扩展的。然而不法分子也同样可以利用云平台的这种能力，如利用庞大的网络资源和计算资源，组织大规模DDoS攻击，这样的攻击往往难以防范及溯源。

(2) 如果云计算服务被国外巨头垄断，这些垄断巨头及其背后的政治势力可以借此对我国进行远程监测和控制，并通过对用户整体情况进行统计分析，获取我国舆情动向、经济运行情况等重要数据。同时，还可以有针对性地向我国推送反动有害等信息。这些都将对我国政治、经济、文化安全构成极大威胁。

10.5.3 云计算安全概念

以下根据段翼真(2012)和房晶(2012)的观点进行了综合以后，就云计算安全概念、现状与关键技术进行阐述。

1. 云计算安全的定义

在云计算出现之后，云计算与安全有着密切的联系，产业界、学术界因此提出了云安全的概念。对于“云安全”一词，目前还没有明确的定义。但是，云安全可以从两方面来理解。第一，云计算本身的安全通常称为云计算安全，主要是针对云计算自身存在的安全隐患，研究相应的安全防护措施和解决方案，如云计算安全体系架构、云计算应用服务安全、云计算环境的数据保护等，云计算安全是云计算健康可持续发展的重要前提。第二，云计算在信息安全领域的具体应用称为安全云计算，主要利用云计算架构，采用云服务模式，实现安全的服务化或者统一安全监控管理，如瑞星的云查杀模式和360的云安全系统。

2. 云计算安全的特征

由于云计算资源虚拟化、服务化的特有属性，与传统安全相比，云计算安全具有一些新的特征：

(1) 传统的安全边界消失。在传统安全中，通过在物理上和逻辑上划分安全域，可以清楚地定义边界，但是由于云计算采用虚拟化技术以及多租户模式，传统的物理边界被打破，基于物理安全边界的防护机制难以在云计算环境中得到有效的应用。

(2) 动态性。在云计算环境中，用户的数量和分类不同，变化频率高，具有动态性和移动性强的特点，其安全防护也需要进行相应的动态调整。

(3) 服务安全保障。云计算采用服务的交互模式，涉及服务的设计、开发和交付，需要对服务的全生命周期进行保障，确保服务的可用性和机密性。

(4) 数据安全保护。在云计算中数据不在当地存储，数据加密、数据完整性保护、数据恢复等数据安全保护手段对于数据的私密性和安全性更加重要。

(5) 第三方监管和审计。由于云计算的模式，使得服务提供商的权利巨大，导致用户的权利可能难以保证，如何确保和维护两者之间平衡，需要有第三方监管和审计。

3. 传统安全和云计算安全的比较

云计算运营和传统 IT 网络不同。由于云计算最初是在企业内部网络运行的，并不对外开放，在设计之初没有太多考虑安全性问题，从而导致了现在云计算安全的一系列问题。

(1) 传统的 IT 系统是封闭的，存在于企业内部，对外暴露的只是网页服务器、邮件服务器等少数接口，因此只需要在出口设置防火墙、访问控制等安全措施，就可以解决大部分安全问题。但在云环境下，云暴露在公开的网络中，任何一个节点及它们的网络都可能受到攻击，因此安全模式需要从“拒敌于国门之外”改变为“全民皆兵，处处作战”。

(2) 相对于传统的计算模式将信息保存在自己可控制的环境中，在云计算环境下，信息保存在云中，数据拥有和管理分离，怎样做好数据的隔离和保密是一个很大的问题。

(3) 在云环境下，用户的服务系统更新和升级大多数是由用户在远程执行的，而不是采取传统(在本地按版本更新)的方式，每一次升级都可能带来潜在的安全问题和对原有安全策略的挑战。

(4) 云计算环境相比之前的技术，大量运用虚拟化技术，怎样解决虚拟化方面的安全是云计算安全与传统安全的又一重大区别。

(5) 除了技术方面，还有一个比较重大的问题。传统的安全技术已经出现多年，标准、法律、法规都相对成熟，现在的云计算安全缺少标准，而且政策法规也不健全，再加上云计算自身的特点，数据可以存储在世界的任何一个角落，当出现问题时，国家政策的不同也是云计算安全的一个重大挑战。

10.5.4 云计算安全需求

以美国国家标准技术研究院(NIST)定义的 3 层次云计算架构和服务模式为基础的云计算安全体系架构总体模型如图 10-7 所示。就云计算的保护对象来说，3 种云服务模式对应 3 层次的安全保护模型。基础设施安全需要保护 IaaS 层即云基础架构的安全，包括一些网络设施、硬件、操作系统和计算资源等；平台安全保护 PaaS 层即云开发平台的安全，包括接口、中间件和平台应用软件等；应用软件安全保护 SaaS 层即云应用的安全，即保护网络上传输的数据和内容的安全，保护使用者身份的合法性和应用的可用性等。同时，终端安全防护使用云服务的最终用户的应用安全。为保障云计算的安全运行，安全管理、法规执行和实际监管贯穿整个云计算服务。从管理方面实施的安全控制是支撑云计算实现安全目标的基础。因此，掌握云计算服务模型和技术特性，明确安全目标是分析云计算安全需求的关键。肖红跃，张文科和刘桂芬在《信息安全与通信保密》(2012-11)发表文章“云计算安全需求综述”，下面是主要内容思想：

按照图10-7所示，系统化的云计算安全需求分析应包括云中心(云计算的3层服务架构)安全、终端安全、安全管理以及法规遵从等6个方面。

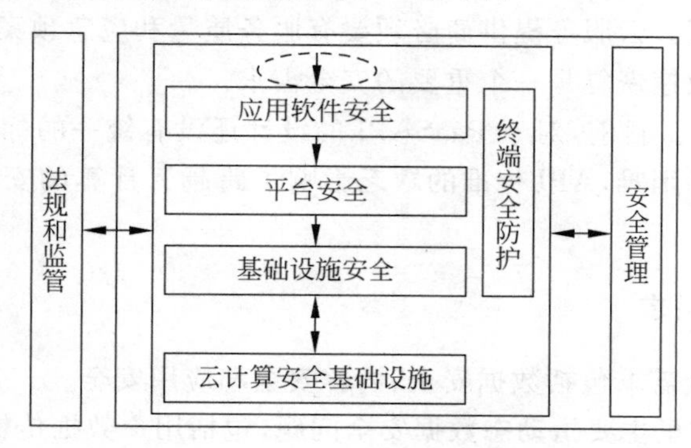

图10-7 云计算安全体系架构模型

1. 基础设施安全需求

(1) 物理安全。物理安全是指云计算所依赖的物理环境安全。云计算在物理安全上面临多种威胁，这些威胁通过破坏信息系统的完整性、可用性或保密性，造成服务中断或基础设施的毁灭性破坏。物理安全需求包括设备安全、环境安全以及灾难备份与恢复、边境保护、设备管理、资源利用等方面。

(2) 计算环境安全。计算环境安全是指构成云计算基础设施的硬件设备的安全保障及驱动硬件设施正常运行的基础软件的安全。若承担系统核心计算能力的设备和系统缺乏必要的自身安全和管理安全措施，所带来的威胁最终将导致所处理数据的不安全。安全需求应包括硬件设备需要必要的自身安全和管理安全措施，基础软件需要安全、可靠和可信，设备性能稳定，以及为确保云服务持续可用性的完备的灾备恢复计划。

(3) 存储安全。数据集中和新技术的采用是产生云存储安全问题的根源。存储安全需求包括，采用适应云计算特点的数据加密和数据隔离技术防止数据泄露和窃取；采用访问控制等手段防止数据滥用和非授权使用；防止数据残留，以及多租户之间的信息资源需进行有效的隔离；多用户密钥管理必须要求密钥隔离存储和加密保护，加密数据的密钥明文不出现在任何第三方的载体中，且只能由用户自己掌握；完善的数据灾备与恢复。

(4) 虚拟化安全。虚拟化和弹性计算技术的采用，使得用户的边界模糊，带来一系列比在传统方式下更突出的安全风险，如虚拟机逃逸、虚拟机镜像文件泄露、虚拟网络攻击、虚拟化软件漏洞等安全问题。虚拟化安全防范需求主要包括虚拟系统软件安全、虚拟机隔离、虚拟化网络和通信安全、虚拟机安全迁移等。

2. 平台安全需求

PaaS 的本质在于将基础设施类的服务升级抽象成为可应用化的接口，为用户提供开发和部署平台，建立应用程序。因此，安全需求包括：

(1) API 接口及中间件安全。在 API 接口及中间件安全方面要做到：保证 API 接口的安全；防止非法访问；保证第三方插件安全；保证 API 软件的完整性。

(2) 保证服务可用性。PaaS 服务的可用性风险是用户不能得到云服务提供商提供服务的连续性。2009 年，Google 的云计算平台发生故障，微软 Azure 云计算平台彻底崩溃，使用户损失了大量的数据。云服务提供商必须要有服务质量和应急预案，当发生系统故障时，如何保证用户数据的快速恢复是一个重要的安全需求。

(3) 可移植性安全。目前，对于 PaaSAPI 的设计还没有统一的标准，因此跨越 PaaS 平台的应用程序移植相当困难，API 标准的缺乏影响了跨越云计算的安全管理和应用程序的移植。

3. 应用软件安全需求

应用软件服务安全需求包括数据安全、内容安全和应用安全。

(1) 数据安全。这里主要指动态数据安全问题，包括用户数据传输安全、用户隐私安全和数据库安全问题，如数据传输过程或缓存中的泄露、非法篡改、窃取以及病毒、数据库漏洞破坏等。因此，需要确保用户在使用云服务软件过程中的所有数据在云环境中传输和存储时候的安全。

(2) 内容安全。由于云计算环境的开放性和网络复杂性，内容安全面临主要的威胁包括非授权使用、非法内容传播或篡改。内容安全需求主要是版权保护和对有害信息资源内容实现可测、可控、可管。

(3) 应用安全。云计算应用安全要建立在身份认证和实现对资源访问权限控制的基础上。云应用需要防止以非法手段窃取用户口令或身份信息，采用口令加密、身份联合管理和权限管理等技术手段，实现单点登录应用和跨信任域的身份服务。对于提供大量快速应用的 SaaS 服务商来说，需要建立可信和可靠的认证管理系统和权限管理系统作为保障云计算安全运营的安全基础设施。Web 应用安全需求重点要关注传输信息保护、Web 访问控制、抗拒绝服务等。

4. 终端安全防护需求

云端使用浏览器来接入云计算中心，以访问云中的 IaaS、PaaS 或 SaaS 服务，接入端的安全性直接影响到云计算的服务安全。

(1) 终端浏览器安全。终端浏览器是接收云服务并与之通信的唯一工具，浏览器自身漏洞可能使用户的密钥或口令泄露，为保护浏览器和终端系统的安全，重点需要解决终端安全防护问题，如反恶意软件、漏洞扫描、非法访问和抗攻击等。

(2) 用户身份认证安全。终端用户身份盗用风险主要表现在因木马、病毒等的驻留而产生的用户登录云计算应用的密码遭遇非法窃取，或数据在通信传输过程中被非法复制、窃取等。

(3) 终端数据安全。终端用户的文件或数据需要加密保护以维护其私密性和完整性。代理加密技术也许可以解决 SP 非授权滥用的问题，但需解决可用性问题。无论将加密点设在何处，都要考虑如何防止加密密钥和用户数据的泄露以及数据安全共享或方便检索等问题。

(4) 终端运行环境安全。终端运行环境是指用户终端提供云计算客户端程序运行所必需的终端硬件及软件环境，这是与传统终端一样面临的互联网接入风险。

(5) 终端安全管理等。

5. 安全管理需求

云计算环境下用户的应用系统和数据迁移到了云服务提供商的平台之上，提供商需要承担很大部分的安全管理责任，无论对 IaaS、PaaS 或 SaaS 服务模式。云计算环境的复杂性、海量数据和高度虚拟化动态性使得云计算安全管理更为复杂，带来了新的安全管理挑战，如下所述：

(1) 系统安全管理。系统安全管理要做到：可用性管理；漏洞、补丁及配置(VPC)管理；高效的入侵检测和事件响应；人员安全管理。

(2) 安全审计。除了传统审计之外，云计算服务提供商还面临新的安全审计挑战，审计的难度在于需要为大量不同的多租户用户提供审计管理，以及在云计算大数据量、模糊边界、复用资源环境下的取证。

(3) 安全运维。云计算的安全运维管理比传统的信息系统所面临的运维管理更具难度和挑战性。云计算的安全运维管理需要从对云平台的基础设施、应用和业务的监控以及对计算机和网络资源的入侵检测、时间响应和灾备入手，提供完善的健康监测和监控，提供有效的事件处理及应急响应机制，有针对性地提供在云化环境下的安全运维。

6. 法规和监管需求

云计算作为一种新的 IT 运行模式，监管、法律、法规的建设比较滞后。从健康发展要求来看，法律法规体系建设与技术体系和管理体系同等重要。

(1) 法规需求。目前，中国针对云计算安全法律制度不健全，保密规范欠缺，是一个急需解决的问题。法规需求来源于合规性管理要求，意味着对所有规划、操作、特权策略和标准的合规性监控以及追踪。主要有责任法规(安全责任的鉴定和取证)、个人数据保护法(个人隐私法)、信息安全法(信息安全管理办法)、电子签名法及电子合同法、取证法规、地域法规(资源跨地域存储的监管、隐私保护)，以及知识产权保护法。

(2) 安全监管需求。安全监管需求有以下方面：安全监管，云计算平台网络流量监控、攻击识别和响应；内容监管，对云计算环境下流通内容进行监管，防止非法信息的传播；运行监管；云安全系统测评标准；法规遵守监管。

10.5.5 云计算安全体系架构

1. 云安全模型

李玮在《电信工程技术与标准化》(2012 年 4 期)中发表文章“云计算安全问题研究与探讨”介绍了几种云计算安全模型：

(1) CSA模型。美国国家标准与技术研究所给出的3种服务模型已经被广泛接受并成为业内的事实规范。这3种服务模式包括基础设施即服务IaaS模式、平台即服务PaaS模式和软件即服务SaaS模式。例如亚马逊公司提供的以亚马逊网络服务(AWS)为框架的服务器、存储、带宽、数据库,以及信息接口的资源服务模式就是比较典型的IaaS模式;而微软公司的Azure服务平台提供一系列可供开发的操作系统,也看作是一种PaaS服务模式。

根据其所属层次的不同,针对上述3类服务模式,CSA提出了基于基本云服务的层次性及其依赖关系的安全参考模型,如图10-8所示。

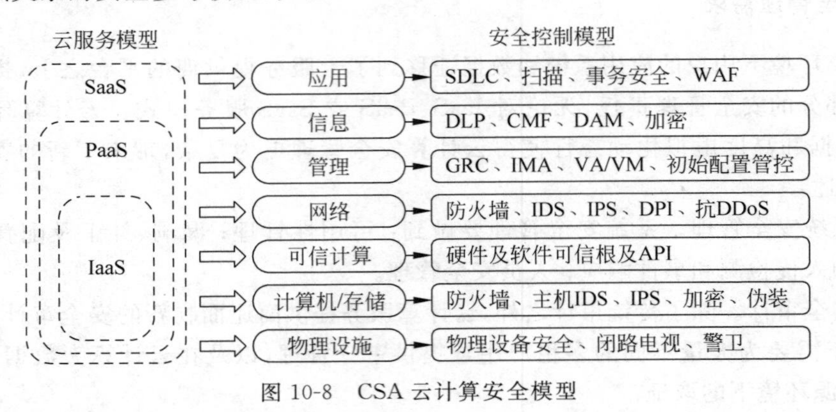

图10-8 CSA云计算安全模型

(2) 企业界模型。在国内,一些大型的IT设备制造企业也不约而同推出云计算整体解决方案以及相关云计算安全服务模型。与CSA模型不同的是,这些云计算安全模型更加偏重于具体的产品解决方案,而没有上升到理论层面。虽然在具体工程中已经有实践应用,但是基本上还是采用传统网络安全技术作为主要的防御力量,在针对云计算应用的响应速度、系统规模等方面的安全要求依旧没有本质上的突破。图10-9描述了一个简约的、面向工程的云计算安全模型。

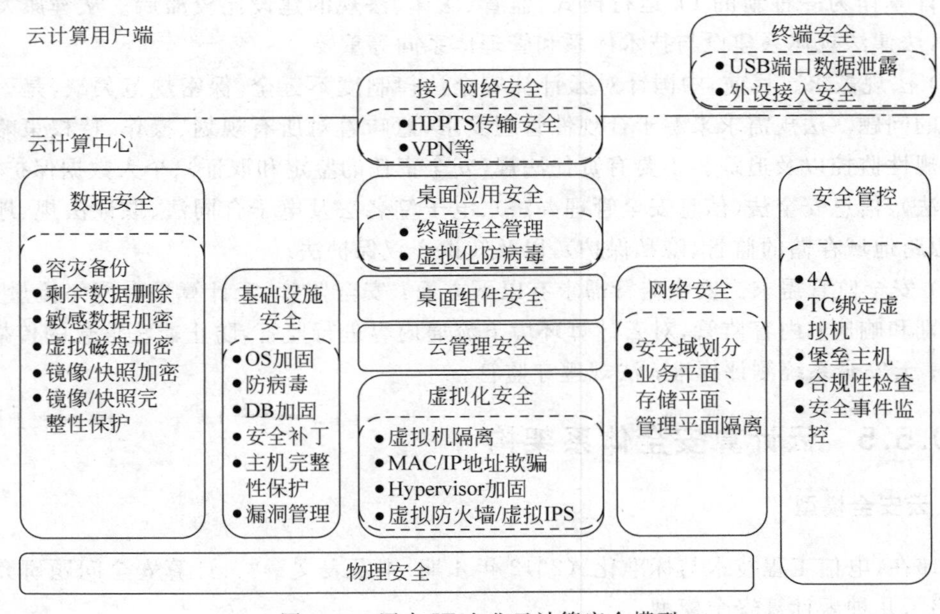

图10-9 国内IT企业云计算安全模型

（3）其他模型。我国的一些科研机构也发布了相关的云计算的安全模型。在中科院软件提出的模型中，整个云计算安全技术模型分为3个部分：云计算用户端安全对象、云计算安全服务体系和云安全标准体系。另外，还有Jericho Forum提出的安全协同模型。它从数据的物理位置、云计算技术和服务的所有关系状态、应用资源和服务时的边界状态、云服务的运行和管理者4个影响安全协同的维度上分为16种可能的云计算形态。

2. 云安全体系架构设想

结合云计算技术及服务特点，在明确安全防护需求的基础上，综合采用多种安全技术手段，从物理安全、网络安全、系统安全、应用安全、虚拟化安全、数据安全、管理安全多个层面构建层次化的纵深安全防御体系，保障云计算应用安全。薄明霞等研究了云计算安全体系架构(2011)，下面是其主要思想：

（1）物理安全。物理安全是整个云计算系统安全的前提，主要包括物理设备的安全、网络环境的安全等，以保护云计算系统免受各种自然及人为的破坏。

（2）网络安全。网络层安全主要指网络架构、网络设备、安全设备方面的安全性，主要体现网络拓扑安全、安全域的划分及边界防护、网络资源的访问控制、远程接入的安全、路由系统的安全、入侵检测的手段、网络设施防病毒等方面，采取的主要安全措施和技术包括划分安全域、实施安全边界防护、部署防火墙、IPS/IDS、部署Dos、DDoS攻击防御系统、网络安全审计系统、防病毒网关、强身份认证等。

（3）系统安全。系统安全主要指云计算系统中的主机服务器、维护终端在内的所有计算机设备在操作系统和数据库的层面安全性。操作系统的安全问题主要体现在操作系统本身的缺陷带来的不安全因素，如访问控制、身份认证、系统漏洞、操作系统的安全配置问题、病毒对操作系统的威胁等方面，数据库的安全性主要体现在安全补丁、账户口令、角色权限、日志和审计、参数设置等方面。

（4）应用安全。应用安全主要指运行在云计算主机系统上各种不同功能的应用系统的安全性。由于云计算是一种全新的Web服务模式，推动了Internet的Web化趋势，应用安全主要体现在Web安全上。Web安全包括两个方面：一是Web应用本身的安全；二是内容安全。

（5）管理安全。针对云计算系统特点，重点应加强用户管理、访问认证、安全审计等方面的管理；建立安全审计系统，进行统一、完整的审计分析，通过对操作、维护等各类日志的安全审计，提高对违规溯源的事后审查能力。另外，也要加强对云计算安全事件管理，完善云计算平台的容灾备份机制，建立完善的应急响应机制，提高对异常情况和突发事件的应急响应能力，保障云业务在发生安全事件时，可以快速恢复业务，保障云计算系统的业务连续性。

（6）虚拟化安全。可采用虚拟机的安全隔离及访问控制、虚拟交换机、虚拟防火墙、虚拟镜像文件的加密存储、存储空间的负载均衡、冗余保护、虚拟机的备份恢复等来保障云计算服务的高可用性。

（7）数据安全。数据的保密性、完整性、可用性、真实性、授权、认证和不可抵赖性都是云环境下的重点关注问题。

10.5.6 云计算安全标准

云计算安全标准是度量云用户安全目标与云服务商安全服务能力的尺度。有研究机构认为，安全和标准双翼对于云的起飞至关重要。没有标准，云计算产业的发展就难以得到规范健康的发展，难以形成规模化和产业化集群发展。目前，各国政府、标准组织等正在积极着手标准研究、制定工作，但云计算安全研究尚处于起步阶段，业界尚未形成相关标准。国际上研究云计算标准的组织有很多，文中主要关注安全领域，就国内外主要云计算安全相关的标准组织进行梳理，并就相关研究概况进行简单介绍。颜斌在《信息安全与通信保密》(2012 年 11 期)中对云计算安全相关标准现状进行了归纳：

1. ISO/IECJTC1/SC27

ISO/IECJTC1/SC27 是国际标准化组织(ISO)和国际电工委员会(IEC)的信息技术联合技术委员会(JTC1)下专门从事信息安全标准化的分技术委员会(SC27)，是信息安全领域中最具代表性的国际标准化组织。SC27 下设 5 个工作组，工作范围广泛地涵盖了信息安全管理和技术领域，包括信息安全管理体系、密码学与安全机制、安全评价准则、安全控制与服务、身份管理与隐私保护技术。SC27 于 2010 年 10 月启动了研究项目《云计算安全和隐私》，由 WG1/WG4/WG5 联合开展。目前，SC27 已基本确定了云计算安全和隐私的概念体系架构，明确了 SC27 关于云计算安全和隐私标准研制的 3 个领域。

2. 国际电信联盟远程通信标准化组织 ITU-T

ITU-T(ITU-T for ITU Telecommunication Standardization Sector，国际电信联盟远程通信标准化组织)是国际电信联盟管理下的专门制定远程通信相关国际标准的组织。该机构创建于 1993 年，前身是国际电报电话咨询委员会(CCITT)，总部设在瑞士日内瓦。

ITU-T 于 2010 年 6 月成立了云计算焦点组 FG Cloud，致力于从电信角度为云计算提供支持，焦点组运行时间截止到 2011 年 12 月，后续云工作已经分散到别的研究组(SG)。云计算焦点组发布了包含《云安全》和《云计算标准制定组织综述》在内的 7 份技术报告。

3. 云安全联盟 CSA

云安全联盟(Cloud Security Alliance，CSA)是在 2009 年的 RSA 大会上宣布成立的一个非盈利性组织，致力于在云计算环境下提供最佳的安全方案。CSA 已发布了一系列研究报告，对业界有着积极的影响。这些报告从技术、操作和数据等多方面强调了云计算安全的重要性、保证安全性应当考虑的问题以及相应的解决方案，对形成云计算安全行业规范具有重要影响。其中，《云计算关键领域安全指南》是一份重要的参考文献，2011 年 11 月发布了指南第三版，从架构、治理和实施 3 个部分、14 个关键域对云安全进行了深入阐述。另外，开展的云安全威胁、云安全控制矩阵、云安全度量等研究项目在业界得到积极的参与和支持。

4. 美国国家标准与技术研究院

美国国家标准与技术研究院(NIST)直属美国商务部,提供标准、标准参考数据及有关服务,前身为国家标准局。2009年9月,奥巴马政府宣布实施联邦云计算计划。为了落实和配合该计划,NIST牵头制定云计算标准和指南。迄今为止,NIST成立了5个云计算工作组,出版了多份研究成果,由其提出的云计算定义、3种服务模式、4种部署模型、5大基础特征被认为是描述云计算的基础性参照。

5. 欧洲信息安全局

2004年3月,为提高欧共体范围内网络与信息安全的级别,提高欧共体、成员国以及业界团体对于网络与信息安全问题的防范、处理和响应能力,培养网络与信息安全文化,欧盟成立了"欧洲信息安全局(ENISA)"。

2009年,欧盟网络与信息安全局就启动了相关研究工作,先后发布了《云计算:优势、风险及信息安全建议》和《云计算信息安全保障框架》。2011年,又发布了《政府云的安全和弹性》报告,为政府机构提供了决策指南。2012年4月,发布了《云计算合同安全服务水平监测指南》,提供了一套持续监测云计算服务提供商服务级别协议运行情况的操作体系,以达到实时核查用户数据安全性的目的。

6. OASIS

OASIS(Organization for the Advancement of Structured Information Standards,结构化信息标准促进组织)于2010年5月19日成立了云中身份技术委员会(Identity in the Cloud Technical Committee,ID Cloud),旨在解决云计算中的身份管理带来的严重安全挑战。ID Cloud负责在云计算环境中进行身份部署、配置和管理,制定开放标准大纲,并致力于与云安全联盟和ITU等相关标准组织在云安全和身份管理领域开展合作。

7. 分布式管理任务组

分布式管理任务组(Distributed Management Task Force,DMTF)的主要工作是研究促进企业内私有云和其他私有云、公共云和混合云的操作方法,通过开放云资源管理标准,提高平台间的互操作性。2010年7月,该组织下的云计算工作组CMWG起草了开放云标准孵化器(OCSI)、开发云资源管理协议、封包格式和安全管理协议,发布了云互操作性和管理云架构的白皮书。

8. 全国信息安全标准化技术委员会

国内有多个机构从事云计算标准研究制定,其中专注云计算安全相关标准的管理单位是全国信息安全标准化技术委员会(TC260)。信安标委专注于云计算安全标准体系建立及相关标准的研究和制定,信安标委成立了多个云计算安全标准研究课题,承担并组织协调政府机构、科研院校、企业等开展云计算安全标准化研究工作。

习题 10

1. 名词解释

(1)蠕虫；(2)数据加密；(3)数据传输安全。

2. 填空题

(1) 所谓应用层威胁，主要包括的形式有________、________、________、________。

(2) 一个典型的 Web 应用通常是标准的________模型，________是第一层；________属于中间层；________是第三层。

(3) 中间件是基于分布式处理的软件，最突出的特点是其网络通信功能，主要类型包括____________、____________、____________、____________。

(4) 信息安全基本特点包括________、________和________。

(5) 常用和流行的数据安全防护技术有________、________、________、________。

(6) 数据库系统的安全特性主要是针对数据而言的，包括________、________、________、________等几个方面。

(7) 云计算可以认为包括____________，____________和____________几个层次的服务。

(8) 应用软件服务安全需求包括________、________和________。

3. 选择题

(1) Web 入侵造成的危害很大，主要包括(　　)。

A. 网站瘫痪　B. 篡改网页　C. 挂木马　D. 篡改数据

(2) RFID 中间件的特点有(　　)。

A. 容易读写　B. 独立于架构

C. 具有数据流设计与管理的能力　D. 物理安全性高

(3) 以下(　　)是 RFID 中间件的发展阶段。

A. 应用程序中间件发展阶段　B. 架构中间件发展阶段

C. 结构化中间件发展阶段　D. 解决方案中间件发展阶段

(4) 根据中间件作用的不同，中间件可以分为(　　)。

A. 目标中间件　B. 数据访问中间件

C. 远程过程调用中间件　D. 历史中间件

(5) 数据库受到的威胁大致有(　　)。

A. 内部人员错误　B. 社交工程

C. 内部人员攻击　D. 错误配置

E. 未打补丁的漏洞

(6) 虚拟环境的安全风险有(　　)。

A. 黑客攻击　B. 虚拟机重组　C. 虚拟机跳跃　D. 补丁安全风险

(7) 一般来说，保护云中数据安全，需要(　　)技术。

A. 增强加密技术　B. 密钥管理

C. 数据隔离　D. 数据安全

(8) 与传统安全相比,云计算安全具有的新特征是( )。

A. 传统的安全边界消失　　B. 海量数据的存储和处理

C. 静态性　　D. 第三方监管和审计

4. 简答题

(1) 许多特殊技术允许攻击者危害远程系统安全,请简单介绍几个类别。

(2) 对 Web 应用的整体安全工作应该采取哪些具体措施?

(3) 请比较传统安全和云计算安全。

物联网安全技术应用

本章是物联网安全技术应用案例介绍。要求了解物联网安全技术应用的具体思想。

11.1 物联网系统安全设计

这部分将介绍物联网面向主题的安全应用和物联网公共安全云计算平台系统。

11.1.1 物联网面向主题的安全模型及应用

于皓在硕士论文(2010)中就“面向主题的物联网安全模型”进行了设计和应用实践。下面是其主要思想的介绍。面向主题的物联网安全模型设计过程分为4个步骤。第一步对物联网进行主题划分,第二步分析主题的技术支持,第三步是物联网主题的安全属性需求分析,第四步是主题设计和实现。

1. 面向主题的安全流程

首先是划分主题,接着是主题自身的安全属性要求,由此确定安全威胁,设计适合主题的安全防御技术和措施。其流程如图11-1所示。

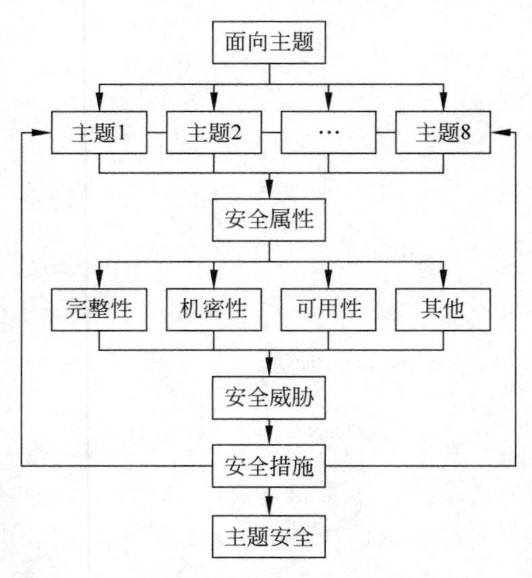

图11-1 面向主题的安全流程

2. 实际应用

1) 系统化安全需求

任何单一的安全策略都难以满足手机安全的需求,必须用系统化的方式设计手机的安全防御模型。在物联网中,手机集成了全球定位、智能系统和RFID等技术,因此手机的安全需要感知层、网络层和传输层的协同防御。

2) 跨层协作的手机防火墙

由于手机资源匮乏,互联网中防火墙不适合移植于手机中。结合手机的安全属性要求以及系统化的设计思想,在此设计了跨层协作的手机防火墙,使之成为手机安全的一个重要的保障措施。

(1) 总体描述。手机防火墙主要由 5 部分组成：感知层包过滤防火墙、网络层包过滤防火墙、应用层代理防火墙、智能检测协调模块和外部服务端。

(2) 关键过程。在手机防火墙设计中，让可疑数据包尽可能地在底层被检测阻截，这样可以有效地节省手机的有限资源。针对在高层发现的非法数据，通过更新底层防火墙的规则集方式，使得在底层阻截高层检测到的非法数据。

3) 动态循环防御

面向主题的物联网安全模型中，系统化、动态化是主要的主题安全设计的方向。在手机的安全防御中将 PDRR 模型加入到手机的防御系统中，设计如图 11-2 所示。

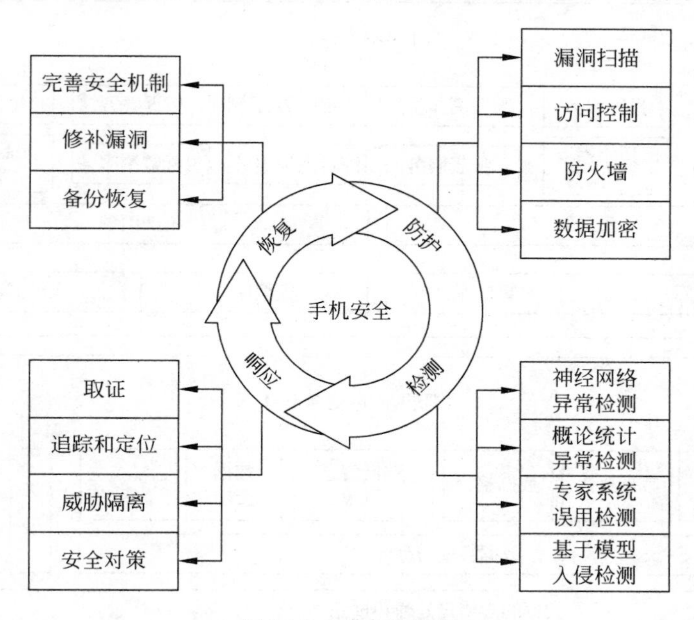

图 11-2 动态防御图

11.1.2 物联网公共安全云计算平台系统

学者白蛟、全春来和郭镇在《计算机工程与设计(2011-11)》发布文章，介绍了其研究成果物联网的公共安全云计算平台，下面是其主要的介绍。

1. 物联网公共安全平台架构

这里把物联网公共安全平台设计为 5 个层次，分别为感知层、网络层、支撑层、服务层和应用层，如图 11-3 所示。

2. 云计算数据支撑平台体系架构

物联网支撑平台是各类前端感知信息通过传输网络汇聚的平台，该平台实时处理前端感知设施传入的视频信息、数据信息，以及由应用服务平台下达的对感知设施的控制指令，主要实现信息接入、标准化处理、信息共享、信息存储及基础管理 5 大功能。方案如图 11-4 所示，主要分为两个子系统：应用服务分系统和存储分系统。

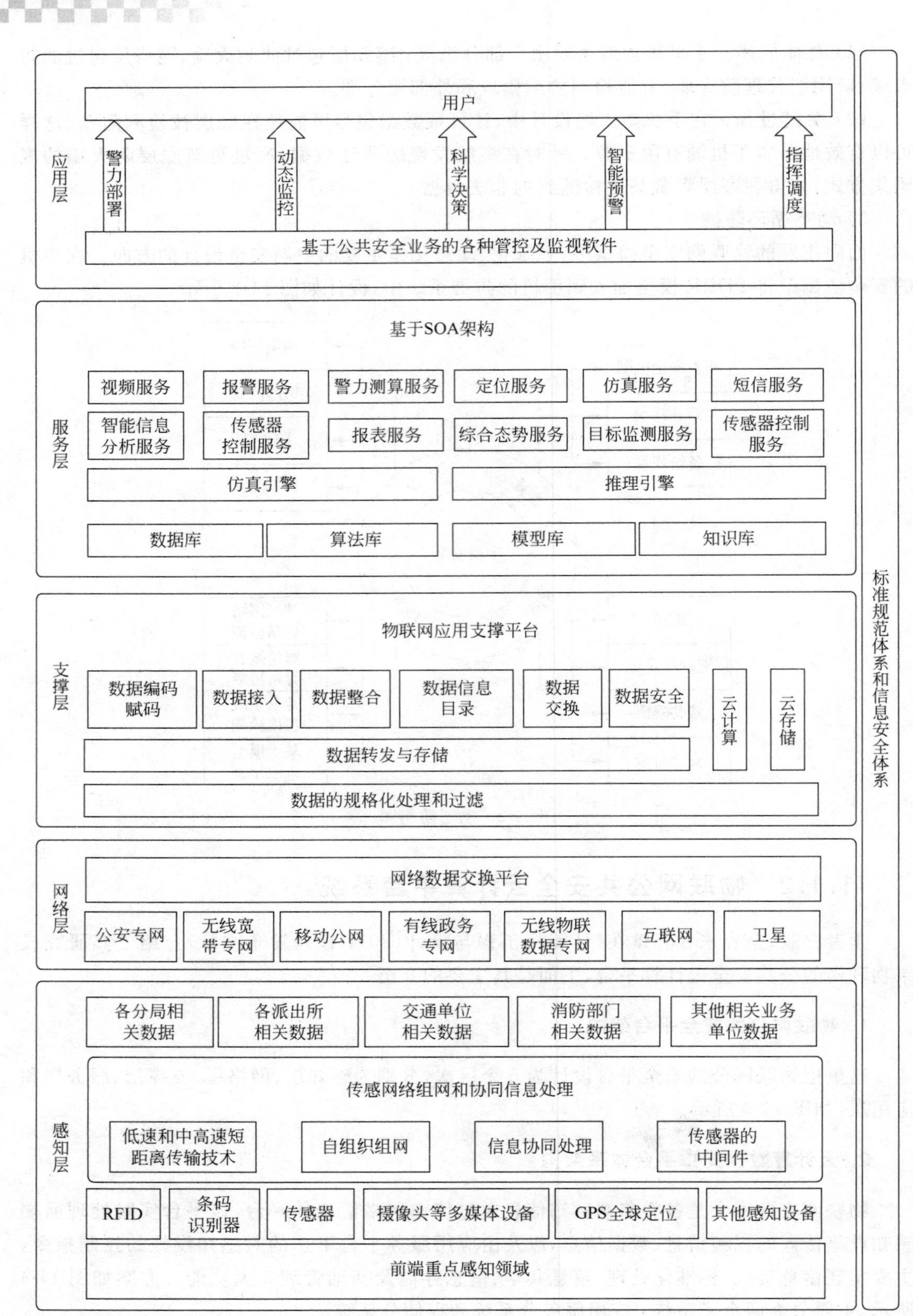

图 11-3　物联网公共安全平台架构

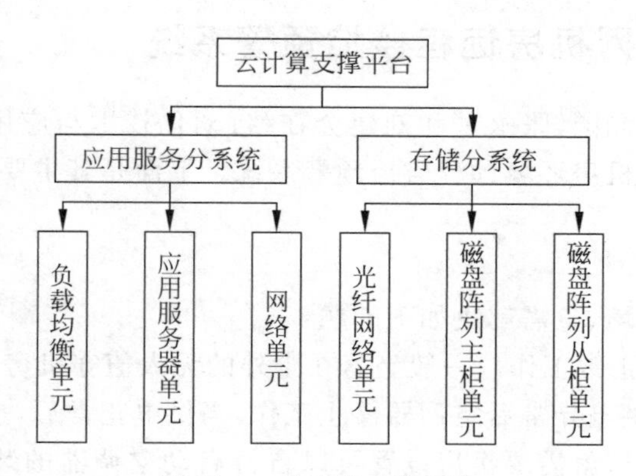

图 11-4　云计算系统平台

该平台为云计算综合应用平台的基础模板，可以在此基础上对平台进行变动，以满足不同用户对该平台的特殊要求。其逻辑架构如图 11-5 所示。

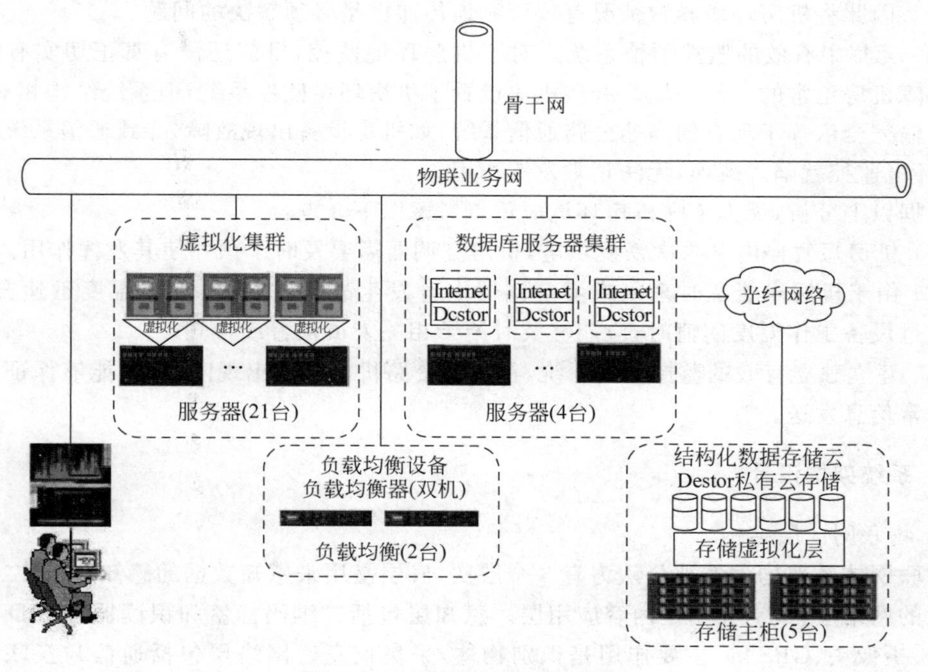

图 11-5　云计算系统逻辑架构

11.2　物联网安全技术应用

这部分将介绍 5 个系统，包括物联网机房远程监控预警系统、物联网机房监控设备集成系统、物联网门禁系统、物联网安防监控系统和物联网智能监狱监控报警系统。

11.2.1 物联网机房远程监控预警系统

学者高祥、许扬、李渊国、张永军和刘建会在《自动化技术与应用(2012-5)》中介绍了他们设计的物联网模式的机房环境远程监控预警系统。下面是其主要内容介绍。

1. 系统需求分析

在无人值守机房环境,急需解决如下问题:

(1) 温控设备无法正常工作。一般坐落在野外的无人值守机房内的空调器均采用农用电网直接供电,在出现供电异常后空调器停止工作,当供电正常后,也无法自动启动,必须人为干预才能开机工作。这就需要机房设置可以自行启动空调器的装置,最大限度地延长空调器的工作时间,提高温控效果。

(2) 环境异常情况无法及时传递。无人值守机房基本没有环境报警系统,即使存在,也是单独工作的独立设备,无法保障环境异常情况及时有效地传递,从而会致使设备或系统发生问题。因此将机房环境异常情况有效可靠地传递也是必须解决的问题。

(3) 无集中有效的监控预警系统。对于机房环境监控,目前还没有真正切实有效的系统来保障机房正常的工作环境。有些机房设置了机房环境监控系统,但系统结构相对单一,数据传输完全依赖于现有的高速公路通信系统,如机房设备出现故障,导致通信系统出现问题,则环境监控就陷入瘫痪,无法正常发挥作用。

根据以上分析,无人值守机房环境应重点考虑以下3点:

(1) 机房短暂停电又再次恢复供电,机房空调器需要及时干预并使其发挥作用。

(2) 由于机房未能及时来电或者空调器本身发生故障时,机房环境温度迅速升高(降低),超过设备工作温度阈值时,应能够及时给予相关人员预警或告知。

(3) 建立独立有效的监控预警系统,在高速公路机电系统出现问题时,能够保证有效地进行异常信息发送。

2. 系统架构设计

1) 物联网3层结构

物联网体系架构大致被公认为有3个层次,底层是用来感知数据的感知层,第二层是数据传输的网络层,最上面则是内容应用层。感知层包括二维码标签和识读器、RFID标签和读写器、摄像头、GPS等,主要作用是识别物体,采集信息。网络层包括通信与互联网的融合网络、网络管理中心和信息处理中心等。网络层将感知层获取的信息进行传递和处理。应用层是物联网与行业专业技术的深度融合,与行业需求结合,实现行业智能化。在各层之间有交互、控制等信息多种的传递。

2) 系统架构

机房环境远程监控预警系统结构主要包含3个部分:

(1) 感知层。数据采集单元作为微系统传感节点,可以对机房温度信息、湿度信息等进行收集。数据信息的收集采取周期性汇报模式,通过2G网络技术进行远程传输。

(2) 网络层。采用通信运营商的2G通信网络(主要是短信方式)实现互联,进行数据传输,将来自感知层的信息上传。

(3) 应用层。主要由用户认证系统、设备管理系统和智能数据计算系统等组成,分别完成数据收集、传输、报警等功能,构建起面向机房环境监测的实际应用,如机房环境的实时监测、趋势预测、预警及应急联动等。

3) 系统功能

系统功能主要分为三大类:

(1) 信息采集。本系统通过内部数据采集单元采集并记录机房环境的信息,然后数字化并通过 2G 网络传送至集中管理平台系统。同时,若机房增加其他检测传感器,如红外报警、烟雾报警等,也可以接入本系统的数据采集单元中,实现机房全方位的信息采集。

(2) 远程控制。当发现机房环境异常时,可以利用本系统控制相应的设备进行及时处置,如温度变化,则控制空调器或通风设施进行温度调整。另外,可以在机房增加其他控制设备,如消防设施或者监控设施、灯光等,都可以利用本系统实现远程自动控制。

(3) 集中监控预警。在管理中心设置一套集中监控预警管理平台,可以实时收集各机房的状态信息,并分析相关信息内容,根据现场信息反映的情况,采取相应的控制和预警方案,集中统一管理各机房的工作环境。

3. 系统组成

系统具体实现以及部署如图 11-6 所示,主要包括采集单元、控制单元、网络传输单元和集中处理单元等几个部分。

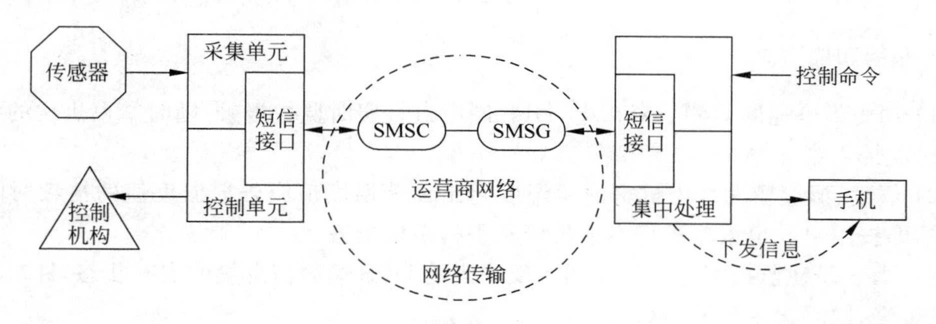

图 11-6 物联网系统组成结构

11.2.2 物联网机房监控设备集成系统

1. 系统框架

为保证网络设备的良好运行状态和设备使用寿命与安全,实现用户的最大投资效益,有必要对网络运行环境的电力供应、温度、湿度、漏水、空气含尘量等诸多环境变量,UPS、空调、新风、除尘、除湿等诸多设备运行状态变量进行 24 小时实时监测与智能化调节控制,以保证网络运行环境的稳定与网络软硬件资源、设备的安全以及相关信息数据资产的安全。北京融智兴华科技有限公司开发了融智 9600 机房监控设备,它是一个集动力、环境、视频、设备、安防、消防综合监测、调控、监视软硬件平台于一体的分布式、智能化网络机房远程运维管理系统,如图 11-7 所示。

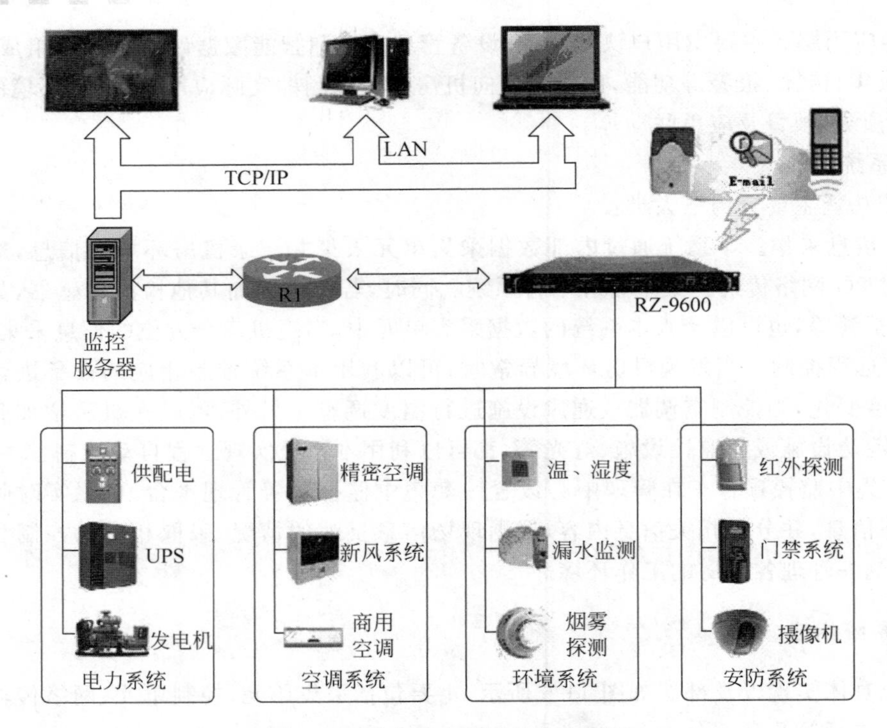

图 11-7 机房动力环境监控示意图

2. 系统功能

(1) 动力供电通断监测。对市电、UPS 断电进行实时监控报警,随时掌握机房的电力情况,实时监控告警。

(2) 温度、湿度监测。当机房内温湿度超出预警温度值或告警温度值的持续时间超出设定值,即按用户设定策略进行本地报警和手机短信报警。

(3) UPS 联动监控配置。动态图示反映当前 UPS 遥测信息量的实时状态,针对异常情况及时告警,同时记录告警信息。

(4) 空调联动监测控制。包括精密空调和普通空调的联动控制。

(5) 新风机联动监测。包括智能新风机和普通新风机的联动控制。

(6) 发电机联动监测。实时对发电机输出的功率、频率、油压、油位、油温及发动机的转速等进行监控。

(7) 消防联动监测。当有报警信息产生时,系统会根据用户预设策略进行告警。

(8) 视频监控。对用户机房内现场的视频状况进行监控。

(9) 门禁联动监控。实现人员出入的刷卡授权出入管理以及对人员出入的详细记录,包括人员姓名、身份、进出时间等。

(10) 双鉴探测。实时监控被监控区域的人员移动状况,并按用户设定的布防、撤防时段与告警通告策略对相应状况进行告警、通告或仅仅软件界面反映。

(11) 烟雾探测。当检测到有烟雾时,进行本地报警和手机短信报警,及时通知相关人员对机房做出相应处理,保障中心机房服务器等设备的安全运转。

(12) 漏水监测对机房空调周围进行实时的水浸监测,一旦空调的加湿水跑水、冰凝水跑水、管道水漏水等水浸状况发生,系统可立即报警,严禁水浸状况危及机房安全。

(13) 数字电力监测。实时监测机房内市电输入的电压、电流、频率和有功功率等,以数据形式反映当前市电监测量的数据值,实时反映当前市电情况。

(14) 回路监控。针对机房强电配电柜配置回路监测模块,实现对开关状态的监测。当开关跳闸或断电时,系统自动切换到相应的运行画面,同时发出报警信息。

(15) 服务器基本运行参数状态监控。实现对服务器 CPU 占用率、内存占用率、硬盘剩余空间、网口流量及带宽占用率、CPU 运行温度等关键运行参数的实时监控。

(16) 关键服务进程监控。探测服务器服务响应的正常与否及响应时间,并按用户设定策略对各类服务响应失败、服务响应异常、服务响应过慢等事件按用户设定策略进行报警。

(17) 远程串口管理。实现对汇聚设备间机房部分交换机的远程串口命令配置,实现网管人员对各汇聚设备间的远程口本地化串口操作。

(18) 远程电源管理。对设备间进行远程电源管理,在必要时可对设备间设备进行断通电重启。

(19) 电池及电池组监控。实时对电池组内阻、总电流及总电压的状况进行监控,针对单体电池可实时对电池的表面温度、单体电池的电流、电压等状况进行监控。

(20) 机柜微环境监测。针对重要机柜对机柜的亚环境进行监控,实现对重要设备的精细化动力、环境保障监测。避免大环境合格,但亚环境超标现象危害重要设备的安全。

(21) 大屏幕拼接显示。

11.2.3 物联网门禁系统

门禁系统是物联网安全管理的应用系统,它集计算机自动识别技术和现代安全管理措施为一体,涉及电子、机械、光学、计算机技术、通信技术和生物技术等诸多新技术。它是解决重要部门出入口实现安全防范管理的有效措施。适用于各种机要部门,如银行、宾馆、机房、军械库、机要室、办公间、智能化小区和工厂等。

1. 门禁系统的应用要求

(1) 可靠性。门禁系统以预防损失、犯罪为主要目的,因此必须具有极高的可靠性。一个门禁系统在其运行的大多数时间内可能没有警情发生,因而不需要报警,出现警情需要报警的概率一般是很小的。但是,如果在这极小的概率内出现报警系统失灵,常常意味着灾难的降临。因此,门禁安防系统在设计、施工、使用的各个阶段必须实施可靠性设计(冗余设计)和可靠性管理,以保证产品和系统的高可靠性。

(2) 权威认证。另外,在系统的设计、设备选取、调试、安装等环节上都严格执行国家或行业上有关的标准,以及公安部门有关安全技术防范的要求,产品须经过多项权威认证,且具有众多的典型用户,多年正常运行。

(3) 安全性。门禁及安防系统是用来保护人员和财产安全的,因此系统自身必须安全。这里所说的高安全性,一方面是指产品或系统的自然属性或准自然属性,应该保证设备、系统运行的安全和操作者的安全,例如设备和系统本身要能防高温、低温、温热、烟雾、霉菌、雨淋,并能防辐射、防电磁干扰(电磁兼容性)、防冲击、防碰撞、防跌落等。设备和系统的运行安全还包括防火、防雷击、防爆、防触电等。另一方面,门禁及安防系统还应具有防人为破坏的功能，如具有防破坏的保护壳体，以及具有防拆报警、防短路和断开等。

(4) 功能性。随着人们对门禁系统各方面要求的不断提高，门禁系统的应用范围越来越广泛。人们对门禁系统的应用已不局限在单一的出入口控制，而且还要求它不仅可应用于智能大厦或智能社区的门禁控制、考勤管理、安防报警、停车场控制、电梯控制、楼宇自控等，还可与其他系统联动控制等多种控制功能。

(5) 扩展性。门禁系统应选择开放性的硬件平台，具有多种通信方式，为实现各种设备之间的互联和整合奠定良好的基础。另外，还要求系统应具备标准化和模块化的部件，有很大的灵活性和扩展性。

2. 门禁系统的功能

(1) 实时监控功能。系统管理人员可以通过计算机实时查看每个门区人员的进出情况(同时有照片显示)、每个门区的状态(包括门的开关，各种非正常状态报警等)；也可以在紧急状态打开或关闭所有的门区。

(2) 出入记录查询功能。系统可储存所有的进出记录、状态记录，可按不同的查询条件查询，配备相应考勤软件可实现考勤、门禁一卡通。

(3) 异常报警功能。在异常情况下可以通过门禁软件实现计算机报警或外加语音声光报警，如非法侵入、门超时未关等。

(4) 防尾随功能。是指在使用双向读卡的情况下，防止一卡多次重复使用，即一张有效卡刷卡进门后，该卡必须在同一门刷卡出门一次才可以重新刷卡进门，否则将被视为非法卡拒绝进门。

(5) 双门互锁。也叫AB门，通常用在银行金库，它需要和门磁配合使用。当门磁检测到一扇门没有锁上时，另一扇门就无法正常地打开。只有当一扇门正常锁住时，另一扇门才能正常打开，这样就隔离出一个安全的通道出来，使犯罪分子无法进入，达到阻碍延缓犯罪行为的目的。

(6) 胁迫码开门。是指当持卡者被人劫持时，为保证持卡者的生命安全，持卡者输入胁迫码后门能打开，但同时向控制中心报警，控制中心接到报警信号后就能采取相应的应急措施。胁迫码通常设为4位数。

(7) 消防报警监控联动功能。在出现火警时门禁系统可以自动打开所有电子锁让里面的人随时逃生。与监控联动通常是指监控系统自动将有人刷卡时(有效/无效)的情况录下，同时也将门禁系统出现警报时的情况录下来。

(8) 网络设置管理监控功能。大多数门禁系统只能用一台计算机管理，而技术先进的系统则可以在网络上任何一个授权的位置对整个系统进行设置监控查询管理，也可以通过Internet进行异地设置管理监控查询。

(9) 逻辑开门功能。简单地说，就是同一个门需要几个人同时刷卡(或其他方式)才能打开电控门锁。

3. 门禁系统分类

按进出识别方式可分为以下几类：

(1) 密码识别。通过检验输入密码是否正确来识别进出权限。这类产品又分为两类：

一类是普通型；另一类是乱序键盘型(键盘上的数字不固定,不定期自动变化)。

(2) 卡片识别。通过读卡或读卡加密码方式来识别进出权限,按卡片种类又分为磁卡和射频卡。

(3) 生物识别。通过检验人员生物特征等方式来识别进出。有指纹型、掌形型、虹膜型、面部识别型,还有手指静脉识别型等。

(4) 二维码识别。二维码门禁系统结合二维码的特点,将给进入校园的学生、老师、家长、后勤工作人员发送二维码有效凭证,这样家长在进入校园的时候轻松地对识读机器扫一下二维码,便于对进出人员的管理。作为校方,需要登记学生家长的手机号及家人的二代身份证号,家长手机便会收到学校使用二维码校园门禁系统平台发送的含有二维码的短信。同时将支持身份证、手机进行验证,从而确保进出入人员的安全。

4. 门禁系统的发展现状和趋势

传统的机械门锁仅仅是单纯的机械装置,无论结构设计多么合理,材料多么坚固,人们总能通过各种手段把它打开。在出入人员很多的通道(像办公大楼、酒店客房)钥匙的管理很麻烦,钥匙丢失或人员更换都要把锁和钥匙一起更换。

为了解决这些问题,就出现了电子磁卡锁和电子密码锁,这两种锁的出现从一定程度上提高了人们对出入口通道的管理程度,使通道管理进入了电子时代。但随着这两种电子锁的不断应用,它们本身的缺陷就逐渐暴露,磁卡锁的问题是信息容易复制,卡片与读卡机具之间磨损大,故障率高,安全系数低。密码锁的问题是密码容易泄露,又无从查起,安全系数很低。同时这个时期的产品由于大多采用读卡部分(密码输入)与控制部分合在一起安装在门外,很容易被人在室外打开锁。这个时期的门禁系统还停留在早期不成熟阶段,因此当时的门禁系统通常被人称为电子锁,应用也不广泛。

随着感应卡技术,生物识别技术的发展,门禁系统得到了飞跃式的发展,进入了成熟期,出现了感应卡式门禁系统、指纹门禁系统、虹膜门禁系统、面部识别门禁系统、乱序键盘门禁系统等各种技术的系统,它们在安全性、方便性和易管理性等方面都各有特长,门禁系统的应用领域也越来越广。

11.2.4 物联网安防监控系统

安防监控系统(Video Surveillance & Control System,VSCS)是应用光纤、同轴电缆或微波在其闭合的环路内传输视频信号,并从摄像到图像显示和记录构成独立完整的系统。它能实时、形象、真实地反映被监控对象,不但极大地延长了人眼的观察距离,而且扩大了人眼的机能,它可以在恶劣的环境下代替人工进行长时间监视,让人能够看到被监视现场实际发生的一切情况,并通过录像机记录下来。同时报警系统设备对非法入侵进行报警,产生的报警信号输入报警主机,报警主机触发监控系统录像并记录。

1. 安防监控系统结构

视频安防监控系统指利用视频探测技术、监视设防区域并实时显示、记录现场图像的电子系统或网络。主要包含前端部分、传输部分、控制部分、显示部分、防盗报警部分和系统供电部分。

(1) 前端部分。前端完成模拟视频的拍摄,探测器报警信号的产生,云台、防护罩的控制,报警输出等功能。主要包括摄像头、电动变焦镜头、室外红外对射探测器、双监探测器、温湿度传感器、云台、防护罩、解码器、警灯和警笛等设备(设备使用情况根据用户的实际需求配置)。

(2) 传输部分。传输部分主要由同轴电缆组成。传输部分要求在前端摄像机摄录的图像进行实时传输,同时要求传输具有损耗小,可靠的传输质量,图像在录像控制中心能够清晰还原显示。

(3) 控制部分。该部分是安防监控系统的核心,它完成模拟视频监视信号的数字采集、MPEG-1 压缩、监控数据记录和检索、硬盘录像等功能。

(4) 显示部分。该部分完成在系统显示器或监视器屏幕上的实时监视信号显示和录像内容的回放及检索。

(5) 防盗报警部分。这部分利用主动红外移动探测器将重要通道控制起来,并连接到管理中心的报警中心,当在非工作时间内有人员从非正常入口进入时,探测器会立即将报警信号发送到管理中心,同时启动联动装置和设备,对入侵者进行警告,可以进行连续摄像及录像。

(6) 系统供电部分。系统的供电可以采用集中供电和分散供电两部分,用户可以根据实际的需要进行选择。

2. 物联网安防系统总体设计

根据系统各部分功能的不同,将整个安防监控系统划分为 7 层——表现层、控制层、处理层、传输层、执行层、支撑层和采集层。

(1) 表现层。监控电视墙、监视器、高音报警喇叭、报警自动驳接电话等都属于这一层。

(2) 控制层。控制层是整个安防监控系统的核心。其控制方式有两种——模拟控制和数字控制。模拟控制是早期的控制方式,其控制台通常由控制器或者模拟控制矩阵构成,适用于小型局部安防监控系统,这种控制方式成本较低,故障率较小。但对于中大型安防监控系统,这种方式操作复杂。数字控制是将工控计算机作为监控系统的控制核心,它将复杂的模拟控制操作变为简单的鼠标点击操作,将巨大的模拟控制器堆叠缩小为一个工控计算机,将复杂而数量庞大的控制电缆变为一根串行电话线。它将中远程监控变为事实,为 Internet 远程监控提供可能。但数字控制价格十分昂贵、系统可能出现全线崩溃、控制较为滞后等问题。

(3) 处理层。处理层或许该称为音视频处理层,它将由传输层送过来的音视频信号加以分配、放大、分割等处理,有机地将表现层与控制层加以连接。音视频分配器、音视频放大器、视频分割器、音视频切换器等设备都属于这一层。

(4) 传输层。传输层相当于安防监控系统的血脉。在小型安防监控系统中,最常见的传输层设备是视频线、音频线;对于中远程监控系统而言,常使用的是射频线、微波;对于远程监控而言,通常使用 Internet 这一廉价载体。值得一提的是,新出现的传输层介质——网线/光纤。纯数字安防监控系统的传输介质是网线或光纤。信号从采集层出来时就已经调制成数字信号了,数字信号在已趋成熟的网络上传输,理论上是无衰减的,这就保证远程监控图像的无损失显示,这是模拟传输无法比拟的。但纯数字安防监控系统价格较高。

(5) 执行层。执行层是控制指令的命令对象，在某些时候，它和后面所说的支撑层、采集层不能截然分开，受控对象即为执行层设备，如云台、镜头、解码器和球等。

(6) 支撑层。用于后端设备的支撑，保护和支撑采集层、执行层设备。包括支架、防护罩等辅助设备。

(7) 采集层。整个安防监控系统品质好坏的关键因素，也是系统成本开销最大的地方。包括镜头、摄像机和报警传感器等。

3. 系统硬件设计

(1) 终端节点硬件设计。终端节点主要包含传感器节点和控制节点，感知节点采集数据并将数据发送给协调器，控制节点接受中心协调器的控制指令，实现对各种家用设备的控制。

(2) 中心协调器硬件设计。中心协调器的主要功能为接收传感器节点采集的数据，并解析由上位机发送过来的控制命令，对控制节点进行控制。中心协调器控制器可以通过键盘电路外接键盘和LCD接口外接显示屏构成人机交互界面，进行信息的查询和控制指令的发布。

4. 系统软件设计

(1) 终端节点软件设计。终端节点的主要功能是采集数据以及接受控制指令对设备进行控制。

(2) 中心协调器软件设计。中心协调器主要负责组网，接收传感器节点采集的数据，并将其通过以太网接口传输到上位机，同时接收上位机发送的控制命令，以实现对家用设备的控制。

11.2.5 物联网智能监狱监控报警系统

监狱安防系统有报警、电视监控和监听等子系统形成了一个整体并实现联动。学者王玉夫在《中国公共安全(综合版,2009-8)》上撰文，介绍了监狱数字视频监控报警系统。下面是其主要介绍。

1. 系统架构

监狱视频识别报警系统的基本结构框架如图11-8所示。该监狱报警系统为二级联网架构，第一级即前端系统，其为传统的多线或总线制网络连接报警探测设备和监控摄像机；第二级为IP网，连接相应功能的网络设备。

2. 系统组成

1) 第一级联网系统

第一级系统由3部分组成。

(1) 前端探测及摄像设备。系统中(即某监区内)共设置若干个双鉴探测器、紧急报警按钮、警号、固定摄像机及带云台摄像机。系统在重要部位，如枪弹库、财务室、保密室等重要部位安装微波被动红外双技术探测器、手动紧急报警按钮。在罪犯经常活动的场

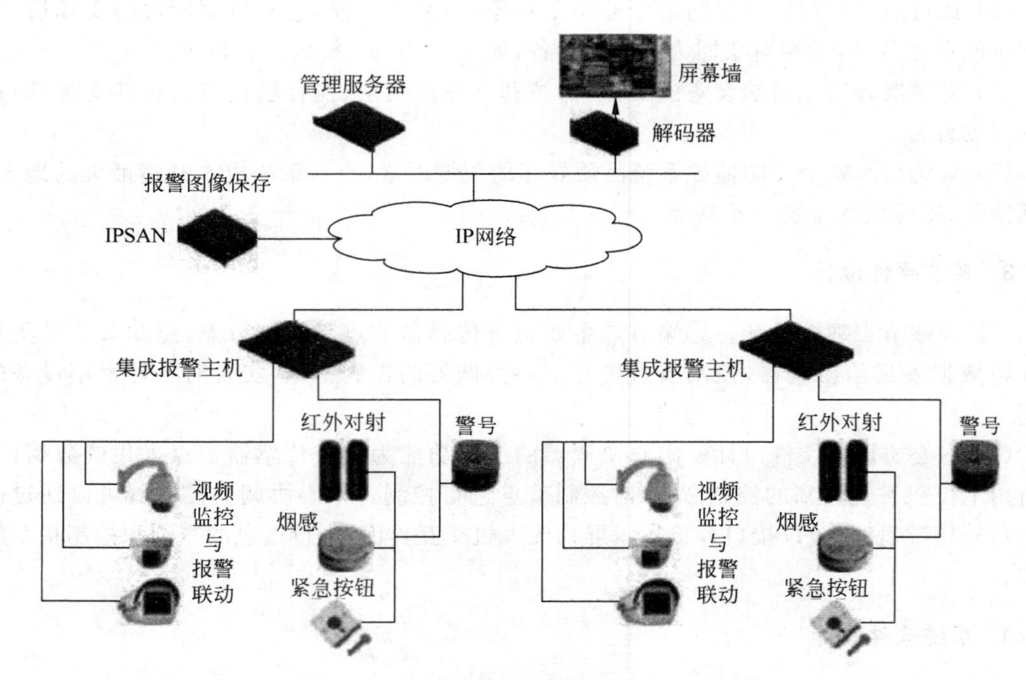

图 11-8 监狱视频识别报警系统的基本结构框架

所，如号房、车间、会场和教室等处安装手动紧急报警装置，方便在发生紧急突发情况时的报警。系统在所属监区安装固定或带云台摄像机，摄像机能与报警探测器对应，以实现联动。

(2) 控制部分。控制部分即集成报警主机，它接收报警探测器的报警信号，控制云台摄像机，执行报警摄像联动，接收控制中心管理服务器命令，通过 IP 网上传报警和图像信息。

(3) 传输部分。集成报警主机与前端双鉴探测器、紧急报警按钮、警号、摄像机间或以多线或以总线方式连接。集成报警主机与管理服务器等设备以 IP 网络连接，组成整个监狱局域网。

2) 第二级联网系统

第二级主要由以下 4 部分组成。

(1) 管理服务器。对网络设备，特别是对前端集成报警主机进行管理，接收集成报警主机上传的报警信息，发出对集成报警主机的控制命令等。

(2) 报警图像存储 IP-SAN。通过网络接收报警联动图像并进行存储。视频解码器及电视墙通过网络接收报警联动图像，并解码为模拟信号上电视墙。

(3) 集成报警主机。接收报警探测器的报警信号，控制云台摄像机，执行报警摄像联动，接收控制中心管理服务器命令，通过 IP 网上传报警和图像信息。

(4) IP 网络。包括网络交换设备、路由设备及网络传输媒质(网线)，是监狱内部报警专用的 IP 网络。

习题 11

1. 填空题

(1) 感知层的安全需求可以总结为________、________、________、________、________。

(2) 结合目前业界统一的认定和当前流行的技术,初步把物联网公共安全平台设计为5个层次,分别为________、________、________、________、________。

2. 选择题

(1) 感知层的安全挑战包括下列(　　)。

A. 传感网的网关节点被敌手控制

B. 传感网的普通节点被敌手控制

C. 传感网的普通节点被敌手捕获

D. 传感网的节点受到来自于网络的 DoS 攻击

(2) 应用层的安全挑战和安全需求主要来自于(　　)。

A. 如何面对海量数据的处理和存储安全

B. 如何根据不同访问权限对同一数据库内容进行筛选

C. 如何提供用户隐私信息保护,同时又能正确认证

D. 如何对数据加密和转移

(3) 云架构的物联网公共安全平台的特点有(　　)。

A. 海量数据融合能力　　　　B. 海量数据的分配管理能力

C. 架构在虚拟层上的进阶应用　　　　D. 存储系统的静态能力

习题参考答案

第 1 章

1. 名词解释

(1) 信息安全：信息网络的硬件、软件及其系统中的数据受到保护，不受偶然的或者恶意的原因而遭到破坏、更改、泄露，系统连续可靠正常地运行，信息服务不中断。

(2) 信息保密性：系统中有密级要求的信息只能经过特定的方式传输给特定的对象，确保合法用户对该信息的合法访问和使用，阻止非授权的主体阅读信息。

(3) 信息完整性：系统保证信息在存储和传输的过程中保持不被非法存取、偷窃、篡改、删除等，以及不因意外事件的发生而使信息丢失。

2. 判断题

(√)

3. 填空题

(1) 保密性　真实性　完整性　未授权拷贝

(2) 信息泄露　破坏信息的完整性　拒绝服务　非法使用　窃听　业务流分析　假冒　旁路控制　授权侵犯　抵赖　计算机病毒　信息安全法律法规不完善(填 4 个即可)

(3) 保密性　完整性　可用性

4. 选择题

A、B

5. 简答题

信息安全领域人们所关注的焦点主要有密码理论与技术、安全协议理论与技术、安全体系结构理论与技术、信息对抗理论与技术、网络安全与安全产品，请简单介绍一下。

① 密码理论与技术主要包括两部分，即基于数学的密码理论与技术(包括公钥密码、分组密码、序列密码、认证码、数字签名、Hash 函数、身份识别、密钥管理、PKI 技术等)和非数学的密码理论与技术(包括信息隐形、量子密码、基于生物特征的识别理论与技术)。

② 安全协议研究主要包括两方面内容，即安全协议的安全性分析方法研究和各种实用安全协议的设计与分析研究。安全协议的安全性分析方法主要有两类：一类是攻击检验方法；另一类是形式化分析方法，其中形式化分析是安全协议研究中最关键的研究问题之一。

③ 安全体系结构理论与技术主要包括安全体系模型的建立及其形式化描述与分析，安全策略和机制的研究，检验和评估系统安全性的科学方法和准则的建立，符合这些模型、策略和准则的系统的研制(如安全操作系统、安全数据库系统等)。

④ 信息对抗理论与技术主要包括黑客防范体系，信息伪装理论与技术，信息分析与监控，入侵检测原理与技术，反击方法，应急响应系统，计算机病毒，人工免疫系统在反病毒和

抗入侵系统中的应用等。

⑤ 网络安全是信息安全中的重要研究内容之一，也是当前信息安全领域中的研究热点。研究内容包括网络安全整体解决方案的设计与分析，网络安全产品的研发等。网络安全包括物理安全和逻辑安全。物理安全指网络系统中各通信、计算机设备及相关设施的物理保护，免于破坏、丢失等。逻辑安全包含信息完整性、保密性、非否认性和可用性。它涉及网络、操作系统、数据库、应用系统和人员管理等方面。

6. 论述题

请介绍一下信息安全体系发展的历史和现状。

① 早期的信息安全。

密码学是一个古老的学科，其历史可以追溯到公元前5世纪希腊城邦为对抗奴役和侵略，与波斯发生多次冲突和战争。由于军事和国家安全的需要，密码学的研究从未间断。

20世纪40～60年代初，电子计算机出现后，因为其体积较大，不易安置，碰撞或搬动过程中容易受损，因此人们较关心其硬件安全。

② 70年代信息安全。

因为密码学的良好基础，加上军事和国家安全的需要，密码学研究开始与计算机安全结合。另外，互联网的崛起也刺激了网络安全的研究。这个时期的研究包括密码理论与技术研究和安全体系结构理论与技术研究。

③ 80年代信息安全。

20世纪80年代末，国际互联网的逐渐普及，安全保密事件频频发生，既有“硬破坏”，也有“软破坏”，因而这一阶段的计算机安全不但重视硬件，而且也重视软件和网络，不但注重系统的可靠性和可用性，而且因使用者多数是涉密的军事和政府部门，因此也非常关注系统的保密性。这个时期的研究和关注点包括密码理论与技术研究、安全协议理论与技术研究、安全体系结构理论与技术研究、信息对抗理论与技术研究。

④ 90年代信息安全。

20世纪90年代，伴随着计算机及其网络的广泛应用，诸多的安全事件暴露了计算机系统的缺陷，这使计算机科学家和生产厂商意识到，如果不堵住计算机及网络自身的漏洞，犯罪分子将乘虚而入，不但造成财产上的损失，而且将严重阻碍计算机技术的进一步发展和应用。这个时期的研究和关注点包括密码理论与技术研究、安全协议理论与技术研究、安全体系结构理论与技术研究、信息对抗理论与技术研究。

⑤ 21世纪信息安全现状。

进入21世纪，密码理论研究有了一些突破，安全体系结构理论更加完善，信息对抗理论的研究尚未形成系统，网络安全与安全产品丰富多彩。这个时期的研究包括密码理论与技术研究、安全体系结构理论与技术研究、信息对抗理论与技术研究、网络安全与安全产品研究。

第 2 章

1. 名词解释

(1) 加密：将原始数据(称为明文)转化成一种看似随机的、不可读的形式(称为密文)。

(2) 代换密码：用不同的位、字符、字符串来代替原来的位、字符、字符串。

(3) 置换密码：将原来的文本做一个置换，即将原来的位、字符、字符串重新排列以隐藏其意义。

(4) 密码分析学：研究在不知道通常解密所需要的秘密信息的情况下对加密的信息进行解密的学问，也称为破解密码。

(5) 椭圆曲线密码学：基于椭圆曲线数学的一种公钥密码的方法。

(6) PKI：公钥基础设施，是一种遵循既定标准的密钥管理平台，它能够为所有网络应用提供加密和数字签名等密码服务，以及所必需的密钥和证书管理体系。

(7) 密钥托管技术：一种能够在紧急情况下获取解密信息的技术。

2. 判断题

(1)(×) (2)(√) (3)(√) (4)(×) (5)(√)

3. 填空题

(1) 安全传输 安全存储 密码编码 密码分析

(2) 信息加密 信息认证 数字签名 密钥管理

(3) 分组密码 序列密码

(4) 静态密码 智能卡 短信密码 动态口令牌 USB KEY OCL 数字签名 生物识别技术 Infogo 身份认证 双因素身份认证 门禁应用(填4项即可)

(5) 基本密钥 会话密钥 密钥加密 主机密钥

(6) 权威认证机构 数字证书库 密钥备份及恢复系统 证书作废系统 应用接口

4. 选择题

(1) A、B、C (2) A、B、C、D (3) B、C (4) B、C、D (5) A、B、D (6) B

5. 简答题

(1) 请介绍对称密码的两种类型，并比较它们。

① 序列密码，也称为流密码，是对称密码算法的一种。序列密码具有实现简单、便于硬件实施、加解密处理速度快、没有或只有有限的错误传播等特点，因此在实际应用中，特别是专用或机密机构中保持着优势，典型的应用领域包括无线通信、外交通信。如果序列密码所使用的是真正随机方式的、与消息流长度相同的密钥流，则此时的序列密码就是一次一密的密码体制。若能以一种方式产生一随机序列(密钥流)，这一序列由密钥所确定，则利用这样的序列就可以进行加密，即将密钥、明文表示成连续的符号或二进制，对应地进行加密。流密码的基本模型如图2-1所示。

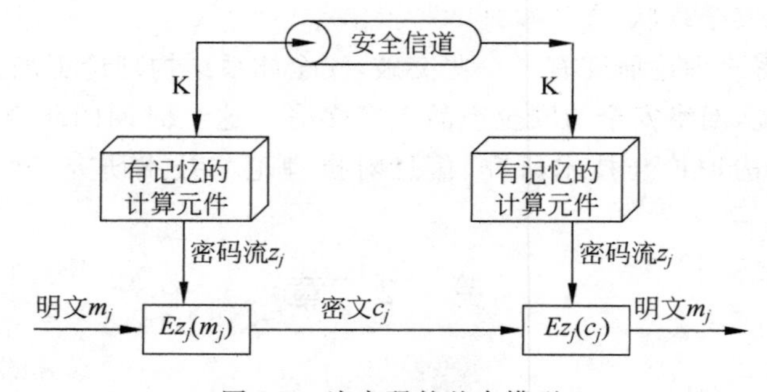

图 2-1 流密码的基本模型

② 分组密码是将明文消息编码表示后的数字(简称明文数字)序列划分成长度为 n 的组(可看成长度为 n 的矢量),每组分别在密钥的控制下变换成等长的输出数字(简称密文数字)序列。若明文流被分割成等长串,各串用相同的加密算法和相同的密钥进行加密,就是分组密码,见图 2-2。

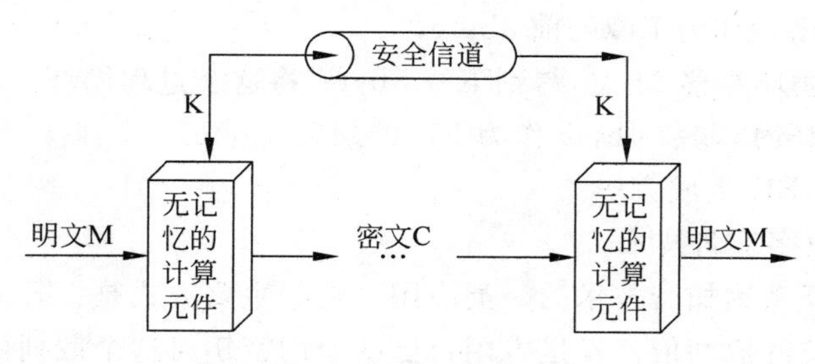

图 2-2　分组密码的基本模型

序列密码与分组密码的对比

分组密码以一定大小作为每次处理的基本单元,而序列密码则是以一个元素(一个字母或一位)作为基本的处理单元。

序列密码是一个随时间变化的加密变换,具有转换速度快、低错误传播的优点,硬件实现电路更简单。其缺点是低扩散(意味着混乱不够)、插入及修改的不敏感性。

分组密码使用的是一个不随时间变化的固定变换,具有扩散性好、插入敏感等优点。其缺点是加解密处理速度慢、存在错误传播。

序列密码涉及大量的理论知识,提出了众多的设计原理,也得到了广泛的分析,但许多研究成果并没有完全公开,这也许是因为序列密码目前主要应用于军事和外交等机密部门的缘故。目前,公开的序列密码算法主要有 RC4、SEAL 等。

(2) 请简单介绍 AES 算法的方法和步骤。

AES 是一种分组加密的算法。AES 加密数据块分组长度为 128 位,密钥长度可以是 128 位、192 位、256 位中的任意一个。AES 加密过程是在一个 4×4 的字节矩阵上运作,这个矩阵又称为“体”,其初值就是一个明文区块。加密时,各轮 AES 加密循环均包含 4 个步骤。

第一步 AddRoundKey:矩阵中的每一个字节都与该次回合密钥做 XOR 运算;每个子密钥由密钥生成方案产生。

第二步 SubBytes:通过一个非线性的替换函数,用查找表的方式把每个字节替换成对应的字节。

第三步 ShiftRows:将矩阵中的每个横列进行循环式移位。

第四步 MixColumns:为了充分混合矩阵中各个直行的操作。这个步骤使用线性转换来混合每次内联的 4 个字节。

最后一个加密循环中省略 MixColumns 步骤,而以另一个 AddRoundKey 取代。

(3) IDEA 算法原理是什么?

IDEA 是一种由 8 个相似圈和一个输出变换组成的迭代算法。IDEA 的每个圈都由三种函数:模(216+1)乘法、模 216 加法和按位 XOR 组成。

在加密之前,IDEA 通过密钥扩展将 128 位的密钥扩展为 52Byte 的加密密钥 EK,然后由 EK 计算出解密密钥 DK。EK 和 DK 分为 8 组半密钥,每组长度为 6Byte,前 8 组密钥用于 8 圈加密,最后半组密钥用于输出变换。IDEA 的加密过程和解密过程是一样的,只不过使用不同的密钥。

密钥扩展的过程如下：

① 将 128 位的密钥作为 EK 的前 8byte；

② 将前 8byte 循环左移 25 位,得到下一 8byte,将这个过程循环 7 次；

③ 在第 7 次循环时,取前 4byte 作为 EK 的最后 4byte。

至此,52byte 的 EK 生成完毕。

(4) 简单介绍数字签名技术。

数字签名是公开密钥加密技术的一类应用。它的主要方式是：报文的发送方从报文文本中生成一个 128 位的散列值。发送方用自己的专用密钥对这个散列值进行加密来形成发送方的数字签名。然后,这个数字签名将作为报文的附件和报文一起发送给报文的接收方。报文的接收方首先从接收到的原始报文中计算出 128 位的散列值(或报文摘要),接着再用发送方的公开密钥对报文附加的数字签名进行解密。如果两个散列值相同,那么接收方就能确认该数字签名是发送方的。通过数字签名能够实现对原始报文的鉴别和不可抵赖性。

6. 论述题

(1) PKI 的优势主要表现在哪些方面?

① 采用公开密钥密码技术,能够支持可公开验证并无法仿冒的数字签名,从而在支持可追究的服务上具有不可替代的优势。这种可追究的服务也为原发数据完整性提供了更高级别的担保。支持可以公开地进行验证,或者说任意的第三方可验证,能更好地保护弱势个体,完善平等的网络系统间的信息和操作的可追究性。

② 由于密码技术的采用,保护机密性是 PKI 最得天独厚的优点。PKI 不仅能够为相互认识的实体之间提供机密性服务,同时也可以为陌生的用户之间的通信提供保密支持。

③ 由于数字证书可以由用户独立验证,不需要在线查询,原理上能够保证服务范围无限制地扩张,这使得 PKI 能够成为一种服务巨大用户群的基础设施。PKI 采用数字证书方式进行服务,即通过第三方颁发的数字证书证明末端实体的密钥,而不是在线查询或在线分发。这种密钥管理方式突破了过去安全验证服务必须在线的限制。

④ PKI 提供了证书的撤销机制,从而使得其应用领域不受具体应用的限制。撤销机制提供了在意外情况下的补救措施,在各种安全环境下都可以让用户更加放心。另外,因为有撤销技术,不论是永远不变的身份,还是经常变换的角色,都可以得到 PKI 的服务而不用担心被窃后身份或角色被永远作废或被他人恶意盗用。为用户提供“改正错误”或“后悔”的途径是良好工程设计中必需的一环。

⑤ PKI 具有极强的互联能力。不论是上下级的领导关系,还是平等的第三方信任关系,PKI 都能够按照人类世界的信任方式进行多种形式的互联互通,从而使 PKI 能够很好地服务于符合人类习惯的大型网络信息系统。PKI 中各种互联技术的结合使建设一个复杂的网络信任体系成为可能。PKI 的互联技术为消除网络世界的信息孤岛提供了充足的技术保障。

(2) 密钥托管思想有哪几种? 请简单介绍一下。

① 门限密钥托管思想。门限密钥托管的思想是将门限方案和密钥托管算法相结合。

这个思想的出发点是将一个用户的私钥分为 n 个部分，每一部分通过秘密信道交给一个托管代理。在密钥恢复阶段，在其中不少于 k 个托管代理参与下，可以恢复出用户的私钥，而任意少于 k 的托管代理都不能够恢复出用户的私钥。如果 $k=n$，这种密钥托管就退化为 (n,n) 密钥托管，即在所有托管机构的参与下才能恢复出用户私钥。

② 部分密钥托管思想。所谓部分密钥托管，就是把整个私钥 c 分成两个部分 $x0$ 和 a，使得 $c=x0+a$，其中 a 是小位数，$x0$ 是被托管的密钥。$x0$ 分成许多份子密钥，它们分别被不同的托管机构托管，只有足够多的托管机构合在一起才能恢复 $x0$。监听机构在实施监听时依靠托管机构只能得到 $x0$，要得到用户的私钥 c，就需要穷举搜出 a。

③ 时间约束下的密钥托管思想。政府的密钥托管策略是想为公众提供一个更好的密码算法，但是又保留监听的能力。对于实际用户来说，密钥托管并不能够带来任何好处，但是从国家安全出发，实施电子监视是必要的。因此，关键在寻找能够最大程度保障个人利益的同时又能保证政府监视的体制。A. K. Lenstra 等人提出了在时间约束下的密钥托管方案，它既能较好地满足尽量保障个人利益，同时又能保证政府监视的体制。时间约束下的密钥托管方案限制了监听机构监听的权限和范围。方案有效地加强了对密钥托管中心的管理，同时也限制了监听机构的权力，保证了密钥托管的安全性，更容易被用户信任与接受。

第 3 章

1. 名词解释

(1) 物理安全：为保证信息系统的安全可靠运行，降低或阻止人为或自然因素从物理层面对信息系统保密性、完整性、可用性带来的安全威胁，从系统的角度采取的适当安全措施。

(2) 设备安全技术：主要是指保障构成信息网络的各种设备、网络线路、供电连接、各种媒体数据本身以及其存储介质等安全的技术。

(3) 数据安全：为数据处理系统建立和采用的技术和管理的安全保护，保护计算机硬件、软件和数据不因偶然和恶意的原因遭到破坏、更改和泄露。确保网络数据的可用性、完整性和保密性。

(4) 硬盘数据擦除技术：通过相关的硬盘数据擦除技术及硬盘数据擦除工具，将硬盘上的数据彻底删除，无法恢复。

2. 判断题

(1) (×)　(2) (√)

3. 填空题

(1) 干扰源　传播途径　接受载体

(2) 温度　电源　地板　监控

(3) 硬盘驱动器损坏　光盘损坏　U 盘损坏　信息窃取　自然灾害　电源故障　磁干扰(填 4 个即可)

4. 简答题

(1) 数据采集外界抗干扰措施有哪些？

为了提高电子设备的抗干扰能力，除在芯片、部件上提高抗干扰能力外，主要的措施有屏蔽、隔离、滤波、吸波和接地等，其中屏蔽是应用最多的方法。

① 屏蔽是利用导电或导磁材料制成的盒状或壳状屏蔽体，将干扰源或干扰对象包围起来从而割断或削弱干扰场的空间耦合通道，阻止其电磁能量的传输。

② 隔离是指把干扰源与接收系统隔离开来，使有用信号正常传输，而干扰耦合通道被切断，达到抑制干扰的目的。常见的隔离方法有光电隔离、变压器隔离和继电器隔离。

③ 滤波是抑制干扰传导的一种重要方法。由于干扰源发出电磁干扰频谱往往比要接收的信号的频谱宽得多，因此，当接收器接收有用信号时，也会接收到那些不希望有的干扰。这时可以采用滤波的方法，只让所需要的频率成分通过，而将干扰频率成分加以抑制。

④ 将电路、设备机壳等与作为零电位的一个公共参考点（大地）实现低阻抗的连接称为接地。

⑤ 用软件来识别有用信号和干扰信号，并滤除干扰信号的方法称为软件滤波。

（2）设备安全策略有哪些？

设备不能工作，人为损坏，设备过时等问题可采用以下方法：

① 设备改造。是对由于新技术出现，在经济上不宜继续使用的设备进行局部的更新，即对设备的第二种无形磨损的局部补偿。

② 设备更换。设备更新的重要形式，分为原型更新和技术更新。原型更新即简单更新，用结构相同的新设备更换因为严重有形磨损而在技术上不宜继续使用的旧设备。这种更换主要解决设备的损坏问题，不具有技术进步的性质。

③ 技术更新。用技术上更先进的设备去更换技术陈旧的设备。它不仅能恢复原有设备的性能，而且使设备具有更先进的技术水平，具有技术进步的性质。

④ 备份机制。即两台设备一起工作。也称为双工，指两台或多台服务器均为活动，同时运行相同的应用，保证整体的性能，也实现了负载均衡和互为备份。双机双工模式是目前群集的一种形式。

⑤ 监控报警。监控报警是安全报警与设备监控的有效融合。监控报警系统包括安全报警和设备监控两个部分。当设备出现问题时，监控报警系统可以迅速发现问题，并及时通知责任人进行故障处理。

（3）常用的数据安全防护技术有哪些？

① 磁盘阵列。磁盘阵列是指把多个类型、容量、接口甚至品牌一致的专用磁盘或普通硬盘连成一个阵列，使其以更快的速度、准确、安全的方式读写磁盘数据，从而达到数据读取速度和安全性的一种手段。

② 数据备份。备份管理包括备份的可计划性，自动化操作，历史记录的保存或日志记录。

③ 双机容错。双机容错的目的在于保证系统数据和服务的在线性，即当某一系统发生故障时，仍然能够正常地向网络系统提供数据和服务，使得系统不至于停顿。双机容错的目的在于保证数据不丢失和系统不停机。

④ 网络存储技术 NAS。NAS 解决方案通常配置为作为文件服务的设备，由工作站或服务器通过网络协议和应用程序进行文件访问，大多数 NAS 链接在工作站客户端和 NAS 文件共享设备之间进行。

⑤ 数据迁移。由在线存储设备和离线存储设备共同构成一个协调工作的存储系统，该系统在在线存储和离线存储设备间动态的管理数据，使得访问频率高的数据存放于性能较

高的在线存储设备中，而访问频率低的数据存放于较为廉价的离线存储设备中。

⑥ 异地容灾。以异地实时备份为基础的高效、可靠的远程数据存储。在各单位的IT系统中必然有核心部分，通常称为生产中心，往往给生产中心配备一个备份中心，该备份中心是远程的，并且在生产中心的内部已经实施了各种各样的数据保护。不管怎么保护，当火灾、地震这种灾难发生时，一旦生产中心瘫痪了，备份中心会接管生产，继续提供服务。

⑦ 存储区域网络SAN。它是一个集中式管理的高速存储网络，由多供应商存储系统、存储管理软件、应用程序服务器和网络硬件组成SAN。SAN允许服务器在共享存储装置的同时仍能高速传送数据。这一方案具有带宽高、可用性高、容错能力强的优点，而且它可以轻松升级，容易管理，有助于改善整个系统的总体成本状况。

(4) 简单介绍数据恢复的方法。

数据恢复只是一种技术手段，将保存在计算机、笔记本、服务器、存储磁带库、移动硬盘、U盘、数码存储卡和MP3等设备上丢失的数据进行抢救和恢复的技术。具体方法有：

① 硬件故障的数据恢复。首先是诊断，找到问题点，修复相应的硬件故障，然后进行数据恢复。

② 磁盘阵列(RAID)数据恢复。首先是排除硬件故障，然后分析阵列顺序、块大小等参数，用阵列卡或阵列软件重组，按常规方法恢复数据。

③ U盘数据恢复。U盘、XD卡、SD卡、CF卡、Memory Stick、SM卡、MMC卡、MP3、MP4、记忆棒、数码相机、DV、微硬盘、光盘和软盘等各类存储设备数据介质损坏或出现电路板故障、磁头偏移、盘片划伤等情况下，采用开体更换、加载和定位等方法进行数据修复。

5. 论述题

国内外物理安全技术相关标准有哪些？

① CC准则

CC准则自1985年启动，1999年国际标准ISO发布15408标准。我国于2001年将ISO/IEC 15408转化为国家标准GB/T 18336—2001《信息技术安全性评估准则》。

CC在对安全保护框架和安全目标的一般模型进行介绍以后，分别从安全功能和安全保证两方面对IT安全技术的要求进行了详细描述。CC适用于硬件、固件和软件实现的信息技术安全措施。CC明确指出不在其范围的内容包括与信息技术安全措施没有直接关联的属于行政管理的安全措施；信息技术安全性的物理方面；密码算法的质量评价。

CC中涉及物理安全技术的安全功能至少有以下两个：一是TSF等级保护类中的物理保护；二是资源利用类。TSF物理保护安全功能是指限制未授权的TSF物理访问，阻止并抵抗未授权的TSF物理修改或替换，包括物理攻击被动检测、物理攻击报告以及物理攻击抵抗等内容。资源利用类包括故障容错、服务优先级和资源分配等安全功能。

② NIST标准

美国国家标准与技术局制定了美国联邦信息处理标准(FIPS)、专用出版物等系列文档，对信息系统安全的实施进行了完整的描述。

NIST的SP800-53《联邦信息系统推荐安全控制》为不同级别的系统推荐了不同强度的安全控制集。SP800-53中提出了三类安全控制：管理、技术和运行。每类又分若干个族(共18个)，每个族又由不同的安全控制组成(共390个)。运行控制对物理和环境保护、介质保护提出了要求。其中物理和环境等级保护包括物理和环境保护策略和程序、授权物理访问、物理访问的控制、传输介质访问控制、显示设备访问控制、物理访问监视、访客控制、访问日志、电力设施和电缆、应急开关、应急电源、应急照明、防火、温度湿度控制、防水、设备递送和移交、更替工作场所17个安全控制项；介质保护包括介质保护策略和程序、介质访问、介质标记、介质存储、介质传送、介质清洗、介质销毁及处理7个安全控制项。

③ DOD标准

美国国防部在2003年2月发布了信息保障实施指导书(8500.2)，区别于SP800-53中"类"的概念，8500.2提出了"域"的概念，8个主题域分别为安全设计与配置、标识与鉴别、飞地与计算环境、飞地边界防御、物理和环境、人员、连续性、脆弱性和事件管理。每个主题域包含若干个安全控制。为保证系统可用性、完整性，物理和环境域信息系统物理安全等级保护标准研究包括以下控制措施：应急照明、火灾探测、火灾检查、灭火系统、湿度控制、主电源切换、屏幕保护、温度控制、环境控制训练、电压调整等。为保证系统机密性，物理和环境域包括以下控制措施：计算设备访问、清洗及清除、销毁、敏感数据拦截、设施物理保护、物理安全测试、工作场所安全程序、储存、计算设施访客控制等。

④ IATF标准

1998年，美国国家安全局(NSA)制定了《信息保障技术框架》，为保护美国政府和工业界的信息与信息技术设施提供技术指南。IATF从整体、过程的角度看待信息安全问题，其代表理论为"深度防护战略"。IATF强调人、技术、操作这三个核心原则，关注4个信息安全保障领域：网络与基础设施、飞地边界、计算环境和支撑性基础设施。

IATF提出的"飞地(enclave)"是指通过局域网相互连接、采用单一安全策略并且不考虑物理位置的本地计算设备的集合。通过飞地边界等级保护框架，IATF对信息系统的物理边界和逻辑边界进行了划分，并对逻辑边界保护提出了控制措施。

⑤ BS7799标准

BS7799是英国标准协会针对信息安全管理而制定的标准，最早始于1995年。标准包括两部分：BS7799 1：1999《信息安全管理实施细则》和BS7799-2：2002《信息安全管理体系规范》。2000年12月，BS7799.1正式成为国际标准ISO17799，2005年10月BS7799-2正式成为国际标准ISO/ⅢC27001：2005。BS7799.1为建立并实施信息安全管理体系提供了指导性准则，BS7799.2为建立信息安全管理体系提供了一套规范，详细说明了建立、实施和维护信息安全管理体系的要求。

BS7799-1标准包括安全策略、安全机构、资产分级与控制、人员安全、物理与环境、通信与操作管理、访问控制、系统开发与维护、业务持续管理、符合性10大管理要项。其中物理与环境部分具体包括安全区域(物理安全周边、物理实体控制措施、安全办公室房间和设施、在安全区域中工作、隔离的传递和装载区域)、设备安全(设备安装安置和保护、电源供应、电缆安全、设备维护、离开建筑物的设备的安全、安全丢弃或重用设备)、一般控制措施(桌面清理和屏幕清理策略、财产的移动)。

⑥ 通用安全技术要求

GB/T 20271—2006《信息安全技术信息系统，通用安全技术要求》是我国信息安全等级保护的基础核心标准，全面、系统地描述了建立安全的计算机信息系统所应采用的安全技术和措施。

GB/T 20271—2006从环境、设备和记录介质等方面对物理安全提出了要求。环境安全由中心机房安全保护和通信线路的安全防护两部分组成。其中，中心机房安全等级保护具体包括场地选择、内部安全防护、防火、供配电、空调及降温、防水与防潮、防静电、接地与防雷击、电磁防护等要求。设备安全包括设备的防盗和防毁、设备的安全可用。

第 4 章

1. 名词解释

(1) 防火墙：是一项协助确保信息安全的设备，会依照特定的规则，允许或是限制传输的数据通过。

(2) 入侵检测：对入侵行为的检测。它通过收集和分析网络行为、安全日志、审计数据、其他网络上可以获得的信息以及计算机系统中若干关键点的信息，检查网络或系统中是否存在违反安全策略的行为和被攻击的迹象。

(3) 访问控制：在身份认证的基础上，依据授权对提出的资源访问请求加以控制。

(4) VPN：虚拟专用网络，指的是在公用网络上建立专用网络的技术。

(5) PPTP：点对点隧道协议，是一种用于让远程用户拨号连接到本地的ISP，通过因特网安全远程访问公司资源的新型技术。

(6) 计算机病毒：一种人为编制能够对计算机正常程序的执行或数据文件造成破坏，并且能够自我复制的一组指令程序代码。

(7) DDoS攻击：利用足够数量的傀儡机产生数目巨大的攻击数据包对一个或多个目标实施DoS攻击，耗尽受害端的资源，使受害主机丧失提供正常网络服务的能力。

2. 判断题

(1) (√)　(2) (√)　(3) (×)　(4) (√)　(5) (×)　(6) (√)

3. 填空题

(1) 特殊设计的硬件防火墙　数据包过滤型　电路层网关　应用级网关

(2) 特征检测　异常检测

(3) 模式匹配　统计分析　完整性分析

(4) 主体　客体　安全访问策略

(5) 使用VPN可降低成本　传输数据安全可靠　连接方便灵活　完全控制

(6) RSVP　子网带宽管理　政策机制

(7) 感染性　潜伏性　触发性

(8) 设置防火墙　数据加密　入侵检测

4. 选择题

(1) B、C、D　(2) A、B、C、D　(3) A、C、D　(4) B、C　(5) A、C　(6) A、B、C　(7) C　(8) A、B、D

5. 简答题

(1) 防火墙硬件体系结构经历过通用CPU架构、ASIC架构和网络处理器架构，请简述这几种构架的特点。

① 通用CPU架构最常见的是基于Intel X86架构的防火墙，在百兆防火墙中Intel X86架构的硬件以其高灵活性和扩展性一直受到防火墙厂商的青睐。由于采用了PCI总线接口，Intel X86架构的硬件虽然理论上能达到2Gbps的吞吐量甚至更高，但是在实际应用中，

尤其是在小包情况下，远远达不到标称性能，通用 CPU 的处理能力也很有限。

② ASIC(专用集成电路)技术是国外高端网络设备几年前广泛采用的技术。由于采用了硬件转发模式、多总线技术、数据层面与控制层面分离等技术，ASIC 架构防火墙解决了带宽容量和性能不足的问题，稳定性也得到了很好的保证。ASIC 技术的性能优势主要体现在网络层转发上，而对于需要强大计算能力的应用层数据的处理则不占优势，而且面对频繁变异的应用安全问题，其灵活性和扩展性也难以满足要求。

③ 由于网络处理器所使用的微码编写有一定技术难度，难以实现产品的最优性能，因此网络处理器架构的防火墙产品难以占有大量的市场份额。

(2) 简述基于主机的入侵检测系统及特点。

基于主机的入侵检测系统将检测模块驻留在被保护系统上，通过提取被保护系统的运行数据并进行入侵分析来实现入侵检测的功能。目前，基于主机的入侵检测系统很多是基于主机日志分析。通过分析主机日志来发现入侵行为。基于主机的入侵检测系统具有检测效率高，分析代价小，分析速度快的特点，能够迅速并准确地定位入侵者，并可以结合操作系统和应用程序的行为特征对入侵进行进一步分析。

基于主机的入侵检测系统存在的问题是：首先它在一定程度上依赖于系统的可靠性，它要求系统本身应该具备基本的安全功能并具有合理的设置，然后才能提取入侵信息；有时即使进行了正确的设置，对操作系统熟悉的攻击者仍然有可能在入侵行为完成后及时地将系统日志抹去，从而不被发觉；并且主机的日志能够提供的信息有限，有的入侵手段和途径不会在日志中有所反映，日志系统对有的入侵行为不能做出正确的响应。

基于主机的入侵检测系统的优点包括可监视特定的系统活动、适用于加密的及交换的环境、不要求额外的硬件设备。

(3) 基于网络的入侵检测系统有哪些优点和缺点?

基于网络的入侵检测系统(NIDS)通过网络监视来实现数据提取。其优点包括可检测低层协议的攻击、攻击者不易转移证据、不需要改变服务器等主机的配置、可靠性好、与操作系统无关，不占用被检测系统的资源。同时，网络入侵检测系统也存在不足：容易受到拒绝服务攻击、不适合交换式网络、监测复杂的攻击较弱、不适合加密环境。

(4) TBAC 模型由工作流、授权结构体、受托人集、许可集 4 部分组成，请简单介绍这 4 部分。

① 任务(Task)是工作流程中的一个逻辑单元，是一个可区分的动作，与多个用户相关，也可能包括几个子任务。授权结构体是任务在计算机中进行控制的一个实例。任务中的子任务对应于授权结构体中的授权步。

② 授权结构体(Authorization Unit)是由一个或多个授权步组成的结构体，它们在逻辑上是联系在一起的。授权结构体分为一般授权结构体和原子授权结构体。一般授权结构体内的授权步依次执行，原子授权结构体内部的每个授权步紧密联系，其中任何一个授权步失败都会导致整个结构体的失败。

③ 授权步(Authorization Step)表示一个原始授权处理步，是指在一个工作流程中对处理对象的一次处理过程。授权步是访问控制所能控制的最小单元，由受托人集(Trustee-Set)和多个许可集(Permissions Set)组成。

④ 受托人集是可被授予执行授权步的用户的集合，许可集则是受托集的成员被授予授

权步时拥有的访问许可。当授权步初始化以后，一个来自受托人集中的成员将被授予授权步，称这个受托人为授权步的执行委托者，该受托人执行授权步过程中所需许可的集合称为执行者许可集。授权步之间或授权结构体之间的相互关系称为依赖(Dependency)，依赖反映了基于任务的访问控制的原则。授权步的状态变化一般自我管理，依据执行的条件而自动变迁状态，但有时也可以由管理员进行调配。

(5) 黑客攻击有哪些典型的模式?

① 监听。这种攻击是指监听计算机系统或网络信息包以获取信息。监听实质上并没有进行真正的破坏性攻击或入侵，但却通常是攻击前的准备动作，黑客利用监听来获取他想攻击对象的信息，如网址、用户账号和用户密码等。这种攻击可以分成网络信息包监听和计算机系统监听两种。

② 密码破解。这种攻击是指使用程序或其他方法来破解密码。破解密码主要有两个方式：猜出密码或是使用遍历法一个一个尝试所有可能试出密码。这种攻击程序相当多，如果是要破解系统用户密码的程序，通常需要一个储存着用户账号和加密过的用户密码的系统文件，例如 UNIX 系统的 Password 和 Windows NT 系统的 SAM，破解程序就利用这个系统文件来猜或试密码。

③ 漏洞。漏洞是指程序在设计、实现或操作上的错误，而被黑客用来获得信息、取得用户权限、取得系统管理者权限或破坏系统。由于程序或软件的数量太多，所以这种数量相当庞大。缓冲区溢出是程序在实现上最常发生的错误，也是最多漏洞产生的原因。缓冲区溢出的发生原因是把超过缓冲区大小的数据放到缓冲区，造成多出来的数据覆盖到其他变量，绝大多数的状况是程序发生错误而结束。但是，如果适当地放入数据，就可以利用缓冲区溢出来执行自己的程序。

④ 扫描。这种攻击是指扫描计算机系统以获取信息。扫描和监听一样，实质上并没有进行真正的破坏性攻击或入侵，但却通常是攻击前的准备动作，黑客利用扫描来获取他想攻击对象的信息，如开放哪些服务、提供服务的程序，甚至利用已发现的漏洞样本作对比直接找出漏洞。

⑤ 恶意程序码。这种攻击是指黑客通过外部设备和网络把恶意程序码安装到系统内。它通常是黑客成功入侵后做的后续动作，可以分成两类：病毒和后门程序。病毒有自我复制性和破坏性两个特性，这种攻击就是把病毒安装到系统内，利用病毒的特性破坏系统和感染其他系统。最有名的病毒就是世界上第一位因特网黑客所写的蠕虫病毒，它的攻击行为其实很简单，就是复制，复制的同时做到感染和破坏的目的。后门程序攻击通常是黑客在入侵成功后，为了方便下次入侵而安装的程序。

⑥ 阻断服务。这种攻击的目的并不是要入侵系统或是取得信息，而是阻断被害主机的某种服务，使得正常用户无法接受网络主机所提供的服务。这种攻击有很大一部分是从系统漏洞这个攻击类型中独立出来的，它是把稀少的资源用尽，让服务无法继续。例如 TCP 同步信号洪泛攻击是把被害主机的等待队列填满。最近出现一种有关阻断服务攻击的新攻击模式——分布式阻断服务攻击，黑客从 client 端控制 handler，而每个 handler 控制许多 agent，因此黑客可以同时命令多个 agent 来对被害者做大量的攻击。而且 client 与 handler 之间的沟通是经过加密的。

⑦ Social Engineering。这种是指不通过计算机或网络的攻击行为。例如黑客自称是

系统管理者，发电子邮件或打电话给用户，要求用户提供密码，以便测试程序或其他理由。其他如躲在用户背后偷看他人的密码也属于 Social Engineering。

(6) 木马病毒藏身方法有哪些？

① 集成到程序中。木马是一种客户端/服务器程序。为了不让用户能轻易地把它删除，常常被集成到程序里，一旦用户激活木马程序，那么木马文件和某一应用程序绑定在一起，然后上传到服务端覆盖原文件，这样即使木马被删除了，只要运行绑定了木马的应用程序，木马又会被安装上去。绑定到某一应用程序中，如绑定到系统文件，那么每一次 Windows 系统启动均会启动木马。

② 隐藏在配置文件中。木马利用配置文件的特殊作用，在 Autoexec. bat 和 Config. sys 中加载木马程序，然后在计算机中发作、运行，偷窥监视计算机。

③ 潜伏在 Win. ini 中。木马要想达到控制或者监视计算机的目的，必须要运行，一个既安全又能在系统启动时自动运行的地方是潜伏在 Win. ini 文件中。Win. ini 文件中有启动命令 load=和 run=，在一般情况下"="后面是空白的，如果后面跟有程序，如 run=c：\windows\file. exe；load=c：\windows\file. exe，这时 file. exe 很可能是木马。

④ 伪装在普通文件中。这个方法是把可执行文件伪装成图片或文本，在程序中把图标改成 Windows 的默认图片图标，再把文件名改为 *. jpg. exe，由于 Windows 系统默认设置是"不显示已知的文件后缀名"，文件将会显示为 *. jpg，不注意的人一点这个图标就中木马了。

⑤ 内置到注册表中。由于注册表比较复杂，它是木马隐藏的地方。

⑥ 在 System. ini 中。Windows 安装目录下的 System. ini 是木马隐蔽的地方。在该文件的[boot]字段中，如果 shell=Explorer. exe file. exe，这里的 file. exe 就是木马服务端程序。另外，在 System. ini 中的[386Enh]字段，要注意检查在此段内的"driver=路径\\程序名"，这里也有可能被木马所利用。再有，在 System. ini 中的[mic]、[drivers]、[drivers32]这三个字段，这些段也是起到加载驱动程序的作用，但也是增添木马程序的好场所。

⑦ 隐形于启动组中。启动组也是木马可以藏身的好地方，也是自动加载运行的好场所。启动组对应的文件夹为 C：\windows\startmenu\programs\startup，在注册表中的位置是 HKEY_CURRENT_USER\Software\Microsoft\Windows\CurrentVersion\Explorer\ShellFold-ers Startup="C：\windows\startmenu\programs\startup"。

⑧ 隐蔽在 Winstart. bat 中。Winstart. bat 也是一个能自动被 Windows 加载运行的文件，它多数情况下为应用程序及 Windows 自动生成，在执行了 Win. com 并加载了多数驱动程序之后开始执行。由于 Autoexec. bat 的功能可以由 Winstart. bat 代替完成，因此木马也可以像在 Autoexec. bat 中那样被加载运行。

⑨ 绑定在启动文件中。即应用程序的启动配置文件，控制端利用这些文件能启动程序的特点，将制作好的带有木马启动命令的同名文件上传到服务端覆盖这同名文件，这样就可以达到启动木马的目的了。

⑩ 设置在超链接中。木马的主人在网页上放置恶意代码，引诱用户点击，用户点击的结果是中木马病毒。

(7) 入侵检测的步骤是怎样的？

入侵检测为网络安全提供实时检测及攻击行为检测，并采取相应的防护手段。

第一步　信息收集。

入侵检测的第一步是信息收集，内容包括系统、网络、数据及用户活动的状态和行为。而且需要在计算机网络系统中的若干不同关键点（不同网段和不同主机）收集信息，这除了尽可能扩大检测范围的因素外，还有一个重要的因素就是从一个源来的信息有可能看不出疑点，但从几个源来的信息的不一致性却是可疑行为或入侵的最好标识。

入侵检测利用的信息一般来自以下 4 个方面：系统和网络日志文件、目录和文件中不期望的改变、程序执行中的不期望行为、物理形式的入侵信息。

第二步　信号分析。

根据收集到的信息进行分析。常用的分析方法有模式匹配、统计分析、完整性分析。模式匹配是将收集到的信息与已知的网络入侵和系统误用模式数据库进行比较，从而发现违背安全策略的行为。对收集到的有关系统、网络、数据及用户活动的状态和行为等信息，一般通过三种技术手段进行分析：模式匹配、统计分析和完整性分析。

第　5　章

1. 选择题

(1) A、B、C　(2) A、C、D

2. 简答题

(1) 简单介绍标准化的管理原理。

① 系统效应原理。一个企业要实施标准化，需要有多个标准同时配合，这是一个系统工程。实践证明：标准系统的效应不是来自于某个标准本身，它是多个标准互相协同的结果，并且这个效应超过标准个体效应的总和，这就是系统效应原理。因此，企业的标准化工作要想收到实效，必须建立标准系统。多个标准共同实施时，关键是标准之间的互相关联、互相协调、互相适应。把握每一个标准出发点，和它在系统中的位置、所起的作用以及它与相关标准之间的关系等。这样才能制定出切合实际的标准，这样的标准系统才能产生较好的系统效应。

② 结构优化原理。一个标准系统是由多个标准组成的，这些标准在系统中的位置不是杂乱无章的，每个标准都有自己的位置，且彼此之间层次分明，时间排列有序。系统效应的大小，很大程度上取决于系统是否具有良好的组织结构。实践证明：标准系统的结构不同，其效应也会不同，只有经过优化的系统结构才能产生系统效应；系统结构的优化，应按照结构与功能的关系，调整和处理标准系统的阶层秩序、时间序列、数量比例以及它们的合理组合。这就是结构优化原理的含义。根据这一原理，在对标准系统进行实施的过程中，应不断协调彼此的关系，及时发现结构的不合理，并加以调整。

③ 有序发展原理。标准系统的结构经过优化之后，系统内部各要素之间彼此协调，系统与其外部环境之间也保持适应的状态。把这种状态叫做系统的稳定状态，系统只有处于稳定状态，才能正常地发挥其功能，产生系统效应。当外部环境发生变化时，系统不断调整，逐步适应环境的变化，稳定向前发展。如果在系统形成和发展过程中，对系统内部、外部因素之间的关系处理不当，便可能降低系统结构的有序度，使系统向无序方向转化。此外，即使原有的系统结构状态较好，也会由于外部环境的变化，使系统中的个别要素首先发生变化，从而使要素之间的联系变得不稳定，由此也会向无序方向演化。

④ 反馈控制原理。标准系统的存在与发展，不仅依赖于其内部要素的相互作用，同时还依赖于它和周围环境的相互作用，恰是这两种作用构成了标准系统发展的动力。标准系统同环境的联系表现在它和环境之间的物质和信息的不断交换过程中，标准系统从环境得到各种信息之后，据此调整自己的结构，增加必要的标准，使标准系统同环境相适应。实践证明：标准系统演化、发展以及保持结构稳定性和环境适应性的内在机制是反馈控制。这就是反馈控制原理，因此，标准系统在建立和发展过程中，只有通过经常的反馈，不断地调节同外部环境的关系，提高系统的适应性和稳定性，才能有效地发挥出系统效应。标准系统同外部环境的适应性不可能自发实现，需要控制系统（管理机构）实行强有力的反馈控制。

(2) 简单介绍 SSE-CMM 的基本思想。

SSE-CMM 的基本思想是建立和完善一套成熟的、可度量的安全工程过程。该模型定义了一个安全工程过程应有的特征，这些特征是完善安全工程的根本保证。这个安全工程对于任何工程活动均是清晰定义的、可管理的、可测量的、可控制的，并且是有效的。SSE-CMM 模型及其评定方法汇集了业界范围内常见的实施方法，提供了一套包括政府及产业的标准度量体系，确保了在处理硬件、软件、系统和组织安全问题的工程实施活动后，能够得到一个完整意义上的安全结果。在以下安全活动过程中 SSE-CMM 已成为公认的标准规范。这些活动包括：整个工程的生命周期过程，包括开发、运行、维护和结束；整个组织过程，包括各种管理、组织和工程活动；与其他工程规范和标准的交流，包括其他系统、软件、硬件、人的因素和检测工程规范等；与其他组织的交流活动，包括信息获取、系统管理、认证、授权和评价等活动。此外，SSE-CMM 还用于改进安全工程实施的现状，达到提高安全系统、安全产品和安全工程服务的质量和可用性并降低成本的目的。

3. 论述题

等级保护技术包括哪些方面？

① 物理安全。

物理安全主要涉及的方面包括环境安全（防火、防水、防雷击等）设备和防盗窃防破坏等方面。具体包括物理位置的选择、物理访问控制、防窃和防破坏、防雷击、防火、防水和防潮、防静电、温湿度控制、电力供应电磁防护 10 个控制点。

一级物理安全要求：主要要求对物理环境进行基本的防护，对出入进行基本控制，环境安全能够对自然威胁进行基本的防护，电力则要求提供供电电压的正常。

二级物理安全要求：对物理安全进行了进一步的防护，不仅对出入进行基本的控制，对进入后的活动也要进行控制。物理环境方面，则加强了各方面的防护，采取更细的要求来多方面进行防护。

三级物理安全要求：对出入加强了控制，做到人、电子设备共同监控。物理环境方面，进一步采取各种控制措施来进行防护。如防火要求，不仅要求自动消防系统，而且要求区域隔离防火，建筑材料防火等方面，将防火的范围增大，从而使火灾发生的几率和损失降低。

四级物理安全要求：对机房出入的要求进一步增强，要求多道电子设备监控。物理环境方面，要求采用一定的防护设备进行防护，如静电消除装置等。

② 网络安全。

网络安全主要关注的方面包括网络结构、网络边界以及网络设备自身安全等。具体的包括结构安全、访问控制、安全审计、边界完整性检查、入侵防范、恶意代码防范和网络设备防护 7 个控制点。

一级网络安全要求：主要提供网络安全运行的基本保障，包括网络结构能够基本满足业务运行需要，网络边界处对进出的数据包头进行基本过滤等访问控制措施。

二级网络安全要求：不仅要满足网络安全运行的基本保障，同时还要考虑网络处理能力要满足业务极限时的需要。对网络边界的访问控制粒度进一步增强。同时，加强了网络边界的防护，增加了安全审计、边界完整性检查、入侵防范等控制点。对网络设备的防护不仅局限于简单的身份鉴别，同时对标识和鉴别信息都有了相应的要求。

三级网络安全要求：对网络处理能力增加了"优先级"考虑，保证重要主机能够在网络拥堵时仍能够正常运行；网络边界的访问控制扩展到应用层，网络边界的其他防护措施进一步增强，不仅能够被动地"防"，还应能够主动发出一些动作，如报警、阻断等。网络设备的防护手段要求两种身份鉴别技术综合使用。

四级网络安全要求：对网络边界的访问控制做出了更为严格的要求，禁止远程拨号访问，不允许数据带通用协议通过；边界的其他防护措施也加强了要求。网络安全审计着眼于全局，做到集中审计分析，以便得到更多的综合信息。网络设备的防护，在身份鉴别手段上除要求两种技术外，其中一种鉴别技术必须是不可伪造的，进一步加强了对网络设备的防护。

③ 主机系统安全。

主机系统安全是包括服务器、终端/工作站等在内的计算机设备在操作系统及数据库系统层面的安全。终端/工作站是带外设的台式机与笔记本计算机，服务器则包括应用程序、网络、Web、文件与通信等服务器。主机系统是构成信息系统的主要部分，其上承载着各种应用。因此，主机系统安全是保护信息系统安全的中坚力量。主机系统安全涉及的控制点包括身份鉴别、安全标记、访问控制、可信路径、安全审计、剩余信息保护、入侵防范、恶意代码防范和资源控制 9 个控制点。

一级主机系统安全要求：对主机进行基本的防护，要求主机做到简单的身份鉴别，粗粒度的访问控制以及重要主机能够进行恶意代码防范。

二级主机系统安全要求：在控制点上增加了安全审计和资源控制等。同时，对身份鉴别和访问控制都进一步加强，鉴别的标识、信息等都提出了具体的要求。访问控制的粒度进行了细化等，恶意代码增加了统一管理等。

三级主机系统安全要求：在控制点上增加了剩余信息保护，即访问控制增加了设置敏感标记等，力度变强。同样，身份鉴别的力度进一步增强，要求两种以上鉴别技术同时使用。安全审计已不满足于对安全事件的记录，而要进行分析、生成报表。对恶意代码的防范综合考虑网络上的防范措施，做到二者相互补充。对资源控制增加了对服务器的监视和最小服务水平的监测和报警等。

四级主机系统安全要求：在控制点上增加了安全标记和可信路径，其他控制点在强度上也分别增强，如身份鉴别要求使用不可伪造的鉴别技术，访问控制要求部分按照强制访问控制的力度实现，安全审计能够做到统一集中审计等。

④ 应用安全。

通过网络、主机系统的安全防护，最终应用安全成为信息系统整体防御的最后一道防线。在应用层面运行着信息系统基于网络的应用以及特定业务应用。基于网络的应用是形成其他应用的基础，包括消息发送、Web浏览等，可以说是基本的应用。业务应用采纳基本应用的功能以满足特定业务的要求，如电子商务、电子政务等。由于各种基本应用最终是为业务应用服务的，因此对应用系统的安全保护最终就是如何保护系统的各种业务应用程序安全运行。应用安全主要涉及的安全控制点包括身份鉴别、安全标记、访问控制、可信路径、安全审计、剩余信息保护、通信完整性、通信保密性、抗抵赖、软件容错和资源控制11个控制点。

一级应用安全要求：对应用进行基本的防护，要求做到简单的身份鉴别，粗粒度的访问控制以及数据有效性检验等基本防护。

二级应用安全要求：在控制点上增加了安全审计、通信保密性和资源控制等。同时，对身份鉴别和访问控制都进一步加强，鉴别的标识、信息等都提出了具体的要求。访问控制的粒度进行了细化，对通信过程的完整性保护提出了特定的校验码技术。应用软件自身的安全要求进一步增强，软件容错能力增强。

三级应用安全要求：在控制点上增加了剩余信息保护和抗抵赖等。同时，身份鉴别的力度进一步增强，要求组合鉴别技术，访问控制增加了敏感标记功能，安全审计已不满足于对安全事件的记录，而要进行分析等。对通信过程的完整性保护提出了特定的密码技术。应用软件自身的安全要求进一步增强，软件容错能力增强，增加了自动保护功能。

四级应用安全要求：在控制点上增加了安全标记和可信路径等。部分控制点在强度上进一步增强，如身份鉴别要求使用不可伪造的鉴别技术，安全审计能够做到统一安全策略提供集中审计接口等，软件应具有自动恢复的能力等。

⑤ 数据安全及备份恢复。

信息系统处理的各种数据（用户数据、系统数据和业务数据等）在维持系统正常运行上起着至关重要的作用。一旦数据遭到破坏（泄露、修改、毁坏），都会在不同程度上造成影响，从而危害到系统的正常运行。由于信息系统的各个层面（网络、主机、应用等）都对各类数据进行传输、存储和处理等，因此对数据的保护需要物理环境、网络、数据库和操作系统、应用程序等提供支持。各个“关口”把好了，数据本身再具有一些防御和修复手段，必然将对数据造成的损害降至最小。另外，数据备份也是防止数据被破坏后无法恢复的重要手段，而硬件备份等更是保证系统可用的重要内容，在高级别的信息系统中采用异地适时备份会有效地防止灾难发生时可能造成的系统危害。保证数据安全和备份恢复主要从数据完整性、数据保密性、备份和恢复三个控制点考虑。

一级数据安全及备份恢复要求：对用户数据在传输过程中提出要求，能够检测出数据完整性受到破坏，同时能够对重要信息进行备份。

二级数据及备份恢复安全要求：对数据完整性的要求增强，范围扩大，要求鉴别信息和重要业务数据在传输过程中都要保证其完整性。对数据保密性要求实现鉴别信息存储保密性，数据备份增强，要求一定的硬件冗余。

三级数据及备份恢复安全要求：对数据完整性的要求增强，范围扩大，增加了系统管理数据的传输完整性，不仅能够检测出数据受到破坏，并能进行恢复。对数据保密性要求范围扩大到实现系统管理数据、鉴别信息和重要业务数据的传输和存储的保密性。数据的备份不仅要求本地完全数据备份，还要求异地备份和冗余网络拓扑。

四级数据及备份恢复安全要求：为进一步保证数据的完整性和保密性，提出使用专有的安全协议的要求。同时，备份方式增加了建立异地适时灾难备份中心，在灾难发生后系统能够自动切换和恢复。

第 6 章

1. 名词解释

(1) 信息安全管理：指导和控制组织的关于信息安全风险的相互协调活动，关于信息安全风险的指导和控制活动。

(2) 安全策略：各种论述、规则和准则的集合，供运营商解释怎样使用网络资源，怎样对网络和业务进行保护。

(3) 安全审计：是指根据一定的安全策略，通过记录和分析历史操作事件及数据，发现能够改进系统性能和系统安全的地方。

2. 判断题

(1)(√) (2)(×)

3. 填空题

(1) 安全服务 安全机制 安全管理

(2) 人员与管理 技术与产品 流程与体系

(3) 安全策略管理 安全预警管理 安全事件管理 安全对象风险管理

4. 选择题

(1) B、C、D (2) A、B (3) A、B、C、D (4) B、D (5) A、B、C、D、E

5. 简答题

(1) 建立信息安全管理体系一般要经过哪些步骤？

① 信息安全管理体系策划与准备。策划与准备阶段主要是做好建立信息安全管理体系的各种前期工作。内容包括教育培训、拟定计划、安全管理发展情况调研以及人力资源的配置与管理。

② 确定信息安全管理体系适用的范围。信息安全管理体系的范围就是需要重点进行管理的安全领域。组织需要根据自己的实际情况，可以在整个组织范围内，也可以在个别部门或领域内实施。在本阶段，应将组织划分成不同的信息安全控制领域，这样做易于组织对有不同需求的领域进行适当的信息安全管理。在定义适用范围时，应重点考虑组织的适用环境、适用人员、现有 IT 技术、现有信息资产等。

③ 现状调查与风险评估。依据有关信息安全技术与管理标准，对信息系统及由其处理、传输和存储的信息的机密性、完整性和可用性等安全属性进行调研和评价，评估信息资产面临的威胁以及导致安全事件发生的可能性，并结合安全事件所涉及的信息资产价值来判断安全事件一旦发生对组织造成的影响。

④ 建立信息安全管理框架。建立信息安全管理体系要规划和建立一个合理的信息安全管理框架，要从整体和全局的视角，从信息系统的所有层面进行整体安全建设，从信息系统本身出发，根据业务性质、组织特征、信息资产状况和技术条件建立信息资产清单，进行风险分析、需求分析和选择安全控制，准备适用性声明等步骤，从而建立安全体系并提出安全解决方案。

⑤ 信息安全管理体系文件编写。建立并保持一个文件化的信息安全管理体系是

ISO/IEC 27001：2005 标准的总体要求，编写信息安全管理体系文件是建立信息安全管理体系的基础工作，也是一个组织实现风险控制、评价和改进信息安全管理体系、实现持续改进不可缺少的依据。在信息安全管理体系建立的文件中应该包含安全方针文档、适用范围文档、风险评估文档、实施与控制文档、适用性声明文档。

⑥ 信息安全管理体系的运行与改进。信息安全管理体系文件编制完成以后，组织应按照文件的控制要求进行审核与批准并发布实施。至此，信息安全管理体系将进入运行阶段。在此期间，组织应加强运作力度，充分发挥体系本身的各项功能，及时发现体系策划中存在的问题，找出问题根源，采取纠正措施，并按照更改控制程序要求对体系予以更改，以达到进一步完善信息安全管理体系的目的。

⑦ 信息安全管理体系审核。体系审核是为获得审核证据，对体系进行客观的评价，以确定满足审核准则的程度所进行的系统的、独立的并形成文件的检查过程。体系审核包括内部审核和外部审核(第三方审核)。内部审核一般以组织名义进行，可作为组织自我合格检查的基础；外部审核由外部独立的组织进行，可以提供符合要求(如 ISO/IEC 27001)的认证或注册。信息安全管理体系的建立是一个目标叠加的过程，是在不断发展变化的技术环境中进行的，是一个动态的、闭环的风险管理过程。要想获得有效的成果，需要从评估、防护、监管、响应到恢复，这些都需要从上到下地参与和重视，否则只能是流于形式与过程，起不到真正有效的安全控制目的和作用。

(2) 进行信息安全风险评估的方法有哪些？

组织需要选择一个适合其安全要求的风险评估和管理方案，然后进行合乎规范的评估，识别目前面临的风险及风险等级。风险评估的对象是组织的信息资产，评估考虑的因素包括资产所受的威胁、薄弱点及威胁发生后对组织的影响。无论采用何种风险评估工具方法，其最终评估结果应是一致的。信息安全风险评估的复杂程度将取决于风险的复杂程度和受保护资产的敏感程度，所采用的评估措施应该与组织对信息资产风险的保护需求相一致。具体有三种风险评估方法可供选择。

方法一：基本风险评估。是参照标准所列举的风险对组织资产进行风险评估的方法。标准罗列了一些常见信息资产所面对风险及其管制要点，这些要点对一些中小企业(如业务性质较简单、对信息处理和计算机网络依赖不强或者并不从事外向型经营的企业)来说已经足够，但对于不同的组织，基本风险评估可能会存在一些问题。一方面，如果组织安全等级设置太高，对一些风险的管制措施的造价将会太昂贵，并可能使日常操作受到过分的限制；但如果定得太低，则可能对一些风险的管制力度不够。另一方面，可能会使与信息安全管理有关的调整比较困难，因为在信息安全管理系统被更新、调整时，可能很难去评估原先的管制措施是否仍然满足现行的安全需求。

方法二：详细风险评估。即先对组织的信息资产进行详细划分并赋值，再具体针对不同的信息资产所面对的不同风险，详细划分对这些资产造成威胁的等级和相关的脆弱性等级，并利用这些信息评估系统存在的风险的大小来指导下一步管制措施的选择。一个组织对安全风险研究得越精确，安全需求也就越明确。与基本风险评估相比，详细风险评估将花费更多的时间和精力，有时会需要专业技术知识和外部组织的协助才能获得评估结果。

方法三：基本风险评估和详细风险评估相结合。首先利用基本风险评估方法鉴别出在信息安全管理系统范围内存在的潜在高风险或者对组织商业动作至关重要的资产。其次，将信息安全管理系统范围内的资产分为两类：一类是需要特殊对待的，另一类是一般对待的。对特殊对待的信息资产使用详细风险评估方法，对一般对待的信息资产使用基本风险评估方法。两种方法的结合可将组织的费用和资源用于最有益的方面。但也存在着一些缺点，如果在对高风险的信息系统的鉴别有误时，将会导致不精确的结果，从而将会对组织的某些重要信息资产的保护失去效果。

(3) 灾难恢复资源的获取方式有哪些？

① 数据备份系统。数据备份系统可由组织自行建设，也可通过租用其他机构的系统而获取。

② 备用数据处理系统。可选用以下三种方式之一来获取备用数据处理系统：事先与厂商签订紧急供货协议；事先购买所需的数据处理设备并存放在灾难备份中心或安全的设备仓库；利用商业化灾难备份中心或签有互惠协议的机构已有的兼容设备。

③ 备用网络系统。备用网络通信设备可通过上述的方式获取；备用数据通信线路可使用自有数据通信线路或租用公用数据通信线路。

④ 备用基础设施。可选用以下三种方式获取备用基础设施：由组织所有或运行；多方共建或通过互惠协议获取；租用商业化灾难备份中心的基础设施。

⑤ 专业技术支持能力。可选用以下几种方式获取专业技术支持能力：灾难备份中心设置专职技术支持人员；与厂商签订技术支持或服务合同；由主中心技术支持人员兼任，但对于 RTO 较短的关键业务功能，应考虑到灾难发生时交通和通信的不正常，造成技术支持人员无法提供有效支持的情况。

⑥ 运行维护管理能力。可选用以下对灾难备份中心的运行维护管理模式：自行运行和维护；委托其他机构运行和维护。

⑦ 灾难恢复预案。可选用以下方式完成灾难恢复预案的制定、落实和管理：由组织独立完成；聘请具有相应资质的外部专家指导完成；委托具有相应资质的外部机构完成。

(4) 简述风险分析计算原理。

风险计算原理，以下面的范式形式化加以说明：

风险值$=R(A,T,V)=R(L(T,V),F(Ia,Va))$。

其中，R 表示安全风险计算函数；A 表示资产；T 表示威胁；V 表示脆弱性；Ia 表示安全事件所作用的资产价值；Va 表示脆弱性严重程度；L 表示威胁利用资产的脆弱性导致安全事件的可能性；F 表示安全事件发生后造成的损失。有以下三个关键计算环节：

① 计算安全事件发生的可能性。

根据威胁出现频率及脆弱性的状况，计算威胁利用脆弱性导致安全事件发生的可能性，即安全事件的可能性$=L$(威胁出现频率，脆弱性)$=L(T,V)$。

在具体评估中，应综合攻击者技术能力(专业技术程度、攻击设备等)、脆弱性被利用的难易程度(可访问时间、设计和操作知识公开程度等)、资产吸引力等因素来判断安全事件发生的可能性。

② 计算安全事件发生后造成的损失。

根据资产价值及脆弱性严重程度计算安全事件一旦发生后造成的损失，即安全事件造成的损失$=F$(资产价值，脆弱性严重程度)$=F(Ia,Va)$。

部分安全事件的发生造成的损失不仅仅是针对该资产本身，还可能影响业务的连续性。

不同安全事件的发生对组织的影响也是不一样的。在计算某个安全事件的损失时，应将对组织的影响也考虑在内。

部分安全事件造成的损失的判断还应参照安全事件发生可能性的结果，对发生可能性极小的安全事件(如处于非地震带的地震威胁、在采取完备供电措施状况下的电力故障威胁等)，可以不计算其损失。

③ 计算风险值。

根据计算出的安全事件的可能性以及安全事件造成的损失计算风险值，即风险值＝R(安全事件的可能性，安全事件造成的损失)＝$R(L(T,V),F(Ia,Va))$。

评估者可根据自身情况选择相应的风险计算方法计算风险值，如矩阵法或相乘法。矩阵法通过构造一个二维矩阵，形成安全事件的可能性与安全事件造成的损失之间的二维关系；相乘法通过构造经验函数，将安全事件的可能性与安全事件造成的损失进行运算得到风险值。

第 7 章

1. 名词解释

(1) 物联网安全：物联网硬件、软件及其系统中的数据受到保护，不受偶然的或者恶意的原因而遭到破坏、更改、泄露，物联网系统可连续可靠正常地运行，物联网服务不中断。

(2) 容侵：在网络中存在恶意入侵的情况下，网络仍然能够正常地运行。

2. 判断题

(1) (×)　(2) (√)

3. 填空题

(1) 感知层　网络层　应用层

(2) 密钥管理　鉴别机制　安全路由机制　访问控制机制　安全数据融合机制　容侵容错机制(填 4 项即可)

4. 选择题

(1) A、B、D、E　(2) A、C　(3) A、C、D　(4) A、B

5. 简答题

(1) 简述物联网发展的前景。

① 物联网巨大商机。全球通信网络在经历了几十年快速发展之后，已经可以基本满足人与人随时随地沟通的需求，而物与物、物与人的通信及上层应用这种物联网的基本发展需求正涌现出来。据预测，到 2020 年，世界上“物物互联”的业务跟人与人通信的业务比例将达到 30∶1，“物联网”被认为是下一个万亿美元级的通信业务。

② 物联网应用领域更广。现代物联网发展越来越趋向于精细化，如提高了数据采集的实时性和准确性，提高了城市管理、工业管理和操作管理的效率和精确程度。其次，物联网发展也更加智能化，管理方式也更加简单。目前全球物联网的发展涉及医疗、机器制造、消费品制造、节能环保产、电子支付、农业控制、交通和教育等方面。其中最具代表性是美国 IBM 提出的智慧地球、欧盟提出的 i-2010、日本提出的 i-JAPAN。

③ 物联网的前景诱人。2010 年之前的 RFID 被广泛应用于物流、零售和制药领域，主要处于闭环的行业应用阶段。未来 10 年内物体进入半智能化阶段，物联网与互联网走向融

合。10年后，物体进入全智能化阶段，无线传感网络得到规模应用，将进入泛在网的发展阶段。我们的工作生活将更加方便、舒适。

(2) 物联网面临的安全威胁表现在哪些方面？

① 传感网络是一个存在严重不确定性因素的环境。广泛存在的传感智能节点本质上就是监测和控制网络上的各种设备，它们监测网络的不同内容，提供各种不同格式的事件数据来表征网络系统当前的状态。然而，这些传感智能节点又是一个外来入侵的最佳场所。从这个角度而言，物联网感知层的数据非常复杂，数据间存在着频繁的冲突与合作，具有很强的冗余性和互补性，且是海量数据。它具有很强的实时性特征，同时又是多源异构型数据。复杂的网络和实时性强的要求将是一个新的课题、新的挑战。

② 当物联网感知层主要采用RFID技术时，嵌入了RFID芯片的物品不仅能方便地被物品主人所感知，同时其他人也能进行感知。特别是当这种被感知的信息通过无线网络平台进行传输时，信息的安全性相当脆弱。如何在感知、传输、应用过程中提供一套强大的安全体系作保障是一个难题。

③ 在物联网的传输层和应用层也存在一系列的安全隐患，亟待出现相对应的、高效的安全防范策略和技术。只是在这两层可以借鉴TCP/IP网络已有技术的地方比较多一些，与传统的网络对抗相互交叉。

(3) 传输层的工作原理是什么？有哪些安全缺陷？

工作原理：传输层的功能是信息传递和处理。在物联网中，感知层感知到的数据能够被传输层无障碍、高安全性、高可靠性地进行传送，传输层解决的是感知层所获得的数据在一定范围内，尤其是远距离的传输问题。同时，物联网传输层将承担比现有网络大的数据量和面临更高的服务质量要求，所以现有网络尚不能满足物联的需求，这就意味着物联网需要对现有网络进行融合和扩展，利用新技术以实现更加广泛和高效的互联功能。

安全缺陷：物联网中的感知层所获取的感知信息通常由无线网络传输至系统，相比TCP/IP网络，恶意程序在无线网络环境和传感网络环境中有无穷多的入口。对这种暴露在公开场所之中的信息如果没作合适保护的话更容易被入侵，如类似于蠕虫这样的恶意代码，一旦入侵成功，其传播性、隐蔽性、破坏性等更加难以防范，在这样的环境中检测和清除这样的恶意代码将很困难，这将直接影响到物联网体系的安全。物联网建立在互联网的基础上，对互联网的依赖性很高，在互联网中存在的危害信息安全的因素在一定程度上同样也会造成对物联网的危害。随着互联网的发展，病毒攻击、黑客入侵、非法授权访问均会对互联网用户造成损害。物联网中感知层的传感器设备数量庞大，所采集的数据格式多种多样，而且其数据信息具有海量、多源和异构等特点，因此在传输层会带来更加复杂的网络安全问题。初步分析认为，物联网传输层将会遇到下列安全挑战：DoS攻击、DDoS攻击；假冒攻击中间人攻击等；跨异构网络的网络攻击。

第 8 章

1. 填空题

(1) 主动攻击　被动攻击

(2) 封杀标签法　裁剪标签法　法拉第罩法

(3) 传感器模块　处理器模块　无线通信模块

2. 选择题

(1) C、D (2) A、B、C、D (3) A、B、C (4) A、C

3. 简答题

(1) 基于物联网本身的特点和上述列举的物联网感知层在安全方面存在的问题,需要采取哪些有效的防护对策?

① 加强对传感网机密性的安全控制。在传感网内部,需要有效的密钥管理机制用于保障传感网内部通信的安全,机密性需要在通信时建立一个临时会话密钥,确保数据安全。例如在物联网构建中选择射频识别系统,应该根据实际需求考虑是否选择有密码和认证功能的系统。

② 加强节点认证。个别传感网(特别是当传感数据共享时)需要节点认证,确保非法节点不能接入。认证性可以通过对称密码或非对称密码方案解决。使用对称密码的认证方案需要预置节点间的共享密钥,在效率上也比较高,消耗网络节点的资源较少,许多传感网都选用此方案。而使用非对称密码技术的传感网一般具有较好的计算和通信能力,并且对安全性要求更高。在认证的基础上完成密钥协商是建立会话密钥的必要步骤。

③ 加强入侵监测。一些重要传感网需要对可能被敌手控制的节点行为进行评估,以降低敌手入侵后的危害。敏感场合,节点要设置封锁或自毁程序,发现节点离开特定应用和场所,启动封锁或自毁,使攻击者无法完成对节点的分析。

④ 加强对传感网的安全路由控制。几乎所有传感网内部都需要不同的安全路由技术。传感网的安全需求所涉及的密码技术包括轻量级密码算法、轻量级密码协议和可设定安全等级的密码技术等。

⑤ 应构建和完善我国信息安全的监管体系。目前监管体系存在着执法主体不集中,多重多头管理,对重要程度不同的信息网络的管理要求没有差异、没有标准,缺乏针对性等问题,对应该重点保护的单位和信息系统无从入手实施管控。由于传感网的安全一般不涉及其他网路的安全,因此是相对较独立的问题,有些已有的安全解决方案在物联网环境中也同样适用。但由于物联网环境中传感网遭受外部攻击的机会增大,因此用于独立传感网的传统安全解决方案需要提升安全等级后才能使用,也就是说在安全的要求上更高。

(2) 传感器网络加密技术有哪些算法?

对称密钥加密算法:

① TEA 加密算法。DavidJ. Wheeler 等人提出了一种微型加密算法(Tiny Encryption Algorithm,TEA)。该对称分组加密算法采用迭代、加减而不是异或操作来进行可逆操作,它是一种 Feistel 类型的加密算法。Shauang Liu 等人在传感器 Mote 上进行实验,在实验设定的不同频率发包下,使用 TEA 算法使得发送消息包时间间隔平均增加了 43%。TEA 算法的优点是至今未能破解密文、占用极小的内存和计算资源。它的一个缺陷是在每 64 位组内,当第 32 位及 64 位一同发生改变时,TEA 算法无法检测到这种变化。另外,它的安全性还没经过严密的安全审查。

② RC5、RC6 加密算法。RC5 是 1994 年由 MIT 的 RonaldL. Rivest 等人提出的一种快速对称加密算法。使用加法、异或和循环左移三个基本操作实现加密。它的特点是适合硬件和软件实现、快速、可变块长、可变长度密钥、简单高安全性和使用依赖于数据的循环移位等。该算法中循环移位是唯一的线性部分,与数据相关循环移位运算将使得线性和差分

密码分析更加困难。RC6 算法是在 RC5 算法基础之上针对 RC5 算法中的漏洞，通过引入乘法运算来决定循环移位次数的方法，对 RC5 算法进行了改进，提高了 RC5 算法的安全性。然而，RC6 算法相对复杂，执行效率也远比 RC5 算法低。AdrianPerrig 等人在传感器网络安全协议 SPINS 中，采用 RC5 子集、裁剪代码等方法，使得代码量减少了 40%，并在 BerkeleySrnartDust 实现了该算法。该算法的优点是安全性高。它的缺点是相对传感器网络来说资源耗费比较大。另外，Perrig 等人的改写算法还需要进一步的实践证明；并且 RC5 本身也容易受到暴力攻击；RC5 需要计算初始计算密钥，将浪费额外的节点 RAM 字节数。

非对称密钥加密算法：

① RSA。RSA 公钥算法是第一个比较完善的公开密钥算法，它既能用于加密，也能用于数字签名。RSA 方案自 1978 年首次公布之后，已经经受了多年深入的密码分析，虽然密码分析者不能证明也不能否定 RSA 的安全性，但这恰恰说明了该算法有一定的可信度。RSA 方案目前已经得到了广泛的应用，在公钥加密算法中是比较流行的。由于 RSA 是最容易理解和实现的，也由于 RSA 的地位，有必要研究一下这个算法。

RSA 的安全是基于大数分解的难度，是一种分组加密方法。其公开密钥和私人密钥是一对大素数(100～200 个十进制数或是更大)的函数。从一个公开密钥和密文中恢复出明文的难度等价于分解两个大素数之积。

为了产生两个密钥，选取两个大素数 p 和 q。为了获得最大程度的安全性，两数的长度一样。计算乘积：$n=p\times q$。

然后随机选取加密密钥 e，使 e 和 $(p-1)(q-1)$ 互素。最后用欧几里德扩展算法计算解密密钥 d，以满足 $ed=1(\bmod(p-1)(q-1))$。

$d=e^{-1}\bmod((p-1)(q-1))$，其中 d 和 n 也互素。e 和 n 是公开密钥，d 是私人密钥。两个素数 p 和 q 不再需要，它们应该被舍弃，但绝不可泄露。

② Diffe-Huffman。Diffe-Huffman 算法是基于离散对数计算的困难性。

③ 椭圆曲线密码算法(ECC)。椭圆曲线密码算法是由 NeilKoblitz 和 VictorMiller 两位学者分别在 1985 年提出的。RSA 系统中需要使用 1024 位的模数才能达到的安全等级，椭圆曲线密码算法只需要 160 位模数即可，且传送密文和签名所需要的频宽较少，现已经列入 IEEE 1363 标准。

许多研究者正尝试着在传感器节点上实现公钥运算。Gum 等在 8 位微控制器上实现 ECC 和 RSA 并比较它们的性能。DavidJ. Malan 等人第一次在传感器 MICA2Mote 上实现了 RSA 公钥加密——椭圆曲线加密。RonaldWatro 等人也在 TinyPk 中使第三方节点加入传感器网络时可以安全地传输会话密钥给第三方，采用了 RSA 加密和 Diffie-Hellman 密钥交换。此外，由于基站的资源限制较少，因此在基站中多采用 PKI 技术进行传感器节点的身份认证。

Benenson 等基于 EccM 库设计用户认证协议，并在 TelosB 节点上实现，但是认证需要几分钟。Sizzle 使用 ECC 将标准的 SSL 在传感器网络中实现。现有传感器网络访问控制主要是基于公钥体制。HaodongW 等提议基于椭圆曲线密码的传感器网络访问机制。

随着技术的进步，传感器节点的能力也越来越强。原先被认为不可能应用的密码算法的低开销版本开始被接受。低开销的密码算法依然是传感器网络安全研究的热点之一。

4. 论述题

无线传感器网络可能遭遇的攻击类型多种多样，按照网络模型划分，主要面临的威胁有哪些？

物理层攻击：

物理攻击主要集中在物理破坏、节点捕获、信号干扰、窃听和篡改等。攻击者可以通过流量分析，发现重要节点如簇头、基站的位置，然后发动物理攻击。

① 信号干扰和窃听攻击。因为采用无线通信，低成本的传感器网络很容易遭受信号干扰和窃听攻击。

② 篡改和物理破坏攻击。由于传感器节点分布广，成本低，很容易物理损坏或被捕获，因此一些加密密钥和机密信息就可能被破坏或泄漏，攻击者甚至可以通过分析其内部敏感信息和上层协议机制，破解传感器网络的安全机制。

③ 仿冒节点攻击。因为很多路由协议并不认证报文的地址，所以攻击者可以声称为某个合法节点而加入网络，甚至能够屏蔽某些合法节点，替它们收发报文。

链路层安全威胁：

链路层比较容易遭受 DoS 攻击，攻击者可以通过分析流量来确定通信链路，发动相应攻击，如对主要通信节点发动资源消耗攻击。

① 链路层碰撞攻击。数据包在传输过程中不能够发生冲突，只要有一个字节的数据发生冲突，那么整个数据包都会被丢弃，这种冲突在链路层协议中称为碰撞。攻击者通过花费很小的代价可实行链路层碰撞攻击。例如发送一个字节的报文破坏正在传送的正常数据包，从而引起接收方校验和出错，进而在一些 MAC 协议中认为链路层碰撞，引发指数退避机制，造成网络延迟，甚至瘫痪。

② 资源消耗攻击。攻击者发送大量的无用报文消耗网络和节点资源，如带宽、内存、CPU 和能量等。例如剥夺睡眠攻击用，攻击者不停发送报文，使得节点的电源很快耗尽，从而达到 DoS 攻击效果。

③ 非公平竞争。如果网络通信机制中存在优先级控制，则被俘节点或恶意节点就可以通过不断发送高优先级的数据包占据信道，从而使得其他节点在通信过程中不能够获得信道。

网络层的安全威胁：

① 虚假路由攻击。通过欺骗、篡改或重发路由信息，攻击者可以创建路由循环，引起或抵制网络传输，延长或缩短源路径，形成虚假错误消息，分割网络，增加端到端的延迟等。

② 选择性地转发。恶意性节点可以概率性地转发或者丢弃特定消息，使数据包不能到达目的地，导致网络陷入混乱状态。当攻击者在数据传输路径上时，该攻击通常最为有效。

③ Sinkhole 槽洞攻击。攻击者的目标是尽可能地引诱一个区域中的流量通过一个恶意节点或已遭受入侵的节点，进而制造一个以恶意节点为中心的“接收洞”，一旦数据都经过该恶意节点，节点就可以对正常数据进行篡改，并能够引发很多其他类型的攻击。因此，无线传感器网络对 Sinkhole 攻击特别敏感。

④ DoS 攻击。由于无线传感器网络是基于某一任务的合作团队，在无线传感器网络节

点之间建立合作规则以达成默契，这需要彼此之间频繁地交换信息。攻击点可以以不同的身份连续向某一邻居发送路由或数据请求报文，使该邻居不停地分配资源以维持一个新的连接。由于无线传感器网络节点资源有限，这种攻击尤为致命。

⑤ Sybil 攻击。Sybil 攻击是位于某个位置的单个恶意节点不断地声明其有多重身份(如多个位置等)，通告给其他节点，使得它在其他节点面前具有多个不同的身份，事实上是不存在的，所有发往这些虚拟节点的数据都被恶意节点获得。Sybil 攻击对于基于位置信息的路由算法很有威胁。

⑥ Wormholes 攻击。恶意节点通过声明低延迟链路骗取网络的部分消息并开凿隧道，以两个节点间貌似较短的距离来吸引路由，并在网络的其他区域中重放骗取到的消息。如图 8-4 所示，两个恶意节点之间有一个低延迟、高带宽的链路，其中一个恶意节点位于基站附近，这样较远处的那个恶意节点可以使周围节点相信自己有一条到达基站的高效路由，从而吸引周围的流量。虫洞攻击可以引发其他类似于 Sinkhole 攻击等，也可能与选择性转发或 Sybil 攻击结合起来。

⑦ HELLO 洪泛攻击。攻击者使用足够大功率的无线设备广播 HELLO 包，使得网络中的每一个节点都认为攻击者是其直接邻居，并试图将其报文转发给攻击节点。由于一部分节点距离攻击节点相当远，加上传输能力有限，发送的消息根本不可能到达攻击节点而造成数据包丢失，从而使网络陷入一种混乱状态。

⑧ 确认欺骗。一些传感器网络路由算法依赖于潜在的或者明确的链路层确认。在确认欺骗攻击中，恶意节点窃听发往邻居的分组，并伪造链路层确认，使得发送者相信一条差的链路是好的或一个已死节点是活着的，而随后在该链路上传输的报文将丢失。

⑨ 被动窃听。攻击者可轻易地对单个甚至多个通信链路间传输的信息进行窃听，从而分析出传感信息中的敏感数据。另外，通过传感信息包的窃听，还可以对无线传感器网络中的网络流量进行分析，推导出传感节点的作用等。

传输层攻击：

① 洪泛攻击。攻击者通过发送很多连接确认请求给节点，迫使节点为每个连接分配资源以维持每个连接，以此消耗节点资源。

② 重放攻击。攻击者截获在无线传感器网络中传播的传感信息、控制信息和路由信息等，对这些截获的旧信息进行重新发送，从而造成网络混乱、传感节点错误决策等。

第 9 章

1. 名词解释

(1) 核心网：通常指除了接入网和用户驻地网之外的网络部分。将业务提供者与接入网，或者将接入网与其他接入网连接在一起的网络。

(2) NGN：下一代网络，泛指一个以 IP 技术为核心，基于时分复用的 PSTN 语音网络和基于异步传输模式的分组网络融合的产物。同时可以支持电话和互联网接入业务、数据业务、视频流媒体业务、数字 TV 广播业务和移动等业务。NGN 是全业务的网络。

(3) 服务器虚拟化：将底层物理设备与上层操作系统、软件分离的一种去耦合技术，它将硬件、操作系统和应用程序一同装入一个可迁移的虚拟机档案文件中。

(4) 移动通信：移动体之间的通信，或移动体与固定体之间的通信。

(5) 3G：第三代移动通信技术，是指支持高速数据传输的蜂窝移动通信技术。

2. 判断题

(√)

3. 填空题

(1) 防火墙　加密技术　数字签名和认证技术　使用摘要算法的认证　基于PKI的认证　数字签名　VPN技术(填4个即可)

(2) 网络安全　用户数据安全

(3) 电磁安全　设备安全　链路安全　通信基础设施过于集中　信令网安全　同步外安全　网络遭受自然灾害　网络被流量冲击　终端安全　网络业务安全　网络资源安全　通信内容安全　有害信息扩散(填4个即可)

(4) 云服务器　存储　网络　数据中心网络　跨数据中心网络　泛在的云接入网络

(5) 移动终端　无线接入网　无线核心网

(6) 硬件物理防护　硬件平台加固　操作系统加固

4. 选择题

(1) B、C　(2) A、B、C、D　(3) A、C、D　(4) A、B、C　(5) B、D　(6) B、C、D　(7) A、B、C、D

5. 简答题

(1) 网络安全保护技术分为哪几类?

网络层安全是物联网安全的重要层面，主要包括被动安全保护、主动安全保护和整体安全保护。

① 被动的安全保护技术。目前在网络安全中，被动的安全保护技术主要有物理保护和安全管理、入侵检测、防火墙等。物理保护和安全管理指制定管理方法和规则对网络中的物理实体和信息系统进行规范管理，从而减少人为因素所带来的不利影响。入侵检测指在网络系统的检查位置执行入侵检测功能的程序，从而可以对系统当前的运行状况和资源进行监控，发现可能的入侵行为。防火墙指在Internet和组织内部网之间实现安全策略的访问控制保护，它的核心思想是采用包过滤技术。

② 主动的安全保护技术。主动的安全保护技术一般有存取控制、权限设置、数据加密和身份识别等。存取控制指网络系统对用户或实体规定权限操作的能力。它的内容主要有访问权限设置、人员限制、数据标识和控制类型等。权限设置指规定授权用户或实体对网络信息资源的访问范围，即能对资源进行哪种操作。数据加密指采用通过对数据进行加密来保护网络中的信息安全。身份识别强调一致性验证，通常包括验证依据、验证系统和安全要求。

③ 整体的安全保护技术。被动和主动安全保护技术都是目前提高网络系统安全性的有效手段。其中的脆弱性扫描技术是检查自身网络系统安全，及时发现问题和修补脆弱性，降低系统的安全风险。现在多数的网络安全保护模型采用防火墙、入侵检测系统、扫描器的安全保护体系，在最外层通过防火墙来对内部网和外部网之间的信息进行过滤。第二层通过入侵检测系统对网络系统进行实时监测和分析，并且作出相应的报警。内层则通过安全扫描器对网络系统进行安全评估和查找脆弱性。

(2) 云计算的虚拟化安全问题主要集中在哪几点?

① VM Hopping。一台虚拟机可能监控另一台虚拟机甚至会接入到宿主机，这称为

VM Hopping。如果两个虚拟机在同一台宿主机上，一个在虚拟机1上的攻击者通过获取虚拟机2的IP地址或通过获得宿主机本身的访问权限可接入到虚拟机2。攻击者监控虚拟机2的流量，可以通过操纵流量攻击，或改变它的配置文件将虚拟机2由运行改为离线，造成通信中断。当连接重新建立时，通信将需要重新开始。

② VM Escape。VM Escape攻击获得监控者的访问权限，从而对其他虚拟机进行攻击。若一个攻击者接入的主机运行多个虚拟机，它可以关闭Hypervisor，最终导致这些虚拟机关闭。

③ 远程管理缺陷。监控者通常由管理平台来为管理员管理虚拟机。例如，Xen用XenCenter管理其虚拟机。这些控制台可能会引起一些新的缺陷，例如跨站脚本攻击、SQL入侵等。

④ 拒绝服务(DoS)的缺陷。在虚拟化环境下，资源(如CPU、内存、硬盘和网络)由虚拟机和宿主机一起共享。因此，DoS攻击可能会加到虚拟机上，从而获取宿主机上所有的资源，因为没有可用资源，从而造成系统将会拒绝来自客户的所有请求。

⑤ 基于Rootkit的虚拟机。Rootkit概念出现在UNIX中，它是一些收集工具，能够获得管理员级别的计算机或计算机网络访问。如果监控者被Rootkit控制，Rootkit可以得到整个物理机器的控制权。

⑥ 迁移攻击。迁移攻击可以将虚拟机从一台主机移动到另一台，也可以通过网络或USB复制虚拟机。虚拟机的内容存储在Hypervisor的一个文件中。在虚拟机移动到另一个位置的过程中，虚拟磁盘被重新创建，攻击者能够改变源配置文件和虚拟机的特性。一旦攻击者接触到虚拟磁盘，攻击者有足够的时间来打破所有的安全措施，例如密码、重要认证等。由于该虚拟机是一个实际虚拟机的副本，难以追踪攻击者的此类威胁。

除此以外，虚拟机和主机之间共享剪切板可能造成安全问题。若主机记录运行在主机上的虚拟机的登录按键和屏幕操作，如何确保主机日志的安全也是一个问题。

(3) 请简单介绍一下3G的几种标准。

① WCDMA。全称为Wideband CDMA，也称为CDMA Direct Spread，意为宽频分码多重存取，这是基于GSM网发展出来的3G技术规范，是欧洲提出的宽带CDMA技术，它与日本提出的宽带CDMA技术基本相同，目前正在进一步融合。WCDMA的支持者主要是以GSM系统为主的欧洲厂商，日本公司也或多或少参与其中，包括欧美的爱立信、阿尔卡特、诺基亚、朗讯、北电，以及日本的NTT、富士通、夏普等厂商。该标准提出了GSM(2G)→GPRS→EDGE→WCDMA(3G)的演进策略。这套系统能够架设在现有的GSM网络上，对于系统提供商而言可以较轻易地过渡。预计在GSM系统相当普及的亚洲，对这套新技术的接受度会相当高，因此WCDMA具有先天的市场优势。WCDMA已是当前世界上采用的国家及地区最广泛的，终端种类最丰富的一种3G标准，占据全球80%以上市场份额。

② CDMA2000。CDMA2000是由窄带CDMA(CDMA IS95)技术发展而来的宽带CDMA技术，也称为CDMA Multi-Carrier，它是由美国高通北美公司为主导提出，摩托罗拉、Lucent和后来加入的韩国三星都有参与，韩国成为该标准的主导者。这套系统是从窄频CDMAOne数字标准衍生出来的，可以从原有的CDMAOne结构直接升级到3G，建设成本低廉。但使用CDMA的地区只有日、韩和北美，所以CDMA2000的支持者不如

W-CDMA 多。不过 CDMA2000 的研发技术却是目前各标准中进度最快的，许多 3G 手机已经率先面世。该标准提出了 CDMA IS95(2G)→CDMA20001x→CDMA20003x(3G)的演进策略。CDMA20001x 被称为 2.5 代移动通信技术。CDMA20003x 与 CDMA20001x 的主要区别在于应用了多路载波技术，通过采用三载波使带宽提高。中国电信正在采用这一方案向 3G 过渡，并已建成了 CDMA IS95 网络。

③ TD-SCDMA。TD-SCDMAC Time Division-Synchronous CDMA，时分同步 CDMA 标准是由中国大陆独自制定的 3G 标准，1999 年 6 月 29 日，中国原邮电部电信科学技术研究院(大唐电信)向 ITU 提出，但技术发明始于西门子公司。TD-SCDMA 具有辐射低的特点，被誉为绿色 3G。该标准将智能无线、同步 CDMA 和软件无线电等当今国际领先技术融于其中，在频谱利用率、对业务支持具有灵活性、频率灵活性及成本等方面的独特优势。另外，由于中国内地庞大的市场，该标准受到各大主要电信设备厂商的重视，全球一半以上的设备厂商都宣布可以支持 TD-SCDMA 标准。该标准提出不经过 2.5 代的中间环节，直接向 3G 过渡，非常适用于 GSM 系统向 3G 升级。军用通信网也是 TD-SCDMA 的核心任务。相对于另外两个主要的 3G 标准 CDMA2000 和 WCDMA，它的起步较晚，技术不够成熟。

④ WiMAX。WiMAX(Worldwide Interoperability for Microwave Access，微波存取全球互通)又称为 802·16 无线城域网，是一种为企业和家庭用户提供"最后一英里"的宽带无线连接方案。将此技术与需要授权或免授权的微波设备相结合之后，由于成本较低，将扩大宽带无线市场，改善企业与服务供应商的认知度。2007 年 10 月 19 日，在国际电信联盟在日内瓦举行的无线通信全体会议上，经过多数国家投票通过，WiMAX 正式被批准成为继 WCDMA、CDMA2000 和 TD-SCDMA 之后的第 4 个全球 3G 标准。

(4) 3G 的安全要求有哪些?

① 保证业务接入的需要。除紧急呼叫外，接入任何第三代移动通信系统的业务都需要一个有效的 USIM，由网络决定紧急呼叫是否需要 USIM。应防止入侵者通过伪装成合法用户来越权接入 3G 业务。用户可以在业务开始、传送期间验证服务网络是合法的，以用户归属环境提供 3G 业务。

② 保证业务提供的需要。对业务提供者可以在业务开始、传送期间验证用户的合法性，以防止入侵者通过伪装或误用权限来接入 3G 业务。应能检测和阻止欺诈性的使用业务和安全有关的事件发生时可以向业务提供者报警并产生相应的记录。应防止使用特殊的 USIM 接入 3G 业务。对某些用户，服务网络提供的归属环境可以立即停止它所提供的所有业务。对服务网络，在无线接口上可以验证用户业务、信令数据和控制数据的发起者。通过逻辑手段限制业务的获得来阻止入侵者。对于网络运营商，应加强基础网络的安全性。

③ 满足系统完整性的需要。应防止越权修改用户业务，防止越权修改某些信令数据和控制数据，特别是在无线接口上。防止越权修改的和用户有关的数据下载到或存储在终端/USIM 中。防止越权修改由提供者存储或处理的和用户有关的数据。应保证可以检查应用和下载到终端/UICC 中的数据的起源和完整性。还应保证下载的应用和数据的保密性。应保证验证数据的由来、完整性及最新的，特别是无线接口上的密钥。应保证基础网络的安全性。

④ 保护个人数据的要求。应可以保证某些信令数据和控制数据、用户业务、用户身份

数据、用户位置数据的保密性，特别是在无线接口上。应防止参与一个特定3G业务的用户位置数据不必要地泄露给同一业务的其他参与者。用户可以检查他的业务及与呼叫有关的信息是否需要保密。应可以保证由提供者存储或处理的和用户有关的数据的保密性。应可以保证由用户存储在终端或USIM中和用户有关的数据的保密性。

⑤ 对终端/USIM的要求。应可以控制接入到一个USIM，以便用户只使用它来接入3G业务。可以控制获得USIM中的数据，如某些数据只有授权的归属环境才能获得。不能获得只在USIM中使用的数据，如验证密钥和算法。可以检测出是否是偷窃的终端。可以禁止某些终端接入3G业务。改动终端的身份很困难。

⑥ 合法的窃听的要求。依照国家相关法律，3G应该可以为执法机构提供检测和窃听每一个呼叫和呼叫尝试，用户行为相关的呼叫和其他的服务。这可以通过相应设备或通过在服务网络或归属环境中设置接口来实现。

6. 论述题

未来3G系统的安全将可以从哪几个方面加以发展和完善？

① 建立适合未来移动通信系统的安全体系结构模型。例如，在网络安全体系结构模型中，应能体现网络的安全需求分析、实现的安全目标等。

② 由私钥密码体制向混合密码体制的转变。未来移动通信系统中，将针对不同的安全特征与服务，采用私钥密码体制和公钥密码体制混合的体制，同时尽快建设无线公钥基础设施（WPKI），建设中国移动的以CA（认证中心）为核心的安全认证体系。

③ 安全体系向透明化发展。未来的安全中心应能独立于系统设备，具有开放的接口，能独立地完成双向鉴权、端到端数据加密等安全功能，甚至对网络内部人员也是透明的。

④ 新密码技术的广泛应用。随着密码学的发展以及移动终端处理能力的提高，新的密码技术如量子密码技术、椭圆曲线密码技术、生物识别技术等将在移动通信系统中获得广泛应用，加密算法和认证算法自身的抗攻击能力更强健，从而保证传输信息的机密性、完整性、可用性、可控性和不可否认性。

⑤ 移动通信网络的安全措施更加体现面向用户的理念。用户能自己选择所要的保密级别，安全参数既可由网络默认，也可由用户个性化设定。

第 10 章

1. 名词解释

(1) 蠕虫：是指通过计算机网络进行自我复制的恶意程序，泛滥时可以导致网络阻塞和瘫痪。

(2) 数据加密：按照确定的密码算法把敏感的明文数据变换成难以识别的密文数据，通过使用不同的密钥，可用同一加密算法把同一明文加密成不同的密文。

(3) 数据传输安全：数据在传输过程中必须要确保数据的安全性、完整性和不可篡改性。

2. 填空题

(1) 病毒　蠕虫　木马　不受欢迎应用程序　远程攻击　人员威胁等（填4项即可）

(2) 客户端　使用动态　Web内容技术的部分　数据库

(3)屏幕转换及仿真中间　数据库访问中间件　消息中间件　交易中间件　应用服务

器中间件　安全中间件(填4项即可)

(4) 机密性　完整性　可用性

(5) 磁盘阵列　数据备份　双机容错　NAS　数据迁移　异地容灾　SAN(填4项即可)

(6) 数据独立性　数据安全性　数据完整性　并发控制　故障恢复

(7) 基础设施即服务(IaaS)　平台即服务(PaaS)　软件即服务(SaaS)

3. 选择题

(1) A、B、C、D　(2) B、C　(3) A、B、D　(4) B、C　(5) A、B、C、D、E　(6) A、C、D　(7) A、B、C　(8) A、D

4. 简答题

(1) 许多特殊技术允许攻击者危害远程系统安全,请简单介绍几个类别。

① DoS攻击。DoS(拒绝服务)是一种使计算机资源对其目标用户不可用的攻击。受到DoS攻击的计算机通常需要重新启动,否则它们将无法正常工作。受影响用户之间的通信会受到阻塞,无法以正常方式继续执行。在大多数情况下,此攻击的目标是Web服务器,目的在于使用户在一段时间内无法访问它们。

② DNS投毒。通过DNS(域名服务器)投毒方法,黑客可以欺骗任何计算机的DNS服务器,使其相信它们提供的虚假数据是合法、可信的。然后,虚假信息将缓存一段时间。例如,攻击者可以改写IP地址的DNS回复。因此,尝试访问Internet网站的用户将下载计算机病毒或蠕虫,而不是初始内容。

③ 端口扫描。端口扫描控制网络主机上是否有开放的计算机端口。端口扫描程序是用于查找此类端口的软件。计算机端口是处理传入和传出数据的虚拟点,从安全角度来说它非常重要。在大型网络中,端口扫描程序收集的信息可能有助于识别潜在漏洞。此类使用是合法行为。不过,试图破坏系统安全的黑客也经常使用端口扫描。他们第一步是向每个端口发送数据包。根据响应类型,可以确定哪些端口正在使用中。扫描本身不引起破坏,但请注意,此活动可暴露潜在漏洞并允许攻击者控制远程计算机。建议网络管理员阻止所有不使用的端口,保护正在使用的端口免遭未经授权的访问。

④ TCP去同步化。TCP去同步化是TCP劫持攻击中使用的技术。它由进程触发,在该进程中传入数据包的序列号与预期序列号不同。具有非预期序列号的数据包将被拒绝(或者保存在缓存存储区中,如果它们出现在当前通信窗口中的话)。在去同步化状态下,两个通信端点都会拒绝收到的数据包。此时,远程攻击者可以渗透并提供带有正确序列号的数据包。攻击者甚至可以使用命令操纵通信,或者以其他方式修改通信。TCP劫持攻击的目的在于中断服务器与客户端通信或点对点通信。

⑤ SMB中继。SMBRelay和SMBRelay2是能够对远程计算机执行攻击的特殊程序。SMBRelay在UDP端口139和445上接收连接,中继客户端和服务器交换的数据包,并修改它们。连接并验证后,将断开客户端连接。SMBRelay2攻击允许远程攻击者在不被注意的情况下读取、插入和修改两个通信端点之间交换的消息。受到此类攻击的计算机常常停止响应或意外重新启动。

⑥ ICMP攻击。ICMP(Internet控制消息协议)是一种流行且广泛使用的Internet协议。它主要由联网计算机用于发送各种错误消息。远程攻击者试图利用ICMP协议的弱点。ICMP设计用于无须验证的单向通信。这允许远程攻击者触发所谓的DoS攻击,或允

许未经授权的个人访问传入和传出数据包的攻击。典型 ICMP 攻击包括 ping flood、ICMP_ECHO flood 和 smurf attack。受到 ICMP 攻击的计算机速度明显减慢,并且出现 Internet 连接问题。

(2) 对 Web 应用的整体安全工作应该采取哪些具体措施?

① Web 应用安全评估。结合应用的开发周期,通过安全扫描、人工检查、渗透测试、代码审计和架构分析等方法,全面发现 Web 应用本身的脆弱性及系统架构导致的安全问题。应用程序的安全问题可能是软件生命周期的各个阶段产生的,其各个阶段可能会影响系统安全的要点主要有:

② Web 应用安全加固。对应用代码及其中间件、数据库、操作系统进行加固,并改善其应用部署的合理性。从补丁、管理接口、账号权限、文件权限、通信加密和日志审核等方面对应用支持环境和应用模块间部署方式划分的安全性进行增强。

③ 对外部威胁的过滤。通过部署 Web 防火墙、IPS 等设备,监控并过滤恶意的外部访问,并对恶意访问进行统计记录,作为安全工作决策及处置的依据。

④ Web 安全状态检测。持续地检测被保护应用页面的当前状态,判断页面是否被攻击者加入恶意代码。同时通过检测 Web 访问日志及 Web 程序的存放目录,检测是否存在文件篡改及是否被加入 Web Shell 一类的网页后门。

⑤ 事件应急响应。提前做好发生几率较大的安全事件的预案及演练工作,力争以最高效、最合理的方式申报并处置安全事件,并整理总结。

⑥ 安全知识培训。让开发和运维人员了解并掌握相关知识,在系统的建设阶段和运维阶段同步考虑安全问题,在应用发布前最大程度地减少脆弱点。

(3) 请比较传统安全和云计算安全。

云计算的运营和传统 IT 网络不同。由于云计算最初是在企业内部网络运行的,并不对外开放,在设计之初没有太多考虑安全性问题,从而导致了现在云计算安全的一系列问题。

① 传统的 IT 系统是封闭的,存在于企业内部,对外暴露的只是网页服务器、邮件服务器等少数接口,因此只需要在出口设置防火墙、访问控制等安全措施,就可以解决大部分安全问题。但在云环境下,云暴露在公开的网络中,任何一个节点及它们的网络都可能受到攻击,因此安全模式需要从"拒敌于国门之外"改变为"全民皆兵,处处作战"。

② 相对于传统的计算模式将信息保存在自己可控制的环境中,在云计算环境下,信息保存在云中,数据拥有和管理分离,怎样做好数据的隔离和保密将是一个很大的问题。

③ 在云环境下,用户的服务系统更新和升级大多数是由用户在远程执行的,而不是采取传统(在本地按版本更新)的方式,每一次升级都可能带来潜在的安全问题和对原有安全策略的挑战。

④ 云计算环境相比之前的技术,大量运用虚拟化技术,怎样解决虚拟化方面的安全又是云计算安全与传统安全的又一重大区别。

⑤ 除了技术方面,还有一个比较重大的问题。传统的安全技术已经出现多年,标准、法律、法规都相对成熟,而现在的云计算安全缺少标准,而且政策法规也不健全,再加上云计算自身的特点,数据可以存储在世界的任何一个角落,当出现问题时,国家政策的不同也是云计算安全的一个重大挑战。

第 11 章

1. 填空题

(1) 机密性　密钥协商　节点认证　信誉评估　安全路由

(2) 感知层　网络层　支撑层　服务层　应用层

2. 选择题

(1) A、B、C、D　(2) B、C　(3) A、B、C

期末考试模拟试卷两套

期末考试模拟试卷(一)

题号	一	二	三	四	五	总分	总分人
分值	15	20	30	24	11	100	
得分							

得分	评阅人

一、选择题(本大题共 10 题,每题 1.5 分,共 15 分。在以下选择题中有单选题和多选题,请根据题目后面的提示,将正确选项前的字母填在题后的括号内。多选、少选、错选均无分):

1. 我国的信息安全法律法规体系主要包括(　　)。
   A. 信息系统安全保护相关法律法规
   B. 互联网络安全管理相关法律法规
   C. 盗版侵权的相关法律法规
   D. 信息安全的规范标准
2. RSA 的缺点主要包括(　　)。
   A. 产生密钥很麻烦
   B. 分组长度太大
   C. RSA 密钥长度随着保密级别提高,增加很快
   D. 安全性不高
3. 以下关于防火墙技术的发展,(　　)是正确的。
   A. 第一代防火墙,采用包过滤技术
   B. 第二代防火墙,电路层防火墙
   C. 第三代防火墙,应用层防火墙
   D. 第四代防火墙,基于动态包过滤技术,后来演变为状态监视技术
4. 访问控制的功能主要有(　　)。
   A. 防止非法的主体进入受保护的网络资源
   B. 保证系统数据的完备性
   C. 允许合法用户访问受保护的网络资源
   D. 允许合法用户对受保护的网络资源进行非授权的访问

5. RSVP是第三层协议，它独立于各种网络媒介。RSVP有两个重要的消息：PATH消息，从发送者到接收者；RESV消息，从接收者到始发者。RSVP消息包含的信息有(　　)。

A. 网络如何识别一个会话流

B. 用户数据

C. 要求网络为会话流提供的服务类型

D. 政策信息

6. 我国信息安全测评认证体系由(　　)的组织和功能构成。

A. 国家信息安全测评认证管理委员会

B. 国家信息安全监理会

C. 国家信息安全测评认证中心

D. 若干个产品或信息系统的测评分支机构

7. 物联网安全包括(　　)。

A. 感知层安全　　B. 客户层安全

C. 传输层安全　　D. 硬件层安全

8. 入侵检测技术包括(　　)。

A. 滥用检测　　B. 通用检测

C. 异常检测　　D. 安全检测

9. 支撑系统安全域的安全需求有(　　)。

A. 高强度的用户认证机制　　B. 稳健的操作运行平台

C. 重要系统物理隔离　　D. 优化系统安全策略

10. 根据中间件作用不同，中间件可以分为(　　)。

A. 目标中间件　　B. 数据访问中间件

C. 远程过程调用中间件　　D. 历史中间件

得分	评阅人

二、名词解释题(本大题共5题，每题4分，共20分)：

11. 密码分析学——

12. 计算机病毒——

13. 安全审计——

14. 容侵——

15. 移动通信——

得分	评阅人

三、简答题(本大题共6小题，每题5分，共30分)：

16. 请简单介绍AES算法的方法和步骤。

17. 设备安全策略有哪些？

18. 进行信息安全风险评估的方法有哪些？

19. 黑客攻击有哪些典型的模式？

20. 简述风险分析计算原理。
21. 木马病毒藏身方法有哪些？

得分	评阅人

四、论述题(本大题共 3 小题，每小题 8 分，共 24 分)：

22. 请介绍一下信息安全体系发展的历史和现状。
23. 密钥托管思想有哪几种？请简单介绍一下。
24. 等级保护技术包括哪些方面？

得分	评阅人

五、分析阐述题(本大题共 1 题，共 11 分)：

25. 请设计一个物联网公共安全云计算平台系统。

期末考试模拟试卷(二)

题号	一	二	三	四	五	总分	总分人
分值	15	20	30	24	11	100	
得分							

得分	评阅人

一、选择题(本大题共 10 题，每题 1.5 分，共 15 分。在以下选择题中有单选题和多选题，请根据题目后面的提示，将正确选项前的字母填在题后的括号内。多选、少选、错选均无分)：

1. 数字签名的功效有(　　)。
   A. 数字签名具有唯一性
   B. 能确定消息确实是由发送方签名并发出来的
   C. 数字签名能确定消息的完整性
   D. 数字签名具有保密功能
2. 公钥加密系统可提供的功能有(　　)。
   A. 机密性。保证非授权人员不能非法获取信息，通过数据加密来实现
   B. 确认。保证对方属于所声称的实体，通过数字签名来实现
   C. 数据完整性。保证信息内容不被篡改，入侵者不可能用假消息代替合法消息，通过数字签名来实现
   D. 不可抵赖性。发送者不可能事后否认他发送过消息，消息的接收者可以向中立的第三方证实所指的发送者确实发出了消息，通过数字签名来实现
3. 密钥托管的重要功能有(　　)。
   A. 防抵赖性　　　　B. 政府监听

C. 反窃听　　D. 密钥恢复

4. 入侵检测利用的信息一般来自(　　)。

A. 客户的需求和期望　　B. 系统和网络日志文件

C. 目录和文件中不期望的改变　　D. 系统漏洞

5. 信息安全标准化工作的发展趋势是(　　)。

A. 走国际化合作之路　　B. 走商业化发展之路

C. 明确研究方向　　D. 有很好的商业价值

6. 要构建一个有效的信息安全管理体系,可以采取的方式有(　　)。

A. 建立信息安全管理框架　　B. 具体实施构架的 ISMS

C. 精准的需求分析　　D. 用户信息和访问权限控制

7. 信息安全运行管理系统应能支持分布式部署,并能够实现分安全域分级别管理。应能提供的功能有(　　)。

A. 安全策略管理　　B. 安全事件管理

C. 安全对象风险管理　　D. 流程管理

8. 传感器网络密钥管理研究主要考虑的因素包括(　　)。

A. 机制能安全地分发密钥给传感器节点

B. 共享密钥发现过程是安全的,能防止窃听、仿冒等攻击

C. 部分密钥泄露后对网络中其他正常节点的密钥安全威胁不大

D. 能安全和方便地进行密钥更新和撤销

9. 虚拟化解决方案设计好以后,下一步就是把解决方案变成实际的系统,涉及的方面有(　　)。

A. 系统需求分析　　B. 物理到虚拟的转化

C. 系统的稳健性和易操作性　　D. 实施的安全性

10. 云架构的物联网公共安全平台的特点有(　　)。

A. 海量数据融合能力　　B. 海量数据的分配管理能力

C. 架构在虚拟层上的进阶应用　　D. 存储系统的静态能力

得分	评阅人

二、名词解释题(本大题共 5 小题,每小题 4 分,共 20 分):

11. PKI ——

12. 设备安全技术——

13. VPN ——

14. 3G ——

15. 数据加密——

得分	评阅人

三、简答题(本大题共 6 小题,每小题 5 分,共 30 分):

16. 简单介绍数字签名技术。

17. 常用的数据安全防护技术有哪些?

18. 物联网面临的安全威胁表现在哪些方面?

19. 国内外物理安全技术相关标准有哪些?

20. 基于网络的入侵检测系统有哪些优点和缺点?

21. 基于物联网本身的特点和上述列举的物联网感知层在安全方面存在的问题,需要采取哪些有效的防护对策?

得分	评阅人

四、论述题(本大题共 3 小题,每小题 8 分,共 24 分):

22. PKI 的优势主要表现在哪些方面?

23. 无线传感器网络可能遭遇的攻击类型多种多样,按照网络模型划分,主要面临的威胁有哪些?

24. 防火墙硬件体系结构经历过通用 CPU 架构、ASIC 架构和网络处理器架构,请简述这几种构架的特点。

得分	评阅人

五、分析阐述题(本大题共 1 题,共 11 分):

25. 请设计一个物联网机房监控设备集成系统。

期末考试模拟试卷(一)部分参考答案

一、选择题

1	2	3	4	5	6	7	8	9	10
AB	ABC	ABCD	AC	ABD	ACD	AC	AC	ACD	BC

其他题略。

期末考试模拟试卷(二)部分参考答案

一、选择题

1	2	3	4	5	6	7	8	9	10
BC	ABCD	ABD	BC	ABC	AB	ABCD	ABCD	BD	ABC

其他题略。

参考文献

[1] 白璐.信息系统安全等级保护物理安全测评方法研究[J].信息网络安全,2011,12:89-92.

[2] 泰科安防.物理安全信息管理浅析[J].智能建筑与城市信息,2012,04:90-91.

[3] 王宇宏.关于等级保护的物理安全建设问题[J].计算机光盘软件与应用,2012,16:111,113.

[4] 黄虹.基于等级保护的网络物理安全建设[J].科技广场,2010,01:226-228.

[5] 孙立新,张栩之.关于计算机网络系统物理安全研究与分析[J].网络安全技术与应用,2009,10:67-68.

[6] 贾建刚.试论信息系统的物理安全控制和逻辑安全控制[J].中国商界(上半月),2009,03:128-129,127.

[7] 侯丽波.基于信息系统安全等级保护的物理安全的研究[J].网络安全技术与应用,2010,12:31-33.

[8] 刘军,滕旭,郑征.信息系统物理安全等级保护标准研究[A].中国计算机学会计算机安全专业委员会、中国电子学会计算机工程与应用学会计算机安全保密学组.全国计算机安全学术交流会论文集(第二十二卷)[C].中国计算机学会计算机安全专业委员会、中国电子学会计算机工程与应用学会计算机安全保密学组,2007:5.

[9] 万京平.基于等级保护的物理安全测评辅助方法研究[A].公安部第三研究所.第二届全国信息安全等级保护测评体系建设会议论文集[C].公安部第三研究所,2012:3.

[10] 黄锋华,余贵君.浅议计算机数据的物理安全[J].科技情报开发与经济,2005,15:254-255.

[11] 汤昕怡.物理安全不容忽视[J].彭城职业大学学报,2004,05:26-27.

[12] 沈生.物理安全信息安全要互动[N].中国计算机报,2003/12/08C23.

[13] 于振伟.网络信息安全技术讲座(一)——第2讲计算机物理安全[J].军事通信技术,2002,04:67-72.

[14] 张凯.物联网导论.北京:清华大学出版社,2012.

[15] 樊凡.物联网网络信息安全法律体系浅析《中国物流与采购》,2012,16.

[16] 张凯.经济信息安全.北京:清华大学出版社,2008.

[17] 李为民,葛福鸿,张丽萍.计算机病毒的特征及防治策略[J].电脑知识与技术,2010,05:1049-1051.

[18] 武传坤.物联网安全架构初探[J].中国科学院院刊,2010,04:411-419.

[19] 邓清华.计算机病毒传播模型及防御策略研究[D].华中师范大学,2009.

[20] 刘杨.防火墙安全策略管理系统设计与实现[D].国防科学技术大学,2009.

[21] 张磊.安全网络构建中防火墙技术的研究与应用[D].山东大学,2009.

[22] 穆成坡,黄厚宽,田盛丰.入侵检测系统报警信息聚合与关联技术研究综述[J].计算机研究与发展,2006,01:1-8.

[23] 周琴.计算机病毒研究与防治[J].计算机与数字工程,2006,03:86-90.

[24] 赵育新,赵连凤.计算机病毒的发展趋势与防治[J].辽宁警专学报,2006,06:45-47.

[25] 邓峰,张航.计算机网络威胁与黑客攻击浅析[J].网络安全技术与应用,2007,11:23-24,15.

[26] 吴晓明,马琳,高强.计算机病毒及其防治技术研究[J].信息网络安全,2011,07:7-9.

[27] 江雨燕.计算机网络黑客及网络攻防技术探析[J].计算机应用与软件,2003,03:56-58.

[28] 邓秀华.计算机网络病毒的危害与防治[J].电脑知识与技术,2005,27:10-12.

[29] 宿洁,袁军鹏.防火墙技术及其进展[J].计算机工程与应用,2004,09:147-149,160.

[30] 卿斯汉,蒋建春,马恒太,文伟平,刘雪飞.入侵检测技术研究综述[J].通信学报,2004,07:19-29.

[31] 杨晓萍.个人计算机防黑客技术浅析[J].现代图书情报技术,2004,S1:76-78.

[32] 蒋建春,马恒太,任党恩,卿斯汉.网络安全入侵检测:研究综述[J].软件学报,2000,11:1460-1466.

[33] 荣京东,田梅.计算机网络黑客攻击技术探析[J].广西科学院学报,2000,S1:173-178.

[34] 黄云峰.计算机黑客与网络安全对策[J].福建公安高等专科学校学报.社会公共安全研究,2001,

03：23-25，95.
[35] 李亚楼.利用黑客技术促进网络安全发展的研究[D].四川大学，2002.
[36] 曹莉兰.基于防火墙技术的网络安全机制研究[D].电子科技大学，2007.
[37] 刘洪.网络安全与防火墙技术的研究[D].沈阳工业大学，2003.
[38] 李声.防火墙与入侵检测系统联动技术的研究与实现[D].南京航空航天大学，2007.
[39] 张宝军.网络入侵检测若干技术研究[D].浙江大学，2010.
[40] 王贵驷.信息安全测评认证的现状与发展[J].世界电信，2002，06：45-49.
[41] 李鹤田.国外信息安全测评认证体系研究[J].信息安全与通信保密，2002，04：67-68.
[42] 宋如顺，钱钢，于冷.基于 SSE-CMM 的信息安全管理与控制[J].计算机工程与应用，2000，12：128-129，162.
[43] 俞小清.信息安全管理体系的建立[J].电子标准化与质量，2000，04：5-8.
[44] 黄元飞.国外信息安全测评认证体系简介[J].通信保密，2000，04：34-46.
[45] 王昭，段云所，陈钟.信息安全的政策法规和标准[J].网络安全技术与应用，2001，11：61-64.
[46] 秦天保，方芳.基于 BS7799 构建企业信息安全管理体系[J].情报杂志，2004，02：18-20.
[47] 张心明.信息安全管理体系及其构架[J].现代情报，2004，04：204-205.
[48] 束红，苏国平，费翔.信息安全相关标准的分析与研究[J].网络安全技术与应用，2005，03：60-62.
[49] 吴志刚.信息安全标准体系初探[J].信息网络安全，2005，03：37.
[50] 刘晓红.信息安全管理体系认证及认可[J].认证技术，2011，05：38-39.
[51] 程瑜琦，朱博.信息安全管理体系标准化概述[J].认证技术，2011，05：40-41.
[52] 王艳玮，王娟.BS7799 与 SSE-CMM 的对比研究[J].图书馆理论与实践，2012，04：22-25.
[53] 马遥，黄俊强.信息安全管理体系与等级保护管理要求[J].信息技术，2012，06：140-142.
[54] 王亚东，吕丽萍，汤永利，王利花.信息安全管理体系与等级保护的关系研究[J].北京电子科技学院学报，2012，02：26-31.
[55] 韩权印，张玉清，聂晓伟.BS7799 风险评估的评估方法设计[J].计算机工程，2006，02：140-143.
[56] 魏亮.网络与信息安全标准研究现状[J].电信技术，2006，05：24-27.
[57] 杨辉.我国信息安全标准体系的现状及完善[J].江西通信科技，2007，02：29-32.
[58] 郭曙光.信息安全评估标准研究与比较[J].信息技术与标准化，2007，11：27-29.
[59] 周鸣乐，董火民，李刚，陈星.信息安全标准体系研究与分析[J].信息技术与标准化，2008，04：12-17.
[60] 左晓栋.信息安全产品与系统的测评与标准研究[D].中国科学院研究生院(电子学研究所)，2002.
[61] 韩权印.基于 BS7799 的信息安全风险评估研究与设计[D].西安电子科技大学，2005.
[62] 文立玉.信息标准技术研究与信息安全法律法规研究[D].电子科技大学，2005.
[63] 李慧.信息安全管理体系研究[D].西安电子科技大学，2005.
[64] 朱方洲.基于 BS7799 的信息系统安全风险评估研究[D].合肥工业大学，2007.
[65] 王升保.信息安全等级保护体系研究及应用[D].合肥工业大学，2009.
[66] 周佑源，张晓梅.信息安全管理在等级保护实施过程中的要点分析[J].信息安全与通信保密，2009，09：66-68.
[67] 赵文，苏红，胡勇.信息安全标准关系分析[J].信息网络安全，2009，11：48-50.
[68] 李晓玉.国内外信息安全标准研究现状综述[A].现代通信国家重点实验室、《信息安全与通信保密》杂志社.第十一届保密通信与信息安全现状研讨会论文集[C].现代通信国家重点实验室、《信息安全与通信保密》杂志社，2009：5
[69] 马鑫，黄全义，疏学明，马伟，赵全来.物联网在公共安全领域中的应用研究[J].中国安全科学学报，2010，07：170-176.
[70] 陆永.物联网条件下的公共安全管理[J].城市问题，2011，02：80-84.
[71] 肖毅.物联网安全管理技术研究[J].通信技术，2011，01：69-70，89.
[72] 李航，陈后金.物联网的关键技术及其应用前景[J].中国科技论坛，2011，01：81-85.

[73] 刘宴兵，胡文平，杜江. 基于物联网的网络信息安全体系[J]. 中兴通讯技术，2011，01：17-20.
[74] 朱洪波，杨龙祥，朱琦. 物联网技术进展与应用[J]. 南京邮电大学学报(自然科学版)，2011，01：1-9.
[75] 杨光，耿贵宁，都婧，刘照辉，韩鹤. 物联网安全威胁与措施[J]. 清华大学学报(自然科学版)，2011，10：1335-1340.
[76] 王晶，全春来，周翔. 物联网公共安全平台软件体系架构研究[J]. 计算机工程与设计，2011，10：3374-3377.
[77] 白蛟，全春来，郭镇. 基于物联网的公共安全云计算平台[J]. 计算机工程与设计，2011，11：3696-3700.
[78] 彭勇，谢丰劼，郭晓静，宋丹，李剑. 物联网安全问题对策研究[J]. 信息网络安全，2011，10：4-6.
[79] 吴振强，周彦伟，马建峰. 物联网安全传输模型[J]. 计算机学报，2011，08：1351-1364.
[80] 沈苏彬，范曲立，宗平，毛燕琴，黄维. 物联网的体系结构与相关技术研究[J]. 南京邮电大学学报(自然科学版)，2009，06：1-11.
[81] 郝文江，武捷. 物联网技术安全问题探析[J]. 信息网络安全，2010，01：49-50.
[82] 孙其博，刘杰，黎羴，范春晓，孙娟娟. 物联网：概念、架构与关键技术研究综述[J]. 北京邮电大学学报，2010，03：1-9.
[83] 吴同. 浅析物联网的安全问题[J]. 网络安全技术与应用，2010，08：7-8，27.
[84] 武传坤. 物联网安全架构初探[J]. 中国科学院院刊，2010，04：411-419.
[85] 刘宴兵，胡文平. 物联网安全模型及关键技术[J]. 数字通信，2010，04：28-33.
[86] 杨庚，许建，陈伟，祁正华，王海勇. 物联网安全特征与关键技术[J]. 南京邮电大学学报(自然科学版)，2010，04：20-29.
[87] 宁焕生，徐群玉. 全球物联网发展及中国物联网建设若干思考[J]. 电子学报，2010，11：2590-2599.
[88] 物联网信息安全问题不容忽视. http://www.enet.com.cn/security/，2012 年 11 月 05 日.
[89] 彭春燕. 基于物联网的安全构架[J]. 网络安全技术与应用，2011，(5)：13-14.
[90] 聂学武，张永胜. 物联网安全问题及其对策研究[J]. 计算机安全，2010，(11)：4-5.
[91] 何明，江俊. 物联网技术及其安全性研究[J]. 计算机安全，2011，(4)：49-50.
[92] 武传坤，物联网与信息安全. 信息安全国家重点实验室，2010，7.
[93] 马建勋，杨国林. 物联网的三层体系架构在高校图书馆中的应用[J]. 内蒙古工业大学学报(自然科学版)，2012，(2).
[94] 李永祥，陈艳霞. 物联网应用层在芒果水分管理中的应用研究初探[J]. 科技信息，2012，(19).
[95] 北京兰邦高科电子科技有限公司. 物联网感知层、网络层、应用层综合创新技术[J]. 金卡工程，2012，(3).
[96] 乔亲旺. 物联网应用层关键技术研究[J]. 电信科学，2011，(S1).
[97] 侯忠华. 物联网通用应用层架构设计[J]. 物联网技术，2011，(7).
[98] 韩丽娟，沈宥臣，仲伟男，闫红杰. 关于物联网应用层 MVC 开发的研究[J]. 通信技术，2011，(9).
[99] 黄海峰. 引入物联网、云计算　通信节能创新应用层出不穷[J]. 通信世界，2011，(33).
[100] 林勇，谭清中，唐彦. 物联网感知层传感技术解析及应用[J]. 数字通信，2011，(3).
[101] 李明骏. 发掘物联网金矿要从应用层入手[J]. 集成电路应用，2010，(12).
[102] 涂强，王雷. 物联网技术在超高层建筑中的应用分析与展望[J]. 现代建筑电气，2010，(7).
[103] 董文宇. 一种基于物联网云计算的无线室内空气质量监测技术[J]. 中国新通信，2012，(24).
[104] 翟海翔，焦彩菊. 物联网技术在现代农业中的应用[J]. 农业与技术，2012，(9).
[105] 汪胡青，孙知信，徐名海. 物联网寻址关键技术分析[J]. 计算机技术与发展，2012，(12).
[106] 李建颖. 物联网技术在智能物流中的应用——以仓储物流为例[J]. 物流工程与管理，2012，(12).
[107] 杨继慧，周奇年，张振浩. 基于物联网环境的云存储及安全技术研究[J]. 中兴通讯技术，2012，(6).
[108] 费俊杰，邢博闻，李琪吉. 浅谈物联网技术助力都市农业发展——以上海闵行区为例[J]. 上海农业科技，2012，(6).
[109] 郭春晖，胡睿. 探讨物联网技术在电视台资产管理中的应用[J]. 电视工程，2012，(4).
[110] 盛遵荣. 基于物联网的新型过程控制技术研究[J]. 科协论坛(下半月)，2012，(12).

[111] 王姗姗,杨洪盛.物联网技术及应用简述[J].知识经济,2012,(21).
[112] 炎炎.警惕应用层安全漏洞.每周电脑报,2005/10/17 36.
[113] 陈晨.数据库安全策略.电脑知识与技术,2010,7,5397-5398
[114] 曹吉龙.浅析云技术发展中的安全问题[J].软件,2012,(05).
[115] 冯登国,张敏,张妍,徐震.云计算安全研究[J].软件学报,2011,(01):71-83.
[116] 房晶,吴昊,白松林.云计算安全研究综述[J].电信科学,2011,(04):37-42.
[117] 房秉毅,张云勇,徐雷.移动互联网环境下云计算安全浅析[J].移动通信,2011,(09):25-28.
[118] 林兆骥,付雄,王汝传,韩志杰.云计算安全关键问题研究[J].信息化研究,2011,(02):1-4.
[119] 魏红宇,曲海鹏,刘培顺,徐峦,盛兆勇.海洋环境云计算安全防护支撑体系的研究与构建[J].中国海洋大学学报(自然科学版),2011,(S1):429-432.
[120] 高巍,李洁.云计算安全问题探讨[J].通信管理与技术,2011,(04):7-9.
[121] 李满意.云计算安全面临挑战——访国家信息化专家咨询委员会委员沈昌祥院士[J].保密科学技术,2011,(03):6-9.
[122] 魏亮.云计算安全风险及对策研究[J].邮电设计技术,2011,(10):19-22.
[123] 张韬.国内外云计算安全体系架构研究状况分析[J].广播与电视技术,2011,(11):123-127.
[124] 沈昌祥.云计算安全与等级保护[J].信息安全与通信保密,2012,(01):16-17.
[125] 张爱玉,邱旭华,周卫东,夏吉广.云计算与云计算安全[J].中国安防,2012,(03):89-91.
[126] 赵越.云计算安全技术研究[J].吉林建筑工程学院学报,2012,(01):86-88.
[127] 杨健,汪海航,王剑,俞定国.云计算安全问题研究综述[J].小型微型计算机系统,2012,(03):472-479.
[128] 裴小燕,张尼.浅析云计算安全[J].信息通信技术,2012,(01):24-28.
[129] 李玮.云计算安全问题研究与探讨[J].电信工程技术与标准化,2012,(04):44-49.
[130] 王惠莅,杨晨,杨建军.云计算安全和标准研究[J].信息技术与标准化,2012,(05):16-19,27.
[131] 林敏,龚让声.云计算安全关键技术研究[J].合作经济与科技,2012,(11):114-116.
[132] 刘建伟,邱修峰,刘建华.移动互联网环境下的云计算安全技术体系架构[J].中兴通讯技术,2012,(03):45-48.
[133] 郭瑞鹏.云计算安全关键技术分析[J].计算机与现代化,2012,(06):176-178,199.
[134] 王惠莅,杨晨,杨建军.美国国家标准和技术研究院信息安全标准化系列研究(十三)美国 NIST 云计算安全标准跟踪及研究[J].信息技术与标准化,2012,(06):49-52.
[135] 胡春辉.云计算安全风险与保护技术框架分析[J].信息网络安全,2012,(07):87-89.
[136] 杜芸芸,解福,牛冰茹.云计算安全问题综述[J].网络安全技术与应用,2012,(08):12-14.
[137] 王哲,区洪辉,朱培军.云计算安全方案与部署研究[J].电信科学,2012,(08):124-130.
[138] 王伟,高能,江丽娜.云计算安全需求分析研究[J].信息网络安全,2012,(08):75-78.
[139] 段翼真,王晓程,刘忠.云计算安全:概念、现状与关键技术[J].信息网络安全,2012,(08):86-89.
[140] 耿振民.未来云计算安全所面临的挑战[J].信息安全与通信保密,2012,(09):33,35.
[141] 杨海军.云计算安全关键技术研究[J].科技信息,2012,(30):318.
[142] 肖红跃,张文科,刘桂芬.云计算安全需求综述[J].信息安全与通信保密,2012,(11):28-30,34.
[143] 陈林,方正.具备自愈能力的云计算安全生态环境模型[J].信息安全与通信保密,2012,(11):35-37,40.
[144] 颜斌.云计算安全相关标准研究现状初探[J].信息安全与通信保密,2012,(11):66-68.
[145] 王建峰,樊宁,沈军.电信行业云计算安全发展现状[J].信息安全与通信保密,2012,(11):98-101.
[146] 姜政伟,刘宝旭.云计算安全威胁与风险分析[J].信息安全与技术,2012,(11):36-38,47.
[147] 朱源,闻剑峰.云计算安全浅析[J].电信科学,2010,(06):53-57.
[148] 薛凯,刘朝,杨树国.云计算安全框架的研究[J].电脑与电信,2010,(04):28-29,32.
[149] 张健.全球云计算安全研究综述[J].电信网技术,2010,(09):15-18.
[150] 宁家骏.以发展眼光看待云计算安全[J].信息安全与技术,2010,(07):3-5.
[151] 冯志刚,马超.浅谈云计算安全[J].科技风,2010,(04):211.

[152] 李振汕.云计算安全管理研究[J].现代计算机(专业版),2012,(35):14-17.
[153] 陈尚义.浅谈云计算安全问题[J].网络安全技术与应用,2009,(10):20-22.
[154] 陈丹伟,黄秀丽,任勋益.云计算及安全分析[J].计算机技术与发展,2010,(02):99-102.
[155] 郭春梅,毕学尧,杨帆.云计算安全技术研究与趋势[J].信息网络安全,2010,(04):16-17.
[156] 陈龙,肖敏.云计算安全:挑战与策略[J].数字通信,2010,(03):43-47.
[157] RogerHalbheer,DougCavit.关于云计算安全的思考[J].信息技术与标准化,2010,(09):22-25.
[158] 沈昌祥.云计算安全[J].信息安全与通信保密,2010,(12):12,15.
[159] 王超.云计算面临的安全挑战[J].信息安全与通信保密,2012,(11):69-71.
[160] 孔汇环.云计算安全问题浅析[J].电脑知识与技术,2012,(30):7196-7198.
[161] 谢灵智.云计算及云计算安全概述[J].信息安全与通信保密,2012,(12):24-25.
[162] 张亿军.云计算安全研究[J].无线互联科技,2012,(12):142.
[163] 冉旭,钟鸣,程放,许勇,刘佳.云计算安全防护体系研究[J].信息通信,2013,(01):81-82.
[164] 虞慧群,范贵生.云计算安全模型与管理[J].微型电脑应用,2013,(01):1-3.
[165] 薄明霞,陈军,王渭清.云计算安全体系架构研究[J].信息网络安全,2011,(08):79-81.
[166] 郑国晖,肖霏,于弼君.云计算技术发展与应用研究[J].硅谷,2011,(20):104-105.
[167] 龚德忠.云计算安全风险评估的模型分析[J].湖北警官学院学报,2011,(06):85-86.
[168] 杨斌,邵晓,肖二永.云计算安全问题探析[J].计算机安全,2012,(03):63-66.
[169] 柳青.我国云计算安全问题及对策研究[J].电信网技术,2012,(03):5-7.
[170] 李振汕.云计算安全威胁分析[J].通信技术,2012,(09):103-105,108.
[171] 刘晓青.基于物联网的烟花爆竹流通安全监管系统的设计[J].电脑知识与技术,2012,(29).
[172] 刘扬.基于物联网的皖江示范区公共安全平台设计[J].计算机安全,2012,(11).
[173] 陈德裕,张宪隶,顾晓涛,苏啸晨.物联网下的嵌入式家居安全监控系统设计与实现[J].传感器与微系统,2012,(9).
[174] 张鹏,黄沄,穆仁龙.基于物联网技术的公共安全智能监控系统设计[J].内江科技,2012,(5).
[175] 张震宇,杨乐.公共安全物联网接入网关技术研究与设计[J].警察技术,2011,(5).
[176] 孙论强,秦海权,尹丹.物联网安全接入网关的设计与实现[J].信息网络安全,2011,(9).
[177] 熊卫东.基于物联网的冷链食品安全监控系统的设计与实施[J].郑州轻工业学院学报(自然科学版),2011,(3).
[178] 冯彩红.一种物联网的安全应用——信息装备智慧仓库设计[J].信息安全与通信保密,2011,(7).
[179] 欧若风,文超,陈睿,凌力.一种基于椭圆曲线加密算法解决物联网网络安全和效率问题的设计[J].微型电脑应用,2011,(3).
[180] 周霞,薛晓磊.基于物联网技术的消防安全系统的设计[J].数字技术与应用,2010,(10).
[181] 徐旭,胡玲玲,徐江.物联网环境下 RFID 技术在世博会园区车辆安全监管系统中的应用设计[J].警察技术,2010,(6).
[182] 张远文.一种基于 RFID 和双模定位技术的烟酒产品监管和防盗系统研究[J].中国新通信,2012,(24).
[183] 王庆凯,王宇慧.RFID 技术在库存管理中的应用[J].吉林建筑工程学院学报,2012,(6).
[184] 刘剑,梁显刚,袁征,何允刚.射频识别技术在供应链管理中的应用[J].中国医学装备,2012,(12).
[185] 张罡.RFID 技术在物联网中的应用分析[J].电脑知识与技术,2012,(32).
[186] 杨晔.监狱数字化绩效管理系统的构建[J].电脑编程技巧与维护,2010,(4).
[187] 王玉夫.监狱数字视频监控报警系统概述[J].中国公共安全(综合版),2009,(8).
[188] 张远文.一种基于 RFID 和双模定位技术的烟酒产品监管和防盗系统研究[J].中国新通信,2012,(24).
[189] 葛素娟.物联网产业应用与发展综述[J].科技信息,2012,(33).
[190] 尹向兵,王宏群.监狱视频识别报警系统的研究与实现[J].电脑知识与技术,2011,(17).
[191] 彭德林.监狱信息化技术的研究与应用[J].中国科技信息.2010,(23).
[192] 任敬仲.监狱紧急报警系统设计[J].安防科技.2011,(09).

图书资源支持

感谢您一直以来对清华版图书的支持和爱护。为了配合本书的使用，本书提供配套的素材，有需求的用户请到清华大学出版社主页（http://www.tup.com.cn）上查询和下载，也可以拨打电话或发送电子邮件咨询。

如果您在使用本书的过程中遇到了什么问题，或者有相关图书出版计划，也请您发邮件告诉我们，以便我们更好地为您服务。

我们的联系方式：

地　　址：北京海淀区双清路学研大厦A座707

邮　　编：100084

电　　话：010－62770175－4604

资源下载：http://www.tup.com.cn

电子邮件：weijj@tup.tsinghua.edu.cn

QQ：883604（请写明您的单位和姓名）

扫一扫

资源下载、样书申请

新书推荐、技术交流

用微信扫一扫右边的二维码，即可关注清华大学出版社公众号“书圈”。